河南省南水北调年鉴2019

《河南省南水北调年鉴》编纂委员会 编著

黄河水利出版社

图书在版编目（CIP）数据

河南省南水北调年鉴. 2019 /《河南省南水北调年鉴》编纂委员会编著. —郑州：黄河水利出版社，2019. 12
ISBN 978-7-5509-2053-8

Ⅰ.①河… Ⅱ.①河… Ⅲ. ①南水北调-水利工程-河南-2019-年鉴 Ⅳ.①TV68-54

中国版本图书馆CIP数据核字(2019)第282114号

出 版 社:黄河水利出版社
地址:河南省郑州市顺河路黄委会综合楼14层 邮政编码:450003
发行单位:黄河水利出版社
发行部电话:0371-66026940、66020550、66028024、66022620(传真)
E-mail:hhslcbs@126.com
承印单位:河南瑞之光印刷股份有限公司
开本:787 mm×1092 mm 1/16
印张:29.5 插页:10
字数:774千字
版次:2019年12月第1版 印次:2019年12月第1次印刷

定价:180.00元

《河南省南水北调年鉴2019》编纂委员会

主 任 委 员：王国栋

副主任委员：冯光亮　雷淮平

委　　　员：秦鸿飞　徐庆河　余　洋　邹根中　胡国领

尹延飞　于澎涛　靳铁拴　曹宝柱　雷卫华

何东华　张建民　李　峰　刘少民　孙传勇

韩秀成　杜长明　马荣洲　陈志超　李耀忠

《河南省南水北调年鉴2019》编纂委员会办公室

主　任：余　洋

副主任：易绪恒

《河南省南水北调年鉴2019》编辑部

2018年10月，水利部部长鄂竟平到南水北调中线工程方城管理处黄金河节制闸检查指导工作
（李强胜 摄）

2018年1月，水利部副部长蒋旭光到南水北调中线建管局渠首分局镇平管理处检查指导党建工作
（王朝朋 摄）

2018年6月，河南省副省长武国定检查南水北调中线工程安阳河渠道倒虹吸防汛工作
（李志伟 摄）

2018年2月，河南省南水北调办公室主任王国栋到新郑调研南水北调调蓄工程 （余培松 摄）

2018年4月，南水北调中线建管局局长于合群检查叶县澧河渡槽出口段渠堤处理现场工艺试验情况
（赵 发 摄）

2018年10月，全国政协常委、提案委员会副主任郭庚茂一行到南水北调中线建管局渠首分局检查指导工作
（路 博 摄）

2018年2月，河南省南水北调工作会议召开　（余培松 摄）

2018年4月，南水北调中线工程受水水厂焦作苏蔺水厂通水　（薛雅琳 摄）

2018年4月18日，南水北调中线工程白河退水闸开启，向南阳市白河生态补水

（孙天敏 摄）

2018年6月，南水北调中线工程供水郑州市尖岗水库三级叠水工程 （刘素娟 摄）

2018年6月，南水北调中线工程向郑州市新郑双鹤湖公园生态补水

（郑州市南水北调办提供）

2018年5月，南水北调中线工程向焦作市生态补水　（樊国亮 摄）

2018年6月，南水北调中线工程向濮阳市龙湖生态补水 （王道明 摄）

2018年5月，南水北调受水水厂郑州市航空港区第二水厂泵站 （余培松 摄）

2018年1月，渠首分局巡护人员在风雪中巡查淇河节制闸　（王朝朋 摄）

2018年5月，河南分局在郑州段水质固定监测点取水采样　（余培松 摄）

2018年7月，北京市怀柔区党政代表团调研南水北调中线水源区卢氏县对口协作项目连翘产业发展状况
（孙新文 摄）

2018年6月，渠首分局纪念中国共产党建党97周年暨渠首分局成立3周年歌咏会合影
（王 蒙 摄）

2018年10月，河南分局开展开放日活动 （张茜茜 摄）

2018年3月22日，安阳市南水北调办开展世界水日宣传活动 （李志伟 摄）

2018年3月，河南省南水北调工程运行管理第33次例会在鹤壁市召开

（姚林海 摄）

2018年6月，鹤壁市召开市级初验工作会讨论河南省南水北调中线干线工程鹤壁征迁安置市级初验意见书

（李玉龙 摄）

2018年6月，濮阳市南水北调办举办河南省南水北调受水区供水配套工程重力流输水线路管理规程培训班

（王道明 摄）

2018年6月，河南省南水北调中线工程完工阶段征迁安置省级技术验收档案组抽查鹤壁市市本级档案整理情况

（姚林海 摄）

2018年10月，鹤壁市南水北调配套工程运行管理业务培训班学员听技术专家授课

（孙　鹏 摄）

2018年10月，河南省南水北调办公室检查组到鹤壁市南水北调配套工程36号泵站现场查阅安全生产工作资料

（王志国 摄）

2018年8月11日，南水北调中线建管局渠首分局陶岔管理处入驻陶岔渠首枢纽工程揭牌仪式
（王朝朋 摄）

2018年11月，河南省文物局验收专家组在郑州市博物馆检查南水北调出土文物的保护展示利用情况
（王双双 摄）

2018年11月，南水北调中线工程渠道冬景　（沈龙梅 摄）

2018年10月，航拍南水北调中线工程淇河倒虹吸　（朱森森 摄）

2018年9月，航拍南水北调中线镇平段工程　　（朱森森 摄）

2018年5月，河南省南水北调办公室工会组织与中州水务股份有限公司举行五四青年节篮球友谊赛　　（薛雅琳 摄）

编辑说明

一、《河南省南水北调年鉴》记载河南南水北调年度工作信息，既是面向社会公开出版发行的连续性工具书，也是展示河南南水北调工作的窗口。年鉴由河南省南水北调建管局主办、年鉴编纂委员会承办、河南南水北调有关单位供稿。

二、年鉴内容的选择以南水北调供水、运行管理、生态带建设、配套工程建设和组织机构建设的信息以及社会关注事项为基本原则，以存史价值和现实意义为基本标准。

三、年鉴供稿单位设2019卷组稿负责人和撰稿联系人，负责本单位年鉴供稿工作。年鉴内容全部经供稿单位审核。

四、年鉴2019卷力求全面、客观、翔实反映2018年度工作。记述党务工作重要信息；记述政务和业务工作重要事项、重要节点和成效；描述年度工作特点和特色。

五、年鉴设置篇目、栏目、(类目)、条目，根据每一卷内容的主题和信息量划分。

六、年鉴规范遵循国家出版有关规定和约定俗成。

七、年鉴从2007卷编辑出版，2016卷开始公开出版发行。

《河南省南水北调年鉴》供稿单位名单

省南水北调建管局综合处、投资计划处、经济与财务处、环境与移民处、建设管理处、监督处、审计监察室、机关党委、质量监督站、南阳建管处、平顶山建管处、郑州建管处、新乡建管处、安阳建管处，省水利厅安置处，省文物局南水北调办，中线建管局渠首分局、河南分局，南阳市南水北调工程运行保障中心（南阳市移民服务中心），平顶山市南水北调办，漯河市南水北调中线配套工程建管局，周口市南水北调办，许昌市南水北调工程运行保障中心，郑州市南水北调工程运行保障中心，焦作市南水北调办，焦作市南水北调城区办，新乡市南水北调工程运行保障中心，濮阳市南水北调办，鹤壁市南水北调办，安阳市南水北调办，邓州市南水北调和移民服务中心，栾川县南水北调办，卢氏县南水北调办。

目　录

壹　要事纪实

贰　规章制度·重要文件

重要文件 ……………………………………… 59

叁　综合管理

肆 中线工程运行管理

伍 配套工程运行管理

陆 水质保护

柒　河南省委托段建设管理

捌 配套工程建设管理

玖 移民征迁

拾 政府及传媒信息

拾壹 组 织 机 构

拾贰　统计资料

拾叁　大事记

壹 要事纪实

重 要 讲 话

河南省水利厅党组书记刘正才在省南水北调办公室党建工作暨党风廉政建设工作会上的讲话

2018年2月6日

同志们：

这次会议的主要任务是，学习贯彻党的十九大精神和中纪委十九届二次全会、省纪委十届三次全会精神，贯彻落实中央、省委对全面从严治党各项工作的新部署、新要求，回顾总结去年工作，安排部署今年任务。这对于深入推进全面从严治党在水利系统向纵深开展，动员全厅各级党组织和广大党员干部进一步提振精神、开拓进取，为全省水利事业持续健康发展提供强有力的保证，具有十分重要的意义。

刚才，建新同志向大会做了《2017年党建工作报告》，对2017年全省水利系统党建工作进行系统总结，对2018年工作进行了全面部署。白沙水库、水环学院、南水北调办、农水处等四个单位的负责同志作了交流发言，他们结合各自实际，围绕水利中心任务开展党建工作和党风廉政建设，各有特色，值得学习借鉴。厅机关各处室、厅属各单位主要负责人向大会递交了党风廉政建设目标责任书，希望大家回去之后对照责任书各项任务，认真履职尽责。东霞同志对我厅党风廉政建设给予了肯定，并对下一步如何做好相关工作明确了要求，大家要认真学习，抓好落实。

2017年，厅党组认真学习贯彻党的十九大精神，坚持以习近平新时代中国特色社会主义思想为统领，严格落实中央、省委省政府要求，以坚定理想信念宗旨为根基，以抓好全面从严治党主体责任为着力点，增强“四个意识”，坚定“四个自信”，全面推进厅属各级党组织的政治建设、思想建设、组织建设、作风建设、纪律建设，把制度建设贯穿其中，深入推进反腐败斗争，不断提高党的建设水平，基层党组织战斗堡垒作用和广大党员先锋模范作用得到充分发挥，干部清正、机关清廉、政治清明的政治生态进一步形成，为河南水利改革实现稳步发展提供了坚强的政治保证。省委第八督导组督查我厅全面从严治党主体责任中，省直工委“五项机制”调研中以及省直工委多次暗访中，都对我厅党建工作给予高度评价。

这些成绩的取得，是省委、省政府正确领导的结果，是全厅上下团结奋斗、共同努力的结果，也凝聚着广大机关党员干部和党务工作者的智慧和汗水。在此，我代表厅党组，向全厅各级党组织、广大党员干部和机关党务工作者表示衷心的感谢!

党的十八大以来，以习近平同志为核心的党中央不断深化全面从严治党实践，着力解决管党治党失之于宽、失之于软、失之于松的问题，开创了全面从严治党的新局面。党的十九大对推动新时代全面从严治党向纵深发展又进行了深刻阐述，作出了全面部署。我们要充分认识党建工作和党风廉政建设在全面从严治党中的极端重要地位，认真学习领会、准确把握中央和省委精神，以更加负责的态度、更加有力的措施，不断推动全面从严治党要求落到实处。

下面，根据厅党组研究，我讲三点意见。

一、加强学习，做到政治上清醒

我们党的领导者历来都带头学习，重视学习，提倡学习。毛泽东同志曾提出：“将我们全党的学习方法和学习制度改造一下。”邓小平同志曾要求“全党同志一定要善于学习，善于重新学习”。习近平总书记也多次强调学习问题，把学习本领作为领导干部应掌握的八种本领之首。作为党员干部来说，加强学习、不断提高自身综合素质是一种政治责任和一种政治要求。广大党员干部要在加强学习上下功夫，把学习作为一种政治责任、一种精神追求和一种生活方式，树立先进学习理念，培育浓厚学习兴趣，学以立德、学以增智、学以创新。

一要认真学习贯彻党的十九大精神。广大党员干部要坚持学习在前、思考在前、谋划在前，在深刻领会十九大精神实质、吃透精髓要义上狠下功夫。通过原原本本学习报告，逐字逐句进行理解，深刻领会十九大提出的新论断、新使命、新目标、新要求，准确把握十九大的科学内涵、精神实质和本质要求，真正读懂十九大精神的政治意义、历史意义、理论意义、实践意义。要深刻领会把握习近平新时代中国特色社会主义思想这一党的行动指南，把坚定理想信念作为党的思想建设的首要任务，用党的创新理论武装水利系统广大党员干部头脑，提升政治站位，塑造共产党人的精神支柱和政治灵魂。深刻领会把握新时代党的建设总要求，全面推进党的政治建设、思想建设、组织建设、作风建设、纪律建设，把制度建设贯穿其中，深入推进反腐败斗争。要把十九大精神与水利工作实际紧密联系起来，与人民群众新期待新要求紧密结合起来，立足新时代、着眼新目标、把握新要求、实现新作为。

二要时刻牢记“四个意识”。“四个意识”不仅为各级党组织全面从严治党指明了方向，而且为党员干部修身做人、谋事创业提供了重要遵循，必须时刻牢记在心，落实在行动上。每一个党的组织、每一名党员干部，无论处在哪个层级、哪个部门和单位，都要服从党中央集中统一领导，确保党中央令行禁止。强化政治意识最根本的是要求党员干部遵守党章，按党章办事，对党忠诚，在思想上和行动上与党中央保持一致。归纳为一句话，就是要对党绝对忠诚。强化大局意识就是干工作、做事情，出发点和落脚点都要从全局的观念出发，自觉地坚持党和人民的根本利益高于一切，自觉将自己所担负的工作与大局联系起来。强化核心意识，就是要坚决维护中国共产党这个中国特色社会主义事业的领导核心，坚决维护以习近平总书记为核心的党中央权威和集中统一领导。强化看齐意识，就是要经常、主动向党中央看齐，向党的理论和路线方针政策看齐。确保理论上清醒，政治上坚定。

三要讲政治守规矩作表率，严格政治生活。新形势下加强和规范党内政治生活，必须以党章为根本遵循，坚持党的政治路线、组织路线、群众路线，着力增强党内政治生活的政治性、时代性、原则性、战斗性。要坚定不移讲政治，坚决维护以习近平同志为核心的党中央权威。中央决策部署是我们开展工作的依据和遵循，作出重大决策必须以贯彻中央精神为前提，当好政治“明白人”。讲政治不能纸上谈兵、空喊口号，必须自觉把河南水利发展放在全省、全国发展的大格局中去思考、谋划和推进，当好发展“领路人”。要坚定不移守规矩，坚决执行党的各项纪律和制度。遵守政治纪律要严而又严，自觉对照习近平总书记指出的“七个有之”查找自身问题，对照“五个必须”明确努力方向。模范执行民主集中制，凡是出台重要文件、作出重大决策，都坚持进度服从质量，严格按程序实施，该有的环节一个都不少，切实做到科学、民主、依法决策。坚持组织生活要严而又严。必须认真落实“三会一课”、民主生活会、领导干部双重组织生活、民主评议党员、党组织书记述责述廉等制度，用好批评与自我批评这个锐利武器，让党内政治生活的“炉火”烧得更旺。要坚定不移作表率，坚决净化政治生态。各级领导干部要带头树立选人用人的“风向标”，带头培厚政治文化的“好土壤”，带头用好正风反腐的“撒手锏”，带头执行《准则》《条例》，把好用权“方向盘”，系好廉洁“安全带”，激浊扬清，扶正祛邪，自觉为净化优化政治生态履职尽责、做出贡献。

四要旗帜鲜明抓好意识形态工作。习近平

总书记指出："意识形态工作是党的一项极端重要的工作"，"历史和现实反复证明，能否做好意识形态工作，事关党的前途命运，事关国家长治久安，事关民族凝聚力和向心力。"虽然水利厅是一个业务厅局，但广大党员干部也要深入理解、准确把握"极端重要"这一战略定位的内涵和实质，从坚持和发展中国特色社会主义伟大事业、巩固党的群众基础和执政基础的高度，来认识意识形态工作的重要性和紧迫性。要着眼于坚持和发展中国特色社会主义，坚定理想信念主心骨。要着眼于培育壮大社会主流价值，形成强大的精神力量。要着眼于"四个全面"战略布局，唱响时代发展主旋律。要着眼于掌握舆论主导权，建设网络文化新空间。厅属各级党组织要增强政治意识，牢牢掌握领导权，增强阵地意识，牢牢掌握管理权，增强创新意识，牢牢掌握话语权，切实负起政治责任和领导责任，把意识形态工作抓起来。

二、完善制度，做到纪律上严明

一要着力扎紧党规党纪笼子。各级党组织要紧跟中央加强党内法规制度建设的步伐，结合单位和部门实际制定具体贯彻落实办法，重点围绕规范领导班子集体决策、加强对一把手的监督、规范选人用人和严格责任追究、改进作风常态化等方面，健全完善相关制度，把党规党纪的笼子越织越密。加强法规制度建设，不仅要有严格执行法规制度的法治意识、制度意识、纪律意识，也要从实际出发不断完善制度，加强制度体系建设；既要注意体现党章的基本原则和精神，符合国家法律法规，也要同其他方面法规制度相衔接，提升法规制度整体效应。要按照全面从严治党的战略部署，把法规制度的笼子扎细扎密扎牢，做到前后衔接、左右联动、上下配套、系统集成，坚持有责必问、问责必严，加快形成务实管用、简便易行的法规制度体系，充分释放法规制度的力量。

二要扛稳抓牢"两个责任"落实。落实全面从严治党主体责任和监督责任是具体的，不是抽象的。必须以党章党规为遵循，以"四个意识"为标尺，以正风肃纪为重点，坚持以上率下，层层传导压力，全面落实管党治党的政治责任，持续深化风清气正的政治生态建设，推动全面从严治党"两个责任"落地生效。各级党组织书记要认真履行第一责任人职责，对照责任清单，抓住关键点位发力，扛稳抓牢主体责任。要带头严肃党内政治生活，落实《关于新形势下党内政治生活的若干准则》，模范遵守党章党规，严守党的政治纪律和政治规矩，认真贯彻执行民主集中制。各级党组织班子成员要履行"一岗双责"，对班子集体领导负责，对所分管领域负责。要担当管理监督之责，把管党治党要求融入分管业务工作，定期研究、部署、检查和报告分管范围内的管党治党工作情况。加强对分管领域党员干部的经常性教育、管理和监督，发现问题及时咬耳扯袖，早提醒、早纠正。要担当廉政风险防控之责，盯住风险点和薄弱环节，督促指导分管部门和单位严明纪律、完善制度，加强廉政风险防控。

三要用好监督执纪"四种形态"。党的十八届六中全会通过的《中国共产党党内监督条例》明确提出，党内监督必须把纪律挺在前面，运用监督执纪"四种形态"，经常开展批评和自我批评、约谈函询，让"红红脸、出出汗"成为常态；党纪轻处分、组织调整成为违纪处理的大多数；党纪重处分、重大职务调整的成为少数；严重违纪涉嫌违法立案审查的成为极少数。要抓早抓小，善于运用前两种形态。运用监督执纪"第一种形态"，最根本的要求就是要拿起批评与自我批评的思想武器，自我批评一日三省，相互批评随时随地，通过经常性的咬耳扯袖、红脸出汗，不断增强各级党组织和党员遵从党章党规、加强党性修养的思想自觉和行动自觉。运用监督执纪"第二种形态"，各级党组织和党的领导干部必须扛起责任，坚持把纪律挺在前面，盯住"关键少数"与管住"绝大多数"并重、查处违纪案件与对监管主体的问责追究并重，通过党纪轻处分和组织处理，完善违纪问题的“熔断”机制，及时教育和挽救犯错误的党员干部。

三、强化监督，做到作风上过硬

党的十八大以来，从中央出台八项规定开始，全党上下纠正“四风”取得重大成效，但形式主义、官僚主义在一定程度上仍然存在，党的作风建设依然任重道远。当前，水利工作正处于攻坚克难、搏击奋进的关键时期，全省水利系统要统一思想，强化监督，持续改进作风，狠抓工作落实，努力在新时代河南全面建设社会主义现代化征程中实现水利新作为。

一要认真贯彻中央八项规定实施细则精神。领导干部尤其是处级以上级领导，要作好示范、当好表率，全面准确领会实施细则，自觉遵章守纪。全厅广大党员干部要充分认识贯彻落实中央八项规定实施细则及河南省办法的重大意义，增强自觉性和坚定性，严格遵守执行，不走样、不变通。要严格执行省委省政府贯彻落实中央八项规定实施细则精神的办法，不择不扣抓好落实。近期，我厅也将出台相关实施意见，厅属各级党组织也要结合单位和工作实际，出台相应的措施，确保不断把作风建设引向深入。要突出问题导向，紧扣水利工作实际，认真查找在贯彻执行中央八项规定精神、加强作风建设方面存在的问题，提出具体举措，严要求、严把关，不折不扣地抓好调研接待、公务用车、办公用房、违规发放津补贴等重点问题的自查自纠和整改落实工作，坚决杜绝出现违反中央八项规定精神的情况出现。

二要坚持不懈反“四风”。广大党员干部要认真学习习近平总书记关于进一步纠正“四风”、加强作风建设的重要批示，与学习党的十九大精神、习近平新时代中国特色社会主义思想有机结合起来，深刻认识到以习近平同志为核心的党中央坚定不移全面从严治党、持之以恒正风肃纪的鲜明态度和坚定决心，深刻认识到“四风”问题反弹回潮的严重危害，以更高的政治站位和政治自觉坚持不懈抓好作风建设。各级领导干部作为关键少数要发挥“头雁效应”，在纠正“四风”、加强作风建设上带好头，以上率下，从分管部门管起，从一件件小事、一个个细节抓起，坚决防止“四风”问题反弹，特别要紧盯即将到来的春节时间节点，带头落实廉洁过节等规定，带头接受监督，共同营造风清气正的良好政治生态。要迅速开展自查自纠，加大监督执纪问责力度，对无视纪律要求、不收手不收敛、继续顶风违纪的发现一起查处一起。要把贯彻中央八项规定精神、转作风情况作为年底民主生活会、组织生活会对照检查的重要内容，认真查摆“四风”突出问题尤其是形式主义、官僚主义的新动向、新表现，深刻剖析原因，做到边查边改、立查立改、一改到底。

三要深入基层调查研究，进一步深化改革。牢固树立以人民为中心的发展思想，着力拓展民生水利发展内涵，紧紧抓住人民最关心最直接最现实的涉水问题，加快构建保障民生、服务民生、改善民生、惠及民生的水利发展格局，不断满足人民日益增长的美好生活需要。要加大基层调研力度，多到涉水问题集中、群众生活困难的地区调研，倾听基层群众对水利的所求所盼，关心群众的生产生活，制定落实惠农惠民的水利政策，安排群众急需的水利项目，帮助群众发展水利增收致富。要进一步深化改革，着力解决南水北调办转型发展不平衡、不充分的问题。一是强化运行管理，积极探索配套工程省级统一调度管理与市、县分级负责相结合的“两级三层”管理体制，持续扩大供水规模和效益。二是强化水质管理，加强库区及沿线水质保护和生态环境建设，规范治污项目运行，确保水质长年稳定在Ⅱ类标准。三是强化生态补偿，积极争取中央财政支持，扩大丹江口库区及上游地区生态转移资金支持范围，促进水源地污染企业转型发展和水源区生态环境设施建设。四是强化对口协作，抓住国家对口协作的政策机遇，推进京豫两地对口协作项目加速落地。五是强化水政执法，加大执法能力建设，做到依法执法，严格执法。六是强化队伍建设，全面推进政治建设、思想建设、组织建设、作风建设、纪律建设，提高干部职工的整体素质和能力水平。

四要全面加强党的建设。党的十九大对新时代党的建设和全面从严治党作出了全面部署，提出了新任务新要求。开启新时代、踏上新征程，统揽伟大斗争、伟大工程、伟大事业、伟大梦想，必须更加脚踏实地，真抓实干，奋发作为，抓好各项工作落实，推动各项建设发展。要把为贯彻落实中央、省委决策部署提供服务保障作为机关党建的核心任务。省直机关党的建设成效，很大程度体现在推动各部门、各级党员干部坚决落实中央、省委决策部署上。对十九大在经济建设、政治建设、文化建设、社会建设、生态文明建设等各领域作出的部署，各级党组织要按照中央要求和省委安排部署，持之以恒抓好落实。既要细化工作方案和具体举措，也要抓好方案和举措的执行与督查，打通“最后一公里”。要以抓党建考核问责推动管党治党责任落实。各级党组织要从全面从严治党全局出发，把抓党建作为主责主业，把层层落实全面从严治党主体责任和监督责任扛起来、承担好。厅机关党委和各级党组织要上下联动、共同发力，加大主体责任情况考核，加强和改进基层党组织党建述职评议考核，切实把全面从严治党的责任落实到每个支部、每名党员。要引导党员干部在狠抓落实、务求实效上发挥先锋模范作用。要提高干部队伍适应新时代中国特色社会主义发展要求的能力，全面增强学习、政治领导、改革创新、科学发展、依法执政、群众工作、狠抓落实、驾驭风险等八个方面的执政本领，做到既政治过硬，也本领高强。坚持把抓落实的过程作为锻炼和检验党性的重要过程，在推动全面从严治党的丰富实践中提高党员干部抓落实的实际成效。加强对抓落实情况的监督检查，调动党员干部狠抓落实、干事创业的积极性，以钉钉子精神做实做细做好各项工作，不断开创全省水利各项工作的新局面。

同志们，在新的一年里，让我们高举习近平新时代中国特色社会主义思想伟大旗帜，认真落实省委、省政府决策部署，不忘初心，牢记使命，锐意进取、埋头苦干，奋力推进河南水利现代化建设新征程，为我省决胜全面建成小康社会、在新时代河南全面建设社会主义现代化新征程中做出新的更大贡献！

河南省南水北调办公室主任王国栋在2018年全省南水北调系统工作会议上的讲话

稳中求进　质效双收　合力谱写我省南水北调事业新篇章

2018年2月7日

同志们：

在新春佳节即将来临之际，我们召开2018年度全省南水北调系统工作会议。会议的主要任务是，传达学习贯彻国务院南水北调工程第八次建委会精神、国调办2018年南水北调工作会议精神，以及省委经济工作会议精神，全面总结2017年我省南水北调工作取得的成就，客观分析当前面临的形势、困难和挑战，对2018年工作进行安排部署。下面，我讲三点意见。

一、2017年工作回顾

2017年，全省南水北调系统干部职工，认真学习贯彻党的十九大精神和省委、省政府各项决策部署，锐意进取，攻坚克难，各项工作取得新成效，为我省经济社会发展提供了有力的水资源支撑，树立了南水北调工程良好品牌形象。总结2017年工作，主要有以下几点。

（一）狠抓关键措施落实，工程效益取得新突破

1.配套工程建设取得新进展。一是加快配套尾工建设。对配套尾工项目进行全面排查梳

理，建立问题台账，明确专人跟踪建设进度，组织现场检查并专题研究，破解各种制约因素，加快工程进度。目前，除平顶山、漯河、郑州、安阳市的个别穿越工程尚未完成外，其余尾工基本完成。二是强力推进自动化调度系统建设。通信线路方案设计及组网方案已全部确定，累计完成线路敷设717.38公里，占设计总长度的95.5%，濮阳市、南阳市（镇平县）、许昌市（长葛市）已与省局实现了联网通信，另有8个管理所已具备联网条件；流量计整套安装已完成130套，占合同总套数的77.84%；省建管局调度中心设备安装已完成，许昌市、濮阳市、南阳市管理处设备安装已完成，占总数的27.24%；许昌市4个、南阳市7个管理所已完成设备安装，占总数的25%；濮阳市3个、许昌市13个、南阳市32个管理房的设备安装已完成，占总数的34%。三是督促推进配套工程管理处（所）建设。管理处（所）已建成18座，在建20座，前期工作阶段（未开工）23座。

2.加快工程验收和移交，收尾工作取得新成效。一是积极审慎开展变更索赔。干线工程已累计处理变更索赔7082项，完成率99.4%。二是积极推进干线工程消防验收。南阳、平顶山、安阳建管处以及郑州建管处的新郑南段和潮河段、新乡建管处的新卫段凤泉区和焦作2段市区范围内消防设计备案工作已完成；安阳段、禹长段、宝郏段郏县范围内、新卫段凤泉区范围内消防验收备案工作已完成。三是努力推动跨渠桥梁竣工验收。我省委托段70座跨渠桥梁已全面完成竣工验收，占总数的15%；省国道跨渠桥梁已完成缺陷排查确认和移交协议签订；219座县道及以下跨渠桥梁完成缺陷排查确认，占总数的53%；四是有序推进工程档案验收。16个设计单元通过项目法人验收，5个设计单元通过工程档案检查评定；安阳段和新郑南段2个设计单元通过国调办专项验收；安阳段工程档案顺利移交中线局。五是加强外委项目验收移交。铁路交叉工程、35kV永久供电线路等外委项目档案整理、完工决算、行业验收正在进行。六是督促加快配套工程验收进度。分部工程、单位工程、合同项目完工验收分别完成86%、50%、41.9%。

3.积极督促水厂建设，供水效益再创新高。联合住建、水利部门加大督导检查力度，协调地方政府和有关单位，加快推进水厂建设。新建成水厂14座，在建13座。累计建成水厂67座，受水能力达到740.6万吨/日。2016～2017供水年度完成供水17.11亿立方米，占计划供水量的117%，累计供水41.3亿立方米。规划受水区11个省辖市和2个省直管县（市）全部通水，受益人口达到1800万人。

4.有序推进新增供水项目，扩大供水范围呈现新气象。清丰县新增供水工程建成通水，博爱县、鄢陵县供水工程主体完工，南乐县、新密市供水工程开工建设；开封市、驻马店市以及汝州市、内乡县、淮阳县、登封市、郑州市经开区、郑州市高新区、新郑市龙湖镇等供水工程的前期工作正加快推进。

5.压采和补水相结合，沿线生态改善有了新支撑。会同省水利厅制定了受水区2015–2020地下水压采五年规划，年度完成压采量2.96亿立方米，占五年规划任务的88.5%。积极开展生态补水，累计向沿线河湖补水5.78亿立方米，14座城市地下水位明显回升，其中许昌市回升2.6米，郑州市回升2.02米。尤其是去年秋季，紧抓丹江口水库秋汛、泄洪弃水有利时机，积极协调国调办、中线局，向7个省辖市河道及白龟山水库补水2.96亿立方米。这次生态补水得到陈润儿省长的充分肯定，他在省办专题报告上批示："这件事抓得好，并可从中总结一些经验和启示运用到今后的调水管理中去，发挥南水北调工程的综合效益，造福中原和沿线人民。"

（二）注重建章立制，运行管理呈现新局面

1.深入开展运行管理规范年活动。制定印发了规范年活动实施方案，明确了完善制度、健全队伍、加强培训、创新管理、规范巡检、强化飞检、落实整改、严肃追责等8个方面的任务和要求，机关各处室、各省辖市、省直管县（市）南水北调办有计划、有步骤地推进方案落实。坚持问题导向，积极开展“互学互督”，查问题，抓整改，补短板，推进运行管理规范化。

2.建章立制，健全队伍，保障运行管理顺利开展。省政府颁布实施了《河南省南水北调配套工程供用水和设施保护管理办法》，省南水北调办出台了《关于加强南水北调配套工程供用水管理的意见》等27项规章制度，各省辖市、省直管县（市）南水北调办也建立了运行管理规章制度，为工程运行管理提供了法规和制度保证。在委托有关单位协助做好泵站运行管理基础上，逐步充实运行管理专业技术人员，举办运行维护培训班，提高运行管理水平。

3.强化运行管理质量监管，有效保障工程安全。制定了配套工程运行监管、监督检查和稽察三项监管制度，形成了办领导带队飞检、巡查队伍日常巡查和专家稽察三位一体的监督检查新格局。省办领导带队对7个省辖市进行飞检，巡查队伍对11个省辖市、省直管县（市）进行巡查，同时组织稽察专家开展稽察，通过印发通报、约谈、复查等方式督促对发现问题的整改，消除了安全隐患，保证了工程运行安全。

4.积极开展水费收缴工作。面对水费收缴难、收缴不平稳问题，印发了水费收缴管理暂行办法，全年开展5次对受水区省辖市水费收缴工作的督导，努力做到应收则收。2017年收缴水费8.8亿元，通水以来累计完成16.6亿元，其中上缴中线局12亿元。

（三）坚持标本兼治，水质保护进入新常态

1.打好水污染防治攻坚战。认真抓好《河南省水污染防治攻坚战（1+2+9）总体方案》的贯彻落实。总干渠沿线排查排污单位668家，计划分三年完成整治，2017年计划取缔或整治183家，已全部完成，降低了总干渠环境污染风险。联合省环保厅、中线局河南分局、渠首分局对总干渠水源保护区内农村污染源进行排查，完成整治114个，协调省环保厅将剩余122个纳入《全国农村环境综合整治“十三五”规划》。积极配合环保部门，对总干渠保护区内新改扩建项目严格审核把关。2017年对27个项目进行了环境影响前置审查，其中有1个存在污染风险被否决。

2.积极做好水源地水质保护工作。一是积极配合省发改委做好《丹江口库区及上游水污染防治和水土保持“十三五”规划》实施方案编制工作，初稿已完成并征求相关部门意见。二是协调督促南阳市、淅川县做好库区高水位时段清漂工作。淅川县配置清漂船18艘，成立2000余人清漂队，累计清除水面漂浮物2000余吨。三是加强库区水质保护督导检查。对规划项目建设及运行情况，尤其是已建污水、垃圾处理厂运行情况进行重点督导。

3.强化应急管理。根据《河南省突发环境事件应急预案》，协调中线局河南分局、渠首分局修订完善《总干渠突发环境事件应急预案》，及时修订配套工程应急预案。联合中线局河南分局开展了突发水污染事件应急演练，增强了运管人员的风险意识，锻炼了队伍，提高了突发水污染事件的应急处置能力。

4.推动绿色发展。加强水源地生态保护，累计建成环丹江口水库生态林带18.33万亩，治理丹江口库区及上游水土流失面积2704平方公里，库区森林覆盖率达到53%；积极推进南水北调中线总干渠生态带建设，累计建成19.28万亩，占规划任务的89.3%。尤其是焦作市，举全市之力圆满完成中心城区段绿化带征迁任务，高标准、高品位的绿化带建设正在进行。

5.加大生态补偿。2008~2017年财政部下达我省丹江口库区及上游地区生态转移支付资金70.36亿元，2017年财政部累计安排我省总干渠生态补偿资金3.2亿元。这些补偿资金有效提升了我省库区及总干渠沿线绿色发展能力，增强了保护水质的内生动力。

6.扩大对口协作。北京市6区与我省水源区6县（市）建立了“一对一”结对协作关系。从2014年起，京豫对口协作项目建设稳步推进，干部人才交流有序进行，区县合作不断深化。北京市每年安排对口协作资金2.5亿元，围绕“保水质、强民生、促转型”，支持水源地经济社会发展和民生改善。

2017年，我省丹江口库区和总干渠河南段水质监测断面达标率100%，水质稳定达到或优于地表水Ⅱ类标准。

（四）强化执法监管，工程设施保护呈现新气象

1.健全执法队伍。按照省水利厅委托，成立了河南省南水北调水政监察支队，安阳、平顶山、焦作、新乡、濮阳、周口、许昌、漯河、南阳、邓州等市成立了南水北调水政监察大队，鹤壁市、郑州市正在筹备。

2.严格执法。认真贯彻执行南水北调工程有关法律法规，加强与省水政监察总队沟通联系，开展联合执法检查。会同有关市县处理了郑济高铁跨越配套工程输水管线、滑县35号线末端管道外漏、周口市隆达发电公司从沙河取水管道违规穿越配套工程等问题，依法保护配套工程设施安全。

3.加强配套工程招标监督。遵循公开、公平、公正原则，对配套工程中19批次41个项目招投标进行全方位、全过程跟踪监督，保证了招投标工作程序合法、操作规范。

4.开展课题研究。成立了河南省法学会南水北调政策法律研究会，发挥专家库、智囊团作用，结合南水北调工作实际，深入开展政策法律课题研究。

（五）坚持未雨绸缪，风险防控能力得到新提高

1.严控投资风险。成立了工程投资控制管理领导小组，制定了管控措施，坚持依法合规，严格变更定性，严审支撑材料，严格审批流程，积极审慎处理变更索赔项目；对变更争议较大、支撑材料不全、变更程序不完善的，从严、从紧审批；建立变更索赔核查工作机制，聘请专业机构对干线工程88个标段结算工程量进行现场核查，督促相关单位对发现问题及时整改；委托中介机构对争议较大的合同变更进行复核，对投资进行全面摸底，认真处理合同争议，严控投资风险。

2.加强财务管理，防范和化解资金风险，筑牢资金安全屏障。一是加强审计监督，配合国调办委托对省建管局建设资金审计，已按要求全部整改到位，并通过国调办内审整改复查；省办每季度对干线建设资金和行财资金开展一次内部审计，发现问题及时整改；安排第三方会计事务所进驻11个省辖市和2个直管县（市）开展配套工程内部审计，对审计报告中提出的问题，印发整改清单，提出整改要求，目前已基本整改到位。二是加强对我省南水北调运行物资采购和资产的管理监督。拟定了有关管理办法，规范采购与资产使用部门的职责，建立正常的保管、维修和保养制度，提高资金和资产的使用效率。三是加强对财务人员的培训，提高会计信息质量和会计工作水平。

3.建立完善应急机制，防控断水风险。进一步完善突发事件应急预案，建立备用水源应急切换机制，强化三级应急预案体系，提高了应对突发断水事件的实战能力。在国调办统一组织下，省办会同省水利厅、平顶山市政府、中线建管局和武警平顶山支队，联合举办防汛抢险应急演练，进一步提升了联合作战能力，积累了防汛抢险实战经验。积极推进配套工程市场化运维模式，通过公开招标选择实力强、有经验的专业队伍，承担配套工程维修养护和应急抢修工作。

4.认真做好信访处理工作，防范和化解稳定风险。认真贯彻落实《信访条例》，将信访工作纳入年度重点工作目标，成立信访工作领导小组，健全信访工作机制，制定信访突发事件应急预案，扎实做好矛盾纠纷排查化解。完成了国调办批转的37件信访举报事项办理，

累计接待信访群众18批次，均按照有关规定和程序进行了登记备案和办理销号。

（六）立足强基固本，队伍建设展现新风貌

1.扎实开展学习教育。深入学习贯彻党的十九大精神，用习近平新时代中国特色社会主义思想武装头脑、指导实践、推动工作。积极推进“两学一做”学习教育常态化、制度化，认真落实“三会一课”等党的生活制度，加强基层党组织建设。在广大干部职工中广泛开展坚持“四讲四有”标准、争做合格党员活动，充分发挥党支部的战斗堡垒作用和党员的模范带头作用，打造一支政治过硬、纪律严明、作风务实的南水北调干部职工队伍。

2.加大干部培训力度。有计划地组织党员干部到井冈山、延安和遵义干部学院、确山县竹沟革命纪念馆、红旗渠等红色教育基地，以及南水北调精神教育基地进行党性锻炼，组织各支部到定点扶贫村与贫困户一对一帮扶，联合高校、邀请专家开展专业技能和执法业务等各种培训，切实提高党员干部队伍的政治理论素养和工作技能。

3.扎实开展精神文明创建，弘扬南水北调精神。开展创先争优活动，精神文明建设成效显著，省办机关高分通过了省级文明单位复查。我办成立南水北调文化建设领导小组，积极组织开展南水北调文化研究，大力弘扬和宣传南水北调精神，引导和激励干部职工创新求精，奉献担当。利用通水三周年有利时机，精心组织各主流媒体开展多种形式宣传活动，媒体记者一线采风，发表了系列报道，全面展示工程通水三年来取得的突出成就，彰显了南水北调工程的巨大成功。积极支持省社科院、南水北调干部学院开展南水北调精神研究，得到国调办主任鄂竟平的充分肯定，去年8月亲临我省调研并主持召开座谈会，认为我省南水北调精神研究工作走在了全国前列，并对研究工作提出了明确要求。

4.认真落实精准扶贫，让干部接地气，解民忧。根据省委统一部署，省办定点帮扶确山县竹沟镇肖庄村。我办选调精干人员担任驻村第一书记。先后筹集、争取投资3140万元，该村学校、道路、饮水等基础设施基本建成，旅游开发、扶贫产业、集体经济发展势头良好。尤其是最近，协调省水利勘测公司出资，发动干部职工捐款，解决了肖庄村贫困户张长江女儿脊柱侧弯治疗问题，让绝望的家庭看到了希望，感受到社会大家庭的温暖。目前，患者已康复出院。

5.打造清正廉洁队伍。把党建工作放在首位，贯穿南水北调工作始终，全面推进政治建设、思想建设、组织建设、作风建设、纪律建设。广大党员干部在政治立场、政治方向、政治原则、政治道路上，坚决同以习近平同志为核心的党中央保持高度一致，全面贯彻执行党的理论和路线方针政策。认真落实中央八项规定精神，运用好监督执纪“四种形态”，抓早抓小，组织领导干部观看廉政教育片，用身边反面典型加强警示教育，筑牢拒腐防变的思想防线，使广大干部知敬畏、存戒惧、守底线，真正做到讲规矩、守纪律、保廉洁，干成事、不出事。

以上成绩的取得，得益于省委、省政府的坚强领导，得益于国务院南水北调办的精心指导和大力支持，得益于中线建管局等兄弟单位的团结协作，得益于省南水北调中线工程建设领导小组各成员单位的鼎力协助，更得益于全省南水北调系统广大干部职工的奉献和牺牲。我深深懂得，南水北调人是一个默默无闻、无私奉献的群体，是一群敢打硬仗、能打胜仗的英雄！我为能与大家一起共事、一起推动南水北调事业走向新辉煌而感到骄傲和自豪。在此，我代表省南水北调办，向同志们长期以来的不懈付出、无私奉献表示崇高的敬意和衷心的感谢！

二、当前工作面临的形势和挑战

成绩代表过去，摆在我们面前的道路仍不平坦。展望2018年，我们面临新的形势和诸多挑战，工作中还有不少困难和问题需要我们梳理破解。

（一）新时代面临的形势和任务需高度重视

中央和省委提出“稳中求进”的总基调，提出了“高质量发展”的总要求，省委经济工作会议提出2018年全省GDP增速7.5%，全社会固定资产投资增长8%左右，城镇化率提高1.5个百分点。这些数据看似与我们无关，实际上对我们的工作提出了更高要求。就说城市化率提高1.5%，就意味着多少万人要进城，要就业，要生活，用水需求必然增长。陈润儿省长去年在北京参加八次建委会期间，明确要求南水北调工程要服务工程沿线经济、社会转型升级，要求南水北调办提出具体方案。前天，武国定副省长在听取南水北调工作汇报后，明确提出了“确保供水安全、科学调度、综合利用、服务发展”的要求，要求南水北调办站位全省发展大局，强化服务意识，服务民生供水、服务生态建设、服务经济结构调整，实现南水北调工程效益最大化，为全省经济社会发展提供有力水资源支撑。省政府领导的要求给我们提出了新的课题，如何贯彻落实、抓出成效是一个新的挑战和考验。

（二）工作中面临的困难和问题需认真对待

经历了10多年的建设过程，南水北调工程虽然建成通水并发挥出巨大效益，但工作中也存在不少困难和问题。

1.工程收尾进度较慢。一是配套工程尾工和管理处所建设进展不平衡。配套工程剩余10项尾工，涉及8个省辖市，需加快推进；管理处（所）建设进展不平衡，全省尚有23个未开工，南阳市、许昌市和周口市进展较快，漯河市、新乡市滞后，尤其是漯河市无一开工，需奋起直追。二是自动化调度系统建设进度压力大。受管理处所进度影响，通信线路无法敷设，设备无法进场安装，年底前全省实现联网压力很大。三是变更索赔处理工作有待加强。干线部分降排水类合同变更已多次审查，仍未批复；部分设计单元限额以外价差资金未批复；一些合同争议尚未达成共识。配套工程变更索赔处理任务依然繁重，变更索赔处理率仅为77.63%，尚有460项合同变更未处理，部分省辖市处理率不足30%。四是配套工程验收进展不平衡。完成分部工程验收1207个、单位工程验收88个、合同项目完成验收70个，分别占总数的86%、56%和47%；濮阳、平顶山和许昌等市合同项目完成验收进展顺利，郑州市、新乡市尚未展开。

2.工程管理任务艰巨，风险防控需警钟长鸣。一是防洪风险。南水北调中线总干渠左岸防洪影响处理工程尚未全部完成。如遇突发超标准洪水，总干渠面临较大风险。二是工程断水风险隐患依然存在。中线只有丹江口水库唯一水源，枯水年份存在断水风险，新建调蓄工程迫在眉睫。但调蓄工程前期工作进展不快，工程规划用地等国家层面政策问题尚未取得突破。三是突发事件风险不可低估。中线总干渠战线长，公路跨渠桥梁多，突发水污染事故需加强防范。配套工程管道战线长，巡查管护难度大，一旦出现意外受损，断水风险概率大增。

3.供水效益发挥不均衡，南水综合利用尚有较大空间。2016～2017年度，全省供水17.11亿m^3，其中引丹灌区供水4.27亿m^3，占分配指标的71%；城镇供水10.79亿m^3，占分配指标的36%；丹江口水库秋汛期生态补水2.05亿m^3。供水较好的有：郑州市84%、濮阳市60%、许昌市54%；较差的有：焦作市5%、平顶山市11%、安阳市11%。除了正常供水外，如何充分利用南水北调工程分配水量，利用好洪水资源，改善生态环境，需要我们加强研究，制定方案，抓好落实。

4.财务管理亟待加强，资金风险不容忽视。一是水费收缴进展缓慢。由于现阶段个别地市财政支付能力不足，配套水价机制尚未建立，水费税收政策未落实，导致水费收缴滞后。全省水费收缴率仅为43%，影响工程正常运行。二是资金安全风险不可忽视。尤其是配套工程，由于征迁实施规划与实际发生的征迁

工作有出入，导致征迁资金未及时核销，长期挂账。目前全省各市（县）共有存量征迁资金82507万元（含银行利息2124万元），省辖市中最多的安阳市有15074万元、最少的濮阳市也有2170万元，县级最少的西平县有271万元。其他的市县我就不再一一点了。大家要高度重视，抓紧时间全面梳理征迁资金，解决遗留问题，加快各种税费缴纳，加快未兑付项目的资金兑付。

5.水质保护任重道远。一是水源保护区污染风险排查治理任务繁重，治理主体、资金保障、政策保障等方面还不够到位。二是水源区乡镇的污水、垃圾处理设施尚处试运行和间歇运行状态，污水管网不配套、收集处理率低。三是水源区经济结构调整不到位，涉污企业退出机制、生态补偿机制功能尚不健全。四是对口协作仍需在产业扶持上下功夫，增强水源区地方政府的“造血”能力。

三、2018年工作安排

2018年南水北调工作思路是：深入学习贯彻党的十九大精神，贯彻落实国务院南水北调八次建委会、国调办2018年南水北调工作会议和省委经济工作会议精神，立足全省经济社会发展大局，坚持“稳中求进”总基调，围绕“质效双收”总目标，突出重点，狠抓关键措施落实，圆满完成年度目标任务。

2018年主要目标是：干线变更索赔工作6月底前完成；配套工程尾工、管理处（所）建设、自动化建设等工作年底前完成；年度供水完成17.73亿立方米，受益人口增加50万人；当年水费按时足额收缴，历年欠费全部清理；库区和总干渠水质稳定保持在Ⅱ类及以上标准。

（一）抓牢“一条主线”：稳中求进，质效双收

2018年我们的工作主线是“稳中求进，质效双收”，这是我们工作的总基调和总目标，要围绕这一主线，定好调子，把握方向，掌握节奏，找准着力点，实现新突破。

1.必须把“稳”放在首位，在“稳”上下功夫。“稳”是底线，是基本，不可动摇。南水北调工作“稳”的内涵十分丰富。一是工程运行管理要安全平稳，不能大起大落，不能出现因故障导致的突发断水事件。二是工程效益要平稳，城市供水要平稳，满足群众生活需要。三是工程质量要平稳，下决心抓好存在问题整改，保证工程质量稳定，让工程经得起时间和历史检验。四是水质要平稳，包括水源地水质、总干渠输水水质都要稳定保持在Ⅱ类及以上标准，这是底线，不可突破。五是干部队伍要平稳，立足干成事，不出事。六是社会大局要平稳，化解好南水北调不稳定因素，为社会稳定做贡献。

2.必须在“稳”的基础上求“进”，在“进”上多着力。“进”是追求，是目标。新时代，新气象，新要求，我们要深刻领会中央和省委战略意图，既要立足“稳”，也要在“稳”的基础上求“进”，推动各项工作上台阶，实现新突破。

3.必须坚持高质量发展，在“质”上做文章。中央和省委提出“高质量发展”总要求，我们要全面贯彻落实，结合南水北调工作实际，做好“质”这篇大文章。一要突出抓好工程质量，包括干线尾工、管理处所建设、自动化建设、新增供水目标和调蓄工程建设等，凡是涉及工程质量的一定要追求高标准、严要求。二要突出抓好调水质量。水质决定南水北调工程成败，要在稳定保持Ⅱ类水质基础上，再提高一步，让水质更好，让人民更满意。三要突出抓好工作质量。省办部署的工作，要认真对待，要追求高标准、高质量、快节奏、高效率。四要提升干部队伍质量。我们这支队伍，加上市县的同志，少说也有近千人。在新的一年，要加强学习，提高素质，提高胜任工作的能力和水平。

4.必须坚持“效益优先”，在“效”上求突破。俗话说，“不干赔钱买卖”。南水北调也一样，也不干“赔钱买卖”，要坚持“效益优

先”原则，这里讲的“效益”分三个层次。首先是社会效益。南水北调首先是惠民工程，让北方人民有水喝，喝好水。坚持以人民为中心，突出社会效益这一根本出发点，只有人民群众满意了，我们的工作才算合格。其次是生态环境效益。坚持“绿水青山就是金山银山”理念，追求生态环境效益，通过建设丹江口水库环库生态带、南水北调中线生态带，以及向沿线河道进行生态补水，促进沿线城市水生态文明建设，以实际行动践行对党和人民的承诺。第三是经济效益。南水北调工程投资分三部分，除国家资本金、南水北调基金外，很大一部分是银行贷款。投资构成决定了南水北调工程在追求社会效益、生态效益的同时，必须考虑经济效益，也就是把水费收上来，如果水费收不上来，银行贷款如何偿还？工程运行管理如何维持？所以，2018年我们必须追求工程效益，在“效”上求突破。

（二）突出五项重点工作

南水北调工作千头万绪，不能眉毛胡子一把抓，要重点突出，突出重点，在重点上着力，在重点上突破。2018年要突出抓好“五个重点”。

1.全力做好工程建设收尾和验收移交。一要抓好配套工程建设。加快配套尾工建设，实行尾工台账销号制度，加大督查力度，督促加快配套管理处（所）以及鄢陵、博爱供水支线等剩余工程建设进度，所有尾工要在2018年底前全部完工；加快推进配套工程管理处所建设。管理处所未开工建设的市县，必须采取有力措施，及早开工建设。这里强调，所有管理处（所）建设要在2018年全部完成。加强配套在建项目质量、进度、安全大检查，及时督促发现问题的整改，确保工程质量和安全。二要加快变更索赔处理扫尾工作。积极协调中线局，抓紧处理干线工程变更索赔问题。已批复项目要列出清单，抓紧向中线局申请资金拨付；未批复项目，本着实事求是、先易后难、快干快结的原则，加强与中线局的协调与沟通，切实加快剩余变更索赔项目的处理，力争2018年6月底前处理完毕。配套工程变更索赔项目要力争2018年底前全部处理完毕。三要抓好工程验收移交。督促推进消防验收备案工作，满足消防专项验收计划节点目标要求。按照档案验收计划，稳步推进，确保按时间节点完成。加强配套工程验收管理，修订验收计划，建立考核奖惩机制，加快推进分部工程、单位工程、合同项目完成等验收工作。积极协调推进剩余跨渠桥梁的缺陷排查确认、移交协议办理等竣工验收前准备工作，实现验收工作目标。

2.全力做好配套工程运行管理，确保供水安全。供水安全是首要政治责任，我们要始终站在讲政治的高度，切实抓好运行管理，确保工程供水安全。一是继续做好配套工程规范化运行管理。深入开展运行管理规范年活动，总结去年经验，完善创新制度，适时开展“互学互督”。要加强与中线局对接，按照供水计划，科学调度水量，确保各市县供水调度安全。要继续完善运行管理体系，充实运管人员，强化运管队伍建设。加强配套工程运行监管，不断加强和完善“飞检、日常性巡检、专业化稽察”三位一体运行管理监管体系，坚持问题导向，及时消除各类风险隐患。对问题整改不认真、不到位的运管单位实行责任追究。二是加快推进配套工程自动化、智能化建设。加大自动化建设督办力度，实行重奖重罚，确保年底前全部完成。各市县要做好征迁环境协调和管理处所建设，为自动化建设创造条件。省办统一组织、加快推进配套工程基础信息系统及巡检智能管理系统应用推广。三是推进配套工程管理范围和保护范围划定。以郑州市配套工程为试点，推进配套工程管理范围和保护范围划定。四要做好安全生产。加大安全生产督查力度，定期组织安全生产大检查，加大整改督办力度，消除安全隐患，确保在建工程生产安全。继续做好南水北调工程防汛工作，及早部署，提前演练，扎实备汛，确保工程安全度汛。五要强化执法监管。各市要尽快建立南水北调执法队伍，充实执法人员，及时开展执法人员培训，提高队伍素质和执法水平。积极与省水政监察总队联系，充分利用行业执法力量，依法开展执法监察，坚决制止和依法处理危害配套工程设施安全的行为。要加强南水北调配套工程运行管理稽察，发现问题，及时责令整改。

3.在水质、水量和效益上力求突破。一是持续不懈做好水质保护工作，确保水质稳定达标。坚决打好水污染防治攻坚战，协调配合环保部门开展总干渠保护区污染源排查、整治工作；严把总干渠保护区新改扩建项目环境影响审查关，杜绝水源保护区新上和改建扩建污染项目；尽快完成总干渠水源保护区调整工作，协调设立保护区标牌标识；配合省发改委积极推进库区水污染防治和水土保持“十三五”规划实施工作，督导项目进度，对规划完成情况进行考核；协调林业部门和地方政府加快总干渠和库区生态带建设；继续会同省发改委督促对口协作项目落实，按时完成协作项目；开展丹江口水库消落区管理、库区规范化建设和管网水质监测等交流合作研究。二是积极扩大供水范围和供水水量。积极会同省住建厅加大对规划受水水厂建设的督导，力争2018年新通水一批，增加供水量，扩大供水范围；切实抓好开封市、郑州市经开区和新郑市龙湖供水工程等新增供水配套工程项目前期工作，积极协调中线局批复取水口方案，协调完成初步设计报告编制和审批，争取早日开工建设。三是多策并举，综合利用“南水”，服务沿线经济社会发展。要坚持“以水润城”，以调蓄工程建设为重点，规划实施一批“南水”综合利用项目，先看水后吃水，实现南水北调工程效益最大化。积极利用市场机制，加快推进干线新郑观音寺调蓄工程、辉县市洪洲湖抽水蓄能电站，以及其他调蓄工程项目前期工作，积极协调推动立项建设。四是抓紧编制生态补水计划。去年生态补水，7个省辖市受益，也有一些省辖市没有预案，无法引水。省政府领导明确指示，今年要加大生态引水力度。各市县要高度重视，积极会同水利部门提前编制生态用水计划，省办汇总后报国调办、中线局，一旦进入汛期，条件具备，按计划实施生态补水，改善沿线生态环境，造福人民群众。五要加强对南水北调综合效益的宣传。要组织主流媒体记者深入重点一线采访，全方位、多角度宣传报道南水北调工程发挥的巨大效益，为南水北调工作营造良好氛围。

4.加强财务管理，确保工程资金安全。一要持续加强财务管理。加强资金管理与审批，提高资金利用率。严格按照水费收缴及使用管理暂行办法及年度预算，切实做好运行管理费的使用管理，对财务收支做到事前、事中、事后全方位监控，确保内控制度健全有效，各项资产安全完整，财务收支真实合法。做好财务人员选配和培训，加强财务人员队伍建设，努力提高财务人员业务素质。二要着力抓好水费征收。水费是工程运行的保证，用水交费，天经地义。从三个供水年度水费收缴情况综合统计来看，各地水费上缴进展很不平衡，省辖市收缴率最高的是许昌市，为68.3%，最低的周口市，仅8.24%。邓州、滑县都不错，分别为74.16%、66.22%。要建立健全水费收缴年度考核激励机制和奖惩机制，对水费缴纳不力的，提请省政府重点督办。积极清缴历史欠费，向各市通报欠费情况，各市县要抓紧结清；不能结清的，省办向各市市长发函。如仍未解决，暂停受理各市生态用水和扩大供水申请，提请省政府从转移支付中扣除。三是加强审计监督。要高度重视、全力配合审计署郑州特派办的审计工作。按要求提供相关材料，积极解疑释惑。对审计发现问题，凡是能整改的，要立整立改；暂时整改不了的，要制定整改方案，尽快整改。要充分运用内审手段发现问题，对省办历次组织内审发现的问题，尚未完成整改的，要抓紧完成，并报告省办。四要加快征迁资金兑付，化解资金风险。各单位要按照省办统一部署，认真做好征迁资金梳理工作，6月30日前必须完成，并加快未兑付项目资金兑付。至7月30日，各单位所有账面存量征迁资金一律上缴省建管局。

5.持续不懈加强干部队伍建设。一要加强业务技能学习。广大干部职工要做一个读书人，勤学习，善思考，重实践，深领悟。正确把握党和国家重大方针政策，深入学习中华传统文化，刻苦钻研本领域业务工作，让多读书、善思考成为习惯。要深入学习国家南水北调工作会议精神，准确领会今后一个时期南水北调工作重点，结合我省实际抓好落实。要认真学习省委经济工作会议精神，尤其是谢伏瞻书记和陈润儿省长重要讲话精神，把南水北调工作摆进全省工作大格局，找准定位，理清思路，抓好落实。二要加强作风建设。南水北调工作涉及方面广，环节多，来不得半点的马虎、松懈和扯皮。省办部署的工作，各单位要建立台账，明确责任，限时完成；不能按时完成的，要有个说法。三要加强干部管理。坚持党管干部原则，突出政治标准，坚持德才兼备、以德为先，坚持事业为上、公道正派。坚持正确选人用人导向，真正把政治强、能担当、敢负责、善创新的人才选拔出来。要加强干部监督，加强依法廉洁从政教育，严管与厚爱相结合，激励和约束并重，充分调动干部干事创业的积极性、主动性、创造性。充分利用提醒、诫勉和个人事项报告抽查核实等措施，将从严治党、从严治吏要求落到实处。

在做好以上工作的同时，还要抓好以下几项工作。一要积极开展精神文明创建。创新体制机制，加强南水北调文化和精神研究，抢救整理南水北调故事，组织创作一批文艺作品，弘扬南水北调精神。积极开展创先争优和精神文明创建，努力保持省级文明单位称号。二要切实做好精准扶贫工作，圆满完成省委省政府下达的精准扶贫工作任务。三要做好信访稳定工作，建立信访“台账”，明确责任，制定预案，依法处理，有效化解社会矛盾，确保社会大局稳定。四要做好综合治理和平安建设工作。按照省综治委要求，制定方案，明确责任，抓好落实，确保工程运行和工程设施安全，促进平安河南建设。

（三）坚定不移推进全面从严治党

1.始终坚持把党的政治建设摆在首位。全省南水北调系统干部职工要不断提高政治站位和政治自觉，切实增强政治意识、大局意识、核心意识和看齐意识，坚决维护习近平总书记在党中央和全党的核心地位，坚决维护党中央权威和集中统一领导，在政治立场、政治方向、政治原则、政治道路上始终同党中央保持高度一致。严格执行党的政治纪律和政治规矩，坚决防止和纠正自行其是、各自为政，有令不行、有禁不止，上有政策、下有对策的行为，坚定政治立场，坚决反对搞两面派、做两面人。

2.抓好政治学习。要深入学习马克思主义、毛泽东思想、邓小平理论、“三个代表”、科学发展观、习近平新时代中国特色社会主义思想；深入学习党的十九大精神，中纪委十九届二次全会精神，认真研读党的十九大报告和党章，学习习近平系列重要讲话精神，坚持读原著、学原文、悟原理，做到学深悟透，提高自己的政治素质和理论水平。

3.推进党建制度全面贯彻落实。全面加强党内法规制度的宣传贯彻，认真贯彻执行党内政治生活若干准则，推动各项制度要求落地生根，加强专题培训，加强督查督办，提高制度执行力。

4.切实加强党风廉政建设。坚决贯彻落实党的十九大精神、中纪委十九届二次全会部署和省纪委十届三次全会要求，切实抓好南水北调系统党风廉政建设和反腐败工作。关于党风廉政建设工作，下午还要召开专门会议进行安排部署。

春节将至，各单位要认真做好值班工作，领导干部要带头值班，手机保持24小时畅通，离开河南要请假，决不允许出现擅自脱岗现象。要加强值守和巡查巡护，确保工程安全和供水安全。

同志们，新的征程已经铺开，新的任务已经到来。在新的一年，让我们紧密团结在以习近平总书记为核心的党中央周围，高举习近平新时代中国特色社会主义思想伟大旗帜，不忘初心，牢记使命，坚持稳进并重，质效双收，奋力推进我省南水北调各项工作，最大限度发挥工程效益，为中原崛起、河南振兴做出新贡献，向省委、省政府和全省人民交上一份满意的答卷！

在传统新春佳节即将来临之际，提前向大家致以新春的祝福：祝大家春节愉快，工作顺利，阖家幸福！

谢谢大家！

河南省南水北调办公室主任王国栋在党建暨精神文明建设工作会议上的讲话

2018年3月13日

同志们：

经主任办公会议研究，我们今天召开党建暨精神文明建设工作会议。主要议题是，认真学习贯彻党的十九大精神和中央、省委对党建及精神文明建设工作的要求，对我办党建和精神文明建设工作进行安排部署。刚才，继成同志系统总结了去年我办党建和精神文明工作情况，对今年的工作任务作了全面安排，我都同意；会议表彰了先进集体和优秀党员，他们中的优秀代表作了发言，各有特色，值得大家学习借鉴。

2017年，在厅党组和办领导班子的正确领导下，我办机关党建和精神文明建设工作取得了突出成绩，有力促进和推动了中央、省委决策部署的贯彻落实,确保了南水北调各项工作任务的圆满完成。进入2018年，我省南水北调工作面临新的形势和任务，省委、省政府领导对南水北调系统寄予厚望，责任更重，压力更大。要完成好省委、省政府赋予我们的历史使命，就必须坚定不移地抓好党建工作，以党建推动精神文明建设，以党建工作推动南水北调各项工作再上新台阶。

下面，就如何做好今年党建和精神文明建设工作，我讲几点意见。

一、深入学习贯彻党的十九大精神，牢牢把握新时代党建和精神文明建设的深刻内涵

*（一）统筹把握党的建设总体布局，把政治建设摆在首位。*党的十九大提出了新时代党的建设总体布局，即“全面推进党的政治建设、思想建设、组织建设、作风建设、纪律建设，把制度建设贯穿其中，深入推进反腐败斗争”。要整体把握六大建设的整体性和系统性，就要深刻领会以下七点：第一，政治建设是本，要始终坚持把党的政治建设摆在首位；第二，思想建设是魂，要用习近平新时代中国特色社会主义思想武装党员；第三，组织建设是体，切实加强党的基层组织建设；第四，作风建设是形，要坚决贯彻中央八项规定精神和省委贯彻落实八项规定精神实施细则办法，从根本上改进作风；第五，纪律建设是尺，要把纪律建设作为党建工作重要一环，严明组织纪律，进一步正风肃纪；第六，制度建设是矩，要把制度建设贯穿于南水北调党建工作全过程；第七，反腐斗争是基，必须以坚如磐石的决心深入推进反腐败斗争，让党员干部知敬畏、存戒惧、守底线。

*（二）深刻领会新时代基层党组织和党员职责义务。*十九大报告和修改后的新党章在党的组织建设上有六大新变化：一是压实党组主体责任。二是强调政治功能。三是突出建设重点。四是充实基本任务。五是明确党支部地位作用。六是明确机关、事业单位和社会组织中基层党组织的职责作用。对发展党员的标准和党员的义务方面作了新规定。党章第五条强调，“发展党员，必须把政治标准放在首位”。党章第三条增写了党员义务：“认真学习习近

平新时代中国特色社会主义思想”，自觉遵守党的纪律，“首先是政治纪律和政治规矩”等内容。这就要求我们党支部要发挥战斗堡垒作用，党支部担负着直接教育党员、管理党员、监督党员和组织群众、宣传群众、凝聚群众、服务群众的职责。党员要履行党员义务，发挥先锋模范作用，带头践行社会主义核心价值观，带头弘扬中华民族传统美德，勇于揭露和纠正违反党的原则的言行等。

（三）正确把握新时代精神文明建设工作新方向。党的十九大报告指出，社会主义核心价值观是当代中国精神的集中体现，把社会主义核心价值观融入社会发展各方面，转化为人们的情感认同和行为习惯。在加强思想道德建设方面，强调提高人民思想觉悟、道德水准、文明素养，提高全社会文明程度。广泛开展理想信念教育，深化中国特色社会主义和“中国梦”宣传教育，深入实施公民道德建设工程，推进社会公德、职业道德、家庭美德、个人品德建设，激励人们向上向善、孝老爱亲，忠于祖国、忠于人民。加强和改进思想政治工作，深化群众性精神文明创建活动等诸多内容，为我们今后开展精神文明建设提供了前进方向。

二、以党的十九大精神为指导，全面加强党的建设

（一）严明党的政治纪律。新形势下加强和规范党内政治生活，必须以党章为根本遵循，坚持党的政治路线、组织路线、群众路线，着力增强党内政治生活的政治性、时代性、原则性、战斗性。必须旗帜鲜明讲政治，坚决维护党中央权威和集中统一领导，坚决维护习近平总书记在党中央和全党的核心地位，自觉在思想上政治上行动上同以习近平同志为核心的党中央保持高度一致，坚定不移地把党中央决策部署落到实处。

（二）落实政治生活制度。要坚持“三会一课”、领导干部参加双重组织生活、民主生活会、组织生活会、民主评议党员、党组织书记述职述廉等党内生活基本制度，提高党内政治生活质量。强化党内政治生活制度的约束力和执行力，促进制度效力和功能作用的发挥，增强党组织的凝聚力和党员的制度意识，形成遵守制度的良好氛围。要严格执行新形势下党内政治生活若干准则，完善和落实民主集中制，按照“集体领导、民主集中、个别酝酿、会议决定”的基本原则，运用民主方法形成共识、开展工作，营造民主讨论的良好氛围。用好批评与自我批评这个锐利武器，使红脸出汗成常态，让党内政治生活的“炉火”烧得更旺。

（三）抓牢“两个责任”落实。要以党章党规为遵循，以“四个意识”为标尺，以正风肃纪为重点，坚持以上率下，层层传导压力，全面落实管党治党的政治责任，持续深化风清气正的政治生态，推动全面从严治党“两个责任”落地生效。各支部书记要认真履行第一责任人职责，对照责任清单，抓住关键点位，抓牢主体责任。班子成员要履行“一岗双责”，对班子集体领导负责，对所分管领域负责。各支部书记要把全面从严治党和监督执纪问责的“两个责任”扛在肩上，把管党治党要求融入到业务工作中去，定期研究、部署、检查，发现问题及时咬耳扯袖，早提醒、早纠正，用好监督执纪“四种形态”，加强廉政风险防控，切实把全面从严治党的责任落实到每个支部、每名党员。

（四）抓好意识形态工作。习近平总书记指出：“意识形态工作是党的一项极端重要的工作”，“历史和现实反复证明，能否做好意识形态工作，事关党的前途命运，事关国家长治久安，事关民族凝聚力和向心力。”广大党员干部要深入理解、准确把握“极端重要”的内涵和实质，从坚持和发展中国特色社会主义伟大事业、巩固党的群众基础和执政基础的高度，来认识意识形态工作的重要性和紧迫性。坚持和发展中国特色社会主义，坚定理想信念主心骨；培育壮大社会主流价值，形成强大的精神力量；着眼于“四个全面”战略布局，唱响时代发展主旋律。党员领导干部、各支部书记要增强政治意识，牢牢掌握领导权，增强阵地意识，牢牢掌握管理权，增强创新意识，牢牢掌握话语权，切实负起政治责任和领导责任，把意识形态工作抓实抓好。

（五）加强干部队伍建设。坚持党管干部原则，坚持德才兼备、以德为先，坚持五湖四海、任人唯贤，坚持事业为上、公道正派，把好干部标准落到实处。坚持正确选人用人导向，匡正选人用人风气。突出政治标准，提拔重用牢固树立“四个意识”和“四个自信”、全面贯彻执行党的理论和路线方针政策、忠诚干净担当的干部。注重培养专业能力、专业精神，增强干部队伍适应新时代发展要求的能力。要加强对干部的教育管理，克服官僚主义、得过且过、不求上进的不良风气，切实增强工作主动性，增强服从意识和大局意识。要大力发现储备年轻干部，注重在基层一线和困难艰苦的地方培养锻炼年轻干部。坚持严管和厚爱结合、激励和约束并重，完善干部考核评价机制，建立激励机制和容错纠错机制，对敢于担当、踏实做事、不谋私利的干部，要旗帜鲜明地撑腰鼓劲。要关心爱护基层干部，主动为他们排忧解难。

三、以加强精神文明建设为抓手，树立干部队伍新形象

（一）提高思想站位。要把习近平总书记关于社会主义精神文明建设的重要论述，学深悟透，融会贯通。要认真学习省委关于推进“两个文明”协调发展的重要部署，贯彻落实谢伏瞻书记关于“大力培育和践行社会主义核心价值观，弘扬焦裕禄精神、红旗渠精神、愚公移山精神，凝聚决胜全面小康的强大正能量”的讲话精神，贯彻落实中央文明委《关于深化群众性精神文明创建活动的指导意见》。要深刻领会掌握，切实用讲话精神和部署要求统一思想、推动工作。

（二）加强宣传教育。要强化精神文明宣传教育，积极培育和践行社会主义核心价值观，坚持从日常行为抓起，从言行举止做起，从办公环境治起，对内练内功、强素质，对外讲规矩、树形象；要坚持以立为本、立破并举，制度保障等措施，把正确的价值观导向立起来，强起来，进一步提升机关精神文明建设水平，形成“人人参与、人人共享”的良好局面。

（三）注重家风建设。要深入贯彻落实习近平总书记关于“注重家庭、注重家教、注重家风”的重要指示精神，深化文明家庭建设，把社会主义核心价值观融入到党风政风、社风家风培育之中。党员领导干部要带头抓好家风建设，形成爱国爱家、相亲相爱、向上向善、共建共享的良好家风，促进良好社会风气的形成和巩固，做到家风正、作风淳，使良好的家风成为我办全体党员干部职工的思想自觉、行动自觉，为我办中心工作增光添彩。

（四）深化创建活动。要持续推进文明社会风尚行动。围绕讲文明、有公德、守秩序、树新风，建立和谐清新的人际关系，全面提升个人文明素养；要持续开展群众性文化活动。利用春节、元宵、清明、端午、中秋、重阳等民族传统节日，组织开展“我们的节日”主题活动，丰富节日内涵、弘扬民俗文化，推进机关文体活动经常化常态化。

（五）加强能力培养。《论语》上讲，智者不惑，仁者不忧，勇者不惧，充分说明了知识的重要性。用今天的话来讲，就是学识影响眼界，眼界决定格局，格局影响人生。广大党员干部要增强学习的紧迫感，努力提高自己的学识，提升自己的眼界，放大自己的格局。要建设学习型机关，加强党员干部业务技能学习，加快知识更新，加强实践锻炼，大力营造“讲学习、爱学习、会学习”的浓厚氛围。要积极引导广大干部职工多读书、读好书，使干部职工养成善读书、勤思考的好习惯，既要政治过硬，也要本领高强，不断提升自身综合素质和业务能力，增强干事创业的能力，打造一支能打善战、战之能胜的干部队伍。

（六）抓好复查验收。按照省级文明单位年度复查测评体系及我办2018年度精神文明建设工作要点，细化分工、落实责任，认真做好复查验收的各项准备。机关各处室、各项目建管处要确保本处室干部职工无违法违纪、失信被执行和违反计划生育政策等情况发生，为我办向省级文明标兵单位迈进打下坚实基础。

四、以服务中心任务为根本，实现南水北调工作新跨越

围绕中心、服务大局是党建和精神文明建设的立足点和落脚点。我省南水北调工作正步入转型期，工程收尾、配套工程建设、变更索赔、各类验收等任务依然繁重，供水安全、水质保护、水费征缴、工程管养等工作面临新挑战。同时，省委省政府对南水北调工作寄予厚望，陈润儿省长明确要求南水北调工程要为河南经济转型升级提供水资源支撑。我们面临的任务更加艰巨。因此，机关党建和精神文明建设工作必须服务好南水北调中心工作，为中心工作保驾护航。一要切实增强全体党员的“四个意识”，提高党员服务决策、执行政策、推动落实的能力。二要强化机关党组织的教育、管理与监督职能作用，做到中心工作强调什么，需要什么，党建工作就突出什么，保障什么；中心工作推进到哪里，各级党组织就跟进到那里，形成互动、互促。三要坚持为民、务实、清廉、高效的工作作风，强化责任落实，创新工作机制，着力提升自身服务水平和工作效率。四要自觉把党建放在南水北调事业发展大局中思考谋划，紧贴中心任务，找准切入点、选好结合点、聚焦突破点，坚持党建工作与中心工作同谋划、同部署、同考核。五要抓党建促文明建设，继续开展“学雷锋志愿服务”和“我们的节日”等主题活动，继续开展“创先争优”流动红旗评比、文明处室、文明职工和先进党支部、优秀共产党员等评选活动，表彰先进，树立典型。六要动员党员干部职工，围绕“稳中求进、质效双收”总思路，弘扬南水北调精神，加快配套工程建设，强化行政执法能力，提升运行管理水平，加大水费收缴力度，确保工程运行安全平稳，供水水质稳定达标，供水效益持续发挥，为全省经济社会发展提供强有力的水资源保障。

同志们，当前和未来五年，正值党领导全国人民实现全面建成小康社会第一个“一百年”目标决胜期，正值河南跨越式发展的攻坚期，正值我省南水北调事业发展的关键期，让我们高举习近平新时代中国特色社会主义思想伟大旗帜，认真落实省委、省政府决策部署，持续抓好党建和精神文明建设，推动南水北调事业更好更快发展，为决胜全面建成小康社会、让中原更加出彩做出新的更大贡献！

谢谢大家！

重 要 事 件

2018年全省南水北调工作会议召开

2018年2月7日，河南省南水北调办公室在郑州召开2018年全省南水北调工作会议。省南水北调办主任王国栋、副主任贺国营、杨继成，副巡视员李国胜出席会议。省南水北调办机关全体干部职工、各项目建管处副处级以上干部，各省辖市、直管县市南水北调办主任和综合科长，涉及水源区上游水质保护工作的卢氏县发展改革委、栾川县南水北调办负责人参加会议。

贺国营主持会议，杨继成传达国务院南水北调办2018年南水北调工作会议精神和副省长武国定在听取南水北调工作汇报后的讲话精神，各省辖市省直管县市南水北调办主任作大会交流发言，各省辖市省直管县市南水北调办主任、机关各处处长、各项目建管处处长向王国栋递交2018年度目标责任书。

王国栋全面回顾总结2017年河南省南水北调工作取得的成就。2016～2017供水年度完成供水17.11亿m^3，占计划供水量的117%，累计供水41.3亿m^3。规划受水区11个省辖市和2个省直管县市全部通水，受益人口达到1800万人。2017年，河南省丹江口库区和干渠河南段水质监测断面达标率100%，水质稳定达到或优于地表水Ⅱ类标准。成立南水北调水政监察支队，各市成立大队；严格执法，与省水政监察总队联合执法检查，查处一批违规穿越配套工程案件；加强配套工程招标监督，开展南水北调政策法律课题研究。严控投资风险；建立完善应急机制，防控断水风险；信访处理工作稳妥，防范和化解稳定风险。开展学习教育；加大干部培训力度；开展精神文明创建，弘扬南水北调精神；落实精准扶贫，让干部接地气，解民忧；打造清正廉洁队伍。

王国栋分析河南省南水北调工作中存在的问题，主要包括：工程收尾进度较慢；工程管理任务艰巨，风险防控需警钟长鸣；供水效益发挥不均衡，南水综合利用尚有较大空间；财务管理亟待加强，资金风险不容忽视；水质保护任重道远。

王国栋提出，2018年要深入学习贯彻党的十九大精神，贯彻落实国务院南水北调八次建委会、国务院南水北调办2018年南水北调工作会议和省委经济工作会议精神，立足全省经济社会发展大局，坚持“稳中求进”总基调，围绕“质效双收”总目标。主要目标是干线变更索赔工作6月底前完成；配套工程尾工、管理处所建设、自动化建设等工作年底前完成；年度供水完成17.73亿m^3，受益人口增加50万人；当年水费按时足额收缴，历年欠费全部清理；库区和干渠水质稳定保持在Ⅱ类及以上标准。

王国栋强调要抓牢“一条主线”（稳中求进，质效双收）、突出五大重点，强化政治保障。

河南省南水北调办公室主任王国栋调研新郑观音寺调蓄工程

2018年2月28日，河南省南水北调办公室主任王国栋、副主任杨继成带领有关处室、省水利设计公司、省水利勘测公司等单位负责人到新郑市观音寺调蓄工程选址现场调研，并在新郑市召开座谈会，听取新郑市政府和项目设计单位有关情况汇报，对调蓄工程前期工作做出具体安排。

王国栋指出，调蓄工程是优化水资源配置，改善生态环境，充分发挥南水北调工程效益，促进地方经济发展的重要举措。省委省政府高度重视河南省水资源短缺问题和南水北调工程的开发利用工作。省长陈润儿、副省长武国定多次听取汇报，要求省水利厅、省南水北调办贯彻党的十九大提出的水利等九大网络建设和习近平总书记16字治水方针，统筹全省水资源总体布局，研究规划南水北调工程效益发挥，新建拦蓄调蓄工程和引水调水提水工程，开展节水灌溉，加强水生态文明建设，实现以水润城，支撑河南经济的转型发展。

王国栋对下一步工作提出三点要求：一、统一思想，提高认识。把思想统一到中央的治水方针和省委省政府的治水要求上来，充分认识南水北调调蓄工程对河南省经济发展的重要支撑作用，加快工作进度，在观音寺调蓄工程建设上率先实现突破。二、建立台账，明确责任。从解决实际问题出发，把规划选址、水资源论证、移民安置大纲等专题逐项落实到责任单位、责任人。省水利勘测设计有限公司要尽快研究制定出观音寺调蓄工程建设前期工作台账，明确责任人和时间节点，倒排工期，按照时序要求稳步推进。三、统筹协调，合力推进。各单位要明确牵头人，建立高效的沟通联络机制，统筹协调，形成合力，促进项目前期工作扎实开展。

河南省副省长武国定调研南水北调中线工程水源区

2018年3月10日，河南省副省长武国定到淅川调研南水北调中线水源区。省南水北调办主任王国栋及南阳市政府负责人参加调研。

武国定一行到丹江口水库、南水北调中线工程渠首大坝和南水北调水质监测应急中心，查看丹江口水库水质情况，听取生态保护、水质监测、渠首工程建设及运行管理情况汇报，询问丹江口水库库容、面积、水深、年平均来水量大小，中线工程调水机制等情况。

武国定强调，南水北调中线工程通水三年来，工程效益、社会效益、生态效益越来越大，工程的重要性日益凸显。南水水质好，口感甜，提升沿线人民群众生活的幸福感，百姓生活中已经离不开丹江水。他要求，一是要站在讲政治的高度确保工程安全、水质安全、调度安全。南水是生命水、政治水，南水北调成败在水质，要确保水质稳定达标。二是要做好库区周边生态保护工作，绷紧水质监测这根弦，风险防控要居安思危，未雨绸缪，一旦发现问题要立即上报，及时应对。三是河南省南水北调工程要以“确保供水安全、科学调度、综合利用、服务发展”为要求，立足全省发展大局，服务民生供水、服务生态建设、服务经济结构调整，实现南水北调工程效益最大化，为全省经济社会发展提供有力水资源支撑。

河南省南水北调办公室副主任杨继成调研指导驻村扶贫工作

2018年3月13～14日，河南省水利厅党组成员、省南水北调办副主任杨继成带队到定点扶贫村确山县竹沟镇肖庄村调研指导工作。省南水北调办投资计划处、建设管理处、审计监察室、各现场建管处及两家水利企业负责人参加。

杨继成一行查看肖庄村艾草加工企业，在村部与村干部召开座谈会。肖庄村支部书记代表肖庄村小学向河南省水利勘测设计研究有限公司、河南省水利勘测有限公司负责人敬献锦旗，感谢两家企业对肖庄小学做出的贡献。杨继成一行到村小学、王富贵村民组等乡村旅游项目进行实地查看。

座谈会上，杨继成结合中央十九大会议及全国十三届人大一次会议精神，就乡村振兴战略、国务院机构优化调整等问题，对肖庄村的发展提出自己的看法。杨继成要求：一是继续推进产业规划和发展，乡村振兴战略中的五个振兴，产业振兴排在第一位，只有肖庄村把艾草加工、电子厂、光伏发电、乡村旅游及特色养殖等产业规划发展起来，才能吸引政府和社会资金的投资，进而高标准示范带动周边农村的发展；二是要加强肖庄村组织建设，推进抓党建促振兴，进一步发挥党员干部致富带头人的作用，把基层党组织建成坚强战斗堡垒，吸引更多的人才到肖庄村发展；三是要加强村内环境综合整治，扎实推进农村人居环境三年行动计划，继续完善村内生活设施，提高村民环保意识，有效整治村容村貌，实现“农业强、农村美、农民富”目标。

栾川县代表团参加第六届北京农业嘉年华活动

2018年3月17日~5月14日，栾川县代表团参加第六届北京农业嘉年华活动，布置以“奇境栾川·自然不同”为主题的栾川展厅，并在展厅内展出无核柿子、栾川槲包、玉米糁、蛹虫草等六大系列81款“栾川印象”特色农产品。4月18日，北京市昌平区发展改革委、人社局、工商联等20余家相关单位负责人到栾川县考察指导南水北调水源区对口协作工作。7月24日，昌平区对2018年昌平区对口支援项目进行审计。8月6日，昌平区霍营街道办事处主任黄森华等一行到栾川调研结对，霍营中心小学与冷水镇龙王庙村完全小学结对，北京市昌平区霍营街道办事处与栾川县冷水镇结对。8月9日，由栾川县投资促进局主办、昌平区投资促进局协办的栾川县对外经济技术合作推介洽谈会在昌平区召开。8月28日，昌平区卫计委到栾川县调研对接，并谋划下步重点工作。9月17日，北京市昌平区宣传部到栾川就对口协作工作开展以来昌平区对栾川的工作成效进行媒体采访。

南水北调2018年汛前生态补水

2018年4月17日，根据南水北调中线工程水源地丹江口水库蓄水情况，水利部决定实施生态补水，南水北调中线工程建设管理局开启退水闸向河湖水系补水。河南省南水北调办公室会同省水利厅向受水区省辖市省直管县市政府印发《关于做好近期南水北调生态补水有关事宜的函》（豫水政资函〔2018〕44号），召开受水区省辖市省直管县市水利局、南水北调办负责人参加的生态补水紧急视频会议安排部署，要求抓住机遇“多引、多蓄、多用”南水北调水，改善受水区生态环境，确保补水效益。随后省南水北调办领导分别带队到受水区的11个省辖市2个直管县市督导生态补水、配套工程尾工建设、南水北调水资源利用规划、安全生产和防汛、水费收缴等工作，推进南水北调工作质效双收。截至5月2日，全省累计生态补水6283万m^3，其中南阳2968万m^3、平顶山465万m^3、许昌239万m^3、郑州969万m^3、焦作401万m^3、鹤壁546万m^3、濮阳275万m^3、安阳420万m^3。

南水北调2018年汛前生态补水统计表

数据统计截至2018年5月3日8时

序号	省辖市	补水流量（m^3/s）	补水总量（万m^3）	补水退水闸和分水口门
1	南阳市	25	2968	白河退水闸，清河退水闸
2	平顶山市	5	465	沙河退水闸，北汝河退水闸
3	许昌市	2.98	239	颍河退水闸，17号分水口门
4	郑州市	7	969	沂水河退水闸，双洎河退水闸，十八里河退水闸，索河退水闸
5	焦作市	5	401	闫河退水闸
6	鹤壁市	5	546	淇河退水闸
7	濮阳市	3.48	275	35号分水口门
8	安阳市	7.35	420	汤河退水闸，安阳河退水闸
9	新乡市	0	0	
合计		60.81	6283	

河南省南水北调办公室主任王国栋调研郑州市南水北调配套工程

2018年4月23日，河南省南水北调办公室主任王国栋调研郑州市配套工程并召开座谈会。郑州市副市长李喜安参加座谈会，省南水北调办综合处、投资计划处、环境移民处、建设管理处主要负责人，郑州市水利局、南水北调办主要负责人随同调研并参加座谈会。

王国栋一行到郑州市尖岗水库和郑州市南水北调配套工程管理处建设工地，调研水库工程和管理处所建设进展情况，协调部署生态补水相关事宜。叮嘱尖岗水库要加快工程进度，倒排工期，5月底完成工程建设，6月初开展生态补水工作。要按照省委省政府领导要求，多引多蓄多用南水北调水，利用生态补水的机会，增加水量，优化水质，提升郑州人民的幸福感。

座谈会上，郑州市南水北调办汇报生态补水及配套工程进展情况。王国栋对重点工作提出五点要求，一是生态补水再挖潜力。要充分挖掘郑州市域内水库、河道的潜力，要对正在施工的水库、河道施工方案、工程进度及度汛措施进行再落实，在保证工程安全、度汛安全的基础上，优化方案，加快进度，为生态补水提供条件。二是配套工程建设再加快。要加快管理设施和尾工的建设进度，推进档案验收工作，尽早移交干线跨渠桥梁，为10月底前完成配套工程验收奠定基础。三是南水北调工程水资源综合利用规划再落实。南水北调水资源的综合利用要站在全省的角度统筹考虑，通过科学调度，实现综合利用效益。要明确专人专班负责，建立台账，明确时间节点，在干渠少开口门的前提下，加快推进调蓄工程的规划和建设，最大限度的消纳现有供水指标，提升供水效益和综合利用效益。四是安全措施再细化。要高度重视防汛度汛安全，加强运行管理，建立健全防汛应急预案和抢险队伍，及时补充防汛物资，对工程设施严格排查隐患，加强值班值守和巡查，确保工程供水安全和度汛安全。五是水费收缴再加力。水费收缴工作是今年河南省南水北调重点工作之一，省南水北调办建立健全水费收缴年度考核激励机制和奖惩机制，对水费缴纳不力的，将提请省政府重点督办。郑州是河南省南水北调工程用水量最多的城市，需要交纳的水费也最多，在水费征收方面要再加大力度，采取措施按时足额交纳水费。

河南省委书记王国生调研南水北调焦作城区段绿化带项目建设

2018年5月9日，河南省委书记王国生调研南水北调焦作城区段绿化带项目建设情况。王国生听取城区段绿化带、高铁经济片区征迁安置建设情况，询问绿化带东西长度、南北宽度、设计单位、周边历史遗迹以及南水北调纪念馆、南水北调第一楼规划设计情况。王国生指出，南水北调绿化带建设是个大工程，也是个重大发展机遇，焦作市委市政府气魄很大，征迁魄力很大，群众很支持。王国生强调，要做好安置工作，把群众安置作为重大民生工程，多为群众办实事、解难事。要抓好工程建设，做到有景观、有配套、有文化。要体现文化内涵，因为是南水北调的绿化带，所以在每条路上都要能感觉到南水北调文化，能够边走边体验到这种文化。大家休闲散步能看到这些东西，时间长了不仅有吸引力，更会有凝聚力。要在这个方面做好文章，可以在一些节点上起些名字，给设计单位提出来，坐下来论证一下。要总结发现典型，在征迁过程中，有什么典型，可以利用南水北调这个机遇和载体进行挖掘、激活、放大。要坚持以人为本，建设亲水设施，让群众看到水、享受水，感受南水北调带来的变化。要加强水质保护，确保一渠清水永续北送。王国生强调，要注重历史传承，珍惜这一独特宝贵资源，把南水北调精神挖掘好传承好，记录和保存好这本活教材。

河南省水利厅党组副书记南水北调办主任王国栋主持召开主任专题办公会议部署脱贫攻坚工作

2018年5月9日，河南省水利厅党组副书记、南水北调办主任王国栋主持召开主任专题办公会议，传达学习全省脱贫攻坚第六次推进会议精神，听取派驻确山县肖庄村第一书记扶贫工作汇报，并就贯彻落实会议精神进行动员部署。

全省南水北调系统要学习贯彻落实省委书记王国生、省长陈润儿讲话精神，紧跟党中央和省委省政府工作步伐，坚定不移地推进脱贫攻坚工作落实。要弘扬南水北调精神，以更高的站位、更宽的视野、更大的力度，扩大供水效益服务贫困受水区经济转型、产业升级和高质量发展、绿色发展，支持受水区脱贫攻坚、乡村振兴。

省南水北调办要进一步加强党对扶贫工作的领导，把脱贫攻坚与乡村振兴结合，全力推进定点扶贫村确山县肖庄村脱贫攻坚，驻村扶贫干部要笃行焦裕禄同志对群众的那股亲劲、抓工作的那股韧劲、干事业的那股拼劲，把提高脱贫质量放在首位，在产业扶贫上再下功夫，加快扶贫项目实施进度，重点支持肖庄村艾草加工、光伏发电等扶贫产业滚动发展，以产业振兴促进肖庄村脱贫振兴；发挥南水北调水利科技优势，重点推进扶贫项目回龙湾水库、挡水坝工程，以生态效益带动肖庄村乡村旅游业和特色种植业。

省南水北调办要进一步巩固扩大肖山村8户30人脱贫成效，以“等不起”的紧迫感、“慢不得”的危机感、“坐不住”的责任感，深度聚焦贫中之贫、困中之困的6户9人，找准穷根，集中攻坚；一户一策，精准发力。驻村第一书记要发扬成绩、再接再厉，精准把握扶贫政策，抓好“两委”换届，激发内生动力，团结肖庄村人民群众，找到脱贫攻坚最大公约数，画出脱贫攻坚最大同心圆。

河南省南水北调工程2018年度防汛工作会议在郑州召开

2018年5月23日，河南省南水北调办公室、河南省防汛抗旱指挥部办公室、南水北调中线干线工程建设管理局在郑州召开河南省南水北调工程2018年度防汛工作会议。省南水北调办副主任杨继成、省防办主任申季维、中线建管局副局长李开杰出席会议。会议指出，2017年南水北调防汛工作取得显著成效，干渠多处防汛隐患均得到有效处理。根据气象预报2018年河南省气象年景较差，西北部降水比常年偏多，干渠输水工程经过河南省山前多个暴雨中心地带、安全度汛隐患较大。南水北调中线工程承担向京津等地城市供水任务，要求高。同时，河南省南水北调干渠还存在交叉河流上下游防洪标准低、应急抢险水平不高等问题，防汛形势依然严峻。

会议强调，2018年是贯彻党的十九大精神的开局之年，是实施十三五规划承上启下的关键一年，各有关单位一是提高认识增强防汛责任感。各级各部门要清醒认识到肩负的责任，站在对国家、对人民负责的高度，提升站位，增强南水北调工程防汛工作的责任感、紧迫感。要全面贯彻落实习近平总书记提出的“两个坚持、三个转变”的防灾减灾新理念，按照“建重于防，防重于抢，抢重于救”的方针实落实各项措施，确保安全度汛。二是落实责任推进防汛准备工作。要健全以行政首长负责制为核心的防汛责任体系，在各级防指的统一指挥下，将防汛责任明确到各单位、部门、人员。要进一步完善度汛方案和应急预案，备齐备足防汛物资设备，组织防汛抢险演练，提升应急处置能力。三是加强领导督查问责。各省辖市、直管县市南水北调办要加大对辖区内南水北调防汛工作的督促检查力度，中线建管局河南分局、渠首分局要督促各三级管理处落实各项防汛措施，确保国务院南水北调办和河南省防指的安排部署落到实处。四是加强管理确保工程设施安全。加强安保队伍建设，完善安保巡查制度，加强协调配合，共同开展南水北调工程安全保卫工作，严禁无关人员进入工程管理区域，严厉打击破坏工程设施违法行为。五是严格值班值守确保信息通畅。按照省防指的统一安排，南水北调防汛各有关单位要严格落实领导带班、防汛值班值守制度，明确时间地点人员及要求，及时掌握现场水情工情汛情，加强信息报送。省南水北调办将会同省防办加强督促检查，对值班值守工作不落实的单位和人员要严肃追责。

各省辖市省直管县市南水北调办，陶岔建管局，中线建管局河南分局、渠首分局，省南水北调办（建管局）总师、机关各处、各项目建管处负责人以及干线工程运管处负责人参加会议。

“水到渠成共发展”网络主题活动在陶岔渠首启动

2018年5月28日，“水到渠成共发展”网络主题活动在河南省南阳市南水北调中线工程陶岔渠首启动。活动由中央网信办网络新闻信息传播局和原国务院南水北调办综合司、建设管理司联合主办，京津冀豫四省市网信办和南水北调中线建管局承办。来自人民网、中国水利报、河南卫视、河南日报等30多家媒体的记者组成采风团，从陶岔渠首出发，途经河南、河北、天津、北京4省市1400km，结合南水北调工程，宣传沿线各地贯彻新发展理念、推进现代化经济体系建设取得的成效和实践。

河南省副省长武国定检查指导安阳市南水北调防汛工作

2018年6月4日，河南省副省长武国定带领省政府副秘书长朱良才，省水利厅厅长孙运峰，省南水北调办副主任杨继成，省防汛抗旱办公室主任申季维等一行，到南水北调中线干渠安阳河倒虹吸现场检查指导防汛工作，安阳市副市长刘建发，市政府副秘书长王建军，市水利局局长郑国宏，市南水北调办主任马荣洲、副主任郭松昌随同检查。

武国定在南水北调中线干渠安阳河倒虹吸工程现场检查防汛工作落实情况。他指出现在海河流域进入汛期，据气象部门预测，2018年海河流域降雨量较常年偏多，防汛形势严峻，各级各部门要切实做好防范超级天气、异常天气的准备，落实防汛责任，完善防汛预案，备足防汛物料，加强防汛演练，从讲政治的高度做好南水北调防汛的各项工作，确保南水北调干渠安全，确保工程效益最大化。

省南水北调办副主任杨继成在现场要求，安阳市南水北调办和南水北调中线管理单位要做好防大汛、抗大灾、抢大险的思想准备，全力以赴做好南水北调防汛各项工作，确保工程安全平稳度汛。

南水北调2018年生态补水完成

河南省南水北调工程生态补水截至6月11日8时，全省全年累计生态补水32175万m^3，其中南阳11453万m^3、漯河32万m^3、平顶山2407万m^3、许昌3693万m^3、郑州3152万m^3、焦作3285万m^3、新乡1247万m^3、鹤壁2286万m^3、濮阳1447万m^3、安阳3173万m^3。

南水北调2018年生态补水统计表

数据统计截至2018年6月11日8时

序号	省辖市	补水流量（m³/s）	补水总量（万m³）	补水退水闸和分水口门
1	南阳市	26	11453	白河退水闸，清河退水闸，9号分水口门
2	漯河市	0.37	32	17号分水口门
3	平顶山市	7	2407	澧河退水闸，沙河退水闸，北汝河退水闸
4	许昌市	12.18	3693	颍河退水闸，17号分水口门，18号分水口门
5	郑州市	7	3152	沂水河退水闸，双洎河退水闸，十八里河退水闸，贾峪河退水闸，索河退水闸
6	焦作市	10	3285	闫河退水闸
7	新乡市	0	1247	香泉河退水闸
8	鹤壁市	8.2	2286	淇河退水闸，35号分水口门
9	濮阳市	3.48	1447	35号分水口门
10	安阳市	10	3173	汤河退水闸，安阳河退水闸
合计		84.23	32175	

河南省划定和完善南水北调中线工程总干渠饮用水水源保护区

2018年6月28日，经河南省政府同意，由河南省南水北调办公室、省环境保护厅、省水利厅、省国土资源厅联合制定的《南水北调中线一期工程总干渠（河南段）两侧饮用水水源保护区划》（简称《区划》）正式印发实施。

省南水北调办联合省环境保护厅、省水利厅、省国土资源厅对原保护区划定方案进行完善。按照确保干渠输水水质安全，依法依规并结合沿线的经济发展规划科学合理划定的原则，加快推进保护区调整工作。组织编制《南水北调总干渠（河南段）饮用水水源保护区调整方案》，组织召开保护区调整方案专家咨询会、审查会、评审会，并两次发函向沿线政府和有关省直部门征求意见，针对反馈的各种意见建议，组织专家逐条进行研究分析，采纳合理建议，进一步调整完善方案。

完善后干渠河南段两侧饮用水水源保护区涉及南阳市、平顶山市、许昌市、郑州市、焦作市、新乡市、鹤壁市、安阳市8个省辖市和邓州市。干渠两侧饮用水水源保护区分为一级保护区和二级保护区。划定一级保护区面积106.08km²，二级保护区面积864.16km²。

《区划》规定，南水北调中线一期工程干渠（河南段）两侧饮用水水源保护区所在地各级政府要按照有关法律法规加强饮用水水源环境监督管理工作。在饮用水水源保护区内，禁止设置排污口；禁止使用剧毒和高残留农药，不得滥用化肥；禁止利用渗坑、渗井、裂隙等排放污水和其他有害废弃物；禁止利用储水层孔隙、裂隙及废弃矿坑储存石油、放射性物质、有毒化学品、农药等。在一级保护区内，禁止新建、改建、扩建与供水设施和保护水源无关的建设项目。在二级保护区内，禁止新建、改建、扩建排放污染物的建设项目。

全省南水北调对口协作项目审计监督工作会议在卢氏县召开

2018年7月4日，全省南水北调对口协作项目审计监督工作会议在卢氏县召开，来自南水北调水源地的6县市相关领导到会，交流经验，取长补短，加强协作，共谋发展。省发展改革委地区处处长王斌、北京市支援合作办一处干部陈国府出席会议，县领导张晓燕、孙会方、魏奇峰参加会议或陪同调研。会后，与会人员到文峪乡红石谷景区实地观摩生态环境改造项目，到县产业集聚区考察乐氏同仁三门峡制药有限公司异地扩建项目，到横涧乡实地考察梅花温泉生态小镇项目。

北京市怀柔区党政代表团到卢氏县开展对口协作工作

2018年7月12～13日，北京市怀柔区委副书记、区长卢宇国带领党政代表团，到卢氏县开展对口协作工作。三门峡市常务副市长范付中，卢氏县领导张晓燕、孙会方、魏奇峰出席座谈会或陪同调研。

怀柔区与卢氏县因水结缘、因协作结亲，自2014年开展对口协作以来，卢氏县累计使用对口协作项目援助资金8840万元，援建项目33个，在水质保护、产业发展、基础设施、美丽乡村建设和人才培训等方面取得显著成效。

范付中在座谈会上致辞，代表市委、市政府对怀柔区党政代表团的到来表示欢迎，向怀柔区委、区政府长期以来对卢氏经济社会发展给予的支持和帮助表示感谢。张晓燕表示，怀柔区和卢氏县在自然禀赋方面有许多相似之处，怀柔区改革开放和经济发展的经验值得卢氏学习和借鉴，双方合作有着广阔的空间和潜力。

卢宇国在讲话中要求，怀柔区相关部门要主动和卢氏县对口单位加强对接，尽快制定各重点领域、重点项目对口协作实施方案。同时要加强统筹协调，按计划推动工作，确保各项协作任务尽快落实。要加强双方企业的信息交流，针对结对帮扶村的实际情况，发挥企业在技术、人才、资源等方面的优势，在推动产业发展、培育农村专业合作组织、开展就业培训等方面加强合作，促进贫困劳动力就业增收，实现当地脱贫与企业发展共赢。同时要打好教育、医疗“组合拳”，推动双方学校、医院结对帮扶。要加强镇、村层面的合作，在产业项目、乡村建设等方面实现资源共享、优势互补。卢宇国希望在卢氏挂职的怀柔干部要研究卢氏的资源禀赋、产业结构和发展现状。

怀柔区怀北镇、怀柔镇分别与卢氏县五里川镇、朱阳关镇签署结对交流战略合作框架协议。怀柔区青龙峡旅游公司、怀柔京实职业培训学校、北京博龙阳光新能源高科技开发有限公司、北京春风药业有限公司分别与卢氏县五里川镇河南村，朱阳关镇王店村、岭东村、涧北沟村签订帮扶协议，双方交接帮扶款项。会后，怀柔区党政考察团到卢氏县电商创业园、春风药业连翘扶贫定制园、五里川镇特色文化小镇建设项目、朱阳关镇岭东村京豫对口协作项目实地查看，并慰问部分贫困群众。

全国人大代表第四专题调研组到焦作市调研南水北调焦作城区段绿化带项目建设

2018年8月13日，省人大常委会副主任张维宁带领驻豫全国人大代表第四专题调研组到焦作市调研南水北调焦作城区段绿化带项目建设工作。全国人大常委会副秘书长郭振华，省委常委、宣传部长赵素萍，省政协副主席龚立群，省水利厅厅长孙运锋一同调研或出席座谈会。市领导王小平、徐衣显、杨娅辉、王建修、李世友、郜小方、王付举陪同调研或出席座谈会。

河南省召开南水北调工程规范管理现场会暨运行管理例会

2018年8月28～29日，河南省南水北调办公室在南阳市召开河南省南水北调工程规范管理暨运行管理例会，对工程规范化运行管理和南水北调其他工作进行全面安排部署，要求全省南水北调系统进一步贯彻落实习近平总书记提出的水利工作方针和对南水北调工作的重要指示批示精神，实施“四水同治”，提高南水北调工程规范化运行管理水平。

与会人员实地观摩南阳市配套工程管理处、田洼泵站，方城县配套工程新裕水厂、配套工程管理所，实地察看陶岔渠首工程，调研丹江口水库河南库区水质保护情况，在南阳市召开会议。南阳市南水北调办主要负责人介绍规范化运行管理经验，各省辖市省直管县市主要负责人介绍各自做法，渠首分局、河南分局主要负责人介绍相关情况，省南水北调办主任王国栋作总结讲话。王国栋肯定南阳市配套工程规范化运行管理经验，分析当前工作中存在的一些矛盾和问题，对下步工作提出明确要求。一要优化运行管理体制，完善相关制度，加快信息化建设，持续加强配套工程规范化运行管理。二要努力扩大南水北调工程供水效益。要协调推进剩余16座受水水厂及配套管网建设，加强新建成9座水厂的通水运行管理，统筹推进扩大供水目标、调蓄工程前期工作、秋冬季生态补水工作。三要统筹水资源、水生态、水环境、水灾害“四水同治”，加快推进南水北调水资源综合利用规划编制工作。四要加速剩余工程建设，提速工程验收。6项配套工程供水线路尾工建设2018年底前要全部建成；加快管理处所建设，36座未完工的要在年底前完工，16座未开工的要确保年底前开工。优化验收方案，科学规范验收，建立验收台账，密切沟通协调，逐项落实责任，确保分阶段完成验收任务。要规范、加快干线、配套工程变更索赔处理，加快推进干线、配套工程完工财务决算编制与审核，推进征迁安置验收和档案验收。五要树牢底线思维，守住安全底线。要把保护水质安全放在重要位置，对尚未处理完成的74处污染源要加快解决，消除污染风险；要加大安全生产督查力度，重点是防汛和维护工程安全；要严格执行用水调度计划，加强工程巡查和定期观测记录，发现问题立即处理，确保供水安全。六要坚决贯彻落实副省长武国定批示精神，借鉴郑州市和滑县南水北调办水费收缴经验，采取有力措施，推进水费收缴，力争解决拖欠水费问题。七要按照水利厅党组和地方党委安排，树牢“四个意识”，统一思想行动，开展中央巡视反馈意见和审计问题整改落实，坚决把突出问题整改到位。南阳市委常委、常务副市长景劲松到会致辞，省南水北调办副主任贺国营通报全省南水北调水费收缴情况、管理处所建设情况、上次运行管理例会纪要事项及工作安排落实情况；省南水北调办副主任杨继成主持会议。省南水北调办机关有关处室、各项目建管处主要负责人，各省辖市省直管县市南水北调办主要负责人，渠首分局、河南分局主要负责人，有关设计、监理和配套工程维护单位负责人参加会议。

河南省南水北调办公室主任王国栋带队对许昌市生态环境保护工作暗访督查

2018年9月15日，河南省南水北调办公室主任王国栋带领全省生态环境违法违规行为专项整治行动第十督查组对许昌市生态环境保护存在的问题进行暗访督查。督查组对许昌市中央环保督察交办案件落实情况、“散乱污”企业清理、群众举报反映的问题等“四个一批”落实情况进行现场检查。省环保厅总工程师李维群、有关处室负责人和有关新闻单位记者随同参加暗访督查。

王国栋一行到许昌市东城区、经济开发区、襄城县、禹州市和长葛市进行暗访督查，督查组在暗访中看到，襄城县对中央环保督察交办的脱硫设施不能正常运行的陶瓷企业采取铁腕措施，对企业煤气发生炉正在实施拆除；针对中央环保督察“回头看”交办的禹州市砂石料企业典型污染问题，禹州市采取整合资源、矿山生态同步修复、提升整改标准等措施，以宜鑫建材有限公司为牵头企业进行生产工艺改进，解决建材行业污染严重问题。在许昌市碧桂园建安府施工现场、长葛市红树林木业有限公司和长葛市同兴化工厂，王国栋要求针对企业存在的环境问题加大整改力度，要主动承担环境保护责任，规范企业行为。针对许昌市经济开发区双龙停车场砂场和禹州市浅井镇振兴煤矿洗砂场等“散乱污”企业，王国栋要求坚决予以取缔，要采取综合整治措施，切实加强监管，严防死灰复燃。

暗访结束后，王国栋与许昌市副市长赵庚辰、许昌市环保局主要负责人交换意见，希望许昌市继续按照全省污染防治攻坚战工作部署，落实省委书记王国生“四个看一看”要求，按照属地管理原则，强化环境执法监管，持续开展问题整改，坚决打击各类环境违法行为。

国务院副总理胡春华到南水北调中线陶岔渠首枢纽工程现场考察

2018年10月16日，国务院副总理胡春华到南水北调中线陶岔渠首枢纽工程现场，考察水质保护及工程运行情况。水利部部长鄂竟平等领导陪同调研，中线建管局汇报中线工程水质保护及运行管理情况。

全国政协委员到河南省调研南水北调中线工程

2018年10月29日～11月2日，全国政协提案委员会副主任郭庚茂、戚建国、臧献甫和部分住京津冀全国政协委员到河南省，就“充分发挥南水北调中线工程效益”进行专题调研。调研组11月2日在郑州召开座谈会，听取河南省有关情况介绍。省政协主席刘伟主持会议。

座谈会上，调研组对河南在南水北调中线工程建设中做出的贡献和取得的成绩给予充分肯定。郭庚茂强调，要强化战略思维，聚焦发挥供水能力、保障供水安全、加强水生态建设等问题，精准提出建议，助力南水北调中线工程取得更大效益，为沿线地区经济社会持续健康发展提供有力支撑和保障。戚建国指出，要深刻认识充分发挥南水北调中线工程综合效益的重大意义，完善体制机制，加强对口协作，科学规划、积极建设调蓄水库等配套工程，做好这项宏伟工程的下半篇文章。臧献甫建议，探索建立沿线地区共建共享机制，共同努力保护好水质，解决供水隐患，扩大供水范围，确保一渠清水永续北送。

刘伟代表省委书记王国生、省长陈润儿，对全国政协提案委员会关心支持南水北调中线工程建设和河南工作表示感谢。他指出，要以习近平生态文明思想为指导，认真梳理归纳调研组提出的意见建议，为形成高质量报告和提案做好基础工作，在充分发挥南水北调中线工程效益、促进生态文明建设等方面贡献政协力量。

在豫期间，调研组一行到南阳、许昌、郑州等地，实地察看南水北调中线工程综合利用、水源地生态保护和脱贫攻坚等情况。

全国政协委员、天津市政协副主席张金英，解放军报社原副总编辑陶克等参加调研。副省长徐光在会上介绍有关情况，省政协副主席李英杰和秘书长王树山参加座谈会，省政府有关部门负责人与调研组成员进行互动交流。

南腔北调

贰 规章制度·重要文件

规 章 制 度

河南省南水北调中线工程建设领导小组办公室保密制度

2018年5月14日
豫调办〔2018〕37号

第一章　保密工作机构设置及职责要求

第一条　河南省南水北调中线工程建设领导小组办公室（以下简称省南水北调办）保密委员会是省南水北调办保密工作的领导机构，由以下人员组成：

委员会主任：省南水北调办主任。

委员会副主任：省南水北调办副主任。

委员：省南水北调办总工程师、总会计师、总经济师，机关各处室处长（主任）。

保密委员会办公室设在综合处，综合处处长兼任办公室主任。

第二条　保密委员会的职责

（一）在保密主管部门的领导下，贯彻执行党和国家有关保密工作的方针政策、决定指示和工作部署。

（二）按照保密主管部门的要求，制定本单位保密工作计划、方案，并认真组织实施。

（三）研究决定本单位保密工作的重大问题和审查审批保密管理有关事项。

（四）组织开展保密宣传教育，加强涉密人员管理。

（五）认真组织落实保密技术（含人防、物防、技防）的各项要求，并提出加强和改进保密工作的意见、建议。

（六）开展保密监督检查工作，协助查处本单位发生的重大泄密事项。

第二章　内设机构和保密工作小组

第三条　省南水北调办各处室是保密工作责任主体，应当设立保密工作小组，在省南水北调办保密委员会的领导下履行具体管理本部门各类保密工作的职责。机关处室主要负责人为保密工作小组组长，明确一名班子成员分管，选配专人负责从事日常保密管理工作。

第四条　保密工作小组的职责

（一）经常研究本处室的保密工作，提出加强和改进保密工作的具体意见。

（二）组织处室人员学习党和国家有关保密工作的文件、保密法律法规，开展普及保密法知识教育及其他形式的保密教育。

（三）按照有关制度，确定本部门、本单位产生的国家秘密事项及其密级和保密期限，并在秘密载体上做出标识。

（四）加强对涉密人员管理，明确涉密人员的权利、岗位责任和要求，经常开展教育培训，不定期地进行保密检查，及时消除隐患。

第三章　定密和密级调整

第五条　定密应当坚持最小化、精准化原则，做到权责明确、依据充分、程序规范、及时准确，既确保国家秘密安全，又便利信息资源合理利用。

第六条　省南水北调办作为定密的主体，应当依法做好以下工作：

（一）明确自身定密权限。根据河南省国家保密局豫保局〔2015〕1号文，省南水北调办可以确定机密级、秘密级国家机密。

（二）定期开展定密培训。组织开展定密培训，提高定密责任人、承办人及相关人员的定密工作能力。

（三）定期开展定密检查。机关应对定密工作自查自纠，及时发现并纠正定密不当行为，不断提高定密工作规范化水平。

第七条 定密责任人的分类。法定的定密责任人，是指法律明确规定作为定密责任人的人员，即单位主要负责人，单位主要负责人一经任命，即为法定定密责任人。定密责任人由法定定密责任人指定，通常为单位各分管负责人，根据职责分工，承担相应的定密职责。

第八条 定密责任人的职责

（一）对承办人拟定的国家秘密的密级、保密期限和知悉范围进行审核批准。

（二）对尚在保密期限内的国家秘密进行审核，作出是否变更或者解除的决定。

（三）对是否属于国家秘密和属于何种密级不明确的事项，要先行拟定密级，并按照规定程序，及时报请相应的保密行政管理部门确定。

（四）对拟公开发布的信息进行保密审查。

第九条 承办人

承办人，是指根据机关内部岗位职责分工，负责具体处理、办理涉及国家秘密事项的工作人员（省南水北调办各处处长）。省南水北调办确定、变更和解除单位的国家秘密，应当由承办人提出具体意见，经定密责任人审核批准。进入定密程序，应当将承办人纳入涉密人员管理，以确保国家秘密安全。

第十条 定密责任人、承办人培训

定密是一项政策性、专业性很强的工作，应当定期组织开展定密培训，确保相关人员熟悉有关定密的法律规定，熟悉定密职责和保密事项范围，掌握定密程序方法，具备做好定密工作的能力。

第十一条 定密依据

定密依据是确定、变更和解除国家秘密的根据、标准和来源。省南水北调办所产生的国家秘密，应当依据保密事项范围进行定密。保密事项范围是国家秘密及其密级的具体范围，是国家保密行政管理部门根据保密法第十一条的规定，对各行业、各领域产生的国家秘密事项的名称、密级、保密期限和知悉范围作出的具体规定，也是定密的直接依据。

第十二条 定密程序

（一）定密程序启动于国家秘密产生的同时。是指国家秘密形成的时间，如涉密数据形成时，涉密文件起草时。

（二）承办人对照保密事项范围拟定密级、保密期限和知悉范围，拟定国家秘密标志。

（三）填写“国家秘密确定审核表”报定密责任人，定密责任人依据保密事项范围，结合工作实际情况进行审核。同意拟定意见的，签字认可；不同意的，直接予以纠正或者退回承办人重新办理；决定不定密的，明确提出不予定密的意见。

第十三条 定密内容

（一）密级，是指按照国家秘密事项与国家安全和利益的关联程度以泄露后可能造成的损害程度为标准，对国家秘密作出的等级划分。分为绝密级、机密级、秘密级。

（二）保密期限，是根据国家秘密事项的性质和特点，按照维护国家安全和利益的需要，对国家秘密事项作出的保密时间限度的规定。

（三）知悉范围，是指可以合法知悉国家秘密内容的机关单位或者人员的范围。

第十四条 国家秘密变更

国家秘密变更的主体应当由国家秘密确定的主体负责，国家秘密变更的程序，承办人对国家秘密事项密级、保密期限和知悉范围的变更提出建议意见，并提交定密责任人审核。定密责任人对承办人提请变更国家秘密事项的意见进行审核，并签署是否同意的意见。

第十五条 国家秘密的解除，指保密期限已满，定密机关未延长保密期限的，该国家秘密解除。提前解除，保密法律法规或者保密事项范围调整后，不再属于国家秘密的；公开后不会损害国家安全和利益，不需要继续保密的，应当及时解密。

第十六条　解密程序

承办人提出解密意见，提交定密责任人对其提请的解密事项进行审核，并签署是否同意的意见。国家秘密审核批准解除后，以书面形式通知知悉范围的机关或者人员。

第四章　保密制度宣传教育学习

第十七条　省南水北调办应加强对职工的保密宣传教育，增强责任意识、防范意识和保密能力。

第十八条　保密教育的对象是省南水北调办全体干部职工，重点是知悉、接触和掌握秘密事项的涉密人员。

第十九条　保密教育的主要内容是：党对保密工作的指导思路和方针政策；国家有关保密工作的法律法规和文件；本行业、本单位制定的保密规章制度；失泄密案件分析警示教育和国际国内窃密与反窃密斗争形势教育；保密工作基本常识教育，包括技术防范手段和方法。

第二十条　保密委员会要组织每年进行一次保密知识学习。同时利用会议、讲座、网络、电教片、知识竞赛、板报展览等形式，及时宣传，经常提醒。

第二十一条　每年组织针对涉密人员的专题教育培训1次以上。

第二十二条　经常组织对全办干部职工遵守保密规章制度情况进行检查，促进提高保密意识和保密业务水平。

第二十三条　重大涉密活动和重大节假日前，要组织开展形式多样的保密宣传教育和专项检查活动。

第二十四条　各处室，每季度组织干部职工学习一次省南水北调办保密制度，不定期学习上级单位发放的各种保密文件，将保密工作的学习纳入全办日常工作之中，常规化，制度化。

第二十五条　各处室，要在本部门保密小组的领导下，每季度开展一次对涉密的办公场所进行检查，排查安全隐患，确保安全。

第五章　领导干部保密工作责任

第二十六条　省南水北调办领导干部必须自觉接受保密监督，模范遵守保密法律、法规和下列保密守则：

（一）不泄露党和国家秘密。

（二）不在无保密保障的场所阅办、存放密级文件、资料。

（三）不擅自或要求他人复制、摘抄、销毁或私自留存带有密级的文件、资料、确因工作需要复印的，经请示上级有关部门同意后，方可复印，复印件按同等密级文件管理。

（四）不在非保密笔记本或未采取保密措施的电子信息设备中记录、传输和储存党和国家秘密事项。

（五）不携带密级文件、资料进入公共场所或进行社交活动。特殊情况下由本人或指定专人严格保管。

（六）不准用无保密措施的通信设施和普通邮政传送党和国家秘密。

（七）不准与亲友和无关人员谈论党和国家秘密。

（八）不在私人通信中涉及党和国家秘密。

（九）不在涉外活动或者接受记者采访中涉及党和国家秘密;确因工作需要涉及或者提供党和国家秘密的，应事先报经有相应权限的机关批准。

（十）不在出国访问、考察等外事活动中携带涉及党和国家秘密的文件、资料或物品；确因工作需要携带的，须按有关规定办理审批手续，并采取严格的保密措施。

第二十七条　省南水北调办领导干部对保密工作负有领导责任。在研究、部署涉及党和国家秘密的工作时，要同时对保密工作提出要求，作出安排，做到业务工作管到哪里，保密工作也要管到哪里。

第二十八条 领导干部保密工作责任制的内容。

（一）自觉接受保密监督，模范遵守保密法律法规和各项保密制度，带头贯彻执行上级关于保密工作的方针、政策、指示、决定，及时了解保密工作情况，及时发现和解决存在问题。

（二）主要领导全面担负保密工作的领导责任，分管保密工作的领导担负具体组织领导保密工作的责任。

（三）及时组织传达学习上级的保密工作文件和指示，有计划地开展保密宣传教育工作。

（四）贯彻执行保密法规，制定实施保密工作计划。组织依法定密工作，健全各项保密规章制度，加强保密管理，进行督促检查。

（五）认真总结本单位的保密工作，组织查处失泄密事件，表彰保密工作的先进单位和先进个人。

（六）为涉密干部做好工作创造必要条件。

第二十九条 机关各处室领导保密工作责任制内容。

（一）认真学习和贯彻执行上级和省南水北调办关于保密工作的文件和规章制度，做好本处室的保密工作。

（二）不定期地组织本处室人员学习有关保密工作的文件，经常对主要岗位人员特别是涉密岗位人员进行保密教育。

（三）了解和掌握本处室业务工作中的保密范围，把保密工作纳入业务管理工作，经常进行督促和检查。

（四）自觉遵守保密纪律，监督、检查本处室保密工作落实情况，及时堵塞漏洞，防止各类失泄密事件的发生。发生失泄密事件，必须及时逐级上报。

第三十条 省南水北调办各级领导干部落实保密工作责任制的情况，纳入领导干部考核内容。对认真履行保密工作职责，为保守党和国家秘密做出显著成绩和突出贡献的领导干部，依照有关规定予以表彰或奖励。对玩忽职守，不认真履行保密工作职责，造成严重失泄密的领导干部，要依法追究其责任。

第六章 涉密人员管理

第三十一条 保密委员会负责涉密人员的确定、保密审查及管理工作。

第三十二条 涉密人员的确定

根据保密法规定下列岗位应当确定为涉密岗位：制作、复制、传递、收发、保管、维修和销毁国家秘密载体的岗位；涉密信息系统有关建设、管理、运行维护等岗位；定密责任人岗位。依据岗位涉密程度不同，将在上述岗位工作的人员分别确定为核心涉密人员、重要涉密人员、一般涉密人员。

第三十三条 涉密人员的审查

涉密人员上岗前应经过严格审查。审计监察室按照保密法第三十五条规定“任用、聘用涉密人员应当按照有关规定进行审查”的要求，对涉密岗位工作的人员进行保密审查。审查内容主要包括国籍、政治立场、个人品行、学习经历、工作经历、现实表现、主要社会关系等情况。对在岗涉密人员定期组织复审，核心涉密人员每年复审一次，重要涉密人员每3年复审一次，一般涉密人员每5年复审一次。涉密人员国籍、主要社会关系及与国（境）外机构、组织、人员交往情况等重大事项发生变化的要及时报告。

第三十四条 涉密人员的培训

保密委员会要研究提出本机关涉密人员保密教育培训计划，在抓好日常保密教育的同时，保证涉密人员每年接受不少于4个学时的保密专题教育培训。要根据涉密人员工作性质和岗位特点，确定保密培训内容，加强对承担具体业务工作涉密人员的保密法律法规、保密业务知识、保密技术防范技能等方面的教育培训。

第三十五条 日常监管

落实保密承诺书制度。机关组织涉密人员签订保密承诺书，明确涉密人员上岗、在岗和离岗离职保密管理要求以及违规违约责任。审计监察室会同涉密人员所在处室要加强监督管理，定期进行保密提醒谈话。

第三十六条 重大事项报告制度

涉密人员对下列事项应当及时报告。

（一）发生泄密或者造成重大泄密隐患的。

（二）接收境外机构、组织及非亲属人员资助的。

（三）发现敌对势力和境外情报机构针对本人渗透、策反行为的。

（四）其他可能影响国家秘密安全的个人情况。

第三十七条 严格出国（境）审批

涉密人员因公、因私出国（境）的，一律按照干部（人事）管理权限进行审批，应当对其进行出行前保密提醒谈话，涉密人员不得私自办理出境手续。

第三十八条 离岗离职脱密期管理

涉密人员离岗、离职应实行脱密期管理。脱密期的长短应根据涉密程度确定，核心涉密人员脱密期为2年至3年，重要涉密人员脱密期为1年至2年，一般涉密人员脱密期为6个月至1年。

第三十九条 涉密人员离岗离职前，所在部门要对其进行保密提醒谈话，告知其承担保守国家秘密的法律义务，严格审查，要求清退移交所有涉密载体。

第七章 机要（涉密）文件管理

第四十条 机要（涉密）文件的管理应当坚持统一规范、全程管理、严格标准、确保安全的原则。文件的管理包括签收、登记、承办、传阅、借阅、复制、保管、归档、销毁等环节。

第四十一条 签收、登记

（一）对收到的机要（涉密）文件应当及时拆封，逐件清点，检查编号。

（二）机要（涉密）文件应当详细记录编号、来文单位、文号、密级、份数、标题、收文时间、分送范围等主要信息。

第四十二条 承办

（一）批办性机要（涉密）文件应当严格执行印发传达范围和保密要求，由机要人员根据文件内容、要求和工作分工报领导同志阅批。绝密级文件和密码电报应当在符合安全保密要求的场所，由机要人员当面呈送领导同志批阅，并及时收回，不得在机要室外滞留过夜。

（二）办理机要（涉密）文件要迅速、及时、准确、安全。一般性公文当天内办理，急件随到随办，应当在规定时限内办结。

第四十三条 传阅

（一）严格控制机要（涉密）文件的传阅范围和传阅周期。文件传阅要按照领导同志批示范围或有关规定进行，不得擅自扩大或缩小传阅范围。

（二）根据领导同志批示将机要（涉密）文件及时送传阅对象阅知或者批示。批阅人阅批后退回机要人员，经检查无误后继续传阅或作进一步处理。

（三）机要人员应当随时掌握机要（涉密）文件的传阅去向和进度，不得漏传、误传。传阅文件的递送要准确无误，并在规定时间内办理完毕。

第四十四条 借阅

（一）借阅一般机要文件，须填写《文件运转登记簿》登记借阅，借阅人核对无误后签字。

（二）各处室借阅一般机要文件后，应当妥善保管、确保安全。一般不得带出机关办公楼，保证文件完整无缺。

（三）借阅、借用涉密文件，应由分管保密工作的办领导批准，办理登记手续填写《密级文件登记簿》，核对无误后方可借阅。各处室不得擅自复制、翻印或者随意摘抄文件内容，任何人不得擅自扩大知悉范围，要在符合保密要求的办公场所进行阅读和使用，不得将涉密文件带回家中或带到公共场所。归还涉密文件时要当面清点、销号、办理退还手续。

（四）组织阅读、传达或者以其他方式使用涉密文件，应当在符合安全保密要求场所进行，并严格限定知悉范围。

第四十五条 复制

涉密文件的复制，应当经办领导批准，履行登记手续，复制件加盖机关的复印戳记，并视同原件管理，不得改变密级、保密期限和知悉范围。

第四十六条 保管、归档

机要（涉密）文件应当存放在符合安全保密要求的保密柜中，严禁将涉密文件存放在玻璃书柜或木质书柜中。对机要（涉密）文件的管理，做到公文入柜、出门落锁，不允许其他人员单独滞留机要室。涉密人员离岗、离职前应当将所保管的涉密文件全部清退，并办理移交手续。

第四十七条 清退、销毁

涉密中共中央及办公厅、国务院及办公厅文件根据每年省委办公厅文件清退通知，严格登记，经领导审批，送省委文件管理中心清退。需要销毁的机要（涉密）文件，按照规定，履行清点、登记手续，统一封存，经领导批准后，定期送省国家秘密载体销毁管理中心销毁。任何个人和处室不得私自销毁，留存涉密文件。

第八章 信息公开保密审查

第四十八条 为做好保密工作，防止失密、泄密事件发生，必须在信息公开前做好保密审查工作。

第四十九条 信息公开保密审查工作由各分管的副主任负责，主任对信息公开保密审查工作负总责。

第五十条 谁发布、谁负责，各处室主要负责同志对本处室的信息公开保密审查工作负总责，日常工作中应指定专人作为保密审查员，对拟在互联网及其他公共信息网络发布信息进行保密审查，并建立审查记录。

第五十一条 信息发布保密审查应坚持先审查、后公开，一事一审、全面审查的原则。

第五十二条 严格审查、复查流程，建立信息发布倒查机制，确保发布的信息不涉及国家秘密。

第五十三条 对所发布的信息，要综合分析信息关联性，防止因信息汇聚涉及国家秘密。

第五十四条 信息管理人员发现涉及国家秘密的信息，应当立即删除，并向办保密委员会办公室报告。

第五十五条 审批

各处室拟发布信息视同处室发文管理，经本处室保密审查人签字同意后，由本处室信息员备案并在本单位专区中发布。各处室发布信息如需推送到网站要闻、动态栏目或微信公众号、微博公众号等，须经分管办领导审核后，交综合处对信息进行相应处理。

第五十六条 信息发布登记记录

各处室信息员发布信息后，要定期将审签件原件交综合处机要室归档。

第五十七条 新闻联络工作

（一）对外宣传报道履行保密审查审批程序。

（二）需对各新闻单位、媒体单位提供文字、表格、音像资料时，由综合处统一对外联络，各处室未经授权不得将资料以任何形式提供给其他单位。

第九章 重大涉密活动（会议）保密管理

省南水北调办举办会议或者其他活动涉及国家秘密的，应当采取保密措施，并对参加人员进行保密教育，提出具体要求。

第五十八条　凡组织举办涉及国家秘密的活动（会议），必须在具备安全条件的场所进行，采取严格的安全保密措施，不得在公共场所，特别是涉外宾馆、饭店召开涉密会议。

第五十九条　涉密活动（会议）举办前，应对会场扩音、录音设备进行保密检查。严禁使用无线话筒、录音或以无线代替有线扩音设备。

第六十条　涉密活动（会议）举办前，应将与会人员名单呈报分管领导审定。与会人员进入会场必须签名登记，且不得带入手机等具有录音、录像功能的信息设备。严禁与涉密会议无关人员进入会场。

第六十一条　会议开始，会议主持人对与会人员进行保密教育，并严格执行保密纪律。

第六十二条　涉密会议记录，要用统一编号的记录本指定专人记录，会后按规定统一收回、保密或销毁。凡会议规定不准记录的，与会人员不得记录，不得录制声像制品；确需记录或录制的，须经办领导批准，其记录本或制品按同等密级文件要求妥善保管。

第六十三条　会议印发的秘密文件、材料，要严格管理，标明密级，专人负责统一编号、登记分发和履行签收手续，会后按登记清单及时收回。严禁向与会议无关人员提供涉密会议材料。

第六十四条　涉密会议期间发现文件丢失或被窃，必须立即报告，及时追查，设法挽回损失。

第六十五条　会议结束后，要对会议场所、住地进行保密检查，不得有文件、笔记本等遗漏。

第十章　计算机及相关设备和网络管理

第六十六条　计算机及相关设备，是指由办机关配发的计算机（包括涉密计算机和非涉密计算机）、相关设备、耗材、系统软件等。办机关网络，包括办机关内网、办机关外网，均为非涉密网络，与涉密网络物理隔离。其中，办机关内网是指为办机关工作人员提供办公自动化、政务信息化服务的办机关内部网络系统。办机关外网是指为办机关工作人员提供访问互联网等公众信息资源服务的网络系统。

第六十七条　综合处负责计算机及相关设备的配发、维护及管理；负责办机关办公网络的规划、建设、维护和管理。

负责与省委、省政府各部门的联系协调及相关网络的互联互通、资源共享。

负责统筹规划、有效整合办机关内部公文、信息、督查、政府信息公开、应急报送等网上办公应用资源，切实做好机关网络平台及应用的建设管理、日常维护和服务保障等工作。

第六十八条　非涉密计算机包括连接办机关内、外网和其他无涉密标识的计算机。

第六十九条　严禁在非涉密计算机上处理涉密文件材料和工作信息。日常办公和工作性非涉密文件材料、信息应在办机关内网计算机处理。

第七十条　非涉密计算机接入办机关网络，由综合处根据实际工作需求进行，并设置固定的网络配置，个人不得擅自修改网络配置或接入办机关网络。

第七十一条　不得利用办机关网络制作、复制、发布、查阅和传播违反国家法律法规的信息。工作时间内，不得进行与工作无关的浏览网页、观看视频等活动。

第七十二条　涉密计算机包括连接省委党务内网、值班专网的计算机，以及各处室配置的不连接任何网络并贴有涉密标识的计算机。

第七十三条　涉密计算机在使用前，由使用处室确定的责任人配合综合处进行登记、备案，确定并标明密级，粘贴密级标识。

第七十四条　机关工作人员不得擅自更改或变动涉密计算机及其网络配置、密级标识等。

第七十五条　各处室在使用涉密计算机

时，应设置并定期更新登录系统口令。

第七十六条 涉密计算机与互联网及其他非涉密网络物理隔离。严禁以任何方式将涉密计算机接入互联网或其他非涉密网络。严禁在涉密信息系统与互联网及其他非涉密网络之间进行信息交换。

第七十七条 严禁在涉密计算机上使用非涉密移动存储介质。

第七十八条 涉密计算机不得带出单位。确因工作需要携带外出的，须报综合处备案，由两人以上共同保管，并在规定时间内交回单位保管人。

第七十九条 涉密计算机谁使用谁负责，使用人员是保密直接责任人，处室负责人为第一责任人。

第八十条 涉密计算机的维修由综合处负责，严禁自行带出机关维修或自行请人修理。

第八十一条 涉密计算机的报废，由使用处室交综合处；综合处负责将报废的涉密计算机硬盘收集清理。

第八十二条 涉密移动存储介质是指由办机关配发的标有涉密标记、编号的刻录光盘和移动硬盘。严禁在办机关涉密计算机上使用U盘、MP3、普通光盘和普通移动硬盘等非涉密移动存储介质。

第八十三条 领用新涉密移动存储介质，需退回使用过的涉密移动存储介质，由综合处负责核对编号，登记备案。

第八十四条 严禁在非涉密计算机上使用涉密移动硬盘和在涉密计算机上使用过的光盘。

第八十五条 涉密移动存储介质不得带出单位。确因工作需要携带外出的，参照涉密纸质文件有关保密规定执行。

第八十六条 凡带有密级的移动存储介质，要严格控制接触范围，不准个人私自复制。

第八十七条 涉密移动存储介质的报废，由使用处室交综合处机要室处理。

第八十八条 各处室要明确一名计算机网络安全联络员，负责本处室计算机网络安全日常联系等工作。办保密委员会负责对计算机及相关设备和网络的安全管理情况进行检查指导。

第八十九条 对违反本制度使用计算机及相关设备和网络的处室和个人，予以通报批评，限期改正，并取消当年评先资格；造成严重影响的，依法依规追究责任。

第十一章　泄露国家秘密报告和查处

第九十条 泄密事件，是指违反保密法律法规，使国家秘密被不应知悉者知悉，或者超出限定的接触范围，而不能证明未被不应知悉者知悉的事件。

第九十一条 泄密事件实行一事一报的逐级报告制度。具体程序如下：

（一）省办各处室发现泄密事件后，应及时报告办领导并立即组织调查，同时向省办保密委员会书面汇报。情况紧急时，可先口头报告简要情况，同时采取补救措施，尽量减少泄密事件造成的损失。

（二）省办保密委员会应在24小时内向上级保密行政管理部门书面报告有关泄密情况。情况紧急时，可先口头报告简要情况。

第九十二条 报告泄密事件，应当包括以下内容：

（一）被泄露国家秘密事项的内容、密级、数量及载体形式。

（二）泄密事件的发现经过。

（三）泄密责任人的基本情况。

（四）泄密事件发生的时间、地点及经过。

（五）泄密事件造成或可能造成的危害。

（六）已进行或拟进行的查处工作情况。

（七）已采取或拟采取的补救措施。

第九十三条 泄密事件查处工作是指对“泄露国家秘密”事件的调查处理。包括：

（一）泄密事件的发生、发现过程。

（二）泄密事件的内容、密级、危害程度、主要情节和有关责任者。

（三）造成泄密事件的主要原因。

（四）泄密事件已经或可能造成的危害。

（五）采取必要的补救措施以及加强和改进保密工作的情况。

（六）对有关泄密责任人的处理意见。

第九十四条 泄密事件查处工作应当坚持实事求是和依法办事的原则。

第九十五条 属于国家秘密的文件、资料或其他物品下落不明的，自发现之日起，绝密级10日内，机密、秘密级60日内查无下落，应当按泄密事件处理。

第九十六条 对发生泄密事件隐匿不报或故意拖延时间，造成严重后果的，将追究有关单位当事人和领导人的责任。

第九十七条 发生泄密事件的单位和个人应认真分析原因，总结经验教训，切实落实保密措施，防止泄密事件再次发生。

第十二章 附 则

第九十八条 河南省南水北调建管局参照本制度执行。

第九十九条 本办法自印发之日起施行。

附件：（略）

河南省南水北调配套工程档案技术规定（试行）

2018年6月26日

豫调建〔2018〕5号

前 言

为进一步规范河南省南水北调配套工程档案管理工作，确保工程建设档案的完整、准确、系统与安全，充分发挥档案在工程建设、管理、运行、维护及经营等方面的作用，根据《河南省南水北调配套工程档案管理暂行办法》（豫调建〔2013〕24号），依据国家、行业有关档案的法规和标准，结合我省南水北调配套工程特点，制定本规定。

本规定由总则、一般规定、工程项目文件编制、收集与整理、声像材料的收集与整理、电子文件的收集与整理、验收、移交、附则、附录等部分组成。

参编人员：张 涛 李 克 宁俊杰 杨宏哲 范春华 赵 杰 刘晓英 齐 浩 陈 堃 高 攀 薛雅琳 王 振

目 录

1 总 则

1.1 为规范河南省南水北调配套工程档案管理，确保工程档案的完整、准确、系统与安全，充分发挥工程档案在工程建设、管理、运行、维护及经营等方面的作用，特制定本规定。

1.2　主要编制依据：

科学技术档案案卷构成的一般要求GB/T 11882

国家重大建设项目文件归档要求与档案整理规范DA/T 28

南水北调东中线第一期工程档案管理规定(国调办综〔2007〕7号)

南水北调东中线第一期工程档案分类编号及保管期限对照表（国调办综〔2009〕13号）

河南省南水北调配套工程档案管理暂行办法(豫调建〔2013〕24号)

河南省南水北调配套工程建设档案专项验收暂行办法（豫调办综〔2016〕19号）

1.3　河南省南水北调配套工程档案是指我省境内配套工程项目在规划、设计、招（投）标、施工、验收、试运行等阶段及工程建设管理过程中形成的，具有保存价值的文字、图表、声像、实物、电子等不同形式、载体的历史记录。

1.4　本技术规定适用于河南省南水北调配套工程建设各参建单位。

2　一般规定

2.1　配套工程档案与工程建设进程实行同步管理。工程建设前期就应及时收集、整理有关文件材料；合同、协议中应对工程档案收集、整理、移交提出明确要求和违约责任；检查工程进度与施工质量的同时，检查工程档案的收集、整理情况；工程质量评定和工程验收时，审查工程档案整理质量与归档情况。

2.2　工程档案是衡量工程质量的重要依据，应将其纳入工程质量管理内容。凡未按档案管理要求完成工程档案归档任务或工程档案质量不合格的项目，不予返还工程质量保证金。在工程质量评定和验收时，档案达不到规定要求的工程项目，不得进行评定、验收；在规定期限内未完成归档任务的工程项目，将按有关规定追究相关责任人的责任。

2.3　建设管理单位应采用新技术，新方法，逐步建立和完善工程档案数据库，提高工程档案管理水平，开发工程档案信息资源，为工程建设与管理服务。

2.4　参建单位要设立档案专用库房，并严格执行安全、保密制度，确保工程档案信息与实体的完整与安全。对违反档案法律法规的单位或个人，根据情节的轻重予以相应的处罚。造成严重后果的，依法追究法律责任。

2.5　工程档案保管期限定为永久、长期、短期三种（详见附录A），长期为16年至50年（含50年）、短期为15年以下。长期保管的档案实际保管期限不得低于工程项目的实际寿命，短期保管的档案应在工程全线通水前应予保存。

3　工程项目文件的编制

3.1　工程项目文件编制应完整、准确、系统，符合国家和行业有关标准要求。

3.2　工程项目文件编制应字迹清楚、图样清晰、图表整洁，竣工图及声像材料内容标注清楚，签字（章）手续完备。其载体及书写、制成和装订材料应符合耐久性要求。

3.3　照片档案、光盘档案归档时，应编制文字说明，并在对应纸质档案的备考表中填写互见号。

3.4　竣工图编制

3.4.1　竣工图是工程档案的重要组成部分，必须真实反映工程建设的实际，做到完整、准确、清晰、系统、修改规范、签章手续完备。

3.4.2　竣工图应由施工单位负责编制。竣工图内容应与施工图、设计变更、洽商、材料变更、施工及质检记录等相符合。

3.4.3　按施工图施工没有变动的，须在施工图上加盖并签署竣工图章（图A）。

3.4.4　一般性图纸变更及符合杠改或划改要求的变更，可在原施工图上更改（修改法见附录G3），但应标注变更依据，加盖并签署竣工图章（图A）；凡涉及结构形式、工艺、平面布置等重大改变及图面变更幅面超过10%的，应重新绘制竣工图，重绘图按原图编号，末尾加注“竣”字，在图标栏内注明“竣工阶段”和绘制竣工图的单位、时间、责任人。

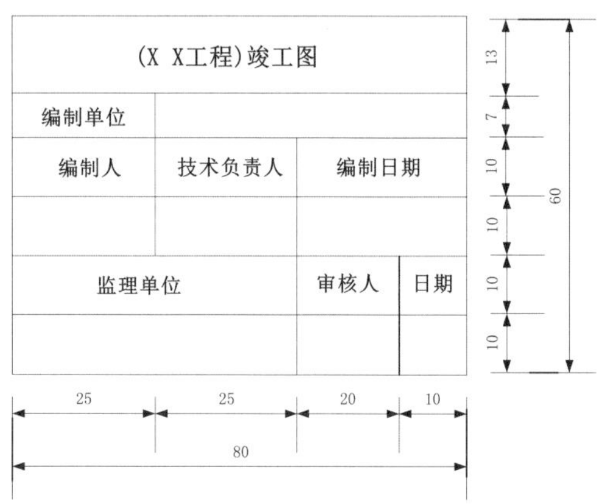

字体：简化宋体 颜色：红色 单位：mm

图A 竣工图章样式

3.4.5 重新绘制的竣工图不用加盖竣工图章，但应加盖并签署监理审核章（图B）。竣工图章和监理审核章均应盖在图标上方或附近空白处。

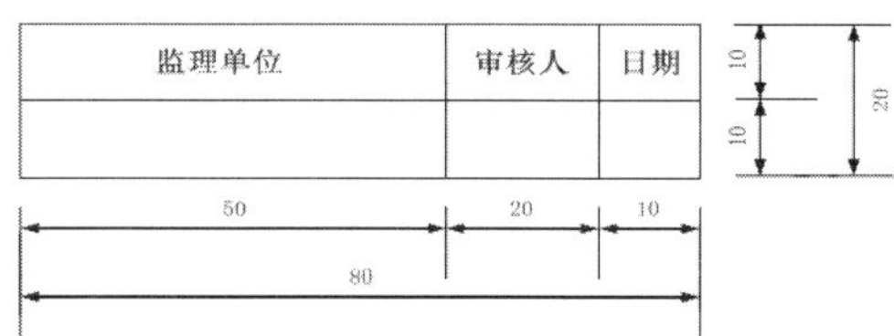

字体：简化宋体 颜色：红色 单位：mm

图B 监理审核章样式

3.4.6 监理单位应认真履行审核职责，相关负责人要按有关规定逐张签注姓名和日期。

3.4.7 每套竣工图应附竣工图编制说明（附录G），竣工图编制说明单独作为一卷，排在竣工图最后一卷的后面。

3.4.8 在工程项目完工后，建设管理单位应负责编制所建项目总平面图和综合管线竣工图。

4 收集与整理

4.1 收集分类

4.1.1 河南省南水北调配套工程档案归档范围及保管期限详见附录A；其他工程穿越、跨越、邻接南水北调配套工程的参照附录A执行。各单位应科学收集、合理分类，保证完整性、系统性。

4.1.2 任何个人或部门均不得将应归档的文件材料据为己有或拒绝归档。

4.1.3 工程运行维护形成的文件材料由各运行维护管理单位按照“谁形成、谁归档”的原则收集、整理。

4.2 分类组卷

4.2.1 工程档案的分类，就是把工程文件材料根据工程建设过程中产生文件材料的性质、专业、类别分开的过程。

4.2.2 组卷是按照文件材料的形成规律，把若干部分内容相同或相近的文件材料组合在一起构成案卷的过程。组卷要根据工程特点，结合项目划分，遵循文件材料的形成规律，保持文件材料之间的有机联系，保证案卷的成套、系统性，便于保管和利用（详见附录H）。

4.2.3 案卷不宜过厚，厚度一般不超过2cm（或200页）。

4.3 排列

4.3.1 案卷一般按照工程项目建设程序的先后排列。

4.3.2 卷内文件一般按照文件的重要程度或时间顺序排列。如批复在前，请示在后；正件在前，附件在后；正本在前，定稿在后；复印件在前，原件在后。

4.4 编页

4.4.1 卷内文件以有效内容的页面为一页，空白页除外。编号采用阿拉伯数字从“1”开始。单面书写的文件在右下角编写页号；双面书写的文件，正面在右下角背面在左下角编写页号。

4.4.2 已有页号的成套图样或印刷成册的文件，如果页号连续完整，可不再重新编写页号。卷内目录、卷内备考表不编写页号。

4.4.3 页号使用打号机或碳素墨水笔编写，字迹要规范、整洁。不装订的图纸，要逐件编号。每张图纸为一件，编号采用阿拉伯数字从“1”开始。

4.5 编目

4.5.1 卷内目录

4.5.1.1 卷内目录使用70克以上A4打印纸（见附录E图E3）。

4.5.1.2　卷内级的Excle电子著录表（见附录D表D1）。

4.5.1.3　卷内目录主要内容为序号、文件编号、责任者、文件题名、日期、页号、备注、档号、保管期限。

-序号：以卷内文件排列先后顺序填写的序号。用阿拉伯数字从“1”开始编写。

-文件编号：即文件发文字号。

-责任者：填写文件形成者或第一责任者。责任者必须用全称或规范性简称。

-文件题名：指文件的标题，一般照实抄录。没有标题或标题不能说明文件内容的，要在原标题后自拟标题，外加“〔〕”号。附件不抄目录。

-日期：即文件日期，以8位数字表示，如20050916。

-页号：卷内文件所在页的编号。

-备注：需说明的问题。

-档号：编制案卷的一组档案代码。

-保管期限：分类办法及保管期限对照表所对应保管期限。

4.5.2　案卷封面及案卷目录

4.5.2.1　案卷封面使用标准A4无酸牛皮纸打印（见附录E图E1）。

4.5.2.2　案卷目录使用70克以上A4打印纸（见附录E图E5）。

4.5.2.3　案卷级的Excle电子著录表（见附录D表D2）。

4.5.2.4　工程档案案卷封面主要内容包括：档号、案卷题名、编制日期、保管期限、密级。

-档号：同卷内目录

-案卷题名：应简明、准确的解释卷内文件的内容。主要包括工程项目的名称、阶段、部位、结构名称及文件类型名称等。

-保管期限：同卷内目录。

-编制日期：案卷内最后一份文件的日期。

-密级：案卷内文件的保密级别。

4.5.3　卷内备考表

4.5.3.1　卷内备考表采用70克以上A4打印纸（见附录E图E4）。

4.5.3.2　卷内备考表主要包括情况说明、立卷人、检查人、立卷时间等项目，均需要手工填写。

-本卷情况说明：说明卷内文件的总件数、页数。案卷内文件的缺损、修改、补充、移出、销毁等情况，以及与其他案卷的联系及需要说明的其他问题。

-立卷人：立卷责任者签名。

-立卷时间：填写立卷完成的日期。

-检查人：案卷质量审核者的签名。

-互见号：填写反映统一内容而载体不同且另行保管的档案档号。

4.6　案卷的装订及装盒

4.6.1　装订

4.6.1.1　单个案卷的装订顺序为：案卷封面-卷内目录-文件材料-备考表-案卷封底。

4.6.1.2　装订采用三孔一线的方法（孔距为9cm），在案卷左侧中部，距订口边12~15mm。卷内不同幅面的文件材料要折叠为统一幅面，幅面一般采用国际标准A4型（297mm × 210mm）；对破损的文件要进行修复，对字迹模糊的文件要加以说明。装订时，去掉金属物、塑料夹等。若遇到装订线上有字迹，应加贴装订边。

4.6.1.3　精装成册、成套文件可保持原有形态，可不再进行装订，但需在册封面左上角盖归档章（式样见图C），章内档号填写本卷档号，序号填写总页数。成册文件需将案卷封皮、卷内目录、备考表一起装盒。

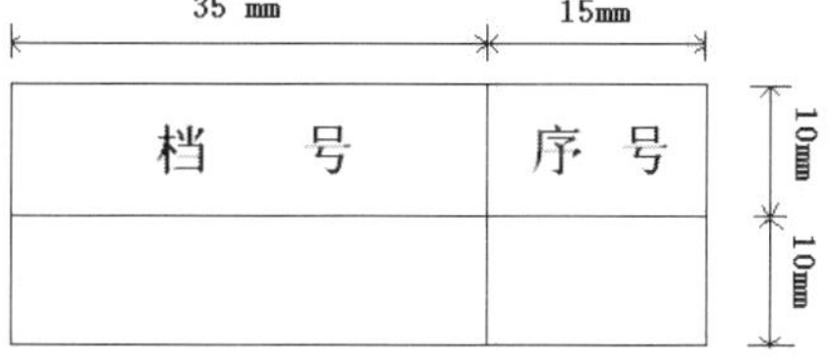

字体：简化宋体　颜色：红色　单位：mm

图C　归档章样式

4.6.1.4　散装图纸要按A4幅面大小折叠。图纸折叠方法执行《技术制图复制图的折叠方法》（GB/T 10609.3）标准，不装订的图纸，折叠时将图纸的正面向内，并将标题框露出（底图不折叠）。竣工图章加盖在图纸标题栏上方或附近的空白处（同3.4.4图A）。

4.6.2 装盒

4.6.2.1 卷盒式样（见附录E图E6）。卷盒外表面规格为310 mm×220 mm，具体厚度D=10 mm、20 mm、30 mm、40 mm、50 mm、60 mm（可根据需要设定，建议使用D=50 mm）。卷盒采用220克以上单层无酸牛皮纸板双裱压制。工程名称：河南省南水北调配套工程。

4.6.2.2 整理好的案卷要按照顺序装入档案盒，一盒可装多卷，盒内装满为止。盒脊背应标注盒内案卷的起止档号，案卷题名不用标注。

4.7 档号

4.7.1 河南省南水北调配套工程项目档案编号，以“卷”为单位，采用三级编号的方法。即【（设计单元代码）大类（口门号）】---【属类（标段）】---【保管单位（案卷）顺序】；形式为：1NP2---S1---1、2、3……n。

4.7.2 河南省南水北调配套工程项目档案编号编制方法及使用说明见附录B、附录C。

5 声像材料的收集与整理

5.1 收集

5.1.1 在工程建设过程中产生的照片（含数码照片）、录音、录像等声像材料是直接反应工程建设内容的有价值的记录，应注意收集整理。

5.1.2 照片数量较多时，可选择重要的、有代表性的照片收集归档。鉴于目前一般都是用数码相机拍摄的照片，数码照片都应以标准6英寸传统照片归档。

5.1.2.1 建管单位收集的照片可分为会议（例会及专题会议）、重大事件或事故、建管单位组织检查、上级领导及专家视察指导、各阶段及各专业验收等。

5.1.2.2 监理单位收集的照片可分为会议（例会、专题会议、协调会等）、巡视、质量检测、旁站及抽检等。

5.1.2.3 施工单位收集的照片可分为开工仪式、开工前地形原貌、设备材料进场、检测试验、单元评定、分部验收、单位验收、获奖、重要检查、完工新貌等。

5.1.3 录音、录像收集

录音、录像文件主要收集隐蔽工程、各阶段验收汇报声像片、宣传片、航拍等。收集好的录音、录像文件需要在电子版标注清楚文件名，并做好录音录像资料情况说明的登记。

5.2 整理

5.2.1 音像分类、排列

5.2.1.1 音像档案分类与纸质档案分类方案一致，放入相应的位置。

5.2.1.2 音像档案排列按照问题结合时间、重要程度进行排列。

5.2.2 照片整理

5.2.2.1 洗出的照片应为6英寸传统照片，按照片号顺序装于符合规定的照片册内，照片册式样见附录F，并填写照片说明。照片说明包括题名、照片号、底片号、参见号、时间、摄影者、文字说明等内容。

-题名：应简明概括、准确反映照片的基本内容。人物、时间、地点、事由等要素应当齐全。

-照片号：每张照片在本册内的排列顺序号。

-底片号：照片底片的编号，没有底片的填写对应数码照片的编号：

-参见号：指与本张照片有密切联系的纸质档案或其他载体档案的档号。

-文字说明：应综合运用时间、地点、人物、事由、背景等要素，概括揭示照片影像所反映的全部信息。或仅对题名未及内容的补充说明。

5.2.2.2 每一册照片作为一卷编制档号。

5.2.2.3 照片档案应编制说明（见附录F图

F2）。

5.2.3 录音、录像档案整理

5.2.3.1 归档的录音带应简要说明讲话内容、讲话人姓名、职务、录制日期、带长（时间）等。

5.2.3.2 归档的录像带应简要说明录像内容、制式、密级、规格、声道、录制日期、带长(时间）等（见附录F图F8)。

5.3 数码照片及数码录音、录像材料应和电子目录、说明文件一起存储至一张或多张只读光盘中，或存储至移动硬盘（U盘）内。光盘或硬盘应贴附标签，标注光盘类型(CD-R、DVD)，运行的软、硬件环境、版本号等。

6 电子文件的收集与整理

6.1 各单位自身产生的电子文件应与纸质文件同时归档，内容需保持一致。

6.2 对没有实质内容的表格式电子文件不用归档，对有实质内容的文本式文件、数据文件、图形文件都应整理归档。

6.3 归档的电子文件应和电子文件目录一起存储至一张或多张只读光盘中，或存储至移动硬盘（U盘）内。光盘或硬盘应贴附标签，标注光盘类型（CD-R、DVD)，运行的软、硬件环境、版本号等。

7 验 收

7.1 工程项目档案验收按照《河南省南水北调配套工程建设档案专项验收暂行办法》（豫调办综〔2016〕19号）有关要求进行。

7.2 档案专项验收由河南省南水北调办公室主持或委托各省辖市、直管县（市）南水北调办公室主持。

7.3 档案专项验收原则上以设计单元工程为单位进行。如果一个设计单元工程由多个建设管理单位分段负责建设，应根据工程实际分别对各建管单位所承担的部分进行档案专项验收。

7.4 申请档案专项验收应具备下列条件：工程项目主体工程和辅助设施已全部按设计要求建成，能满足设计和生产运行要求；完成了设计单元中所有合同项目完成验收，且档案自查情况合格；完成了通水验收且泵站机组试运行正常；完成了项目建设全过程文件材料的收集与归档；基本完成了工程档案的分类、组卷、编目等整理工作。

7.5 档案专项验收以验收组织单位召开验收会议的形式进行。验收组全体成员参加会议，工程建设有关单位（设计、施工、监理、建管、质检）的人员列席会议。

7.6 档案专项验收工作步骤、方法与内容：验收组宣读验收工作大纲；项目法人或有关责任单位汇报工程建设概况和工程档案管理工作情况（见附录I表I-2)；监理单位汇报工程档案质量的审核情况（见附录I表I-5)；验收组针对报告或工程有关情况进行质询；验收组抽查档案案卷。抽查数量不少于总案卷数量的50%；验收组记录并现场交流档案案卷相关问题；验收组内部对工程档案质量进行综合评价；验收组形成并宣布工程档案验收意见；验收整改完毕后，以文件形式正式印发工程档案专项验收意见。

7.7 档案专项验收结果分为合格与不合格。档案专项验收组一半以上成员同意通过验收的为合格。档案验收合格的项目，由档案专项验收组出具工程档案验收意见；档案专项验收不合格的工程项目，档案专项验收组提出整改意见，要求工程建设管理单位（项目法人）对存在的问题进行限期整改，并进行复查。

8 移 交

8.1 工程项目建设管理单位，在工程档案专项验收合格后，以设计单元工程为单位，在三个月内向河南省南水北调建设管理局提出工程档案移交申请，同时附档案移交清单。

8.2 河南省南水北调建设管理局在接到移交申请后，组织有关人员组成工程档案接收组，对所移交的工程建设项目档案进行逐一清查、核对，确定无误后办理交接手续并填写档案交接文据（见附录J)，并在交接文据上签名盖章，编制移交清册，各执一份。移交清册由交接文据和案卷目录组成。

8.3 建设管理单位移交两套完整的纸质工程档案（含声像等其他载体），同时移交目录三套（含一套电子目录）。有特殊要求的按相关规定执行。

9 附 则

9.1 本规定由河南省南水北调中线工程建设管理局负责解释。

9.2 本规定不含河南省南水北调配套工程征迁安置档案。

9.3 本规定自发布之日起执行。

附录（略）

许昌市南水北调办公室 工程运行管理资产管理办法（试行）

2018年2月28日

许调办〔2018〕26号

第一章 总 则

第一条 为加强许昌市南水北调配套工程运行管理的资产管理，明确管理、使用部门和人员的职责，建立正常的保管、维修和保养制度，保证各项资产的安全完整，提高资产使用效率，根据国家有关规定，结合我市运行管理实际情况，制定本办法。

第二条 我市配套工程运行管理各项资产按实物形态分为：流动资产、固定资产、无形资产和递延资产。

第三条 资产管理的主要任务是：建立健全各项管理制度，合理配置并节约有效使用各项资产，保证资产的安全完整，提高资产使用效率。

第二章 流动资产的管理

第四条 建立健全现金和银行存款控制制度，严格按照《现金管理暂行条例》规定的范围使用现金，每日终了现金账面余额与库存现金核对相符；每月终了银行存款账面余额与银行对账单核对相符。

第五条 各项债权及其他应收、暂付款项要定期核对、及时清理。

第六条 加强工具、器具等低值易耗品的购、领、存环节的管理，在购置时采用一次摊销法计入运行管理成本。

第三章 固定资产的管理

第七条 为配套工程运行管理购置或调入的，单位价值在2000元以上；使用年限1年以上；能独立发挥作用，用于工程运行管理方面的资产作为固定资产管理。

第八条 工程运行管理的固定资产主要包括：水工建筑物、设备、仪器、交通工具、办公机具、房屋及其他建筑物等。

第九条 固定资产按取得时的实际成本作为入账价值，取得时的实际成本包括购买价、运输和保险等相关费用，以及为使固定资产达到预定可使用状态而发生的必要支出。

第十条 购置或调入的固定资产，由综合科验收入库、建卡登记。各部门使用固定资产必须办理领用手续，填写领用表格，对暂不使用的固定资产，要及时退交综合科统一管理，办理退库手续，并对资产的完好程度如实记录。各部门领用的固定资产，物品管理责任到人，不得无故缺损，不得私自与其他部门调换。

第十一条 综合科负责固定资产实物的管理，根据工作需要对固定资产实行统一调配，原则上谁使用谁保管，各科室、县（市、区）南水北调工程管理机构对领用固定资产的安全、完好程度及管理负责。市南水北调办固定资产的正常维护、维修、保养由综合科统一安排，各县（市、区）南水北调工程管理机构固定资产的正常维护、维修、保养由各县（市、区）南水北调工程管理机构自行安排。

第十二条 财务部门负责固定资产价值形态的管理，建立固定资产分类明细账，准确、及时地记录固定资产增减变动情况，并根据账簿、卡片等记录定期编制固定资产折旧表，按规定计提折旧。

第十三条 工程运行管理各项资产在工程运行初期（运行还贷水价执行期间）暂不提折旧。我省水价调整后采用平均年限法计提折旧，折旧额的计算公式如下:

年折旧率＝［（1－预计净残值率）／折旧年限］×100%

月折旧率＝年折旧率÷12

月折旧额＝固定资产原值×月折旧率

净残值率按照固定资产原值的3-5%确定。

折旧费计入管理费用，折旧方法和折旧年限一经确定，不得随意变更。

第十四条 综合科应会同财务科定期或不定期对固定资产进行清查盘点，保证账、卡、物相符。原则上于每年年末进行一次全面清查，由综合科、财务科根据各自固定资产台账，联合对单位所有固定资产进行盘点，检查是否账实相符，由财务科出具盘点报告，对盘盈、盘亏固定资产认真分析原因，提出具体处理意见；需报废的固定资产应按报批程序报请有关部门批准，对批准报废核销的固定资产，应及时进行清理并收回残值；对盘点中发现的固定资产丢失、损坏等问题，相关部门应提出处理意见，报单位领导审批，由相关责任人进行赔偿。

第四章 无形资产和递延资产的管理

第十五条 无形资产是指工程运行管理期间取得的土地（水域）使用权、专利权、商标权、著作权、非专利技术、商誉等。

第十六条 无形资产一般按取得时的实际成本计价。土地使用权价值包括支付的土地出让金、税金、管理费等为取得土地使用权而支付的全部费用。自行开发专利权的价值为开发的全部成本，购入专利权价值为购入支付的价款。

第十七条 无形资产的价值从开始使用之日起，在有效使用期限内平均摊入管理费用。无形资产有效使用期限按下列原则确定：法律和合同或者单位申请书中规定有法定有效期限和受益年限的，按照法定有效期限与合同或者单位申请书规定的受益年限孰短的原则确定。

法律没有规定有效期限，单位合同或者单位申请书中规定有受益年限的，按照合同或者单位申请书规定的受益年限确定。

法律和合同或者单位申请书均未规定法定有效期限或者受益年限的，按照不少于10年的期限确定。

第十八条 递延资产是指工程建设期末，建设单位为生产管理发生的生产职工培训费、备品备件购置费等形成递延资产。

第十九条 递延资产的价值按照配套工程可研报告批复的工程运营期限15年内平均摊入管理费用。

第五章 附 则

第二十条 本办法自印发之日起实施。

第二十一条 本办法由许昌市南水北调中线工程建设领导小组办公室负责解释。

附：工程运行管理固定资产分类折旧年限表

一、通用设备部分

设备分类与折旧年限

1. 机械设备 10~14年
2. 动力设备 11~18年
3. 传导设备 15~28年
4. 运输设备 6~12年
5. 自动化控制及仪器仪表

(1) 自动化、半自动化控制设备 8~12年

(2) 电子计算机 4~10年

(3) 通用测试仪器设备 7~12年

6. 生产用炉窑 7~13年

7. 工具及其他生产用具 9~14年

8. 非生产用设备及器具

(1) 设备、工具 18~22年

(2) 电视机、复印机、文字处理机 5~8年

二、水、电专用设备部分

设备分类与折旧年限

9. 机电排灌设备 8~12年

10. 水轮机组 5~25年

11. 喷灌设备 6~10年

12. 启闭机组 10~20年

13. 水传导设施

(1) 铸铁管道 20~30年

(2) 混凝土管道 15~25年

14. 水电专用设备

(1) 输电线路 30~35年

(2) 配电线路 15~20年

(3) 变电、配电设备 18~22年

(4) 机电设备 12~20年

三、其他专用设备部分

设备分类与折旧年限

15. 冶金工业专用设备 9~15年

16. 机械工业专用设备 8~12年

17. 化工、医药专用设备 7~14年

18. 电子仪表、电讯专用设备 5~10年

19. 建材工业专用设备 6~12年

20. 纺织、轻工专用设备 8~14年

21. 矿山、煤炭及森工专用设备 7~15年

22. 建筑施工专用设备 8~14年

23. 公用事业专用设备 13~25年

24. 商业、粮油专用设备 8~16年

四、房屋、建筑物部分

设备分类与折旧年限

25. 房屋

(1) 生产用房 30~40年

(2) 受腐蚀生产用房 20~25年

(3) 受强腐蚀生产用房 10~15年

(4) 非生产用房 35~45年

(5) 简易房 5~10年

26. 建筑物

(1) 钢筋混凝土闸、坝 45~55年

(2) 土坝 30~45年

(3) 干渠、支渠 15~25年

(4) 隧道、涵洞 35~45年

(5) 机井 10~20年

(6) 港口码头基础设施 25~30年

(7) 其他建筑物 15~25年

五、经济林部分

设备分类与折旧年限

27. 经济林木 5~15年

许昌市南水北调配套工程运行管理物资采购管理办法（试行）

2018年2月28日

许调办〔2018〕27号

第一章 总 则

第一条 为加强我市南水北调配套工程运行管理物资采购的管理和监督，规范采购与付款行为，明确经济责任，提高资金使用效率，根据《中华人民共和国政府采购法》和财政部《内部会计控制规范——采购与付款规范（试行）》《河南省南水北调配套工程运行管理物资采购管理办法》，结合我市南水北调工程运行管理实际，制定本办法。

第二条 本办法所称物资采购，是指使用工程运行管理资金，通过购买、租赁等方式，获取货物和服务的行为。

市南水北调办及各县（市、区）南水北调工程管理机构使用工程运行管理资金的物资采购适用本办法。

第三条 物资采购应当遵循公开、公平、公正和诚实信用原则。

第二章 物资采购的组织

第四条 各县（市、区）南水北调工程管理机构应明确物资采购与管理的责任人。大宗防汛物资及工程运行维护维修材料由市办报请省办物资采购部门统一组织采购（5万元及以上）；1-5万元的物资（包括办公机具）由市办组织采购；1万元以下的物资由各县（市、区）南水北调工程管理机构自行采购，并报市办备案。

第五条 综合科负责按照国家规定和审定的采购计划组织实施各类采购事项，并负责采购物资的管理（包括物资的购、领、存登记），财务科负责监督。

第三章 物资采购程序

第六条 各县（市、区）南水北调工程管理机构根据本办法规定自行采购或向市办申请采购相关物资；各科室应对各县（市、区）南水北调工程管理机构提出的物资采购申请进行复核，提出物资采购意见或建议，并根据工作实际需要提前向综合科提出物资采购计划，物资采购计划应当包括采购项目的性质、用途、数量、品牌及技术规格等内容。

第七条 物资使用部门依据物资采购计划填报物资采购申请表，经物资使用部门负责人初步审核、分管领导审签、报市办主任审批后，交综合科组织实施。

第八条 各类物资采购后，由综合科登记验收，办理入库手续，及时通知物资使用部门填制物资领用单按计划领取，并将有关出入库手续交财务部门登记入账。

第四章 物资采购方式

第九条 物资采购参照政府采购方式的公开招标、邀请招标、竞争性谈判的方式采购。

5万元以下的专项物资、应急抢险物资及办公用品等可采用询价的方式自行采购。

第五章 物资采购监督

第十条 物资采购必须严格执行采购工作程序，做到“集体决策、公平竞争、优质优价”。

第十一条 对物资采购过程中出现的幕后交易、暗箱操作、虚假招标和行贿受贿行为，按照有关法律法规、党纪政纪的具体规定处理。

第十二条 市南水北调办机关纪律检查委员会对物资采购进行监督检查。

第十三条 相关科室、各县（市、区）南水北调工程管理机构应当建立采购与付款业务的岗位责任制，明确相关人员的职责、权限，确保办理采购与付款业务的不相容岗位相互分离、制约和监督。

采购与付款业务不相容岗位应包括：

（一）请购与审批；

（二）询价与确定供应商；

（三）采购合同的订立与审计；

（四）采购与验收；

（五）采购、验收与相关会计记录；

（六）付款审批与付款执行。

各科室、各县（市、区）南水北调工程管理机构不得由同一部门或个人办理采购与付款业务的全过程。

第六章 物资的管理

第十四条 综合科、各县（市、区）南水北调工程管理机构要根据实际需要设置专职或兼职物资管理员，明确岗位责任，建立健全物资管理的各项规章制度，并建立资产管理台账，认真管好各项物资。

第十五条 物资管理员的主要职责：

（一）负责物资的领用和发放；

（二）负责物资的登记、记账，做到账物相符、账账相符；

（三）负责物资的检查和管理，防止资产流失，保证物资安全、完整；

（四）负责办理物资的报废、转让、调拨等有关手续；

（五）对物资管理工作提出意见和建议；

（六）配合财务部门的清产核资工作。

第七章 附 则

第十六条 本办法自发布之日起施行。

第十七条 本办法由许昌市南水北调办公室负责解释

附件（略）

许昌市南水北调配套工程运行管理防汛物资管理办法（试行）

2018年3月6日

许调办〔2018〕32号

第一章 总 则

第一条 为确保我市南水北调配套工程安全度汛，加强防汛物资管理规范，确保汛期物资器材储备充足，防止物资器材管理不善，延误汛期抢险，根据我办配套工程运行实际情况，特制定本办法。

第二条 本办法适用于许昌市南水北调配套工程、各县（市、区）管理所、泵站、管理站。

第三条 物资管理的主要任务是：建立健全物资管理台账，指定专人负责，合理配置并节约有效使用，保证汛期物资准备充足，确保各项工作安全顺利开展。

第二章 物资采购要求

第四条 根据我市配套工程实际情况，由各县（市、区）管理所上报所需采购物资清单，市办统计报省审批后，按照《许昌市南水北调配套工程运行管理物资采购管理办法》规定，进行采购。

第五条 负责物资采购人员必须严格充分了解市场信息，确保质量过关、价格合理、供货及时。实行采购质量责任制，采购人员要对所有采购物品的质量负全部责任。

第三章 汛期物资管理规定

第六条 为节省防汛抢险时间，结合我办防汛情况，实行物资仓库式管理，实行专人负责，专项管理。

第七条 防汛物资属于应急物资，所有防汛物资不得挪至其他使用。

第八条 所有防汛物资必须建立物资清单及防汛物资管理台账。定期抽查物资保存情况，并记录物资存储状况。

第九条 防汛物资应有专人管理，物资使用及消耗要登记、补充。严格管理物资使用情况，不得随意挪用。

第十条 防汛物资应分类摆放，各管理站应选择便于使用存放的位置摆放防汛物资，并统一标志、标识，做到存取方便。

第十一条 为保持物资存储的完好性，各县（市、区）管理所安全负责人应定期检查维护，并做好记录。

第四章 防汛物资使用制度

第十二条 防汛物资属于应急配备物资，未经主管领导签字，不得擅自使用或借他用。

第十三条 做好防汛物资明细表，明确物资使用具体情况，填写物资使用登记本，对所有防汛物资使用各县（市、区）管理员要登记清楚，并有管理员签字确认。

第十四条 如遇紧急情况，可先领用，事后补办手续。

第五章 防汛物资补充及消耗

第十五条 防汛物资的使用和消耗，应做到账目清楚，手续完备。

第十六条 各县（市、区）安全负责人应根据汛期防汛情况，定期进行物资盘点，对易消耗物品进行登记，及时上报市南水北调办，补充防汛所需物资。

第十七条 防汛期间应每月对防汛物资使用情况进行检查一次，对保管不善，物资不全的管理站除提出批评，及时整改外，将追究相关人的责任。

第六章 附 则

第十八条 本办法自印发之日起实施。

第十九条 本办法由许昌市南水北调办负责解释。

郑州市南水北调办公室（市移民局）考勤及请销假制度

2018年1月22日

郑调办〔2018〕3号

为了加强机关管理，调动干部职工工作积极性并提高工作效率，根据国家、省、市相关法律、法规规定及河南省委组织部、省人力资源和社会保障厅、省财政厅关于《进一步落实机关事业单位工作人员带薪休假制度的通知》豫社人〔2016〕63号文件要求，结合本单位实际情况，制定本制度。

第一章 总体要求

第一条 为维护正常的工作秩序，提高工作效率，强化全体人员的纪律观念，结合单位实际情况，制定本制度。

第二条 各处（组）长负责制定本处（组）考勤工作办法，对本处（组）人员考勤工作负有管理责任。

第三条 主管领导对主管处（组）考勤工作负有监督责任。

第四条 考勤作为年度干部职工工作考核的重要参考依据。

第二章 具体规定

第五条 工作时间

冬季：上午8:30—12:00；下午14:00—17:30。

夏季：上午8:30—12：00；下午15:00—18:30。

第六条 考勤实行签到制度，范围为市南水北调办（市移民局）全体工作人员（含借调和派遣人员）。

第七条 遇到恶劣天气、交通事故等特殊情况，经领导批准可不按迟到处理。

第八条 工作人员正常出勤后，当天之内需要外出办事的，须向负责人说明情况，以免影响工作的正常安排。

第三章 请销假

第九条 工作人员请假1天以上应提前办理请假手续，先到综合处领取并填写请假单，经综合处审核符合条件后按审批权限报处组领导、分管领导、主任（局长）签批，审批完将请假单返还综合处后方能离岗。如遇紧急情况，本人无法提前办理请假手续，应按照管理权限电话向处组领导、分管领导说明情况，由家人或委托他人办理请假手续；假期结束后返回上班当天及时到综合处销假或办理补假手续，未销假也未补假的，视同旷工。

第十条 下述假期除年休假外，国家法定假日和休息日均计入假期。

（一）事假

工作人员因私事不能出勤，可以请事假。请事假先使用公休假，公休假未休完的不得以事假名义请假。

（二）病假

工作人员本人因病不能坚持工作，提供市级以上医院证明（包括诊断证明书、住院证明书、病情证明单等），按照医院证明上医生建议的休息天数请病假，不能提供医院证明的，按事假处理，医院证明需加盖开具医院的专用章。请假时不能提供医院证明的，暂按事假备案，提供证明后改为病假。

（三）年休假

1. 工作人员累计工作已满1年不满10年的，年休假5天；已满10年不满20年的，年休假10天；已满20年的，年休假15天。

2. 工作人员有下列情况之一的，不享受当年的年休假：累计工作满1年不满10年的，请病假累计2个月以上的；累计工作满10年不满20年的，请病假累计3个月以上的；累计工作满20年以上的职工，请病假累计4个月以上的。

（四）婚假

国家规定婚假3天，河南省规定增加婚假18天，参加婚前医学检查并提供检查证明的，再增加婚假7天。

（五）生育假

1. 国家规定的产假98天；难产、剖宫产的增加15天产假；多胞胎生育的，每多一个婴儿增加15天产假。河南省规定，符合法律、法规规定生育子女的，除国家规定的产假外，增加产假3个月，给予其配偶护理假1个月。

2. 放置宫内节育器，出具医院证明，休息2天；取出宫内节育器，休息1天。

3. 怀孕未满4个月流产的，出具医院证明，可给假15～30天；4个月以上流产的，出具医院证明，可给假42天。

（六）独生子女护理假

独生子女父母年满60周岁后，住院治疗期间，凭父母的《独生子女父母光荣证》，提供父母住院证明，可享受每年累计不超过20天的护理假，护理假期间视为出勤。

（七）丧假

工作人员直系亲属（父母、配偶和子女）死亡时，给予丧假3天。

（八）公务外出及半天假

因公外出和半天假的，填写统一制定的半天公派外出单和半天请假单，由各处（组）专人保管、备案。

参加各种会议，上级、其他单位来访接待以及各处（组）根据任务安排的外业工作，请提供纸质证明材料事前及时交综合处备案。

第十一条 请销假审批权限

1. 请假程序为先到综合处领取请假单，经综合处审核符合条件后分别报处组领导、分管领导、主任（局长）签批，签批完毕将请假单返还综合处。

2. 副主任（副局长）请假向主任（局长）报批。

3. 处（组）长请假1天由主管领导批准；1天以上，经主管领导批准后，由主任（局长）审批。

4. 处（组）工作人员请假：1天及以下由处（组）长审批；1天以上5天以下（含）的由处（组）长签字、主管领导审批；5天以上的由处（组）长、主管领导签字，报主任（局长）审批。

第四章 处罚

第十二条 工作人员应按时上下班，不得迟到、早退、擅自离岗。

第十三条 请事假15天以上的、病假30天以上及旷工5天以上的按市人社局有关工资发放规定处理。无正当理由连续旷工超过15天，或一年内累计旷工时间超过30天的，按照《公务员法》和人调发〔1992〕18号文件规定，予以辞退。

第十四条 各处组要严格遵守规定，自我要求、自我管理、相互监督。处（组）长对本处组人员要大胆管理、实事求是。

第十五条 本制度解释权归综合处。

第十六条 本制度自印发之日起生效，原制度作废。

郑州市南水北调水政监察巡查制度

2018年5月28日

郑调办〔2018〕38号

第一条 为及早预防、及时发现和制止南水北调配套工程水事违法行为和水事纠纷，结合我市南水北调配套工程实际，制定本制度。

第二条 本制度所称巡查，是指南水北调水政监察人员对南水北调配套工程有关设施开展的定期和不定期的检查活动。

第三条 水政监察巡查分为日常巡查、重点巡查和专项巡查。

日常巡查、重点巡查和专项巡查的具体范围由各级南水北调水政监察机构根据本地南水北调配套工程等的分布情况及重要程度分别确定。

第四条 水政监察巡查实行属地负责。

各县（市、区）南水北调水政监察中队负责本地南水北调配套工程的巡查。

第五条 南水北调水政监察巡查的主要内容：

（一）在配套工程保护范围内实施影响工程运行、危害工程安全和供水安全的爆破、打井、采矿、取土、采石、采砂、钻探、建房、建坟、挖塘、挖沟等行为；

（二）未征求南水北调配套工程管理单位意见，在南水北调配套工程管理和保护范围内建设桥梁、公路、铁路、管道、缆线、取水、排水等工程设施；

（三）擅自开启、关闭闸（阀）门或者私开口门，拦截抢占水资源；

（四）擅自移动、切割、打孔、砸撬、拆卸输水管涵；

（五）侵占、损毁或者擅自使用、操作专用输电线路、专用通信线路等设施；

（六）移动、覆盖、涂改、损毁标志物；

（七）侵占、损毁交通、通信、水文水质监测等其他设施；

（八）其他水事违法行为。

第六条 各县（市、区）南水北调水政监察中队日常巡查每日不得少于1次，重点范围的巡查每周不得少于2次；市南水北调水政监察大队的重点巡查每月不得少于2次；专项巡查不定期进行。

第七条 各级南水北调水政监察机构应制定年度巡查工作计划，确定不同阶段巡查工作方案，建立水政监察巡查登记制度。

各巡查单位在执行巡查任务前，应首先由水政监察队伍负责人确定巡查人员、路线、内容、方式等，执行巡查任务的人员每组不得少于2人，巡查时应携带执法证件、调查取证工具、通信工具和必要的法律文书等。巡查结束后，巡查人员应及时如实填写《巡查登记簿》，签名后交负责人签署意见备查。

第八条 巡查人员对在巡查过程中发现的问题，应分别不同情况予以处理：

（一）对有可能发生水事纠纷和水事违法行为的，应有针对性地开展南水北调水法规宣传教育；

（二）对正在发生的水事违法行为，应书面责令其立即停止水事违法行为；

（三）对正在发生和已经发生的水事违法

行为，如违法事实清楚，情节轻微，依法可按简易程序处理的，应按简易程序当场做出处理决定；对不适合用简易程序处理的，应及时取证，开展必要的调查，按一般程序处理；对情况紧急，案情重大的，应立即报告。

第九条 对违反本制度，不按要求组织巡查，或在巡查过程中不负责任，漏查漏报或隐瞒不报，或不按规定处理，或徇私舞弊、滥用职权等造成不良后果和影响的，按南水北调水政监察责任制有关规定追究相应责任。

鹤壁市南水北调配套工程泵站及现地管理站安全生产管理实施办法（试行）

2018年8月27日

鹤调办〔2018〕74号

第一章 总 则

第一条 为确保鹤壁市南水北调配套工程安全生产运行，规范工程建设、生产过程中的安全管理工作，有效控制各类安全生产事故，依据《中华人民共和国安全生产法》《中华人民共和国劳动法》《中华人民共和国消防法》《河南省安全生产条例》《河南省南水北调受水区供水配套工程泵站管理规程》《河南省南水北调受水区供水配套工程重力流输水线路管理规程》等相关法律、法规和安全管理要求，并结合工程特点，制定本制度。

第二条 安全生产贯彻“谁主管、谁负责”和“管生产必须管安全”的原则，建立健全安全生产运行保障体系，落实各级安全生产责任制、布置、检查、总结、评比等工作。

第三条 对在安全生产方面有突出贡献的团体和个人要给予奖励，对违反安全生产制度和操作规程造成事故的责任者，要给予严肃处理，触及刑律的，交由有关部门处理。

第二章 安全岗位职责

第一条 各泵站站长、现地管理站副组长为安全生产第一负责人，负责站内安全生产工作的落实、布置、监督、培训、总结、评比、汇报等工作。有责任消除站内及沿线阀井安全隐患，及时汇报突发事故，协同处理事故，维持事故现场，及时抢救伤亡人员，制止事故事态发展。

第二条 安全生产第一责任人全权负责站内巡视巡查、站内值守等所有安全生产活动，有责任规范站内所有安全生产活动。对违反安全生产制度和操作规程造成的突发事故，第一责任人与违规者负相同责任。

第三条 各泵站、现地管理站设专职安全员一名，负责站内安全生产周会的组织及日常安全生产的培训、教育、总结、评比、记录、汇报等工作。专职安全员向安全第一负责人汇报相关工作，并有权监督安全第一负责人的工作，如安全生产第一负责人不作为，可向市南水北调办上报站内安全生产违规情况。

第四条 专职安全员有责任对站内工作人员进行安全生产培训及教育。对于站内工作人员出现安全知识掌握不到位、安全生产规定理解不透彻、安全意识淡薄、违规巡视等情况，专职安全员负失职责任。

第五条 各泵站、现地管理站应设巡视安全员若干名，巡视安全员巡视期间必须佩戴专用警示标记。按相关规定，阀井巡视及泵站、现地管理站巡视应至少2人同时进行，一人巡视，一人监护。巡视监护人即为巡视安全员，负责巡视前安全措施准备，以及巡视过程中密切关注、询问巡视人员巡视动态、生命体征等工作，及时纠正巡视人员巡视过程中的错误巡视操作，协助下井巡视人员安全返回地面。

第六条 巡视安全员有权，也有责任制止并上报巡视过程中任何违规行为。巡视过程中坚持“安全第一”的原则，不论职务，只论安

全。巡视过程中发现违规行为，巡视安全员应采取有效制止措施。

第三章 安全巡视规定

第一条 电气设备巡视

1. 禁止无高压电工相关操作资质人员打开、触碰、操作站内变压器等高压电气设备，巡视高压设备时应保持一定安全距离。

2. 禁止无低压电工相关操作资质人员打开站内低压电气设备前后门板，禁止触碰、操作内部线路及元器件。如0.4kV检修配电柜、EPS应急电源柜、0.4kV配电柜、LCU现地控制柜等电气设备。

3. 严格按照两种工作票制度进行电气设备操作及维修工作，操作前如实填写相应工作票。工作票不得漏填、补填、谎填。

4. 禁止巡视人员在没有巡视安全员的有效监护下私自一人巡视、操作电气设备。

5. 在巡视电气设备时，巡视人员及巡视安全员均应穿绝缘鞋、戴绝缘手套等必要安全防护措施。

6. 需进行相关设备操作时巡视人员应站在绝缘胶垫上进行，巡视安全员需与巡视人员保持一定安全距离，保证突发情况时巡视安全员可采取应急措施。

7. 严禁无关人员在设备间避暑、避寒等，禁止人员在设备间吸烟、吃零食或其他与工作无关的活动。

8. 严禁巡视人员酒后上岗。

第二条 阀井巡视

1. 阀井巡视过程中，禁止在没有巡视安全员的有效监护下私自一人下井，严禁巡视安全员与巡视人员同时下井。

2. 下井巡视前，需提前打开井盖，使阀井进行充分的通风换气，方可进行下井巡视。未进行充分通风换气，严禁下井。

3. 下井巡视人员必须穿戴防滑鞋、防滑手套、安全帽、安全带、安全绳以及携带照明工具，并由巡视安全员协助巡视人员穿戴、检查安全措施是否牢固。

4. 严禁巡视人员无故长时间逗留井下，或进行避风、避暑、避雨等，禁止巡视人员井下巡视过程中吸烟、吃零食或其他与巡视无关的活动，巡视完毕后应立即上井。

5. 严禁巡视人员进行阀件、阀门操作。

6. 严禁巡视人员酒后上岗。

7. 在巡视人员下井巡视过程中，严禁巡视安全员进行玩手机等与工作无关的活动，严禁巡视安全员脱离监护岗位。

8. 巡视安全员应密切关注、询问下井巡视人员巡视动态、生命体征，及时了解下井巡视人员有无胸闷、头晕、憋气等不良状况。如下井巡视人员有不良反应，巡视安全员应立即协助巡视人员返回地面，并及时向相关负责人汇报情况，进行事故分析及处理。

第四章 监督制度

第一条 工程建设监督科会加强对各泵站、现地管理站开展巡查、抽查，根据巡检仪定位信息突击检查巡视过程中有无违规现象。

第二条 各泵站、现地管理站应每周召开安全生产例会，组织站内人员学习安全生产知识以及相关规定，对一周内安全生产活动进行总结，并安排下周安全生产注意事项。各泵站、现地管理站需做好相应记录进行留存。

第五章 处罚制度

第一条 安全生产第一责任人与巡视安全员未有效制止违规行为，未履行其职责的，与违规者负相同责任。

第二条 对于违反安全生产制度和操作规程的人员，要给予严肃处理，性质恶劣的立即辞退。

第三条 对因违反安全生产制度和操作规程造成的一切后果，由违规者自负并追究其相关责任，触及刑律的，交由有关部门处理。

第四条 对于发生事故进行瞒报、谎报、延报者，给予严肃处理，触及刑律的，交由有关部门处理。

第五条 各站违规情况将计入当月先进集体评比考核中。

第六章 附 则

本制度由鹤壁市南水北调办公室负责解释，自公布之日起试行。

（三）鹤壁市南水北调办公室关于印发《鹤壁市南水北调配套工程安全生产管理制度》的通知（鹤调办〔2018〕76号）

安阳市南水北调配套工程运行管理工作考核管理办法（试行）

2018年3月8日
安调办〔2018〕23号

为进一步加强和规范配套工程运行管理工作，确保工程平稳顺利运行，充分发挥南水北调配套工程的经济效益、社会效益和生态效益，根据《河南省南水北调配套工程供用水和设施保护管理办法》《河南省南水北调受水区配套工程巡视检查管理办法（试行）》《河南省南水北调受水区配套工程运行监管实施办法（试行）》等相关办法和省办有关文件、会议纪要精神，结合我市实际，在原考核管理办法试行稿的基础上进行修订，制定本办法。

一、指导思想

在省政府和省办相关办法框架内，针对南水北调配套工程供水管理工作面临的新常态，明确各方职责，加大督导、考核、奖罚工作力度，逐步建立健全科学管理、高效运转的管理体制和运行机制，以最大限度提高运行管理人员的责任心，调动其积极性，保障工程安全运行，充分发挥效益。

二、考核管理方案制定原则

在省有关办法、规定和我市南水北调配套工程运行管理方案的基础上，进一步细化各级运行管理单位的职责，明确各项工作的考核标准，按照一定周期对运行管理工作进行严格考核，并根据考核结果发放绩效工资，以达到奖优罚劣，充分调动各运行管理人员工作积极性的目的。

三、各级运行管理单位职责

（一）市运行管理领导小组

1. 对全市南水北调配套工程的水量调度、用水管理和工程设施保护等工作负总责。

2. 组织全市南水北调配套工程运行管理工作的考核、奖罚工作。

（二）市运管办

1. 具体负责全市配套工程运行管理的日常工作。

2. 具体负责全市配套工程运行管理考核工作的操作实施。

（三）市区运管处、汤阴县运管处、内黄县运管处

1. 严格按照市南水北调配套工程运行管理方案，完成辖区内各项运行管理工作。

2. 接受并全力配合市运管办的各项督导、考核工作。

3. 按照督导、考核意见纠正、完善各项运行管理工作。

四、考核内容

（一）市区运管处和汤阴、内黄县运管处

1. 运行管理队伍组建及培训工作完成情况。重点考查已招聘人员是否符合相应要求，是否经过培训，是否满足工作需要；

2. 对运行管理工作人员的日常管理情况，如考勤统计、检查记录等；

3. 月水量信息收集及月水量调度计划报送是否及时；

4. 水费收缴情况；

5. 对调度指令的执行情况；

6. 现地管理站的管理、运行情况；

7. 输水管线巡检工作情况；

8. 运行过程中出现重大设备运行故障、管道跑水、漏水等事件，向市运管办报告及处理情况；

9. 对辖区内影响水质及工程安全的事件查处及上报情况；

10. 突发事件应急预案的编制、演练情况；

11. 应急抢险处理过程中外部环境的保障工作情况；

12. 辖区内配套工程的安全度汛工作情况；

13. 领导小组交办其他任务的完成情况。

（二）现地管理站（含值守人员）

1. 考勤制度遵守情况；

2. 对基本知识的掌握情况；

3. 平时的学习、培训情况；

4. 对调度指令的执行时效性，操作规范化；

5. 值班、操作记录是否及时、完善；

6. 上报信息是否及时；

7. 管理区物品摆放、制度上墙、卫生打扫、安全保卫等规范管理情况；

8. 对维修养护的过程监督及现场验收情况；

9. 设备运行是否正常；

10. 上级领导交办其他任务的完成情况。

（三）巡查人员

1. 巡查频率是否符合制度及工作需要；

2. 对基本知识的掌握情况；

3. 平时的学习、培训情况；

4. 问题发现、上报是否及时；

5. 细小问题处理是否及时；

6. 阀井内外的环境卫生情况；

7. 对阀件和管件的防腐处理等维养工作过程监督和现场验收情况；

8. 对调度指令的执行时效性，操作规范化；

9. 上级领导交办其他任务的完成情况。

考核满分均为100分，针对运管部门、现地管理站和巡查人员，分别按上述考核内容根据工作重要情况和工作量分配分值，具体见附表。

五、考核人员组成

由领导小组成员，特邀专家及相关科、处负责人组成。

六、考核时间

每月定期、不定期对运行管理工作进行检查，每月末进行考核。

七、奖惩

（一）市区运管处和县运管处中各项运管工作完成较好，百分制得分最高的单位予以表彰，挂流动红旗，并给予精神或物质奖励。对于得分最低的单位予以通报批评。

（二）现地管理站（含值守人员）以站为单位进行检查和考核，巡查人员以组（负责同段线路的两人为一组）为单位进行检查和考核，分别按照百分制得分高低进行排序。

（三）现地管理站、巡查组每月考核结果分别按得分高低分为优秀、良好、一般三个档次。每月排序位列前两名的为优秀，位列后两名的为一般，其余的为良好。工作中出现明显失误的不确定当月考核档次。

（四）对于考核为最后一名的现地管理站和巡查组给予通报批评；对连续三次考核垫底，其中工作较差、情节严重的人员退回劳务派遣公司处理。

（五）对于不遵守管理规定或因人为失误、失职、渎职造成损失的，按照国家有关法律、行政法规和规章，依法给予处罚；构成犯罪的，依法追究刑事责任。

八、各运行管理处可在本办法基础上自行制定实施细则。

九、本办法由安阳市南水北调办公室负责解释。

十、本办法自2018年4月1日起实施。

附：《运行管理工作考核表》（略）

安阳市南水北调配套工程运管人员考勤管理规定（试行）

2018年3月7日
安调办〔2018〕27号

第一章 总 则

第一条 为维护正常的工作秩序，强化纪律观念，结合南水北调配套工程运行管理实际情况，制定本规定。

第二条 考勤制度是加强劳动纪律，维护正常的生产秩序和工作秩序，提高劳动生产效率，搞好管理的一项重要工作。全体职工要提高认识，自觉地、认真地执行考勤制度。

第三条 南水北调配套工程运管人员的考勤管理由所属运管处负责实施。

第四条 班组长对本部门人员的考勤工作负有监督的义务，指定专人负责本部门的日常考勤。

第五条 运管人员考勤实行签到制度，职工上下班均需按规定签到。职工应亲自签到，不得帮助他人签到和接受他人帮助签到。

第六条 考勤记录作为个人工作考评的参考依据。

第二章 具体规定

第七条 工作时间

按照市、县运管处安排的班次和时间执行。

第八条 迟到、早退

1. 未按规定时间到岗办理交接班的，视为迟到，未办理交接班离岗的视为早退。

2. 迟到早退一次扣款50元，并给予通报批评；情节严重的，退回劳务派遣公司。

3. 遇到恶劣天气、交通事故等特殊情况，属实的，经所属运管处负责人批准可不按迟到处理。

第九条 请销假

1. 因公外出和因私（病假、事假、婚假、产假、丧假等）不能参加考勤的必须提前请假。

2. 鉴于南水北调配套工程运管工作实际情况，原则上不允许请假，有事经所属运管处负责人批准后可调班。确需请假的，一般人员请假一天以内（含一天）的由班组长批准，两天以内（含两天）的，由所属运管处负责人批准；三天以内（含三天）的，由市南水北调办运管办负责人批准；三天以上的，由市南水北调办主管主任批准。班组长请假一天以内（含一天）的由所属运管处负责人批准，两天以内（含两天）的，由市南水北调办运管办负责人批准；两天以上的，由市南水北调办主管主任批准。所有请假人员都须在所属运管处备案。

3. 病假须提供医院开具的诊断证明；婚假须提供法定的结婚证；产假须提供医院证明。

4. 请假期满应及时向批假领导销假，确需续假的按请假审批权限报批。

5. 因工作需要，不安排公休假。

6. 职工结婚者享受婚假3天、女职工生育享受98天产假、丧假为3天。请假期间发放基础工资和工龄工资或生育津贴。

7. 请事假的，每天扣发1.5倍日工资（基础工资和工龄工资），请病假的扣发当天基础工资和工龄工资。

第十条 旷工

1. 未按规定书面申请并经批准不到岗工作的、使用非本单位人员代替上岗的，均视为旷工。

2. 以月为计算单位，旷工一日者，扣发当月全部工资的20%；旷工超过一日者，退回劳务派遣公司。

第十一条 考勤登记

各班组应于每月5日前将上月本部门人员考勤情况报所属运管处，未统一考勤情况编写情况说明，并附相关证明材料。

第十二条 考勤纪律

各班组、各运管处要严肃考勤纪律，对弄虚作假、请销假手续不规范等行为，视情节轻重给予通报批评，并对相关责任人经济处罚，直至退回劳务派遣公司。

第三章 附 则

第十三条 临时抽调在市、县南水北调机关工作的人员，日常考勤和请销假按抽调单位的考勤制度执行，考勤结果报所属运管处备案，其他事项按本规定执行。

第十四条 本规定解释权归安阳市南水北调办公室。

第十五条 本规定自2018年4月1日起执行。

重 要 文 件

河南省南水北调办公室关于2017年度责任目标完成情况的自查报告

豫调办〔2018〕1号

省政府督查室：

按照河南省人民政府办公厅《关于做好省政府有关部门2017年度目标考评及2018年度目标制订工作的通知》（豫政明电〔2017〕157号）要求，现将河南省南水北调办公室2017年责任目标完成情况报告如下：

一类目标完成情况：

1. 强力推进配套工程自动化调度系统建设。加大管控力度，制定详细计划，明确时间节点，进一步加快自动化系统建设进度，2017年基本完成工程建设任务；督促各省辖市南水北调办基本完成管理处所和外部供电工程建设，为自动化调度系统投入运行提供条件。

完成情况：一是加快自动化系统建设进度。基本完成了通信线路主网建设，设计线路完成率95.5%；完成了具备安装条件的省调度中心及濮阳、许昌、南阳三市的设备安装；完成了具备安装条件的流量计安装。二是督促加快建设配套工程管理处所。采取多种措施，加大工作力度，通过采取约谈、印发相关文件、通知、通报等措施，督促各南水北调办事机构加快推进配套工程管理处（所）各项工作进度。因受建设用地规划许可、建设工程规划许可等手续办理制约，以及大气污染防治攻坚战等因素影响，截至目前，全省配套工程61个管理处（所），已建成18座、在建20座、处于前期阶段（未开工）23座。

2. 推进工程验收工作。加强与相关单位沟通协调，积极推进总干渠桥梁竣工验收、铁路交叉、供电线路、消防等验收事宜；加强配套工程验收管理，强力推动配套工程分部、单位工程及合同完工验收工作；完成配套工程征迁验收工作。

完成情况：一是推进总干渠桥梁竣工验收。积极协调省交通厅、南水北调中线局等有关单位，召开推进会，明确责任分工和工作目标，进一步推进跨渠桥梁管养移交和竣工验收工作。建立“跨渠桥梁移交验收月报”制度，与中线建管局河南分局建立“日常联络机制”，互相协助，紧密配合，做好竣工验收准备工作。截至12月28日，全面完成竣工验收工作的70座，占总数的15.2%，已基本完成竣工验收工作但需完善签章手续的99座，占21.5%。二是推进铁路、供电线路等外委项目验收。多次与郑州铁路局工管所、洛阳指挥部、省电力公司等单位对接、协商，研究铁路、电力线路等外委项目委托建管合同验收程序等事宜；组织召开验收工作专题会，听取相关工作的进展情况，梳理问题，提出要求。目前，外委项目的档案整理、完工决算、行业验收工作正在积极推进中。三是推进消防专项验收。按照国务院南水北调办中线干线工程消防专项验收计划，积极推进消防备案工作取得突破性进展。截至目前，16个设计单元中9个设计单元全部完成消防设计备案工作，2个设计单元全部完成消防工程验收备案工作，其他消防备案工作正在积极推进中。四是推进配套工程验收。建立了配套工程验收月报制度，不定期督导配套工程验收工作；督促各南水北调办事机构加快配套工程验收进度，加快配套工程验收工作。截至目前，配套工程共完成86.0%分部工程、52.2%单位工程、41.9%合同项目完工验收任务。五是推进配套工程征迁验收。认真研究当前配套工程征迁验收存在问题，组织召开座谈会，组织开展人员培训，梳理工作思路，全力推进配套工程验收进度；组织各南水北调办事机构排查梳理征迁安置各项遗留问题，建立问题台账，明确责任人，限时解决征迁遗留问题。目前，配套工程征迁验收工作正在有序推进中。

3. 加快剩余及新增项目建设进度。督促加快总干渠沧河倒虹吸防洪影响处理工程、配套管理处（所）以及清丰、博爱供水支线等剩余工程建设进度；组织巡查大队、飞检大队对配套工程剩余尾工及新增项目施工质量情况进行检查，及时发现、通报存在的问题，并督促整改，确保在建项目工程质量和安全。

完成情况：一是总干渠沧河倒虹吸防洪影响处理工程已按计划全部完成。二是加快新增供水支线剩余工程建设进度。新增清丰供水配套工程已于2017年5月建成通水；博爱支线基本完工；鄢陵支线管道铺设全部完成，正在进行现地管理房施工。三是严把工程质量关。坚持实行多年来行之有效的质量安全管理办法和措施，组织飞检大队对工程质量安全情况开展定期检查、专项抽查，一旦发现问题严厉追责，及时整改，确保工程质量；加强安全生产管理，强化值班值守和巡视巡查，采取冬季防护措施，确保冬季施工安全和工程质量。我省南水北调工程质量安全始终受控，在建项目全年未发生工程质量和安全生产事故。

4. 加快变更索赔项目处理工作进度。以合同为基础，以国家、省有关法律法规为依据，在从严掌控、确保审批质量的前提下，加快变更索赔项目处理工作；督促各项目建管处和各省辖市建管局按照变更索赔台账和工作计划，加快推进变更索赔项目的处理工作，消除投资控制风险。

完成情况：干线工程累计处理变更索赔7082项，占变更索赔总数量（7128项）的99.35%；剩余未批复变更索赔46项，已基本完成审查，累计扣回预结算资金14.3亿元；配套工程累计处理变更索赔1596项，占总数2056项的77.63%。

5. 加大水费收缴力度。按照“先易后难、重点突破、积极引导、带动全局”的思路，开展水费收缴工作，严格按照《南水北调供用水条例》和《河南省南水北调配套工程设施保护和管理办法》，依法征收水费，加大督查力度，提高水费征收率。

完成情况：按照“先易后难、重点突破、积极引导、带动全局”的思路，深入贯彻落实省领导指示精神，开展水费收缴工作，严格按照《南水北调供用水条例》和《河南省南水北调配套工程设施保护和管理办法》依法征收水费，全年开展水费收缴专项督导5次，印发了《河南省南水北调工程水费收缴及使用管理暂行办法（试行）》，向有关地市寄发水费征收催缴函，建立了水费收缴及使用管理电算化会计核算账套，进一步规范水费收缴及使用。截至目前，共收缴水费16.55亿元，其中2016～2017供水年度收缴8.8亿元，累计完成水费收缴任务42.2%。

二类目标完成情况：

1. 加强配套工程运行管理。做好水量调度管理工作，加强运行管理工作的规范化、制度化建设，定期采取多种方式对各地配套工程运行管理加强监管；督促检查指导工程维护项目的实施；积极推进全省配套工程基础信息系统及巡检系统应用。

完成情况：一是做好水量调度管理工作，加强运行监管。提前谋划，组织编制下一年度水量调度计划建议；以下达的水量调度计划为核心，严格执行水量调度管理有关规定。2017年9月底，紧紧抓住汉江秋汛导致丹江口水库高水位运行有效时机，通过总干渠13个退水闸，向我省下游河道及水库进行生态补水，累计补水2.96亿m^3；制定印发了《河南省南水北调配套工程运行管理规范年活动实施方案》，明确完善制度、健全队伍、加强培训、创新管理、规范巡检、强化飞检、落实整改、严肃追责等8个方面的任务和要求。组织开展了“互学互督”活动，采取飞检、巡检和专家稽查等方式，加强运行监管，截至目前，已实行运行监管全覆盖。二是做好工程维护项目的督导检查工作。制定印发了《河南省南水北调配套工程日常维修养护技术标准》《河南省南水北调配套工程运行管理监督检查工作方案》等，编制印发了《河南省南北调配套工程日常维修养护技术标准（试行）》，按照“管养分离”原则，通过公开招标选定了维修养护单位，承担全省配套工程维修养护任务。目前，正在组织维修养护单位严格按照技术标准和合同约定，做好工程维修养护。三是推进全省配套工程基础信息系统及巡检系统的应用。已完成在濮阳市、鹤壁市的试点工作，省科技厅科学技术信息研究院组织专家对“河南省南水北调受水区供水配套工程巡检智能管理系统研发及应用”项目进行了科技成果评价，认为项目成果整体达到国内领先水平。目前，正在组织设计单位编制《河南省南水北调受水区供水配套工程基础信息管理系统和巡检智能管理系统建设方案》，为招标工作做准备，积极推进推广应用。

2. 做好总干渠沿线水质保护工作。积极协调省环保厅，并督促要求各省辖市南水北调办积极协调配合当地环保部门进一步核实整治总干渠沿线水污染风险点；按照相关政策、法规和规范并兼顾我省发展需要，对我省南水北调中线一期工程总干渠两侧水源保护区范围进行调整完善，切实加强总干渠两侧水源保护区水污染防治工作。

完成情况：扎实开展南水北调水污染防治攻坚战，严格总干渠两侧新上项目的审查，严把环境影响前置审查关，杜绝新增污染项目。积极推动总干渠两侧饮用水水源保护区的调整工作，申请资金，组织开展招标工作，加快调整方案的编制，召开咨询会、审查会，目前正在征求工程沿线有关省辖市的意见。组织对总干渠两侧污染源进行排查，协调纳入我省农村环境整治项目，加快消除污染源。开展应急演练，提高应急处置能力，全面完成了今年总干渠水质保护工作。

3. 积极推进规划编制落实。配合省发改委积极推进《丹江口库区及上游水污染防治和水土保持“十三五”规划》编制工作，做好规划实施方案的制定，督导规划项目实施。

完成情况：积极推进《丹江口库区及上游水污染防治和水土保持“十三五”规划》（简称《规划》）实施规划编制工作，配合省发改委召开《规划》实施方案编制工作会议，对《规划》贯彻落实工作进行了部署，全力推进《规划》实施方案及优先控制单元治理方案编制工作。目前，《规划》实施方案及优先控制单元治理方案已编制完成，并征求相关部门的意见。

4. 持续做好《河南省南水北调配套工程供

用水和设施保护管理办法》宣传贯彻和监督执法工作。大力宣传《河南省南水北调配套工程供用水和设施保护管理办法》，组织开展运行管理、供水效益、生态带建设、水质保护等系列宣传，扩大南水北调工程的社会影响力，建立爱护工程设施、珍惜水资源、自觉节约用水的良好社会氛围。依法依规做好南水北调工程保护范围规定事项的行政执法和监督检查工作。

完成情况：积极做好《河南省南水北调配套工程供用水和设施保护管理办法》（简称《办法》）宣贯和执法宣传工作，召开《办法》颁布新闻通气会，在我省主流媒体上刊发《办法》全文和三篇解读文章，对《办法》进行宣传解读；各地结合中线工程通水三周年，开展了执法宣传活动，营造了良好舆论氛围；成立了河南省南水北调水政监察支队，积极督促各地南水北调办事机构建立执法队伍，加强行政执法，维护工程设施安全。积极争取当地市县水政监察队伍的支持，将配套工程设施管理纳入水政监察队伍执法范围，制止和处理危害工程安全的行为。会同有关单位协调处理了多处违法问题，依法维护了配套工程设施安全。

5. 建立健全各项工作制度，创新管理机制。积极推进实行省级统一调度、统一管理与市、县分级负责相结合的“两级三层”管理体制，规范配套工程运行管理工作。建立完善风险防控机制。建立完善运行管理制度框架体系，制定配套工程运行管理稽察办法，组建行政执法队伍，建立完善执法制度。

完成情况：在我省现有的配套工程24项规章制度的基础上，出台了《河南省南水北调配套工程日常维修养护技术标准（试行）》、《河南省南水北调工程水费收缴及使用管理暂行办法》，编制了《河南省南水北调受水区供水配套工程管理规程》，研究制订《河南省南水北调配套工程运行管理稽察办法》，加强制度创新和顶层设计；制订《河南省南水北调配套工程运行管理监督检查工作方案》，建立了“突袭式飞检、日常性巡检、专业化稽查”三位一体配套工程运行管理监督检查体系；成立了省南水北调水政监察支队，制定了河南省南水北调水政监察与行政执法21项制度（试行）。

6. 持续加强党建工作。严格落实《中国共产党廉洁自律准则》和《中国共产党纪律处分条例》，认真落实“两个责任”和“一岗双责”，开展廉政警示教育，筑牢思想防线，抓好班子，带好队伍，为做好各项工作提供组织保证。深入学习贯彻党的十八届六中全会和省第十次党代会精神，紧密团结在以习近平同志为核心的党中央周围，牢固树立政治意识、大局意识、核心意识、看齐意识，坚定推进全面从严治党，坚持思想建党和制度治党紧密结合，净化党内政治生态；抓好党性教育，认真落实“三会一课”制度，推进“两学一做”学习教育常态化制度化，把“两学一做”学习教育推向深入。

完成情况：领导班子定期专题研究推进全面从严治党工作，班子成员严格按照“一岗双责”要求，抓好党建工作和分管范围内的工作。充分发挥机关纪委监督作用，完成了“坚持标本兼治推进以案促改工作”、八项规定精神制度建设“回头看”等活动；深入开展反腐倡廉教育和案例警示教育，运用好“四种形态”对党员干部苗头性、倾向性问题，早发现、早提醒、早纠正，防微杜渐，防止小错误酿成大错误；深入学习习近平总书记系列重要讲话精神，认真学习贯彻党的十八大、十八届历次全会精神，学习领会省十次党代会精神，制定学习方案、明确学习内容、划定学习重点、注重学习实效，积极引导广大党员进一步增强“四个意识”，在思想上政治上行动上同以习近平同志为核心的党中央保持高度一致，更加扎实地把中央的各项决策部署落到实处。党的十九大召开后，始终将学习贯彻落实十九大精神，作为当前和今后一个时期党内政治生活的一项重要政治任务。集中收看收听党的十九大开幕会直播盛况，印发了《河南省南水北调办公室学习宣传贯彻党的十九大精神实施方案》和《中共十九大精神学习资料汇编》，下发党的十九大有关学习资料，组织集中观看中央宣讲团解读中共十九大精神视频报告；特邀省委宣讲团成员，河南牧业经济学院校长罗士喜教授就党的十九大精神进行宣讲；制定出台了《河南省南水北调办公室关于推进“两学一做”学习教育常态化制度化的意见》和《河南省南水北调办公室关于推进“两学一做”学习教育常态化制度化的实施方案》，指导各支部依托“三会一课”制度积极践行学习教育常态化制度化，组织开展微型党课比赛、“党章党规知识答题”和“两学一做”心得体会交流等活动，把“两学一做”学习教育常态化制度化推向深入。

2018年1月4日

关于河南省南水北调工程第31次运行管理例会工作安排和议定事项落实情况的通报

豫调办〔2018〕2号

中线局河南分局、渠首分局，各省辖市、省直管县（市）南水北调办，办机关各处室、各项目建管处：

河南省南水北调工程运行管理第31次例会于2017年12月19日至20日在平顶山市召开，会议确定了9项工作安排和议定事项。按照省南水北调办运管例会制度要求，省办监督处对确定的工作安排和议定事项落实情况进行了督办。截至2018年1月12日，第三十一次运管例会确定的9项工作安排和议定事项，已落实4项，正在落实5项。

现将第三十一次运管例会工作安排和议定事项具体落实情况通报如下：

一、关于分水口门流量计率定。各有关单位和部门要以问题为导向，同心协力，在不影响工程正常供水的情况下，把流量计率定比对工作做细、做实，切实解决水量计量争议问题。南水北调中线建管局河南分局、渠首分局负责，根据9月22日南水北调中线干线工程分水闸处流量计率定一标试点试验报告审查会会议纪要，结合工程实际，组织编制全省流量计率定比对工作计划，提出水量计量比对配合要求；各有关省辖市、省直管县（市）南水北调办要积极配合做好流量计比对工作。

落实情况：河南分局流量计率定工作已上报中线建管局，目前正在协调其他部门提供分水口流量历史数据，便于率定施工单位进行比对。渠首分局辖区内分水口流量计率定尚未开展，已要求施工单位按要求提前编制率定计划，明确率定方案和配套配合内容，经审查后按计划开展工作。根据省办通知精神，有关省辖市南水北调办积极与河南分局和渠首分局沟通，明确了各条线路流量计比对工作负责人，做好流量计比对配合工作，解决计量争议问题。其中流量计率定单位对郑州市制定的原方案PCCP管道不适用，仅对24、24-4号口门钢管管道做了率定。

二、关于向南乐县供水。南乐县自建配套取水工程，计划引南水北调水向当地供水，提高居民生活质量，是惠及民生的好事，省南水北调办全力支持。省办建设管理处牵头，濮阳市南水北调办负责，积极沟通协调，尽快完善南乐县用水指标、水资源规划、取水许可等手续，研究工程运行管理工作机制。

落实情况：濮阳市南乐县供水项目于2015年12月经南乐县发改委批准立项，2016年1月濮阳市政府同意从全市南水北调年分配水量中调剂5万m^3/d用水指标供南乐县城区生活用水，项目《水资源论证报告》已编制完毕。该项目输水管线全长约30km，工程估算投资1.92亿元。工程建设采取政府和社会资本合作（PPP）模式，经营期限为15年。截至目前，管沟开挖约30.0km，管材进场20km，安装管道14km；加压泵站主副厂房进入钢筋绑扎和模板支护，部分阀井开挖了基础；近期因大气污染防治暂无法进行混凝土浇筑施工。2018年1月11日，省办建设管理处派员赴现场了解南乐县工程建设情况及各项手续办理进展情况，会同濮阳市南水北调办、南乐县有关部门研究工程运行管理工作机制。

三、关于节前干线资金计划。省局经济与财务处负责，结合各项目建管处上报的质保金退还、结算需求等实际，抓紧制定节前资金使用计划，及时上报，并积极与南水北调中线建管局沟通协调，尽快拨付到位，保障双节期间资金供给。

落实情况：省局投资计划处已组织对参建单位合同结算情况进行了排查。经排查，节前建设资金缺口为41946万元。目前，向中线局申请拨付建设资金的报告正在运转。2017年省建管局共收到中线建管局拨款5亿元，目前账面余额1.1亿元，省局经济与财务处已制定上报节前资金使用计划，继续配合投资计划处积极协调中线建管局申请资金8亿元，确保干线工程资金供应。

四、关于工程档案验收。省局综合处负责，与国务院南水北调办设管中心沟通，进一步加快干线工程档案专项验收工作。

落实情况：目前，我省委托项目16个设计单元工程档案已全部按计划完成项目法人验收，共验收档案93362卷。已完成安阳段、新郑南段、禹长段、方城段、南阳试验段和焦作二段共6个设计单元工程档案检查评定工作；安阳段、新郑南段和禹长段工程档案通过国调办组织的专项验收，安阳段工程档案已正式移交中线建管局两套共15920卷。上报了南阳白河倒虹吸工程段检查评定和南阳试验段专项验收的申请。经同国调办社管中心和中线建管局沟通，2018年河南委托段工程档案验收计划完成6至8个设计单元的专项验收，完成11个设计单元专项验收前的检查评定工作。

五、切实做好双节期间稳定工作。双节即将来临，稳定工作处于关键时期，各有关单位和部门要切实做好我省南水北调工程稳定工作。一要加强隐患排查。全面排查涉及农民工工资未兑付到位、合同纠纷、移民征迁遗留问题、工程影响利益诉求等影响稳定的隐患，做到心中有数。二要主动采取措施。采取有针对性的措施，把矛盾和问题消灭在基层，一是督促施工单位解决农民工工资问题；二是加强与地方有关部门沟通协调，主动向地方领导汇报，及时处理相关问题；三是加强合同管理，春节前完成相关合同变更批复工作；依据国务院南水北调办批复的价差额度，2018年元月底前完成价差调整相关工作。三要及时应对突发事件。各级南水北调办事机构要切实负起责任，制定相应预案，出现问题及时应对，及时处理，避免矛盾扩大，避免事件升级，不能出现越级上访事件。

落实情况：河南分局为保持南水北调工程各项工作和谐稳定发展，专门研究部署有关工作，一是建立突发事件应急处置机制，要求各部门切实负起责任，及时汇报，积极消除矛盾，避免事态升级。二是加强隐患风险排查，全面梳理施工单位合同遗留问题，针对涉及农民工工资兑付问题、合同纠纷等工程遗留问题主动采取措施，消除潜在隐患。三是加强合同管理，督促施工单位加快年终各项结算款项办理，监督其支付农民工工资。渠首分局按照中线局《关于做好农民工工资支付有关工作的通知》采取明确主体责任，规范用工管理，推行银行代发制度等措施完善农民工工资管理制度。全面展开自查自纠，摸底农民工工资支付情况，及时消除隐患，防患未然。

省南水北调办一是于2017年12月25日印发《关于转发〈关于做好农民工工资支付有关工作的通知〉的通知》，要求各省辖市（直管县、市）南水北调办（局）、各项目建管处结合所辖工程项目特点，进一步健全工资支付监控和保障制度，改进工程款支付管理方式，全面规范企业工资支付行为，依法处置拖欠工资案件，促进社会和谐稳定。目前，正在组织开展农民工工资拖欠问题自查自纠工作，各市南水北调办、各项目建管处正陆续上报自查自纠情况。二是省办综合处、建设处等有关处室，按照信访工作条例要求，经过耐心细致工作，及时做好郑州、新乡个别标段群众来访接访工作，力争把矛盾化解在基层，满足维稳工作要求。三是加快合同变更处理。目前干线工程剩余变更索赔72项，其中已上报省局的40项已全部进行了专家联审并出具了审查意见，其余32项尚未上报。为加快剩余变更处理进度，已督促各项目建管处：一要抓紧完善安全监测延期观测费、监理延期服务费补充协议签订手续；二要对已审查项目尽快按审核意见修改完善资料后按权限批复；三要对未上报项目尽快审查上报；四要对资料缺失不足以支撑索赔项目定性的，予以销号处理。价差调整工作已督促各施工单位尽快开展2014年以后年度价差调整计算工作，具备条件的委托中介机构进行复核；督促各项目建管处组织编报价差调整分析报告，具备条件的上报中线局审批。

各省辖市（直管县市）南水北调办高度重视双节期间稳定工作，排查工程隐患，加快变更处理，及时兑付农民工工资，化解各种矛盾，保证工程安全运行。一是认真贯彻执行《关于切实加强元旦、春节期间我省南水北调配套工程运行监管工作的通知》和《关于做好2018年元旦、春节期间安全管理工作的通知》文件精神，召开专题会议安排部署，制定配套工程巡查工作方案，严格落实安全生产责任制，严格执行值班制度，确保信息畅通，及时掌握工程运行情况。二是加快配套工程合同变更和索赔工作的处理，重点解决农民工工资问题。对施工单位拖欠农民工工资问题逐一进行摸排，建立台帐，采取相应监管手段，确保施工单位拖欠的农民工工资问题处于可控状态。三是召开了运行管理年度会议，制定相应突发事件应急预案，安排布置应对突发事件的具体措施，避免越级上访事件发生，切实做好双节期间稳定工作，确保工程运行安全、供水安全和沿线群众生命财产安全。

中州水务控股有限公司（联合体）一是要求各基站做好维修养护期间与各级单位及周边群众关系协调，重点关注涉及土方开挖与回填、积水抽排等易与周边群众产生纠纷的野外抢险作业项目，做好疏导与宣贯工作，坚决杜绝因沟通不当、操作不妥引发摩擦，激化矛盾。二是下发通知要求各基站做好元旦、春节期间维修养护工作，充分考虑双节期间应急抢险项目人员、材料及设备调配难度，制定相应保障预案，确保满足双节期间管道爆管等大型抢险项目快速实施需要，保证双节期间供水安全与社会和谐稳定。

六、持续推进运行管理规范化。2017年是我省南水北调配套工程运行管理规范年，通过开展互学互督活动、飞检、巡检、稽查等措施，在各有关单位和部门的共同努力下，运行管理规范化工作取得了非常大的进展，但仍存在一定差距，还需持续推进。一要做好规范年活动总结工作。各有关单位和部门要按照《河南省南水北调配套工程运行管理规范年活动实施方案》（豫调办建〔2017〕11号）要求，做好规范年活动总结工作，总结经验，查找差距，补齐短板，逐步达到标准化、制度化、自动化总要求。二要开好规范年活动现场总结会。省办建设管理处牵头，南阳市南水北调办负责，按省南水北调办统一部署，开好配套工程运行管理规范年活动现场总结会，真正起到示范、带动、学习、提高的作用，不断提升配套工程运行管理规范化水平。

落实情况：一是省办运管办于1月9日下发通知督促省办机关各有关处室报送总结材料，以便汇总，总结经验。各市（县）南水北调办积极开展运行管理规范年活动，切实加强制度建设与组织管理，通过完善制度、充实运管人员、开展人员培训、开展互学互督活动和问题整改工作，运行管理规范化工作取得了很大进展，同时也发现在运行管理中存在的问题和不足。各单位及时总结了好的经验做法，找差距，补短板，不断提升配套工程运行管理规范化水平。二是省办建设管理处会同南阳市南水北调办正积极筹备配套工程运行管理规范年活动现场总结会。由于受大气污染防治限停施工、冬季严寒气候影响，管理设施完善和阀井加高工程尚未完工等原因，南阳市暂不具备召开配套工程运行管理规范年活动现场总结会条件，会议推迟召开。

七、加快推进配套工程保护范围划定。 目前，干线工程保护范围划定工作已大头落地，配套工程保护范围划定工作相对滞后。一要打好基础。省局建设管理处负责，下发通知，对工程竣工图编制工作提出明确要求，为配套工程保护范围划定工作打好基础；各省辖市南水北调建管局要抓好配套工程各项验收工作，在施工图基础上做好复核工作，确保工程竣工图准确可靠。二要加强协调配合。依据省政府发布的《河南省南水北调配套工程供用水和设施保护管理办法》，在配套工程保护范围划定后，各省辖市、省直管县（市）南水北调办要加强协调配合，由相关地方政府向社会公布。三要全力推进。省办建设管理处负责，郑州市南水北调办配合，做好配套工程保护范围划定郑州试点工作，在试点基础上完善方案，制定计划，加快推进。

落实情况：一是配套工程竣工图编制工作。省办建设处印发了《关于进一步加强南水北调配套工程竣工图纸管理的通知》（豫调建〔2018〕2号），要求各省辖市、省直管县（市）南水北调建管局进一步提高对竣工图纸重要性的认识，严把竣工图纸编制关和审核关，实施责任追究，确保竣工图纸质量和安全。截至2017年12月底，配套工程验收工作累计完成单元工程评定97.3%，完成分部工程86.0%，完成单位工程56.1%、完成合同项目完工47.3%。二是各省辖市、省直管县（市）南水北调办，加强与相关规划、土地等职能部门的沟通协调，切实履行职责，形成工作合力，争取更多的支持和帮助，依据省政府发布的管理办法，在配套工程保护范围划定后，加强协调配合，加快推进，确保配套工程保护范围划定工作顺利开展。三是郑州市配套工程保护范围划定试点工作。已对设计单位编制的《河南省南水北调受水区郑州供水配套工程管理范围及保护范围划定地面标志牌实施方案》进行了初审，设计单位正在按初审意见修改完善。同时，拟对设计单位编制的报价书进行咨询，为签订合同做准备。郑州市南水北调办全力配合做好工程保护范围划定工作，目前已布置各县区做好基础工作。

八、同步推进自动化系统和管理处所建设。 一要高度重视。各省辖市南水北调办要深化认识，主动作为，克服困难，加快推进自动化系统和管理处所建设工作。二要进一步明确目标。已开工建设的管理处所，由省局建设管理处按正常建设程序进行管理。未开工建设的23个管理处所，由各有关省辖市南水北调办负责，按照2018年上半年主体工程完工、年底投运总要求，重新编报建设计划；省办投资计划处汇总研究后，于2018年1月底前重新下发建设计划。三要加强督办。省办监督处牵头，投资计划处、建设管理处、环境与移民处配合，按照职责分工要求，对目前未开工建设的23个管理处所建设进展情况，每月一督办，每月一通报。四要及时管护。对已建成的管理处所和自动化系统设施设备，各省辖市、省直管县（市）南水北调办要及时接管，不留空档，加强管护，确保工程设施设备完好。

落实情况：一是我省配套工程管理处所建设情况。截至2017年12月底，全省配套工程61个管理处所中，已建成22座，其中已经投入使用9座，在建16座，未开工建设23座。自动化建设：①通信线路组网设计方案已全部完成，规划通信线路总长803.76km，已完成线路铺设742.78km，完成率92.4%。②设备安装：省调度中心设备安装全部完成；11个市级管理处已完成3个，完成率27.24%；43个管理所已完成11个，完成率25%；143个管理房已完成

48个，完成率34%。③流量计安装共计167套已完成130套，完成率77.84%。部分安装25套，完成率16.17%；未安装12套。受土地使用证等“一书四证”办理和封土行动影响，在建项目总体进展缓慢。二是未开工建设的23个管理处所，省局投资计划处已通知有关省辖市南水北调建管局编报2018年建设计划，待汇总研究后，于2018年1月底前重新下发建设计划。目前有关市局正在上报。三是下一步省办有关处室，将根据调整后的工程建设进度计划，按照职责分工，对未开工建设的管理处所建设进展进行督导。四是相关市建管局对已建成的管理处所及时投入使用，未入住的有专人管理；已建成的自动化系统设施设备，部分已经接收管护，未接收的将及时接收管护，确保工程设施设备完好。

九、强力推进水费征收工作。一要深化认识。国务院第八次建委会已把水费欠缴作为一项主要问题。做好水费征收工作，是贯彻落实党中央国务院决策部署的一项重要工作，也是保证工程安全运行的需要和基础。二要强化协调。各有关单位和部门要进一步加强协调，强力推进水费征收，保证工程正常运行和按时偿还银行贷款。三要加强督办。各级南水北调办事机构要加大对水费征收工作的督办力度。近期，国务院南水北调办、省南水北调办和南水北调中线建管局将联合在水费收缴工作落后的地区组织召开现场会，促进水费征收工作。四要及时到位。年关将近，各级南水北调办事机构要积极协调督促，确保水费及时到位。

落实情况：2017年12月省办经济与财务处已向各省辖市、省直管县（市）南水北调办及其政府主管领导个人下发2016～2017供水年度水费征收催缴函，并附上王铁副省长关于2016～2017年度年度水费收缴的批示，要求各省辖市、省直管县（市）南水北调办做好水费收缴协调督促工作，确保水费及时足额上交；近期拟协调国调办和中线建管局在催缴水费时到水费征收严重滞后的周口、焦作、平顶山、新乡、漯河等个别市召开现场会。各省辖市、省直管县（市）南水北调办积极协调督促水费收缴工作。其中，南阳市办按照市政府下发的关于水费收缴的通知，借力市保水质护运行督查，对各县（区）年度水费收缴情况进行了督查，成效明显。平顶山市出台了南水北调供水水费收缴办法，将基本水费纳入市、县财政预算，对拖欠水费补交办法、时限提出了明确要求。周口市政府于12月22日组织召开各相关部门参加的南水北调水费缴纳专项协调会；会议要求：商水县欠缴基本水费由商水县政府尽快解决，中心城区欠缴的2017年度基本水费由市财政局落实解决，已使用南水北调水费由水厂按合同及时足额缴纳。濮阳市政府1月4日召开了水费征收协调会，明确市财政局向市自来水公司先期划拨2000万元水费补贴资金，专项用于解决南水北调工程水费问题，确保1月30日前缴至市南水北调办公室水费收缴专户；市城市管理局督促华源水务有限公司尽快结清所欠南水北调工程水费，一天一督查，每周向市政府报告水费收缴进展情况，直至华源水务有限公司拖欠水费问题得到妥善解决；财政部门要及早安排，将市财政负担的城市供水补贴资金纳入年度预算管理，按照资金使用计划将资金拨付到供水企业。

2018年1月11日

关于报送《河南省南水北调办公室2018年南水北调中线总干渠两侧生态带建设督导方案》的报告

豫调办〔2018〕5号

省政府督查室：

按照《河南省人民政府办公厅关于明确政府工作报告提出的2018年重点工作责任单位的通知》（豫政办〔2018〕16号）要求，我办认真研究，制定了《河南省南水北调办公室2018年南水北调中线总干渠两侧生态带建设督导方案》，现报送贵督查室。

附件：《河南省南水北调办公室2018年南水北调中线总干渠两侧生态带建设督导方案》

2018年2月28日

附件

河南省南水北调办公室 2018年南水北调中线总干渠两侧生态带建设督导方案

一、河南省南水北调总干渠两侧生态带建设基本情况

根据《河南省人民政府关于印发河南林业生态省建设提升工程规划（2013-2017年）的通知》（豫政〔2013〕42号）的安排部署，为保障南水北调总干渠（河南段）输水水质安全，我省规划在总干渠两侧建设各宽100米的高标准防护林带，总面积约21.58万亩。

南水北调总干渠生态带建设从2013年实施以来，省林业厅、总干渠沿线各级政府齐心协力，密切配合，积极主动，克服困难，生态带建设进展顺利，目前已完成19.28万亩，占规划任务的89%。

二、配合省林业厅对总干渠两侧生态带建设情况进行联合督导检查

我省南水北调中线工程总干渠两侧生态带已经基本完成，各市还存在局部地段没有按照规划实施。2018年河南省南水北调办公室将积极配合省林业厅加强对有关省辖市指导和协调，尽快完成剩余2.3万亩的造林任务。

计划于2018年分两次联合省林业厅、南水北调中线干线工程建设管理局对总干渠两侧生态带建设情况进行联合督导检查，督促加快剩余生态带建设进度，尽快全部完成建设任务。

三、协调有关省辖市南水北调办做好总干渠生态带建设的配合工作

省南水北调办将积极协调有关省辖市南水北调办，加强与当地林业主管部门的沟通协调，全力配合，加强督促，加快推进各市总干渠生态带建设的进度，早日完成规划的目标任务。

2018年2月26日

河南省南水北调办公室关于2018年度责任目标的报告

豫调办〔2018〕16号

省政府办公厅：

为深入贯彻党的十九大精神，坚决落实省委、省政府决策部署，积极服务全省工作大局，全力推进我省南水北调工作提质增效，奋力谱写新时代我省南水北调事业新篇章。经我办研究，提出我省南水北调2018年度责任目标初步意见。现报告如下：

一、一类目标

1.扩大供水效益。科学调度、密切协调，最大限度满足我省受水区用水需求，提高整体用水效益。充分挖掘供水潜力，进一步扩大供水范围、供水水量，确保在2018年实现供水17.73亿立方米、受益人口增加50万人。指导协调各有关省辖市(县)人民政府，推进新增供水目标前期工作，力争早日开工建设。积极配合省有关部门，进一步总结生态补水经验，充分发挥工程现有输水能力，挖掘洪水资源化利用潜力，相机开展生态补水，为促进地下水压采、补充提供条件，助力以水润城、以业兴城和百城提质，最大限度发挥工程效益。

2.强化水质保护。扎实开展水污染防治攻坚战，完成总干渠（河南段）饮用水水源保护区调整。协调总干渠沿线有关省辖市人民政府，全面推进总干渠两侧保护区新改扩建项目环境影响前置审查，杜绝保护区内新增污染项目，保证总干渠水质安全。配合省发展改革委积极推进《丹江口库区及上游水污染防治和水土保持“十三五”规划实施方案》实施，督导规划项目实施进度，及时掌握项目实施情况。

二、二类目标

3.加大水费征缴力度。完善水费征缴措施，报请省政府印发《河南省南水北调工程水费收缴使用管理办法》。按照《南水北调供用水条例》、《河南省南水北调配套工程设施保护和管理办法》和关于清理欠缴水费的有关要求，细化清缴方案，依法征收水费。加强与有关欠费市(县)主要领导沟通协调，限期完成征缴任务，有效解决历年欠费问题。

4.加强配套工程运行管理。强化配套工程规范化运行管理，科学调度，高效供水。加强配套工程运行监管，重点监控风险项目，及时发现处理安全隐患。积极推广配套工程基础信息系统、巡检智能管理系统应用，加强安全运行监控，定期组织安全运行检查，进一步提高风险识别、研判、处置能力，确保及时消除各类风险隐患。强化运管队伍建设，促进安全生产。加强安全风险防范，完善应急预案，做好工程防汛，确保配套工程平稳运行。

5.推进干线调蓄工程建设。与相关部门加强沟通协调，指导有关市(县)人民政府加快干线调蓄工程前期工作，为优化水资源配置、改善生态环境、促进地方经济发展、化解供水风险、保障供水安全创造条件。

2018年3月1日

关于做好近期南水北调生态补水工作的报告

豫调办〔2018〕28号

省政府：

根据水利部部署，今年4月至6月，南水北调中线一期工程将向北方进行生态补水。为切实做好我省南水北调工程生态补水工作，4月17日，省水利厅、省南水北调办联合下发相关文件，召开紧急视频会议，贯彻落实省委、省政府主要领导指示精神，采取有效措施，切实做好生态补水工作。现将有关情况报告如下：

4月17日，省水利厅、省南水北调办向沿线各省辖市、省直管县（市）人民政府下发《河南省水利厅　河南省南水北调中线工程建设领导小组办公室关于做好近期南水北调生态补水有关事宜的函》（豫水政资函〔2018〕44号），传达省委、省政府领导对生态补水工作的指示精神，安排部署生态补水有关事宜。文件要求沿线省辖市人民政府高度重视生态补水工作，抓住机会，认真组织、科学调度，多引、多蓄、多用南水北调水，充分发挥好生态补水效益。要结合当地河湖生态需求和口门布局等情况，统筹谋划，挖掘潜力，优化措施，充分发挥工程的功能，最大限度用好南水北调水。各部门要积极配合南水北调运管部门抓好落实，做好补水期间安全保障，处理好突发应急事件，确保生态补水工作安全。本次生态补水结束后，将向省政府上报全省补水效果，对具备生态补水条件但以各种理由推迟拖延、不作为、不尽责的要严肃追责，对工作积极、成效明显的要给予表彰。

4月17日下午，省水利厅、省南水北调联合召开全省生态补水工作视频会议，动员部署南水北调生态补水工作。会议在省水利厅设主会场，南水北调受水区13个省辖市（县）水利局设分会场。参加人员为：省水利厅党组副书记、省南水北调办主任王国栋，省水利厅党组成员、副厅长杨大勇，省水利厅水政水资源处，省南水北调办建设处有关负责同志，受水区13个市县水利局局长、水政水资源科和河道管理科室或防办的负责同志，各有关市县南水北调办主任及运管部门的负责同志。

会议通报了近期各地申报南水北调生态用水情况，南水北调工程退水闸与可进行生态补水的河道布局情况，分析了当前工作面临的形势和挑战，对近期生态补水工作提出了具体要求。一是思想要重视。生态补水工作是落实省政府工作要求的具体体现，全省水利、南水北调系统要高度重视，加强领导，专题研究，专人负责，及时向当地政府领导汇报，当好参谋助手。二是措施要落实。要围绕“多引，多蓄，多用”完善优化补水方案，科学调度，没有退水口门的县市，要利用配套工程供水管道，做好生态补水。作为生态补水工作的牵头单位，有关市县水利及南水北调部门要主动协调，主动作为，及时向市长、分管副市长汇报有关情况，积极开展生态补水工作。三是管理要加强。生态补水前要做好沿线群众预警和宣传工作，加强安全防范。要加强配套工程运行管理，对工程设施严格排查隐患，加强值班值守和巡查，保证工程和供水安全。四是效益要确保。要切实抓好本次生态补水工作，尽可能多用水，通过生态补水和水体置换，改善河湖、水系水质，为补水河道及城市注入生机和活力。同时，生态补水期间要求各单位每10天向省水利厅和省南水北调办汇报一次生态补水开展情况，及时掌握生态补水工作的进展和效果，努力实现生态补水效益最大化，使沿线群众得到更多幸福感。

4月17日16:20起，南阳市白河、平顶山市北汝河、郑州市沂水河、双洎河、索河、十八里河、鹤壁市淇河等7个退水闸陆续开闸向我省生态补水，目前退水流量分别为20、3、2、3、2、1、4m^3/s，截至4月19日8时已累计生态补水311.87万m^3。

2018年4月19日

河南省南水北调办公室
关于我省南水北调水费收缴情况的报告

豫调办〔2018〕30号

河南省人民政府：

今年年初，武国定副省长在听取省南水北调办工作汇报时强调：水费收缴是个大事，关系着南水北调工程的运行，用水交费是诚信问题。我办根据武省长的指示，在2月12日向全省受水区11个省辖市和2个直管市（县）下发了《关于清理欠缴水费的通知》，要求各市县在2018年3月底、4月底、5月底之前各缴纳欠缴水费的30%，6月底之前把所欠水费分期分批全部清缴完毕。

根据统计，前三个供水年度(2014年12月12日至2017年10月31日)，我省应收水费39.2321亿元（其中基本水费31.4635亿元，计量水费7.7686亿元），省南水北调办共收到水费18.3063万元（其中基本水费14.7042亿元，计量水费3.6021亿元），各市县欠缴水费20.9258亿元（其中基本水费16.7593亿元，计量水费4.1665亿元）。通知下发后，大部分市县积极行动，协调财政及用水单位缴纳水费，截至3月31日，共收到10个市县缴纳的欠费2.7817亿元，占欠缴总额的13.29%(具体完成情况见附表)。

下步工作我们一是对各市县上交欠缴水费的情况进行通报，对上交欠费较好的滑县、濮阳市、郑州市提出表扬；二是继续加大对《南水北调工程供用水管理条例》（国务院令第647号)、《河南省南水北调配套工程供用水和设施保护管理办法》（省政府令第176号）和《河南省南水北调水费收缴及使用管理办法（试行）》（豫调办〔2017〕54号）的宣传力度；三是省南水北调办继续加大对各市县督导力度，多措并举，专项督导水费收缴。

附件：3月底各市县欠缴水费完成情况表

2018年4月17日

附件

3月底各市县欠缴水费完成情况表

单位：万元

序号	受水市县	前三个年度欠费	3月底之前已交欠费	完成比例
1	南阳	6510.5		
2	漯河	8718.9	2348.6	26.94%
3	周口	9108.9	791.5	8.69%
4	平顶山	19918.0	1500.0	7.53%
5	许昌	10661.4	1200.0	11.26%
6	郑州	34330.8	10299.2	30.00%
7	焦作	29739.3	630.7	2.12%
8	新乡	44168.2	2397.2	5.43%
9	鹤壁	12295.7	2100.0	17.08%
10	濮阳	8117.1	4811.7	59.28%
11	安阳	21798.0		
12	邓州	1672.3		
13	滑县	2219.3	1738.1	78.32%
	合计	209258.4	27817.0	13.29%

对河南省第十三届人民代表大会第一次会议代表建议第263号的答复

豫调办〔2018〕34号

刘庭杰代表：

您提出的《关于加快推进南水北调登封供水工程建设的建议》收悉。现答复如下：

登封供水工程从总干渠16号口门引水，线路经禹州到登封，涉及跨地市协调问题。2017年，省南水北调办先后三次召集省水利厅、郑州市、许昌市、禹州市及登封市政府及有关单位，召开登封供水工程建设协调会，肯定了该工程建设的必要性和紧迫性，研究论证了从16号口门引水方案的可行性，要求禹州、登封两地树立大局意识，积极配合，加强合作，齐心协力，尽快开工建设。同时，在省、市各级政府及主管部门的大力支持与共同努力下，登封供水工程前期工作取得了较大进展。

目前，禹州段线路已经确定，并完成了地表附着物调查确认，勘测设计工作已基本完成。因泵站位置调整，正在进行泵站新址勘测设计工作。下一步我办将继续积极协调有关市县，加快推进登封供水工程建设，争取登封市人民早日用上南水北调水。

衷心感谢您对南水北调工作的关心和支持!

2018年5月4日

关于印发《河南省南水北调办公室2018年工作要点》的通知

豫调办〔2018〕22号

各省辖市、直管县（市）南水北调办，机关各处室、各项目建管处：

现将《河南省南水北调办公室2018年工作要点》印发给你们。望结合实际，认真贯彻落实。

2018年3月27日

河南省南水北调办公室2018年工作要点

2018年是决胜全面建设小康社会，开启新时代河南全面建设社会主义现代化新征程的重要一年。2018年，以习近平新时代中国特色社会主义思想为指导，深入学习贯彻党的十九大精神，坚决贯彻省委、省政府决策部署，全面落实2018年国调办南水北调工作会议和我省南水北调工作会议安排部署，坚持稳中求进总基调，按照提质增效总要求，实现质效双收总目标，开创新时代我省南水北调事业新局面，助力新时代中原更加出彩。

一、加强配套工程运行管理，确保运行安全

1.加强配套工程运行管理。持续开展运行管理规范年活动，适时开展“互学互督”，完善“飞检、日常性巡检、专业化稽察”三位一体运行管理监督体系。积极推广配套工程基础信息系统、巡检智能管理系统应用，加强安全运行监控，进一步提高风险识别、研判、处置能力，确保及时消除各类风险隐患。

2.加强配套工程运行维护。指导运管单位强化运管维护队伍建设，明确压实责任，严格技术标准、合同约定，强化责任追究，建立安全风险防范工作机制，完善应急预案，加强应急演练，保障工程运行安全。

3.突出抓好工程防汛。适时召开河南省南水北调防汛工作会议，进一步总结经验、分析防汛形势，科学谋划干线和配套工程防汛工作。认真贯彻落实南水北调工程防汛责任制，督促运管单位加强防汛值班值巡，完善应急抢险预案，加强针对性演练，科学处置险情，做到科学防汛、扎实备汛、安全度汛，确保工程安全平稳运行。

4.推进配套工程自动化调度系统建设。加快推进配套工程自动化、智能化建设，加大管控和督导力度。督促有关省辖市加快征迁工作进度和管理处所建设，为自动化系统通信线路施工和设备安装提供条件，确保如期建成投入使用。

5.强化水政执法。持续做好行政执法工作，及时调查处理影响配套工程安全和供水安全的违法问题，消除安全隐患。加强我省南水北调水政监察队伍建设，提高行政执法水平，坚决制止和依法打击各类危害工程设施安全、供水安全的行为，确保工程安全和供水安全。

二、持续强化水质保护，确保供水安全

6.打赢水污染防治攻坚战。全面贯彻落实省委、省政府关于打赢水污染防治攻坚战的决策部署，积极协调中线局河南分局、渠首分局，强化总干渠(河南段)水质动态监测，加强水污染风险点监控，完善应急处置方案，做好水质监测预警、应急管理，提高水质安全防范能力。尽快完成总干渠（河南段）饮用水水源保护区调整工作，提前谋划，积极协调总干渠沿线地方人民政府全面推进总干渠两侧保护区标牌标识设立工作。切实做好总干渠两侧保护区新改扩建项目环境影响前置审查工作。联合林业部门加强总干渠生态带建设督导考核，构筑水质安全防范屏障，打造绿色走廊、清水走廊。

7.加快推进“十三五”规划实施。配合省发改委积极推进《丹江口库区及上游水污染防治和水土保持“十三五”规划实施方案》的实施，督导规划项目实施进度，及时掌握项目实施情况。按照“十三五”规划实施考核办法，落实水污染防治和水土保持工作责任，并对完成情况进行考核，确保完成“十三五”规划各项年度目标任务。

8.深化京豫战略合作。继续做好京豫对口协作工作，督促对口协作项目的落实，定期进行检查，督促项目进度，按时完成协作规划项目。开展丹江口水库消落区管理、库区规范化建设和管网水质监测等交流合作研究，提高监测分析和应急处置能力，提升风险管控水平。举办运行管理和水质保护培训班，提高培训质量和效果，提升业务素质，为运行管理和水质

安全提供可靠保障。

三、挖掘供水潜力，扩大供水效益

9.提高用水整体效益。统筹用水格局，进一步加强“南水”综合利用，联动相关部门认真编制南水北调水资源综合利用规划。进一步优化水资源配置，推动已建工程尽快达到规划供水规模，扩大供水范围、增大供水量。积极协调中线局科学调度，充分挖掘供水潜力，最大程度满足我省用水需求，提高整体用水效益。

10.科学筹划生态补水。积极协调配合有关部门，挖掘洪水资源化利用潜力，提出生态补水方案，督促地方提前做好补水河渠互联互通，为生态补水创造条件，助力我省森林、湿地、流域、农田、城市五大生态系统建设，助力以水润城、以业兴城和百城提质、美丽乡村建设。

11.推动新增供水目标前期工作。积极推动新增供水目标前期工作，推动开封市、郑州市经开区和新郑市龙湖供水工程等新增供水配套工程前期工作，为早日开工建设创造条件。推动驻马店、登封、内乡等新增供水配套工程早日获批开工。积极协调省住建厅加大受水水厂建设督导力度，加快建设进度，力争早日通水。

12.推进干线调蓄工程建设。加强沟通协调，指导有关市(县)人民政府加快干线调蓄工程前期工作，为早日充分发挥工程效益、优化水资源配置、改善生态环境、促进地方经济发展，以及促进化解供水风险、确保供水安全创造条件。

四、加快配套工程收尾，抓紧工程验收移交

13.推进配套工程尾工建设。建立尾工台账销号制度，抓好配套工程尾工建设，督促加快配套管理处（所）以及鄢陵、博爱供水支线等剩余工程建设进度。加强在建项目质量安全管理，不定期组织对在建项目质量安全检查发现问题，及时整改，消除质量和安全隐患，确保工程质量和生产安全。

14.加快变更索赔处理扫尾。积极协调中线局，抓紧处理干线工程变更索赔问题。已批复项目要细化清单，抓紧申请中线局拨付资金，并推进剩余变更索赔项目的处理。加强监督指导，保证配套工程变更索赔审批质量，加快处理进度，确保实现投资控制目标。

15.推进验收移交工作。推进分部工程、单位工程、合同项目验收工作，推进剩余跨渠桥梁的缺陷排查确认和移交。完成配套工程征迁安置资金梳理、资金计划调整，收回各省辖市征迁沉淀资金，加快推进用地手续相关组件的办理。

五、加强财务管理，严格审计监督

16.强化水费征缴。完善水费征缴措施，报请省政府印发《河南省南水北调工程水费收缴使用管理办法》。按照《南水北调供用水条例》、《河南省南水北调配套工程设施保护和管理办法》和关于清理欠缴水费的有关要求，细化清缴方案，依法征收水费，有效解决历年欠费问题。

17.强化财务管理。加强资金预算管理与审批，确保资金正确投向、合理投量，把有限的资金用在刀刃上，进一步提高预算管理水平和资金使用效益。强化配套工程运行管理费预算管理，严格执行法规制度，加强检查指导，规范财务支出，进一步提高运行管理费和资产管理水平。

18.强化审计监督。依法依规加强内部监察、精准审计，构建决策科学、执行坚决、监督有力的权力运行监督机制。紧紧盯住事关我省南水北调事业发展的关键领域、重点环节，强化审计监督，加强审计问题整改落实，发挥“防患于未然”的预警功能，确保工程安全、资金安全、干部安全。

六、把从严治党引向深入，营造政治生态新气象

19.持之以恒正风肃纪。认真贯彻落实“一岗双责”，咬住“责任”、抓住“问责”，锲而不舍推进落实中央八项规定及实施细则精神，严格贯彻落实省委、省政府关于《贯彻落实中央八项规定实施细则精神的办法》，抓早抓小，防微杜渐，防止“四风”回潮复燃，防止“四风”隐形变异。用好监督执纪“四种形态”，特别用好第一种形态，常咬耳朵、常扯袖子，让党员干部不越红线、不碰底线，把从严治党引向深入。

20.深化标本兼治。一手抓预防，把党的政治建设摆在首位，把制度建设贯穿其中，扎实开展“不忘初心、牢记使命”主题教育，夯实治本基础，把铁的纪律转化为党员干部日常习惯和自觉遵循，增强不想腐的自觉，扎牢不能腐的笼子；一手抓惩治，敢于用好治标利器，强化不敢腐的震慑。两手都要硬，坚持无禁区、全覆盖、零容忍，营造不敢腐、不能腐、不想腐的政治生态。

21.加强意识形态和精神文明建设。加强党对意识形态工作的领导，注重党建和精神文明建设相互融合，强化理论武装和思想引导，增强“四个意识”、坚定“四个自信”，补足精神之钙，营造风清气正新气象。

22.加强干部队伍建设。以政府机构改革为契机，理顺体制，合理配置干部资源，增强干部队伍活力，积极稳妥地做好机构改革相关工作。坚持党管干部原则，坚持德才兼备、以德为先，坚持事业为上、公道正派，把好干部标准落到实处。注重培养干部“五个思维”和专业能力、专业精神，打造出高素质干部队伍。注重严管和厚爱结合、激励和约束并重，营造新时代我省南水北调系统人人努力成才、人人尽展其才新气象。

23.加强党对扶贫工作的领导。把定点扶贫作为政治任务，常抓不懈。选准配强驻村第一书记，强化责任担当。围绕群众的关切和需求，雪中送炭，送去党的温暖。坚持输血、造血双管齐下，积极推进项目扶贫、智力扶贫，攻坚脱贫摘穷帽、精准扶贫拔穷根，力争对口扶贫村早日脱贫致富。

七、加强综合政务建设，服务中心工作

24.完善机关规章制度。建立和修订完善机关规章制度，汇编印发《河南省南水北调办公室机关工作手册》，做到各项工作有章可循、有据可依，进一步推动机关工作制度化、规范化、科学化，促进转变机关工作作风，提高工作效率。

25.加强调查研究和督查督办。今年重点围绕服务我省经济转型、高质量发展；围绕扩大供水效益，开阔新时代我省南水北调发展前景，组织力量深入调查研究，立起课题、找准问题、破解难题，积极服务我办重大决策。围绕中心、创新方法，紧盯责任、清单、台账督查督办，不让惰性在拖延中滋生，不让扯皮在推诿中成长，把各方力量向中心聚焦、向重点工作发力。

26.加强新闻宣传和保密工作。宣扬主流意识形态，弘扬主旋律，讲好南水北调故事，彰显工程效益，释放正能量，提升我省南水北调软实力、公信力、影响力，让更多的人民群众为南水北调点赞，营造亲“南水”、爱“南水”、用“南水”的社会氛围。认真做好稿件的保密审查，明确保密责任；提高保密意识，加强保密管理，完善保密制度，确保不发生失泄密问题。

27.扎实开展综合治理和平安建设活动。全面贯彻落实省委、省政府关于社会综治平安建设工作决策部署，强化宣传教育，打牢干部职工思想基础，稳定根基。强化源头治理，妥善化解矛盾，着力维护和谐稳定。强化科学研判，实施全面整治，提升动态防控水平，确保安全稳定。

28.做好信访稳定工作。依照法律途径分类处理信访事项，引导群众依法按渠道表达诉求，畅通信访途径。坚持领导干部定期接访，落实包案化解责任，建立健全信访排查台账、信访接访台账，及时处理各类信访案件，确保工作成效。

29.抓好档案验收。按照法规制度要求，

严格档案验收程序，严格档案质量标准，严密组织工程档案验收，确保工程项目档案完整、准确、系统。

河南省南水北调办公室关于我省南水北调2018年汛前生态补水情况报告

豫调办〔2018〕40号

省政府：

2018年4月17日我省正式启动南水北调工程生态补水，截至5月13日8时，全省已累计生态补水1.17亿立方米。现将2018年汛前南水北调工程向我省生态补水情况报告如下：

一、供水总体情况

截至2018年5月13日8时，全省累计有35个口门及17个退水闸开闸分水，向引丹灌区、62个水厂、3个调蓄水库及17条河流供水，供水目标涵盖南阳、漯河、周口、平顶山、许昌、郑州、焦作、新乡、鹤壁、濮阳、安阳11个省辖市及邓州和滑县2个省直管县（市），2014年12月供水以来累计供水48.18亿立方米，2017~2018年度（2017年11月1日至2018年10月31日）已供水10.24亿立方米，完成年度用水计划17.73亿立方米的58%。

自4月17日启动2018年汛前生态补水以来，截至5月13日8时，已通过工程沿线15个退水闸和2条配套工程管道向我省生态补水11740万立方米，其中南阳5131万立方米、平顶山896万立方米、许昌496万立方米、郑州1576万立方米、焦作900万立方米、新乡132万立方米、鹤壁978万立方米、濮阳576万立方米、安阳1055万立方米。

二、主要工作情况

（一）提前准备。根据省政府领导指示精神，省南水北调办在总结去年秋季生态补水经验的基础上，提前谋划，并联合省水利厅印发通知要求各地做好相关准备工作，根据当地实际合理确定生态补水河湖及需水量，研究确定生态补水输水线路，排查南水北调总干渠退水闸下游河道情况，采取措施消除生态补水障碍。

（二）周密安排。省水利厅、省南水北调办组织有关市县认真编制生态补水建议计划，并于4月初报水利部。4月13日水利部批准我省生态补水计划，初步确定今年汛前生态补水1.5亿立方米。

4月17日，省水利厅、省南水北调办联合向沿线各省辖市、省直管县（市）人民政府印发《河南省水利厅河南省南水北调中线工程建设领导小组办公室关于做好近期南水北调生态补水有关事宜的函》（豫水政资函〔2018〕44号），并召开紧急视频会议，安排部署生态补水相关事宜。要求沿线各市县水利及南水北调系统高度重视生态补水工作，深入贯彻落实省委、省政府主要领导指示精神，围绕“多引、多蓄、多用”的原则，完善优化补水方案，科学调度，切实做好生态补水工作。4月20日沿线市县按要求再次上报了所需生态水量6.5亿立方米，省水利厅向水利部做了专题汇报，水利部答复具体调水量可与中线干线建管局协商，尽可能多用生态水。

（三）科学调度。为适应生态补水调度需要，省南水北调办加强调度值班，依据各地生态补水需求和南水北调总干渠退水闸退水可行性，建立与南水北调中线建管局和受水区各省辖市有关部门生态补水协商机制，实施生态补水信息日报告制度，并要求受水区各省辖市相关部门加强值班值守，做好补水前和补水期间退水闸下游社会治安和环境治理等安全管理工作和巡查工作，确保生态补水安全。5月4日，省南水北调办以工作简报方式向省委省政府上报了《南水北调2018年汛前生态补水简讯（一）》。

三、下一步工作

按照丹江口水库调度计划，6月20日水库

将降至汛限水位160米，目前丹江口水库水量较丰，仍有较大生态补水空间，我们要继续做好后续生态补水工作。

（一）结合当前正在开展的生态补水工作，充分与南水北调中线建管局沟通协调，通过优化调度，进一步加大我省南水北调生态补水量。

（二）督促沿线各市县进一步完善生态补水措施，“多引、多蓄、多用”南水北调水，力争超额完成水利部下达的我省生态补水计划，改善受水区生态环境，确保补水效益。

（三）加强运行管理，做好隐患排查和工程巡查工作，保证工程完好和运行安全，确保配套工程平稳供水，持续发挥供水效益。

2018年5月14日

关于安阳市南水北调中线安阳河倒虹吸工程防汛情况的报告

豫调办〔2018〕41号

省政府：

5月12日，省南水北调办会同省水利厅、中线局河南分局、安阳市政府等相关单位负责人和技术人员实地查看了南水北调安阳河倒虹吸工程，并进行了座谈研究，现将有关情况汇报如下。

安阳河是卫河的第二大支流，发源于林州市姚村镇，干流河长164公里，流域面积1920平方公里。南水北调总干渠在安阳市市区西约10公里处穿越安阳河，总干渠交叉断面以上流域面积1432平方公里，上游有小南海及彰武水库，控制流域面积970平方公里。2016年7月19日（以下简称“7·19”）特大暴雨洪水以来，我们坚决贯彻落实陈润儿省长在安阳调研防汛抢险救灾时的讲话精神，按照“抢险优于救灾、防汛优于抗旱、保安优于发电”的要求，坚持问题导向，举一反三，规范管理，狠抓治理，切实保障南水北调工程度汛安全、运行安全和供水安全。

一、分析论证，确保安全。“7·19”洪水发生后，省水利厅、省南水北调办、省防办、南水北调中线建管局河南分局、安阳市相关领导、专家进行了多次的座谈交流和深入分析。1982年安阳河发生了建国以来最大洪水，通过小南海和彰武水库联合调度削峰，水库下游的安阳水文站（南水北调总干渠下游14公里）实测洪峰流量为2060立方米/秒；安阳水文站“7·19”洪峰流量为1730立方米/秒（略高于20年一遇），南水北调干渠安阳河倒虹吸处最高水位88.05米，距总干渠防洪裹头堤顶尚有6.85米，未对南水北调工程安阳河倒虹吸安全造成影响。南水北调总干渠安阳河倒虹吸防洪设计标准为100年一遇，相应洪峰流量3760立方米/秒；校核标准为300年一遇，相应洪峰流量5360立方米/秒，安全标准大于安阳河1982年洪峰流量，因此，南水北调安阳河倒虹吸工程在设计防洪标准内是安全的。但该河段存在淤积及下游河道植树等行洪障碍物，行洪能力有所下降。2018年安阳市政府、南水北调运行管理单位已制定了相应的度汛方案和应急预案，确保总干渠防洪安全。

二、强化执行，狠抓落实。按照陈润儿省长2016年7月27日在安阳市调研时指出的“全面规划河道治理。省水利厅要加强技术指导和资金支持，将安阳河纳入今冬重点水利工程建设。同时，和安阳市搞好对接，充分考虑小南海水库、彰武水库防汛拦洪泄洪，研究规划新的泄洪河道，确保有效泄洪和下游安全”要求，“7·19”以来主要做了3个方面的工作。

（一）制定了一套方案。为进一步减轻南水北调中线工程防洪压力，组织豫北水利勘测设计院及有关专家进行项目论证，编制了《安阳市减轻小南海水库下游防洪压力规划方案》，提出了跨流域分洪、流域内分洪、上游建水库等方案进行分析比选和研究。同时，积极开展水库大坝安全技术鉴定，对水库除险加固工程和大坝进行了全方位排查体检，及时掌握了大坝安全状况，切实保障工程安全运行。

（二）编制了一批规划。统筹谋划水资源、水环境、水生态和水灾害“四水共治”，先后编制完成了《安阳河系统治理工程方案》《安阳市洪河治理保护规划》《加快灾后水利薄弱环节建设实施方案》以及《安阳市水系总体规划》《安阳市水土保持规划》等一批方案、规划，以水资源的合理配置、修复治理和保护利用，着力构建水安全保障体系。

（三）实施了一批工程。围绕安阳河防洪隐患，投资7651万元完成了粉红江、珠泉河治理；投资1814万元实施了磊口水库、小南海水库输水洞等除险加固工程；先后投资1.2亿元开工建设了安阳河于曹沟下段、辛村段等治理工程，治理河道长度24.5公里，计划2020年完成安阳河全线治理。围绕南水北调中线工程防洪隐患，推进总投资5664万元的南水北调中线防洪影响处理工程，汛前完成；投资420万元，对南水北调工程沿线殷都区、龙安区、汤阴县等左岸排水行洪通道实施了疏通、护砌等应急防洪措施；南水北调中线管理局通过近期全面排查，市区段未发现风险点。同时，安阳市持续巩固“三清一净”整治成果，开展了“堵污口、清淤泥、治污水、净水质”专项清河行动，全面拆除违建、清障清淤，着力提升河道汛期行洪能力。

三、多策并举，充分备汛。针对当前安阳市以及南水北调中线工程备汛，狠抓5个方面的工作。一是做好汛前检查。对发现的隐患问题和薄弱环节建立台账，跟踪督察整改。二是完善预案方案。围绕水库安全度汛、南水北调工程度汛、河道防洪抢险等六个方面，细化措施任务，责任具体到人。三是加快水毁修复。集中人力物力，加快水毁工程和险工险段险闸修复进度，全面恢复工程防洪功能。四是提升应急保障能力。特别是对河道险工险段、险闸、病险水库，充实备足各类抢险物料，保障抢险需求。五是突出抓好重点环节。全面落实水库和南水北调中线工程安全度汛措施，开展堤防工程管理和保护范围内建设项目排查整治，确保河道行洪安全。

围绕南水北调中线工程和安阳河防汛能力提升，今后一个时期重点实施4个方面的工程建设。一是完成安阳河全线治理。2019年、2020年计划再投资2.38亿元，对彰武水库至殷墟段、曹马至张奇段、内黄县段等进行综合治理，规划治理长度61.53公里。二是谋划实施安阳河分洪工程建设，规划长度13公里，切实解决安阳河“卡脖子”安全度汛隐患，提升安阳市区防洪标准。三是谋划实施小南海、彰武、双泉等3座水库的扩容提升和泄洪闸建设。四是持续开展南水北调防洪影响处理工程，进一步全面消除风险点。鉴于以上项目投资额较大，仅靠市级财政难以保障，建议支持安阳市政府将以上工程尽量纳入上级投资计划。同时，积极引导社会资本参与水利建设，为项目提供资金保障。

下一步，省水利厅、省南水北调办会同安阳市按照国家防总、省委省政府的部署，坚决贯彻“安全第一、常备不懈、以防为主、全力抢险”的防汛工作方针，突出防汛重点，狠抓薄弱环节，保证人员组织到位、责任落实到位、物资设备到位、应急措施到位，确保工程安全度汛和沿线群众的生命财产安全。

2018年5月14日

河南省南水北调办公室关于报送配套工程建设进展情况的报告

豫调办〔2018〕48号

水利部：

根据《关于印发南水北调配套工程建设督导工作方案的通知》（国调办建管〔2017〕131号）精神，按照原国务院南水北调办建管司5月18日来豫督导配套工程建设时提出的具体要求，现将我省南水北调配套工程建设进展情况汇报如下：

一、配套工程规划情况

（一）受水水厂以上输水管线规划情况

河南省南水北调配套工程输水线路总长1047.7km，其中：管道输水线路长1030.15km，利用既有河渠、暗涵输水线路长17.55km。管道直径为3.0~0.5m，管道流量合计164.40m³/s，管材以PCCP为主，其他管材还有PCP、钢管、玻璃钢夹砂管和球墨铸铁管等。通过南水北调总干渠39座分水口门引水。分配我省水量37.69亿m³，扣除引丹灌区分水量6亿m³和总干渠输水损失，至分水口门的水量为29.94亿m³。供水目标主要为南阳、平顶山、漯河、周口、许昌、郑州、焦作、新乡、鹤壁、濮阳、安阳等11个省辖市、2个直管县（市）。

（二）受水水厂和供水管网规划情况

南水北调中线工程分配河南省水量37.69亿m³，扣除引丹灌区灌溉用水和干线输水损失，分水口门水量29.94亿m³，向我省沿线11个省辖市和37个县（市）供水区的88座（原规划建设83座）配套水厂提供水源。南水北调中线工程通水三年来，我省南水北调工程运行安全平稳，效益持续扩大。为充分发挥南水北调供水效益，河南省积极加大生态补水，努力扩大供水范围，助推河南经济转型发展。

二、2017年年底以前建成情况

（一）受水水厂以上输水管线建成情况

2017年以前，我省配套工程39个口门线路主体工程建设基本完成，剩余10号口门线路穿越沙河、11-1号口门鲁山线路穿越鲁平大道等7项新增或变更段局部工程共8.68km管线未完成；22座泵站全部完工；自动化系统和管理设施建设正在加快实施。

（二）受水水厂和供水管网建成情况

目前，我省南水北调供水水厂已建成水厂73座（含暂时不再改扩建3座，辉县二水厂、淇县城北新区水厂、安阳市安钢水厂），建成规模685.4万m³/d（年供水能力25.02亿m³），其中通水63座，通水规模531.6万m³/d（年供水能力19.4亿m³）。为进一步扩大供水效益，省南水北调办积极协调省住建厅督导推进受水水厂建设，下发了加快我省南水北调配套工程供水水厂建设进度的通知，省水利厅、省住建厅、省南水北调办联合对南水北调受水区受水水厂建设多次进行检查督导，有力推进了我省南水北调受水区水厂建设。

三、2018年一季度建设进展情况

（一）受水水厂以上输水管线建设进展

省南水北调办多措并举，全力推进配套尾工建设。一是在2018年度全省南水北调工作会议上，省南水北调办进行专题部署，明确了配套工程尾工年底前全部完成的建设目标。同期，省南水北调建管局专门制订了《南水北调配套工程23个未开工管理设施建设计划》（豫调建投〔2018〕38号）。二是根据全省工作部署，各省辖市南水北调建管局明确了尾工建设计划，正在加大协调力度，督促施工和监理单位加大投入，在保证质量前提下加快工程进度。三是按照省南水北调办主任办公会安排，针对尾工建设计划，省办监督处会同投资计划处和建设管理处，每月定期到各省辖市督导尾工建设进度，并及时印发督查工作通报。四是4月下旬，省南水北调办领导分四组带队奔赴各省辖市，全面督导配套工程尾工建设、运行管理、防汛安全、生态补水、水费征缴等重点工作，取得明显成效。

受大气污染防治“封土行动”影响，2018年第一季度计划完成工程投资853万元、管线铺设1.25km，实际完成投资1137万元、管线铺设1.47km，分别占计划的133.3%、117.3%。其中，1项尾工（新乡32号口门凤泉支线末端变更段）已全部完工。其余6项尾工目前具体进展情况为：平顶山11-1号口门鲁山线路穿越鲁平大道及标尾工程，变更方案已批复，开始施工；漯河10号口门线路穿越沙河工程，第一根630PE管已完成静水压试验，正在进行第二根管穿越前的准备工作；周口10号口门新增周口西区水厂支线向二水厂供水线路，全长3.62km，已安装回填2.206km；郑州21号口门尖岗水库向刘湾水厂供水线路剩余尖岗水库引水口处围堰土方填筑、进水口主体建筑物、穿越南四环隧洞等，“封土行动”结束后已复工；焦作27号分水口门府城输水线路变更段，设计变更报告已批复，正在进行招投标准备工作；安阳38号口门线路新增延长段，已完成围挡，正在进行基础开挖。

目前，我省南水北调配套尾工正在按计划顺利推进。

（二）受水水厂和供水管网建设进展

目前在建水厂10座，计划在2018年底完工，建成规模70.6万m^3/d（年供水能力2.57亿m^3）。现已经建成和2018年底计划建成的水厂合计供水能力756万m^3/d（年供水能力27.59亿m^3）。其中，2018年新增2座水厂通水（南阳市麒麟水厂、焦作市苏蔺水厂），3座水厂近期即将通水（安阳市四水厂、安阳市六水厂、周口西区水厂），其余5座水厂正在积极推进前期工作，力争早日开工，早日建成通水。

附件：(略)

2018年6月6日

关于印发南水北调中线一期工程总干渠（河南段）两侧饮用水水源保护区划的通知

豫调办〔2018〕56号

有关省辖市（直管市）人民政府、省人民政府有关部门：

《南水北调中线一期工程总干渠（河南段）两侧饮用水水源保护区划》已经省政府同意，现予以印发，请认真贯彻执行。

2010年印发的《河南省人民政府办公厅关于转发南水北调中线一期工程总干渠河南段两侧水源保护区划定方案的通知》（豫政办〔2010〕76号）同时废止。

河南省南水北调中线工程建设领导小组办公室

河南省环境保护厅　河南省水利厅

河南省国土资源厅

2018年6月28日

南水北调中线一期工程总干渠（河南段）两侧饮用水水源保护区划

省南水北调办公室　河南省环境保护厅

河南省水利厅　河南省国土资源厅

（2018年6月）

为切实保障南水北调中线一期工程总干渠（河南段）输水水质安全，根据《中华人民共和国水污染防治法》、《中华人民共和国水法》、《南水北调供用水管理条例》、《饮用水水源保护区划分技术规范》（HJ338-2018）、《饮用水水源保护区污染防治管理规定》（2010修订）、《关于组织开展南水北调中线一期工程总干渠两侧饮用水水源保护区划定和完善工作的函》（国调办环保函〔2016〕6号）等法律、法规和有关文件规定，结合我省实际，划定南水北调中线一期工程总干渠（河南段）两侧饮用水水源保护区。

一、保护区涉及行政区范围

南水北调中线一期工程总干渠（河南段）两侧饮用水水源保护区涉及南阳市、平顶山市、许昌市、郑州市、焦作市、新乡市、鹤壁市、安阳市8个省辖市和邓州市。

二、总干渠两侧饮用水水源保护区划范围

南水北调中线一期工程总干渠在河南省境内的工程类型分为建筑物段和总干渠明渠段。

（一）建筑物段（渡槽、倒虹吸、暗涵、隧洞）

一级保护区范围自总干渠管理范围边线（防护栏网）外延50米，不设二级保护区。

（二）总干渠明渠段

根据地下水水位与总干渠渠底高程的关系，分为以下几种类型：

1. 地下水水位低于总干渠渠底的渠段

一级保护区范围自总干渠管理范围边线（防护栏网）外延50米。

二级保护区范围自一级保护区边线外延150米。

2. 地下水水位高于总干渠渠底的渠段

（1）微~弱透水性地层

一级保护区范围自总干渠管理范围边线（防护栏网）外延50米；

二级保护区范围自一级保护区边线外延500米。

（2）弱~中等透水性地层

一级保护区范围自总干渠管理范围边线（防护栏网）外延100米；

二级保护区范围自一级保护区边线外延1000米。

（3）强透水性地层

一级保护区范围自总干渠管理范围边线（防护栏网）外延200米；

二级保护区范围自一级保护区边线外延2000米、1500米。

三、监督与管理

（一）切实加强监督管理

南水北调中线一期工程总干渠（河南段）两侧饮用水水源保护区所在地各级政府要按照有关法律法规加强饮用水水源环境监督管理工作。

（1）在饮用水水源保护区内，禁止设置排污口；禁止使用剧毒和高残留农药，不得滥用化肥；禁止利用渗坑、渗井、裂隙等排放污水和其他有害废弃物；禁止利用储水层孔隙、裂隙及废弃矿坑储存石油、放射性物质、有毒化学品、农药等。

（2）在一级保护区内，禁止新建、改建、扩建与供水设施和保护水源无关的建设项目。

（3）在二级保护区内，禁止新建、改建、扩建排放污染物的建设项目。

（4）在本区划公布前，保护区内已经建成的与法律法规不符的建设项目，各级政府要尽快组织排查并依法处置。各级政府要组织有关部门定期开展饮用水水源保护区专项执法活动，严肃查处环境违法行为，及时取缔饮用水水源保护区内违法建设项目和活动。

（二）建设饮用水水源保护区标志工程

南水北调中线一期工程总干渠沿线省辖市（直管市）政府要根据《饮用水水源保护区标志技术要求》（HJ/T 433-2008），在南水北调中线一期工程总干渠（河南段）两侧饮用水水源保护区设标立界，标识保护区范围；设立饮用水水源保护区交通警示牌，警示车辆谨慎驾驶；根据实际需要，设立饮用水水源保护区宣传牌。

（三）防范环境风险

南水北调中线一期工程总干渠（河南段）两侧饮用水水源保护区所在地各级政府要制定饮用水水源风险防范专项应急预案，建立南水北调中线一期总干渠（河南段）环境风险评估、污染预警、应急处置等保障体制、体系，切实提高环境风险防范能力。

（四）饮用水水源保护区的变更

在本区划公布后，当南水北调中线一期工程总干渠（河南段）两侧饮用水水源保护区范围不能与水质保护要求相适应时，沿线省辖市（直管市）政府要及时提请省政府调整饮用水水源保护区范围。

附件：南水北调中线一期工程总干渠（河南段）两侧饮用水水源保护区图册（略）

河南省南水北调办公室
关于《关于对2018023号举报事项进行调查核实的通知》
（办综函〔2018〕847号）
调查核实情况的报告

豫调办〔2018〕76号

水利部：

收到《关于对2018023号举报事项进行调查核实的通知》（办综函〔2018〕847号）后，我办领导高度重视，迅速组成调查组，于8月8日至9日，会同南阳市南水北调办、淅川县南水北调办、淅川县库区资产资源管理开发局一同前往现场调查核实。现将有关情况报告如下：

一、项目基本情况

南阳淅川通用机场拟占地471亩，主要建设1条800米×30米跑道、3020平方米的航站综合楼等。项目场址位于南阳市淅川县金河镇后湾村附近。

淅川县是南水北调中线工程一期水源地丹江口水库的主要淹没区和移民安置区。丹江口大坝加高至176.6米（吴淞高程）后，淅川县境内171米以下土地为库区永久淹没征地范围，由水利部长江水利委员会管理，征地款已于2012年拨付淅川县人民政府，淅川通用机场项目所在的金河镇后湾村场址位于库区永久淹没征地范围内。

二、项目调查情况

淅川通用机场建设项目主要违法行为是：侵占丹江口水库171米高程以下土地462亩、占用库容79万立方米；该项目动工前未办理由国土资源部门出具的预审意见和住房城乡建设部门出具的选址意见书，未编报洪水影响评价报告等批准手续。存在未批先建的事实。违反了《企业投资项目核准和备案管理条例》《南水北调工程供用水管理条例》等法规规定。

2018年1月17日至18日，长江委联合河南省水利厅开展了丹江口水库（河南区域）综合执法检查。检查组指出了淅川通用机场违规建设等问题，并提出了整改查处要求。2018年2月长江委以《长江水利委员会关于商请查处南阳淅川通用机场违法建设项目的函》（长水政监函〔2018〕5号）致函河南省人民政府，商请督促南阳市、淅川县依法查处。河南省人民政府收到来函后，委托河南省发改委对淅川通用机场违法建设一事进行调查核实，3月5日，河南省发改委会同河南省民航办、河南省水利厅、河南省南水北调办等单位组成联合调查组，赴南阳调查淅川通用机场违法建设一事。并将调查情况以《河南省发展和改革委员会关于南阳淅川通用机场违法建设情况的调查报告》（豫发改基础〔2018〕200号）上报河南省人民政府，河南省人民政府就有关情况进行批示，责成南阳市、淅川县人民政府，在淅川通用机场项目手续办理齐备前，严禁项目开工建设。

2018年5月，南阳市人民政府责成南阳市发改委牵头，会同南阳市国土、水利、南水北调办等单位明确专人，组成专门督查组，进行跟踪督办。并责令企业立即停工，由淅川县水利部门牵头，查封扣押了所有机械设备及运输车辆，对项目单位非法采砂、侵占库容水事违法行为给予经济处罚，涉嫌违法的移交司法部门查处。

8月8日调查组现场查看时，该项目处于全面停工状态，施工机械、设备已清出现场，施工道路已封堵。

三、占地附着物补偿问题

关于举报人与金河镇林木补偿纠纷问题。2014年10月1日，当事双方签订了《丹江口库区淹没区土地承包合同书》，合同书第十条争议的解决方式中载明："本合同在履行过程中，双方发生争议应协商解决，协商不成时通过淅川县人民法院诉讼解决"。因此，我们建议按照合同约定通过法律途径解决。

附件：（略）

2018年9月3日

关于河南省南水北调办公室公文印信事宜的通知

豫调办〔2018〕93号

各省辖市水利局、南水北调办：

根据《中共河南省委办公厅 河南省人民政府办公厅关于印发〈河南省机构改革实施方案〉的通知》（豫办〔2018〕29号）要求，河南省南水北调办公室并入河南省水利厅。经河南省水利厅党组研究决定，自2019年1月1日起，不再以河南省南水北调办公室名义开展工作，河南省南水北调办公室公文文头和印章停止使用。自2019年1月1日起，凡主送（抄送）河南省南水北调办公室的公文变更为主送（抄送）河南省水利厅；河南省南水北调工作文件由省水利厅以（豫水调、豫水办调）公文发布。

鉴于河南省南水北调工程建设尚未完成，河南省南水北调中线工程建设管理局继续行使原建设管理职能，公文运转途径不变。

河南省水利厅通信地址：河南省郑州市纬五路11号

邮　编：450003

联系电话：0371—65571001

0371—65571003

传　真：0371—65951296

河南省水利厅　河南省南水北调中线工程建设领导小组办公室

2018年12月11日

关于河南省南水北调配套工程档案验收情况的通报

豫调办综〔2018〕31号

机关各部门、各省辖市南水北调办（局）：

根据2018年4月2日省南水北调办主任办公扩大会议（主任办公会议纪要〔2018〕5号）的要求，河南省南水北调受水区配套工程档案整编工作要于10月底前完成。为全面落实会议要求，综合处、建设处、环移处与各地市南水北调办按照职责分工，落实责任人员，分类做好档案整编与验收工作安排，6月底前，已完成配套工程档案预验收2次、征迁档案检查督导6次、集中培训1次，取得一定成效，但仍存在许多不足。具体情况通报如下：

一、档案验收、检查开展情况

去年11月，根据《河南省南水北调配套工程档案管理暂行办法》（豫调建〔2013〕24号）及《河南省南水北调受水区供水配套工程征迁安置档案管理暂行办法》（豫调办移〔2014〕1号），我办分别对焦作、许昌配套工程进行了工程建设档案预验收，工程建管、监理、施工、管道生产、设备采购等八十多家单位参与验收，累计验收工程档案5186卷；同时检查了焦作、许昌两个市共8个区的工程征迁安置档案，查漏补缺、规范整理，取得了良好的效果。

（一）配套工程档案预验收

2017年11月15日至17日，对焦作供水配套工程已完工项目进行了档案预验收，这是省内配套工程第一个进行档案预验收的设计单元，验收已形成工程档案2227卷。

2017年11月27日至30日，对许昌供水配套工程已完工项目进行了档案预验收，验收已形成工程档案2959卷。

（二）配套工程档案检查督导（含征迁安置）

2017年11月15日至17日，对焦作供水配套工程征迁安置档案进行了检查，抽查了马村区、武陟县、温县南水北调办的征迁安置档案。

2017年11月27日至30日，对许昌供水配套工程征迁安置档案进行了检查，抽查了许昌市、禹州市、长葛市、襄城县、建安区、东城区南水北调办、征迁监理等单位的征迁安置档案。

2018年3月14日至15日，对南阳市配套工程建设及征迁安置档案进行了检查督导；对王坊管理站运行管理档案整理进行了现场督导。

2018年3月15日至16日，对平顶山市配套工程建设及征迁安置档案进行了检查督导，对各参建单位就档案编号及档案整理有关问题进行了现场督导。

2018年6月6日，对许昌市南水北调配套工程征迁档案进行了检查督导，现场查看了襄县征迁档案，并对档案整理进行了督导。

2018年6月23日至24日，对平顶山市配套工程档案进行了检查督导，对宝丰县征迁验收试点档案整理情况进行检查，督导档案验收工作进展。

（三）配套工程档案规范化与培训

2018年6月26日省局印发了《河南省南水北调工程档案技术规定（试行）》（豫调建〔2018〕5号），进一步规范了我省南水北调配套工程档案管理工作要求，统一了档案整理标准、明确档案整理细则，为提高档案验收工作质量提供了保障。

2018年6月，为规范配套工程征迁档案整编，省南水北调办组织编写了《河南省南水北调配套工程征迁安置档案整理培训教材》，已发至各征迁实施单位。

2018年6月28日，省南水北调办组织了全省南水北调配套工程征迁安置档案整编培训。各征迁实施单位、监理单位、设计单位档案管理人员等70余人参加了会议。省南水北调办档案管理人员对征迁档案收集、整理要求进行了详细讲解，并对有关问题进行答疑，进一步统一了认识，明确了档案整编标准。

二、档案验收、检查中发现的主要问题

（一）配套工程建设档案整理主要问题

一是主要存在部分单位未按照《河南省南水北调配套工程档案管理暂行办法》（豫调建〔2013〕24号）归档范围进行收集归档，如：变更文件收集不齐全；外委项目档案收集不全；验收文件收集不全；照片档案未归档等问题。

二是未按《河南省南水北调配套工程档案整编示例》进行整理，如：未按要求录入案卷、卷内EXCEL著录表；案卷、卷内题名拟写不规范；各级质量检查文件不闭合（或缺报告或缺检查通知）。

三是竣工图编制不规范，如：编制说明编写过于简单，无法有效查找利用；未按要求标注及说明变更的详细情况；监理审图盖章、签字不全等。

（二）配套工程征迁安置档案整理主要问题

一是主要存在部分单位未按照《河南省南水北调受水区供水配套工程征迁安置档案管理暂行办法》（豫调办移〔2014〕1号）收集归档，如：永久用地移交和临时用地使用有关手续收集不全；专项迁建有关竣工验收资料未收集；声像资料未收集；财务资金管理类档案未收集等问题。

二是部分单位未按照《河南省南水北调受水区供水配套工程征迁安置档案管理暂行办法》（豫调办移〔2014〕1号）有关要求进行整

理，如：有些单位按照文书档案方式整理，未组卷；未建立有效的案卷、卷内目录；土地移交表、临时用地返还表签字不全、未盖章等问题。

（三）部分地市配套工程档案整理进度滞后的问题

一是个别建管单位对配套工程档案验收工作不重视，态度消极、进度缓慢，未按省局要求及时报送工程档案管理情况与验收计划，影响档案验收进度。

二是个别单位档案工作人员未认真学习、领会配套工程建设档案、征迁安置档案管理文件的相关要求，只凭主观意识，不按办法整理，影响档案整理质量。

三、下一步档案验收工作安排

按照主任办公会议纪要〔2018〕5号要求，各设计单元工程档案在10月底前完成整编工作。现阶段各设计单元工程档案整理进度离专项验收通过的标准仍有较大差距，请地市南水北调办（局）按照省南水北调办的统一部署与安排，齐心协力完成档案整编与验收工作。

（一）加强组织建设

各地市南水北调办（局）应加强领导、高度重视，明确档案验收组织机构、责任到人，调配专业人员配合工程档案、征迁档案验收工作。

（二）加快验收进度

各地市南水北调办（局）应根据工程建设、征迁安置实施完成情况，督促各参建单位、征迁实施单位加快档案整理进度，严格按照配套工程档案管理相关规定进行整理，尽快提交档案验收申请。

（三）认真落实问题整改

各单位应认真总结档案验收中的经验教训，认真落实验收问题整改，建立整改台账，明确责任，举一反三、以点带面彻底解决应改问题，抓好问题复核工作，及时上报整改情况。

（四）认真做好验收组织与配合工作

各地市南水北调办（局）应认真做好验收会务组织工作，科学周密安排，及时上报验收计划或调整计划；建立验收参建单位联系清单，通知有关单位人员、档案到场；督促各参建单位做好验收配合工作，选派专业技术人员到场参与验收。

（五）认真做好档案的安全保管与移交工作

由于部分建管单位已集中统一保管各参建单位档案，务必注意已移交档案安全，档案库房应尽量满足“十防”要求，加强日常管理，做好出入库登记，禁止无关人员入内，严防丢失、损坏档案；在移交过程中，要求统筹有序、配合密切、流程规范、责任清晰，并做好移交全程记录。

（六）按照工程验收计划完成档案验收

根据《河南省南水北调受水区配套工程2018年度工程验收计划》（豫调建建〔2018〕8号），南阳（含邓州）、平顶山、周口、许昌、焦作、鹤壁、濮阳、清丰、鄢陵应在今年10月底前完成工程档案专项验收，请各参建单位务必于8月底完成整编，建管单位9月提交验收申请；按照省办征迁验收工作计划，各地市应在9月底前完成市级征迁档案预验收并提交验收申请，10月完成省级征迁档案验收。

附件：河南省南水北调配套工程档案整理进度情况

2018年8月8日

附件

河南省南水北调配套工程档案整理进度情况

（2018年6月30日）

序号	设计单元	专项验收	档案预验收	档案自查	进展情况	备注
1	南阳市配套			已完成	D	征迁档案验收10月底前全部完成；工程建设档案验收按照工程验收计划分批完成。
2	平顶山市配套				D	
3	漯河市配套			已完成	D	
4	周口市配套				D	
5	许昌市配套		已完成	已完成	C	
6	郑州市配套				D	
7	焦作市配套		已完成	已完成	C	
8	新乡市配套				D	
9	濮阳市配套				D	
10	鹤壁市配套				D	
11	安阳市配套				D	
12	清丰配套				D	
13	博爱配套				D	
14	鄢陵配套				D	

关于印发《河南省南水北调办公室工作人员行为规范》《河南省南水北调办公室工作服务规范》的通知

豫调办综〔2018〕35号

机关各处室、各项目建管处：

为进一步加强机关作风建设，提升工作效能，规范服务行为，现将《河南省南水北调办公室工作人员行为规范》《河南省南水北调办公室工作服务规范》印发你们。请认真遵照执行。

附件：1.河南省南水北调办公室工作人员行为规范

2.河南省南水北调办公室工作服务规范

2018年9月12日

附件1

河南省南水北调办公室工作人员行为规范

一、忠于祖国，忠于人民。有坚定的信念和理想，有正确的世界观、人生观和价值观，自重、自省、自警、自励，反对拜金主义、享乐主义和个人主义；热爱祖国，维护国家的统一和民族的团结，积极投身于社会主义现代化建设事业；热爱人民，密切联系群众，听取群众呼声，一切从人民利益出发，向人民负责，反对特权思想和官僚主义。

二、遵纪守法，依法行政。增强法制观念，提高遵纪守法和执行法律、政令的自觉性，严守纪律、严守机密;依法执行公务，不得以言代法、以权代法、徇私枉法。

三、忠于职守，勤奋工作。有强烈的事业心和责任感，热爱本职工作，忠实履行职责，讲求工作效率和工作质量，按时完成工作任务，不得擅离岗位、玩忽职守和贻误工作。

四、顾全大局，团结协作。树立全局观念，识大体，顾大局，确保政令畅通，不得各行其是；团结协作，敢于负责，不推诿和扯皮。

五、清正廉洁，艰苦朴素。主持正义，秉公办事，廉洁自律，克己奉公，自觉抵制歪风邪气，严格要求配偶子女和亲属；严禁以权谋私、损公肥私；厉行节约，勤俭办事。

六、忠诚老实，实事求是。光明磊落，言行一致，敢讲真话；从实际出发，深入调查研究，注重实效，反对主观主义和形式主义。

七、刻苦学习，精通业务。加强自身素质修养，不断学习理论知识、法律知识和本职位所需的业务知识，努力掌握现代办公技术，精通本职业务，提高服务本领。

八、谦虚谨慎，文明礼貌。正确对待成绩和荣誉，不骄傲自满，随时纠正自己的缺点和错误;在执行公务或工作期间，仪表端庄，衣着整洁，言谈举止礼貌、热情、大方、提倡讲普通话。

九、培育和践行社会主义核心价值观。做社会主义核心价值观的宣传者和践行者，使之贯穿于社会生活的各个方面，内化于心，外化于行。

附件2

河南省南水北调办公室工作服务规范

一、优良作风服务规范

（一）思想作风要求

1. 加强党性锻炼，树立正确的世界观、人生观和价值观，顾全大局，讲团结、讲奉献、恪尽职守，勤奋工作。

2. 牢固树立为基层服务的思想，增强公仆意识和群众观念，牢记党的宗旨，全心全意为人民服务，坚决反对“四风”，自觉抵制各种不正之风，提高决策水平和工作效率。

（二）工作作风要求

1. 办事说话要实事求是，不做表面文章，不搞形式主义。

2. 坚持原则，服从主任办公会议作出的决定，不扯皮，敢于触及矛盾，不怕得罪人；对上级交办或基层请示的工作，努力做到主动办、认真办、办得好、办得快，不拖不延。

3. 依法行政，遵守纪律，不谋私利，清正廉洁，坚决同腐败现象作斗争。

4. 深入基层，调查研究。经常深入基层一线，广泛听取意见建议，加强沟通与交流，及时总结，改进工作；下基层工作轻车简从，不要求基层迎送、陪餐。

5. 首问负责，问责必果。遇到外单位或个人来访要热情接待，主动询问来访目的，及时解决问题或帮助引见他人，不能马上解决时要讲明原因并致歉，临走时要起身相送。

6. 勤奋好学，努力钻研本职业务，及时掌握新知识、新技术，积极开拓进取，不断提高服务管理水平和能力。

7. 精简会议，精简文件简报，确需召开的会议尽量压缩时间，减少人员，可合并召开的会议尽量合并召开；能在网络、报刊公开发表的不再印发文件，会上已经印发的文件不再另行印发，可以便函形式印发的文稿不以省办名义印发。

二、文明行为服务规范

（一）言行仪表要求

1. 上班着装整洁大方，不准穿背心、短裤、拖鞋（微机房内除外）上班，女士不化浓妆，言行举止要体现公务员形象。

2. 保持个人卫生，勤洗澡、勤理发，做到仪容端庄，彬彬有礼，落落大方。

3. 遵守社会道德，爱护公共财物，讲究公共卫生，不在公共场所大声喧哗，高谈阔论。

（二）接待礼仪要求

1. 同志之间相遇主动打招呼，到其他同志办公室或住所办事先敲门，经允许方可进入。

2. 为人处事不卑不亢，清正廉洁，公平公正；说话语言和气，态度热情；别人讲话时，注意倾听，不可抢话，不可漫不经心；

做到补己之短，谦虚谨慎，严以律己，宽以待人。

3. 领导关心群众，认真听取群众意见，帮助群众解决实际困难：群众尊重领导，服从领导，支持领导工作。做到互相理解，互相关心，互相爱护，互相尊重，互相支持。

4. 打电话时先报自己的单位、姓名，语言要热情简练，尽量在最短的时间内谈完事情，不浪费别人的时间，请对方帮助找人，要使用礼貌用语。接听电话要及时，主动说“你好”、“请讲”，并主动通报姓名，热情简练地回答对方的问话。不能流露厌烦情绪，不能未等对方把话讲完就将电话挂断。

5. 同事之间相互尊重，真诚相待，友好相处。相互交谈不说脏话，不说大话，不说不利于团结的话，交谈中出现意见分歧，应讲明道理，协商解决，不要开口“当然”，闭口“绝对”，搞唯我独尊。当对方语言激烈时，要从容镇定，宽怀大度，不大声斥责。

（三）文明用语要求

1. 问候用语：“你好”、“早上好”、“下午好”、“晚上好”；

2. 告别用语：“再见”、“保重”；

3. 致歉用语：“对不起”、“请原谅”、“很抱歉”；

4. 求助用语；“请你”、“麻烦你”；

5. 回谢用语：“不客气”、“不用谢”。

三、优美环境服务规范

（一）办公区域应保持环境优美，整齐规范。

（二）办公室内规范要求：办公设施要摆放整齐，办公桌上除必需的办公用品外，不摆放与办公无关的杂物，各类文件放置有序，桌面整洁，门窗明净，整齐划一。室内卫生做到“五净”，即地面净、墙面净、门窗净、用具净、顶棚净。

（三）机关会议室、领导同志办公室要插挂国旗。

（四）不在会议室、活动室、楼梯间等公共场所吸烟。各楼层办公区域达到“六无”，即无烟头、无纸屑、无果皮、无痰迹、无堆放杂物、无乱贴乱画。卫生间无臭味、无蚊蝇、无污水、无脏物。

关于转报《开封市南水北调入汴工程水量转让方案》的函

豫调办投函〔2018〕23号

南水北调中线干线工程建设管理局：

为解决我省开封市城市水资源短缺问题，开封市人民政府经河南省水利厅请示河南省人民政府同意，通过水权交易解决开封市南水北调用水需求。

按照国务院南水北调办公室《关于印发〈南水北调中线工程跨区域水量转让运行管理规定（试行）〉的通知》（国调办投计〔2017〕21号）要求，河南省水权收储转让中心有限公司编制完成了《开封市南水北调入汴工程水量转让方案》，并上报我办。我办同意该方案，现随文转报你局。

该方案简要如下：

一、指标来源及转让水量

河南省人民政府印发并实施《河南省南水北调取用水结余指标处置管理办法(试行)》(豫政办〔2017〕13号)。该办法中提出，省辖市、省直管县(市)的结余指标没有处置的，由省水行政主管部门委托相关单位进行收储转让，在全省统筹配置；统筹配置结余指标，应优先考虑城市生活用水紧缺、水源单一的区域。

针对开封市提出的新增2亿立方米南水北调用水指标的需求，为减轻干渠输水压力，计划从黄河以北的焦作市、新乡市、鹤壁市、安阳市结余指标中解决，统筹核减28号（苏蔺）、32号（老道井）、35号（三里屯）、36号（刘庄）、37号（董庄）、39号（南流寺）分水口门2亿立方米供水量，解决开封市新增用水需求。

二、供水口门设计方案

拟通过改造十八里河退水闸使其具有退水及分水功能，开封市南水北调入汴工程输水主管道从改造工程中引水。其改造后的十八里河退水闸设计流量为147.5m³/s，与原十八里河退水闸设计流量一致，改造退水闸后的分水口门设计流量为10m³/s，满足开封市年引水2亿立方米的需求。

三、供水时段及水量转让相关费用

开封市南水北调用水主要为城市生活用水，具体供水过程服从国调办中线局统一调度与管理。水权交易的综合水价（南水北调中线工程基本水价和计量水价）按照国家发改委和我省发改委确定的价格执行，综合水费按照国家和我省确定的上缴渠道，由开封市缴付。

妥否，请函复。

附件：《河南省水权收储转让中心有限公司关于报送开封市南水北调入汴工程水量转让方案的请示》（豫水收〔2018〕6号）

2018年7月3日

关于再次督促支付南水北调中线一期工程总干渠新乡和卫辉段盆窑南公路桥加宽变更增加投资的函

豫调办投函〔2018〕34号

卫辉市唐庄镇人民政府：

按照河南省委第八巡视组专项巡视省南水北调办公室反馈意见，我办于2016年6月28日以《关于支付南水北调中线一期工程总干渠新乡和卫辉段盆窑南公路桥加宽变更增加投资的函》（豫调办投函〔2016〕7号，见附件2）致函你镇支付分摊资金，但至今未收到汇款信息。请你镇按照承诺于12月10日前将剩余应支付盆窑南公路桥加宽增加资金852.40万元汇入省南水北调建管局账户。

此函。

附件：1.河南省南水北调中线工程建设管理局账户信息

2.关于支付南水北调中线一期工程总干渠新乡和卫辉段盆窑南公路桥加宽变更增加投资的函（豫调办投函〔2016〕7号）

2018年11月20日

附件（略）

关于淇河西峡段水质污染事件的报告

豫调办移〔2018〕8号

国务院南水北调办：

2017年1月17日，我省西峡县西坪镇下营村淇河段发生一起水质污染事件，河南省委省政府高度重视，立即启动突发污染事件应急预案，整合各种资源，全力开展水污染事件的处置工作，环境保护部翟青副部长、省政府张维宁副省长亲临现场指导水污染事件的处置工作，通过省、市、县政府及有关部门的共同努力，水污染事件得到妥善处置，经检测，淇河水质已经完全达标，保证了水源地的水质安全。现将淇河水污染事件报告如下：

一、事件发生的时间和地点

事件发生在2018年1月17日11时30分左右，发生地点位于西峡县西坪镇下营村淇河段，事发地距淇河入汇丹江河口60km左右，距淇河上河水库约8km。

淇河为丹江支流，全长150km，在河南省淅川县寺弯乡汇入丹江。

二、事件处置情况

一是成立指挥机构，强化应急处置。南阳市政府成立由市长霍号胜任指挥长、副市长张明体任副指挥长，市直相关部门主要负责同志，西峡、淅川县委、县政府主要负责同志任成员的指挥机构，统筹做好水污染应急处置工作，确保环保部、省政府和南阳市政府各项决策迅速落实到位。

二是上下游协调，联合调度运行。开展淇河段水电站联合调度。17日当天，西峡县首先关闭了上河水库电站，并及时向下游淅川县通报淇河污染情况。淅川县紧急响应，立即关闭了淇河7座水电站，禁止泄水发电。

三是修筑临时水坝，拦截污染水体。西峡县组织几十台大型机械，以最快速度在事发地与上河水库之间构筑了6条临时挡水坝，确保了污染水体全部被拦截在西峡淇河8km河段。同时为了减小上游来水量，在污染现场上游又修建了3条临时挡水坝。

四是加强水质检测，进行科学处理。环保部门以最快速度通过活性炭、絮凝剂、漂白粉、草栅吸附等方式对污染实体进行处理。南阳市、西峡县、淅川县环境监测人员在淇河9个段面点位加密监测。我省调集了平顶山、洛阳、漯河等市环境保护部门专业人员到西峡参加污染处理、污情检测。

三、污染事件的调查情况

经公安部门调查，这次污染事件是一起跨省转移、倾倒危险废物的刑事案件。

山西运城绛县天龙农科贸有限公司是一家化工生产企业，该企业法人靳某联系西峡县潘某，告知有一车废物在本地不好处理，让潘某帮忙拉走处理，并付给潘某1.8万元的劳务费。1月15日潘某联系西峡县同村司机赵某驾驶一辆红色欧曼半挂车，到绛县将31吨化工废料，共有42袋拉走。17日凌晨1时许，上述化工废料被运至西峡县西坪镇操场村淇河边，潘某与铲车司机王某共同用刀子撕破废料袋，一起将粉状废物倾倒在河边，由王某利用铲车将其全部铲入淇河，大约在凌晨4时左右结束。

案件发生当天，铲车司机王某、潘某相继归案，专案组又连夜奔赴山西运城将涉案公司法人靳某和副总经理杨某控制归案，执法人员从该公司查明，这批危险废物为生产甲基亚膦酸二乙酯产品的固体微黄粉状废料，含有危险化学品三氯化磷、铝粉、氯甲烷等。

四、目前污染事件状况

本次突发污染事件，当地群众及时发现，迅速上报，地方政府立即启动应急预案，中央、省、市、县、乡各级政府、相关部门齐心协力，携手应对，反应迅速，措施得力，处理得当，确保了一滴污水不流入丹江库区。

目前所有污染水体确保放入上河电站下游500米新筑的大坝内（西峡县境），环保部门正在对污染水体进行稀释降磷处理，上河水库下游新筑的大坝的下游水体全部达标。

2018年2月2日

关于报送《河南省南水北调办公室污染防治攻坚三年行动实施方案（2018-2020年）》的报告

豫调办移〔2018〕37号

河南省环境污染防治攻坚战领导小组办公室：

根据河南省环境污染防治攻坚战领导小组办公室《关于抓紧组织编制污染防治攻坚三年行动实施方案的通知》要求，按照工作职责分工，我办编制了《河南省南水北调办公室污染防治攻坚三年行动实施方案（2018-2020年）》，并经武国定副省长审核同意。现将《河南省南水北调办公室污染防治攻坚三年行动实施方案（2018-2020年）》呈报你办。

附件：《河南省南水北调办公室污染防治攻坚三年行动实施方案（2018-2020年）》

2018年8月29日

附件

河南省南水北调办公室污染防治攻坚三年行动实施方案（2018-2020年）

为认真贯彻落实党的十九大精神，进一步推进实施《河南省污染防治攻坚战三年行动计划（2018-2020年）》，持续打好打赢南水北调中线工程水污染防治攻坚战，进一步保障南水北调中线工程水质安全，结合全省南水北调工作实际，特制定本实施方案。

一、总体要求

全面贯彻党的十九大精神，以习近平生态文明思想为引领，持续落实全国生态环境保护大会精神和省委十届六次全会精神，统筹推进“五位一体”总体布局和协调推进“四个全面”战略布局，牢固树立和贯彻落实新发展理念，着力加强南水北调水环境的综合治理，切实保障水质稳定达标，着力强化风险防控，切实保障供水稳定运行，确保南水北调中线工程长期稳定安全供水、一渠清水永续北送。

二、目标指标

1.南水北调中线工程水质目标：2018年、2019年和2020年，南水北调中线工程水源地丹江口水库及总干渠输水水质持续稳定达到Ⅱ类，确保一渠清水永续北送。

2.总干渠饮用水保护区标识、标志工程建设目标：2018年基本完成总干渠饮用水保护区标识、标志工程所需资金的审批、材料制作单位及施工单位的确定工作。2019年完成建设任务的70%，2020年底前全部完成建设任务。

三、主要任务

1.强化南水北调中线工程总干渠（河南段）水环境风险防控。加强南水北调中线工程总干渠河南段水质实施动态监测，完善和组织落实日常巡查、污染联防、应急处置等制度，确保总干渠输水水质安全。

责任单位：水利部南水北调中线干线工程建设管理局河南分局、渠首分局

2.建设总干渠饮用水保护区标识、标志等工程。南水北调中线一期工程总干渠沿线有关地方政府按照调整后的总干渠水源保护区范围，在保护区边界设立界标，标识保护区范围，并设立警示标志；在穿越保护区的道路出入点及沿线等，设立警示标志。2018年基本完成标识、标志工程所需资金的审批、材料制作单位及施工单位的确定工作。2019年完成建设任务的70%，2020底前全部完成建设任务。

责任单位：南阳、平顶山、许昌、郑州、焦作、新乡、鹤壁、安阳、邓州市人民政府

3.开展南水北调总干渠饮用水保护区风险源整治工作。积极配合环保厅等有关厅局督促南水北调沿线有关人民政府于2018年完成南水北调总干渠两侧饮用水水源保护区污染风险源的排查工作，2020年完成保护区内环境问题的整治，切实消除环境风险隐患。

责任单位：南阳、平顶山、许昌、郑州、焦作、新乡、鹤壁、安阳、邓州市人民政府

四、工作要求

（一）落实目标责任

南水北调中线工程沿线地方人民政府和南水北调中线干线工程建设管理局河南分局、渠首分局是实施本方案的责任主体，对各自承担任务负责。要结合本行动计划要求，印发实施落实方案。要加强协调、各司其职、各尽其责，按照各自职责和工作任务抓好落实。

（二）完善保障措施

南水北调中线工程沿线地方人民政府要统筹安排资金，重点支持总干渠饮用水水源保护区内污染风险点治理，按照计划完成保护区标识、标志建设任务。河南分局、渠首分局要落实日常巡查等各种制度，加强水质动态监测，保障总干渠输水水质安全。

（三）加强督导督查

省南水北调办公室成立督导组，不定期开展专项督导督查，必要时报省环境攻坚办统一开展督查，督查结果将报省环境攻坚办。督促

南水北调总干渠沿线各级人民政府和中线建管局渠首分局、河南分局要传导工作压力，落实责任，不折不扣完成攻坚战目标任务。

关于河南省南水北调受水区供水配套工程2018年11月用水计划的函

豫调办函〔2018〕51号

南水北调中线干线工程建设管理局：

根据《河南省水利厅关于南水北调中线一期工程2018~2019年度用水计划建议的报告》（豫水政资〔2018〕77号），结合我省配套工程建设进展情况及各市上报用水计划，2018年11月我省计划82个供水目标接水，涉及33个分水口门和4个退水闸，所在省辖市、省直管县（市）为确保配套工程安全、平稳运行，各项保障措施已落实到位。2018年11月计划用水15899.48万立方米，用水计划详见附表，请贵局协助做好调度分水工作。

特此致函。

2018年10月29日

附表

河南省2018年11月用水计划表

口门编号	口门名称	所在市县	分水流量（m^3/s）	分水量（万m^3）	计划开始时间	备注
1	肖楼	淅川县	12.92	3350	正常	引丹灌区
2	望城岗	邓州市	0.97	250	正常	2号望城岗口门～邓州市一水厂（90万m^3）、邓州市二水厂（100万m^3）和新野县二水厂（60万m^3）
4	谭寨	南阳市镇平县	0.36	95	正常	3-1号谭寨口门～镇平县五里岗水厂（27万m^3）和镇平县规划水厂（68万m^3）
6	田洼	南阳市	1.18	234	正常	5号田洼口门～南阳市傅岗水厂（210万m^3）和南阳市龙升水厂（24万m^3）
7	大寨	南阳市	0.50	130	正常	6号大寨口门～南阳市四水厂
8	半坡店	南阳市方城县	0.81	210	正常	7号半坡店口门～唐河县水厂（150万m^3）和社旗县水厂（60万m^3）
10	十里庙	南阳市方城县	1.00	259.2	正常	9号十里庙口门～方城县新裕水厂
清河退水闸		南阳市方城县	3.00	800	正常	清河退水闸～南阳市方城县
11	辛庄	平顶山市叶县	3.75	972	正常	10号辛庄口门～舞阳县水厂（60万m^3）、漯河市二水厂（180万m^3）、漯河市三水厂（120万m^3）、漯河市四水厂（155万m^3）、漯河市五水厂（30万m^3）、漯河市八水厂（16万m^3）和周口市东区水厂（165万m^3）、周口市西区水厂线路（二水厂171万m^3）、商水县水厂（75万m^3）
12	澎河	平顶山市鲁山县	0.09	23.33	正常	11号澎河口门～叶县水厂
15	高庄	平顶山市宝丰县	0.55	139.5	正常	13号高庄口门～宝丰县王铁庄水厂（96万m^3）和石龙区水厂（43.5万m^3）
16	赵庄	平顶山市郏县	0.33	85	正常	14号赵庄口门～郏县三水厂
17	宴窑	许昌市禹州市	0.23	60	正常	15号宴窑口门～襄城县三水厂

续表

口门编号	口门名称	所在市县	分水流量(m^3/s)	分水量(万m^3)	计划开始时间	备注
18	任坡	许昌市禹州市	0.87	182	正常	16号任坡口门～禹州市二水厂（160万m^3）和神垕镇水厂（22万m^3）
19	孟坡	许昌市禹州市	3.87	998	正常	17号孟坡口门～许昌市周庄水厂（261万m^3）、许昌市二水厂（90万m^3）、北海（130万m^3）、石梁河及霸陵河（362万m^3）、鄢陵县中心水厂（35万m^3）和临颍县一水厂（90万m^3）、临颍县二水厂线路（30万m^3）
20	洼李	许昌市长葛市	1.31	337	正常	18号洼李口门～长葛市三水厂（105万m^3）、增福湖（129万m^3）和清潩河（103万m^3）
21	李垌	郑州市新郑市	1.32	340	正常	19号李垌口门～新郑市二水厂（240万m^3）和望京楼水库（100万m^3）
沂水河退水闸		郑州市新郑市	0.77	200	2018/11/1 10:00:00	沂水河退水闸～郑州市新郑市
双洎河退水闸		郑州市新郑市	0.77	200	正常	双洎河退水闸～郑州市新郑市
22	小河刘	郑州市航空港区	2.63	636	正常	20号小河刘口门～航空港区一水厂（418.5万m^3）、航空港区二水厂（77.5万m^3）和中牟县新城水厂（140万m^3）
23	刘湾	郑州市	4.28	1110	正常	21号刘湾口门～郑州市刘湾水厂
24	密垌	郑州市	1.80	180	正常	22号密垌口门～郑州市尖岗水库（100万m^3）和新密市水厂（80万m^3）
25	中原西路	郑州市	6.48	1680	正常	23号中原西路口门～郑州市柿园水厂（960万m^3）和白庙水厂（720万m^3）
26	前蒋寨	郑州市荥阳市	1.33	345	正常	24号前蒋寨口门～荥阳市四水厂
27	上街	郑州市上街区	0.56	115	正常	24-1号蒋头口门～上街区水厂
28	北冷	焦作市温县	0.23	60	正常	25号马庄口门～温县三水厂
29	北石涧	焦作市博爱县	0.58	150	正常	26号北石涧口门～武陟县水厂（90万m^3）和博爱县水厂（60万m^3）
31	苏蔺	焦作市	1.31	340	正常	28号苏蔺口门～焦作市苏蔺水厂（270万m^3）和修武县水厂（70万m^3）
闫河退水闸		焦作市	0.50	4	2018/11/15 10:00:00	闫河退水闸～焦作市
33	郭屯	新乡市获嘉县	0.14	36	正常	30号郭屯口门～获嘉县水厂
35	老道井	新乡市	2.92	758	正常	32号老道井口门～新乡市高村水厂（180万m^3）、孟营水厂（190万m^3）、新区水厂（340万m^3）、凤泉水厂（30万m^3）和新乡县七里营水厂（18万m^3）
36	温寺门	新乡市卫辉市	0.67	174	正常	33号温寺门口门～卫辉市水厂
37	袁庄	鹤壁市淇县	0.50	74	正常	34号袁庄口门～淇县铁西水厂
38	三里屯	鹤壁市淇县	2.64	686.95	正常	35号三里屯口门～鹤壁市四水厂（22万m^3）、浚县水厂（54万m^3）、濮阳市二水厂（200万m^3）、濮阳市三水厂（180万m^3）、清丰县水厂（51万m^3）、南乐县水厂（44.95万m^3）、滑县三水厂（111万m^3）和滑县四水厂线路（安阳中盈化肥有限公司24万m^3）

续表

口门编号	口门名称	所在市县	分水流量（m³/s）	分水量（万m³）	计划开始时间	备注
39	刘庄	鹤壁市	0.69	180	正常	36号刘庄口门～鹤壁市三水厂
40	董庄	安阳市汤阴县	0.79	205.5	正常	37号董庄口门～汤阴县一水厂（60万m³）、汤阴县二水厂（46.5万m³）和内黄县四水厂（99万m³）
41	小营	安阳市	1.32	300	正常	38号小营口门～安阳市八水厂（270万m³）和安阳市六水厂（30万m³）
合计			63.97	15899.48		
说明：口门编号和口门名称按中线局纪要〔2015〕11号文要求填写。						

抄送：河南省水利厅。

河南省南水北调办公室关于撤销收文事宜的函

豫调办函〔2018〕56号

省委办公厅第一秘书处：

根据《中共河南省委办公厅　河南省人民政府办公厅关于印发〈河南省机构改革实施方案〉的通知》（豫办〔2018〕29号）要求，河南省南水北调办公室并入河南省水利厅。经河南省水利厅党组研究决定，自2019年1月1日起不再以河南省南水北调办公室名义开展工作。

河南省南水北调办公室申请撤销公文交换箱和河南省政务电子内网账号。

2018年12月11日

关于我省配套工程管理处所建设2018年11月份进展情况的通报

豫调办监〔2018〕31号

各省辖市、省直管县（市）南水北调办，省办有关处室，郑州段建管处：

按照省南水北调办主任办公会要求，监督处对2018年11月份全省配套工程管理处所建设情况进行了督导。现将有关情况通报如下：

一、配套工程管理处所建设进展情况

1.已建成和正在建设的管理处所情况

截至2018年11月30日，全省配套工程61个管理处所中，已建成26个（南阳市管理处和市区管理所、镇平县管理所、社旗县管理所、唐河县管理所、方城县管理所、新野县管理所、邓州市管理所、鲁山县管理所、郏县管理所、叶县管理所、宝丰县管理所、许昌市管理处及市区管理所、长葛市管理所、禹州市管理所、襄城县管理所、鄢陵县管理所、商水县管理所、新郑市管理所、武陟县管理所、辉县市管理所、汤阴县管理所、内黄县管理所、滑县管理所、濮阳市管理处），其中已投入使用17个（南阳市管理处、邓州管理所、镇平县管理所、方城县管理所、新增新野县管理所、鲁山县管理所、宝丰县管理所、郏县管理所、叶县管理所、商水县管理所、许昌市管理处及市区管理所、长葛市管理所、禹州市管理所、襄城县管理所、鄢陵县管理所，濮阳市管理处）；正在建设26个（漯河市管理处及市区管理所，周口市管理处和市区管理所，郑州市管理处和市区管理所、航空港区管理所、中牟县管理所、荥阳市管理所、上街区管理所，焦作市管理处和市区管理所、温县管理所、修武县管理所，鹤壁市管理处和市区管理所、黄河北物资仓储中心、黄河北维护中心、淇县管理所、浚县管理所，安阳市管理处和市区管理所，清丰县管理所；黄河南维护中心和黄河南物资仓储中心，11月份新增获嘉县管理所）。

其中，周口市管理处和市区管理所、郑州市管理处和市区管理所、航空港区管理所、中牟县管理所、荥阳市管理所、上街区管理所，焦作市管理处和市区管理所、修武县管理所、鹤壁市管理处和市区管理所、黄河北维护中心、黄河北物资仓储中心、淇县管理所、浚县管理所、清丰县管理所等18个项目完成主体工程，正在进行室内外装饰、安装和绿化工作。

2.未开工建设的管理处所情况

9个未开工建设的管理处所已全部完成选址，已完成征迁7个，新乡市管理处和市区管理所2个项目正在进行征迁工作。其中，卫辉市管理所已完成招标，正在组织施工单位进场；舞阳县管理所、临颍县管理所、博爱县管理所等3个项目正在进行招标准备。平顶山市管理处、新城区管理所、石龙区管理所等3个项目已经完成招标工作，因市区规划调整，项目暂时被叫停，后续方案尚未确定；新乡市管理处和市区管理所2个项目还在做前期工作。

未开工的9个管理处所中，已完成施工图设计的7个（平顶山市管理处和新华区管理所、石龙区管理所，博爱县管理所，卫辉市管理所，获嘉县管理所，舞阳县管理所，临颍县管理所）；新乡市管理处和市区管理所2个项目初步完成规划设计，未开始施工图设计。

3.土地使用证等“一书四证”手续办理情况

61个管理处所，土地使用证等“一书四证”（即：建设项目选址意见书、建设用地规划许可证、建设工程规划许可证、国有土地使用证、建设工程施工许可证）手续办理情况：商水县管理所、濮阳市管理处、清丰县管理所、安阳市管理处和市区管理所、内黄县管理所、汤阴县管理所、黄河北物资仓储中心等8个项目手续办理全部完成；正在办理的45个（漯河市管理处及市区管理所、舞阳县管理所、临颍县管理所、平顶山市区管理处、新城区管理所、石龙区管理所，郏县管理所、鲁山县管理所、叶县管理所、宝丰县管理所、周口市管理处及市区管理所，许昌市管理处及市区管理所、襄城县管理所、长葛市管理所、禹州市管理所、鄢陵县管理所、郑州市管理处及市区管理所、新郑市管理所、航空港区管理所、中牟管理所、荥阳管理所、上街管理所、焦作市管理处及市区管理所、温县管理所、武陟县管理所、新乡市管理处及市区管理所、获嘉县管理所、辉县管理所、卫辉管理所、黄河北维护中心、鹤壁市管理处和市区管理所、淇县管理所、浚县管理所、滑县管理所，修武县管理所、博爱县管理所、黄河南维护中心、黄河南仓储中心）；尚未办理手续的8个（南阳市管理处和市区管理所、镇平县管理所、社旗县管理所、唐河县管理所、方城县管理所、新野县管理所、邓州市管理所）。

详情请见附表：河南省南水北调配套工程管理处所2018年11月份建设情况督办台账。

二、配套工程自动化调度系统建设进展情况

1.通信线路铺设：通信线路组网设计方案已全部完成，规划通信线路总长803.76km。其中设计线路总长751.52km（含配套线路总长600.38km、总干渠线路总长151.14km），新增项目线路总长52.24km。目前累计完成通信线路铺设753.91km，完成率93.4%（其中完成设计线路728.51km，完成率97%；完成新增项目线路25.4km，完成率53%）。

2.设备安装：目前省调度中心设备安装全部完成。11个省辖市管理处中，已完成许昌、濮阳、南阳市管理处的设备安装，完成率27.24%；43个管理所中，已完成许昌市襄城、许昌、禹州、长葛4个管理所和南阳市区、镇平、新野、唐河、方城、社旗、邓州市7个管理所的设备安装，完成率25%；143个管理房中，完成濮阳3个、许昌13个、南阳32个管理房设备安装，完成率34%。

3.流量计安装：合同工程量为167套，设计变更减少1套，新增供水项目增加6套，共计172套。目前累计全套安装147套，占总套数85.5%。部分安装12套，占总套数7.0%；未安装13套，占总套数7.5%。

三、本月主要进展、存在主要问题和下一步工作要求

2018年11月份管理处所新增1个项目开工建设，一个项目完成征迁，新增3个项目完成“一书四证”手续办理，新增4个项目完成主体工程，新增2个项目完成规划设计方案；自动化调度系统建设没有进展。个别项目进展严重滞后。

2018年全省南水北调工作会议要求，加快推进配套工程管理处所建设，管理处所未开工建设的市县，必须采取有力措施，及早开工建设，加快建设进度。我省南水北调工程运行管理例会多次要求，各相关单位高度重视，主动作为，克服困难，加快推进自动化系统和管理处所建设，特别是对未开工建设的管理处所，要按照新调整的建设计划，加快各项工作进度，确保建设目标如期实现。

省办有关处室要在配套工程管理处所前期工作方面继续给予支持和指导，协调解决存在的困难。各省辖市南水北调办（建管局）要认真负责，统筹协调，采取得力措施，全力推进工程项目前期工作。要加快建设进度，努力按照调整后的时间节点完成建设任务，尽早投入使用。同时，要做好与自动化调度系统代建单位的沟通衔接，务必满足自动化调度系统安装、运行条件。省办按照调整后的管理处所建设计划和时间节点，对未开工的管理处所继续进行督导通报，对进度严重滞后的项目，约谈相关单位主要负责人，并向当地政府进行通报。

2018年12月17日

河南省南水北调中线工程建设管理局关于各项目建管处职能暂时调整的通知

豫调建〔2018〕13号

各省辖市、省直管县(市)南水北调办(建管局)，机关各处室、各项目建管处：

按照省委、省政府机构改革决策部署，省南水北调办并入省水利厅，有关行政职能划归省水利厅。为做好机构改革过渡期间我省南水北调运行管理工作，确保各项工作有序开展和大局稳定，经省水利厅党组研究，决定对省南水北调建管局项目建管处职能暂时调整。现就有关具体事项通知如下：

一、由省南水北调建管局5个项目建管处在承担原项目建管处职责的基础上，分别接续省南水北调建管局机关综合处、投资计划处、经济与财务处、环境与移民处、建设管理处等5个处室职责(原监督处、审计监察室、机关党委、基建处职责和人员并入有关处室)，确保我省南水北调运行管理工作不断档、不断线，保证我省南水北调工程安全平稳高效运行。

二、由郑州段建管处接续省南水北调建管局综合处职责，同时承担机关党务、扶贫和基建工作；南阳段建管处接续省南水北调建管局投资计划处职责；安阳段建管处接续省南水北调建管局经济与财务处职责和内部审计工作；新乡段建管处接续省南水北调建管局环境与移民处和监督处职责；平顶山段建管处接续省南水北调建管局建设管理处职责。

三、各项目建管处处长分别为省南水北调建管局机关对应处室负责人，直至新机构建立。

四、省南水北调建管局机关干部职工按照现有处室实际在岗情况，暂时保持不变，各处负责人要认真抓好本单位干部职工队伍思想稳定工作。

本通知自省南水北调办机关公务员转隶至新的工作岗位之日起执行。各项目建管处处长要积极与有关处室对接，尽快熟悉工作，确保省南水北调建管局在机构改革期间各项工作的连续性。

附件：各项目建管处职责

2018年12月21日

附件

各项目建管处职责

郑州段建管处：

除承担郑州段建管处职责外，承担省建管局如下工作：负责办公会议、综合性会议和局内重要活动、会议的组织与协调；负责重要文件的草拟工作，对重大问题进行调研；负责起草局机关综合性规章制度；管理文电、机要、保密等机关政务工作；负责组织我省南水北调配套工程的宣传工作，组织协调重大宣传活动，负责河南南水北调网站、微信公众号、微博管理；负责局机关OA系统管理(含局域网机房及设备)；负责档案的管理工作(含工程档案、征迁档案验收)；负责局机关扶贫工作管理；负责人事、劳资、考核、职工教育培训和技术职称评审的管理等工作；负责局机关信访工作；负责局机关基建工作；负责管理机关后勤、保卫工作；负责公务接待；负责局机关及所属单位的党风廉政建设工作；负责承办局机关党组织的日常工作，负责局机关及所属单位的工会、共青团及妇女工作；负责承办领导交办的其他事项。

南阳段建管处：

除承担南阳段建管处职责外，承担省建管局如下工作：贯彻执行国家和上级关于合同管理和工程质量保证的方针、政策、法律法规，严格执行合同文件、技术标准、质量标准和技术规范。负责研究制定建管局发展规划；负责制定配套工程新增项目计划、统计、合同等方面的管理办法；负责合同管理工作，组织开展合同的评审、谈判及签订；负责新增工程建设项目的投资计划、统计管理工作；负责工程项目的招投标、投资控制、价差管理、工程预备费的管理工作；负责工程价款结算及重大合同变更和索赔的核定与管理工作；参与单项工程验收、工程阶段性验收、工程竣工验收和竣工决算工作；负责配套工程自动化调度系统的建设工作；负责其他工程穿越邻接配套工程的审批工作；负责承办领导交办的其他事务。

平顶山段建管处：

除承担平顶山段建管处职责外，承担省建管局如下工作：负责南水北调配套工程运行管理的技术工作及技术问题研究；参与配套工程新增项目的招标投标工作；负责组织工程建设的实施管理工作；组织编制工程技术标准和规定(包括质量控制标准和要求)；协调、指导、检查省内南水北调配套工程的运行管理工作；提出我省南水北调用水计划；负责配套工程基础信息和巡检智能管理系统的建设工作；负责科技成果的推广应用工作；负责与其他省配套工程管理的技术交流相关事宜；负责工程验收工作，指导我省南水北调配套工程阶段性验收、单位工程验收和竣工验收；负责调度中心运行管理，按照全省南水北调配套工程年度调水计划执行水量调度管理；做好我省南水北调工程防汛工作；负责承办领导交办的其他事务。

新乡段建管处：

除承担新乡段建管处职责外，承担省建管局如下工作：负责配套工程征地拆迁和文物保护工作；负责配套工程水土保持工作；负责配套工程征迁专项资金的管理工作；指导、组织各地开展配套工程征迁资料的整理、归档工作；负责征地拆迁验收工作；负责督促检查队伍的管理和配套工程运行管理的督促检查工作；负责承办领导交办的其他事务。

安阳段建管处：

除承担安阳段建管处职责外，承担省建管局如下工作：制定财务管理、会计核算和资产预算管理制度，负责财务管理和会计核算工作；负责配套工程资金的管理、使用和监督检查工作；编制年度资金预算，承担配套工程管理局资金预算方面的日常工作；负责内部审计工作；办理工程价款的结算报告，对外提供相关会计信息资料；负责水费征缴工作；负责资产的价值形态管理和经费预算及日常财务的管理；负责管理费支出预算的审核与资金拨付工作；参与工程项目概算，预算的审查及决算编制的组织工作；参与工程项目招标文件、项目变更合同的审查及单项工程验收、工程阶段性验收和工程竣工验收工作；负责财务人员的管理和后续教育工作；负责承办领导交办的其他事务。

关于表彰“2017年河南省南水北调配套工程自动化建设先进施工单位”的决定

豫调建投〔2018〕15号

自动化各参建单位：

在参建各方的共同努力下，完成了2017年我省南水北调配套工程自动化建设目标。为表彰先进，充分调动各参建单位和广大参建职工的积极性和创造性，推进自动化系统又好又快建设，按照《河南省南水北调配套工程自动化建设目标考核奖罚办法》（豫调建投〔2017〕87号），在自动化代建部考核、推荐的基础上，省建管局决定对5家施工单位予以表彰，授予“2017年河南省南水北调配套工程自动化建设先进施工单位”，以资鼓励。

希望受到表彰的单位珍惜荣誉，发扬精神，为我省南水北调配套工程自动化建设再立新功。各参建单位要以先进为榜样，求真务实，开拓创新，积极进取，奋力拼搏，为我省南水北调配套工程自动化建设做出更大的贡献。

附件：2017年河南省南水北调配套工程自动化建设先进施工单位

2018年1月25日

附件

2017年河南省南水北调配套工程自动化建设先进施工单位

一、一等奖（1个，奖励人民币贰拾万元整）

中国电信集团系统集成有限责任公司河南省分公司自动化2标项目部

二、二等奖（2个，各奖励人民币壹拾伍万元整）

联通系统集成有限公司河南省分公司自动化4标项目部

中兴软创科技股份有限公司自动化11标项目部

三、三等奖（2个，各奖励人民币壹拾万元整）

中华通信系统有限责任公司自动化5标项目部

普天信息技术有限公司自动化9标项目部

关于2018年水污染防治攻坚战的实施方案报告

郑调办〔2018〕23号

市人民政府：

为贯彻落实中共郑州市委办公厅、郑州市人民政府办公厅《关于印发〈郑州市2018年水污染防治攻坚战实施方案〉的通知》（郑办〔2018〕7号）文件要求，我办结合南水北调工作实际，经认真研究，成立了水污染防治攻坚

战工作领导小组，明确了相关部门的工作职责，并制定了水污染防治攻坚战实施方案。现将实施方案简要汇报如下：

一、指导思想

为贯彻落实党的十九大精神，深入贯彻习近平新时代中国特色社会主义思想，全面落实《郑州市2018年水污染防治攻坚战实施方案》，以创新、协调、绿色、开放、共享的发展理念为引导，以安全供水、积极扩大供水范围、保护南水北调干渠水质环境为核心，保障饮水安全为攻坚重点，系统推进水污染防治、水环境保护，为建设美丽郑州提供良好的水生态环境保障。

二、工作目标

按照省政府关于通过水污染防治攻坚战、提前一年实现国家确定的我省“十三五”水环境质量目标的总体部署，确保总干渠郑州段境内干渠水质及出境水质达到国家规定的饮用水各项指标。

三、主要任务

（一）积极协调相关单位，加强南水北调干渠水质安全保障

积极协调干渠管理单位强化水质实时动态检测，依靠工程巡查人员工程巡查，水质专员日常检查，中控值班室和闸站值班室视频信息，监控水体的变化情况。充分利用南水北调中线工程输水总干渠水质在线实时监测信息(水质自动监测站监测系统)，通过监测预警和生物毒性预警相结合的方式，全面监控水体水质的变化情况。督促各干渠管理单位及时完善干渠突发水污染事件应急预案，加强南水北调中线工程郑州段突发水污染事件预防，加强一级水源保护区沿线、各分水口门及交通穿越区域实时视频监控，不断完善日常巡查、工程监控、污染联防、应急处理等制度，确保输水干渠水质安全。

（二）建设保护区标识、标志和隔离防护工程

在南水北调中线一期工程总干渠郑州段沿线水源保护区调整范围后，在新划定后的保护区边界设立界标，标识保护区范围；在穿越保护区的道路出入点及沿线，设立饮用水水源保护区道路警示牌，警示车辆、船只或行人谨慎驾驶或谨慎行为；在一级保护区周边人类活动频繁的区域设置隔离防护设施；在存在交通穿越的地段，建设防撞护栏、事故导流槽和应急池等应急设施；根据实际需要，设立饮用水水源保护区宣传牌，警示过往行人、车辆及其他活动，远离饮用水源，防止污染。

（三）严把环境影响审核关，杜绝水源保护区新建或扩建污染项目

配合环保部门的环评工作，按照《南水北调中线一期工程总干渠（河南段）两侧水源保护划定方案》的要求，严格把关，抓好南水北调水源保护区新建或扩建项目环境影响审核工作。

（四）加快尖岗水库南水北调引水工程进度，尽快实施南水北调水入库区，确保尖岗水库水质安全

市南水北调办公室3月20日召开专题会全力推进工程进度。建管局张立强副局长、建设组、质量处负责同志；泵站建设单位、监理单位负责人；电力安装施工3标段（负责22号泵站电源安装工程）项目经理参加会议。会议按照5月1日通水目标倒排工期，要求4月20日前所有工程必须完工，一周调试时间，4月底完全具备通水条件。要求施工和监理单位按照倒排的工期5天报一次进度，建管局每周至少进行两次现场检查，确保5月1日实现向尖岗水库充库。

（五）加大向双洎河生态补源水量

力争达到3000万立方米／年，最低不低于2000万立方米／年。积极向省南水北调办公室汇报，力争达到3000万立方米／年。待新郑市上报用水方案后市运管办立即向省运管办申报。

四、保障措施

（一）加强领导，落实责任

各级南水北调部门要充分认识打赢水污染

防治攻坚战工作的重要性，切实将供水安全、扩大供水范围、水污染防治列入重要议事日程，要按照本实施方案的要求，制定本单位的分解落实方案，细化措施，明确领导责任、具体负责人。

（二）加强督导，定期通报

市南水北调水污染防治攻坚战领导小组将依据本实施方案确定的各项目标任务进展情况，定期进行通报，及时掌握工作进度，查找存在问题，明确整改要求，协调配合环保部门进一步加大水环境监管执法力度，坚持零容忍、全覆盖，严厉打击环境违法行为，保障南水北调中线工程郑州段干渠环境保护工作的顺利完成。

（三）加强信息报送，提升工作效率

各级南水北调部门要按照水污染防治攻坚战信息报送的要求，明确一名信息报送员，定期上报工作进度和完成情况。重要工作情况即时报告，工作信息随时上报。

（四）强化宣传，形成氛围

推进信息公开，加强舆论引导，要通过各种媒体向社会宣传南水北调中线工程（郑州辖区）环境保护的重要意义、目标任务和主要措施，各地南水北调部门要在当地媒体上向社会公开承诺，号召广大群众参与，切实发挥公众和媒体的监督作用，形成良好的舆论氛围和强大的工作合力。

2018年3月28日

关于印发《南水北调中线工程焦作城区段征迁安置验收工作方案》的通知

焦南城办发〔2018〕14号

解放区、山阳区南水北调办公室，市城区办各科室、各有关单位：

现将《南水北调中线工程焦作城区段征迁安置验收工作方案》印发你们，请认真学习、抓好落实。

焦作市南水北调城区段建设办公室

2018年3月8日

南水北调中线工程焦作城区段征迁安置验收工作方案

根据河南省人民政府移民办公室关于南水北调中线干线工程征迁安置验收的总体部署，结合焦作城区段工作实际，制订如下工作方案：

一、验收准备

2018年2月底前，做好县级自验、市级初验和省级验收的准备工作。

（一）完成征迁安置、档案和财务资料收集整理。

（二）建立市、县征迁安置验收委员会，确定征迁安置、档案、财务三个专业工作组负责人及成员。

（三）做好征迁安置验收、档案验收、财务验收实施细则及验收方法、程序、要求等培训工作。

（四）在中介机构指导下，完成征迁安置数据的汇总及表格填写，完成实施项目工作量现场核查。

（五）完成档案资料的收集和整理工作。

（六）编制完成财务决算，加快资金结算、兑付、核销；按照资金调整文件的要求，做好资金计划文件下达、项目核减、变更等（总干渠征迁完工财务决算基准日确定为2017年12月31日）。

（七）完成各专业工作组技术验收。征迁安置、档案、财务专业工作组经现场检查、查阅有关资料、质询、讨论后，由组长签署相关意见。

（八）编制完成实施管理报告和征迁设计、监理、监测评估等有关材料，确定技术验收有关报告的方法及技术路线。

二、县级自验

（一）自验完成时间

2018年3月30日前完成县级自验。

（二）自验组织

县级自验由解放、山阳两城区人民政府主持，成立验收委员会并组织验收工作，两城区调水办负责具体实施，市城区办负责监督。

验收委员会主任委员由主持单位代表担任，验收委员会成员单位由主持单位、区政府有关部门、办事处、现场运管单位以及专家组成（专家仅参加验收专业组验收工作）。验收参加单位包括设计单位、监理单位、监测评估单位、有关专项单位等。

（三）自验内容

征迁安置验收包括农村征迁安置、城镇征迁安置、企事业单位迁建、专业项目迁建、用地手续办理、计划执行情况、资金使用管理、档案管理8大类内容。

（四）自验应具备的条件

1.永久用地征地面积、权属和地类确定，地面附着物清除完毕，永久用地移交建设单位使用；临时用地已返还（验收资料）。特殊情况需在实施管理报告中详细说明。

2.城镇征迁安置：居民搬迁完毕、附属物清理完毕、生活生产安置用地落实到位、搬迁人口的住房问题已解决、基础设施通过验收。特殊情况需在实施管理报告中详细说明。

3.企事业单位迁建：企事业单位迁建完成。

4.专业项目迁建：专业项目迁建完成并通过验收。

5.用地手续办理：工程建设用地及迁建用地，由两城区调水办负责的手续资料已提交。

6.计划执行情况：各项资金计划明确、项目资金计划下达基本完成。

7.资金使用管理：两城区征迁安置财务决算编制完成。

8.档案管理：相关资料齐全完整，并按有关规定整理归档，通过区级档案管理专项验收。

9.征迁安置工作存在的遗留问题已明确责任单位和处理时限、处理措施。

（五）自验资料的准备

1.征迁安置实施管理工作报告。

2.两城区调水办组织实施的专业项目，由相应主管部门组织验收形成的验收意见，以及由签订施工合同的甲方负责验收的工程项目的验收意见。

3.征迁安置设计、监理、监测评估工作报告。

4.征迁安置财务决算报告。

5.征迁安置档案管理及档案专项验收意见。

6.其他必要的材料。

（六）自验的方法和评定标准

1.对验收范围内的征迁安置项目分类逐项进行全面验收。

2.严格按《河南省南水北调中线干线工程征迁安置验收实施细则》规定的评定标准执行。

（七）自验的程序

具备征迁安置县级自验条件的，两城区调水办应及时提出验收申请和验收工作大纲，报市城区办核准后组织实施。

1.成立县级自验委员会及验收专业组。

验收专业组由征迁机构、现场运管单位代表、有关县直单位代表、专家和设计单位、监理单位、监测评估单位代表组成，专家可从省征迁安置验收专家库中随机抽取。并在召开自验委员会会议前完成以下工作：

（1）各验收专业组现场全面检查征迁安置实施管理情况，填写各类表格。

（2）各验收专业组查阅有关资料、质询、讨论，形成验收专业组验收意见。

（3）编制县级征迁安置实施管理工作报告。

2.召开县级自验委员会会议。

（1）宣读自验委员会成员单位及委员。

（2）听取有关单位汇报。

①听取区级征迁安置实施管理工作报告。

②听取征迁安置设计、监理、监测评估工作报告。

③听取各验收专业组验收意见汇报。

(3) 自验委员会委员提出质询和发表意见，形成《河南省南水北调中线干线工程征迁安置县级自验意见书》并讨论通过。

3.区南水北调指挥部（领导小组）印制《河南省南水北调中线干线工程征迁安置县级自验意见书》，在征迁安置验收通过之日起15个工作日内，上报市南水北调指挥部，并做好市级初验准备。

三、市级初验

（一）完成的时间

2018年5月30日前完成市级初验。

（二）初验组织

由市人民政府主持，成立验收委员会并组织验收工作，市城区办负责具体实施，接受省政府移民办的监督。

验收委员会主任委员由主持单位代表担任，验收委员会成员单位由主持单位、市政府有关部门、市城区办、区人民政府、现场运管单位以及专家组成（专家仅参加验收专业组验收工作）。验收参加单位包括两城区调水办、设计单位、监理单位、监测评估单位、有关专项单位等。

（三）初验应具备的条件

1.县级自验完成，自验意见中提出的问题，具备条件的整改完毕。

2.市城区办负责组织实施的专业项目、省市属企事业单位和其他单项工程，由相应行业主管部门完成并按行业规范规程验收合格。

3.工程建设用地及迁建用地，需市级征迁机构提交的用地手续办理资料已完成。

4.市城区办征迁安置财务决算编制完成。

5.档案资料齐全完整，并按有关规定整理归档，完成市级档案管理专项验收。

6.征迁安置工作存在的遗留问题已明确责任单位和处理时限、处理措施。

（四）初验资料的准备

1.征迁安置实施管理工作报告。

2.市城区办负责组织实施的专业项目、省市属企事业单位和其他单项工程验收意见。

3.征迁安置设计、监理、监测评估工作报告。

4.征迁安置财务决算报告。

5.征迁安置档案管理及档案专项验收意见。

6.县级自验意见书。

7.其他必要的材料。

（五）初验的方法和评定标准

1.验收的方法。

在县级自验基础上通过抽查方式进行。对两城区农村征迁安置、城镇征迁安置、企事业单位迁建、专业项目迁建、用地手续办理、计划执行情况、资金使用管理、档案管理8大类，按不低于20%的比例随机抽查。

对市城区办负责的征迁安置项目分类逐项进行全面验收。

2.评定的标准。

对涉及的两城区按验收规定比例分类抽检，抽检项目评定标准同区级自验评定标准。

对两城区分类项目抽检全部合格的，则视为该区合格，若有1项抽检不合格的，则该区评定为不合格。对评定不合格的，责令整改。整改完成后再次抽检2倍以上样本进行复检。第二次复检结果全部合格，则该区评定为合格；若第二次抽检结果仍不合格，责令所在区全面复验、整改，整改完毕后重新提出初验申请。

由市城区办组织实施的项目全面检查验收，评定标准同区级自验评定标准。

各区抽检结果全部合格，市本级实施项目验收全部合格，则市级初验综合评定为合格，有1项不合格的，则全市不合格。

（六）初验的程序

具备征迁安置市级初验条件时，市城区办应及时提出验收申请和验收工作大纲，报省人民政府移民办公室核准后组织实施。

1.成立市级初验委员会及征迁安置组、资金组和档案组3个验收专业组。

验收专业组由市城区办、运管单位代表、有关市直单位代表、专家和设计单位、监理单位、监测评估单位代表组成，专家可从省征迁安置验收专家库中随机抽取。并在召开自验委员会会议前完成以下工作：

（1）各验收专业组现场抽查（或检查）征迁安置实施管理情况，填写抽查表格。

（2）各验收专业组查阅有关资料、质询、讨论，形成验收专业组验收意见。

（3）编制市级征迁安置实施管理工作报告。

2.召开市级初验委员会会议。

（1）宣读初验委员会成员单位及委员。

（2）听取有关单位汇报。

①听取市级征迁安置实施管理工作报告、县级自验情况及存在问题整改情况汇报。

②听取征迁安置设计、监理、监测评估工作报告。

③听取各验收专业组验收意见汇报。

（3）初验委员会委员提出质询和发表意见，形成《河南省南水北调中线干线工程征迁安置市级初验意见书》并讨论通过。

3.市南水北调指挥部印制《河南省南水北调中线干线工程征迁安置市级初验意见书》，在征迁安置验收通过之日起15个工作日内，上报省政府移民工作领导小组，并做好省级验收准备。

四、接受省级验收

省级验收于2018年6月底前完成。验收组织、验收条件、验收资料准备、验收方法、评定标准及验收程序按《河南省南水北调中线干线工程征迁安置验收实施细则》执行。要求市级初验意见中提出的问题，具备条件的整改完毕；对市级初验项目按不低于5%的比例进行随机抽查，县（区）、市抽检全部合格的则视为该市合格，若有1项抽检不合格的则该市评定为不合格，责令市、县（区）整改，再次抽检2倍以上样本进行复检，复检结果全部合格则该市评定为合格，复检结果仍不合格，责令所在市、县（区）全面复验、整改，整改完毕后重新提出初验申请。

五、验收的结论、成果性文件和验收责任

验收结论需经2/3以上的验收委员会成员同意。验收过程中发现的问题，其处理原则应由验收委员会协商确定。主任委员对争议问题有裁决权，但若有1/2以上的委员不同意裁决意见时，应报验收监督机关决定。验收委员会对验收的结论负责。

验收的成果性文件是征迁安置验收意见书。验收委员会成员应在验收意见书上签字。验收委员对验收结论持有异议的，应将保留意见在验收意见书中明确记载并签字，作为验收成果性文件的附件。

组织、参与和实施征迁安置的各级政府及征迁机构、项目法人、设计、监理、监测评估等单位对其提供材料的真实性、完整性负责。由于材料不真实、不完整等原因导致验收结论有误的，由材料提供单位承担责任。主持和参加征迁安置验收的单位，其主要领导对其主持和参加的验收工作负领导责任。验收委员会成员参加征迁安置验收，应坚持客观、公正、公平的原则，并对验收的结论负责。

对在验收工作中玩忽职守、弄虚作假、滥用职权的行为应进行批评教育，并视情节轻重予以处理，追究责任。

焦作市南水北调城区段建设办公室关于印发南水北调焦作城区段绿化带建设治安环境保障工作预案的通知

焦城指办文〔2018〕7号

解放区、山阳区南水北调指挥部，市直有关部门，各有关单位：

现将《南水北调焦作城区段绿化带建设治安环境保障工作预案》印发给你们，望认真贯彻执行。

2018年7月16日

南水北调焦作城区段绿化带建设治安环境保障工作预案

为确保南水北调焦作城区段绿化带工程建设的顺利进行，切实加强南水北调焦作城区段绿化带建设治安环境保障工作，结合城区段绿化带建设实际，特制定本预案：

一、指导思想

全面落实市委、市政府关于创建平安、稳定、和谐南水北调绿化带工程建设施工环境的要求，建立高效的协调联动机制，有效化解调处矛盾纠纷，妥善处置突发性群体事件，打击黑恶势力，为南水北调城区段绿化带工程建设营造良好的施工环境。

二、工作目标

坚持预防和严厉打击并重，确保不发生强买强卖、强行承担工程事件；确保不发生围堵施工单位、建设工地的阻工事件；确保对施工单位、建设工地发生的盗窃等治安、刑事案件一查到底，严厉打击。

三、工作原则

（一）坚持统一领导，分级落实责任。在市委、市政府和市南水北调城区段建设指挥部的统一领导下，市南水北调中线工程焦作城区段建设指挥部治安环境保障组具体负责协调、督办，辖区公安机关负责日常治安工作。在解放、山阳两城区分别设立南水北调焦作城区段绿化带建设施工环境保障警务室，警务室负责南水北调绿化带建设施工区域的治安巡逻防范、信息上传下达、配合办理案件，现场应急处置。同时，坚持“属地管理、分级负责，谁主管、谁负责”的原则，认真落实岗位责任制。

（二）坚持预防为主，及时化解矛盾。坚持预防为主的工作方针，搞好矛盾排查化解工作，加强思想教育和疏导工作，对聚集、串联的现象做到早发现、早控制、早解决，将事件消除在萌芽状态。

（三）坚持疏导方针，防止矛盾激化。坚持“可顺不可激，可解不可结，可散不可聚”的原则，注意工作方法和策略，综合运用政策、行政、法律手段，引导群众以理性、合法的方式表达自身利益诉求，防止矛盾激化和事态扩大。

（四）坚持协调配合，做到快速反应。上下联动，互通信息，处理问题及时高效。接到干扰南水北调城区段绿化带建设的群体性事件信息后，快速启动应急预案，严格落实应急处置工作责任制，及时向指挥部报告，与有关的部门、城区相互协作，确保信息收集、情况报告、指挥处置等各环节相互衔接。对发生暴力行为或严重扰乱社会治安秩序、危害公共安全的事件，及时固定证据，坚决果断依法处置，迅速控制局势，尽快平息事态，防止事态扩大蔓延，对策划者、组织者、煽动闹事者予以严厉打击。

四、防范与打击重点

（一）强买强卖、强行承揽工程、强收保护费的；

（二）敲诈勒索公私财物的；

（三）随意断水、断电、断路，干扰阻挠施工的；

（四）哄抢、盗窃、损毁公私财物的；

（五）假借南水北调绿化带建设名义进行诈骗活动的；

（六）寻衅滋事，殴打辱骂施工人员或其他工作人员的；

（七）无理取闹、聚众闹事、煽动群众非正常上访的；

（八）以其他借口围堵施工单位和建设工地的。

五、工作措施

（一）大力宣传，为南水北调绿化带工程建设营造良好的舆论氛围。

（二）摸底排查，加强信息的收集、分析

和事前控制。

（三）专项整治，严厉打击各类违法犯罪活动。

（四）妥善处置，最大限度地减少各类群体性事件的发生。

（五）明确职责，建立健全建设工地治安防控长效机制。

（六）严格管理，实行日报告、零报告制度。

六、处置预案

（一）强买强卖、强行承揽工程警情的处置

发现或接到强买强卖、强行承揽工程等警情后，立即出警，进行调查取证，同时通知当地政府或相关单位。根据事件的起因、性质等，交当地政府或辖区公安机关处置，限期办结。

（二）围堵施工单位、建设工地的阻工事件的处置

1.发现或接到围堵施工单位、建设工地的警情后，立即出警，同时通知当地政府或相关单位；

2.维护现场秩序，及时调查取证；

3.根据事件的起因、性质等，由责任单位妥善处置；

4.劝返无关人员，做好人员疏散工作；

5.根据事态进展，采取必要措施，包括设置警戒线、强制带离等；

6.事态严重时，参照执行“阻碍交通、非法集会、围堵党政机关办公场所等群体性事件的处置预案”。

（三）施工单位、建设工地发生盗窃、抢夺等治安、刑事案件的处置

发现施工单位、建设工地发生盗窃、抢夺、刑事案件，立即出警，调查取证，及时结案。必要时，成立专案组进行侦破，指挥部治安环境保障组跟踪督办，限期办结。结案后通过新闻媒体进行报道，教育群众，震慑犯罪。

（四）聚众阻碍交通、阻碍施工等群体性事件的处置

1.对聚众阻碍交通、阻碍施工等严重影响社会治安秩序和公共安全的群体性等恶性事件，接报后立即出警，及时通知解放、山阳两城区主要领导第一时间到达现场果断处置，并上报市指挥部。

2.对群体性事件进行现场了解、分析、研判，根据事件的性质、起因、规模、危害程度和事态发展，迅速提出处置方案，报上级同意后实施，必要时成立现场指挥部。

3.按照处置工作要求，采取相应措施：

（1）封闭现场和相关区域，控制无关人员进入；

（2）划定警戒区域，设置警戒线；

（3）实行区域性交通管制；

（4）守护重点目标；

（5）查验现场人员身份证件，检查嫌疑人员随身携带的物品。

（6）根据现场情况和指挥部的决定，依法采取以下强制性措施：

对经多次劝离仍拒不离开现场的人员或者进行组织煽动的主要人员，要及时收集固定证据，视情强行带离现场；对正在进行打、砸、抢、烧的人员，应当立即制止并带离现场，依法调查处理；对非法携带的武器、管制刀具、易燃易爆等危险物品和用于非法宣传、煽动的工具、标语、传单等物品，予以收缴，并依法处理有关责任人员，认真做好善后处理工作。

关于“四县一区”南水北调配套工程延津县引水问题有关情况的报告

新调办〔2018〕1号

市政府：

按照李刚副市长在《延津县人民政府关于减免新乡市“三县一区”南水北调配套工程相关建设等费用的请示》（延政文〔2017〕63号）的批示精神，2017年12月28日，市南水

北调办组织市水利局、市住建委、市发改委、延津县政府及新乡首创水务公司等单位负责同志召开协调会议，就延津县政府报告中提出的问题进行认真研究，会议达成一致意见，现将有关情况报告如下：

一、延津县应急供水问题。鉴于延津县对优质水源迫切需求，且应急工程已实质性开展，从大局出发，原则同意新乡首创水务公司在保障市区用水的前提下，应急向延津县供水。由于南水北调配套工程建设期间，新乡市本级及各受水县区都承担了一定数量的南水北调基金，工程运行期间在南水北调水价未调整的前提下，市财政承担了水费的差额补贴，因此，延津县引水水费需按照水权交易有关规定计取，具体取费标准待定，原则上不低于0.99元/m^3（0.86元/m^3+0.13元/m^3）。

二、特许经营授权问题。原市政府授权市住建委与首创水务公司签订的特许经营协议，仅为新乡市规划区内供水特许经营，不包含延津县。目前承担延津县供水工程的北京首创公司与新乡市特许经营的首创水务公司也并非同一家公司，延津县从新乡首创水务引水需报请市政府同意。建议市政府组织市住建委、市法制办、市财政局、市水利局等单位召开协调会议研究确定新乡首创水务公司向北京首创公司（延津县供水）等相关事宜。

三、减免延津县南水北调配套工程相关费用问题。按照市政府常务会议纪要（〔2017〕24号），由各县区承担南水北调配套工程建设费用，市财政不承担还款、补贴责任。延津县若不再参与东线工程建设，不需承担“四县一区”配套工程相关建设费用，不存在减免问题。

四、东线工程建设问题。结合城市发展和大东区规划以及地下水压采情况，按照市住建委测算，新乡市区年分配1.865亿m^3水量指标5年内可能消化完。延津县应急临时供水长期无保证。为切实解决延津县饮水问题，考虑长远，保障民生，建议延津县仍参与东线工程建设，按照市政府常务会议纪要精神承担有关建设费用，由市里统一规划实施。经再次征求延津县政府意见及延津县政府（延政文〔2017〕63号）文件精神，延津县坚持不参与东线工程建设，水源由北京首创水务解决。下一步，市南水北调办将不再考虑延津县从东线引水，立即启动封丘县、长垣县东线工程规划设计。

特此报告。

新乡市南水北调办公室

2018年1月4日

关于南水北调总干渠新乡段水源保护工作有关情况的报告

新调办〔2018〕2号

市政府：

根据国家审计署郑州特派办关于新乡市水污染防治攻坚战《审计资料清单》的要求和李刚副市长的批示，2018年1月3日下午，新乡市南水北调办联合市环保局、辉县市污染防治攻坚办等单位召开会议，针对问题清单认真研究，决定由辉县市污染防治攻坚办提供相关文件说明和清单，1月4日上午，辉县市污染防治攻坚办提供了相关资料。现将我市南水北调总干渠水源保护区内畜禽养殖场及工业企业整治工作情况报告如下：

一、一级水源保护区内畜禽养殖场关闭搬迁情况

南水北调中线一期工程总干渠新乡段一级水源保护区纳入综合整治范围的畜禽养殖户共计13家，全部位于辉县市境内。目前已有12家养殖户关闭到位，剩余1家未关闭到位（详见附件）。

剩余的1家养殖场为辉县市冀屯镇王占芬养殖场，关于其养殖规模、数量上的争议及赔偿问题多次沟通，一直未能达成协议，导致目前仍未关闭到位。根据辉县市污染防治攻坚办和冀屯镇政府的工作计划，王占芬养殖场预计于2018年1月20日前关闭到位。

二、一、二级水源保护区内工业企业整治工作情况

我市南水北调总干渠一级水源保护区内不涉及工业企业，二级保护区涉及污染企业4个。按照《新乡市集中饮用水水源地环境保护实施方案（含南水北调）（2017-2019年）》要求，2018年8月底前，需对南水北调中线一期工程总干渠二级保护区内可能导致保护区水体污染的工业企业制定整治计划。目前，新乡市水污染防治攻坚办和辉县市污染防治攻坚办正在督促相关单位对保护区内排污企业进行排查、核实，抓紧时间制定辖区内排污企业“一厂（户）一策”综合整治实施方案，明确取缔、关闭、搬迁时间。

附件：(略)

1.辉县市南水北调一级保护区养殖搬迁关闭情况汇报

2.关于冀屯镇早生村王占芬养殖场的情况说明

3.辉县市2017年南水北调中线一期工程总干渠两侧保护区排污单位综合整治自查表

4.辉县市南水北调沿线一级保护区养殖搬迁一厂一策计划表

新乡市南水北调办公室　新乡市环境保护局

2018年1月5日

关于呈报《新乡市“四县一区”南水北调配套工程南线项目可行性研究报告》的请示

新调办〔2018〕18号

市发改委：

我办委托省水利勘测设计研究有限公司编制完成了《新乡市“四县一区”南水北调配套工程南线项目项目建议书》，项目规模及主要建设内容为：年调水量3285万m³，铺设供水管道42.5公里，建设加压泵站1座、调蓄池1座、各类阀门井143座，项目概算总投资4.38亿元。现将有关材料随文报送，请予审查批复。

当否，请批示。

2018年3月1日

新乡市南水北调办公室关于确定2015-2016年度计量水量问题的请示

新调办〔2018〕40号

省南水北调办：

为尽快落实我市2015-2016年度水费征缴工作，我办采取多种措施，积极推进水费征缴进度。但因该年度计量水量存在较大争议，水费征缴工作落实困难重重。现将有关情况汇报如下：

新乡市南水北调配套工程共设置4个分水口门，2015-2016供水年度分别向新乡市区、卫辉市、获嘉县5个受水水厂供水。

由于当时全市配套工程流量计不能满足计量需求，为减小水量确认分歧，我办在与中线局三级管理处每月读取口门流量计的同时，协调受水水厂上报每月实际用水量。该供水年度口门流量计读数9505.08万m³，受水水厂同期确认量6385.27万m³，存在水量争议3119.81万m³。其中30号线水量争议519.23万m³，32号线水量争议2255.46万m³，33号线水量争议345.12万m³，具体附表如下：

线路	口门流量计（万m³）	水厂确认量（万m³）	水量争议（万m³）	误差率（争议除口门量）
30	797.38	278.15	519.23	65.12%
32	6664.46	4409	2255.46	33.84%
33	2043.24	1698.12	345.12	16.89%
合计	9505.08	6385.27	3119.81	32.82%

以上数据与2017年9月22日中线局流量计率定结果审查会议上公布的流量计率定结果完

全吻合，即在正常流速下，较观测数据比对，口门流量计显示正向偏大，低流速下（小于0.3m³/s）偏差更大。当次会议公布的率定数据显示，试点之一33号线路温寺门口门流量计正向偏大20%~25%，该结果与上表显示的误差率16.89%基本一致。

鉴于以上事实，我办建议新乡市2015–2016年度计量水量按照6385.27万m³进行计量，确保计量水费按时征缴；同时建议对全市其他线路的中线局、配套工程以及水厂流量计进行统一率定，以便正常开展水量确认工作。

当否，请批示。

新乡市南水北调办公室

2018年3月30日

关于我市南水北调欠交水费相关问题的请示

新调办〔2018〕53号

市政府：

根据武国定副省长在听取省南水北调办工作汇报时的指示精神和省南水北调办《关于清理欠交水费的通知》（豫调办财〔2018〕9号）的要求，为推进我市南水北调水费征缴工作，我办在统筹考虑我市实际情况的基础上提出了水费征缴的意见，现将有关情况和意见报告如下：

一、欠费情况

按照《河南省南水北调工程水费收缴及使用管理办法（试行）》和新乡市与省南水北调办公室签订的供水协议，我市2014~2017年三个年度应交水费56287.47万元，其中：基本水费47449.07万元，计量水费8838.40万元。截至3月底，我市已征缴水费16622.11万元，其中：基本水费13845.83万元，计量水费2776.28万元，欠缴水费39665.36万元。

各县（市、区）欠缴水费的具体情况是：

2014–2015年度欠缴水费7697.8312万元。其中：获嘉县52.4030万元、辉县市995.8756万元、凤泉区1356.6008万元、新乡县1969.8586万元、红旗区783.3743万元；卫滨区577.3840万元；牧野区792.5877万元、高新区1169.7472万元。

2015–2016年度欠缴水费10491.09万元（未包含当年度计量水费）。其中：获嘉县793.8万元、辉县市2255.40万元、凤泉区1533万元、新乡县2226万元、红旗区868.19万元；卫滨区639.90万元；牧野区878.40万元、高新区1296.40万元。

2016–2017年度欠缴水费17568.5636万元。其中：获嘉县963.7016万元、辉县市2255.40万元、凤泉区1533万元、新乡市本级3493.9617万元、新乡县2226.1264万元、卫辉市2651.9052万元、红旗区977.6913万元；卫滨区720.6077万元；牧野区989.1892万元、高新区1459.9091万元、经开区263.0714万元。

二、下一步工作建议

结合我市各县（市、区）实际情况，为尽快完成我市2014–2017年度水费征缴任务，我办建议：

（一）按照“分步实施、逐步到位”的原则清理欠费。我市目前水费欠交数额巨大，欠交金额为全省第一。鉴于我市各相关县（市、区）目前财力困难的情况，建议我市在2018年5月底完成2016–2017年度水费征缴任务，对未按时完成水费征缴任务的县（市、区），由市财政局在6月20日前对相关县（市、区）当地财力扣减。2014–2016两个年度欠交水费力争在今年年底前完成。

（二）确保在清理旧的欠费的同时不产生新的欠费。市政府印发的《新乡市南水北调2014–2016年度水费征缴方案》（新政办〔2016〕133号）中明确规定我市南水北调基本水费每年分两次支付，分别在每年度的6月30日和9月30日前各缴纳50%；计量水费采取每半年结算一次的方式，在每年4月30日和10月31日前按照实际供水量缴纳。各级财政提前3日将基本水费和计量水费转入市南水北调办公室水费收缴专用账户。各级财政在清理完成历史欠费之后要严格按照相关规定按时足额缴纳新产生的水费，如未能按时交纳则继续由市财政于每年度规定的日期之前进行财力扣减，确保不产生新的欠费。

（三）严格预算管理，形成刚性约束。南水北调水费是一项长期的、涉及民生的支出，《河南省南水北调工程水费收缴及使用管理办法（试行）》明确规定：受水区各级政府“在水费收缴方面要采取有力措施，尤其是要为基本水费的收缴解决资金来源，提供有效的政策和财政支持，为水费按时足额上缴创造条件”。各级政府要严格按照相关规定将南水北调水费纳入本级财政年度预算管理，确保不再出现拖欠水费的问题。

妥否，请示。

附件：新乡市2014年11月~2018年4月南水北调水费统计表（略）

新乡市南水北调办公室

2018年8月22日

新乡市南水北调办公室 关于实施辉县市百泉湖引水工程的请示

新调办〔2018〕86号

省南水北调办：

河南省南水北调受水区新乡供水配套工程年分配辉县市水量5370万m³，目前辉县市水厂年供水量不足1000万m³。按照省、市政府要求，为充分发挥南水北调配套工程效益，实现综合利用南水北调水的目的，辉县市拟从31号口门泵站引水，向辉县市百泉湖进行供水，并通过百泉河将水引至城区南部进行综合利用。

引水工程由河南省水利勘测设计研究有限公司按照南水北调配套工程的设计标准进行设计，由辉县市自筹资金进行建设，建成后拟整体交与省建管局，作为南水北调配套工程一部分进行统一运行管理。现将《辉县市人民政府关于实施辉县市百泉湖引水工程的函》及辉县市百泉湖引水工程设计方案及安全评价报告随文上报，请省办帮助解决在31号泵站增加水泵、水源保护和南水北调工程邻接以及运行管理等相关事宜。并审查批复相关设计方案及安全评价报告。

当否，请批示。

附件（略）：

1.辉县市人民政府关于实施辉县市百泉湖引水工程的函

2.辉县市百泉湖引水工程设计方案及安全评价报告

2018年7月25日

关于印发鹤壁市南水北调中线工程 2018年水污染防治攻坚战 实施方案的通知

鹤调〔2018〕2号

淇县、淇滨区人民政府、开发区管委：

按照河南省人民政府办公厅《关于印发河南省2018年持续打好打赢水污染防治攻坚战工作方案的通知》（豫政办〔2018〕15号）、鹤壁市人民政府办公室《关于印发鹤壁市2018年水污染防治攻坚战实施方案的通知》（鹤政办〔2018〕9号）、河南省南水北调办公室《关于印发河南省南水北调中线工程2018年水污染防治攻坚战年度实施方案》（豫调办移函〔2018〕11号）要求，市南水北调办制定了《鹤壁市南水北调中线工程2018年水污染防治攻坚战实施方案》，现印发给你们，请认真组织实施。

附件：鹤壁市南水北调中线工程2018年水污染防治攻坚战实施方案

2018年5月8日

附件

鹤壁市南水北调中线工程 2018年水污染防治攻坚战实施方案

为认真贯彻落实党的十九大精神，进一步推进实施国家《水污染防治行动计划》、《河南省碧水工程行动计划（水污染防治工作方案）》和水污染防治攻坚战“1+1+8”系列文件，持续打好打赢南水北调中线工程水污染防治攻坚战，进一步保障南水北调中线工程水质安全，结合全市南水北调工作实际，特制订本实施方案。

一、总体要求

全面贯彻党的十九大精神，以习近平新时代中国特色社会主义思想为引领，统筹推进“五位一体”总体布局和协调推进“四个全面”战略布局，牢固树立和贯彻落实新发展理念，着力加强水环境综合治理、切实保障水质稳定达标，着力强化风险防控、切实保障供水稳定运行，确保南水北调中线工程长期稳定安全供水、一渠清水永续北送，为全面建设小康社会提供良好的水生态环境。

二、工作目标

2018年，南水北调中线工程总干渠完成两侧饮用水水源保护区划定工作，建设保护区标识、标志等工程，强化水质监测，落实巡查制度，保障总干渠水质稳定达标。

三、主要任务

（一）强化南水北调中线工程总干渠（鹤壁段）水质动态监测，完善和组织落实日常巡查、污染联防、应急处置等制度。

责任单位：南水北调中线干线鹤壁管理处

（二）建设保护区标识、标志等工程。南水北调中线一期工程总干渠（鹤壁段）沿线有关县区政府、管委按照调整后的总干渠（鹤壁段）水源保护区范围，在保护区边界设立界标，标识保护区范围，并设立警示标志；在穿越保护区的道路出入点及沿线等，设立警示标志。

责任单位：淇县、淇滨区人民政府、开发区管委

（三）严把环境影响审核关，杜绝水源保护区新上和改扩建污染项目。配合环保部门的环评工作，按照《南水北调中线一期工程总干渠（河南段）两侧水源保护区划定方案》的要求，严格把关，抓好南水北调水源保护区新上项目环境影响审核工作。

责任单位；市南水北调办公室

四、工作要求

（一）落实目标责任

南水北调中线工程沿线地方人民政府和南水北调中线干线工程鹤壁管理处是实施本方案的责任主体，对各自承担任务负责。要结合本方案和《关于印发鹤壁市2018年水污染防治攻坚战实施方案的通知》（鹤政办〔2018〕9号）要求，印发实施落实方案。要加强协调、各司其职，各尽其责，按照各自职责和工作任务抓好落实。

（二）完善保障措施

南水北调中线工程沿线地方人民政府要统筹安排资金，重点支持总干渠饮用水水源保护区内污染风险点治理，基本完成保护区标识、标志建设任务。南水北调中线干线工程鹤壁管理处要落实日常巡查等各种制度，加强水质动态监测，保障总干渠输水水质安全。

（三）加强督导检查

市南水北调办公室成立督导组，不定期开展专项督导检查，必要时报市环境攻坚办统一开展督查，督查结果将报市环境攻坚办。沿线县区要建立督导机制，加大督导力度，传导工作压力，共同推进南水北调中线工程水污染防治工作。

关于印发《鹤壁市南水北调配套工程先进集体评选制度（试行）》的通知

鹤调办〔2018〕6号

各配套工程现地管理站、广东省电信工程有限公司（泵站代运行单位）：

为鼓励工作人员在运行管理岗位上做出优秀成绩，营造争先创优的良好氛围，结合我市配套工程运行管理实际，制定了《鹤壁市南水北调配套工程先进集体评选制度（试行）》。现印发给你们，请认真贯彻落实。

附件：鹤壁市南水北调配套工程先进集体评选制度（试行）

2018年1月22日

附件

鹤壁市南水北调配套工程先进集体评选制度（试行）

为鼓励工作人员在运行管理岗位上做出优秀成绩，营造争先创优的良好氛围，结合我市配套工程运行管理实际，制定本先进集体评选制度。

一、评选原则

评选工作应坚持透明、公开、公平、公正的原则。评选人员要坚持以事实为依据，切实履行评选责任；评选过程要公开透明，打分实行实名制，做到成绩可查询，数据可追溯。

二、评选范围

先进集体在鹤壁市南水北调配套工程34号、36号泵站、34-2、35-1、35-2、35-3、35-3-3现地管理站中评比选出。

三、评选办法

先进集体评选与鹤壁市配套工程运行管理例会、日常运行管理工作情况、现场卫生检查相结合进行，每月评选一次。

每月市南水北调配套工程运行管理例会会议上形成先进集体评选小组，小组成员如下（具体评选小组人数和成员组成可随实际情况变动）：

组　长：郑　涛

副组长：张素芳、王灿勤

成　员：张浩飞、苏庆利、泵站站长、各现地管理站副站长

会上评选小组根据各站站长、副站长会议上表现、汇报材料内容和本月各站运行管理情况对各站进行先进集体评分表相关评分项的打分。会后评选小组对各现地管理站、泵站进行现场检查，并根据现场实际情况对各站进行相关评分项的打分（各站站长、副站长不对各自负责的泵站、管理站进行打分）。

结束检查后由工程建设监督科专门负责同志进行分数汇总，各站得分去掉最高得分和最低得分后取平均得分，所得平均得分即为各站最终得分。

最终得分在三个工作日内汇总完成，并在鹤壁市南水北调配套工程运行管理微信工作群内进行公示。对公示结果有异议的运行管理人员可向工程建设监督科正式提出，并参与下次运行管理例会及先进集体评选相关环节。

四、评选条件

1.材料信息（15分）

每月的运行管理例会汇报材料要求内容丰富、图文并茂、排版工整，客观形象的描述各站当月运行管理实际情况；每周按时按要求向市南水北调办微信公众号等平台进行信息报送；报送的文章、照片被省南水北调报、市南水北调办公众号等新闻媒体发表。

2.员工风采（15分）

每月运行管理例会时，副组长要进行脱稿汇报，口齿清晰，问答得体，并熟悉站内工作情况；现场检查时，站内讲解员要熟悉站内设

备运行情况，口齿清晰，问答得体；各站在岗人员要统一着装，佩戴工作牌，工作服干净整齐，头发干净利落无油污，指甲无泥垢。

3.日常管理（35分）

各站当月运行管理情况正常，能够按时完成各项运行管理工作；无违规违纪事件发生，能按时完成各项日常运行管理工作；各站负责人到现地管理站、泵站为现场运行管理人员组织会议，讲解近期工作动态，帮助现场工作人员提升；与输水管线周围群众关系融洽，积极协调巡视检查、维修保养等阀井进地问题；站长、副组长及时向负责人汇报站内近期工作动态；站内按时组织周例会，开展合适的学习、健身活动。

4.站内卫生（35分）

站内卫生包括值班室卫生、宿舍卫生、配电室卫生、厨房卫生、卫生间卫生、院内卫生。检查内容包括桌面资料摆放是否整齐，地面、墙体、桌面、窗户、屋门等是否干净整洁，电缆沟内是否干净。生活垃圾、废水是否清理干净，卫生间洗漱台、便池是否清理干净，被褥、床单、洗漱用品、卫生工具是否干净、整齐。绿化带、外墙卫生。绿化带是否干净，外墙有无蜘蛛网等杂物。

五、奖励办法

根据各站最终得分由高到低进行排名，第一名当选为该月先进集体，鹤壁市南水北调办公室对先进集体进行奖励，并对第二名给予鼓励。

1.向第一名颁发流动红旗，站内悬挂至下次先进集体评选开始；

2.分别给予第一名300元，第二名200元现金奖励。

六、本制度由工程建设监督科负责解释。

七、本制度自印发之日起开始实施。

附件：鹤壁市南水北调配套工程先进集体评分表（略）

鹤壁市南水北调办公室
关于印发《鹤壁市南水北调配套工程防汛物资管理办法》的通知

鹤调办〔2018〕85号

配套工程各现地管理站、泵站：

为加强我市南水北调配套工程防汛物资管理规范，确保汛期物资器材储备充足，防止防汛物资因管理不善，延误汛期抢险工作，现根据配套工程防汛实际情况，制定了《鹤壁市南水北调配套工程防汛物资管理办法》。现印发给你们，请认真贯彻落实。

附件：鹤壁市南水北调配套工程防汛物资管理办法

2018年9月18日

附件

鹤壁市南水北调配套工程防汛物资
管理办法

为加强我市南水北调配套工程防汛物资管理规范，确保汛期物资器材储备充足，防止防汛物资因管理不善，延误汛期抢险工作，现根据配套工程防汛实际情况，制定防汛物资管理办法。

一、适用范围

鹤壁市南水北调配套工程。

二、物资储备种类

物资储备主要器材：铁丝、塑料布、砂、手钳、水泵、水带、防汛专用沙袋、发电机照明车、喊话喇叭、皮划艇、雨衣、救生衣、手套、胶靴、柴油、汽油。

三、物资采购

汛前，市南水北调办公室根据防汛实际情

况编制本年度防汛物资购买清单，并报省南水北调办公室审核。经省南水北调办公室审核批复后，市南水北调办公室组织人员形成询价小组，按照有关询价购买程序采购本年度防汛物资。

四、防汛物资管理

（一）物资存放管理

1. 为节省防汛抢险时间，结合配套工程各现地管理站。泵站实际防汛情况，将防汛物资分发至各站分开存放，市南水北调办公室仓库单独存放部分防汛物资（如喊话喇叭、救生衣、雨靴、雨衣），以备现场指挥防汛抢险时需要；

2. 防汛物资属于应急物品，除防汛期间防汛抢险外不得挪至其他使用；

3. 防汛物资存放前应注意做好防潮、防腐工作；

4. 所有防汛物资建立清单，做到账物相符。

（二）物资登记管理

1. 防汛物资入仓时需要登记，登记内容包括日期、名称、数量、品种规格、经手人等；

2. 所有防汛物资要严格把控，做到定点、定人负责保管；

3. 防汛物资管理员应对防汛物资进行分类管理，方便存取；

4. 防汛物资管理员对所有防汛物资进行出入库登记，做到有进有出，签字确认。

（三）物资使用管理

1. 防汛物资属于紧急配备物资，未经各站站长、副组长批准，不得擅自挪用或做其他借调使用；

2. 防汛物资管理员对所有防汛物资进行出入库登记，做到有进有出，签字确认；

3. 如在紧急情况下，可先进行领用，事后补办手续。

（四）物资回收管理

1. 非一次性使用防汛物资使用完毕后要统一收集、晾干后入库，做到无霉烂变质、无损坏和无丢失；

2. 汛期过后，清空防汛专用沙袋并清洗，防止沙袋腐蚀，严禁乱堆乱放；

3. 对已经不能再使用的工具物品，必须坚持以旧换新的原则，在领用新物资时需交回旧物资，对无法交回的要说明原因。

（五）物资盘点清查

1. 为了及时反映我市配套工程防汛物资的使用情况，各站防汛物资管理员应在汛期前后，对防汛物资进行盘点，并将核实的库存情况上报市南水北调办公室；

2. 汛期市南水北调办公室将每月对各站防汛物资使用情况和管理情况检查一次，督促各站对防汛物资进行妥善保管，检查中发现存在防汛物资管理不善的情况，将对相关负责人进行处罚。

安阳市人大常委会关于交付“关于加快推进南水北调安阳市西部调水工程的议案”审理意见报告的通知

安人常〔2018〕23号

市人民政府：

市人大农业与农村委员会“关于加快推进南水北调安阳市西部调水工程的议案”审理意见报告，已经市十四届人大常委会第一会议审议通过，决定立案交由市政府办理。请按照审理意见报告提出的意见和建议，及时制定议案办理工作方案，明确主管领导和承办部门，细化责任分工，采取有效措施，认真抓好各项工作落实，并将办理进展情况及时向市人大常委会报告。

安阳市人大常委会

2018年11月15日

关于市十四届人大一次会议林州市代表团所提“关于加快推进南水北调安阳市西部调水工程的议案”审理意见的报告

（2018年10月31日市十四届人大常委会第一会议通过）

市人大常委会：

2018年9月市十四届人大一次会议上，林州市代表团提出了“关于加快推进南水北调安阳市西部调水工程的议案”，大会主席团决定将该议案交由市人大常委会审议决定。会后，市人大常委会将该议案交付市人大农业与农村委员会进行审理。

在市人大常委会副主任靳东风的领导和具体指导下，农业与农村委员会制定了议案审理方案。10月15日，农工委听取了市水利局负责同志有关情况汇报。10月18日和30日，农工委和市政府办公室及市水利局有关负责同志，深入林州市、龙安区召开了座谈会，听取了林州市、龙安区政府负责同志的情况汇报。10月23日，市人大常委会副主任靳东风、副市长刘建发和农工委共同听取了市水利局、林州市、殷都区、龙安区及豫北水利勘测设计院等部门的汇报，对议案涉及的问题进行了多方面了解。在广泛听取有关方面的意见和建议后，经认真讨论研究，农工委起草了议案审理报告（草案）。10月30日，市人大农业与农村委员会召开议案审理会议，听取了市水利局和殷都区政府有关情况汇报，对议案审理报告（草案）进行了认真审理，并提出了修改意见，决定提交市人大常委会审议。

现将有关情况和审理意见报告如下：

一、南水北调安阳市西部调水工程的必要性和可行性

（一）项目建设的必要性

安阳市西部地区的林州市、殷都区及龙安区工业基础雄厚，经济发展较快，工业用水量大，城镇用水水源匮乏，加之西部乡镇位于丘陵区，地下水埋深较大，开采困难，且水质较差，多年来地下水过量开采导致地下水位逐年下降，居民生活用水安全得不到保证。特别是林州市属深山区，用水主要靠积蓄雨水和外来客水，现有主要水源弓上水库、南谷洞水库受气候等因素影响较大，供水保证率低。全市多年平均供水能力2.37亿m^3，现状年需水量2.94亿m^3，缺口达0.57亿m^3；人均淡水占有量为267m^3/a，占全国淡水人均占有量2200m^3/a的12%，占全省淡水人均占有量413m^3/a的64%。随着经济、社会的不断发展和人民生活水平的提高，现有水源已经明显不适应发展的要求，水不仅已成为严重制约城市建设和经济发展的主要因素，而且严重影响着广大人民群众的生活，甚至成了影响当地全面建成小康社会的重要制约因素之一。

将南水北调的优质水源调入安阳西部地区，实现水资源优化配置，是解决该地区用水问题的唯一途径，能够彻底解决上述地区的工业和健康用水需求，保障当地经济社会协调发展，提高当地城乡居民生活供水保证率，改善人民生活质量。因此，尽快实施南水北调西部调水工程十分必要。

（二）项目建设的可行性

1.水源充足。经水资源供需平衡分析，南水北调安阳市西部调水工程作为安阳市的战略性工程和民生工程，基于稳健和偏保守的观点并考虑适当留有余地，推荐调水规模为 7000万m^3。其中，殷都区调水2000万m^3，龙安区调水1000万m^3，林州市调水4000万m^3。按照《河南省南水北调受水区供水配套工程可行性研究报告（报批稿）》，安阳市多年平均分配水量2.83亿m^3，其中安阳市市区（包括安阳县）2.352亿m^3、内黄县0.30亿m^3、汤阴县0.18亿m^3。经分析，2030年安阳市结余南水北调水量大于南水北调西部调水工程推荐调水量7000万m^3，其取用水量在安阳市南水北调分

配的取用水指标范围内。根据2016年河南省政府批复的《河南省水资源综合利用规划》，林州市可申请新增南水北调用水指标或通过水权交易获得用水指标，将原调整的安阳市用水指标归还，满足安阳市发展的用水需要。因此，安阳市南水北调用水指标调整不会对安阳市发展构成不利影响。

2.施工线路和技术可行。前期设计单位结合相关区域规划，通过徒步进行查勘，从地形地质条件、施工条件、工期、征地移民、环境影响、工程投资、运行条件等方面对多条线路和施工方案进行了综合比选，并经专家论证，所选取方案设计合理，切实可行。

3.建设资金总体有保障。按照市政府前期工作情况，南水北调安阳市西部调水工程拟采用PPP模式，引进社会资本方进行投资建设。从近年来情况看，社会资本关注度、参与热情高，资金充裕。林州市作为主要受水方和资金承担方，该市人大常委会已于2018年5月31日，审议批准了该项目纳入本级财政预算支出管理和中长期财政预算规划。龙安区政府表示可以保障项目建设资金需要。殷都区在专委会审理过程中，提出目前实际需水量较小，并且财政支撑能力不足，要求减少供水量。

二、项目建设概况及进展情况

（一）项目概况

南水北调安阳市西部调水工程为城镇供水工程，主要任务是通过泵站、输水管道工程将南水北调的优质水源输送至林州市第三水厂、殷都区及龙安区水厂，满足林州市区和所辖的姚村镇、陵阳镇、河顺镇、横水镇和采桑镇，殷都区曲沟镇镇区及所辖10个村庄，水冶镇镇区、蒋村镇镇区、许家沟乡及周边村庄，龙安区彰武办事处、安化集团等乡镇和企业85万人的生产生活用水需要，缓解区域内供需矛盾问题，优化水资源配置，提高供水保证率和用水安全性。工程主要建设内容为：新建输水管道48.80km，新建泵站3座；新建净水厂1座。工程项目估算总投资15.85亿元。

（二）项目进展情况

2018年3月23日，市政府副市长刘建发主持召开会议，专题研究南水北调安阳市西部调水工程有关问题，形成了《关于南水北调安阳市西部调水工程有关问题的会议纪要》(安政阅〔2018〕21号)，明确了工程供水线路、项目运作模式、供水规模、用水指标、成立工程建设领导小组等。2018年4月26日，市政府下发了《安阳市人民政府办公室关于成立部分协调议事机构的通知》（安政办文〔2018〕11号），正式成立了南水北调安阳市西部调水工程建设领导小组，由市长任组长，常务副市长和主管副市长任副组长，市政府相关部门和林州市政府、殷都区政府、龙安区政府等为成员，领导小组下设办公室，办公室设在市水利局；林州市、殷都区、龙安区也成立了相应领导机构和工作机构。2018年5月16日，《安阳市发展与改革委员会关于〈南水北调安阳市西部调水工程项目建议书〉的批复》(安发改审办〔2018〕191号)正式批复同意南水北调安阳市西部调水工程立项建设；2018年8月8日，河南省南水北调中线工程建设领导小组办公室下发《关于南水北调安阳市西部调水工程用水的复函》（豫调办投函〔2018〕25号），原则同意我市向西部供水意见。2018年10月12日发布了工程咨询（项目可行性研究报告编制及部分专项报告）、勘察设计公开招标公告，计划开标时间为11月2日。目前，可行性研究报告已基本完成，规划选址报告、用地预审报告等专项报告正在按照采购程序进行，各成员单位正按照各自职责分工协调推进项目实施。

三、审理意见和建议

鉴于南水北调安阳市西部调水工程关系安阳市西部近百万人口的饮水保障和安全，意义重大，且项目建设投入资金量较大，涉及林州市、殷都区、龙安区政府和多个市政府组成部门，协调难度较大，为加快推进工程进度，争取该项目早日开工建设，让安阳市西部群众早日吃上南水北调水，农业与农村委员会认真研究后认为，应将该议案列入市人大常委会议程，交由市政府办理，并提出以下建议：

（一）高度重视，切实增强紧迫感和使命感。市政府相关部门，林州市、殷都区、龙安区政府要进一步提高政治站位，深刻理解南水北调西部调水工程的重要意义，充分认识到南水北调西部调水工程是保障我市西部地区经济发展、改善广大人民群众饮水质量的一项战略性、基础性、民生性工程，关系群众切身利益，关乎全市经济社会发展大局。要切实增强紧迫感和使命感，将推进该项目建设列入本部门和本级政府重要议事日程，加快工程项目的实施步伐。

（二）加快制定项目实施方案。市政府有关部门要加快制定完善项目实施方案，建立工作台账，细化各项工作时间节点，加快推进各项工作。

（三）加强项目可研和有关专项报告的编制、评审、报批工作。市政府及相关部门，要加强对工程规划方案的研究设计，进一步优化调水路线，多方进行科学论证，切实提高工程实施的可行性、安全性。要加快可研性报告和有关专项报告的编制、评审、报批工作，争取早日开工建设。

（四）加强资金保障。市政府及相关部门，要结合各地现实需要和长远发展需求，加大对供水量分配、水价等问题的协调力度。林州市、殷都区、龙安区政府要积极筹措资金，按照工程建设费用分摊比例将项目建设资金纳入本级财政预算及时予以拨付，保证项目建设顺利进行。

（五）加强组织领导和统筹协调。要加强对项目建设的组织领导，明确项目建设领导小组各成员单位的职责分工；建立完善联席会议制度和项目建设督导督查等各项工作制度，加强各部门和相关市、区政府之间的协调，及时解决项目建设过程中出现的问题，形成工作合力，统筹推进项目建设。

以上报告，请予审议。

市人大农业与农村委员会

2018年10月31日

安阳市水利局安阳市南水北调办关于呈报安阳市2018-2019年度南水北调用水计划的报告

安水〔2018〕91号

省水利厅：

根据《河南省水利厅　河南省南水北调中线工程建设领导小组办公室关于做好南水北调中线一期工程2018-2019年度水量调度计划编制工作的通知》（豫水政资〔2018〕71号）文件要求，我市及时将文件转发至各有关县区和用水单位，各单位结合用水实际情况进行测算，现确定安阳市2018-2019年度南水北调用水计划如下：

一、配套水厂建设情况

我市规划承接南水北调水配套水厂共8座，设计总供水能力97.3万m^3/d。其中安阳市区5座（第六水厂30万m^3/d、第七水厂20万m^3/d、第八水厂20万m^3/d、第四水厂二期10万m^3/d、安钢自备水厂4万m^3/d），汤阴2座（汤阴一水厂2万m^3/d、二水厂3万m^3/d），内黄1座（第四水厂8.3万m^3/d）。

目前，汤阴县一水厂已于2015年12月与南水北调水源对接供水，实现了我市饮用丹江水的“零突破”；市区第八水厂已于2016年9月下旬建成通水；内黄县配套水厂已于2017年8月建成通水；汤阴县二水厂、市区第六水厂、第四水厂二期及安钢冷轧水厂即将建成通水。我市规划的8座配套水厂全部建成后，将使南水北调水源得以充分利用。

二、2018-2019年度南水北调用水计划

（一）工业用水计划

根据安钢冷轧水厂上报用水计划，确定安阳市2018-2019年度工业计划用水365万m^3。

（二）生活用水计划

安阳市2018-2019年度生活用水计划总量

11257万 m^3。其中市区计划用水8637万 m^3（市区第八水厂计划用水3650万 m^3，第六水厂计划用水1642万 m^3，第四水厂二期计划用水3345万 m^3）；汤阴县计划用水1400万 m^3；内黄县计划用水1220万 m^3。

（三）生态用水计划

安阳市2018-2019年度生态用水计划总量9400万 m^3。其中市区洹河计划用水7200万 m^3；汤阴县汤河计划用水2200万 m^3。

综合安阳市工业、生活和生态用水计划，确定安阳市2018-2019年度南水北调用水计划共21022万 m^3。

2018年9月29日

安阳市水利局关于新建南水北调宝莲湖调蓄工程的请示

安水〔2018〕122号

市人民政府：

我市共规划建设南水北调水厂9座，规划年供水量2.83亿立方米，是解决我市缺水的根本措施，是保证社会经济可持续发展、实现生态环境良性循环的重大基础设施。但从南水北调中线工程水源条件、工程规划和运行情况来看，主要存在以下问题：1.南水北调分配来水过程不均匀，安阳市多年平均年分配水量为2.83亿立方米，百分之七十五供水保证率下分配水量为2.68亿立方米，百分之九十五供水保证率下分配水量为2.08亿立方米，而城市年用水量较为稳定，来水与用水过程不匹配；2.南水北调日来水量较为稳定，而城市用水不均匀，白天用水量大，晚间用水量小，缺少调蓄工程，满足不了水厂用水要求；3.总干渠渠线较长，沿程布置建筑物较多，一旦有异常进行检修时下游供水无法保证。鉴于以上问题，建设调蓄工程是必要的。

拟规划在我市文峰区宝莲寺镇南部羑河两岸建设宝莲湖调蓄工程。工程建成后将大大改善周边生态环境，有力地推动我市生态文明建设，促进该区的社会经济发展。恳请市政府尽快实施南水北调宝莲湖调蓄工程。

当否，请批示。

2018年12月20日

重要文件篇目辑览

关于做好严寒天气条件下供水安全的紧急通知　豫调办明电〔2018〕1号

关于收回配套工程征迁安置资金的紧急通知　豫调办明电〔2018〕2号

关于召开河南省南水北调工程2018年度防汛工作会议的通知　豫调办明电〔2018〕5号

关于召开2018年河南省南水北调系统宣传工作会议的通知　豫调办明电〔2018〕6号

关于转发国家防办、省防办关于做好强降雨防范工作的通知　豫调办明电〔2018〕7号

关于开展我省南水北调配套工程安全生产大检查的通知　豫调办明电〔2018〕8号

关于转发《关于启动国家防总防汛防台风Ⅳ级应急响应的通知》的通知　豫调办明电〔2018〕9号

关于转发河南省防汛指挥部《关于启动防汛Ⅳ级应急响应的通知》和《关于切实做好防汛防台风工作的紧急通知》的紧急通知　豫调办明电〔2018〕10号

河南省南水北调办公室关于2017年度责任目标完成情况的自查报告　豫调办〔2018〕1号

关于河南省南水北调工程第三十一次运行管理例会工作安排和议定事项落实情况的通报　豫调办〔2018〕2号

关于2017年第四季度创先争优流动红旗考评

结果的通报　豫调办〔2018〕4号
关于报送《河南省南水北调办公室2018年南水北调中线总干渠两侧生态带建设督导方案》的报告　豫调办〔2018〕5号
关于组织开展全省南水北调系统学习贯彻党的十九大精神及综合能力提升培训班的通知　豫调办〔2018〕6号
关于河南省南水北调工程第三十二次运行管理例会工作安排和议定事项落实情况的通报　豫调办〔2018〕7号
河南省南水北调办公室关于省政府与南阳市、洛阳市、三门峡、邓州市政府签订《南水北调中线水源保护“十三五”目标责任书》的请示　豫调办〔2018〕8号
河南省南水北调办公室关于调整信访工作领导小组成员的通知　豫调办〔2018〕9号
河南省南水北调办公室关于调整督促检查工作领导小组成员的通知　豫调办〔2018〕10号
河南省南水北调办公室关于调整保密委员会领导小组成员的通知　豫调办〔2018〕11号
关于调整河南省南水北调文化建设工作领导小组成员的通知　豫调办〔2018〕12号
河南省南水北调办公室关于成立普通密码安全保密工作领导小组的通知　豫调办〔2018〕13号
河南省南水北调办公室关于调整节能减排工作领导小组成员的通知　豫调办〔2018〕14号
河南省南水北调办公室关于调整综合治理和平安建设工作领导小组成员的通知　豫调办〔2018〕15号
河南省南水北调办公室关于2018年度责任目标的报告　豫调办〔2018〕16号
关于印发《河南省南水北调办公室领导班子中心组2018年分专题集体学习的安排意见》的通知　豫调办〔2018〕19号
关于报请省政府办公厅印发《河南省南水北调工程水费收缴及使用管理暂行办法》的请示　豫调办〔2018〕20号
关于对2018年度责任目标进行责任分解的通知　豫调办〔2018〕21号
关于印发《河南省南水北调办公室2018年工作要点》的通知　豫调办〔2018〕22号
关于拟定2018年河南省南水北调工程行政防汛负责人、联系人名单的报告　豫调办〔2018〕23号
河南省南水北调办公室关于报请省政府集中督查事项的报告　豫调办〔2018〕24号
河南省南水北调办公室关于印发《河南省南水北调工程水费收缴及使用管理暂行办法》的请示　豫调办〔2018〕25号
关于河南省南水北调工程第三十三次运行管理例会工作安排和议定事项落实情况的通报　豫调办〔2018〕26号
关于《丹江口库区及上游水污染防治和水土保持“十三五”规划实施考核办法》修改意见的报告　豫调办〔2018〕27号
关于做好近期南水北调生态补水工作的报告　豫调办〔2018〕28号
对中国人民政治协商会议河南省第十二届委员会第一次会议1210712号提案的答复　豫调办〔2018〕29号
河南省南水北调办公室关于我省南水北调水费收缴情况的报告　豫调办〔2018〕30号
关于商丘市申请南水北调水量指标的意见建议　豫调办〔2018〕31号
河南省南水北调办公室关于派杨继成一行6人赴以色列、埃及进行水资源保护及河道管理合作交流的请示　豫调办〔2018〕32号
对中国人民政治协商会议河南省第十二届委员会第一次会议1210904号提案的答复　豫调办〔2018〕33号
对河南省第十三届人民代表大会第一次会议代表建议第263号的答复　豫调办〔2018〕34号
关于2018年第一季度创先争优流动红旗考评结果的通报　豫调办〔2018〕35号
关于做好2018年度专业技术人员继续教育工作的通知　豫调办〔2018〕36号

关于印发《河南省南水北调中线工程建设领导小组办公室保密制度》的通知 豫调办〔2018〕37号

河南省南水北调办公室2018年度党员干部职工培训计划 豫调办〔2018〕38号

关于省人大代表《关于在湍河严陵河退水闸增加计量装置及工程内容的建议》的答复 豫调办〔2018〕39号

河南省南水北调办公室关于我省南水北调2018年汛前生态补水情况报告 豫调办〔2018〕40号

关于安阳市南水北调中线安阳河倒虹吸工程防汛情况的报告 豫调办〔2018〕41号

关于对中国人民政治协商会议河南省第十二届委员会第一次会议1210638号提案的答复 豫调办〔2018〕43号

关于河南省第十三届人民代表大会第一次会议第28号建议的协办意见 豫调办〔2018〕44号

关于对河南省第十三届人民代表大会第一次会议代表建议第663号的答复 豫调办〔2018〕45号

关于召开贯彻落实中央第一环境保护督察组对河南省开展"回头看"工作动员会会议的紧急通知 豫调办〔2018〕46号

河南省南水北调办公室关于报送配套工程建设进展情况的报告 豫调办〔2018〕48号

河南省南水北调办公室关于解决内乡县南水北调配套工程资金的意见 豫调办〔2018〕49号

关于《关于对2018021号举报事项进行调查核实的通知》(办综函〔2018〕540号)调查核实情况的报告 豫调办〔2018〕50号

关于河南省南水北调工程第三十四次运行管理例会工作安排和议定事项落实情况的通报 豫调办〔2018〕51号

河南省南水北调办公室关于报送2018年度保密自查自评情况的报告 豫调办〔2018〕52号

河南省南水北调办公室关于对南水北调中线工程防汛抢险应急演练进行指导的请示 豫调办〔2018〕53号

对河南省第十三届人民代表大会第一次会议第711号建议的答复 豫调办〔2018〕54号

关于对南水北调中线一期工程总干渠辉县段峪河渠道暗渠防洪安全处理项目安全度汛存在问题进行问责的决定 豫调办〔2018〕55号

河南省南水北调中线工程建设领导小组办公室河南省环境保护厅河南省水利厅河南省国土资源厅关于印发南水北调中线一期工程总干渠(河南段)两侧饮用水水源保护区划的通知 豫调办〔2018〕56号

河南省南水北调办公室关于"七五"保密法治宣传教育中期自查自评报告 豫调办〔2018〕57号

河南省南水北调办公室关于审计结束后新修订和出台相关制度的报告 豫调办〔2018〕58号

关于南水北调工程防汛检查问题落实情况的报告 豫调办〔2018〕59号

关于河南省南水北调办公室"十三五"保密事业发展规划自查报告 豫调办〔2018〕60号

河南省南水北调办公室关于省政协第十二届委员会第一次会议1210904号提案办理情况的报告 豫调办〔2018〕61号

关于开展涉及产权保护的规章规范性文件清理工作的通知 豫调办〔2018〕62号

河南省南水北调办公室关于追加2018年度基本支出经费的申请 豫调办〔2018〕63号

关于对中国人民政协会议河南省第十二届委员会第一次会议1210309号提案的答复 豫调办〔2018〕64号

河南省南水北调办公室关于2018年上半年工作情况的报告 豫调办〔2018〕65号

关于2018年第二季度创先争优流动红旗考评结果的通报 豫调办〔2018〕68号

河南省南水北调办公室关于报送2018年第二季度配套工程建设进展情况的报告 豫调办〔2018〕69号

关于河南省南水北调工程第三十五次运行管理

例会工作安排和议定事项落实情况的通报　豫调办〔2018〕70号
关于河南省南水北调生态环境效益情况的报告　豫调办〔2018〕71号
河南省南水北调办公室关于派王国栋一行6人赴巴基斯坦、伊朗进行调水工程运行管理及水资源开发利用交流合作的请示　豫调办〔2018〕72号
省南水北调办公室对省委第八巡视组反馈问题回头看工作方案　豫调办〔2018〕73号
关于召开河南省南水北调工程规范管理现场会暨运行管理第三十六次例会的通知　豫调办〔2018〕74号
关于落实武国定副省长批示精神的建议方案　豫调办〔2018〕75号
关于《关于对2018023号举报事项进行调查核实的通知》(办综函〔2018〕847号) 调查核实情况的报告　豫调办〔2018〕76号
河南省南水北调办公室关于开展涉及产权保护的规章规范性文件清理工作的报告　豫调办〔2018〕77号
关于印发《河南省南水北调受水区供水配套工程征迁安置验收实施细则》(修订稿) 的通知　豫调办〔2018〕78号
关于召开河南省南水北调工程运行管理第三十七次例会的通知　豫调办〔2018〕79号
关于组织开展党性理想信念专题教育培训的通知　豫调办〔2018〕80号
关于印发《河南省南水北调受水区供水配套工程征迁安置档案验收实施方案》的通知　豫调办〔2018〕81号
河南省南水北调工程规范化管理现场会暨第三十六次运行管理例会工作安排和议定事项落实情况的通报　豫调办〔2018〕82号
河南省南水北调办公室关于新建新乡市“四县一区”南水北调配套工程建设与运营的意见　豫调办〔2018〕83号
关于河南省南水北调建管局公务用车制度改革实施方案的批复　豫调办〔2018〕84号
关于召开河南省南水北调工程运行管理第三十八次例会的通知　豫调办〔2018〕86号
河南省南水北调工程第三十七次运行管理例会工作安排和议定事项落实情况的通报　豫调办〔2018〕87号
河南省南水北调办公室关于报送2018年第三季度配套工程建设进展情况的报告　豫调办〔2018〕89号
河南省南水北调办公室关于《关于征求2019年立法监督工作意见建议的函》的回复　豫调办〔2018〕90号
河南省南水北调工程第三十八次运行管理例会工作安排和议定事项落实情况的通报　豫调办〔2018〕91号
河南省南水北调办公室关于对《南水北调东、中线一期工程设计单元工程完工验收计划图表(征求意见稿)》的反馈意见　豫调办〔2018〕92号
河南省南水北调办公室2018年度工作情况报告　豫调办〔2018〕95号
河南省南水北调办公室关于邀请参加赴以色列、埃及进行“水资源保护及河道管理合作交流”访问交流的征求意见函　豫调办函〔2018〕4号
关于第二次征求《南水北调中线总干渠(河南段) 饮用水水源保护区调整方案(征求意见修改稿)》意见的函　豫调办函〔2018〕7号
关于商请提供河南省国民经济和社会发展第十三个五年规划纲要重点任务实施情况的函　豫调办函〔2018〕12号、13号
河南省南水北调办公室关于商请解决南水北调中线总干渠辉县三里庄渡槽出口排洪问题的函　豫调办函〔2018〕14号
关于欠缴水费清理情况的函　豫调办函〔2018〕15号～28号
关于报送《河南省南水北调“十三五”专项规划》中期评估报告的函　豫调办函〔2018〕30号

关于欠缴水费清理情况的通报　豫调办函〔2018〕31号～46号

河南省南水北调办公室关于报送我省南水北调受水区供水配套工程拟保留涉企保证金目录清单及现存涉企保证金明细台账的函　豫调办函〔2018〕47号

关于商请将河南省南水北调配套工程永久用地纳入第三次全国土地调查的函　豫调办函〔2018〕48号

关于河南省南水北调受水区供水配套工程2018年11月用水计划的函　豫调办函〔2018〕51号

关于邀请参加南水北调中线工程验收专项协调会的函　豫调办函〔2018〕52号

关于南水北调中线舞钢市引水工程10号口门取水方案的回复　豫调办函〔2018〕53号

关于申请河南省南水北调党性教育基地建设费用的函　豫调办函〔2018〕54号

关于《河南省南水北调办公室所属事业单位公务用车制度改革完成情况》报备的函　豫调办函〔2018〕55号

河南省南水北调办公室关于撤销收文事宜的函　豫调办函〔2018〕56号

关于报送《河南省南水北调受水区许昌供水配套工程17号分水口门鄢陵供水工程建设征地拆迁安置实施规划报告》（报批稿）》的请示　豫调建〔2017〕2号

关于印发《河南省南水北调配套工程档案技术规定（试行）》的通知　豫调建〔2018〕5号

河南省南水北调建管局关于农民工工资管理工作有关情况的报告　豫调建〔2018〕6号

关于报请审批《河南省南水北调建管局公务用车制度改革实施方案》的请示　豫调建〔2018〕8号

关于河南省南水北调中线工程建设管理局车辆购置及资产归属的情况说明　豫调建〔2018〕11号

河南省南水北调建管局关于各项目建管处职能暂时调整的通知　豫调建〔2018〕13号

关于尽快拨付建设资金的函　豫调建函〔2017〕4号

河南省南水北调办公室关于南水北调中线工程通水三周年宣传工作的报告　豫调办综〔2018〕1号

河南省南水北调办公室关于印发《河南省南水北调办公室主任办公会议制度》的通知　豫调办综〔2018〕2号

关于印发《河南省南水北调受水区许昌供水配套工程档案预验收意见》的通知　豫调办综〔2018〕3号

关于做好河南省南水北调年鉴2018卷组稿工作的通知　豫调办综〔2018〕4号

关于做好当前信访稳定工作的通知　豫调办综〔2018〕5号

关于对南阳市南水北调办配套工程运行管理档案室设施配备的批复　豫调办综〔2018〕6号

关于组织2018年度保密教育培训的通知　豫调办综〔2018〕7号

关于征集“最美调水人”报道的通知　豫调办综〔2018〕8号

关于报送省人大建议、省政协提案办理情况的通知　豫调办综〔2018〕11号

河南省南水北调办公室关于转发国务院南水北调办公室2018年南水北调普法依法治理工作要点的通知　豫调办综〔2018〕12号

河南省南水北调办公室关于领导班子成员分工调整的通知　豫调办综〔2018〕13号

关于切实做好“五一”节和汛期南水北调工程安全防范工作的紧急通知　豫调办综〔2018〕14号

关于领取涉密计算机的通知　豫调办综〔2018〕15号

关于做好2018年汛期值班工作的通知　豫调办综〔2018〕16号

关于做好“水到渠成共发展”网络主题宣传活动的通知　豫调办综〔2018〕17号

关于召开2018年全省南水北调宣传工作会议的预通知 豫调办综〔2018〕18号

河南省南水北调办公室关于印发《2018年全省南水北调宣传工作要点》的通知 豫调办综〔2018〕19号

2017年度及2018年第一季度网站供稿情况通报 豫调办综〔2018〕20号

关于表彰2017年度全省南水北调宣传工作先进单位先进个人的决定 豫调办综〔2018〕21号

关于河南省南水北调工程通水三周年征文摄影大赛作品评选结果的通报 豫调办综〔2018〕22号

关于组织开展2018年度机关保密自查自评工作的通知 豫调办综〔2018〕23号

河南省南水北调办公室关于张志和委员在省政协第十二届一次会议上的发言落实情况的报告 豫调办综〔2018〕24号

关于报送2018年上半年工作总结的通知 豫调办综〔2018〕27号

关于做好南水北调中线工程总干渠防溺水工作的通知 豫调办综〔2018〕28号

关于进行南水北调配套工程征迁安置档案整编培训的通知 豫调办综〔2018〕29号

河南省南水北调办公室关于进一步规范会议管理工作的通知 豫调办综〔2018〕30号

关于河南省南水北调配套工程档案验收情况的通报 豫调办综〔2018〕31号

关于印发《河南省南水北调办公室省委值班工作专网管理办法》的通知 豫调办综〔2018〕32号

关于印发《河南省南水北调办公室印章使用管理办法》的通知 豫调办综〔2018〕33号

关于印发《河南省南水北调办公室工作人员行为规范》《河南省南水北调办公室工作服务规范》的通知 豫调办综〔2018〕35号

关于推荐2018年"感动中原"十大年度人物候选人的通知 豫调办综〔2018〕37号

河南省南水北调办关于公车改革取消车辆资产核销的申请 豫调办综〔2018〕38号

关于协助做好口述史课题组调研的通知 豫调办综综〔2018〕2号

关于贯彻落实2018年河南省南水北调工作会议和党风廉政建设会议精神的通知 豫调办综综〔2018〕4号

关于做好办公自动化系统试运行的通知 豫调办综综〔2018〕7号

关于开展保密法治宣传教育活动的通知 豫调办综综〔2018〕8号

关于举办2018年度全省南水北调系统宣传培训的通知 豫调办综综〔2018〕9号

关于国道310中牟境改建工程跨越配套工程中牟水厂输水管线（XZ10+606.655～XZ10+716.363）专题设计报告的回复 豫调办投〔2018〕1号

关于加强自动化调度系统设施管护的通知 豫调办投〔2018〕2号

关于濮阳市第二水厂引水量不足问题的回复 豫调办投〔2018〕3号

关于开展南水北调水资源综合利用专项规划编制工作的通知 豫调办投〔2018〕4号

关于南水北调配套工程南阳管理处绿化方案的批复 豫调办投〔2018〕5号

关于南阳供水配套工程管理所、现地管理房以及泵站完善监控设施方案的批复 豫调办投〔2018〕6号

关于郑济铁路郑州至濮阳段邻接河南省南水北调濮阳供水配套工程35号供水管线（桩号K43+020至K46+550）专题设计报告的回复 豫调办投〔2018〕7号

关于加强自动化系统设施管护的通知 豫调办投〔2018〕8号

关于邓州供水配套工程阀井加高有关事宜的回复 豫调办投〔2018〕9号

关于濮阳南水北调供水配套工程南乐供水工程连接35号分水口门输水工程专题设计及安全影响评价报告的回复 豫调办投〔2018〕10号

关于南阳供水配套工程完善管理设施绿化工程变更的回复　豫调办投〔2018〕11号

关于驻马店市南水北调中线工程取水方案的回复　豫调办投〔2018〕12号

关于配合中央党校课题组调研工作的预通知　豫调办投〔2018〕13号

关于漯河市马沟污水处理工程污水管道穿越漯河配套工程10号主管线和二水厂支线施工整改方案的回复　豫调办投〔2018〕14号

关于河南省南水北调受水区濮阳供水配套工程黄河路渗水应急抢险费用有关意见的回复　豫调办投〔2018〕15号

关于平顶山供水配套工程完善管理设施的回复　豫调办投〔2018〕16号

关于河南省南水北调受水区新乡供水配套工程管理区、管理房外部供电工程10kV电力设施增加二段控制设备费用的意见　豫调办投〔2018〕17号

关于河南省南水北调受水区南阳供水配套工程2号分水口门供水工程邓州三水厂支线损坏管道修复设计方案的批复　豫调办投〔2018〕18号

关于在郑州航空港经济综合实验区增设南水北调总干渠分水口门有关事宜的回复　豫调办投〔2018〕19号

关于新郑教育园区用水问题的回复　豫调办投〔2018〕20号

关于汤阴县新横三路（光华路～金华路）道路新建工程穿越河南省南水北调受水区安阳供水配套工程37号口门线路（8+190.000～8+240.000）专题设计的回复　豫调办投〔2018〕21号

关于郑州市X012线李洼村至刁营至郭沟村段公路新建工程跨越河南省南水北调受水区南阳供水配套工程2号口门供水管线（3+230）专题设计报告的回复　豫调办投〔2018〕22号

关于河南金大地化工有限责任公司三期80万吨/年制盐工程输卤管线穿越河南省南水北调受水区漯河供水配套工程10号口门供水管线（桩号34+177）专题设计报告的回复　豫调办投〔2018〕23号

关于许昌供水配套工程17号口门许昌二水厂支线输水管道（E1+343.226～E1+603.071）改建工程专题设计报告的回复　豫调办投〔2018〕24号

关于新增商水县南水北调供水目标的回复　豫调办投〔2018〕25号

关于新增南水北调鄢陵供水工程至引黄调蓄池供水线路的回复　豫调办投〔2018〕26号

关于河南省南水北调受水区南阳供水配套工程邓三支线现地管理站变压器移至室外有关问题的回复　豫调办投〔2018〕27号

关于鹤壁刘洼河治理工程穿越河南省南水北调受水区鹤壁供水配套工程35号口门供水管线（桩号K12+766）专题设计及安全影响评价报告的回复　豫调办投〔2018〕28号

关于“唐伊线”方城-南召、社旗天然气支线工程穿越河南省南水北调受水区南阳供水配套工程7号口门主管线（桩号10+223）及社旗支线（SZ4+389）专题设计及安全影响评价报告的回复　豫调办投〔2018〕29号

关于濮阳供水配套工程西水坡支线延长段调压塔临时改造的回复　豫调办投〔2018〕30号

关于郑州市航空港区滨河西路快速化工程隧洞与配套工程20号口门输水管线交叉的回复　豫调办投〔2018〕31号

关于荥阳市市政管线与配套工程24号输水管线交叉的回复　豫调办投〔2018〕32号

关于印发河南省南水北调受水区鹤壁供水配套工程34号口门铁西水厂泵站进水池清淤工作费用审查意见的通知　豫调办投〔2018〕33号

关于安阳中盈化肥有限公司供水工程连接河南省南水北调35号分水口门供水配套工程专题设计及安全影响评价报告的回复　豫调办投〔2018〕34号

关于新乡市民生渠截污管道工程穿越邻接河南

省南水北调受水区新乡供水配套工程32号口门输水管线（桩号GX3+287.60、GX3+248.40～GX3+290）专题设计及安全影响评价报告的回复　豫调办投〔2018〕35号

关于辉县市百泉湖引水工程泵站邻接、连接配套工程专题设计及安全影响评价报告的回复　豫调办投〔2018〕36号

关于新建郑州机场至许昌市域铁路工程（许昌段）跨越河南省南水北调许昌供水配套工程17号口门输水管道（桩号30+362.943）专题设计及安全影响评价报告的回复　豫调办投〔2018〕37号

关于许昌曹寨水厂配套管网穿越河南省南水北调受水区许昌供水配套工程17号分水口门输水管道（桩号26+521.989、27+483.040）专题设计及安全影响评价报告的回复　豫调办投〔2018〕38号

关于安阳市第四水厂支线原水管工程连接河南省南水北调受水区安阳供水配套工程39号口门线路（桩号1+134.820）专题设计及安全影响评价报告的回复　豫调办投〔2018〕39号

关于南阳供水配套工程2号口门邓州三水厂支线再次排查发现的损坏管道修复方案的回复　豫调办投〔2018〕40号

关于缴纳河南省南水北调受水区焦作市博爱县供水配套工程县级投资的函　豫调办投函〔2018〕1号

关于邀请参加《充分发挥南水北调工程供水效益促进我省经济转型发展》课题成果验收会的函　豫调办投函〔2018〕2号

关于董庄西分水口门进水池位置调整有关事宜的函　豫调办投函〔2018〕3号

关于南阳供水配套工程内乡供水工程初步设计有关意见的函　豫调办投函〔2018〕4号

关于中国人民政治协商会议河南省第十二届委员会第一次会议1210552号提案协办意见的函　豫调办投函〔2018〕5号

关于确认拟实施河南省南水北调水资源综合利用重点建设项目的函　豫调办投函〔2018〕6号～21号

关于转报《南水北调开封供水配套工程利用十八里河退水闸分水专题设计及安全评价报告（审查稿）》的函　豫调办投函〔2018〕22号

关于转报《开封市南水北调入汴工程水量转让方案》的函　豫调办投函〔2018〕23号

关于泥水平衡顶管施工中泥浆运输费用计算有关问题的函　豫调办投函〔2018〕24号

关于支持我省南水北调配套工程管理设施建设的函　豫调办投函〔2018〕26号

关于转报《南水北调中线新郑观音寺调蓄工程分水口方案设计及安全评价报告》的函　豫调办投函〔2018〕27号

关于河南省南水北调受水区周口供水配套工程管理处（含市区管理所）改变外墙漆颜色所需经费有关问题的复函　豫调办投函〔2018〕28号

关于申请河南省南水北调水资源综合利用专项规划编制经费的函　豫调办投函〔2018〕29号

关于再次督促支付南水北调中线一期工程总干渠新乡和卫辉段盆窑南公路桥加宽变更增加投资的函　豫调办投函〔2018〕34号

关于拨付许昌市南水北调配套工程运行管理费的批复　豫调办财〔2018〕1号

关于拨付许昌市南水北调配套工程运行管理费的批复　豫调办财〔2018〕2号

关于拨付周口市南水北调配套工程运行管理费的批复　豫调办财〔2018〕3号

关于清理欠缴水费的通知　豫调办财〔2018〕4号～16号

关于拨付平顶山市南水北调配套工程运行管理费的批复　豫调办财〔2018〕17号

关于拨付漯河市南水北调配套工程运行管理费的批复　豫调办财〔2018〕18号

河南省南水北调办公室关于下达2018年度运行管理费支出预算的通知　豫调办财

〔2018〕19号~32号

关于拨付安阳市南水北调配套工程运行管理费的批复　豫调办财〔2018〕33号

关于拨付郑州市南水北调配套工程运行管理费的批复　豫调办财〔2018〕34号

关于拨付平顶山市南水北调配套工程运行管理费的批复　豫调办财〔2018〕35号

关于对《河南省南水北调工程水费收缴及使用管理暂行办法》提出协商会签意见的函　豫调办财〔2018〕36号~39号

关于对许昌市南水北调生态用水水价的回复　豫调办财〔2018〕40号

关于拨付许昌市南水北调配套工程运行管理费的批复　豫调办财〔2018〕41号

关于拨付鹤壁市南水北调配套工程运行管理费的批复　豫调办财〔2018〕42号

关于拨付南阳市南水北调配套工程运行管理费的批复　豫调办财〔2018〕43号

关于河南省南水北调办公室（建管局）审计问题反馈意见的说明　豫调办财〔2018〕44号

关于召开审计署审计南水北调工程建设整改工作会议的通知　豫调办财〔2018〕45号

关于拨付郑州市南水北调配套工程运行管理费的批复　豫调办财〔2018〕46号

关于拨付2号口门郑州三水厂支线损坏管道修复费用的批复　豫调办财〔2018〕47号

河南省南水北调办公室关于追加2018年度基本支出经费的申请　豫调办财〔2018〕60号

关于报送2017年度固定资产投资报表的函　豫调办财函〔2018〕1号

关于提前归还南水北调配套工程借款本金的函　豫调办财函〔2018〕2号

关于清理欠缴水费情况通报的函　豫调办财函〔2018〕3号~13号

关于催缴南水北调工程水费的函　豫调办财函〔2018〕14号~26号

河南省南水北调办公室关于报送2019-2021年一般性项目支出财政规划的函　豫调办财函〔2018〕27号

河南省南水北调办关于上缴存量资金的函　豫调办财函〔2018〕28号

关于《关于南水北调配套工程获嘉县管理所古墓葬考古发掘费用有关问题的请示》的批复　豫调办移〔2018〕1号

关于《安阳市南水北调办公室关于尽快明确南水北调配套工程管理处所补偿项目及标准的请示》的回复　豫调办移〔2018〕2号

关于《关于征求河南省生态保护红线划定方案（征求意见稿）意见的函》的反馈意见　豫调办移〔2018〕3号

关于对2017065、2017066号举报事项调查核实情况的报告　豫调办移〔2018〕4号

关于对南水北调焦作城区段两岸保护性绿化带项目建设请示的回复　豫调办移〔2018〕5号

关于《安阳市南水北调配套工程建管局关于南水北调配套工程有关文物考古勘探的请示》的批复　豫调办移〔2018〕6号

关于《南阳市南水北调中线工程领导小组办公室关于配套工程阀井加高处理征迁补偿问题的请示》的回复　豫调办移〔2018〕7号

关于淇河西峡段水质污染事件的报告　豫调办移〔2018〕8号

关于《南阳市南水北调中线工程领导小组办公室关于配套工程阀井加高处理工程征地范围的请示》的回复　豫调办移〔2018〕9号

关于沿太行高速公路新乡段穿越南水北调饮用水水源保护区工程项目环境影响审查意见　豫调办移〔2018〕10号

关于《南阳市南水北调中线工程领导小组办公室关于建设方城县南水北调主题公园的请示》的回复　豫调办移〔2018〕11号

关于召开配套工程3月份征迁安置资金梳理工作推进会的通知　豫调办移〔2018〕12号

关于报送河南省南水北调配套工程输水管道中心线坐标的通知　豫调办移〔2018〕13号

关于《关于新乡市南水北调配套工程卫辉市管理所建设用地有关问题的请示》的回复　豫

调办移〔2018〕14号

关于《关于南水北调配套工程获嘉县管理所文物勘探费用有关问题的请示》的批复　豫调办移〔2018〕15号

关于安阳市祥通包装材料有限公司项目的批复　豫调办移〔2018〕16号

关于安阳市宏昌商砼有限公司技改扩建项目的批复　豫调办移〔2018〕17号

关于举办南水北调京豫对口协作运行管理培训班的通知　豫调办移〔2018〕18号

关于对焦作市白马门河截污管道工程项目的批复　豫调办移〔2018〕19号

关于对焦作市新河生态治理项目的批复　豫调办移〔2018〕20号

关于核对河南省南水北调配套工程输水管道中心线坐标的通知　豫调办移〔2018〕21号

关于2018年河南省水污染防治四大攻坚战役实施方案的修改意见　豫调办移〔2018〕22号

关于河南省生态保护红线划定方案（草案）的修改意见　豫调办移〔2018〕23号

关于印发《河南省南水北调受水区供水配套工程征迁安置县级验收试点实施方案》的通知　豫调办移〔2018〕24号

关于提供南水北调中线工程总干渠沿线县区行政区划总干渠桩号和长度的通知　豫调办移〔2018〕25号

关于开展配套工程征迁安置资金复核工作的通知　豫调办移〔2018〕26号

关于追回配套工程23号线路设计变更前已兑付征迁资金的通知　豫调办移〔2018〕27号

关于河南省生态保护红线划定方案（草案）调整原则的反馈意见　豫调办移〔2018〕28号

关于加强配套工程奖励资金使用管理的通知　豫调办移〔2018〕29号

关于做好南水北调配套工程永久用地土地调查的通知　豫调办移〔2018〕30号

关于安阳市龙安产业集聚区开发建设有限公司光电（照明）标准化厂房项目的批复　豫调办移〔2018〕31号

关于转发《关于做好中央环境保护督察"回头看"期间信息报送工作的通知》的通知　豫调办移〔2018〕32号

关于开展南水北调中线工程总干渠污染风险点整治工作督导的通知　豫调办移〔2018〕33号

关于《生态保护红线管理办法（暂行）》（征求意见稿）的反馈意见　豫调办移〔2018〕34号

关于举办南水北调京豫对口协作项目水质保护培训班的通知　豫调办移〔2018〕35号

关于征求《河南省南水北调受水区供水配套工程建设征迁安置验收实施细则（修订稿）》意见的通知　豫调办移〔2018〕36号

关于报送《河南省南水北调办公室污染防治攻坚三年行动实施方案（2018-2020年）》的报告　豫调办移〔2018〕37号

关于对焦作市兴美再生资源有限公司木材再生资源利用项目选址的批复　豫调办移〔2018〕38号

关于建立丹江口库区及上游水污染防治和水土保持"十三五"规划实施情况信息调度制度的通知　豫调办移〔2018〕39号

河南省南水北调办公室关于报送中央环境保护督察反馈意见整改方案的报告　豫调办移〔2018〕40号

关于对鲁山县安平耐火材料有限公司鲁阳加油站项目的批复　豫调办移〔2018〕41号

关于对李河（截留沟-新河）生态治理工程项目的批复　豫调办移〔2018〕42号

关于对安阳市中农联农副产品批发市场物流园项目的批复　豫调办移〔2018〕43号

关于对安阳市高新区建设投资有限公司新材料标准厂房项目及复星合力400万吨高延性冷轧带肋钢筋项目的批复　豫调办移〔2018〕44号

关于2017年度生态环境保护规划实施情况和2018年工作打算的函　豫调办移函〔2018〕

1号

关于提供2017年度水污染防治攻坚战工作完成情况的函 豫调办移函〔2018〕2号

关于征求对《洛阳市南水北调中线水源保护"十三五"目标责任书（征求意见稿）》意见的函 豫调办移函〔2018〕3号

关于征求对《三门峡市南水北调中线水源保护"十三五"目标责任书（征求意见稿）》意见的函 豫调办移函〔2018〕4号

关于征求对《南阳市南水北调中线水源保护"十三五"目标责任书（征求意见稿）》意见的函 豫调办移函〔2018〕5号

关于协助审查淅川县丹江小三峡生态文化旅游区生态休闲主题区项目的复函豫调办移函〔2018〕8号

关于报送《南水北调中线一期工程河南段压覆矿产资源补偿复核报告》的函 豫调办移函〔2018〕10号

河南省南水北调办公室关于印发河南省南水北调中线工程2018年水污染防治攻坚战实施方案的函 豫调办移函〔2018〕11号

关于征求对丹江口库区及上游水污染防治和水土保持"十三五"规划实施考核办法（征求意见稿）修改意见的函 豫调办移函〔2018〕13号

关于十九大以来水质保障和维稳加固措施落实情况的复函 豫调办移函〔2018〕14号

关于南水北调中线一期工程受水区地下水压采总体方案实施情况自查报告（修改意见稿）意见的复函 豫调办移函〔2018〕15号

河南省南水北调办公室关于对《森林河南生态建设规划（2018-2027年）》征求意见的复函 豫调办移函〔2018〕16号

关于商请提供河南省第十三届人民代表大会第一次会议代表建议第663号协办意见的函 豫调办移函〔2018〕17号

关于商请提供中国人民政协协商会议河南省第十二届委员会第一次会议1210638号提案协办意见的函 豫调办移函〔2018〕18号

省南水北调办公室关于提供省政协1210956号提案所涉内容相关材料的函 豫调办移函〔2018〕19号

关于加快推进南水北调中线工程总干渠（河南段）两侧饮用水水源保护区标志、标牌建设的函 豫调办移函〔2018〕20号

关于开展《丹江口库区及上游水污染防治和水土保持"十三五"规划》2018年第二季度督导检查的函 豫调办移函〔2018〕21号

关于商请对南水北调中线工程总干渠两侧生态带建设情况联合督导检查的函 豫调办移函〔2018〕22号

关于转发《中共河南省委 河南省人民政府关于深入推进安全生产领域改革发展的实施意见》的通知 豫调办建〔2018〕1号

关于召开河南省南水北调工程运行管理第三十二次例会的通知 豫调办建〔2018〕3号

关于印发郑州市配套工程运行管理问题整改情况复查报告的通知 豫调办建〔2018〕4号

关于印发漯河市配套工程运行管理问题整改情况复查报告的通知 豫调办建〔2018〕5号

关于平顶山市南水北调配套工程13号口门高庄泵站代运行项目分标方案的批复 豫调办建〔2018〕6号

河南省南水北调办公室关于报送2017年第四季度配套工程建设进展情况的报告 豫调办建〔2018〕7号

关于提供2018年度河南省南水北调工程沿线防汛行政负责人及联系人名单的通知 豫调办建〔2018〕8号

关于周口市、漯河市配套工程运行管理飞检问题整改复查情况的通报 豫调办建〔2018〕9号

关于印发邓州市第三水厂支线管道问题初步调查报告的通知 豫调办建〔2018〕10号

关于许昌市配套工程运行管理飞检问题整改复查情况的通报 豫调办建〔2018〕11号

关于印发许昌市配套工程运行管理问题整改情况复查报告的通知 豫调办建〔2018〕12号

关于印发周口市配套工程运行管理问题整改情况复查报告的通知　豫调办建〔2018〕13号
关于召开河南省南水北调工程运行管理第三十三次例会的通知　豫调办建〔2018〕14号
关于报送2018年度河南省南水北调工程防汛行政责任人名单的报告　豫调办建〔2018〕15号
关于河南省南水北调受水区供水配套工程基础信息管理系统、巡检智能管理系统建设方案的批复　豫调办建〔2018〕16号
关于做好2018年度我省南水北调工程防汛工作的通知　豫调办建〔2018〕17号
关于转发《关于加强全国"两会"期间安全管理工作的通知》的通知　豫调办建〔2018〕18号
关于印发《河南省南水北调受水区供水配套工程泵站管理规程》和《河南省南水北调受水区供水配套工程重力流输水线路管理规程》的通知　豫调办建〔2018〕19号
关于开展河南省南水北调配套工程2018年运行管理"互学互督"活动的通知　豫调办建〔2018〕20号
关于南阳市南水北调配套工程泵站代运行项目分标方案（修改稿）的批复　豫调办建〔2018〕21号
关于转发《关于开展河南省水利创新成果奖评选的通知》的通知　豫调办建〔2018〕22号
关于印发平顶山市配套工程运行管理巡查报告的通知　豫调办建〔2018〕23号
关于转发《关于加大南水北调工程运行期安全风险隐患排查治理工作的通知》的通知　豫调办建〔2018〕24号
关于召开河南省南水北调工程运行管理第三十四次例会的通知　豫调办建〔2018〕25号
关于印发邓州市配套工程运行管理巡查报告的通知　豫调办建〔2018〕26号
关于印发南阳市配套工程运行管理巡查报告的通知　豫调办建〔2018〕27号
关于做好我省通过总干渠分水口门生态补水工作的通知　豫调办建〔2018〕28号
关于转发《关于做好清明节、五一节期间安全管理和防洪度汛工作的通知》的通知　豫调办建〔2018〕29号
关于定期报送南水北调生态补水情况的通知　豫调办建〔2018〕30号
关于调整河南省南水北调中线工程防汛抢险指挥部成员的通知　豫调办建〔2018〕31号
关于印发安阳市配套工程管理处所质量专项巡查报告的通知　豫调办建〔2018〕32号
关于印发鹤壁市配套工程管理处所质量专项巡查报告的通知　豫调办建〔2018〕33号
关于印发郑州市配套工程管理处所质量专项巡查报告的通知　豫调办建〔2018〕34号
关于印发周口市配套工程管理处所质量专项巡查报告的通知　豫调办建〔2018〕35号
关于印发许昌市配套工程管理处所质量专项巡查报告的通知　豫调办建〔2018〕36号
关于印发焦作市配套工程管理处所质量专项巡查报告的通知　豫调办建〔2018〕37号
关于印发平顶山市配套工程管理处所质量专项巡查报告的通知　豫调办建〔2018〕38号
关于印发安阳市配套工程运行管理巡查报告的通知　豫调办建〔2018〕39号
关于做好我省南水北调配套工程验收成果备案工作的通知　豫调办建〔2018〕40号
关于印发《许昌市、漯河市配套工程压力计及流量计故障问题调查报告》的通知　豫调办建〔2018〕41号
关于印发新乡市配套工程运行管理巡查报告的通知　豫调办建〔2018〕42号
关于我省南水北调受水区供水配套工程工程验收进展情况的通报　豫调办建〔2018〕44号
关于协调处理我省南水北调工程安全度汛有关问题的通知　豫调办建〔2018〕45号
关于召开河南省南水北调工程运行管理第三十五次例会的紧急通知　豫调办建〔2018〕46号
关于转发《武国定副省长在省防汛抗旱指挥部

第一次视频会议上讲话的通知》的通知　豫调办建〔2018〕47号

河南省南水北调办公室关于做好水利部南水北调规划设计管理局开展生态补水调研配合工作的通知　豫调办建〔2018〕48号

关于印发郑州市配套工程运行管理巡查报告的通知　豫调办建〔2018〕49号

关于焦作市南水北调配套工程26号分水口门博爱供水工程北石涧泵站代运行项目招标方案的批复　豫调办建〔2018〕50号

关于印发焦作市配套工程运行管理巡查报告的通知　豫调办建〔2018〕51号

关于印发《郑州市配套工程港区一水厂输水线路漏水问题调查报告》的通知　豫调办建〔2018〕52号

河南省南水北调中线工程建设领导小组办公室约谈通知书　豫调办建〔2018〕53号

关于印发《河南省南水北调受水区平顶山供水配套工程11-1号分水口门输水线路穿越鲁平大道顶管问题调查报告》的通知　豫调办建〔2018〕54号

河南省南水北调办公室2018年第一次抽查防汛值守情况的通报　豫调办建〔2018〕55号

关于印发周口市配套工程运行管理巡查报告的通知　豫调办建〔2018〕56号

关于印发濮阳市配套工程运行管理巡查报告的通知　豫调办建〔2018〕57号

河南省南水北调办公室约谈通知书　豫调办建〔2018〕59号

关于印发《河南省南水北调受水区供水配套工程35号分水口门输水线路南乐供水支线调度运行方案（试行）》的通知　豫调办建〔2018〕60号

关于印发《邓州市配套工程一水厂支线管道漏水问题调查报告》的通知　豫调办建〔2018〕61号

河南省南水北调办公室约谈通知书　豫调办建〔2018〕62号

关于进一步加强我省南水北调配套工程井下作业安全生产工作的通知　豫调办建〔2018〕63号

河南省南水北调办公室关于今年汛前我省南水北调生态补水情况的通报　豫调办建〔2018〕64号

关于转发《河南省防汛抗旱指挥部关于贯彻落实省领导批示精神的通知》的通知　豫调办建〔2018〕65号

关于印发鹤壁市配套工程运行管理巡查报告的通知　豫调办建〔2018〕66号

关于印发漯河市配套工程运行管理巡查报告的通知　豫调办建〔2018〕67号

关于河南省南水北调配套工程安全生产及防汛检查情况的通报　豫调办建〔2018〕68号

关于印发许昌市配套工程运行管理巡查报告的通知　豫调办建〔2018〕69号

关于调整河南省南水北调中线工程安全生产委员会成员的通知　豫调办建〔2018〕70号

关于转发《河南省人民政府办公厅关于印发河南省进一步清理规范涉企保证金工作实施方案的通知》的通知　豫调办建〔2018〕71号

关于检查配套工程输水线路尾工建设进度及配套工程验收工作的通知　豫调办建〔2018〕72号

关于印发邓州市配套工程运行管理问题整改情况复查报告的通知　豫调办建〔2018〕73号

关于印发南阳市配套工程运行管理问题整改情况复查报告的通知　豫调办建〔2018〕74号

河南省南水北调办公室关于划定河南省南水北调受水区郑州段配套工程管理范围和保护范围的报告　豫调办建〔2018〕75号

关于转发《关于南水北调中线总干渠长葛段沉降情况的报告》的通知　豫调办建〔2018〕76号

关于转发《关于举办水利安全生产标准化建设培训的通知》的通知　豫调办建〔2018〕77号

关于印发郑州市配套工程运行管理问题整改情况复查报告的通知　豫调办建〔2018〕78号

关于转发《水利部南水北调司关于做好中秋、国庆期间南水北调工程安全生产工作的通知》的通知　豫调办建〔2018〕79号

关于印发新乡市配套工程运行管理问题整改情况复查报告的通知　豫调办建〔2018〕80号

关于对《南水北调设计单元工程完工验收工作导则》梳理完善的意见　豫调办建〔2018〕81号

关于印发《郑州市南水北调配套工程21号线路尖岗水库出库工程引水口管道裂缝问题调查报告》的通知　豫调办建〔2018〕82号

关于召开南水北调总干渠郑州段桥梁和土建工程交叉施工遗留问题协调会的通知　豫调办建〔2018〕91号

关于印发鹤壁市配套工程运行管理问题整改情况复查报告的通知　豫调办建〔2018〕95号

关于印发焦作市配套工程运行管理问题整改情况复查报告的通知　豫调办建〔2018〕96号

关于采购郑州供水配套工程白庙水厂输水管线末端调流阀的复函　豫调办建函〔2018〕1号

关于新乡市南水北调配套工程液压设备更换液压油有关问题的复函　豫调办建函〔2018〕2号

关于对《关于征求对〈河南省人民政府规章清理意见〉意见的函》的复函　豫调办建函〔2018〕3号

关于河南省南水北调受水区供水配套工程2018年2月用水计划的函　豫调办建函〔2018〕4号

关于尽快协调解决农民工工资问题的紧急函　豫调办建函〔2018〕5号

关于安阳中盈化肥有限公司使用南水北调水的函　豫调办建函〔2018〕6号

关于河南省南水北调受水区供水配套工程2018年3月用水计划的函　豫调办建函〔2018〕7号

关于商签2017-2018年度供水合同的函　豫调办建函〔2018〕8号

关于协调提供郑州供水配套工程调蓄水库管理范围和保护范围控制点坐标值的函　豫调办建函〔2018〕9号

关于河南省南水北调受水区供水配套工程2018年4月用水计划的函　豫调办建函〔2018〕10号

关于河南省南水北调受水区供水配套工程2018年5月用水计划的函　豫调办建函〔2018〕11号

关于安阳中盈化肥有限公司使用南水北调水量的复函　豫调办建函〔2018〕12号

关于焦作供水配套工程26号分水口门博爱供水工程北石涧泵站机组启动验收的复函　豫调办建函〔2018〕13号

关于许昌市南水北调办增补2018年防汛抢险物资的复函　豫调办建函〔2018〕14号

关于鹤壁市南水北调办购买2018年防汛物资的复函　豫调办建函〔2018〕15号

关于许昌市申请购置16号供水线路任坡泵站3#机组液控偏心半球阀门的复函　豫调办建函〔2018〕16号

关于河南省南水北调受水区供水配套工程2018年6月用水计划的函　豫调办建函〔2018〕17号

关于漯河市南水北调配套工程部分管道压力表故障的复函　豫调办建函〔2018〕18号

关于许昌市申请更换配套工程部分压力计、流量计等设备的复函　豫调办建函〔2018〕19号

关于许昌市申请购置南水北调配套工程运行管理巡查用电动自行车的复函　豫调办建函〔2018〕20号

关于安阳市南水北调办购置工程防汛物资请示的复函　豫调办建函〔2018〕21号

关于协调处理我省南水北调工程交叉河道上下游采砂活动及其遗留问题的函　豫调办建函〔2018〕22号

关于河南省南水北调受水区供水配套工程2018年7月用水计划的函　豫调办建函〔2018〕23号

关于郑州市采购刘湾泵站设备零件的复函　豫调办建函〔2018〕24号

关于焦作市南水北调办购置工程防汛物资请示的复函　豫调办建函〔2018〕25号

关于河南省南水北调受水区供水配套工程2018年8月用水计划的函　豫调办建函〔2018〕26号

关于进一步加强我省南水北调受水区郑州供水配套工程设施保护管理的函　豫调办建函〔2018〕27号

关于河南易凯针织有限责任公司使用南水北调水的函　豫调办建函〔2018〕28号

关于《关于开展南水北调工程通水效益统计调查表填报工作的函》的复函　豫调办建函〔2018〕29号

关于河南省南水北调受水区供水配套工程2018年9月用水计划的函　豫调办建函〔2018〕30号

河南省南水北调办公室关于协调督促郑州黄河工程有限公司全面履约的函　豫调办建函〔2018〕31号

关于河南省南水北调受水区供水配套工程2018年10月用水计划的函　豫调办建函〔2018〕32号

关于安阳中盈化肥有限公司供水工程连接南水北调35号分水口门配套工程试通水运行调度方案的复函　豫调办建函〔2018〕33号

关于我省配套工程管理处所建设2017年12月份进展情况的通报　豫调办监〔2018〕1号

关于印发《南水北调配套工程鹤壁市供水配套工程运行管理稽察整改情况监督检查报告》的通知　豫调办监〔2018〕2号

关于《关于报送工程运行管理举报事项整改处理情况的通知》（综监督函〔2017〕317号）调查核实情况的报告　豫调办监〔2018〕3号

河南省南水北调办公室关于开展对我省南水北调配套工程执法检查活动的通知　豫调办监〔2018〕4号

关于焦作市马村区南水北调工程款支付问题的回复　豫调办监〔2018〕5号

关于我省配套工程管理处所建设2018年1月份进展情况的通报　豫调办监〔2018〕6号

关于对南水北调配套工程许昌市鄢陵供水工程建设情况进行稽察的通知　豫调办监〔2018〕7号

关于我省配套工程管理处所建设2018年2月份进展情况的通报　豫调办监〔2018〕8号

关于我省配套工程管理处所建设2018年3月份进展情况的通报　豫调办监〔2018〕9号

关于许昌市鄢陵县南水北调供水配套工程建设稽察整改的通知　豫调办监〔2018〕10号

关于濮阳市配套工程运行管理飞检情况的通报　豫调办监〔2018〕12号

关于《关于报送工程运行管理举报事项整改处理情况的通知》（综监督函〔2018〕62号）调查核实情况的报告　豫调办监〔2018〕13号

关于我省配套工程未开工建设管理处所进展情况的通报　豫调办监〔2018〕14号

关于国调办转办群众来信（综监督函〔2018〕44号）调查核实处理情况的报告　豫调办监〔2018〕15号

关于转发国务院南水北调办公室《关于印发南水北调系统贯彻落实“谁执法谁普法”普法责任制实施意见的通知》的通知　豫调办监〔2018〕16号

关于我省配套工程管理处所建设2018年4月份进展情况的通报　豫调办监〔2018〕17号

关于对平顶山市南水北调配套工程运行管理情况进行稽察的通知　豫调办监〔2018〕18号

关于我省配套工程管理处所建设2018年5月份进展情况的通报　豫调办监〔2018〕19号

关于平顶山市南水北调配套工程运行管理情况稽察整改的通知　豫调办监〔2018〕20号

关于印发《南水北调中线一期工程总干渠辉县段峪河渠道暗渠工程防洪安全处理项目有关问题的调查报告》的通知　豫调办监

〔2018〕21号

关于落实鹤壁市南水北调配套工程运行管理稽察整改的通知　豫调办监〔2018〕22号

关于我省配套工程管理处所建设2018年6月份进展情况的通报　豫调办监〔2018〕23号

关于对我省配套工程管理处所建设进行督导的通知　豫调办监〔2018〕24号

关于我省配套工程管理处所和个别尾工建设情况的通报　豫调办监〔2018〕25号

关于我省配套工程管理处所建设2018年7月份进展情况的通报　豫调办监〔2018〕26号

关于转发司法部　国家网信办　全国普法办关于开展第十二届全国百家网站微信公众号法律知识竞赛活动的通知　豫调办监〔2018〕27号

关于我省配套工程管理处所建设2018年8月份进展情况的通报　豫调办监〔2018〕28号

关于我省配套工程管理处所建设2018年9月份进展情况的通报　豫调办监〔2018〕29号

关于我省配套工程管理处所建设2018年10月份进展情况的通报　豫调办监〔2018〕30号

关于我省配套工程管理处所建设2018年11月份进展情况的通报　豫调办监〔2018〕31号

关于转发省政府办公厅批转"补充报送南水北调配套工程建设计划及执行情况"的函　豫调办监函〔2018〕1号

关于加快平顶山市南水北调配套工程管理处所建设的函　豫调办监函〔2018〕2号

关于加快新乡市南水北调配套工程管理处所建设的函　豫调办监函〔2018〕3号

河南省南水北调办公室关于协调解决西漯公路扩宽工程违规穿越南水北调配套工程有关问题的函　豫调办监函〔2018〕4号

关于参加水利部调研我省南水北调配套工程及受水水厂建设座谈会的函　豫调办监函〔2018〕5号

关于对主任办公会议纪要落实情况进行督查的通知　豫调办督〔2018〕1号

关于对领导批示事项落实情况进行督查的通知　豫调办督〔2018〕2号

第一季度重要工作事项落实情况　豫调办督〔2018〕3号

关于做好2017年度民主评议党员、民主评议党支部工作的通知　豫调办党〔2018〕1号

关于召开2017年度党组织组织生活会的通知　豫调办党〔2018〕2号

关于印发《河南省南水北调办公室机关党委2018年工作要点》的通知　豫调办党〔2018〕3号

关于印发《王国栋同志在全省南水北调系统党风廉政建设会议上的讲话》的通知　豫调办党〔2018〕4号

关于表彰2017年度先进党支部、优秀共产党员的决定　豫调办党〔2018〕5号

关于印发《王国栋同志在省南水北调办党建暨精神文明建设工作会议上的讲话》的通知　豫调办党〔2018〕6号

关于印发《河南省南水北调办公室机关党委2018年度理论学习的安排意见》的通知　豫调办党〔2018〕7号

关于认真学习贯彻2018年全国两会精神的通知　豫调办党〔2018〕8号

关于新乡段建管处党支部书记选举结果的批复　豫调办党〔2018〕9号

关于转发省委宣传部《关于认真组织学习〈习近平新时代中国特色社会主义思想三十讲〉的通知》的通知　豫调办党〔2018〕10号

关于印发《河南省南水北调办公室2018年党支部全面从严治党主体责任目标任务》的通知　豫调办党〔2018〕11号

关于转发《关于印发〈中共河南省水利厅党组关于推进以案促改常态化制度化的实施方案〉的通知》的通知　豫调办党〔2018〕12号

关于环境与移民处等党支部增补委员的批复　豫调办党〔2018〕13号

关于转发《中共河南省水利厅党组关于印发领导干部党风廉政建设和反腐败警示教育工作

实施方案的通知》的通知 豫调办党〔2018〕14号

关于对高攀同志进行表彰的通报 豫调办党〔2018〕15号

关于转发中共河南省水利厅党组《关于建立巡视整改台账及定期报告制度的通知》的通知 豫调办党〔2018〕16号

关于综合处党支部增补委员的批复 豫调办党〔2018〕17号

关于转发《中共河南省水利厅党组关于印发〈河南省水利厅基层党组织落实全面从严治党主体责任考评办法（试行）〉的通知》的通知 豫调办党〔2018〕18号

关于印发《河南省南水北调办公室坚持标本兼治推进以案促改工作实施方案》的通知 豫调办党〔2018〕19号

河南省南水北调办公室职工代表大会制度 豫调办工〔2016〕1号

河南省南水北调办公室机关工会民主管理工作制度 豫调办工〔2015〕3号

关于成立网络文明传播志愿小组的通知 豫调办文明〔2018〕1号

关于2017年第四季度机关工间操活动情况的通报 豫调办文明〔2018〕2号

关于印发《河南省南水北调办公室2018年度精神文明建设工作要点》的通知 豫调办文明〔2018〕3号

关于开展2017年度文明处室、文明职工评选活动的通知 豫调办文明〔2018〕4号

关于开展2017年度文明家庭评选活动的通知 豫调办文明〔2018〕5号

关于表彰2017年度优秀文明处室、文明职工的决定 豫调办文明〔2018〕6号

关于表彰2017年度文明家庭的决定 豫调办文明〔2018〕7号

关于调整结对帮扶农村精神文明创建工作领导小组成员的通知 豫调办文明〔2018〕8号

关于成立省南水北调办文明服务领导小组的通知 豫调办文明〔2018〕10号

河南省南水北调办公室关于印发文明服务活动实施方案的通知 豫调办文明〔2018〕11号

关于2017年南水北调中线一期河南省委托项目工程档案验收情况的通报 豫调建综〔2018〕2号

关于膨胀土试验段（南阳段）单元工程档案检查评定意见整改情况的报告 豫调建综〔2018〕3号

关于报送2018年设计单元工程档案专项验收计划的报告 豫调建综〔2018〕4号

关于膨胀岩(潞王坟)试验段设计单元工程档案法人验收存在问题整改完成情况的报告 豫调建综〔2018〕5号

关于石门河倒虹吸设计单元工程档案法人验收存在问题整改完成情况的报告 豫调建综〔2018〕6号

关于移交南水北调中线一期工程总干渠新郑南段设计单元工程档案的报告 豫调建综〔2018〕7号

关于南水北调中线一期工程总干渠方城段设计单元工程档案检查评定意见整改情况的报告 豫调建综〔2018〕8号

关于南水北调中线一期工程总干渠南阳市段设计单元工程档案项目法人验收意见整改情况的报告 豫调建综〔2018〕9号

关于宝丰至郏县段设计单元工程档案法人验收整改完成情况的报告 豫调建综〔2018〕10号

关于转发《关于配合开展方城段设计单元工程档案专项验收的函》的通知 豫调建综〔2018〕11号

关于南水北调中线一期工程总干渠焦作2段设计单元工程档案检查评定意见整改情况的报告 豫调建综〔2018〕12号

关于移交南水北调中线一期工程禹州和长葛段设计单元工程档案的报告 豫调建综〔2018〕13号

关于移交南水北调中线一期总干渠河南委托项目工程档案的申请 豫调建综〔2018〕14号

关于南水北调中线一期工程总干渠石门河倒虹吸段设计单元工程档案检查评定意见整改情况的报告　豫调建综〔2018〕15号

关于南水北调中线一期工程总干渠膨胀岩（土）试验段（潞王坟）设计单元工程档案检查评定意见整改情况的报告　豫调建综〔2018〕16号

关于南水北调中线一期工程总干渠辉县段设计单元工程档案项目法人验收所提问题整改完成的报告　豫调建综〔2018〕17号

关于南水北调中线一期河南省委托项目工程档案验收情况的通报　豫调建综〔2018〕18号

关于南水北调中线一期工程总干渠潮河段设计单元工程档案项目法人验收所提问题整改完成的报告　豫调建综〔2018〕19号

关于南水北调中线一期工程总干渠郑州2段设计单元工程档案项目法人验收所提问题整改完成的报告　豫调建综〔2018〕20号

关于南水北调中线一期工程总干渠郑州1段设计单元工程档案项目法人验收所提问题整改完成的报告　豫调建综〔2018〕21号

关于做好南水北调中线一期工程河南省委托项目工程档案移交工作的通知　豫调建综〔2018〕22号

关于移交南水北调中线一期工程总干渠焦作2段设计单元工程档案的报告　豫调建综〔2018〕23号

关于新乡和卫辉段设计单元工程档案项目法人验收所提问题整改完成情况的报告　豫调建综〔2018〕24号

河南省南水北调建管局关于成立公务用车制度改革领导小组的通知　豫调建综〔2018〕25号

关于南水北调中线一期工程河南省委托项目7月档案验收情况的通报　豫调建综〔2018〕26号

关于南水北调中线一期工程总干渠宝丰至郏县段设计单元工程档案检查评定意见整改情况的报告　豫调建综〔2018〕27号

关于移交南水北调中线一期工程方城段、膨胀土（南阳）试验段设计单元工程档案的报告　豫调建综〔2018〕28号

关于南水北调中线一期工程总干渠石门河倒虹吸、潞王坟试验段设计单元工程档案专项验收整改情况的报告　豫调建综〔2018〕30号

关于南水北调中线一期工程总干渠白河倒虹吸设计单元工程档案检查评定意见整改情况的报告　豫调建综〔2018〕31号

关于移交南水北调中线一期工程石门河倒虹吸、潞王坟试验段　设计单元工程档案的报告　豫调建综〔2018〕32号

关于参加南水北调总干渠新郑南段工程档案项目法人验收会的函　豫调建综函〔2017〕1号

关于安阳段设计单元工程档案移交的函　豫调建综函〔2017〕4号

关于河南省南水北调受水区鹤壁供水配套工程施工9标浚县支线（Kc0+090-Kc2+168.952）管线合同变更的批复　豫调建投〔2018〕1号

关于南水北调中线一期总干渠黄河北～姜河北（委托建管项目）新乡卫辉段第二施工标段谷驼取土场弃渣回填二次倒运土变更的批复　豫调建投〔2018〕2号

关于南水北调中线一期总干渠黄河北～姜河北（委托建管项目）新乡卫辉段第二施工标段大张王屯取土场弃渣回填二次倒运土变更的批复　豫调建投〔2018〕3号

关于南水北调中线一期工程总干渠黄河北～姜河北（委托建管项目）辉县段第二施工标段河滩段处理设计变更造成产值减少工程索赔的批复　豫调建投〔2018〕4号

关于印发河南省南水北调受水区濮阳供水配套工程施工ⅠⅡⅤ标关键项目工程量减少引起的单价调增变更审查意见的通知　豫调建投〔2018〕5号

关于印发河南省南水北调受水区焦作供水配套工程采购1标25号、26号输水线路管材规格

调整两项合同变更审查意见的通知 豫调建投〔2018〕6号

关于河南省南水北调受水区新乡供水配套工程天津市常天管道有限公司材料价款单方面结算问题的回复 豫调建投〔2018〕7号

关于印发河南省南水北调受水区新乡供水配套工程施工8标、14标、20标三项合同变更审查意见的通知 豫调建投〔2018〕8号

关于转发《关于对焦作2段等3个设计单元工程核查发现的问题进行整改的通知》的通知 豫调建投〔2018〕9号

关于河南省南水北调受水区新乡供水配套工程施工9标合同变更的批复 豫调建投〔2018〕10号

关于南水北调中线一期工程总干渠沙河南～黄河南（委托建管项目）宝丰至郏县段混凝土用砂石骨料变更处理意见建议的请示 豫调建投〔2018〕11号

关于印发河南省南水北调受水区郑州供水配套工程施工1标、8标、9标三项合同变更审查意见的通知 豫调建投〔2018〕12号

关于南水北调中线工程安阳段工程量稽察整改意见及相关要求的通知 豫调建投〔2018〕13号

关于河南省南水北调受水区焦作供水配套工程26号分水口门博爱供水工程施工02标合同变更项目的批复 豫调建投〔2018〕14号

关于表彰“2017年河南省南水北调配套工程自动化建设先进施工单位”的决定 豫调建投〔2018〕15号

关于南水北调中线一期工程总干渠沙河南～黄河南（委托建管项目）潮河段超限额价差的请示 豫调建投〔2018〕16号

关于南阳试验段试验期延长工程索赔的批复 豫调建投〔2018〕17号

关于南阳试验段土方平衡工程变更的批复 豫调建投〔2018〕18号

关于河南省南水北调受水区新乡供水配套工程32号供水管线穿越铁路工程增加人工费问题的批复 豫调建投〔2018〕19号

关于南阳市段第二施工标段土方平衡工程变更的批复 豫调建投〔2018〕20号

关于南水北调中线一期工程总干渠沙河南～黄河南（委托建管项目）郑州2段超限额价差的请示 豫调建投〔2018〕21号

关于印发河南省南水北调受水区许昌市境17号、18号分水口门工程建设监理延期服务费用补偿审查意见的通知 豫调建投〔2018〕22号

关于博爱输水线路流量计等设备采购安装请示的批复 豫调建投〔2018〕23号

关于印发监理单位合同延期服务费审查意见的通知 豫调建投〔2018〕24号

关于印发安全监测合同延期及充水试验和通水初期观测费用审查意见的通知 豫调建投〔2018〕25号

关于南阳市段第三施工标段土方平衡工程变更的批复 豫调建投〔2018〕26号

关于南阳市段第六施工标段土方平衡工程变更的批复 豫调建投〔2018〕27号

关于方城段第八施工标段土方平衡合同变更的批复 豫调建投〔2018〕28号

关于施工十一标垂直沟槽开挖支护合同变更的批复 豫调建投〔2018〕29号

关于河南省南水北调受水区郑州供水配套工程施工4标尖岗入库工程变更造价的批复 豫调建投〔2018〕30号

关于河南省南水北调受水区许昌供水配套工程16、17号分水口门供水线路PCCP、钢管采购第一标段工程变更的批复 豫调建投〔2018〕31号

关于南水北调中线一期工程总干渠黄河北-姜河北（委托建管项目）新乡卫辉段第一施工标段渠道土方填筑借土增加费用及新增取土场回填和适当碾压工程变更的批复 豫调建投〔2018〕32号

关于宝丰郏县段第七施工标段渠道降排水工程变更的批复 豫调建投〔2018〕33号

关于施工十一标穿越商水县纬三路道路损毁恢复合同变更的批复　豫调建投〔2018〕34号

关于印发河南省南水北调受水区新乡供水配套工程施工8标穿北环路工程变更审查意见的通知　豫调建投〔2018〕35号

关于印发河南省南水北调受水区安阳供水配套工程施工9标两项合同变更审查意见的通知　豫调建投〔2018〕36号

关于河南省南水北调受水区郑州供水配套工程荥阳管理所地基处理增加经费有关问题的回复　豫调建投〔2018〕37号

关于印发南水北调配套工程23个未开工管理设施建设计划的通知　豫调建投〔2018〕38号

关于方城段第一施工标段土方平衡方案调整工程变更的批复　豫调建投〔2018〕39号

关于对许昌配套工程17号口门输水线路增设经济开发区供水线路设计变更报告的批复　豫调建投〔2018〕40号

关于印发河南省南水北调受水区平顶山供水配套工程11-1号口门城区段垂直支护合同变更审查意见的通知　豫调建投〔2018〕41号

关于南阳市段第二施工标段渠道水泥改性土填筑工程土料翻晒变更的批复　豫调建投〔2018〕42号

关于印发河南省南水北调受水区新乡供水配套工程施工13标合同变更审查意见的通知　豫调建投〔2018〕43号

关于印发河南省南水北调受水区安阳供水配套工程施工12标工程索赔审查意见的通知　豫调建投〔2018〕44号

关于对焦作供水配套工程27号分水口门输水线路设计变更报告的批复　豫调建投〔2018〕45号

关于方城段第九施工标段土方平衡工程变更的批复　豫调建投〔2018〕46号

关于对河南省南水北调受水区新乡供水配套工程施工5标主2+870～3+200段土方开挖变更为石方开挖合同变更有关问题的回复　豫调建投〔2018〕47号

关于印发河南省南水北调受水区周口供水配套工程增加监理二标、三标、四标延期服务费用审查意见的通知　豫调建投〔2018〕48号

关于河南省南水北调受水区南阳供水配套工程施工9标隧洞工程合同变更措施费有关问题的回复　豫调建投〔2018〕49号

关于焦作供水配套工程监理延期服务费用补偿有关问题的回复　豫调建投〔2018〕50号

关于南水北调中线一期工程总干渠潮河段解放北路排水方案变更有关问题的回复　豫调建投〔2018〕51号

关于焦作供水配套工程监理延期服务费用补偿有关问题的回复　豫调建投〔2018〕52号

关于河南省南水北调受水区周口供水配套工程管理处（含市区管理所）装饰有关问题的回复　豫调建投〔2018〕53号

关于基本预备费使用有关事项的通知　豫调建投〔2018〕54号

关于印发河南省南水北调受水区新乡供水配套工程监理一标、二标、三标延期服务费用审查意见的通知　豫调建投〔2018〕55号

关于方城段第六施工标段渠道新增硬岩开挖变更有关问题的批复　豫调建投〔2018〕56号

关于对河南省南水北调受水区新乡供水配套工程施工10标穿南环路线路调整、GX13+951.113～GX14+514.899段线路调整及施工11标穿四环S229公路工程等三项合同变更有关问题的回复　豫调建投〔2018〕57号

关于河南省南水北调受水区焦作供水配套工程温县、修武、博爱管理所分标方案的批复　豫调建投〔2018〕58号

关于河南省南水北调受水区许昌供水配套工程17号口门许昌市经济开发区供水工程分标方案的批复　豫调建投〔2018〕59号

关于南水北调中线一期工程总干渠潞王坟膨胀土试验段价差调整有关事宜的请示　豫调建投〔2018〕60号

关于河南省南水北调受水区郑州供水配套工程

部分输水线路末端管理房用电问题的回复 豫调建投〔2018〕61号

关于河南省南水北调受水区濮阳供水配套工程西水坡支线延长段施工标工程造价问题的回复 豫调建投〔2018〕62号

关于河南省南水北调受水区南阳供水配套工程2号口门邓州二水厂支线渗水问题处理相关费用的回复 豫调建投〔2018〕63号

关于印发河南省南水北调受水区漯河供水配套工程施工1标、4标两项合同变更审查意见的通知 豫调建投〔2018〕64号

关于河南省南水北调受水区郑州供水配套工程施工3标泵站基础处理工程变更有关问题的回复 豫调建投〔2018〕65号

关于印发河南省南水北调受水区清丰供水配套工程施工1标四项合同变更审查意见的通知 豫调建投〔2018〕66号

关于白河倒虹吸降排水及围堰工程变更的批复 豫调建投〔2018〕67号

关于河南省南水北调受水区焦作配套工程27号分水口门供水工程设计变更招标设计的批复 豫调建投〔2018〕68号

关于南水北调中线一期工程总干渠膨胀岩（土）试验段工程潞王坟试验延期工程索赔的批复 豫调建投〔2018〕69号

关于河南省南水北调受水区焦作供水配套工程生产调度中心大楼外墙装饰变更有关问题的回复 豫调建投〔2018〕70号

关于河西台渡槽尾水渠末端箱涵占压须水河截污管道迁改有关问题的回复 豫调建投〔2018〕71号

关于南水北调中线一期工程总干渠郑州2段站马屯弃渣场水土保持变更设计报告的批复 豫调建投〔2018〕72号

关于南阳市南水北调配套工程施工9标隧洞工程合同变更批复复议有关问题的回复 豫调建投〔2018〕73号

关于河南省南水北调受水区漯河供水配套工程管材采购6标合同变更的批复 豫调建投〔2018〕74号

关于南水北调中线一期总干渠黄河北～姜河北（委托建管项目）新乡卫辉段第三施工标段土石方平衡变更的批复 豫调建投〔2018〕75号

关于印发河南省南水北调受水区许昌市境16号分水口门施工二标两项合同变更及17号分水口门建安施工顶管工程合同变更异议审查意见的通知 豫调建投〔2018〕76号

关于印发河南省南水北调受水区南阳供水配套工程施工10标兰营线充库线路新增连接线工程变更资料（修改稿）审查意见的通知 豫调建投〔2018〕77号

关于焦作2段等3个设计单元工程投资核查发现问题整改情况的报告 豫调建投〔2018〕78号

关于印发河南省南水北调受水区郑州供水配套工程施工3标二水厂线路末端顶管工程变更审查意见的通知 豫调建投〔2018〕79号

关于河南省南水北调受水区漯河供水配套工程管材采购3标合同变更的批复 豫调建投〔2018〕80号

关于河南省南水北调受水区新乡供水配套工程31号分水口门加压泵站水泵布置调整变更设计报告的批复 豫调建投〔2018〕81号

关于南水北调中线工程禹州长葛段刘楼北弃渣场整理返还方案的批复 豫调建投〔2018〕82号

关于南水北调中线干线工程新乡和卫辉段塔干连接渠恢复工程有关事宜的请示 豫调建投〔2018〕83号

关于河南省南水北调受水区新乡供水配套工程施工8标穿共产主义渠大堤合同变更的批复 豫调建投〔2018〕84号

关于河南省南水北调受水区周口供水配套工程使用基本预备费有关事宜的回复 豫调建投〔2018〕85号

关于河南省南水北调配套工程清丰供水支线末端增设生态补水口的回复 豫调建投

〔2018〕86号

关于对办理河南省南水北调受水区安阳供水配套工程安阳市管理处、安阳市市区管理所规划手续相关经费的批复　豫调建投〔2018〕87号

关于河南省南水北调受水区安阳供水配套工程合同变更项目中泥浆清运单价计算有关问题的回复　豫调建投〔2018〕88号

关于河南省南水北调受水区鹤壁供水配套工程管理处所及黄河北仓储、维护中心外接电源工程有关问题的回复　豫调建投〔2018〕89号

关于平顶山配套工程增设管理所附属房的回复　豫调建投〔2018〕90号

关于河南省南水北调受水区新乡供水配套工程卫辉市、获嘉县管理所分标方案的批复　豫调建投〔2018〕91号

关于河南省南水北调配套工程许昌市境17号分水口门输水管道建设工程施工第五标段〔2015〕03号工程变更的批复　豫调建投〔2018〕92号

关于河西台渡槽尾水渠末端箱涵占压须水河截污管道迁改后管养费用有关问题的回复　豫调建投〔2018〕93号

关于河南省南水北调受水区南阳供水配套工程管道采购第二标段合同变更的批复　豫调建投〔2018〕94号

关于河南省南水北调受水区新乡供水配套工程管理处所监理费有关问题的回复　豫调建投〔2018〕95号

关于提交河南省南水北调配套工程竣工图的通知　豫调建投〔2018〕96号

关于印发河南省南水北调受水区新乡供水配套工程监理一标、二标延期服务费用复审意见及监理四标延期服务费用审查意见的通知　豫调建投〔2018〕97号

关于印发河南省南水北调受水区鹤壁供水配套工程施工1标、4标两项合同变更复审意见的通知　豫调建投〔2018〕98号

关于河南省南水北调受水区周口供水配套工程施工五标桩号118+660.602-120+564.550段输水线路调整合同变更的批复　豫调建投〔2018〕99号

关于调整郑州供水配套工程部分线路末端现地管理房建设内容的回复　豫调建投〔2018〕100号

关于南水北调中线干线工程新卫段塔干连接渠恢复工程有关事宜的请示　豫调建投〔2018〕101号

关于对南水北调中线工程郑州2段、禹长段、安阳段部分施工标及桥梁标工程量稽察发现问题进行整改的通知　豫调建投〔2018〕102号

关于河南省南水北调受水区郑州供水配套工程新郑管理所室外配套经费有关问题的回复　豫调建投〔2018〕103号

关于河南省南水北调受水区郑州供水配套工程郑州管理处与市区管理所电梯采购安装有关问题的回复　豫调建投〔2018〕104号

关于河南省南水北调受水区郑州供水配套工程郑州管理处与郑州市区管理所合建项目室外配套经费有关问题的回复　豫调建投〔2018〕105号

关于印发河南省南水北调受水区新乡供水配套工程施工6、13标两项变更审查意见的通知　豫调建投〔2018〕106号

关于施工十标穿越沙颍河定向钻工程合同变更的批复　豫调建投〔2018〕108号

关于河南省南水北调受水区漯河供水配套工程三水厂支线穿越沙河设计变更报告的批复　豫调建投〔2018〕111号

关于尽快扣回变更索赔项目预支付资金的通知　豫调建投〔2018〕115号

关于举办2018年度河南省南水北调配套工程自动化系统运行维护培训班的通知　豫调建投〔2018〕127号

关于报送河南省水利勘测有限公司南水北调中线干线工程省管段合同外勘测项目及费用的

函　豫调建投函〔2018〕1号

关于拨付建设资金的函　豫调建投函〔2018〕2号

关于解决濮阳市第二水厂供水不足有关问题的函　豫调建投函〔2018〕3号

关于开展南水北调配套工程黄河北现地管理房增加计算机后台及监控设施变更设计的函　豫调建投函〔2018〕4号

关于报送南水北调中线干线工程（河南委托段）投资收口分析报告的函　豫调建投函〔2018〕5号

关于提供南水北调中线一期工程总干渠河南省境内电源接引工程和沿渠35kV输电工程完工结算资料的函　豫调建投函〔2018〕6号

关于河南省南水北调受水区焦作供水工程管道采购01标25号、26号输水线路部分管材规格调整合同变更处理意见的函　豫调建投函〔2018〕7号

关于拨付建设资金的函　豫调建投函〔2018〕8号

关于新乡供水配套工程31号分水口门加压泵站换泵问题的复函　豫调建投函〔2018〕9号

关于开展对濮阳供水配套工程西水坡支线延长段调压塔临时改造论证的函　豫调建投函〔2018〕10号

关于周口市南水北调配套工程施工五标桩号121+199至121+259段输水管道包封钢筋混凝土合同变更处理意见的函　豫调建投函〔2018〕11号

关于开展南水北调总干渠新卫段塔干连接渠设计变更工作的函　豫调建投函〔2018〕12号

关于提交南水北调中线一期工程郑州1段35kV永久供电线路竣工图纸的函　豫调建投函〔2018〕13号

关于开展鄢陵供水配套工程进口管理房外观美化提升设计工作的函　豫调建投函〔2018〕14号

关于河南省南水北调受水区新乡供水配套工程穿越省级以上公路设计变更有关问题的复函　豫调建投函〔2018〕15号

关于河南省南水北调受水区漯河供水配套工程临颍管理所地基加固处理资金有关问题的复函　豫调建投函〔2018〕16号

关于河南省南水北调受水区周口供水配套工程管理处（含市区管理所）装饰、室外工程及绿化设计变更有关问题的复函　豫调建投函〔2018〕17号

关于召开河南省委托段16个设计单元完工财务决算编制与审核工作布置会议的通知　豫调建财〔2018〕1号

关于对《漯河市南水北调配套工程建设管理局关于对南水北调漯河供水配套工程进行结算审计工作的请示》的批复　豫调建财〔2018〕2号

关于对《许昌市南水北调配套工程建设管理局关于申请配套工程17号分水口门鄢陵供水工程建设资金的请示》的批复　豫调建财〔2018〕3号

关于对《南阳市南水北调中线工程建设管理局关于拨付配套工程管线阀井井壁加高费用的请示》的批复　豫调建财〔2018〕4号

关于做好配套工程内部审计有关问题整改的通知　豫调建财〔2018〕5号~15号

关于对《安阳市南水北调配套工程建设管理局关于南水北调配套工程安阳市管理处、安阳市管理所、汤阴管理所、内黄管理所、滑县管理所有关费用的请示》的批复　豫调建财〔2018〕16号

关于确认2018年和2019年设计单元工程完工财务决算编报计划的回复　豫调建财〔2018〕17号

河南省南水北调中线工程建设管理局关于2018年建管费支出预算的批复　豫调建财〔2018〕18号～20号、22号、23号

关于印发局机关2018年度建管费支出预算的通知　豫调建财〔2018〕21号

关于成立南水北调干线工程资金审计领导小组

的通知　豫调建财〔2018〕24号

关于对《南阳市南水北调中线工程建设管理局关于拨付配套工程建设单位管理费的请示》的批复　豫调建财〔2018〕25号

关于印发《河南省南水北调中线工程建设管理局财务收支审批规定（修订）》的通知　豫调建财〔2018〕26号

关于对我省南水北调配套工程结算评审的申请　豫调建财〔2018〕27号

关于《许昌市南水北调配套工程建设管理局关于以银行保函置换质量保证金的请示》的批复　豫调建财〔2018〕28号

关于对《平顶山市南水北调配套工程建设管理局以银行保函置换管材标段质量保证金的请示》的批复　豫调建财〔2018〕29号

关于委托工程完工财务决算报告审核进场的通知　豫调建财〔2018〕30号

关于召开水利部对我局2017年度南水北调工程建设资金审计整改工作布置会议的通知　豫调建财〔2018〕31号

关于转发中线局《关于转发水利部〈关于河南省南水北调中线工程建设管理局　2017年度南水北调工程建设资金审计整改意见以及相关要求的通知〉的通知》的通知　豫调建财〔2018〕32号

关于2017年度南水北调工程建设资金审计整改意见以及相关要求落实情况的报告　豫调建财〔2018〕33号

河南省南水北调中线工程建设管理局关于拨付待运行维护费用的请示　豫调建财〔2018〕34号

关于对《新乡市南水北调配套工程建设管理局关于拨付新乡供水配套工程凤泉支线末端管道安装工程款的请示》的批复　豫调建财〔2018〕35号

关于印发《河南省南水北调受水区供水配套工程征迁安置项目完工财务决算实施细则》的通知　豫调建财〔2018〕36号

关于报送2019年度建管费支出预算的通知　豫调建财〔2018〕37号

关于成立南水北调干线工程资产清查工作组的通知　豫调建财〔2018〕38号

关于河南省南水北调中线工程建设管理局增加收入项目的申请　豫调建财〔2018〕39号

关于对部分固定资产予以报废处置的请示　豫调建财〔2018〕40号

关于南水北调中线工程完工财务决算编制及审核有关问题的函　豫调建财函〔2017〕2号

关于印发河南省南水北调受水区周口市供水配套工程施工八标周商路顶管接收井施工造成通讯光缆损坏审查意见的通知　豫调建移〔2018〕1号

关于拨付南阳市南水北调配套工程征迁安置补偿投资的通知　豫调建移〔2018〕2号

关于《安阳市南水北调配套工程建设管理局关于南水北调配套工程38号管线末端有关文物考古勘探的紧急请示》的批复　豫调建移〔2018〕3号

关于河南省南水北调受水区供水配套工程征迁安置监理撤场的通知　豫调建移〔2018〕4号

关于解决南水北调供水配套工程自动化调度系统土地补偿费用的回复　豫调建移〔2018〕5号

关于对南水北调配套工程黄河北维护中心合建项目距西线电力线路进行迁建的回复　豫调建移〔2018〕6号

关于许昌市南水北调配套工程永久用地勘测定界招投标工作的回复　豫调建移〔2018〕7号

关于拨付南阳市配套工程征迁安置资金的通知　豫调建移〔2018〕8号

关于《周口市供水配套工程建设管理局关于再次上报施工八标周商路顶管接收井施工造成通讯光缆损坏的请示》的回复　豫调建移〔2018〕15号

关于拨付安阳市配套工程征迁安置专项迁建资金的通知　豫调建移〔2018〕16号

关于拨付周口市配套工程勘测定界费的通知

豫调建移〔2018〕17号

关于拨付鹤壁市配套工程征迁安置实施管理费的通知　豫调建移〔2018〕18号

关于拨付许昌市配套工程征迁安置专业项目迁建资金的通知　豫调建移〔2018〕21号

关于开展河南省南水北调配套工程受水区安阳段38号线末端文物考古勘探的函　豫调建移函〔2018〕1号

关于南水北调配套工程黄河南仓储、维护中心工程压覆矿产资源储量审查的函　豫调建移函〔2018〕2号

关于开展河南省南水北调配套工程受水区安阳段38号线末端考古勘探的函　豫调建移函〔2018〕3号

关于申请清理河南省南水北调配套工程黄河南仓储维护中心建设项目场区进出道路两侧绿化树木的函　豫调建移函〔2018〕4号

关于南水北调中线工程委托河南建管项目周边渣场核查情况的报告　豫调建建〔2018〕1号

关于进一步加强南水北调配套工程竣工图纸管理的通知　豫调建建〔2018〕2号

河南省南水北调建管局关于涉企保证金清理规范情况的报告　豫调建建〔2018〕3号

关于南水北调中线一期工程总干渠郑州2段站马屯弃渣场水土保持变更设计的请示　豫调建建〔2018〕4号

河南省南水北调建管局关于农民工工资支付有关工作自查情况的报告　豫调建建〔2018〕5号

河南省南水北调建管局关于涉企保证金清理规范情况的补充报告　豫调建建〔2018〕6号

关于河南省南水北调受水区供水配套工程基础信息管理系统、巡检智能管理系统建设方案的请示　豫调建建〔2018〕7号

关于印发《河南省南水北调受水区供水配套工程2018年度工程验收计划》的通知　豫调建建〔2018〕8号

关于申报2018年度大禹水利科学技术奖的通知　豫调建建〔2018〕9号

关于印发南水北调中线一期工程总干渠郑州段39座市政桥梁工程竣工验收鉴定书的通知　豫调建建〔2018〕11号

关于印发《新乡供水配套工程32号供水线路铁路箱涵渗水处理专题会会议纪要》的通知　豫调建建〔2018〕12号

关于对南水北调中线一期工程总干渠辉县段峪河渠道暗渠防洪安全处理项目施工、监理单位处罚的通知　豫调建建〔2018〕13号

关于报送2018年下半年配套工程验收计划的通知　豫调建建〔2018〕14号

关于印发《河南省南水北调受水区供水配套工程2018年下半年工程验收计划》的通知　豫调建建〔2018〕15号

关于加快濮阳市清丰县供水配套工程项目划分调整及工程验收工作的通知　豫调建建〔2018〕16号

关于新乡市南水北调配套工程31号口门提水泵站更换水泵的函　豫调建建函〔2018〕1号

关于办理退还质量保证金工程结算的通知　豫调建建函〔2018〕2号

关于宁西线新建大徐营、滚沟立交桥有关问题的函　豫调建建函〔2018〕3号

关于返还部分质量巡查费有关事宜的函　豫调建建函〔2018〕4号

关于漯河供水配套工程管材2标银行保函置换质量保证金的复函　豫调建建函〔2018〕5号

关于河南省南水北调受水区焦作供水配套工程27号分水口门府城输水线路项目划分调整的函　豫调建建函〔2018〕6号

关于河南省南水北调受水区焦作配套工程27号分水口门供水工程设计变更项目开工请示的复函　豫调建建函〔2018〕7号

关于印发《南水北调中线建管局河南分局职工食堂管理办法》的通知　中线局豫综〔2018〕8号

关于印发《南水北调中线干线工程建设管理局河南分局物资管理实施细则（试行）》的通知　中线局豫财〔2018〕30号

关于印发《南水北调中线干线工程建设管理局河南分局车队管理办法》的通知 中线局豫综〔2018〕42号
关于印发《南水北调中线建管局河南分局机关职工餐厅就餐费用管理办法》(试行)的通知 中线局豫综〔2018〕52号
关于印发《河南分局工程建设施工安全专项治理行动实施方案》的通知 中线局豫工〔2018〕166号
关于印发《河南分局绿化工程养护项目专项整改实施方案》的通知 中线局豫工〔2018〕259号
关于印发《河南分局党委2018年学习计划》的通知 中线局豫党〔2018〕10号
关于印发《河南分局2018年党建工作要点》的通知 中线局豫党〔2018〕14号
关于印发《河南分局党委廉政风险防控手册(试行)》的通知 中线局豫党〔2018〕35号
关于印发《河南分局2018年纪检工作要点》的通知 中线局豫纪〔2018〕5号
关于漯河市南水北调配套工程安全生产及防汛工作整改情况的报告 漯调办〔2018〕53号
关于印发《漯河市南水北调办财务管理办法》的通知 漯调办〔2018〕70号
关于漯河市南水北调办2019年度运行管理费支出预算的报告 漯调办〔2018〕73号
漯河市南水北调建管局关于河南省南水北调受水区漯河供水配套工程管理处(所)发布招标公告的请示 漯调建〔2018〕2号
关于报备漯河市南水北调配套工程度汛方案和防汛应急预案的报告 漯调建〔2018〕13号
关于河南省南水北调受水区漯河供水配套工程临颍管理所、舞阳管理所建设分标方案的请示 漯调建〔2018〕33号
关于调整漯河市南水北调配套工程安全生产领导小组成员的通知 漯调建〔2018〕34号
许昌市南水北调办公室关于印发《许昌市南水北调配套工程运行管理安全保卫制度》的通知 许调办〔2018〕9号
关于印发《许昌市南水北调配套工程运行管理工作人员平时考核实施方案(试行)》的通知 许调办〔2018〕18号
关于调整许昌市南水北调办公室领导班子成员工作分工的通知 许调办〔2018〕23号
许昌市南水北调办公室关于河南省南水北调配套工程运行管理“规范年”活动的总结报告 许调办〔2018〕42号
许昌市南水北调办公室关于许昌市南水北调配套工程建设管理局人员调整的通知 许调办〔2018〕45号
关于对许昌市南水北调配套工程运行管理领导小组人员进行调整的通知 许调办〔2018〕47号
许昌市南水北调办公室关于南水北调配套工程运行管理“互学互督”活动方案的报告 许调办〔2018〕50号
关于印发许昌市南水北调配套工程运行管理2018年第一次督查报告的通知 许调办〔2018〕57号
关于对“五一”“端午”期间深化落实中央八项规定精神开展监督检查的通知 许调办〔2018〕63号
关于调整南水北调工程及移民安置档案管理领导小组的通知 许调办〔2018〕79号
关于印发《许昌市南水北调受水区供水配套工程征迁安置县级验收试点实施方案》的通知 许调办〔2018〕81号
许昌市南水北调办公室关于组建国家安全人民防线建设小组的通知 许调办〔2018〕86号
许昌市南水北调办公室关于建立党员涉嫌违纪违法信息通报和及时处理工作机制的通知 许调办〔2018〕96号
许昌市南水北调办公室关于设立南水北调中线工程禹州和长葛段市级验收专业验收组的通知 许调办〔2018〕98号
许昌市南水北调中线工程建设领导小组办公室关于成立许昌市河湖水系档案验收领导小组的通知 许调办〔2018〕106号

许昌市南水北调办公室印发《学习宣传贯彻省委十届六次全会暨省委工作会议精神工作方案》的通知 许调办〔2018〕118号
关于印发《许昌市南水北调受水区供水配套工程征迁安置县级验收实施工作方案》的通知 许调办〔2018〕120号
许昌市南水北调办公室印发《关于推进以案促改制度化常态化的实施细则》的通知 许调办〔2018〕123号
关于调整许昌市南水北调配套工程运行安全生产领导小组的通知 许调办〔2018〕127号
关于印发《落实中央巡视反馈意见进一步深化扶贫领域腐败和作风问题专项治理工作方案》的通知 许调办〔2018〕134号
关于印发许昌市南水北调配套工程建设管理局《竞聘上岗实施方案》 许调办〔2018〕135号
许昌市南水北调办公室理论学习中心组学习实施办法 许调办〔2018〕145号
关于印发《运用以案促改典型案件选编涉黑涉恶腐败和政商交往违纪违法典型案件推进以案促改制度化常态化工作实施方案》的通知 许调办〔2018〕154号
关于印发《许昌市南水北调办公室工程运行管理资产管理办法》（试行）的通知 许调办〔2018〕26号
关于印发《许昌市南水北调配套工程运行管理物资采购管理办法》（试行）的通知 许调办〔2018〕27号
关于印发《许昌市南水北调配套工程运行管理防汛物资管理办法》（试行）的通知 许调办〔2018〕32号
许昌市南水北调办公室关于印发《2018年全市南水北调宣传工作要点》的通知 许调办〔2018〕88号
关于印发许昌市南水北调办公室机关会务管理制度（试行）的通知 许调办〔2018〕107号
许昌市南水北调办公室关于做好许昌市南水北调配套工程2018年度汛方案和防洪抢险应急预案的函 许调办函〔2018〕11号
关于印发《2018年许昌市南水北调办公室机关党委的工作要点》的通知 许调文〔2018〕2号
关于进一步规范和落实党员领导干部双重组织生活制度的通知 许调文〔2018〕3号
深化全面从严治党主体责任2018年工作计划 许调文〔2018〕5号
关于印发《许昌市南水北调办公室贯彻落实中央第一巡视组反馈意见整改工作方案》的通知 许调文〔2018〕10号
许昌市南水北调办公室关于印发《2018年度全面从严治党监督责任清单》的通知 许调办纪〔2018〕1号
许昌市南水北调办公室关于印发《“一准则一条例一规则”集中学习教育活动实施方案》的通知 许调办纪〔2018〕2号
许昌市南水北调办公室印发《关于开展净化党员干部和公职人员“酒局圈”专项整治工作方案》的通知 许调办纪〔2018〕8号
关于印发《严明政治纪律和政治规矩开展整治“帮圈文化”专项排查工作方案》的通知 许调办纪〔2018〕9号
许昌市南水北调办公室关于印发《开展违反中央八项规定精神问题专项整治工作方案》的通知 许调办纪〔2018〕10号
关于印发《郑州市南水北调办公室（市移民局）考勤及请休假制度》的通知 郑调办〔2018〕3号
关于对南水北调总干渠（郑州段）饮用水水源保护区调整方案征求意见的报告 郑调办〔2018〕5号
郑州市南水北调办公室关于2018年水污染防治攻坚战的实施方案报告 郑调办〔2018〕23号
关于对南水北调总干渠（郑州段）饮用水水源保护区调整方案第二次征求意见的报告 郑调办〔2018〕27号
关于印发郑州市南水北调水政监察巡查制度的

通知　郑调办〔2018〕38号

关于开展郑州市南水北调配套工程污染点排查工作的通知　郑调办〔2018〕41号

焦作市南水北调城区段建设办公室关于印发南水北调焦作城区段绿化带建设治安环境保障工作预案的通知　焦城指办文〔2018〕7号

关于印发《南水北调焦作城区段2018年工作要点》的通知　焦南城办发〔2018〕13号

关于印发《南水北调中线工程焦作城区段征迁安置验收工作方案》的通知　焦南城办发〔2018〕14号

关于印发《焦作市南水北调城区段建设办公室"转变作风抓落实、优化环境促发展"活动实施方案》的通知　焦南城办发〔2018〕19号

焦作市南水北调城区段建设办公室关于印发《"四比四化五提升"活动实施方案》的通知　焦南城办发〔2018〕21号

新乡市南水北调中线工程领导小组关于新乡市南水北调中线干线工程征迁安置市级验收情况的报告　新调〔2018〕6号

新乡市南水北调办公室关于"四县一区"南水北调配套工程延津县引水问题有关情况的报告　新调办〔2018〕1号

关于新乡市南水北调受水区供水配套工程2018年2月份水量调度方案的请示　新调办〔2018〕6号

新乡市南水北调办公室关于我市南水北调水费征缴情况的报告　新调办〔2018〕9号

关于提供汛前准备与汛前检查工作相关资料的通知　新调办〔2018〕28号

新乡市南水北调办公室关于进一步规范配套工程水量调度工作的通知　新调办〔2018〕38号

关于上报《新乡市南水北调配套工程运行管理"互学互督"活动实施方案》的报告　新调办〔2018〕39号

关于印发《新乡市南水北调办公室2018年工作要点》的通知　新调办〔2018〕42号

关于在新乡县本源水厂取水口加装流量计的通知　新调办〔2018〕47号

关于向新乡市进行南水北调生态补水的请示　新调办〔2018〕49号

新乡市南水北调办公室关于南水北调总干渠生态保护红线划定情况的意见　新调办〔2018〕50号

新乡市南水北调办公室关于我市南水北调欠交水费相关问题的请示　新调办〔2018〕53号

关于出具"四县一区"南水北调配套工程南线PPP项目实施机构授权书的请示　新调办〔2018〕55号

关于南水北调配套工程卫滨区梁任旺村沉降有关问题的回复　新调办〔2018〕56号

关于调蓄工程输水管线工程沿线企业征迁有关问题的回复　新调办〔2018〕58号

关于印发《2018年度新乡市南水北调运行管理工作平时考核办法》的通知　新调办〔2018〕59号

关于协调金灯寺应急项目临时围堰拆除等问题的通知　新调办〔2018〕60号

关于协调山庄河下游致富路涵洞过流能力不足问题的通知　新调办〔2018〕61号

关于南水北调总干渠卫辉段塔干六支连接渠恢复工程的有关请示　新调办〔2018〕65号

关于报备《河南省南水北调受水区新乡供水配套工程2018年度汛方案及应急预案》的请示　新调办〔2018〕66号

关于新乡市南水北调办公室配套工程各现地管理区、管理房外部供电工程10KV电力设施需增加二段控制设备费用的请示　新调办〔2018〕69号

关于南水北调总干渠征迁安置信访维稳工作情况的报告　新调办〔2018〕73号

关于尽快解决新乡市南水北调配套工程管理处所建设问题的请示　新调办〔2018〕75号

关于印发《新乡市南水北调中线工程领导小组办公室公务接待实施细则》的通知　新调办〔2018〕77号

关于实施辉县市百泉湖引水工程的请示 新调办〔2018〕86号
关于卫辉市南水北调塔干六支连接渠恢复工程有关问题的请示 新调办〔2018〕87号
关于辉县市养猪场排污问题的报告 新调办〔2018〕88号
新乡市南水北调办公室关于对南水北调配套调蓄工程输水管线工程建设进度有关问题的督查通报 新调办〔2018〕95号
新乡市南水北调办公室关于水污染防治攻坚战8月份工作开展情况的报告 新调办〔2018〕98号
关于进一步加强《总干渠两侧水源保护区划》涉密文件资料管理的通知 新调办〔2018〕104号
关于转发市政府对《关于南水北调中线管理局河南分局卫辉管理处及所辖工程存在严重治安隐患情况的报告》批示的通知 新调办〔2018〕106号
关于下达调蓄工程输水管线工程卫滨区段新增临时用地补偿费的通知 新调办〔2018〕107号
关于新乡市南水北调配套工程2018-2019年度水量调度计划编制工作的汇报 新调办〔2018〕113号
关于南水北调配套调蓄工程贾太湖连接段连接方案的回复 新调办〔2018〕114号
关于转发市政府《关于印发新乡市环境污染防治攻坚战三年行动实施方案（2018-2020年）的通知》 新调办〔2018〕115号
关于新乡市南水北调配套工程征迁安置投资计划调整的请示 新调办〔2018〕120号
关于对新乡市南水北调调蓄池工程——输水管线（工程）进行静水压试验的通知 新调办〔2018〕127号
关于辉县市百泉湖引水工程运行管理有关问题的请示 新调办〔2018〕129号
关于市财政抵扣南水北调水费请示 新调办〔2018〕133号
关于印发《卫辉段征迁包干资金用于处理南水北调塔干六支灌溉影响问题的咨询意见》的通知 新调办〔2018〕138号
关于编报2017年度行政事业单位国有资产报表情况的报告 新调办财〔2018〕1号
关于进一步明确南水北调配套工程各现地管理站线路巡检范围及界点的通知 新调办运〔2018〕1号
关于切实做好南水北调配套工程防汛工作的通知 新调办运〔2018〕5号
关于配套工程30号线丰城段管线路面塌陷有关问题的通知 新调办运〔2018〕9号
关于规范新乡市南水北调配套工程运行管理维修养护项目验收工作的通知 新调办运〔2018〕20号
关于任命夏鸿鹏等同志为新乡市南水北调配套工程30~33号线现地管理站站长的通知 新调办运〔2018〕25号
关于印发《河南省南水北调受水区新乡供水配套工程各现地管理区、管理房10KV外部供电工程预算书审查结果意见》的通知 新调建〔2018〕2号
关于约谈郑州黄河工程有限公司主要负责人的请示 新调建〔2018〕3号
关于河南省南水北调新乡供水配套工程31号分水口门加压泵站换泵问题的请示 新调建〔2018〕5号
关于涉企保证金清理规范工作的报告 新调建〔2018〕8号
关于新乡市南水北调配套工程30～33号线阀井升高处理有关问题的请示 新调建〔2018〕9号
关于增加河南省南水北调新乡供水配套工程管理处所人防易地建设费用的请示 新调建〔2018〕10号
关于新乡市调蓄工程施工穿越新荷铁路龙泉村车站处苗圃、绿地有关问题的函 新调办函〔2018〕1号
关于新乡市南水北调水源保护区水污染防治有

关工作的函　新调办函〔2018〕3号

关于南水北调总干渠（新乡段）二级保护区环境综合整治有关工作的函　新调办函〔2018〕8号

关于申请使用2018年PPP项目前期工作中央预算资金的函　新调办函〔2018〕9号

关于南水北调配套工程卫滨区八里营村供水管线上方违规建设问题的函　新调办函〔2018〕11号

关于南水北调配套工程七里营镇李台村供水管线上方违规修建桥梁问题的函　新调办函〔2018〕12号

关于华兰大道（和平路－振中路）段道路整修邻接南水北调配套工程供水管线有关问题的函　新调办函〔2018〕13号

关于尽快修复配套工程32号线新区水厂管理站调流调压阀的函　新调办函〔2018〕15号

关于新乡市调蓄工程首创水务地面附属物和电力线迁建补偿有关问题的函　新调办函〔2018〕18号

关于协调解决三里庄渡槽出口排洪问题的函　新调办函〔2018〕22号

关于切实做好香泉河南水北调生态补水有关工作的函　新调办函〔2018〕26号

关于协调解决南水北调中线总干渠辉县三里庄渡槽出口排洪问题的函　新调办函〔2018〕29号

关于南水北调凤泉支线用水水量确认有关问题的函　新调办函〔2018〕40号

关于提交友谊路施工穿越（邻接）南水北调配套工程专题设计报告及安全评价报告修改资料的函　新调办函〔2018〕41号

关于输水管线工程（一期）孟姜女河、青年路穿越方案设计变更等问题的回复　新调办函〔2018〕42号

关于确定“四县一区”南水北调配套工程东线项目线路布置方案的函　新调办函〔2018〕61号

关于报送31号线路辉县市通水实施方案及调度计划的函　新调办函〔2018〕62号

关于配套工程华新电力公司专项迁（复）建补偿资金问题的复函　新调办函〔2018〕77号

关于辉县市百泉湖引水工程运行管理的复函　新调办函〔2018〕82号

关于新乡市区3个水厂末端调流调压阀液压控制装置位置调整移位有关问题的函　新调办函〔2018〕83号

关于新乡市调蓄工程与贾太湖对接工程阀门更换问题的函　新调办函〔2018〕84号

关于新乡市南水北调配套工程外部供电工程三处高压设施增加二段设备的函　新调建函〔2018〕3号

鹤壁市南水北调中线工程领导小组关于调整鹤壁市南水北调中线干线工程完工阶段征迁安置验收委员会的通知　鹤调〔2018〕1号

鹤壁市南水北调中线工程建设领导小组关于印发鹤壁市南水北调中线工程2018年水污染防治攻坚战实施方案的通知　鹤调〔2018〕2号

鹤壁市南水北调中线工程建设领导小组关于转发南水北调中线一期工程总干渠（河南段）两侧饮用水水源保护区划的通知　鹤调〔2018〕6号

鹤壁市南水北调办公室关于印发《鹤壁市南水北调配套工程先进集体评选制度（试行）》的通知　鹤调办〔2018〕6号

关于调整档案管理工作领导小组和档案鉴定工作领导小组的通知　鹤调办〔2018〕41号

关于印发《鹤壁市南水北调配套工程泵站及现地管理站安全生产管理实施办法（试行）》的通知　鹤调办〔2018〕74号

关于印发《鹤壁市南水北调配套工程2018年度安全生产管理目标》的通知　鹤调办〔2018〕75号

鹤壁市南水北调办公室关于印发《鹤壁市南水北调配套工程安全生产管理制度》的通知　鹤调办〔2018〕76号

鹤壁市南水北调办公室关于印发《鹤壁市南水

北调配套工程防汛物资管理办法》的通知 鹤调办〔2018〕85号

安阳市人大常委会关于交付"关于加快推进南水北调安阳市西部调水工程的议案"审理意见报告的通知 安人常〔2018〕23号

关于印发《安阳市南水北调配套工程运行管理工作考核管理办法（试行）》的通知 安调办〔2018〕23号

关于印发《安阳市南水北调配套工程运管人员考勤管理规定（试行）》的通知 安调办〔2018〕27号

安阳市水利局关于南水北调工程水费收缴情况的报告 安水〔2018〕13号

安阳市水利局关于南水北调工程水费收缴情况的报告 安水〔2018〕24号

安阳市水利局关于新建南水北调安阳市西部调水工程的请示 安水〔2018〕25号

安阳市水利局安阳市南水北调办关于呈报安阳市2017-2018年度南水北调生态补水计划的报告 安水〔2018〕34号

安阳市水利局关于南水北调配套工程38号供水管线末端变更有关资金问题的报告 安水〔2018〕60号

安阳市水利局关于解决南水北调总干渠水源保护区标志标牌建设资金的请示 安水〔2018〕74号

安阳市水利局关于南水北调工程水费收缴情况的函 安水〔2018〕76号

安阳市水利局安阳市南水北调办关于呈报安阳市2018-2019年度南水北调用水计划的报告 安水〔2018〕91号

安阳市水利局关于解决欠缴南水北调水费的请示 安水〔2018〕108号

安阳市水利局关于请求解决南水北调配套工程安阳市管理用房冬季施工的请示 安水〔2018〕113号

安阳市水利局关于新建南水北调宝莲湖调蓄工程的请示 安水〔2018〕122号

（综合处）

叁 综合管理

综　　述

【持续提高供水能力工程效益显著提高】

2018年，新增周口向二水厂供水线路、新乡凤泉支线延长段、安阳38号口门线路延长段和漯河穿越沙河供水工程、平顶山穿越鲁平大道供水工程。鄢陵县、新密市、博爱县、南乐县、安阳中盈公司等供水线路工程建成通水或具备通水条件。新建成水厂16座，新通水13座。截至12月19日，向北方累计供水179.58亿m^3，全省累计供水64.59亿m^3，占中线全线供水总量的37%。2017－2018调水年度供水24.05亿m^3，是首个调水年度供水量的3.25倍，较上个调水年度同比增长40.5%，受益人口增加100万人，达到1900万人。

【多引多蓄多补生态补水成效显著】

2018年4月～6月，利用丹江口水库汛前弃水，向10个省辖市生态补水5.02亿m^3，占中线生态补水量的58%。2017-2018调水年度，河南省共计生态补水6.48亿m^3，相当于46个西湖水量，修复水生态、改善水环境，助力以水润城、百城提质、乡村振兴和美丽河南建设，得到省委省政府的充分肯定。

【加强运行管理工程安全平稳高效运行】

2018年，进一步完善制度体系，持续开展运行管理规范年和互学互督活动，互督整改问题46项；先后8次召开运行管理例会，推进规范化标准化运行管理。加快自动化调度系统建设和巡检智能管理系统、基础信息系统建设，加强工程监管维护。联合高校培训130人次，持证上岗。完善“飞检、日常性巡检、专业化稽察”三位一体管理监督体系，整改问题210项。完成维修养护项目64项、应急抢修项目15项，保障工程平稳运行。完善防汛体系，排查整治防汛风险点149个，确保度汛安全。加强应急能力建设，防范断水风险。加强安全生产督查和行政执法，保障工程安全运行。通水以来工程安全运行1475天。

【强化水质保护确保一渠清水永续北送】

2018年，完善日常巡查、污染联防、应急处置制度，全面排查整治污染风险隐患，严控水质污染风险。会同有关部门加强水源区和干渠水质监测预警。调整划定河南省境内干渠饮用水源保护区面积970.24km^2，推进标牌标识设立。严格环境影响考核评价，完善水源区和干渠生态林带建设管理。推进丹江口库区及上游水污染防治和水土保持“十三五”规划项目落实，完工项目40个；推进26个京豫对口协作项目落地，推动水源区绿色发展，加强水源涵养保护。

【四水同治提高水资源综合利用水平】

2018年，编制水资源综合利用专项规划。规划市域内新增供水工程、水权交易新增供水工程、干线调蓄工程和配套调蓄池工程58项，构建系统完善、丰枯调剂、循环通畅、多源互补、安全高效的供水蓄水新格局。推进干线调蓄工程前期工作，新郑市观音寺调蓄工程可研报告编制完成；禹州市沙陀湖调蓄工程方案初步确定；新乡洪洲湖调蓄工程规划方案编制完成。推进新增供水目标建设，开封、驻马店“四县”、新乡“四县一区”、汝州等15个新增供水工程前期工作进展，内乡供水工程前期工作基本完成，登封供水工程开工建设。

【加快工程决算验收加强投资收尾控制】

2018年加快推进工程验收移交。完成干线跨渠桥梁竣工验收107座，缺陷排查确认373座。配套工程评定验收，累计完成单元工程1464个、分部工程30个、单位工程16个，合同项目验收20个。工程档案验收提速，完成干线16个设计单元档案项目法人验收、12个设计单元档案检查评定、11个设计单元档案专项验收。规范变更索赔处理，严格剩余变更索赔项目核查处理，累计完成干线变更索赔处理7116项，达到99.8%。累计完成配套工程变更索赔审批1723项，达到84.5%。加强水费清欠收缴，2018年共计收缴水费10.24亿元，偿还工程贷款3亿元、付息0.81亿元、支付贷款利息1.31亿元，上交中线建管局水费6亿元。

【加强党的政治建设推进党建高质量发展】

2018年落实“三个注重”要求，注重根本建设、基础建设、长远建设，以党的建设高质量推动河南省南水北调事业高质量发展。把政治建设摆在首位，落实党中央和省委省政府、水利部决策部署，提高政治站位。把学习贯彻习近平新时代中国特色社会主义思想和党的十九大精神作为首要任务，学思践用贯通。加强党风廉政建设，落实“两个责任”，以案促改，警钟长鸣。纪挺法前，营造风清气正新气象。加强党员干部队伍建设，联合高校、科研院所加强党员干部培养，分期分批到复旦大学、愚公移山干部学院和水利厅集中培训272人次，进一步提升“八种本领”。

【落实巡视整改交出实实在在的整改答卷】

2018年把中央巡视、省委巡视和审计指出问题联动整改、一并落实，紧盯立行立改28项、持续整改10项和审计整改问题标本兼治、落地见效。开展专项排查整治行动，开展违反中央八项规定精神问题、“帮圈文化”专项排查整治行动。打赢精准脱贫攻坚战，选准配强确山县肖庄村驻村第一书记，2018年新增投入扶贫资金20万元。省南水北调办领导班子成员先后7次到定点扶贫村考察调研，帮助协调扶贫项目2个、扶贫资金1295万元，推动产业扶贫滚动发展。

（综合处）

投资计划管理

【概述】

按照2018年全省南水北调工作会议确定的工作总思路，投资计划管理坚持“稳中求进”总基调和“质效双收”总要求，推进《河南省南水北调“十三五”专项规划》进展，加快自动化调度系统建设、加强投资控制管理、开展南水北调水资源综合利用专项规划前期工作、统筹完善配套工程管理设施、严格后穿越项目审批。截至2018年底，干线工程变更索赔处理基本完成，累计处理7123项，占总数量的99.9%，批复资金90.6亿元。

【调蓄工程前期工作】

新郑观音寺调蓄工程　2018年推进项目前期工作，《南水北调中线新郑观音寺调蓄工程可行性研究报告》正在编制，其中《调蓄工程取水口专项设计》《调蓄工程及取水口安全影响评价报告》中线建管局已组织审查，《水资源论证报告》已报水利厅待审查，《杨庄、五虎赵水库任务及规模调整论证报告》郑州市水利局已审查待批复。《规划选址论证报告》《压覆矿床评估报告》《节能评估专题报告》等专题报告正在编制。

禹州沙陀湖调蓄工程　经与水利厅、水利部多次汇报对接，初步确定两个建设方案，作为一期工程先行实施。禹州市准备成立沙陀湖调蓄工程建设领导小组，安排专项经费启动前期工作。计划12月完成勘察及可研等项目招标，2019年上半年完成可研报告编制工作。

新乡洪洲湖调蓄工程　2018年规划方案编制完成。经协调，南水北调中线建管局、辉县市政府和国家电投河南电力有限公司将签订新乡洪洲湖调蓄工程战略合作框架协议。

【新增供水项目前期工作】

2018年，协调指导开封、登封等新增供水项目开展前期工作。开封利用十八里河退水闸取水事宜，按照中线建管局第二次审查后的要求，省南水北调办将省水权收储转让公司的水量转让方案转报中线建管局。内乡县初步设计报告已报送省发展改革委，内乡县正在完善项目的土地预审和规划选址意见书手续。登封供水工程开工建设。驻马店“四县”、周口淮阳、郑州高新区、新乡“四县一区”、汝州等供水项目前期工作正加快推进。完成驻马店市南水北调中线工程取水方案、舞钢市引水工程10号口门取水方案、南乐供水工程连接35号分水口门输水工程专题设计、安阳市第四水厂支线原水管工程连接39号口门线路专题设计和安阳中盈化肥有限公司供水工程连接35号口门专题设计的审批工作。南乐县供水工程通水。

【南水北调水资源综合利用专项规划】

2018年，贯彻落实河南省省长陈润儿“充分发挥南水北调工程效益，促进我省经济转型发展”和“抓以水润城、结构调整”指示精神及副省长武国定“确保供水安全、科学调度、综合利用、服务发展”的要求，按照省政府的决策部署，省南水北调办组织编制《河南省南水北调水资源综合利用专项规划》，各省辖市省直管县市南水北调办组织编制所辖区域内的南水北调水资源综合利用专项规划。

2018年，设计单位编制完成《河南省南水北调水资源综合利用专项规划编写大纲》、调查大纲和项目清单，并统一受水区省辖市省直管县市“专项规划”的编制内容及方法要求。解决南水北调工程供水不平衡，效益发挥不充分问题。通过优化南水北调水资源配置，合理扩大供水范围，提高供水保障能力，加大生态用水，构建系统完善、丰枯调剂、循环畅通、多源互补、安全高效、保障有力的南水北调工程供水新格局。

“专项规划”科学布局市域内调整用水指标新增供水工程、水权交易新增供水工程、干线调蓄工程和配套调蓄池工程，经相关省辖市省直管县市政府确认，基本确定2018～2022年规划建设项目，共计4大类56项，总投资约551亿元，并对2030年和2035年的规划项目进行展望。2018年部分省辖市省直管县的“专项规划”完成，部分已经过审查，修订完善工作正在进行。

【自动化与运行管理决策支持系统建设】

通信线路工程 自动化调度系统通讯线路总长803.76km（设计长度751.52km，新增供水项目长52.24km），2018年完成新增线路施工23.6km。截至12月31日，累计完成设计线路施工717.38km，同比完成率95.5%，完成新增线路施工49.0km，同比完成率93%。

流量计安装 流量计合同总数167套，设计变更后为165套（变更取消4套，新增2套）。通过现场排查，建立问题台账，并及时督办整改等措施，具备安装条件的流量计全部安装完毕。2018年完成流量计安装24套，累计整套安装完成144套，部分安装11套，尚有10套未安装。新增供水线路增加8套，整套安装完成2套，未安装6套。合同内未完全安装或未安装的主要原因是管理房未建成。

设备安装 2018年加强设备安装条件监管，完成安阳、鹤壁、新乡、焦作、郑州、周口、漯河、平顶山等市管理处所和现地管理房建设情况及设备安装条件排查，建立问题台账，督促有关单位加快土建施工进度。2018年全部完成濮阳、许昌、南阳市自动化设备安装，并实现与省南水北调建管局联网。其他地市由于受管理处所建设影响，不具备安装条件。

【配套工程设计变更】

2018年完成设计变更审批4项，共计增加投资10343.17万元。许昌配套工程17号口门增设经开区供水线路设计变更，增加投资3383.96万元（工程增加1962.88万元，征迁增加1421.08万元）。焦作配套工程27号分水口门输水线路设计变更，增加投资6525.41万元（工程增加5422.24万元，征迁增加1050万元）。新乡供水配套工程31号泵站水泵布置调整设计变更，增加投资78.4万元。漯河三水厂支线穿越沙河设计变更增加投资355.4万元（工程增加259.16万元，征迁增加96.24万元）。

【管理处所施工图及预算审批】

2018年，河南省南水北调建管局会同有关省辖市南水北调建管局联合审查获嘉、卫辉管理所，安阳管理处、市区管理所，舞阳、临颍管理所施工图及预算。截至2018年底，河南省11个管理处、46个管理所除新乡管理处、新乡市区管理所没有上报外，其他均完成联合审查。

【配套工程变更索赔处理】

截至2018年12月底，配套工程变更索赔台账共计2058项，预计增加投资11.56亿元。全年完成审批137项，累计批复1733项，占总数的84.21%，增加投资5.15亿元；预计还有325项需审批，其中投资变化100万元以上变更138项（含监理延期53项），预计增加投资5.92亿元，100万元以下变更187项，预计增加投资4856万元。

【招标投标】

2018年组织并完成干线工程郑州1段河西台沟排水渡槽出口下游13～20号涵洞工程招标投标、合同签订工作。2017年11月13日，与河南科光工程建设监理有限公司签订招标代理合同；12月12日，发布招标公告；2018年1月5日，在河南省公共资源交易中心开标；1月8～10日，评标结果公示；1月11日，发中标通知书；1月23日，签订合同。

组织并完成南水北调中线一期工程干渠郑州2段站马屯弃渣场水土保持变更项目监理、施工标招标投标、合同签订工作。2018年8月，省南水北调建管局与河南科光工程建设监理有限公司签订招标代理合同；8月27日发布招标公告；9月19日在河南省公共资源交易中心开标，其中因递交投标文件投标人不足3家，监理标流标；10月8～10日，施工标评标结果公示；10月12日，发施工标中标通知书。12月5日，签订合同。

组织并完成河南省南水北调配套工程黄河南维护中心仓储中心建设项目监理、施工标段招标投标、合同签订工作。2018年5月31日发布招标公告；6月21日在河南省公共资源交易中心开标；6月25～27日，评标结果公示；7月3日，发中标通知书；7月26日，签订合同。

【穿越配套工程审批】

依据《其他工程穿越邻接河南省南水北调受水区供水配套工程设计技术要求（试行）》和《其他工程穿越邻接河南省南水北调受水区供水配套工程安全评价导则（试行）》。2018年共组织审查穿越、邻接配套工程项目24项，批复16项。

（王庆庆）

资金使用管理

【概述】

2018年围绕全省南水北调年度中心工作，以“负责、务实、求精、创新”的南水北调精神为指引，服务南水北调运行管理大局，保障资金安全，按照年度“目标责任书”，开展预算编制与执行、工程资金供应、水费收缴、完工财务决算编制、审计与整改及制度建设工作，完成年度工作目标。

【干线工程资金到位与使用】

截至2018年底，干线工程累计到位工程建设资金322.30亿元，2018年项目法人拨款3亿元。累计基本建设支出318.29亿元，其中建筑安装工程投资282.84亿元，设备投资5.52亿元，待摊投资29.93亿元。省南水北调建管局本级货币资金合计0.55亿元。

【配套工程资金到位与使用】

截至2018年底，配套工程累计到位144.46亿元,其中省、市级财政拨付资金56.95亿元，南水北调基金49.13亿元，中央财政补贴资金14亿元，银行贷款24.38亿元。全省南水北调配套工程累计完成基本建设投资121.93亿元。其中：完成工程建设投资90.93亿元、征迁补偿支出31.00亿元。省南水北调建管局本级货币资金19.25亿元。

【水费收缴】

截至2018年底，共收缴水费28.95亿元，其中2014-2015供水年度收缴8.25亿元；2015-2016供水年度收缴6.85亿元；2016-2017供水年度收缴1.08亿元；2017-2018供水年度收缴12.77亿元。2018年累计上缴中线建管局水费19亿元，其中2014-2015供水年度水费上缴任务5.99亿元，2015-2016年度上缴2.01亿元，2016-2017年度上缴4亿元，2017-2018年度上缴7亿元。

利用每月召开的运管例会推进水费收缴工作，对11个省辖市、2个直管县市水费的收缴完成情况进行排名，对完成任务较差的地市在省南水北调办官网进行通报；多次向水费清缴任务完成较差的省辖市市长和分管副市长印发《关于欠缴水费清理情况的函》，督促完成清欠任务；同时向省政府办公厅两次专题报告水费收缴情况，建议省政府办公厅向水费收缴不力的省辖市发督办函，停止对该市新增供水目标及涉水项目的审批，对限期仍未足额交纳欠费的省辖市，协调省财政厅直接扣缴；提请省政府督查室对河南省的水费收缴工作进行集中督查，采取措施确保水费收缴工作开展。

【审计与整改】

2018年审计与整改工作主要有3项。开展全省11个省辖市及省本级2011年9月～2016年6月配套工程财务收支内部审计整改工作；开展省本级2016年10月～2018年6月配套工程财务收支及资产内部审计工作；配合水利部组织的2017年度干线工程建设资金的管理与使用情况的专项审计工作。

【完工财务决算】

按照国务院南水北调办、中线建管局完工财务决算编制工作要求，开展南水北调干线工程委托段完工财务决算的编制工作，定期召开例会，加大督促检查工作力度，协调各相关编制单位及时解决存在问题，按时编报潞王坟试验段、白河倒虹吸段、安阳段、石门河倒虹吸段、南阳膨胀土试验段等5个设计单元工程的完工财务决算报告。

【规章制度建设】

补充完善《河南省南水北调工程水费收缴及使用管理暂行办法》（豫调办〔2018〕25号），全面规范和促进河南省南水北调水费收缴工作。编制《河南省南水北调受水区供水配套工程征迁安置项目完工财务决算实施细则》，为配套工程征迁安置项目完工财务决算编制提供规范性指导性文件。重新修订《河南省南水北调中线工程建设管理局财务收支审批规定（修订）》（豫调建财〔2018〕26号）。

【业务培训】

为适应政府综合财务报告制度改革和财务工作新形势的需要，进一步提升业务水平，2018年11月，组织河南省南水北调系统财会人员统一参加河南省水利学会、河南省水利会计学会，在郑州举办的《政府会计准则制度培训班》学习培训，为政府会计制度新旧衔接工作做准备。

（李沛炜　王　冲）

河南省南水北调建管局运行管理

【概述】

2018年河南省南水北调工程运行管理体制机制尚未明确，省南水北调办按照河南省委省政府统一部署，工作重点由建设管理向运行管理转变。从2014年开始，成立河南省南水北调配套工程运行管理领导小组，组建运行管理办公室，安排专人负责运行管理工作。2018年河南省南水北调配套工程运行平稳安全，全省共有36个口门及19个退水闸开闸分水。

【职责职能划分】

省南水北调办（建管局）负责全省配套工程管理工作。负责全省工程运行调度，下达运行调度指令；负责工程维修养护管理；负责供水水质监测；负责水量计量管理及水费收缴；负责拨付运行管理经费；负责工程安全生产、防汛及应急突发事件处置管理；负责工程宣传及教育培训；完成上级交办的其他事项。按照河南省委省政府机构改革决策部署，省南水北调办并入省水利厅，有关行政职能划归省水利厅。2018年12月11日，省水利厅、省南水北调办联合印发《关于河南省南水北调办公室公文印信事宜的通知》（豫调办〔2018〕93号），明确自2019年1月1日起，不再以河南省南水北调办公室名义开展工作，河南省南水北调办公室公文文头和印章停止使用；鉴于河南省南水北调工程建设尚未完成，河南省南水北调中线工程建设管理局继续行使原建设管理职能，公文运转途径不变。2018年12月21日，省南水北调建管局印发《关于各项目建管处职能暂时调整的通知》（豫调建〔2018〕13号），明确由省南水北调建管局5个项目建管处在承担原项目建管处职责的基础上，分别接续省南水北调建管局机关综合处、投资计划处、经济与财务处、环境与移民处、建设管理处等5个处室职责，确保河南省南水北调运行管理工作不断档不断线，保障河南省南水北调工程安全平稳高效运行。

各省辖市省直管县市南水北调办（配套工程建管局）负责辖区内配套工程具体管理工作。负责明确管理岗位职责，落实人员设备资源配置；负责建立运行管理、水量调度、维修养护、现地操作等规章制度，并组织实施；负责辖区内水费征缴，报送月水量调度方案并组织落实；负责对省南水北调办（建管局）下达的调度运行指令进行联动响应同步操作；负责辖区内工程安全巡查；负责水质监测和水量等运行数据采集、汇总、分析和上报；负责辖区内配套工程维修养护；负责突发事件应急预案编制、演练和组织实施；完成省南水北调办（建管局）交办的其他任务。

【规章制度建设】

在《河南省南水北调配套工程供用水和设施保护管理办法》（河南省人民政府令第176号）出台后，省南水北调办2018年制订印发《河南省南水北调受水区供水配套工程泵站管理规程》（豫调办建〔2018〕19号）和《河南省南水北调受水区供水配套工程重力流输水线路管理规程》（豫调办建〔2018〕19号），工程运行管理逐步走向制度化规范化。

【机构人员管理】

2018年继续委托有关单位协助开展泵站运行管理，同时逐步充实运行管理专业技术人员。11月17～22日，省南水北调办委托河南水利与环境职业学院在郑州市举办河南省南水北调配套工程2018年度运行管理培训班，对配套工程泵站和重力流输水线路管理规程与运行管理知识技能进行培训，全省共有100名现地在岗运管、巡视检查、维修养护人员参加培训。按照“管养分离”的原则，通过公开招标选定的维修养护单位继续承担全省配套工程维修养护任务。

【规范管理】

2018年3月20日，省南水北调办印发《关于开展河南省南水北调配套工程2018年运行管理“互学互督”活动的通知》（豫调办建〔2018〕20号），组织开展配套工程运行管理“互学互督”活动，查找整改存在问题、交流借鉴管理经验和方法，促进管理水平共同提高。8月27～29日，省南水北调办在南阳市组织召开河南省南水北调工程规范化管理现场会暨运行管理第36次例会，现场观摩南阳市南水北调配套工程运行管理工作。省南水北调办持续召开全省南水北调工程运行管理例会，通报上月例会纪要事项及工作安排落实等情况，研究解决工程运行管理中存在的问题，形成会议纪要，督办落实。截至2018年底，累计召开38次运行管理例会。

【水量调度】

河南省南水北调配套工程设2级3层调度管理机构：省级管理机构、市级管理机构和现地管理机构。省级管理机构负责全省配套工程的水量调度工作；在省级管理机构的统一领导下，市级管理机构具体负责辖区内的供水调度管理工作；在市级管理机构的统一领导下，现地管理机构执行上级调度指令，具体实施所管理的配套工程供水调度操作，确保工程安全平稳运行。

省南水北调办配合省水利厅提出全省年度用水计划建议，依据下达的年度水量调度计划，每月按时编制月用水计划，函告南水北调中线建管局作为每月水量调度依据；督促各省辖市省直管县市南水北调办规范制定月水量调度方案，每月底及时向受水区各市、县下达下月水量调度计划，计划执行过程严格管理，月供水量较计划变化超出10%或供水流量变化超出20%的，通过调度函申请调整，2018年共发出调度函180份。

【供水效益】

水利部《南水北调中线一期工程2017—2018年度水量调度计划》明确河南省2017—2018年度供水计划量为17.73亿m^3。截至2018年10月31日，全省累计有36个分水口门及19个退水闸开闸分水，向引丹灌区、69个水厂供水、5个调蓄水库充库及10个省辖市生态补水，供水目标有南阳、漯河、周口、平顶山、许昌、郑州、焦作、新乡、鹤壁、濮阳、安阳11个省辖市及邓州、滑县2个省直管县市，供水累计61.99亿m^3，占中线工程供水总量的36.5%。2017-2018年度全省供水24.05亿m^3（其中丹江口水库2017年秋汛期向河南省生态补水0.91亿m^3、2018年4月～6月生态补水5.02亿m^3），完成年度计划的136%。扣除丹江口水库2017年秋汛期和2018年4～6月生态补水量，河南省2017—2018年度累计供水18.12亿m^3，完成年度计划的102%。

2018年汛前丹江口水库高水位运行，为实现洪水资源化，更好地发挥南水北调中线工程供水效益，自2018年4月17日起至6月30日止，通过干渠湍河、白河、清河、贾河、澧河、沙河、北汝河、颍河、双洎河、沂水河、十八里河、贾峪河、索河、闫河、香泉河、淇河、汤河、安阳河等18个退水闸和配套工程4条管线向南阳、漯河、平顶山、许昌、郑州、焦作、新乡、鹤壁、濮阳和安阳等10个省辖市和邓州市生态补水5.02亿m^3（其中通过退水闸补水4.67亿m^3）。

（庄春意）

南水北调中线建管局运行管理

渠首分局

【工程概况】

渠首分局辖区工程起点桩号0+000终点桩号185+545，全长187.545km（含渠首大坝上游2km引渠），其中渠道长176.718km，建筑物长8.827km。沿线共布置各类建筑物332座，其中河渠交叉建筑物28座、左岸排水建筑物72座、渠渠交叉建筑物19座、控制建筑物26座、路渠交叉建筑物187座（公路桥117座、生产桥66座、铁路交叉4座）。

渠首分局所辖范围共7个设计单元工程，其中淅川段、湍河渡槽设计单元工程为中线建管局直管项目，镇平段设计单元工程为代建项目，南阳市段、膨胀土试验段（南阳段）、白河倒虹吸、方城段设计单元工程为委托项目。陶岔渠首枢纽工程为专项工程。

【运行管理】

渠首分局内设8个处（中心），分别为综合管理处、计划经营处、财务资产处、党建工作处（纪检监察处）、分调中心、工程管理处（防汛与应急办）、信息机电处、水质监测中心（水质实验室）。下辖5个现地管理处，分别是陶岔管理处、邓州管理处、镇平管理处、南阳管理处、方城管理处。各管理处负责辖区内运行管理工作，保证工程安全、运行安全、水质安全和人身安全，负责或参与辖区内直管和代建项目尾工建设、征迁退地、工程验收以及运行管理工作。

2018年，渠首分局按照“稳中求进、提质增效”的总体思路，坚持以问题为导向，继续实施规范化标准化建设，完成年度各项任务目标，实现安全平稳供水。

【运行调度】

渠首分局辖区沿线布置引水闸1座、节制闸9座、分水闸10座、退水闸7座，渡槽事故检修闸2座，中心开关站2座。渠首设计流量350m^3/s，加大流量420m^3/s，草墩河节制闸设计流量330m^3/s，加大流量400m^3/s。

截至2018年12月31日，安全运行1480天，陶岔渠首累计入渠总量193.5亿m^3，向沿线生态补水11.6亿m^3。2018年超额完成年度调水任务同时保障大流量输水安全平稳，最大入渠目标流量380m^3/s；入渠流量达到300m^3/s及以上历时66天7小时；超过350m^3/s历时55天6小时；超过380m^3/s历时5天16小时，均创造通水以来的历史之最。较上年度新增田洼、十里庙2处分水口，累计分水8.9亿m^3，其中利用湍河、白河、清河、贾河退水闸为地方生态补水共计2.25亿m^3，供水范围和效益进一步扩大。2017–2018供水年度执行调度指令2126条，执行检修和动态巡视指令1070条，全部按要求执行和反馈。完成辖区所有节制闸（含渠首闸）在不同流量级工况下流量计率定和特殊工况下的专项率定，辖区各分水口门水量计量差异趋于稳定，推动完成陶岔交水断面调整。组织输水调度轮岗活动，中控室新增防汛值班和应急值班生产任务，生产调度中心职能更加突出。启动十二里河渡槽大流量运行水面超常波动数值模拟及处理方案研究、陶岔渠首枢纽电站优化运行和刁河节制闸退出运行可行性研究等多个研究课题，进一步提升调度工作质量和效率。

【安全管理】

2018年完成湍河渡槽槽墩加固防护工程等专项项目14个，召开土建和绿化工程维护现场会2次，继续开展标准化渠道建设，强化日常项目管理。推进自动化试点总结与成果验收，采购配备地质雷达扫描仪及配套电法仪，完成安全监测仪器鉴定，推进安全监测自动化应用系统升级改造，确保数据准确，问题早发现早处置。严格落实两会期间和“三期”加固措施，保持与地方公安机关定期会商制度，完成安保公司对工程巡查工作的移交接管及陶岔渠首枢纽警务室的增设。开展安全生产月活动，定期开展"安全宣讲走村庄、进校园"，推进"珍爱生命、远离渠道、预防溺水"的安全观念普及。建立穿越跨越邻接管理工作会商机制，完成郑万高铁、蒙华铁路主体跨越干渠。

【防汛应急】

2018年及时完成应急抢险服务单位招标和防汛物资设备采购，按期完成工程维护及抢险设施物资设备仓库建设和摆放工作，提前开展左排倒虹吸排空检查、交叉河流冲坑检查、建筑物裹头及护坡挖探坑揭露式检查等防汛项目，完成各级防汛检查问题整改。组织各处防汛应急管理专业人员和应急抢险人员在江苏宿迁进行防汛应急管理培训，组织防汛演练2次、应急拉练3次。汛期应对云雀、摩羯、温比亚等强台风影响，启动Ⅳ应急响应1次，加强重点渠段巡查，成功处置南阳管理处程沟排水涵洞进口水位超警戒水位、丁洼东南桥截流沟外水入渠等险情，及时组织对水毁严重部位进行修复，确保工程安全平稳运行。全年组织开展各类应急演练32次、各类应急培训17次。

【信息机电运行管理】

2018年，按期保质完成国务院南水北调办督办8项信息机电项目实施。其中，通信传输系统扩容项目提前4个月完成建设目标；"一张图"试点为后续项目实施奠定基础；节制闸电动葫芦式启闭机检修平台试点方案得到中线建管局肯定并计划于2019年在全线推广实施；渠首引水闸远程控制功能实现，有效提升应急调度能力和应急管理水平。组织开展电动葫芦检修平台试点、闸门开度数据跳变改造、安防系统太阳能供电系统改造、通信系统铅酸蓄电池采购、故障电缆检测试验设备采购等专项项目，系统完善性和设备可靠性进一步提升。建立健全设备巡视检查制度，分级落实巡视检查责任，及时发现影响设备设施正常运行的问题和故障。加强运行维护人员管理考核，组织开展各类应急演练及专业培训10余项，管理人员专业知识和应急处置能力有效提升。

【水质保护】

2018年渠首分局辖区内水质稳定在地表水Ⅱ类标准以上，水质监测指标一类水占比持续稳定在90%以上。"1个实验室、2座自动监测站、4个固定监测断面和6眼监测井"构成的水质预警监测体系发挥作用，水质实验室质量管理体系完成改版，进一步健全有毒有害药品管理体系。完成大型检测设备、应急监测设备采购以及水质移动实验室建设，软硬件实力稳步提升。2018年，4个水质科研项目中着生藻类生长规律及其清理效应课题研究结项并提出着生藻类的最佳清理时机。水生生物调查、采样和标本库建设取得重要进展，辖区内外水环境动态监控能力不断提升。联合地方部门协调解决辖区内两侧污染源15处。

（路　博　王朝朋）

河南分局

【概述】

2018年，河南分局全面贯彻落实"稳中求进、提质增效"工作总思路和中线建管局工作部署，以安全生产为中心，以问题查改为导向，以防汛应急为重点，推动规范化建设和创新驱动，提升职工素质、强化合同管理、落实全面从严治党，落实"两个所有"能力建设，完成中线建管局下达的各项工作任务。

【提前谋划和总体布局】

2018年河南分局按照中线建管局工作会精神，提前谋划，提出"1322"的总体工作布局，统筹推进全面工作。加快"采购招标"，保证运行维护和问题整改工作开展。在中线建管局各分局中率先贯彻落实"两个所有"，初步摸索出一套提升员工素质的办法和措施。加强重点项目重点工作推进，先后成立叶县和金灯寺等现场工作组、组建审计问题整改工作组、成立工程验收办公室，推动重点项目进展。

【员工培训和素质提升】

2018年，为提高自有人员查找、发现问题的能力，河南分局分专业组织编制问题查找培训PPT，集中组织各类培训39批次3100余人次。制定河南分局技术标兵评选办法，印发信息机电等7个专业技术标兵评定标准，进行专业技术比赛和现场考核，50大技术标兵脱颖而出，组织优秀公文、PPT、摄影、宣传稿件评选，营造自有员工热爱岗位、钻研业务、创先争优的良好氛围，让脚踏实地、勤奋工作、积极上进和业务知识水平过硬的员工，成为身边看得见的模范。

【问题导向和技术创新】

以发现问题和解决问题推动技术创新，2018年开展新增技术改造专项与技术创新项目深度融合工作。主动承接中线建管局4个水下修复科技项目，开展水下修复生产性试验攻关，逐步解决长期不间断通水环境下衬砌板修复难题，逐步消除重大安全隐患。开展快速边坡缺陷处理试验，采用土工袋处理先进技术，快速处理叶县段三户王生产桥附近渠段膨胀土边坡滑坡，为汛期快速抢险积累经验。研制全断面智能拦藻装置主体拦截装置、第二代分水口拦污挡淤装置，正在研制干渠边坡除藻设备，逐步为水质安全提供更有力支撑。建立土建绿化供应商备选库、完善土建日常维护采购制度，既提高采购工作效率，也强化廉政风险防控。

【细节管理和严格要求】

标准化规范化建设，核心在于重视细节和严格要求，标准化规范化建设的过程，也是逐步发现细节问题、制定严格要求措施、循序提升的过程。2018年，印发加强维修养护项目施工进度和质量控制系列文件，有效克服日常维护项目管理“宽松软”问题。成立伙食委员会，制定接待管理操作指南、车队管理、宣传管理、机关食堂就餐管理等制度办法，逐步推进综合管理规范化、提高综合保障能力。严格执行中央“八项规定”，持续反“四风”，严格要求接待会务，开展资产清理工作，进一步严格劳动纪律。

【党建引领和凝聚提升】

2018年河南分局党委发挥基层党建优势，坚持“业务是核心、党建抓引领”，推动党建与业务深度融合。2016年峪河抢险、2017年金灯寺抢险，关键时刻是党员干部冲锋在前。2017年在叶县高填方加固、金灯寺后续处理、水下修复项目，以及在标准化建设、“两个所有”、问题查改中，发挥党支部战斗堡垒和党员干部示范引领作用，党员在急难险重的任务中淬炼党性。2018年新创建党员示范岗130个、党员责任区57个，19名党员入选河南分局50大技术标兵，一批业务精湛、敢于担当、作风过硬的同志走上领导岗位。

【依托地方和协调联络】

河南分局依靠地方政府开展工作，联合省市县各级政府及地方各级防办，通过联席会议、实操演练等方式，建立联络机制，防汛应急体系得到进一步保障。2018年联合省南水北调办、环保厅环保执法开展联合排查，58处水污染风险源得以整治解决；联合省水利厅、教育厅开展暑期学生安全教育活动，溺亡现象得到进一步遏制；联合省交通厅、公安厅开展桥梁超载专项执法行动，安全生产进一步加强。管理处及现场工作组创新工作思路，对接地方政府部门，在桥梁移交接收、叶县高填方渠道加固、穿黄51亩地征迁等项目的实施上，取得地方政府支持推动工作开展。

（朱清帅　张茜茜）

河南分局调度中心

【概述】

中线工程输水调度工作机制按照“统一调度、集中控制、分级管理”的原则实施。由总调中心统一调度和集中控制，总调中心、分调中心和现地管理处中控室按照职责分工开展运行调度工作。2018年河南分局输水调度工作围绕“稳中求进、提质增效”工作总要求，以安全生产为中心，坚持以问题为导向,以“两个所有”为抓手，完善制度建设，规范内部管理，创新工作方法，上下联动，完成年度各项工作任务。

【制度建设】

2018年组织修订《输水调度管理标准》，建立调度人员顶岗培训制度；邀请业内专家进行理论授课并组织到金结机电厂家现场观摩学习，制作各专业学习课件；制定输水调度专业技术标兵评选要求及实施方案。

【调度管理】

2018年，建立输水调度月例会制度，组织开展各类巡视、维修、养护的调度配合工作。加强日常调度值班力量，重大节假日期间加派值班人员。完善备调中心设备设施，开展备调中心应急启用演练，确保备调功能即时可用。组织开展调度窗口形象提升月活动，提高调度岗位人员的窗口意识；加强日常及专项考核工作。组织开展“两个所有”专项活动，全面排查影响输水调度的各类安全隐患。

【大流量输水及汛期冰期调度】

定期会同总调中心、现地管理处开展多形式多频次的应急调度推演和演练；提前下发大流量输水工作通知，明确各项工作要求；过程中加强监管；加强冰期汛期调度各项工作。严格应急（防汛）值班工作。完善相关设施设备配备，明确工作要求和业务流程，严格值班纪律。全力推进中控室标准化建设。

2018年河南分局辖区接收总调中心指令1935条，下发指令10514条，操作闸门23449门次。新增分水5处，其中分水口2处，退水闸3处。5月3日～6月29日大流量输水期间最大入渠流量385m³/s。

【工程效益】

截至2019年1月1日全线累计入渠水量193.66亿m³，累计分水181.22亿m³，河南分局辖区累计分水40.66亿m³（按水量确认单统计），占全线供水总量的22.4%。2017年1月1日～2018年1月日期间，河南分局辖区分水44处，其中启用分水口29处，使用退水闸分水15处，分水14.62亿m³。供水条件的改善，不仅优化受水区水资源分布，保障居民生活用水，而且提高农田的灌溉保证率，促进受水区的社会发展和生态环境改善，发挥显著的社会、经济、生态和减灾效益。在大流量输水期间，向河南分局辖区生态补水2.61亿m³，取得良好的社会和生态效益，进一步发挥中线工程的供水效益。

（分调中心）

建设管理

【概述】

2018年河南省南水北调配套工程建设管理工作的主要内容有配套工程验收、配套尾工建设、配套工程管理和保护范围划定及标志牌设计、防汛度汛、信访稳定等。

【配套工程验收】

省南水北调建管局制订印发《河南省南水北调受水区供水配套工程2018年度工程验收计划》（豫调建建〔2018〕8号），指导全省的配套工程验收管理工作；坚持《配套工程验收月报》制度，及时统计发现并协调解决配套工程验收工作中存在的问题；5月，河南省南水北调办公室印发《关于我省南水北调受水区供水配套工程工程验收进展情况的通报》（豫调办建〔2018〕44号），督促加快配套工程验收进度；8月，组织调整印发《河南省南水北调受水区供水配套工程2018年下半年工程验收计划》（豫调建建〔2018〕15号），指导下半年的配套工程验收工作。

根据配套工程验收导则规定，及时派员参加各省辖市配套工程的单位工程验收、合同项目完成验收和泵站启动验收等验收活动，9月中旬组成检查组对南阳、周口、新乡和郑州等市的配套工程验收工作进行专项检查，并形成《省配套工程输水线路尾工建设进度及配套工程验收工作检查情况报告》，规范推进配套工程验收工作。及时组织完成配套分部工程验收及以上级别的验收成果备案工作。

2018年，全省南水北调配套工程供水线路新增完成单位工程验收18个，合同项目完成验收27个。开工以来累计完成单位工程验收106个，占总数的66.7%；合同项目完成验收97个，占总数的64.7%。

【配套工程尾工和新增项目建设】

继续实行配套工程《剩余工程建设月报》制度，对配套剩余工程项目建立台账，实行销号制度。对尾工项目存在的工程进度等问题，分别于2018年7月17日、8月2日、9月17日约谈河南水建集团、郑州黄河工程公司、山西水利工程局等施工单位。9月、11月分别组织检查组，对平顶山、周口、许昌、郑州、焦作等配套工程输水线路尾工建设进度进行专项检查，协调督促加快配套工程尾工及受水水厂建设。截至2018年底，河南省南水北调配套工程输水管线剩余的7项尾工中，3项建成通水，2项具备通水条件，2项正在建设。新乡32号口门凤泉支线末端变更段于上半年建成通水；周口10号口门新增西区水厂支线向二水厂供水线路于10月1日正式通水；漯河10号口门线路穿越沙河工程于11月14日正式通水；安阳38号口门线路新增延长段于第三季度建成并具备通水条件，因地方欠缴水费暂未通水；平顶山11-1号口门鲁山线路穿越鲁平大道及标尾管道铺设全部完成，具备通水条件；郑州21号口门尖岗水库向刘湾水厂供水工程，因受环境治理管控等因素影响未能完工，出库工程基本建成，剩余穿南四环隧洞衬砌72.5m、顶管段477m、明挖埋管60m；焦作27号分水口门府城输水线路变更段，7月底完成招标，施工单位进场，泵站工程开工。

【配套工程管理处所建设】

按照既定的《南水北调配套工程23个未开工管理设施建设计划》，2018年，全省配套工程管理处所新增完成8座，叶县、鲁山、宝丰、郏县、鄢陵、武陟、汤阴、清丰管理所；新增开工建设15座，漯河市管理处和市区管理所合建项目、安阳市管理处和市区管理所合建项目、黄河南仓储和维护中心合建项目，以及郑州港区、中牟、荥阳、上街、温县、修武、卫辉、获嘉、清丰管理所。截至2018年12月底，全省配套工程61座管理处所中，建成26座、在建设27座、处于前期阶段（未开工建设）的8座。

【安全生产】

加大安全生产督查力度，2018年7月30日～8月7日，组织开展安全生产大检查活动，对全省11个省辖市南水北调配套工程28处施工现场和管理站所安全生产及防汛工作进行全面检查。印发《河南省南水北调配套工程安全生产及防汛检查情况的通报》，对发现的安全隐患及时整改。在建项目全年未发生安全生产事故。

【防汛度汛】

统筹安排工程防汛工作　5月23日召开全省南水北调2018年防汛工作会议，贯彻落实省政府第九次常务会议和省防指第一次全会精神，安排部署南水北调工程防汛工作。省防指统一部署，省水利厅、省防办、省南水北调办和中线建管局多次会商，研究全省南水北调工程的安全度汛工作，组织开展汛前检查，督促协调沿线各级地方政府及工程建管、运管单位，按照责任分工进行工作落实。

完善风险项目度汛措施　组织工程管理单位和沿线市县南水北调办排查防汛风险点，共确定防汛风险点149个（其中一级13个，二级18个，三级118个）。组织各省辖市南水北调建管局对配套工程防汛工作进行排查梳理，确定防汛重点和关键部位。各有关单位分别制定度汛方案和应急预案，组建防汛队伍、配备防汛设备物资，开展各项准备工作。

加强汛前督导检查　4月下旬至5月中旬，省南水北调办、省防办联合对南水北调工程防汛准备工作进行全面检查，对防洪影响处理工程建设进度进行督导，对检查发现的问题建立台账，责任单位研究方案限期整改。

开展应急演练　6月25日，省政府、水利部在新乡辉县市石门河倒虹吸工程现场，联合举办防汛应急抢险和防御山洪灾害应急演练。省水利厅、中线建管局、省南水北调办、新乡市政府承办演练，省长陈润儿、副省长武国定，水利部副部长蒋旭光现场观看演练。演练模拟由于普降暴雨致石门河倒虹吸处河道水位高于警戒线，进口裹头处发生滑塌险情。演练分为信息报告、应急响应、先期处置、应急抢险和群众避险转移，中线建管局河南分局组织应急抢险人员和设备投入抢险演练，辉县市政府组织有关乡村干部群众及卫生人员参与群众避险转移演练。10时30分，应急演练正式开始，抢险人员首先对石门河倒虹吸进口裹头局部被冲毁部位进行抢险，通过制作、抛投铅丝石笼、混凝土四面体对裹头部位进行抢险加固。10时45分，抢险人员对干渠左岸渠堤外坡脚进行加固。10时55分，当地市政府组织遇险群众转移至安全地带。11时05分，根据险情，拆除河道内阻碍行洪生产堤，对干渠裹头及渠堤进行加高。11时20分，裹头险情处置完毕，子堰修筑完毕，应急演练结束。

开展干渠防溺水工作　继续开展暑期防溺水专项活动，联合省教育厅，重点开展中小学生暑假期间防溺水工作，组织各地南水北调办通过多种渠道加强宣传教育，组织发动沿线中小学生争做护水小天使宣传活动。组织运管单位设置警示标牌，完善隔离和救生设施，加强巡查监控。

【配套工程保护范围划定】

以郑州段配套工程为试点，委托设计单位省水利勘测设计研究有限公司开展郑州配套工程管理范围和保护范围划定方案研究，编制《河南省南水北调受水区郑州供水配套工程管理范围和保护范围图册》。经省南水北调办多次组织讨论研究和修改完善，于2018年9月10日以《河南省南水北调办公室关于划定河南省南水北调受水区郑州段配套工程管理范围和保护范围的报告》（豫调办建〔2018〕75号）报送省水利厅审批。其他省辖市配套工程管理范围和保护范围划定工作依照审定的郑州段试点划定方案，待招标确定技术服务单位后组织开展编制。

【信访稳定】

涉企保证金清理规范　贯彻落实国务院关于进一步清理规范涉企收费、切实减轻建筑业企业负担的精神，按照省政府办公厅印发的《河南省进一步清理规范涉企保证金工作实施方案》（豫政办明电〔2018〕80号）要求，组织开展保证金清理规范工作，形成“拟保留涉企保证金目录清单”“现存涉企保证金明细台账”，及时印发《关于办理退还质量保证金工程结算的通知》（豫调建建函〔2018〕2号），督促限时退还超出规定部分的质量保证金。截至2018年12月底，河南省南水北调系统保证金清理规范工作全部完成。

农民工工资清欠　按照国务院南水北调办《关于做好农民工工资支付有关工作的通知》和省财政厅、省发改委、省住建厅、省人社厅《关于做好政府工程拖欠农民工工资问题全面排查工作的紧急通知》要求，组织对全省南水北调系统拖欠农民工工资情况进行全面排查，建立健全台账，制定整改措施。及时约谈配套风险标段施工单位（新乡31号供水线路施工3标郑州黄河工程公司），致函其上级主管部门（郑州黄河河务局），并组织现场办公，督促其履行合同责任，维护农民工合法权益；向干渠风险标段总部（潮河5标中国水利水电第五工程局有限公司）致函，督促其提供资金，及时兑付农民工工资。

处理群众信访工作　按照《信访条例》等有关规定，根据职责分工，开展干线工程和配套工程的信访维稳工作。1月中下旬、2月中旬，分别进行干渠潮河段、禹长段、方城段群众来访接访工作，协调解决新乡监理3标内部纠纷，并专题致函中国水利水电第五工程局有限公司，解决拖欠农民工工资问题；3月中旬、4月上旬，配合协调处理南阳市赵以凤长期上访问题；7月中下旬，协调解决周口配套商水县境内施工围挡信访问题；8月下旬，配合进行干渠郑州段中原西路交通事故郭才忠诉讼案件有关应诉准备工作；8月初在郑州组织约谈，9月初专题致函，9月17日在辉县组织现场办公，基本解决郑州黄河工程公司拖欠配套工程农民工工资问题。2018年，河南省南水北调工程总体和谐稳定。

（刘晓英）

生态环境

【概述】

2018年，省南水北调办围绕全省部署的水污染防治攻坚战任务，明确有关单位年度工作目标：省南水北调办完成南水北调中线工程干渠两侧饮用水水源保护区划定工作；督促沿线各市政府负责建设保护区标识、标志等工程；协调南水北调中线工程管理单位对干渠河南段水质实施动态监测，完善和组织落实日常巡查、污染联防、应急处置等制度。编制《河南省南水北调办公室污染防治攻坚三年行动实施方案（2018-2020年）》。

【水污染防治攻坚战实施方案】

2018年贯彻落实党的十九大精神,进一步推进实施国家《水污染防治行动计划》《中共中央办公厅国务院办公厅关于全面推行河长制的意见》《河南省碧水工程行动计划(水污染防治工作方案)》和水污染防治攻坚战“1+2+9”系列文件，持续打好打赢全省水污染防治攻坚战， 制订《河南省南水北调中线工程2018年水污染防治攻坚战实施方案》，进一步明确有关单位年度工作目标。

【干渠水源保护区调整】

省南水北调办按照国务院南水北调办的要求，经省政府同意，会同有关厅局开展南水北调中线工程干渠（河南段）饮用水水源保护区调整工作。要求保护区的划定要确保干渠输水水质安全，依法依规并结合沿线的经济发展规划科学合理划定。省南水北调办委托服务单位编制《南水北调总干渠（河南段）饮用水水源保护区调整方案》，召开专家咨询会、审查会、评审会，并两次向沿线政府和有关省直部门征求意见，进一步调整完善方案。经河南省政府同意，2018年6月28日，由河南省南水北调办、省环境保护厅、省水利厅、省国土资源厅联合制定的《南水北调中线一期工程总干渠（河南段）两侧饮用水水源保护区划》正式印发实施。

【防恐及水污染应急演练】

2018年12月13日，渠首分局举行防恐暨水污染应急演练。演练内容是南水北调中线干线镇平管理处何寨东跨渠生产桥右岸下游大门被一辆皮卡车撞开，两名男性“恐怖暴力分子”下车向渠道内倾倒不明物品，并欲实施爆炸，危及干渠输水安全和水质安全。

【干渠污染风险点整治督导】

贯彻落实中央第一环境保护督察组对河南省开展“回头看”工作动员会精神，推动南水北调中线工程干渠两侧污染风险点的整治进度。2018年6月10～14日，成立黄河南、黄河北两个督导组，同时开展南水北调中线工程干渠两侧污染风险点整治工作督导。督导组到乡镇实地查看南水北调中线工程干渠两侧污染风险点。现场向当地政府负责人提出整改和预防措施。

【干渠沿线保护区标牌标识设立】

根据《南北水调中线工程丹江口水库及总

干渠（河南辖区）环境保护实施方案（2017－2019年）》要求，委托省水利勘测设计研究有限公司编制《南水北调中线一期工程总干渠（河南段）两侧饮用水水源保护区标志、标牌设计方案》，并于6月28日召开设计方案专家评审会。8月，《南水北调中线一期工程总干渠（河南段）两侧饮用水水源保护区标志、标牌设计方案》印发。

【保护区规范化建设学习考察】

省南水北调办一行4人于7月5～7日到北京市密云水库学习考察。考察组调研密云水库饮用水水源保护区规范化建设情况，主要内容包括密云水库消落区管理情况，饮用水源保护区标志标牌、隔离设施设置情况，保护区内水污染防治情况，密云水库水质保护及监测情况等。

【干渠保护区内污染源处置】

2018年，与省环境保护厅联合在全省组织开展南水北调中线一期工程干渠两侧饮用水水源保护区违法违规问题专项排查整治工作，并于8月21日联合印发《关于开展全省南水北调中线一期工作总干渠（河南段）两侧饮用水水源保护区违法违规问题专项排查整治工作的函》（豫环函〔2018〕195号），要求南水北调沿线地方政府开展排查，列出清单，安排计划，加快整治。

【干渠保护区内建设项目专项审核】

干渠两侧水源保护区划定后，省南水北调办出台《南水北调中线一期工程总干渠（河南段）两侧水源保护区内建设项目专项审核工作管理办法》，规范干渠两侧水源保护区内建设项目专项审核工作程序。截至2018年底，河南省南水北调系统共受理新建扩建项目1100余个，其中因存在污染风险否决700余个。

【“十三五”规划实施】

2018年，省南水北调办征求省发展改革委、南阳市、洛阳市、三门峡、邓州市政府意见，按照省政府批示，代表省政府与水源地4市政府签订《丹江口库区及上游水污染防治和水土保持“十三五”规划目标责任书》。起草《关于丹江口库区及上游水污染防治和水土保持“十三五”规划实施考核办法修改意见的报告》并报省政府。

会同省发展改革委联合印发《河南省丹江口库区及上游水污染防治和水土保持项目建设督导方案》《2018年河南省丹江口库区及上游水污染防治和水土保持工作计划》。在第二、三季度督导水源区有关县（市）区域内规划实施、项目建设、水质目标、保障措施等工作开展情况。截至2018年底，规划53个项目中完成45个，在建4个，未实施4个。

【南水北调受水区地下水压采】

配合省水利厅督促南水北调受水区贯彻落实《河南省南水北调受水区地下水压采实施方案（城区2015－2020年）》及2018年度地下水压采计划。南水北调受水区2018年度计划压采井数1051眼，压采水量6258.21万m^3。截至6月底，全省共封填、封存地下水井568眼，消减地下水开采量2246.92万m^3，其中浅层地下水1894.75万m^3、深层地下水352.17万m^3。省水利厅会同省住建厅、省南水北调办开展2018年度南水北调受水区地下水压采专项工作检查，加大南水北调水利用力度。

【干渠压矿评估工作进展】

干渠压矿补偿涉及河南省15家矿权人，由于干渠压矿补偿久拖不决，矿权人意见较大，存在不稳定因素。按照国务院南水北调办的要求，就压覆矿权人有形资产损失的计算方法与矿权人、评估机构、中线建管局等单位进行沟通，得到各方的认可。2月6日省南水北调办将《评估报告》报送中线建管局，中线建管局于3月下旬报送国务院南水北调办，设管中心于8月中旬在北京召开概算审查会，组织专家对补偿投资进行评审。

2018年11月30日，水利部批复《评估报告》，并将压矿补偿资金列入水利部2019年资金支出计划。

【京豫对口协作】

2017～2018年，河南省对口协作建设类项目共26个，截至10月底完成3个在建23个。2018年在北京水利水电学校举办两期培训班，5月举办运行管理干部培训班，10月举办水质保护培训班，每期培训班30人80学时。

（赵　南　马玉凤）

移民与征迁

【概述】

2018年，丹江口库区移民安置通过国家终验技术验收。推进"乡村振兴"和"美好移民村"建设，继续实施移民村社会治理和"强村富民"战略，扶持发展移民乡村旅游，全省208个移民村每村都有集体收入，部分达到200万元，移民人均可支配收入12393元，移民社会大局稳定。河南段南水北调中线工程征迁安置涉及南阳等8个省辖市所辖44个县市区和1个省直管邓州市。初设批复干渠建设用地39.72万亩，其中永久用地16.52万亩，临时用地23.20万亩；需搬迁居民5.5万人，批复征迁安置总投资233.96亿元。6月30日完成省级技术验收，8月30日召开干线征迁验收委员会会议，并通过省级终验。

【移民安置验收】

2018年10月29日～11月22日，国家终验技术验收组分为档案管理、文物保护和移民安置3个组，对河南省南水北调丹江口库区移民工作进行技术验收，验收结论均为合格。河南省为准备国家验收，采取多项措施，对验收有关问题进行整改。制订《河南省南水北调丹江口库区移民安置总体验收工作大纲》，编制《河南省南水北调丹江口库区移民安置总体验收工作实施细则》，举办全省总体验收培训班，委托中介机构到各地开展技术指导。印发省级初验技术验收发现问题整改通知，列出未完成整改任务清单，建立问题整改台账，明确每项问题的牵头领导、责任人。省南水北调移民安置指挥部办公室对各地验收问题整改情况进行督导检查，印发验收问题整改督办通知，并派驻一名处级干部常驻南阳市，实行问题整改周报制度，召开移民安置总体验收问题整改推进会、验收问题整改暨督促重点问题整改落实。省政府移民办召开国家终验动员会，举办国家终验技术验收培训会。10月底，全省验收问题全部整改到位，具备国家验收的条件。

【九重镇试点项目实施】

按照国家发展改革委、财政部、国务院南水北调办等部门有关批复要求，根据南阳市发展改革委、移民局、财政局批复的《淅川县九重镇南水北调移民村产业发展试点2018年项目实施方案》，2018年共4个项目，涉及淅川县九重镇4个南水北调移民村。经淅川县财政投资评审，投资总计2128.87万元。4月，省财政配套1000万元下达南阳市。截至2018年底，3个项目完成验收，剩余1个项目正在扫尾。

【移民后续规划立项】

河南《南水北调中线工程河南省丹江口水库移民遗留问题处理及后续帮扶规划》2016年经省政府上报国务院后，国家发展改革委等三部委予以批复，建议通过既有渠道解决。国务院南水北调办组织长江设计公司会同河南湖北两省，按照三部委批复意见，进一步梳理通过既有渠道无法彻底解决的困难和问题，对后续帮扶规划进行修编。2018年11月，省政府将移民后续规划修编版上报国务院，并向国务院、水利部领导汇报，申请国家早日立项实施。

【干线征迁验收】

按照国务院南水北调办验收工作安排，河南干线征迁验收工作于2017年启动，通过建立制度、细化方案、组织培训、强化责任等举措，先后完成县级自验和市级初验，并于2018年6月30日完成省级技术验收，8月30日召开干线征迁验收委员会会议，通过省级终验。

【资金结算】

累计清理各项征迁资金240.73亿元，2018年3月完成省政府移民办和相关省辖市、省直管县市征迁机构的资金结算工作，为干渠资金决算和验收准备条件。制定南水北调干渠征迁安置财务决算未完投资确定和审批意见，指导各地开展未完投资确定和审批工作。

【征迁问题处理】

截至2018年底，剩余554亩临时用地返还，全省南水北调干线征迁临时用地全部返还到位。推动用地手续办理工作，对剩余未办理手续的4253亩建设用地情况进行排查，统计地块清单并函报中线建管局。

【资金管理】

2018年基本完成全省南水北调丹江口库区完工财务决算　组织丹江口库区6市1直管市、27个县编制完工财务决算，清理资金208亿元，编制完成库区移民决算报告。按照省政府移民办关于印发《河南省南水北调丹江口库区移民安置完工阶段财务结算未完投资确定和审批的意见》的通知意见，对全省未完投资进行统一确定和审批。

2018年推进南水北调中线干线征迁完工财务决算　按照国务院南水北调办有关要求，制订《河南省南水北调中线干线征迁完工财务决算实施细则》，引进社会中介机构介入推进决算工作。印发征迁投资确定和审批指导意见，组织编制未完投资并批复执行。截至12月底，决算外业工作结束，正在落实整改。

配合国务院南水北调办审计工作　根据国务院南水北调办《关于开展南水北调工程资金审计的通知》（经财函〔2018〕9号）要求，派出审计组于2018年4～5月对河南省南水北调工程2017年度征迁资金使用管理情况进行年度审计。组织有关市县开展审计配合，准备有关资料，进行协调沟通，坚持“边审边改原则”，督促相关单位对审计提出的问题及时整改。

2018年完成《河南省征地移民财务管理工作手册》汇编　为进一步加强移民财务管理，规范经济活动，落实国家审计署驻郑州特派员办事处和河南省审计厅审计整改意见，对十八大以来中共中央、国务院、水利部、原国务院南水北调办公室、河南省委省政府等出台的与中央“八项规定”精神联系紧密的有关资金管理方面的相关规定进行系统整理汇编，形成《河南省征地移民财务管理工作手册》供征地移民机构在工作中参照使用。

【信访稳定】

2018年按照“七项机制”“两个办法”规定，在移民信访接访处访等各环节严格执行、不断提升信访工作制度化规范化水平，有效防止矛盾升级，促进信访问题妥善解决。执行信访案件台账管理和领导分片负责制，对重点访民和重点案件采取领导包案制。在全国和河南省两会期间，实行信访工作“零报告”制度，建立省市县乡村五级联动的立体化维稳网络，确保敏感时期大局稳定。

（邱型群　王跃宇）

文物保护

【概述】

2018年，河南省南水北调文物保护工作主要围绕南水北调文物保护技术性验收工作而展开，同时兼顾报告出版、档案整理等后续保护工作。

【文物保护技术性验收】

2018年，河南省文物局下发文件要求各项目承担单位加快进度，在规定时间内完成考古发掘资料移交、出土文物移交、科研课题结项、科研成果统计等工作。11月，河南省通过国家组织的丹江口库区文物保护技术性验收；干渠验收资料的准备工作正在进行。

丹江口库区文物保护技术性验收　整理自2005年以来为开展南水北调丹江口库区文物保护工作出台的规章、制度、文件等材料，编制技术性验收综合性资料；整理国家组织验收被抽查的13个文物保护项目的协议书、开工报告、中期报告、完工报告、验收报告、文物清单、发表成果等材料，编制每个项目的验收汇报材料；完成丹江口库区35个文物保护项目发掘资料的移交工作；维修维护淅川县地面文物搬迁复建后的古建筑，整治古建筑园区的绿化、道路等环境，修建停车场、卫生间等配套设施；完成丹江口库区已移交考古发掘资料的整理建档与集中存放工作。

干渠文物保护文物保护技术性验收筹备　考古发掘资料移交工作完成近70%。干渠沿线的8个省辖市中，7市境内的文物保护项目基本完成资料移交工作；干渠的文物保护工作报告、自验报告基本编写完成，需进一步修改完善；整理干渠文物保护工作相关的规章制度和文件，编辑综合性资料。

【新增南水北调文物考古发掘项目】

2018年，河南省对受到南水北调工程施工范围和施工进度影响的一些文化遗存丰富、学术价值很高的文物保护项目继续开展考古发掘工作。为深入了解这些项目的学术价值，2017年经报请国家文物局审批同意，河南省组织文博单位继续开展田野考古发掘工作。2018年，干渠文物保护项目新郑铁岭墓地、邓州王营墓地、宝丰小店遗址5个项目田野考古发掘工作完成并通过专家组验收。受水区供水配套工程文物保护项目鹿台遗址、鲁堡遗址的田野考古发掘工作正在进行。

【南水北调文物考古成果】

2018年，完成《南水北调工程河南段丹江口库区新石器时代出土石器研究》《南水北调河南省出土汉代空心砖墓研究》等3项南水北调科研课题结项工作。2018年出版考古发掘报告《辉县路固墓群》《许昌考古报告集（二）》《荥阳后真村墓地》。《泉眼沟墓群》《淅川马岭墓群》《申明铺遗址》等报告完成校稿工作，预计2019出版。

【档案整理】

2018年，河南省文物局聘请的专业档案公司对南水北调文书档案和文物保护项目的发掘资料进行标准化整理。文书档案和丹江口库区文物保护项目考古发掘资料完成标准化整理，存放入档案室；干渠及受水区配套工程文物保护项目的考古资料正在整理中。

（王双双）

行政监督

【概述】

2018年按照南水北调工作“稳中求进”总基调和“质效双收”总目标要求，行政监督工作以服务配套工程运行管理规范化为主线，以党建工作高质量推进业务工作高质量，较好完成运行管理及配套工程建设、水行政执法、举报受理与调查和南水北调政策法律研究等各项行政监督工作。

【配套工程运行管理督办】

2018年按照运管例会会议纪要，对运行管理例会工作安排和议定事项落实情况建立台账，分解任务明确责任单位，逐项督办，逐月通报。共完成10次运行管理例会工作安排和议定事项落实情况督办，督办事项66项，议定事项全部落实；水费征缴、档案验收等长期性工作任务正在落实。

【配套工程管理处所建设督导】

配套工程管理处所建设坚持一月一督导一通报，2018年共完成10次督导。截至2018年10月底，配套工程管理处所建成26个（2018年新增4个），其中投入使用17个（2018年新增8个），在建25个（2018年新增开工11个）；完成招标5个，正在招标准备工作3个项目。4月和7月两次对濮阳、安阳、新乡、焦作、平顶山、漯河和郑州市未开工配套工程管理处所建设进行重点督导。

【受水水厂建设协调督导】

加强与省住建厅沟通协调，对河南省南水北调配套工程供水水厂建设进度督促检查，推进南水北调受水区水厂建设，按照水利部要求，协调省住建厅按季度和年度上报河南省南水北调受水区水厂建设和通水情况。截至2018年底，河南省南水北调受水水厂共94座（原规划受水水厂共83座，新增11座），已建成水厂80座（2018年新增13座），其中通水69座（2018年新增10座）；在建7座，未建3座，缓建4座。

【配套工程尾工建设督导】

2018年加快推进南水北调受水区供水配套工程输水线路尾工项目建设进度，对平顶山、周口、许昌、郑州配套工程输水线路尾工建设进度及南阳、周口、新乡和郑州配套工程验收工作情况进行检查督导。对配套工程11-1线路穿越鲁山县鲁平大道尾工项目两次进行现场督导。根据现场施工进展和资源投入情况，督导组要求各参建单位加大资源投入，加快施工进度，增开工作面，倒排工期，全面推进施工进度，务必按时完工，形成督导报告。

【配套工程稽察】

按照稽察计划，2018年3月6～10日，组织稽察专家对许昌市鄢陵县南水北调供水配套工程建设情况进行稽察，印发《关于许昌市鄢陵县南水北调供水配套工程建设稽察整改的通知》（豫调办监〔2018〕10号），督促许昌市南水北调配套工程建管局整改落实。6月11～15日组织稽察专家对平顶山市南水北调供水配套工程建设情况进行稽察，对发现的问题提出整改意见。6月27～29日组织稽察专家对鹤壁市配套工程运行管理情况稽察整改落实情况进行核查，对发现的问题提出整改要求。

【工程招投标行政监督】

遵循公开公平公正原则，对包括“河南省南水北调受水区供水配套工程基础信息管理系统、巡检智能管理系统建设项目”在内的15批次16项招投标工作，从评标专家抽取、开标评标、合同谈判，进行全方位、全过程跟踪监督，保证招投标工作程序合法操作规范。

【举报受理与办理】

严格按照原国务院南水北调办和省南水北调办制订的举报受理和办理管理办法，对每一件举报事项都及时组成调查组到现场逐一调查核实，协调当地相关部门分析原因查找根源。在调查处理过程中坚持原则把握政策，不变通不放过不手软不留情，调查结果根据举报来源逐一进行回复。2018年共受理举报事项9件（其中，国务院南水北调办转办7件，直接受理2件）全部办结。

【行政执法】

2018年贯彻落实《南水北调工程供用水管理条例》和《河南省南水北调配套工程供用水和设施保护管理办法》，会同市县南水北调办协调处理违规穿越南水北调配套工程等问题，保护南水北调配套工程供用水和设施安全。各省辖市省直管县市南水北调办全部组建水政监察大队，并依法执法。

【南水北调政策法律研究课题结项】

2018年南水北调政策法律研究会委托省社科院、河南财经政法大学、华北水利水电大学开展的《南水北调中线工程生态补偿制度建构研究》《南水北调中线工程设施管理保护与执法实践研究》《坚持五大理念，充分发挥南水北调中线工程综合效益研究》《南水北调中线工程口述史》（河南段）4个研究课题通过评审验收，课题成果达到结项要求。

（赵　南　高　亮）

机要管理

【公文运转】

2018年省南水北调办机要室共接收和处理各类文件3400余份，向档案室移交2017年各类收文1700余份，省南水北调办和省南水北调建管局发文1000余份，并向省委办公厅清退2017年中共中央文件88份。及时完成省委、省政府、国务院南水北调办各类会议的通知、报名和资料领取等工作。在公文运转过程中，从收拆、登记、阅批、办理到终结处理，都按照保密工作规定和不积压、不丢失、不泄密的要求进行。印发上级有关文书处理工作的规定、办法，宣传贯彻执行，并制定省南水北调办公文处理细则、措施。

【机要保密】

2018年8月，省南水北调办根据省委办公厅要求，配备值班视频会商系统，机要室与设备安装单位协调沟通，及时完成设备的安装和调试工作，并组织干部职工对系统操作进行培训，保证省委值班室在节假日期间对省南水北调办的视频查岗工作。按照省委保密办要求，省南水北调办2018年再次组织20余人参加省保密局举办的保密教育轮训。完成省委保密办交办的“十三五”保密事业发展规划自查、2018年度保密自查自评和“七五”保密宣传教育工作。

【档案移交】

开展档案交接工作，明确档案人员责任，维护档案安全完整，确保工作连续不断有序进行，履行《档案法》《档案法实施办法》赋予档案人员的职责。2018年文书档案的整理完成以下工作：借阅档案；对到期未还的档案及时催还。归还档案时当面清点、注销，并及时放回原处。把具有永久和定期保存价值的档案按规定向档案室移交。统计档案的数量、档案利用情况、上年收进和移出文件数量，并按规定向档案室报送统计报表。销毁无保存价值的档案，防止档案的遗失和泄密。

【办公自动化（OA）】

2018年3月，省南水北调办OA系统整体上线试运行。OA系统具备签报管理、发文管理、收文管理、查询管理、督办管理和即时通讯等多种流程。4月，OA系统移动客户端上线运行，客户端页面基本信息简洁紧凑，流程管理和意见管理页面与OA系统同步，同时在首页对收文、发文、签报、待阅等流程进行分区显示，待办类型一目了然，满足移动办公的需要。5月，经过前期培训和系统调试，5个项目建管处上线试运行。系统增加工资查询、会议室预约、公车使用审批、公章审批、即时通讯等流程。9月，进一步加快OA系统推广应用，经省南水北调办领导同意，综合处将省南水北调办与各省辖市省直管县市南水北调办事机构的公文交换纳入OA管理系统。机关各处和各项目建管处办理的公文可在OA系统上实时查看各自公文流转情况，实现从拟稿、审批、套红、盖章、分发流程的线上无纸化办公。

（高　攀）

档案管理

【概述】

2018年，河南省南水北调工程档案管理突出重点“促验收，抓整编”，全力推进档案验收进度提高档案整编质量。完成水利部、南水北调设管中心组织的档案验收19次；完成濮阳配套工程档案预验收；完成配套工程档案及征迁安置档案检查督导11次；完成配套征迁档案整编培训3次；移交7个设计单元工程档案至项目法人。协助水利部档案专项验收、档案检查评定验收；组织河南省配套工程建设档案专项验收、预验收；组织河南省配套工程征迁安置档案验收。

【中线工程档案验收】

根据水利部及中线建管局工程档案验收计划，河南省南水北调建管局安排2018年验收工作。先后15次指导检查各参建单位整理进度和整编质量；协调各有关单位参与验收、编制验收报告与备查资料；在验收过程中进行现场答疑；在验收后逐项落实验收问题整改并组织复查。全年完成中线工程各阶段档案验收共19次。完成水利部档案专项验收前10个设计单元工程的检查评定，9个设计单元工程通过水利部档案专项验收。

【中线工程档案移交】

2018年，向中线建管局项目法人移交禹州长葛段、焦作2段、石门河倒虹吸、新乡潞王坟试验段、宝丰郏县段、方城段、南阳试验段7个设计单元工程两套档案共计89580卷。

（宁俊杰）

【配套工程档案验收】

印发《河南省南水北调工程档案技术规定（试行）》，对9个省辖市配套工程档案整编情况进行检查督导，现场解决各参建单位在工程档案整编中出现的问题。11月，组织机关有关处室及特邀专家对濮阳供水配套工程档案进行预验收，验收档案1254卷。

【配套工程征迁安置档案验收】

印发《河南省南水北调受水区供水配套工程征迁安置档案验收实施方案》，先后8次对南阳市、平顶山市、许昌市、安阳市、滑县、漯河市、新乡市、鹤壁市征迁档案整理、验收情况进行现场检查督导。

【配套工程档案整理培训】

印发《河南省南水北调配套工程征迁安置档案整理培训教材》，组织培训3次，其中全省配套工程征迁安置档案整编培训1次，培训70余人；周口、新乡培训各1次，培训60余人。

【机关档案管理】

2018年，整理完成2017年机关档案2818件，补充历年未归档文件1630件；省南水北调建管局库房接收禹州长葛段、焦作2段、石门河倒虹吸、新乡潞王坟试验段、宝丰郏县段、方城段、南阳试验段7个设计单元工程档案44790卷。2018年提供档案资料日常借阅113人/次，数量1285件（卷）；“大事记”编撰借阅11364件；竣工审计与结算借阅8179卷。

（张　涛）

宣传信息

省南水北调办

【概述】

2018年年初省南水北调办组织召开全省南水北调系统宣传工作会议，回顾总结2017年宣传工作，表彰先进单位和先进个人。印发《关于印发2018年全省南水北调宣传工作要点的通知》（豫调办综〔2018〕19号），对2018年河南省南水北调宣传工作提出要求。

【人员培训】

加强宣传队伍人才培养，参加上级单位组织的新闻写作培训、新闻舆情应对培训，更新新闻观念，提升新闻素养。组织举办全省南水北调系统宣传工作培训，课程涵盖新闻写作、公务摄影、舆情应对以及新媒体与新传播等内容，邀请新闻界权威人士进行授课。

【通水三周年作品评选】

组织新闻、摄影类专家对河南省南水北调办公室组织的“通水三周年”摄影征文比赛作品进行评选，最终评选出70幅获奖作品，并向获奖人颁发荣誉证书。获奖作品集结成册，编辑出版《辉煌三周年》一书，2018年完成出版印制工作。持续开展南水北调精神研究，《南水北调精神研究初探》一书由人民出版社出版发行。

【网络主题活动采风】

2018年上半年，34家网络媒体和行业媒体组成的“水到渠成共发展”网络主题活动采风团，在河南境内集中采访中线水质保护、水源地生态保护成果、沿线重点控制性工程以及南水北调中线工程支撑地市经济发展成果等。各网络媒体在网站醒目位置开设“水到渠成共发展”网络主题活动专题。河南省南水北调办公室网站转载大河网“水到渠成共发展”专题。对河南省接水50亿、60亿m^3的关键节点、调整完善水源保护区和提高供水效益的重点工作，省内外多家新闻媒体和网络媒体发布相关报道，取得显著的宣传实效。

【生态补水宣传】

2018年4~6月，水利部启动南水北调中线工程向北方大规模生态补水。截至6月30日，河南省累计完成生态补水5.02亿m^3。为进一步宣传河南省生态补水取得的实效，6月27日，河南省南水北调办公室协调配合央视记者到许昌报道生态补水效益情况，并于6月30日分别在央视午间节目《新闻直播间》和晚间《新闻联播》中播出相关报道。同时及时组织河南日报、河南人民广播电台、河南电视台、东方今报、河南商报以及大河网等多家媒体到焦作、许昌、南阳和郑州采访生态补水及其效益，多篇相关报道上传至河南省南水北调办公室网站。

【南水北调精神文化建设】

2018年按时完成《中国南水北调工程建设年鉴》《河南年鉴》《长江年鉴》《河南水利年鉴》供稿任务，完成《南水北调中线工程口述史》（河南卷）项目结项，结项报告在中国口述史学会的年会上受邀宣读并受到广泛关注和好评，正在准备出版发行。完成《改革开放40年》供稿，并在此基础上编辑7万字的《改革开放40年　河南南水北调流光溢彩》作为内部资料印制。

（薛雅琳）

省辖市南水北调办

【南阳市南水北调办】

2018年，南阳市南水北调办宣传工作突出保水质护运行主题，发挥新闻发言人作用，配合央视和北京等各大新闻媒体的拍摄、采访工作，累计印发保水质护运行宣传品150余万份；配合市委宣传部参与制定通水四周年宣传方案，在南阳广播电台播放专访，利用部门及个人微信、微博等网络社交平台进行转发宣传100余次。配合中央电视台《话说南水北调》

拍摄团队到南阳市拍摄，圆满完成专题片拍摄工作。全年投入20余万资金用于宣传工作，在市级以上报纸发表10余篇文章，3次宣传专版，市级以上网络发布20余条专题信息，上报市委市政府信息30余条，上报省南水北调办网站地市信息17条，南阳市南水北调办宣传工作在全省南水北调系统处于先进位次。

（朱　震　宋　迪）

【平顶山市南水北调办】

2018年平顶山市南水北调办贯彻落实全省南水北调工作会议精神，围绕“质效双收”总目标和年度工作重点开展各项宣传活动。随着南水北调供水效益不断扩大，以此为契机进一步宣传南水北调工程重大意义，宣传南水北调政策法规，营造“护水、用水、节水”的良好氛围。3月22日，开展第26届“世界水日”第31届“中国水周”宣传活动。平顶山市南水北调办联合中线管理处在影城广场举行宣传活动，宣讲南水北调工程有关政策法规，进行现场问答，发放南水北调宣传手册及宣传品。加强与媒体记者联系沟通，报道南水北调工程给平顶山市生态补水所带来的社会效益，形成南水北调工程就在身边的氛围。配合省南水北调办组织的记者采风团，到用上南水北调水源的县乡村进行采访。

（张伟伟）

【漯河市南水北调办】

2018年，漯河市南水北调办结合配套工程建设和征迁的实际情况开展南水北调宣传工作，为南水北调提供舆论保障。

漯河市南水北调办把宣传工作纳入考核办法，明确信息宣传的重点和要求。加强学习培训，定期参加省南水北调系统宣传培训班的学习，增强信息员写作能力、会议活动拍照技巧，提高稿件质量和采用率。全年编发简报12期，向省南水北调网站发布信息12条。11月16日漯河市第三水厂实现通水，至此漯河市8个南水北调受水水厂全部实现南水北调工程供水。漯河市南水北调办于11月21日在漯河日报整版刊发《丹江碧水润万家——写在我市南水北调受水水厂全部通水之际》，12月18日在漯河日报刊发《一泓清水入户来——走进我市南水北调受水区》，全面宣传南水北调通水以来取得的成效，回应社会各界对南水北调的关切，营造良好社会氛围。

（孙军民　周　璇）

【周口市南水北调办】

2018年，周口市南水北调办宣传工作以服务工程建设为中心，开展全方位多层次的宣传工作，与周口广播电台、周口电视台、周口网、周口日报结合进行南水北调集中宣传，开辟专栏、制作专题，及时、全面、准确地发布我市南水北调配套工程信息及新闻稿件。全年在省内外媒体发表稿件16篇，在河南南水北调网发表信息33条，在市级媒体发表稿件15篇。出动宣传车到南水北调管道沿线市区、乡镇进行巡回宣传，发放宣传手册10000余本，宣传彩页15000余张，悬挂宣传横幅50余条。10月1日，周口市西区水厂正式通水，中心城区实现南水北调供水全覆盖，专报市政府并通过周口晚报、微信公众号、专题网页及电子屏幕循环播放等形式进行宣传。

（谢康军　朱子奇）

【许昌市南水北调办】

2018年，许昌市南水北调办围绕南水北调运行管理、水质保护、生态带建设、水费征收、丹江口库区移民发展稳定、发挥南水北调工程经济效益、社会效益和生态效益等方面进行宣传，营造良好社会环境。全年共收集上报信息80多条，在新闻媒体上发表报道3篇，河南省南水北调网站发表信息32篇，许昌市政务信息28篇。

加强与许昌日报、许昌晨报合作，开辟专栏、制作专题宣传南水北调各项工作。12月12日，在许昌日报头版显著位置刊发《4年，5亿立方米丹江水润莲城》，系统报道南水北调通水四周年的效益。组织宣传人员参加上级举办的各类新闻培训班。积极回应社会关切，及时高效协调处理舆情信息。关注“南水北调润中原”微信公众号、开通南水北调手机报、许昌南水北调党建群，及时了解、关注和分享南水北调有关信息。

加强对宣传工作的督查检查，每季度通报许昌市有关县市区和各科室供稿情况，对先进进行表彰，列出专项经费用于宣传工作。明确综合科为责任科室，指定专人负责，及时公开移民后续发展、配套工程安全运行、用水安全相关信息。细化公开内容，权力清单、责任清单按照要求及时在市政府信息公开平台进行公布，对政府采购、公务接待等“三公”经费管理使用情况及时公开接受社会监督。围绕涉及群众切身利益，群众关注的热点难点问题和单位内部的重要管理权力，利用公告公示栏、宣传资料等形式公开信息。全年主动公开政府信息18条。其中包括印发文件12件，完善政务公开制度等规范性文件15件。

（徐　展）

【郑州市南水北调办】

2018年，郑州市南水北调（市移民局）网纳入郑州市事业单位认证网站,全年共发布各类信息42篇，在省市属媒体报道新闻60余起，向省两办网和水务局网推送各类信息40余条。加强档案管理，整理南水北调干渠征迁、移民、配套工程档案6700余份。开展2017年精神文明复创和平安建设工作，安排3个月全员参与在中原路与嵩山路文明交通执勤。根据人大、政协提案，通过调查研究，如期答复。在南水北调通水三周年之际，组织郑州电视台、郑州日报、郑州晚报、郑州广播电台、大河报开展一系列宣传报道活动，编辑出版《南水北调诗词集》。

（刘素娟　罗志恒）

【焦作市南水北调办】

2018年，焦作市南水北调办宣传工作围绕“美丽焦作、人水和谐”主题，整合各方资源，强化宣传手段，丰富宣传载体，增强宣传工作的针对性和实效性，主动宣传、立体宣传、深度宣传，形成全社会支持南水北调工作的良好舆论环境。

3月22日，焦作市南水北调办在龙源湖公园开展“世界水日”“中国水周”宣传活动，宣传南水北调工程建设意义、工程效益发挥、工程设施保护。在市龙源湖公园设置6块宣传展板，向参观群众发放《南水北调工程科普手册》《河南省南水北调配套工程供用水和设施保护管理办法》等宣传资料，用大功率音响循环播放南水北调工程保护相关法律法规等。2017年10月、2018年4月南水北调对龙源湖公园进行两次清水大置换，南水北调的生态效益在焦作市初步显现，群众更加关心关注南水北调，在活动现场纷纷询问市区什么时候能吃上南水北调水，以及南水北调价格等问题，现场工作人员一一答疑解惑。

4月24日，南水北调干渠闫河退水闸门开启，开始为期2个月的生态补水。市政府主管领导召开联络会议安排部署，制订《焦作市南水北调生态调水工作方案》。生态调水的受水目标为龙源湖、黑河、新河、大沙河、大狮涝河以及修武县郇封岭漏斗区。6月27日，中央电视台、河南电视台、河南广播电台、河南日报、河南商报、东方今报、大河网等媒体记者，来焦作市采访南水北调生态补水。采访组一行到修武县、市区龙源湖公园，现场采访，全面报道焦作市南水北调生态补水情况、宣传南水北调生态补水效益。2018年计划补水3500万m^3，实际补水4460万m^3，取得良好的社会效果。

（樊国亮）

【焦作市南水北调城区办】

2018年，开展干渠运行安全宣传警示教育，节假日期间在焦作日报、焦作晚报刊发“南水北调安全提醒”，在焦作电视台拉滚字幕告知市民注意安全。组织有关人员在沿线学校、村庄发放宣传单、张贴通告、讲解南水北调工程知识及防溺水知识，并利用村内喇叭进行宣传。协调干渠运管单位组织巡回宣传车，在跨渠桥梁悬挂宣传条幅。组织市区两级南水北调机构工作人员，通过手机微信在朋友圈中广泛宣传干渠安全运行及防溺水知识，收到良好效果。

进一步加强南水北调精神宣传。通过人民网、新华网、光明网、中国水利报、河南日报、河南广播电视台等60余家中央、省、市主流媒体和商业网站、行业媒体，宣传南水北调焦作精神。5月31日，中央网信办对《以水为魂、以文为脉　焦作打造南水北调中线靓丽风景线》进行全网推广，全国几百家网站先后进行转载。同时，《中国南水北调》报对绿化带建设工作刊发专题报道，焦作电视台新闻频道开设“弘扬南水北调焦作精神”栏目，焦作日报、焦作晚报及新媒体在重要版面及时发布系列新闻报道。2018年，市广播电视台、焦作日报社播报、刊发新闻报道近70篇，“南水北调焦作精神”成为一张亮丽名片走向全国。协调有关单位收集近年来涉及南水北调工作的电视专题片、摄影作品、报告文学、纪念册以及干渠、绿化带征迁工作先进事迹材料，基本完成《“南水北调焦作精神”干部读本》编写工作，作为市委党校主体班培训教材。

(李新梅)

【新乡市南水北调办】

2018年，新乡市南水北调办共编写印发各类简报信息71期，并及时上传至省南水北调办网站、市委市政府信息科，对各项工作起到较好的宣传作用，发挥上情下达、下情上传的桥梁作用。

与新乡日报、新乡电视台加强沟通联系，对生态补水工作、干渠征迁安置验收等工作进行报道。与新乡日报社联系，组织采访和稿件刊发工作，10月12日刊发《人工“天河”跨牧野　南水北调舞“彩虹”》。在3月22日“世界水日”，到街道为市民宣讲《中华人民共和国水法》《南水北调工程供用水管理条例》《河南省南水北调配套工程供用水和设施保护管理办法》等法律法规，讲解南水北调工程建设、运行管理及保护工程安全、水质安全和人身安全的知识，现场发放《新乡市南水北调配套工程宣传明白纸》1000余份。暑假前夕对沿线80余个村庄、上万名中小学生进行防溺水安全教育，发放《新乡市南水北调配套工程宣传明白纸》。6月6日与卫辉管理处联合在卫辉市唐庄镇四合新村启动“关爱生命预防溺水专项宣传活动”。7月20日，联合辉县管理处举行“走近南水北调　远离溺水危险”防溺水专题讲座系列活动。2018年新乡段干渠没有发生一起人员溺亡事故。

(吴　燕)

【濮阳市南水北调办】

制订《2018年濮阳市南水北调宣传工作方案》，围绕服务南水北调中心工作开展宣传信息工作。全年报送工作信息33条次，其中在省南水北调办网站发布27条，水利网发布6条。5月10日和5月24日，以专题报道、图片新闻方式在濮阳日报、濮阳网、濮阳早报发布关于生态补水的新闻信息，取得良好的社会经济生态效益。在“中国水周”“世界水日”重要时间节点，开展爱水、护水，保护工程宣传报道。

(王道明)

【鹤壁市南水北调办】

2018年，鹤壁市南水北调宣传工作围绕服务于南水北调工程建设、管理及运行的中心工作，创新思路，利用信息专报、工作简报、门户网站、微信公众号等渠道，及时组织对重要部署、重要节点、重大活动、先进经验、典型事迹等进行宣传报道和信息交流。

日常宣传　组织新闻媒体采访报道，利用报纸网络等媒体刊登文章或专题，利用电视广播等媒体播发新闻信息，宣传南水北调工程建设管理和运行成效及意义。在省南水北调网上刊发18篇新闻，在大河报上刊发1篇新闻，在鹤壁日报上刊发9篇新闻，在鹤壁电视台播发10篇新闻，在鹤壁电台播报10篇新闻。为“世界水日”“中国水周”提供宣传资料图片，并参加宣传活动。配合省南水北调办、中线建管局河南分局及有关新闻媒体对鹤壁市南水北调生态补水的情况进行调研和采访。

进社区宣传　与单位所在地桂鹤社区对接，签订共建社区协议书，向桂鹤社区赠送报刊，组织志愿者进社区开展南水北调政策宣讲及志愿服务活动，共发放宣传彩页4000余份。

反恐怖主义法宣传　将反恐怖主义宣传工作列入宣传重点工作,对鹤壁市南水北调配套工程管理泵站以及现场设施管理人员进行反恐怖主义工作宣传，组织收看鹤壁市反恐办制作的公民预防恐怖活动宣传片；在鹤壁市南水北调配套工程现地管理站、泵站外墙悬挂宣传横幅标语，利用鹤壁市南水北调办官方微信公众平台，宣传有关南水北调反恐怖常识。

预防未成年人溺亡专项治理宣传　按照省南水北调办、市综治办等部门2018年预防未成年人溺亡专项治理工作要求，制定方案，加强宣传。加强对南水北调中线工程总干渠沿线群众特别是中小学生防溺水宣传教育，督促干线鹤壁管理单位加强日常管理。加强安全隐患排查力度，联合鹤壁管理处及时检查防护设施，干渠重要地段设置醒目的防溺水警示标识。5月30日，市南水北调办、市公安局、鹤壁管理处等有关部门单位，联合走进淇滨区长江路办事处吕庄中心校、淇滨区金山办事处刘庄社区小学，开展预防未成年人溺亡宣讲活动。

南水北调文化建设　2018年编发南水北调工作简报18期，向省市有关部门单位提供工作信息50余条。按时编报《河南省南水北调年鉴2017》鹤壁部分；按市水利局要求，编报《河南省水利年鉴2017》鹤壁部分；按省南水北调办要求编报《河南南水北调大事记》鹤壁部分组稿；组织编写省水利改革开放40周年征文史料及图片。回复省市有关部门督查件办理20余次。参加道德讲堂活动，宣讲南水北调工程建设管理及运行先进事迹先进人物。组织观看宣传教育电影《李学生》。配合进行档案执法检查工作，开展档案资料收集分类整理归档工作。鹤壁市南水北调中线干线工程征迁安置档案工作通过县级、市级、省级验收。

2018年鹤壁市南水北调办被省南水北调办表彰为全省南水北调宣传工作先进单位。

（姚林海）

【安阳市南水北调办】

2018年安阳市南水北调办围绕中心，服务大局，突出正面宣传和舆论引导，加大通水效益宣传，加大保护条例宣传，加大水污染防治攻坚战的宣传，起到良好效果。2018年在省南水北调网上发布信息22篇，印发南水北调信息24篇。完成《河南南水北调年鉴2017》（安阳部分）的组稿工作。协助市网信办组织开展“水到渠成共发展”网络主题宣传活动。围绕全市水污染防治攻坚战，组织相关县区突出水污染防治宣传，引导沿线群众保护干渠水质。2018年安阳市南水北调办被省南水北调办表彰为全省南水北调宣传工作先进单位。

3月22日，在第26届“世界水日”和第31届“中国水周”，分别在安阳市两馆广场和七仙女广场设立咨询台，展出宣传展板10幅，发放自制“依法保护，平安供水”“预防溺水，关爱生命”主题宣传漫画2000余张，知识手册、宣传袋等宣传物品1000余份。3月22～28日，出动宣传车到沿线村庄、企业、学校发放宣传单，播报《南水北调工程供用水管理条例》《河南省南水北调配套工程供用水和设施保护管理办法》。

邀请市级新闻媒体对南水北调工作宣传报道取得良好效果。6月1日组织安阳电视台《安阳新闻》栏目和安阳日报，到汤阴县、殷都区、安阳河西湖闸等处，对安阳市第二次生态引水进行采访，宣传报道生态补水带来的经济、生态、社会效益。《安阳日报》在6月3日政务版面，以《我市再迎南水北调生态补水》为题进行宣传报道。安阳电视台《安阳新闻》栏目在6月6日作为头条，以《南水北调再次为我市实施生态补水5000多万立方》为题进行报道，收到良好的社会效益，生态补水获得群众的普遍赞誉。

（李志伟）

肆 中线工程运行管理

陶岔管理处

【概述】

2018年上半年陶岔管理处在位于南水北调中线渠首枢纽工程下游900m处的水质自动监测站办公，2018年8月11日，陶岔渠首枢纽工程正式纳入南水北调中线管理体系，管理处迁至渠首枢纽工程管理园区开展运行管理工作。10月，渠首枢纽工程被教育部命名为“全国中小学生研学实践教育基地”。

【工程概况】

陶岔渠首枢纽工程位于丹江口水库东岸的河南省淅川县九重镇陶岔村，陶岔渠首枢纽由引水闸和电站等组成。一期工程渠首枢纽设计引水流量350m³/s，加大流量420m³/s，年均调水95亿m³，水闸上游为2km的引渠，与丹江口水库相连，水闸下游与干渠相连。闸坝顶高程176.6m，轴线长265m，共分15个坝段。其中1～5号坝段为左岸非溢流坝，6号坝段为安装场坝段，7～8号坝段为厂房坝段，9~10号坝段为引水闸室段，11~15号坝段为右岸非溢流坝。引水闸布置在渠道中部右侧，采用3孔闸，孔口尺寸3×7×6.5m(孔数×宽×高)。电站为河床径流式，厂房型式为灯泡贯流式，安装2台25MW发电机组，水轮机直径5.00m，机组装机高程136.20m，最大工作水头22.66m，年发电量2.38亿kW·h。

渠首枢纽工程下游900m干渠右岸平台处设有陶岔渠首水质自动监测站，建筑面积825m²，是丹江水进入总干渠后流经的第一个水质自动监测站，陶岔水质自动站是一个可以实现自动取样、连续监测、数据传输的在线水质监测系统，共监测89项指标，涵盖地表水109项检测指标中的83项指标，主要监测一些水质基本项目、金属重金属、有毒有机物、生物综合毒性等项目，共有监测设备25台。每天进行4次监测分析。监测站配置在国内处于领先位置。陶岔水质自动站是以在线自动分析仪器为核心，能够实现实时监测、实时传输。及时掌握水体水质状况及动态变化趋势，对输水水质安全提供实时监控预警，在发生水质突发事件后能够及时监测水质变化情况。

【工程管理】

陶岔管理处按照中线建管局土建绿化实施标准，建立完善土建绿化信息台账及标准化清单，按照土建和绿化工程施工工艺标准监督执行。陶岔管理处建立安全生产领导小组，明确安全生产有关人员职责，并制定安全生产管理实施细则；按照要求开展安全生产检查，召开安全生产会议，按照要求组织开展安全生产教育培训和宣传；对安全设施器材定期维护；按照规定对施工现场进行安全管理；对交通、消防、食品等环节有安全管理办法。2018年陶岔管理处安全监测各项工作正常开展，按照要求完成安全监测频次，制定安全监测数据采集计划，监测数据及时进行整理整编，定期进行初步分析，编写并上报月报。

【工程效益】

渠首枢纽工程是南水北调中线一期工程的重要组成部分，具有供水和发电的双重任务。其中渠首水电站安装两台灯泡贯流式发电机组，装机容量50MW，多年平均发电量2.378亿kW·h。2018年6月1日开始试运行，截至2018年12月31日，累计发电量8859.620万kW·h，电站安全运行214天，平均日发电量41.4万kW·h，最高日发电量75.63万kW·h，创造直接经济效益2835万元。

（王伟明）

邓州管理处

【工程概况】

南水北调中线干线邓州管理处所辖工程位于河南省南阳市淅川县和邓州市境内，起点位于淅川县陶岔渠首，桩号0+300；终点位于邓州市和镇平县交界处，桩号52+100。总长度51.8km。主干渠渠道为梯形断面，设计底宽10.5～23m，堤顶宽5m。设计流量350～340m³/s，加大流量420～410m³/s，设计水深7.5～8m，加大水深8.19～8.78m，渠底比降1/25000。共布置各类建筑物89座，包括河渠交叉建筑物8座、左岸排水建筑物16座、渠渠交叉建筑物3座、跨渠桥梁52座（公路桥32座，生产桥20座）、下穿通道1座、分水口门3座、节制闸3座、退水闸3座。

【工程管理】

根据《南水北调中线干线工程建设管理局机构设置、各部门（单位）主要职责及人员编制规定》，设置邓州管理处，管理处设置4个科室，分别为综合科、合同财务科、工程科和调度科，编制39人。

渠道、建筑物等土建工程维修养护整体形象良好，满足渠道、输水建筑物、排水建筑物等土建工程相关维修养护标准；渠道、防护林带、闸站办公区等管理场所绿化养护总体形象良好，满足绿化工程维修养护标准。2018年邓州管理处按上级安全生产工作要求，开展安全生产标准化建设，实现安全生产事故为零、无较重人员伤残和财产损失的生产目标。

按要求进行水质日常巡查、日常监控、渠道漂浮物垃圾打捞及浮桥维护、两会加固等日常工作。按规定开展污染源的专项巡查和跟踪处理，通过与地方南水北调办、环保等政府部门沟通协调使得污染源得到较有效的控制。

【运行调度】

2018年度，邓州管理处信息机电设备运行平稳、安全可靠。运行管理以问题为导向，以标准化建设为抓手，深挖设备设施运行安全隐患，通过功能完善及项目建设，各类设备运行工况及性能进一步提升，为安全平稳足额供水提供坚实保障。

淅川段主要自动化调度系统包括：闸站监控子系统和视频监控子系统各6套，布置在中控室和淅川段5座（肖楼、刁河、望城岗北、彭家、严陵河）现地站内；语音调度系统、门禁系统、视频会议系统、安防系统、消防联网系统、工程防洪系统各1套，布置在中控室；安全监测自动化系统1套，布置在工程科安全监测办公室；综合网管系统、电源集中监控系统、光缆监测系统各1套，布置在管理处网管室。

【工程效益】

2018年度计划输水51.17亿m³，实际输水74.62亿m³，截至2018年12月31日8时，正式通水以来入渠水量累计193.52亿m³，累计安全运行1480天。

肖楼分水口全年分水5.7232亿m³，累计分水19.2149亿m³；望城岗分水口全年分水2852.96万m³，累计分水7660.74万m³；湍河退水闸全年退水608.4万m³。通水以来三处累计分水20.04亿m³。

（邓州管理处）

镇平管理处

【工程概况】

镇平段工程位于河南省南阳市镇平县境内，起点在邓州市与镇平县交界处严陵河左岸马庄乡北许村桩号52+100；终点在潦河右岸的镇平县与南阳市卧龙区交界处，设计桩号87+925，全长35.825km，占河南段的4.9%。渠道总体呈西东向，穿越南阳盆地北部边缘区，起点设计水位144.375m，终点设计水位142.540m，总水头1.835m，其中建筑物分配水头0.43m，渠道分配水头1.405m。全渠段设计流量340m^3/s，加大流量410m^3/s。

镇平段共布置各类建筑物63座，其中河渠交叉建筑物5座、左岸排水建筑物18座、渠渠交叉建筑物1座、分水口门1座、跨渠桥梁筑38座。管理用房1座，共计64座建筑物。

金结机电设备主要包括弧形钢闸门8扇，平板钢闸门6扇，叠梁钢闸门4扇，液压启闭机9台，电动葫芦5台，台车式启闭机2台等。高压电气设备4面，低压配电柜6面，电容补偿柜4面，直流电源系统3面，柴油发电机2台，35kV供电线路总长35.5km（含2.91km电缆线路）。

镇平段自动化调度系统包括：闸站监控子系统和视频监控子系统各4套，布置在中控室和镇平段3座（西赵河工作闸、谭寨分水口、淇河节制闸）现地站内；语音调度系统、门禁系统、安防系统、消防联网系统各1套，均布置在中控室；综合网管系统、动环监控系统、光缆监测系统、电话录音系统、程控监测系统、内网监测系统、外网监测系统、专网监测系统各1套，均布置在管理处网管中心；视频会议系统1套，布置在镇平管理处二楼会议室。

【工程管理】

根据中线建管局编【2015】2号《南水北调中线干线工程建设管理局机构设置、各部门（单位）主要职责及人员编制方案》的要求，镇平管理处设置4个科室，分别为综合科、合同财务科、工程科和调度科。编制30人。

2018年，镇平段开展以“八大体系”“四大清单”为核心的安全生产标准化建设。根据辖区特点强化反恐维稳工作，管理处被南阳市反恐办评为反恐怖袭击重点目标示范单位。同时协调镇平段警务室、保安分队开展治安巡逻，联系市县公安部门，打击沿线各类破坏工程设施、危害水质安全违法违规行为，起到严厉的震慑警示作用。

2018年根据《中控室生产环境标准化建设技术标准（修订）》文件要求，从建筑设施、标识系统、日常环境等方面共完成标准化建设3大项13小项的相关内容，中控室环境面貌得到很大提升，进一步提高运行管理水平。2018年完成淇河节制闸闸站标准化建设工作，通过中线建管局验收并授牌。

【工程效益】

谭寨分水口安全平稳运行无间断，截至2018年12月31日，全年向镇平县城供水1049.70万m^3，全部用于城镇居民用水，受益人口16万。

（镇平管理处）

南阳管理处

【概述】

南阳管理处办公园区位于南阳市蒲山镇东南2km处，2018年有正式员工32人，其中党员10人。园区总占地10000m^2，园区有办公楼、物资仓库、餐厅、羽毛球馆等基础设施，办公楼建筑面积1746m²，内设职工办公室、党建室（南阳市流动图书馆）、会议室、中控室等。园区内绿荫匝地，亭台耸立，为全体员工创造良好的工作生活环境。2017年4月，南阳管理处被南阳市直文明委授予“市直县级文明单位”荣誉称号。

【工程概况】

南阳管理处工程范围涉及卧龙、高新、城乡一体化示范区等3行政区7个乡镇（街道办）23个行政村，全长36.826km，总体走向由西南向东北绕城而过。工程起点位于潦河西岸南阳市卧龙区和镇平县分界处，桩号87+925，终点位于小清河支流东岸宛城区和方城县的分界处，桩号124+751。南阳段工程88%的渠段为膨胀土渠段，深挖方和高填方渠段各占约1/3，渠道最大挖深26.8m，最大填高14.0m。工程设计输水流量330~340m³/s，设计水位142.54~139.44m。

辖区内共有各类建筑物71座。其中输水建筑物8座；穿跨渠建筑物61座；退水闸2座。辖区共有各类闸门48扇，启闭设备45套，降压站11座，自动化室11座，35kV永久供电线路全长38.74km。

【工程管理】

根据中线建管局安排及巡查移交计划，2018年9月配合安保公司完成工程巡查人员招聘，组织新入职员工军训和专业知识培训，并按时完成移交。完成安全监测自动化系统实用化检验，完成监测设施和自动化系统的维护，对自动化系统进行调试和完善。开展输水调度“汛期百日安全”专项行动。按照上级部门有关要求，严格调度值班纪律，加强预警响应工作，开展数据监控、水情测报、指令执行工作，完成专项行动的各项任务，有效保障汛期调度安全。

【工程效益】

按照中线建管局总调中心有关调度指令，完成白河退水闸第三次生态补水任务。按照总调中心有关指令，从2018年4月17日开始，到6月30日截止，累计向白河生态补水7713.78万m³，为打造南阳市白河生态廊道做出贡献。

南水北调中线工程建成通水以来，累计向南阳城区供水5769.67万m³，实现辖区内工程安全、运行安全和供水安全。

（孙天敏）

方城管理处

【工程概况】

方城段工程位于河南省方城县境内，涉及方城、宛城两个县区，起点位于小清河支流东岸宛城区和方城县的分界处，桩号124+751，终点位于三里河北岸方城县和叶县交界处，桩号185+545，包括建筑物长度在内全长60.794km，其中输水建筑物7座，累计长度2.458km，渠道长58.336km。渠段线路总体走向由西南向东北，上接南阳市段始于南阳盆地的东北部边缘地区的小清河支流，沿伏牛山脉南麓山前岗丘地带及山前倾斜平原，总体北东向顺许南公路西北侧在马岗过许南公路，顺许南公路东南侧过汉淮分水岭的方城垭口，止于方城与叶县交界三里河，下连叶县渠段，穿越伏牛山东部山前古坡洪积裙及淮河水系冲积平原后缘地带。

方城段工程76%的渠段为膨胀土渠段，累计长45.978km，其中强膨胀岩渠段2.584km，中膨胀土岩渠段19.774km，弱膨胀土岩渠段23.62km。方城段全挖方渠段19.096km，最大挖深18.6m，全填方渠段2.736km，最大填高15m；设计输水流量330m³/s，加大流量

$400m^3/s$，设计水位139.435m～135.728。渠道沿线共布置各类建筑物107座，其中，河渠交叉建筑物8座，左岸排水建筑物22座，渠渠交叉建筑物11座，跨渠桥梁58座，分水口门3座，节制闸3座，退水闸2座。辖区共有各类闸门56扇，启闭设备52套，降压站11座，自动化室11座，35kV永久供电线路全长60.8km。

渠道采用梯形断面，纵坡为1/25000。方城段工程征地涉及南阳市方城县、社旗县境内10个乡镇66个村，建设征地总面积23881.25亩，其中永久征地11252亩，临时用地12629.25亩。

【工程管理】

方城管理处是方城段工程运行管理单位，设有综合、调度、工程、合同财务4个科室，负责南水北调方城段运行管理工作。

2018年按要求完成防汛风险点的排查、防汛"两案"的编制与备案、汛期防汛值班、防汛应急演练、防汛工作总结。10月1日，安保公司正式接手工程巡查人员管理。不断健全安全管理体系，推进运行安全管理标准化建设。2018年管理处建立渠道沿线村庄、学校信息台账，制定宣传计划，联合方城县南水北调办和地方政府开展"南水北调公民大讲堂"宣传活动、渠道开放日活动、防溺亡应急演练、消防安全演练、水质保护宣传工作，并按照中线建管局与渠首分局要求完成日常巡查、水质监控、漂浮物管理、污染源管理和水质应急工作，方城管理处水质保护工作处于正常运行状态。

【运行管理】

2018年，金结机电设备整体运行情况良好。南水北调中线方城段涉及自动化调度系统相关的设备设施房间沿线设置有管理处电力电池室、通信机房、网管中心及现地站的自动化室、监控室。自动化调度系统设备整体运行情况良好。

调度值班人员遵守上级单位制定的各项输水调度相关制度，熟练掌握调度工作基本知识及操作技能，利用自动化调度系统开展输水调度业务。严格遵守各项管理规定，落实相关文件要求。按时收集上报水情信息、运行日报及有关材料，各项记录、台账及时归档。

【工程效益】

2018年12月31日，方城段工程全年运行365天，自正式通水以来，累计安全运行1481天，向下游输水164.41亿m^3。方城段工程共有半坡店、大营、十里庙3座分水口门，设计分水流量分别为$4.0m^3/s$、$1.0m^3/s$、$1.5m^3/s$。

半坡店分水口开启为社旗、唐河供水，流量维持在$0.90m^3/s$左右，截至2018年12月31日累计分水7740.01万m^3；十里庙分水口开启为方城供水，截至2018年12月31日累计分水320.97万m^3。

利用清河退水闸、贾河退水闸开启为地方生态补水，其中清河退水闸截至2018年12月31日累计分水14871.44万m^3、贾河退水闸截至2018年12月31日累计分水1332.21万m^3。

（方城管理处）

叶县管理处

【概述】

叶县管理处是河南分局的现地管理处，全面负责辖区内运行管理工作，保证工程安全、运行安全、水质安全和人身安全。负责或参与辖区内征迁退地、工程验收工作。叶县管理处内设综合科、合同财务科、工程科、调度科4个科室。2018年有员工26人，其中副处长2名，主任工程师1名。

【工程概况】

叶县段工程起自方城县与叶县交界处（桩号185+545），止于平顶山市叶县常村乡新安营村东北、叶县与鲁山县交界处（桩号215+811），线路全长30.266km。其中全挖方渠段累计长12.466km，最大挖深约33m；全填方渠段累计长4.93km，最大填高约16m；半挖半填断面累计长11.659km。高填方渠段（填高≥6m）累计长8.473km，低填方渠段（填高<6m）累计长8.116km。

叶县段沿线布置各类建筑物61座。其中：大型河渠交叉建筑物2座（府君庙河渠道倒虹吸、澧河渡槽），左岸排水建筑物17座，渠渠交叉建筑物8座，退水闸1座，分水口门1座，桥梁32座（跨渠公路桥17座，跨渠生产桥15座）；35kV线路总长30.125km（含3.472km电缆线路）。

叶县段工程起点设计水位135.727m，终点设计水位133.89m。起始断面设计流量330m³/s、加大流量400m³/s，终止断面设计流量320m³/s、加大流量380m³/s。辛庄分水口设计流量9m³/s。工程设计防洪标准按100年一遇洪水设计，300年一遇洪水校核。

叶县段澧河渡槽工程位于河南省平顶山市叶县常村乡坡里与店刘之间的澧河上，起点桩号209+270，终点桩号210+130。工程轴线总长860m。进口节制闸室、进口连接段、槽身段、出口连接段、出口检修闸室均为双线布置。槽身为双线双槽矩形预应力钢筋混凝土简支型梁式渡槽，共14跨，两个边跨为30m跨径，其余12跨为40m跨径。单槽净宽10.0m，双线渡槽全宽顶宽26.6m，底宽26.7m。

澧河渡槽设计总长860m，包括进口明渠段长114m，进口渐变段长45m，进口节制闸室长26m，槽身段540m，出口连接段长20m，出口检修闸室长15m，出口渐变段长70m，出口明渠段10m；设计流量320m³/s，加大流量380m³/s，退水闸设计流量160m³/s。

南水北调中线工程为Ⅰ等工程，干渠渠道及各类交叉建筑物等主要建筑物为1级建筑物，附属建筑物、河道防护工程及河穿渠建筑物的上下游连接段等次要构筑物为3级建筑物，临时建筑物为4～5级建筑物。

【工程管理】

安全管理 叶县管理处成立安全生产工作小组，明确安全生产负责人和兼职安全员，编制年季月安全生产工作计划，修订安全生产管理实施细则，开展安全生产工作总结。2018年加强日常维护项目管理，与运维人员进行安全交底并签订安全生产协议书。定期组织安全生产检查、开展安全宣传培训、召开安全会议，全年零伤亡。

土建绿化工程维护 2018年土建日常维修养护各个项目均按照年度计划及细化的月度计划开展。截流沟、排水沟及时进行清理，雨淋沟及时修复、三户王边坡变形体处理，渠道附属设施维护；渠坡草体、防护林带及场区绿化部位维护。

应急管理 按要求编制防洪度汛应急预案和度汛方案并审批备案；按照中线建管局范本编制处置方案，编制完成各类突发事件应急处置方案9份，Ⅱ级风险项目度汛方案3份。2018年6月22日，在文庄跨渠公路桥进行防汛应急演练。汛期建立防汛值班制度，进行全年24小时应急值班，及时收集和上报汛情险情信息，高效迅捷处置各类突发事件，减少或避免突发事件造成的损害。

环境保护与水土保持 中线建管局与长江工程建设局叶县代建部在工程设计中提出水土保持措施，在招投标文件及与施工单位签订的合同条款中，规定保护土地资源及防治水土流失的要求，并委托监理单位对工程环境及水土保持工作进行监督检查。在取土开挖和弃土等施工活动中，采取保护措施，水土流失及对生态环境的影响范围和程度均较小。

【运行管理】

运行调度 2018年叶县段运行调度平稳

运行正常，调度值班人员严格遵守值班纪律，履行值班职责。按照《南水北调中线干线输水调度管理工作标准（修订）》规定，依据"统一调度、集中控制、分级管理"的调度要求。叶县管理处中控室执行"大轮班"的值班方式，人员固定，业务能力扎实，并在澧河节制闸安排专人进行现场值守，提高输水调度的应急处置能力，健全中控室输水调度制度。五项制度上墙、统一台签桌签，调度生产场所的环境面貌得到大的提升。

金结机电设备运行　按照河南分局要求，对叶县段闸站及管理处园区需要进行整改的项目进行整改。2018年全部整改完毕，整改率100%。

永久供电系统运行　叶县管理处降压站35kV供配电设备由管理处专人管理，设备维护工作由专业维护单位进行维护，高压室进出通道处于常闭状态，入室有语音提示报警装置，高低压配电设备周围铺设高压绝缘胶垫，设备安全闭锁完好。叶县管理处机电金结及35kV供配电设备完整，缺损零部件及时发现并通知维护单位进行更换，设备仪器仪表显示故障，在现场巡视时能及时发现并处理。

信息自动化系统运行　按照中线建管局的有关要求，2018年自动化调度系统运维采取过渡期维护模式，河南分局组织有关单位开展维护工作。2018年叶县管理辖区内自动化调度系统运行平稳。

【工程效益】

截至2018年12月31日，安全平稳运行1481天，辛庄分水口累计分水19679万m^3，干渠累计输水1571863万m^3。叶县段工程运行平稳通水正常，工程效益不断显现。

（赵　发）

鲁山管理处

【概述】

鲁山管理处负责鲁山段工程运行管理工作，以及平顶山直管项目的征迁退地、桥梁移交以及档案验收等尾工建设任务。编制34人，2018年实际到岗29人，设置综合科、合同财务科、工程科、调度科。组织机构健全，管理制度完善，岗位分工明确，职责清晰，各项工作有序开展。

【工程概况】

鲁山段全长42.913km，其中输水渠道长32.793km，建筑物长10.12km。沿线布置沙河渡槽、澎河渡槽、张村分水口等各类建筑物94座。输水渠道包括高填方7037.9m，半挖半填17851.6m，全挖方7903.4m。设计流量320m^3/s。

【安全管理】

2018年，贯彻上级单位有关安全生产工作部署和指示，持续推进运行安全管理"八大体系、四大清单"标准化建设。组织安全生产培训交底32次，签订协议书16份；开展各类安全生产检查55次，查改安全问题217项。联合警务室和安保处理各类违规问题13起。

安全宣传常态化，采用多种形式到鲁山辖区6个乡镇20多村庄进行安全宣传。两会加固及大流量输水期间，增加安保人员加强安保巡查。为确保渠道封闭彻底，新装滚笼刺丝11.7万m，安装刺绳2万m。通水至今零溺亡且未发生一起安全责任事故。

【问题查改】

2018年，配合安保公司完成工程巡查人员接管、招聘并确保过渡期间工巡工作正常开展。开展工巡人员培训工作，组织业务培训及测评12次。除日常巡视外，又开展雨中巡查、膨胀土渠段专项排查、渡槽洇湿渗水日常观测等专项检查。以问题为导向，贯彻落实“两个所有”，推进APP系统应用，考核上线率，对问题精准整改，各项问题均按期整改完成。飞检、稽查及监督队检查发现问题共计68项。其中国务院南水北调办飞检检查问题10项，防汛仓库属设计问题正在整改，其余全部完成整改。专项稽查查出问题10项，正在整改5项。中线建管局检查问题25项，全部整改完成。“两个所有”自查问题2880项，完成整改2605项，整改率90.5%。

【调度管理】

2018年度澎河、沙河节制闸接收远程调度指令479条，成功执行475条，远程成功率99.1%；现地执行指令12条，成功率100%。完成年度调水量64.4亿m^3，累计调水量162.2亿m^3，向白龟湖生态补水237.6万m^3，生态效益、经济效益、社会效益显著。

严格执行输水调度管理制度，全年24小时进行调度值班，未发生违规行为和失误。在防洪度汛、白龟湖生态补水及“机构改革”加固期间、大流量输水期间，克服大流量、高水位、高流速、恶劣天气等不利因素，实现精准调度安全供水目标。

开展输水调度“汛期百日安全”活动、调度形象提升活动，参加输水调度月例会及输水调度论坛，组织学习、培训220余次，撰写学习笔记200余次。规范交接班和调度值班行为，提升岗位形象，进一步提升输水调度规范化和信息化管理水平。

【工程维护】

2018年为全面加强工程维护质量，修订《南水北调中线干线鲁山管理处工程维护分段管理责任制实施方案》，编制土建及绿化维护养护考核和管理等管理办法20余份，加强考核工作。遵循“经常养护、科学维修、养重于修、修重于抢”的原则，开展各项土建维护工作。日常维护项目6个，土建日常维护养护、绿化及合作造林、鲁山南1段截流沟及道路维护4个跨年度项目正在实施，沙河梁式渡槽35、36跨应急防护、汛前安全度汛项目完成合同验收；沙河渡槽连接通道项目为专项项目，合同金额144万元，完成桩基施工。坚持“三标”引领，累计创建标准化渠段23.88km，验收通过率占比排河南分局第三。

【自动化系统维护】

2018年开展自动化系统巡视巡检473次，视频监控系统、闸站监控系统等自动化调度系统信息采集传输可靠，闸门远程控制成功率99.8%。组织现地专网对外通讯突发故障应急演练，完成电力电池室实体环境改造项目、电力电池室顶棚改造项目、通信传输系统扩容项目、管理处WiFi覆盖四个专项实施，监管配合河南省南水北调受水区供水配套工程自动化调度系统利用干渠敷设光缆。闸站监控系统改造项目正在实施。

【金结机电设备维护】

2018年按照维护标准开展静态巡视765次，动态巡视19次，故障及缺陷处理505项（截至11月25日），完成检修门主反轨、设备及接地螺栓防腐，35kV永久供电进行设备巡视240次，故障停电17次，计划性停电21次，对各闸站及线杆有防火泥的部位进行彻底排查，处理由于温度高防火泥软化变形23处，处理闸站线路故障5处。开展创新工作2项，其中沙河节制闸电动葫芦创新项目获得河南分局内部推广。

（李　志　宁志超）

【安全监测】

2018年，完成日常监测数据采集及内外业资料整理，特殊时期加密观测。持续开展规范化建设，完成安全监测站环境整治、安全监测测点保护盒改造及修复900余个、水平位移观测墩维护整修175个、沉降观测工作基点保护井整治87个、沉降测点保护盖安装130个，沉降管、测压管、测斜管保护设施改造114个，提高监测设施使用寿命和工程形象。持续进行人工数据录入与比对，累计导入安全监测自动化数据162196点次。配合完成安全监测仪器设备鉴定，加强安全监测自动化系统完善工作。

【水质保护】

2018年，开展水质保护巡查、漂浮物打捞、水体监测、藻类捕捞、污染源防治、水生态调控工作。在3座有危化品通过的风险桥梁附近闸站设置应急物资箱，包含应急防化服、铁锹及编织袋等物资，并对桥面排水设施封堵、设置应急储沙池和急污池。在两个退水闸前进行扰动清淤2次，全年共打捞漂浮物1000kg。进行水质保护培训3次，配合水质取样8次，向河南分局送水样43次，协调取缔污染源1处。配合河南分局开展“以鱼净水”水生态调控实验。与县环境污染攻坚办签订目标责任书，与县公安局、环保局建立水质应急联络机制，修编水污染应急预案并向地方部门备案。通水至今未发生水污染事件。

【穿跨越邻接工程】

2018年，建立健全穿跨越邻接工程管理体系，穿跨越工程台账清晰明了，定期不定期对穿跨越工程进行专项检查。为确保发现问题及时沟通，管理处与已建、在建的穿跨越邻接工程建立联络机制，有效解决穿跨越邻接工程存在的各类问题。对郑万高铁跨越干渠重点项目，管理处安排专人每周进行1次专项检查，安保及工巡人员每天检查1次。为确保发现问题及时处置，管理处督促郑万高铁施工方在施工现场储备吸油毡等应急物资，3月工程连续梁合拢，5月系杆拱转体合龙。

【应急管理】

2018年贯彻“防重于抢”的防洪理念，落实汛前汛中各项工作，汛前摸排防汛风险项目7处，明确风险等级，确定防汛重点项目；年初编制防汛应急预案、度汛方案并通过市防办专家评审和备案，与地方建立联动机制；召开专题会及培训会10次，对防汛应急工作进行培训及部署；汛期大雨以上降雨共7次，开展雨中雨后专项巡查14次；加强应急队伍管理，主汛期配备抢险人员12名，设备9台，24小时值守待命，不定期抽查4次，紧急集结2次，共启动预警7次；汛前及汛期上级检查6次，参加上级各类防汛会议10次；防汛应急物资全部到位，设施设备状态良好；严格落实24小时值班制度，全员参与防汛值班。辖区7处Ⅲ级防汛风险点实现平安度汛。

【综合管理】

2018年，遵循“后勤保障也是生产力”的原则，进一步发挥综合管理、协调服务职能，开展综合保障工作。公文处理水平提高，园区面貌、办公环境明显改善，车辆管理更加规范，职工膳食标准显著提升，团队活动建设进一步加强，管理处的向心力与凝聚力增强。持续加强职工履职能力建设，全年组织各类内部培训94次，参加河南分局组织的安全、水质等业务培训，职工素质和业务能力进一步提升。全年发表各类宣传报道36篇，承办“水到渠成共发展”网络媒体宣传活动，受到中线建管局表彰。接待200余次考察、调研活动，持续提高南水北调影响力。

【尾工建设】

2018年全部完成鲁山段4个设计单元档案专项验收，除沙河渡槽工程外，鲁山南1段、鲁山南2段、鲁山北段档案“两全两简”全部整理完成，具备移交条件。正在进行鲁山南1段2号弃渣场水土保持项目施工，因鲁山县禁采禁运禁售导致混凝土供应紧张，进度略显滞后。完成所有跨渠桥梁问题确认及复核并上报河南分局，待处理方案及预算批复后，尽快组织实施并向地方政府移交。

【党建工作】

2018年，继续开展“两学一做”，加强“红旗基层党支部”创建，发挥党建工作的引领作用。利用“互联网+”开展多种形式的警示教育。进一步提高民主（组织）生活会质量，开展谈心谈话活动，落实“三重一大”和“请示报告”制度，贯彻落实中央八项规定精神，加强党内监督。组织联学联做、一岗一区、1+1结对帮学、谈心谈话等活动，坚持例会和考核制度，学雷锋志愿服务活动，确保党建与业务工作高度融合。

（张承祖　郑晓阳　魏东晓）

宝丰管理处

【工程概况】

宝丰管理处所辖工程位于宝丰县和郏县境内，南起宝丰县昭北干六支渡槽上游58m（桩号K258+730），北至郏县北汝河倒虹吸出口（桩号K280+683），全长21.953km。起点设计流量320m³/s，终点设计流量315m³/s，设计水深7m，设计纵坡1/24000～1/26000。

各类建筑物共计65座，其中河渠交叉建筑物5座（包含2座节制闸、3座控制闸）、渠渠交叉建筑物7座、左排建筑物8座、跨渠桥梁21座（包括地方工程设施铁路桥2座）、分水闸2座、退水闸1座、铁路暗渠1座、抽排泵站8个、安全监测室12个。1座中心开关站（35kV专用供电线路杆塔共计206基，输电线路37.69km），降压站11座，包括高低压电气设备控制柜108面、干式变压器12台、柴油发电机12台，机电金结设备钢闸门52扇，启闭设备45台。

【安全生产】

2018年，落实“两会”期间工程安全保卫工作要求，组织“安全生产月”活动，开展“预防未成年违规进入渠道”专项活动、安全生产培训、安全生产检查、“安全隐患随手拍”、防汛抢险专题宣传教育、护水小天使活动，营造良好安全生产氛围。围网刺丝滚笼安装49744延米，并通过合同完成验收。组织开展维护单位安全管理专项检查活动，自查管理处各个专业岗位人员安全生产责任落实情况，检查维护单位现场作业车辆管理和人员证件管理行为，检查发现问题11个，均录入工程巡查系统APP，跟踪落实整改情况。落实中线建管局《出入工程管理范围管理标准（试行）》，建立工程管理范围的车辆及人员实行车辆通行证、人员出入证和渠道大门钥匙领用管理。警务室、保安分队落实制度要求，严格检查各类证件、钥匙使用情况，确保安全、规范使用。贯彻执行警务室管理标准，建立治安信息档案，与工程沿线地方政府部门、派出所等建立治安联动机制，不断提升警务室治安防范能力。

【输水调度】

2018年，输水调度开展加固安全管理工作（4月4日～6月1日）、大流量输水及生态补水工作（4月13日～7月10日）、“输水调度窗口形象提升月”活动（8月1～31日）、输水调度“汛期百日安全”专项行动（6月30日～10月7日）、开展输水调度“两个所有”活动（11月5日～12月16日），全部按规定落实执行到位。

截至2018年12月31日，总计执行完成远程调度指令1540门次，执行成功1531门次，远程操作成功率99.42%。

【金结机电设备维护】

2018年，按时完成对1～8号强排泵站的改造，优化控制柜系统，增加无线传输功能，实现现场数据的实时监控；电动葫芦上安装5套集电器，解决设备运行可靠性；对10座降压站设备间照明系统安装定时开关，解决夜间照明问题，方便夜间监控设备运行情况；安装6套充电桩，解决安保巡逻车辆的充电问题。对宝丰管理处辖区内柴油发电机进行全面保养，保障机组安全运行。给每基

35kV杆塔安装二维码，方便巡视线路和上传问题。按照河南分局文件要求，改造发电机排风罩9台，将刚性连接改造为柔性连接。

【信息自动化】

2018年开展8项专项改造项目：视频监控系统及相应通信网络系统等扩容、电力电池室改造、自动化室温控改造、流量计运行数据监控及采集单元工程改造、水位计及流量计渠道地板高程测量、自动化调度系统蓄电池采购、自动化系统计算机网络系统内网改造、液压启闭机及闸控系统功能完善项目。

【水质保护】

2018年，宝丰管理处加强危化品运输跨渠桥梁水污染应急处置能力，对乌峦照西公路桥、楝树园西公路桥、史营东公路桥3座危化品运输桥梁，增设水污染应急物资储备柜，按照河南分局统一部署，存放水污染应急物资。开展突发水污染事件桌面模拟应急演练方案，进一步提高管理处工作人员应对突发性水污染事件的应急反应能力和处置能力，完善应急状态下管理处职工、日常维护队伍协调配合机制。申请并配合河南分局在宝丰段开展水生态调控试验，在应河倒虹吸出口安装拦渔网，并进行日常养护管理。开展水生态资源调查工作，开展鱼类捕捞1次，观察鱼类资源7尾、水禽资源5只。按照《关于做好总干渠大流量输水期间水质安全保障工作的通知》有关要求，根据管理责任划分，宝丰管理处保障大流量期间水质安全具体工作落实到人。同时加强大流量输水期间水质监测工作，检查水体感官变化、鱼类死亡情况和闸门上淡水壳菜生长情况，安排专人每日进行记录，总结水质变化情况。

【应急抢险】

2018年，加强应急和演练管理工作，各类应急预案、处置方案编制有序，实行动态管理，抢险物资到位，应急交通通畅。全年参与和组织防汛、网络安全、社会舆情、应急调度、水污染等突发事件应急演练或桌面推演5次。汛期建立防汛值班制度及防汛值班表，修订《宝丰管理处汛期雨中、雨后巡查工作实施细则》，汛期参与值班278班次、849人次，记录防汛值班日志278次，上报河南分局防汛值班室防汛日报139次，加密巡查9次，参与人员130余人次。预警和响应期间，组织维护队伍在防汛重点部位开展应急值守3次，投入人员16人次，设备8台次。完成应急物资仓库建设及物资入库工作。加强地方联动，与宝丰县委县政府及沿线乡镇政府联合组织防汛应急演练。

【土建维护及绿化】

宝丰管理处2018年土建日常维护合同额648万元，合同内施工完成444万元，结算完成374万元。施工完成率68.52%，结算完成率57.72%。完成标准化渠道创建8945m，累计完成10245m。防汛物资建设2018年完成丙类物资仓库的框架混凝土浇筑，丙、丁仓库墙体砌筑，屋面防水施工，地面自流坪施工，土方填筑，园区建设。填方段建筑物不均匀沉降情况较为明显，4月对北汝河闸室侧墙体沉降裂缝采用柔性补缝膏新工艺修补，修补外观形象良好，避免裂缝的反复修复。

2018年宝丰管理处合作造林项目全年计划造林75583株，春季计划造林56326株，实际完成58249株，乔木47196株，灌木11053株，主要树种有高杆木槿、大叶女贞、紫薇、海棠、樱花、高杆石楠、石楠球、小叶女贞球等，春季造林工程量占全年绿化任务的77.1%，成活率87%，任务超进度完成。秋季造林正在进行中，计划12月底完成剩余工程量。

【安全监测】

2018年组织学习中线建管局关于安全监测管理办法和有关标准通知文件要求，按时将采集数据和月报上报河南分局；持续开展规范化建设，完成12个独立监测站房整治、完成锈蚀测点更换安装160个、安全监测测点保护盒安装80个、安全监测工作基点保护井整治77个、安全监测水准基点保护盖安装120个、水平位移观测墩粉刷200个、无线改有线测站3个；完成宝丰管理处的监测仪器设备鉴定工作，复核仪器数量1757个，鉴定仪器数量754个。以问题为导向开展问题整改，上级领导检查稽查发现的安全监测问题整改完成，安全监测问题整改率100%。与宝丰县气象局合作引进2套具备雨量、温湿度、风向、风速等功能的雨量站，布设于渠道沿线和左排进口，进一步加强工程范围的天气监测效果。

【档案管理】

2018年，完成北汝河渠道倒虹吸设计单元工程档案专项验收及后续问题整改工作，参与宝丰郏县段档案专项验收前评定及档案专项验收工作。

【管理模式探索】

2018年运行管理总结将近3年的工作经验，印发《调度科人员分工（试行）》《宝丰管理处岗位和工作分工（暂行）的通知》，全面开展探索站（段）长制，以建筑物为主线，工作分工纵横交错、专业覆盖全面、区域覆盖到位。

【问题排查】

管理处组织成立现场问题查改小组，负责日常现场问题和隐患的排查，排查工作不遗漏、不留死角，问题整改有计划有主次。根据河南分局要求开展工程巡查实施监管系统（APP）运行工作，规范巡查行为，推动巡查工作数字化。2018年宝丰管理处上传问题1996个，整改完成1587个，整改率79.5%。全面使用工程巡查系统APP，提高运行维护和问题查改工作效率。9月组织隔离网等安全生产设施专项排查整改活动，对围网缺陷数量较多、线状分布、围网缺陷部位特征无法准确描述导致维护单位处理问题容易遗漏的问题，创新采用制作问题标识牌的方法对缺陷部位进行准确标记，达到标记一处整改一处的预期效果。整改活动期间共制作标识牌230个，分批标记问题500余处。

（宝丰管理处）

郏县管理处

【工程概况】

南水北调中线一期工程干渠郏县段工程自北汝河倒虹吸出口渐变段开始至兰河涵洞式渡槽出口渐变段止（起止桩号K280+708.2～K301+005.6）。渠线总长20.297km。干渠与沿线河流、灌渠、公路的交叉工程全部采用立交布置，沿线布置各类建筑物39座，其中河渠交叉输水建筑物3座、左排建筑物10座、桥梁24座、分水口1个、退水闸1座。

【安全生产】

2018年，郏县管理处联合地方政府开展“预防未成年人违规进入渠道”“安全教育进校园”“安全宣传月”等安全教育宣传活动，在沿线18所中小学校张贴安全告知书36份、发放安全宣传彩页8200份、致中小学生及家长们的一封信6000份、悬挂安全宣传条幅18条。同时，渠道沿线围网增设“禁止翻越”“禁止游泳”等警示标识牌280个，在人流量较大区域的衬砌面板部位涂刷警示标语48条，在左排建筑物进出口部位增设警示标牌18块，在桥梁部位悬挂安全宣传条幅48条。在南水北调工程周边营造良好的安全生产氛围。组织警务室开展日常工作，拓展警务室工作职能，开展多项工作创新。开展警民共建，发放警民联系卡，建立精神病患者重点人口档案，对精神病患者确定监护人，为郏县段工程安全固筑多条安全防线。

【工程巡查】

2018年带队巡查32次，现场检查78次，通过安防视频监控系统检查53次。全年组织工巡人员日常培训12次、专项培训9次。监督指导方式有工巡管理人员带队检查指导、定期现场抽查、微信工作群、安防视频监控系统、巡查实时监管系统等，工巡工作规范化开展。日常巡查发现问题及时记录上报，定期复核整改情况，全年工巡人员共发现问题685项，全部整改完成。工巡资料按时填写记录及时归档存放。

【应急抢险】

郏县管理处与地方防汛部门联防联动、信息共享，联合郏县移民局、郏县水利局对渠道工程沿线上下游20km的防汛风险部位、上游水库工况、水质风险隐患、安全隐患等进行摸排。2018年开展各项应急培训9次，参加培训174人。开展应急演练4次，分别是防汛应急演练、水污染应急演练、专网通讯中断应急演练、群体性事件应急演练，参加人数127人，掌握应急处置流程及措施，提高现场处置能力。

【安全监测】

2018年内观数据共采集52次，累计观测65416点次；数据采集及时规范可靠，并及时导入自动化系统和自动化采集数据进行比对；及时录入整编数据库进行分析后编写月报上报。及时更新安全监测信息台账，每周不定期对外委单位的现场工作进行检查，月底定期组织安全监测月度例会。及时对安全监测设施设备进行维护，达到安全监测设施的规范化标准化。辖区内12座安全监测房增加挡鼠板、对76个垂直位移工作基点进行维护。

【水质保护】

2018年联合地方有关部门全面排查2次，发现并处置围网外污染源1处，拆除保护区内违法养殖场3处。每天对水面、跨渠桥梁、截流沟、左排建筑物进出口等部位进行日常巡查；不定期对辖区内水质进行全面巡查，全年日常巡查365次，完成浮游生物捕集观测工作120次，退水闸闸前水体清洁4次，污染源巡查11次，有效处置污水进截流沟事项2次，并多次组织跨渠桥梁专项巡视检查、雨中巡视检查，加强风险桥梁污染源把控。

【运行调度】

2018年执行远程调度指令431门次，成功执行425门次，成功率98.61%；全年共收到报警信息123条，调度类报警1级报警7条，2级报警10条，设备类报警1级报警15条，2级报警0条，3级报警26条，4级报警65条，全部消警；全年查看闸站视频监控系统4380次，监控设施设备43台套。

【机电信息化建设】

2018年按照管理标准技术标准加强设备设施的日常巡检和定期巡检，践行“两个所有”，及时发现设备设施问题并组织整改。按时组织节制闸、退水闸、检修闸动态巡视，严格执行“两票制”，规范操作流程。通过现场监督、视频追踪、抽查三种方式对运维单位维护过程和维护效果进行综合评价，督促运维单位规范开展维护工作，确保设备设施运行正常。开展“学规范知规范用规范”活动，按照处内培训计划，采用课堂讲解、现场实操等方式对自有人员组织培训181人次，全面提升员工业务素质，在信息机电专业竞赛中获得奖项6人次。

【工程效益】

截至2018年12月31日，郏县段累计向下游输水1549970.76万m^3，向郏县水厂分水3176.46万m^3，受益人口15万人。

（郏县管理处）

禹州管理处

【工程概况】

禹州管理处辖区桩号K300+648.7~K342+888.4，管理长度42.24km。辖区干渠设计流量315～305m³/s，设计水深7m，渠底比降1/24000～1/26000；渠道过水断面为梯形，设计底宽15.5～24.5m，堤顶宽5m，渠道一级边坡系数2.0～3.5，二级边坡系数1.5～3.25；渠道多为半挖半填断面，少部分为全挖断面，渠道平均挖深9.2m。辖区内共布置各类建筑物80座，其中河渠交叉建筑物4座，渠渠交叉建筑物2座，强排泵站2座，左排建筑物21座，退水闸1座，事故闸1座，分水闸3座，跨渠桥梁45座，铁路交叉建筑物1座。

【工程巡查】

2018年依据《南水北调中线干线工程运行期工程巡查管理办法》明确巡查人员、路线和巡查区域，细分责任区巡查项目及其重点部位、明确相对固定的巡查路线。加强巡查人员教育培训，每月1次业务及安全培训，通过安防系统、工程巡查APP系统及现场抽查加强工巡人员管理和考核，每天实行“零”报告制度，由工程巡查人员在工作QQ群报告巡查情况。10月上旬完成工程巡查人员的初步选拔；中旬完成新老工巡人员的培训工作；10月底完成新老工巡人员的交接工作，全部由中线建管局保安公司自有人员进行巡查。自“两个所有”活动开展以来，禹州管理处编制《禹州管理处巡查工作手册》《禹州管理处段站长考核办法（试行）》，成立问题发现巡查小组，全员参加。巡查小组完成常规巡查工作，并根据巡查内容安排每周至少一天、最多两天专职对全线重点部位进行巡查。同时在工程科成立巡查工作办公室，负责巡查小组日常工作安排、巡查计划编制并对巡查小组进行监督检查。编制《南水北调中线干线禹州管理处工程维修养护方案》《禹州管理处2018年工程维修养护计划》《禹州管理处2018年绿化养护实施计划》《禹州管理处2018年维修养护验收管理体系》，为工程维护及绿化项目实施提供指导方向。

【安全生产】

2018年管理处共召开安全生产会议19次，其中安全生产专题会10次；开展各类安全检查46次，检查发现各类问题168个，检查记录齐全。管理处组织对运行人员教育培训17场，共257人次接受教育培训，培训人员覆盖到全员；管理处自有人员共参加17人次脱产培训。特种作业持证上岗，高低压金结机电等专业特种作业证均在管理处进行备案。实现2018年安全生产目标。

【安全监测】

2018年，严格按照《南水北调中线干线工程安全监测数据采集和初步分析技术指南（试行）》《安全监测数据采集手册》《安全监测技术标准（试行）》等要求进行现场观测，规范记录格式，现场进行比对，确保数据分析的准确性。按照要求，对安全监测外观测点、外观墩点等进行保护，并进行统一标识。避免外观测点因外界因素而锈蚀破坏，影响观测精度。完成采空区变形监测研究项目验收接收，并继续观测2次。配合安全监测自动化维护单位完成安全监测自动化采集软件的更换工作以及独立测站无线模块、蓄电池及PS100蓄电池更换工作，降低仪器设备耗电量，减少天气对设备的影响，保证数据准时上传。

【水质保护】

2018年，禹州管理处加强对巡查人员管理和培训，开展水体日常巡查和藻类日常监控工作，对巡查中发现问题时，巡查人员及时在巡查系统APP予以记录并通知管理处水质负责人。加强对现场施工人员水质安全教育技术交底，要求施工人员注意人身安全，严禁有污染渠道水质的行为发生。管理处水质专员每季度对辖区内污染源进行全面巡查，并与地方建立联络机制，对围网外新增重要潜在污染源及时函告地方政府并跟踪处理结果。

管理处为有效应对水污染事件，全面提高处置水污染事件的能力，组织对辖区内重点危化品桥储存的16个沙土池进行检查维护，并依据河南分局要求为重点危化品桥配备5个水质应急物资储存柜，分别储存铁锹、编织袋、防化服、防毒面具等物资，为水污染应急处置工作提供保障。2018年，禹州段未发现水体或生物显著异常。

【防汛应急】

编制2018防汛度汛方案及防汛应急预案，经许昌市防汛抗旱指挥部批准后，向河南分局和禹州市防汛抗旱指挥部进行备案，并于2018年6月和7月，联合禹州市防汛抗旱指挥部分别举行南水北调禹州段工程高填方渗漏应急演练和颍河倒虹吸裹头抢险应急演练；通过演练检验防汛应急预案的实操性。汛期严格落实24小时防汛值班制度，实行领导带班制，防汛日报和防汛值班记录表均按要求在防洪系统中填写记录，实现记录无纸化，汛期值班正常未发生突发事件。

2018年5月防汛物资仓库按要求建设完成，同时，依照河南分局要求于8月完成工程抢险设备和工程抢险物资采购、配置及摆放，其中配备工程抢险设备15种、工程抢险物资35项，为防汛应急抢险工作提供保障。

【金结机电设备维护】

2018年度，禹州管理处以问题为导向，发现问题整改问题，加强对运维单位的管理考核和监督，金结机电设备全年运行安全平稳。

组织开展设备设施日常巡查维护工作，推进工程巡查系统APP使用工作。运维单位对节制闸金结设备每月静态巡检2次，动态巡检1次；对其他闸站及强排泵站每月静态巡检1次，每2个月动态巡检1次；管理处金结专员静态巡检每月至少全程跟踪1次，通过现场跟踪、视频监督、抽查等方式强化对运维工作质量监督，动态巡检全程跟踪。4月和10月，运维单位对禹州段全部金结机电设备进行全面维护。

管理处通过使用工程巡查APP系统，提高运行维护、问题查改工作效率。全年共自查金结、机电问题266项，整改264项，整改率99.2%，未整改问题2项，为近期新发现问题，计划12月初整改完毕。

国务院南水北调办监管中心在长葛段检查时提出倒虹吸进出口检修门库存在抓梁与门库侧墙间距不足容易撞墙问题。管理处采用在抓梁两端设计增加防撞橡胶块，由原来刚性碰撞转化非刚性碰撞，问题得到创新解决。

【供配电设施】

2018年供配电设备设施运行安全平稳。组织开展供配电设备设施日常巡查维护工作，熟练使用工程巡查系统APP系统。运维单位对电力设备每周巡检1次，电力线路每月巡检1次，管理处供电专员每月至少全程跟踪1次。通过现场跟踪、视频监督、抽查等方式强化运维过程监督，确保过程可控。

对无人值守闸站设备夜间无法自动开启灯具影响夜晚视频摄像头巡视问题，在河南分局统一安排下，管理处组织对各个闸站设备间照明系统进行定时改造，使设备间照明灯具能够夜间自动开启、白天自动熄灭，提高视频巡视工作效率，保障运行安全。

【信息自动化】

2018年，运维单位对信息自动化设备每月巡检2次，管理处信息专业专员每月至少全程跟踪1次。通过现场跟踪、视频监督、抽查等方式加强运维监督与管理，全年共下发运维单位月度考核通报12次；全面使用工程巡查系统APP，提高运行维护和问题查改工作效率。

6月组织完成电力电池室顶棚改造、地面自流平刷漆施工项目；10月完成中线建管局要求的WiFi系统室外AP接地项目；11月完成河南分局整改建议中的除湿设备排水改造项目。

对辖区内部分安防监控系统音频设备不稳定，不能保证实现语音播放和喊话功能的情况，管理处组织运维单位人员对安防摄像机音频进行逐个测试排查，对不能实现音频功能的督促整改。

对部分渠道人手井防水效果较差，降雨后积水严重的问题，管理处组织到焦作管理处学习人手井防渗处理经验，对所辖渠段的128个人手井进行逐个检查和问题分类，分别采取抬升混凝土井圈、增加砖砌挡水坎、防渗结晶型材料井内壁防渗处理三种方式，先期处理65个人手井效果良好。

【消防安全】

2018年，禹州管理处加强消防设备巡查与维护，加强问题查改。依据规范及时发现问题整改问题。运维单位每周巡检1次，每月维护1次，消防专员每月全面巡检1次。对运维工作采取现场跟踪、视频检查等方式进行监督管理。2018年管理处组织开展2次消防理论培训，1次消防演练，提升应急处置能力。

【财务资产管理】

严格遵守各项规章制度，经济业务真实、资料完备、发票来源合法，核算规范、会计科目使用正确，并建立预付款等往来台账。2018年财务人员熟练运用NC财务系统，按时上报月度财务报表。10月就移动报销新规定通过ppt形式对全体职工进行宣传贯彻，学习中线建管局发布的《物资管理办法》。参与河南分局《物资管理实施细则》的制定，各科仓库员每月财务物资规范录入系统，及时上报盘点表，资产物资管理过程规范。2018年管理处未发生无预算支出业务，日常、专项预算执行均严格按照中线建管局、河南分局批复的数量、单价、总量执行，并及时办理结算。

【合同管理】

计划合同管理制度健全，机构设立合理，人员分工明确、职责清晰，计划编制可行，统计工作及时准确，合同管理行为规范。2018年组织实施签订合同项目8项。建立合同管理、工程结算、采购招标、工程变更等相关台账，各类台账分类翔实、条理清晰、更新及时；编写《禹州管理处非招标项目采购管理实施细则》；处内组织培训《河南分局变更和索赔管理实施细则》《河南分局计量与支付管理实施细则》。采购管理按照河南分局各项规章制度要求执行，采购工程预算准确，技术标准明确，技术方案成熟，程序合法，信息保密，资料齐全。合同签订程序规范、工程计量真实准确、合同支付资料齐全、合同执行情况良好。合同信息、完成情况、结算情况等及时录入中线建管局预算实时监督管理信息系统。

【输水调度】

2018年度，禹州管理处按照总调中心及分调中心相关要求，严格执行“5+5”24小时值班的调度值班方式，严格遵照调度流程开展输水调度工作，完成大流量输水任务。6月30日～10月7日，总调中心统一安排，禹州管理处开展输水调度“汛期百日安全”专项行动。规范调度值班操作，严格按照调度数据的采集和上报、调度指令的下达和反馈、调度预警的响应与处理流程规范调度操作；加强风险管控警示，熟练掌握风险警示牌中的风险点，提升风险的管控水平；对学习角学习资料进一步进行充实完善，持续开展学习角学习工作，进行学习记录，业务素质不断提高；参加河南分局月例会、组织开展处内周例会及值班长联合活动，确保及时发现问题解决问题。

【党工青妇】

制订《禹州管理处党支部2018年学习计

划》《禹州管理处2018年经常性纪律教育计划》《禹州管理处党支部2018年工作要点》，明确年度学习主要内容和计划安排。自学与集中学习相结合、理论学习与现场操作相结合，建立“一账一册一法”工作台账。落实“三会一课”，定期召开党员大会、支部委员会、党小组会，按时上党课。截至2018年12月底，共召开支部委员会12次，支部党员大会3次，组织生活会1次，专题学习教育13次，专题党课1次。

开展“红旗基层党支部”创建工作，通过河南分局“红旗基层党支部”验收评审。建立“一岗一区1+1”工作制度，明确党员示范岗、党员责任区，发挥“一个党员一面旗帜、一个党员一盏明灯、一个岗位一份奉献”的示范带头作用，强化党建工作的针对性和实效性。执行党的民主集中制原则，进一步推动管理处“三重一大”公开透明运行有关工作，制订《禹州管理处关于坚持民主集中制，落实“三重一大”事项民主决策制度实施办法（试行）》。

开展主题党日团日活动，3月开展“情系雷锋月，爱洒三月天”雷锋月活动，走访慰问困难工巡人员家庭；五四青年节与镇平管理处开展“联学联做”活动；七一开展“弘扬焦裕禄精神，创先争优做模范”主题党日活动；“八一”建军节组织参观豫西北抗日根据地纪念馆；9月与郏县管理处开展“两个所有”互查互改互促活动；11月邀请心理咨询讲师开展心理健康讲座，疏导职工工作生活压力。7月组织开展七五普法教育，8月围绕“学习贯彻党的十九大精神　维护宪法权威”宪法主题，组织观看《宪法》视频。

（禹州管理处）

长葛管理处

【工程概况】

长葛管理处所辖中线干线工程起止桩号SH（3）103＋888.4～SH（3）115＋348.7，全长11.46km。沿线布置各类建筑物33座，其中渠道倒虹吸工程2座、左排倒虹吸工程4座、跨渠桥梁14座、陉山铁路桥1座、抽排泵站5座、降压站6座和分水闸1座。

【安全生产】

2018年，长葛管理处贯彻中线建管局及河南分局安全生产工作部署，进一步完善运行安全标准化体系和清单，以“两个所有”为契机，开展安全生产管理活动，长葛段工程安全平稳运行，全年未发生安全生产责任事故。2018年组织开展全体员工安全培训3次，临水、高空作业及渠道交通安全专项培训1次，及时开展安全检查并召开安全生产会议43次。6月组织开展“安全生产月”活动，进一步提高全员安全生产意识和技能；警务室和安保单位对进入渠道车辆、人员严格管理，定期定时巡逻，暑期在沿线14个村庄及7所中小学进行防溺水宣传，提升干渠周边群众防溺水安全意识，遏制安全生产事故和溺水事件的发生。

【工程巡查和问题整改】

按照河南分局问题查改工作要求，先后印发《长葛管理处强化自有人员检查发现问题专项活动实施方案》和《关于进一步加强长葛管理处自有人员查改问题工作的通知》，学习上级问题检查与处置相关规定、飞检周报等各级检查问题文件，通过类似问题及时查改自身问题。自有人员在开展日常工作的同时，参加问题查改工作，熟悉辖区工程情况、设备运行状况、水质安全情况，具备基本专业常识，增强发现运行管理一般问题和常见问题的能力，熟练运用中线工程巡查维护实时监管系统（APP）录入问题、完善流程，做到"两个所有"，推进运行管理工作再上新台阶。2018年度工程巡查类共发现问题522项，其中飞检检查问题3项，中线建管局检查问题13项，均整改完毕。在河南分局组织的"问题集中整改月"活动中，管理处联合各级运维单位进行问题查改工作，在最终各管理处维护统计排名中取得第二名。10月管理处配合保安公司完成巡查人员的招聘和培训工作，实现巡查工作有序交接。7月20日，长葛管理处研发的"三无"（无线水位计、无线烟感、无线温感）和分水口拦污装置两项科技创新项目获得中线建管局2017年度科技创新优秀项目三等奖。

【水质保护】

落实各项水质保护制度和大流量输水水质安全保障工作方案，加强社会宣传和职工业务培训，加强对水质风险源的排查和防控，实现2018年度水质安全工作目标。督促协调地方政府尽快处理水环境问题，解决水源保护区内水磨河村垃圾场问题。洼李分水口自动拦污设施运行效果良好，2018年获得河南分局优秀科技创新项目一等奖。

【土建绿化维护】

2018年开展土建工程日常维修养护工作，按照合同要求对相关维护项目进行质量控制和项目验收工作，及时对缺陷问题进行整改处理和销号。

合作造林绿化维护完成造林22.12km，种植乔木53334株、灌木3851株，绿篱876m，地被植物346m^2；在日常加强树圈整理、草体控制、树木补植等项目管控，提高养护成效和渠道内的整体绿化效果，在河南分局2018年第三季度运行管理考核通报中作为长葛管理处的亮点工作予以肯定。响应标准化渠道建设工作，2018年通过标准化渠道验收5.56km，累计通过10.78km，占长葛段管辖区域总长度的50.1%，在河南分局各管理处中名列前茅。

【防汛度汛】

2018年汛期，落实各项防汛措施和安全度汛方案，加强与地方政府联系，对关键事项和薄弱环节，及时组织汛前排查，清理盛寨西沟、百步桥沟倒虹吸出口红线内行洪障碍；修筑右岸截流沟，解决郑尧高速跨渠公路桥桥下及附近绿化带内低洼积水问题；在山头刘沟倒虹吸进口设置拦污栅、拦淤池，解决进口易淤堵问题；对小洪河、石良河河道水位标尺增设夜视功能，实现汛期辖区所有工程无险情发生。

【安全监测】

2018年启用安全监测巡查维护实时监管系统APP，及时发现和处理问题。参加安全监测培训，提升安全监测专业技能。对安全监测设备设施进行全面维修养护，建立二次仪表台账和安全监测问题自查自纠信息台账。对安全监测独立测站房和降压站内集线箱进行接地改造。严格对外观监测和自动化维护单位的管理。加强辖区内监测异常部位的加密观测和巡查，加大监测范围，调查原因并进行跟踪处理。对长葛测站3独立站房数据传输进行无线改有线改造，确保监测数据及时上传。完成内观仪器鉴定，仪器管理更加规范。完成外观工作基点控制网测量并启用，确保外观监测数据真实可靠。

【调度管理】

长葛管理处坚持简单事情重复做，重复事情用心做的调度工作理念，克服麻痹和侥幸心理，贯彻落实输水调度管理工作标准的相关要求。参与完成总调中心组织的输水调度"汛期百日安全"专项行动、"大流量输水运行"、输水调度"两个所有"活动和河南分局组织的"输水调度窗口形象提升月"活动。2018年全年收到调度指令244条，共操作闸门848门次，远程操作787门次，远程操作成功762门次，远程成功率97%。小洪河节制闸累计过闸流量148亿m^3，累计通过洼李分水口向长葛地区分水6833万m^3。全年分水水量确认准确无争议，辖区内未发生擅自操作闸门或不按指令操作行为，未发生任何输水调度事故。在河南分局输水调度知识竞赛中获得三等奖。调度生产硬件设施更加完善，调度人员履职能力更加巩固，工作主动性更加强劲，圆满完成了安全输水目标。

【落实“两个所有”活动】

2018年长葛管理处借助信息化手段，加强日常运行管理问题的检查发现并整改落实。管理处将在岗正式员工18人分成6组，每组有工程、调度、综合人员各1人，每组每月均完成对辖区范围内所有工程设备设施的全方位检查，对发现的问题随时录入工程巡查系统（APP），各专业负责人及时查看工程巡查系统，督促跟踪运维单位限期整改，对整改完的问题及时进行复核。在落实“两个所有”活动中，管理处及时消除各类缺陷和隐患，扭转问题查改工作的被动态势，开创问题查改工作的新局面。

【以合同为依据管理外委项目】

运行调度涉及的专业多、运维单位多、维护项目多，长葛管理处以合同为依据，每月督促运维单位按照要求的频次和项目提交运维计划，借助巡查系统APP进行过程监管和问题处理过程跟踪；按月分专业组织召开运维单位月度会议，从计划执行、资源投入、问题处理效率、阶段性重点工作、巡视细节等方面对上月工作进行总结，对下月工作提出要求。

【推进专项项目实施】

长葛管理处根据专项项目实施方案，营造良好施工环境，整合各类资源，推进专项项目建设。先后实施电力电池室顶棚改造、液压油理化检测、集电器优化、闸站及降压站照明定时系统改造、管理处园区及闸站充电桩建设、消防联网系统报警信息一致性复核、视频监控系统扩容、传输系统扩容、流量计运行数据监控、管理机构WiFi覆盖、强排泵站监控等专项项目。这些技改项目的完成，增强系统运行的可靠性，提高设备利用率，为安全运行提供技术保障。

【人力资源管理】

根据管理处人员在岗情况和科室设置、岗位设置，合理安排人员分工，专岗专人、一人多岗，岗位职责明确；以“两个所有”为目标，结合全体员工对不同专业技能的需求，制订《长葛管理处2018年员工培训计划》，加强安全教育、操作技能、设备维护、水质安全、应急抢险等方面培训，参加上级组织的相关专业培训，提升业务水平增强专业履职能力。调度科根据培训的不同深度派出不同层次的人员参加，2018年参加河南分局组织培训11次，开展各类培训14次。调度科人员基本掌握液压启闭机原理、柴油发电机维护保养、消防设施维护、传输网络组网等专业知识，履职能力稳步提升，安全运行保障系数进一步提高。利用钢大门地插联动启闭项目、调度科内部月度技能比赛等项目促进运行管理工作。

2018年管理处组织内部培训36次，参加培训470人次；专业技能培训和问题查改结合，全员参与问题排查，检验理论学习效果；组织现场分析问题，增强学习直观性；开展实际操作考核竞赛，提升业务能力。按照河南分局要求，实行员工素质信息管理，统一填写员工素质手册并及时进行更新。

依据现地管理处绩效考核指导意见，制定管理处员工月度考核机制，每月定期考核，根据得分评比排名，选出各科室前两名，予以公示。在河南分局组织的2018年考核中，长葛管理处取得前三季度和全年黄河南前三名的好成绩。

【合同财务管理】

合同及财务人员严格遵守国家法律法规和财会制度，严格执行中线建管局及河南分局对管理处的各项合同财务要求。日常财务报销进行会计核算，按规定报销支付各项费用，加强现金管理，保证现金安全。开展财务移动报销工作。

2018年长葛管理处在国务院南水北调

办、中线建管局、河南分局审计检查中未发现大的违规问题，未发现违纪问题，得到审计专家的肯定。对检查中发现的问题，管理处组织相关人员进行学习讨论，找到问题产生的原因并吸取教训。长葛管理处2018年管理性费用预算123.67万元，预算执行88.54万元。维修养护费用预算523.69万元，预算执行490.44万元。其中：会议费预算批复2万元，执行0.51万元；招待费预算批复5.5万元，执行4.9万元；车辆使用费预算批复26.4万元，执行13.94万元。

【党建工作】

2018年，按照"两学一做"年度学习计划，进行党员学习教育活动51次，学习手册记录和个人学习记录规范完整。开展"联学联做"活动，党支部按照"走出去、取进来"基本思路，6次到其他管理处交流学习，推进党建与业务融合试点工作，党支部制订《关于长葛管理处党支部推进党建与业务深度融合的实施方案》，在实践中推进，最终通过调研组的验收，达到试点要求。

围绕"红旗基层党支部"创建工作目标，按照要求对"红旗基层党支部"创建中27大项86小项内容逐项完善，规范留存资料，2018年申报成功。参加河南分局七一党建知识竞赛活动获二等奖。

（长葛管理处）

新郑管理处

【工程概况】

南水北调中线干线工程新郑段总长36.851km，其中建筑物长2.209km，明渠长34.642km。主要承担向新郑市供水和向郑州市及其以北地区输水的任务。沿线布置各类建筑物78座，其中渠道输水倒虹吸4座（含节制闸2座）、输水渡槽2座（含节制闸1座），退水闸2座、左岸排水建筑物17座、渠渠交叉建筑物1座、分水口门1座、排水泵站7座、各类跨渠桥梁44座，另有中心开关站1座。

【运行调度】

2018年，新郑管理处监控渠道水体运行状况，共完成调度指令复核548条，涉及闸门操作1927门次；通过李垌分水口向新郑市分水3973.01万m^3；通过沂水河退水闸向新郑市生态补水2次，补水量863.40万m^3；通过双洎河退水闸生态补水4次，补水量4291.96万m^3。截至2018年底，累计向新郑市供水20217.37万m^3（其中，李垌分水口分水12006.06万m^3，沂水河退水闸生态补水1225.15万m^3，双洎河退水闸生态补水6986.16万m^3）。

【问题查改】

2018年，以实现"所有人员会查所有问题"为目标，完善问题查改工作方式，落实问题查改工作制度，建立自有人员查改问题长效机制。每周组织召开问题查改促进会，对存在问题研究制定整改方案，落实问题责任人和整改时限，确保问题整改及时到位。

【规范化建设】

2018年，按照中线建管局2批专项整改问题和河南分局规范化建设项目安排，推进实施继电器优化等7项信息机电专业项目8项信息机电专业缺陷问题处理项目，强排泵站的改造、闸站时控开关的安装等闸站功能完善项目、管理处及闸泵站园区卫生间标准化建设、G107（Ⅰ）国道广告塔建设项目。

【试点与创新】

2018年，完成绿化合作试点项目和职工值班用房建设项目。完成标准化渠道建设26.36km，累计完成29.24km。完成自动化机房防静电地坪新材料研究、桥下空间绿植修复及养护可行性研究、渠坡防护体空心六棱块护砌工法优化探索等3个创新项目。

【工程管理】

2018年，完善管理体系调整安全生产组织机构，制定“两个所有”试点方案、工程建设施工安全专项治理行动实施方案，编制安全生产工作计划，落实日巡查、周督导、月复查制度、问题销号制度。组织开展岗位安全培训、工程巡查培训、防汛应急培训、水质保护培训、输水调度培训。安保单位和警务室交叉巡逻，特殊时期加大巡视检查力度。两会期间及重要节假日等特殊时期重点部位落实加固措施，安排专人值守。安全生产月活动开展“三深入两联合一播一宣讲”安全生产教育及防溺亡专题宣传。对渠道沿线救生器材、安全防护设施、安全警示标牌进行排查补充。对运维人员进行安全技术交底并签订安全生产协议，编发《运维单位进场须知》。持续开展运行安全管理标准化建设。严格执行出入工程管理范围管理规定。联合建管单位、地方养护单位完成辖区内桥梁隐患排查。规范开展日常巡查、监控和漂浮物打捞管理工作，加强管理范围和保护区范围内的污染源管理，参加并组织水质培训，开展水质宣传，提高员工和沿线群众水质保护意识。

【应急管理】

2018年建立风险排查台账，完善防汛两案备案并组织培训，开展专项应急演练4次。与地方防指建立联动机制，及时了解管辖渠段周边雨情水情，汛期严格按照上级要求，落实防汛值班、物资储备排查、风险点监控工作，确保工程安全度汛。

【后穿越项目管理】

2018年对已完工项目进行月度专项巡查，对在建项目加密检查频次，对拟建项目进行管理制度宣传贯彻、办理流程答疑，配合上级完成新建项目的方案审查1个，督促签订穿越项目监管协议、施工保证金缴纳及后续手续办理。参与后穿越项目完工验收。

【党群工作】

2018年围绕“党建带团建，党团与业务同步”的核心思想，进一步加强思想建设和组织建设，开展“九一八”教育、十九大知识竞赛，参观“中原豫西抗日纪念园”，开展“不忘初心，重温入党志愿书”主题党日，开展“南水北调正青春”主题活动，开展联学联做活动，开展红旗党支部创建工作。

（崔金良　刘君晓）

航空港区管理处

【工程概况】

航空港区管理处是南水北调中线干线工程三级管理处，所辖干渠长度27.028km，渠道大部分为挖方，部分为半挖半填，渠道设计流量305m^3/s，加大流量365m^3/s，共布置各类建筑物61座，其中跨渠桥梁43座（包括4座铁路桥），河渠交叉建筑物3座，左岸排水建筑物9座，泵站4座，分水闸1座，节制闸1座。

【运行调度】

2018年，航空港区管理处加强对渠道水体情况的监控，中控室共反馈调度指令273条、形成运行日志730班次、交接班记录730班次、水情上报17520次。系统各模块报送内容格式完整、内容准确、记录及时、流程正确。小河刘分水口运行正常，全年共分水6757.0万m^3，截至2018年12月31日24时累计分水21301.53万m^3。

【工程管理】

2018年港区段共完成标准化渠道建设18.69km，累计完成19.84km。落实安全生产各项工作部署，完成日常安全生产工作，构建八个体系，梳理四个清单，推进运行安全管理标准化建设工作。2018年航空港区管理处辖区未发生安全生产事故，实现年度安全生产目标。加强对管理范围和保护区范围内污染源排查，建立污染源排查台账。建立后穿越台账，对2个地铁隧道在建项目，落实现场监管责任，制订监管措施。建立防汛应急安全管理体系，成立防汛应急管理领导小组，建立风险排查台账，修订完善防汛两案备案并组织培训，开展专项应急演练6次。与地方建立联动机制，共享渠段周边雨情水情，汛期严格落实防汛值班、物资储备排查、风险点监控等制度，确保工程安全度汛。

（朱伟坤　景佩瑞）

郑州管理处

【工程概况】

郑州管理处辖区段起点位于航空港区和郑州市交界处安庄，终点位于郑州市中原区董岗附近（干渠桩号SH(3)179+227.8∽SH210+772.97)，渠段总长31.743km，途径郑州市管城回族区、二七区、中原区3个区36个行政村。渠段起始断面设计流量295m³/s，加大流量355m³/s；终止断面设计流量265m³/s，加大流量320m³/s。渠道挖方段、填方段、半挖半填段分别占渠段总长的89%、3%和8%，最大挖深33.8m，最大填高13.6m。渠道沿线布置各类建筑物79座，其中渠道倒虹吸5座(其中节制闸3个)，河道倒虹吸2座，分水闸3座，退水闸2座，左岸排水建筑物9座，跨渠桥梁50座，强排泵站6座，35kV中心开关站1座，水质自动监测站1座。

辖区内有3个节制闸参与运行调度，通过3个分水口向郑州市城区供水。辖区内有跨渠桥梁50座，干渠上跨下穿项目种类多、数量多，工程安全和水质安全潜在风险点较多，工程管理任务重。郑州段工程自东南至西南穿郑州市城区而过，沿线人口密集，受人员频繁活动影响较大，外部环境复杂，协调压力大。

【安全生产】

2018年，郑州管理处修订《郑州管理处安全管理实施细则》，开展安全培训13次，受教育人员584人次，组织安全生产例会45次。按照分局要求，在跨渠桥梁左右岸及邻近村庄部位设置150个“防溺亡警示牌”，在跨渠桥梁左岸及倒虹吸进出口设置更换应急器材箱73个，在外部人员活动密集、邻近村庄部位更换新型围网10km。管理处2018年共采购补充应急救援绳70条，合计4000m，救生球100个，救生圈60个，救生衣60个。全年无安全责任事故。

郑州管理处每周每月按要求组织各类安全检查，2018年度共组织检查42次，查处安全隐患103项，查处的隐患全部按照定措施、定责任人、定整改时间的要求整改完毕。按照“两个所有”及隐患排查治理活动要求，管理处开展自有人员自查自纠，组织运维、工巡、安保开展排查活动。2018年管理处共自查问题3562项，整改完成3404项，整改完成率95.6%。

【防汛度汛】

2018年汛前完成大型河渠交叉建筑物、高填方、深挖方、左排建筑物、防洪堤、防护堤、截流沟、排水沟、跨渠桥梁及渠道周边环境全面排查，列出可能存在的风险，制定应对措施。汛前将防汛“两案”报地方防办审批并备案，与地方防办、南水北调办、气象部门、上游水库等建立联动机制，进一步规范防汛值班工作。管理处制订“郑州管理处2018年防汛值班工作制度”，组织全体值班人员进行培训，严格24小时值班制度，值班期间值班员保持电话畅通，持续关注天气变化，发现汛情及时上报。

【工程维护】

加强日常维护项目的组织管理，结合管理处责任段划分分段管理，以月度考核促进日常维护质量提升。制定标准化渠道创建方案并上报河南分局，2018年完成1.1km。落实过程控制，全程参与监管。已投入使用的穿跨越邻接项目每月巡视一遍，正在施工的穿跨越邻接项目每周巡视一遍，并进行相应记录。对检查发现的穿跨越工程施工违规行为或施工问题责令施工单位限期整改并进行追责，确保南水北调工程供水安全。

【输水调度】

2018年按照南水北调中线干线中线输水调度各项技术、管理、工作标准，定期组织调度值班人员召开业务交流讨论会，学习各项输水调度有关的规章制度，进行理论考试、实操、课堂提问，定期进行业务能力测试，全年共组织各类输水调度业务培训24次。管理处安排专人负责水量计量，每月按时间要求上报水量数据，及时协调地方南水北调办对上月分水量进行确认，未发生晚报、漏报、错报。在水量计量期间，管理处发现部分配套单位未按照规定使用末端流量计进行水量计量而产生误差，并上报上级调度机构。

【水质保护】

2018年郑州管理处按照规定对水质风险源进行巡查。在跨渠桥梁处设置垃圾箱，及时对渠道内边坡的漂浮垃圾物进行清理收集，并外运出渠道。管理处对倒虹吸位置设置水质应急箱，排放防化服、铁锹和编织袋等应急物资。对通过危化品车辆较多的跨渠桥梁处，管理处在桥梁下设置应急砂堆以防突发事件。

【设备维护】

2018年郑州管理处严格按照运维合同和中线建管局金结机电相关维护标准加强对维护单位日常管理，对设备巡查维护现场抽查和视频跟踪监督，定期对维护人员进行考核并上报河南分局。全年未发生因设备维护不到位影响输水调度的事件。设备检修维护过程严格执行“两票”制。

【合同管理】

2018年度郑州管理处完成采购项目23项，其中配合河南分局采购4项。严格按照《河南分局非招标项目采购管理实施细则》组织实施，采购权限符合上级单位授权，无越权采购；采购管理审查审核程序完备；采购文件完整、供应商资格达标、要求合理、合同文本规范；采购工程量清单项目特征描述清晰，列项合理；采购价格合理、定价计算准确；涉及河南分局组织实施的采购项目，管理处配合按期按质完成全部采购工作。郑州管理处规章制度健全，流程控制严谨，全年开展3次合同管理相关培训，培训效果到位。

【预算管理】

根据河南分局2018年度预算编制要求，郑州管理处及时按要求编制2018年度预算。编制内容完整、依据可靠、数据准确。郑州管理处2018年度预算总额2070.95万元，其中管理性费用116.46万元，维修养护费用1954.49万元。2018年管理性费用支出46.54万元，维修养护费用年度合同金额2242.50万元，完成金额2150.96万元，结算金额2067.83万元，采购完成率114.74%，统计完成率95.92%，合同结算率92.21%。预算项目采购和履行实施执行到位，管理性费用预算总额、业务招待费、会议费和车辆使用费未超出当年批复额度。

（孙　营　罗　熙　安军傲）

荥阳管理处

【工程概况】

荥阳段干渠线路长23.973km，其中明渠长23.257km，建筑物长0.716km；明渠段分为全挖方段和半挖半填段，均为土质渠段，渠道最大挖深23m，其中膨胀土段长2.4km；渠道设计流量265m³/s，加大流量320m³/s。

干渠交叉建筑物工程有河渠交叉建筑物2座（枯河渠道倒虹吸和索河涵洞式渡槽），左岸排水渡槽5座，渠渠交叉倒虹吸1座，分水口门2座，节制闸1座，退水闸1座，渗漏排水泵站26座，降压站9座（含5座集水井降压站），跨渠铁路桥梁1座，跨渠公路桥梁29座（含后穿越桥梁3座）。

【“两个所有”与问题查改】

2018年全面落实“两个所有”，建立健全问题查改责任制，荥阳管理处按照河南分局部署编制全员参与运行管理问题排查的实施方案。各专业负责人整理荥阳段通水以来主要发生的机电设备和土建项目等各类问题，制作PPT培训材料，组织全体职工分专业集中学习、鼓励自学、现场学习。将管理处所有员工打破科室结构重新编排组成6个小组，每个小组任命组长一名，将荥阳管理处辖区范围内渠道划分为3个区（每个区分两段，共计六段），3位处领导分区负责，6位组长分段负责，对辖区内问题开展全面排查。

开展“两个所有”活动中飞检大队共发现问题14项全部整改完成，整改率100%；中线建管局监督队发现问题43项，整改39项，正在整改4项，整改率91%。荥阳管理处自查发现信息机电、土建类问题1663项，整改完成1325项，整改未销号或正在整改338项，整改率80%。

【防汛度汛】

荥阳段明确2018年安全度汛工作小组、明确岗位职责、汛前全面排查梳理防汛风险项目、编制“两案”及专项方案、与地方建立应急联动机制。防汛值班期间共计参与值班278班次，参与值班856人次，发布雨情信息，组织全体职工参加上级单位防汛知识培训8次，管理处组织防汛专项培训2次，参加员工120人次。承办郑州市联合防汛应急演练1次。联合警务室、保安公司于6月开展“安全生产月”活动，安全宣传走进郑州铁道学院、高村司马小学。

【工程巡查】

完成南水北调中线保安公司工程巡查人员招聘工作，11月正式进场开展巡查工作。制订《关于荥阳管理处借用人员奖励办法的通知》，对巡查人员在日常工程巡查时发现小型隔离网缺口及缺失损坏等隔离网隐患、边坡零星雨淋沟，现场及时进行处理，每次奖励10元/人。3～11月累计修复小型隔离网缺口160余处，边坡零星雨淋沟218余处，有效减少问题总量。协调荥阳市调水办及地方有关政府部门取缔建设路桥下游右岸散养鸡场、河王干渠出口右岸鸡鹅散养养殖场等2处养殖污染源。4月，河南分局批复牛口峪引黄工程跨越南水北调干线荥阳工程的施工图和施工方案。荥阳管理处配合河南分局签订建设监督管理协议，正式接手项目的现场监督管理工作。2018年完成干渠右岸部分的钻孔灌注桩施工。

（王　伟　孔祥熠）

【标准化建设】

推广应用工作终端APP和办公系统　推广工程巡查APP，组织处内员工、运维单位职工、工程巡查人员学习使用APP巡查系统；工巡人员熟练掌握工程巡查维护实时监管系统；运维单位提前制定巡查计划并上传至APP。推广应用移动协同APP，文件信息及时传达、及时处理，提高工作效率。推广应用预算执行监管信息系统，加强预算管理。推广应用移动报销系统，规范财务报销的资料填写和流程。使用中线天气和防洪信息管理系统为防汛工作提供保障。

运行管理 2018年调度工作流程规范，落实责任考核，组织业务学习24次，业务考核11次。组织开展输水调度“汛期百日安全”专项行动、“输水调度窗口形象提升月”活动，进一步规范调度值班行为，提高调度人员业务技能，提振值班人员精神状态。

物资管理 2018年4月管理处组织人员进行机电物资和工器具的整体搬迁工作。搬迁前，管理处盘点全部物资和工器具；搬迁过程中，物资管理人员全程跟踪，保证设备的完好性；搬迁后，按照物资的类别、品名、编号、规格和型号等条件重新登记物资台账，做到账、物、卡一致。防汛物资入库摆放为全线试点，制作摆放指导意见，为其他管理处提供样本参考。

安全监测标准化建设 提高“工程安全耳目”的作用。完善安全检测体系，严格按照“固定测次、固定测时、固定设备、固定人员”的要求进行内观仪器观测，定期组织召开安全监测月例会，保证安全监测自动化系统安全稳定运行。

【工程维护】

2018年，保质保量完成集电器优化等7个信息机电项目实施。结合APP巡查系统进行问题精准整改。按照APP巡查系统上传的问题，制定巡查计划，明确巡查时间，运维单位建立问题台账，处理完成后联合进行缺陷处理验收。完成集水井技术升级改造。全年土建日常维修养护项目完成投资380万元，完成合同额的92%。合作造林3标维修养护项目植树造林85000余株，完成全年植树造林任务的85%。

【技术创新】

2018年荥阳段“组合式钢围堰”项目取得阶段性成果。11月15日组合式钢围堰通过阶段性验收，可在渠道边坡1:2的正常通水情况下，创造垂直入水深度3.5m、沿水流方向4～16m的干地作业条件，申报的实用新型专利和发明专利已正式受理。

“以鱼净水”技术在南水北调中线干线的应用研究项目现场试验结束。“以鱼净水”试验通过在干渠外部模拟渠道同期输水状况，设置不同的试验组，分别放养滤食性鱼类（匙吻鲟、鲢、鳙），通过对水质理化指标、浮游生物指标、鱼类生理生态学指标等检测分析，确定滤食性鱼类对水质的影响效果。通过试验初步形成南水北调中线干线工程“以鱼净水”技术体系，为建立中线工程生态防控体系、维护干渠水生态系统健康提供技术保障。

荥阳管理处与郑州管理处联合开展的“装配式立柱基础”创新项目可初步实现工业化。装配式立柱基础是“鲁班锁”自锁原理，在混凝土构件中成功应用，并已在郑州管理处应用，初步实现设计标准化、生产工厂化和施工机械化、快速化，申报的两项实用新型专利已正式受理。

河南分局水质中心联合荥阳管理处开展的“拦漂导流装置”取得良好效果。联合研制的前蒋寨分水口新型拦漂导流装置，通过采用可充排水的浮箱来代替卷扬机实现框架的提升，以消除卷扬机提升需配备的钢丝绳和滑轮组对建筑物外墙的影响，同时消除潜在漏油水质污染风险，浮箱做成半圆流线型，减少水阻。

（樊梦洒　黄新尧）

穿黄管理处

【工程概况】

穿黄工程位于河南省郑州市黄河京广铁路桥上游30km处，于孤柏山弯横穿黄河，上接荥阳，下连温博，总长19.305km。工程等别为Ⅰ等，主要建筑物级别为1级。主要由南岸连接明渠、进口建筑物、穿黄隧洞、出口建筑物、北岸河滩明渠、北岸连接明渠、新蟒河渠道倒虹吸等组成。其中渠道长13.950km，建筑物长5.355km。另有退水洞工程、孤柏嘴控导工程和北岸防护堤工程。各类建筑物共23座，其中河渠交叉建筑物3座、渠渠交叉建筑物2座、左排建筑物1座、退水闸1座、节制闸2座、跨渠桥梁14座。穿黄工程段设计流量265m³/s，加大流量320m³/s。起点设计水位118m，终点设计水位108m。

南水北调中线工程运行四年平稳安全。穿黄管理处2018年贯彻执行国务院南水北调办"稳中求进，提质增效"的总体思路，不断改进管理机构和创新管理方式，截至2018年底穿黄工程向黄河北岸累计输水130亿m³。

【"两个所有"与问题查改】

穿黄管理处以"问题"查改为导向，按照河南分局推行的"两个所有"开展"问题集中整改月"活动。截至2018年11月25日，巡查系统APP上报问题共951个，整改918个，正在整改33个，整改率96.5%。结合"两个所有"及"站长制"活动，加强整改消缺，严格运维考核，盘山路整治专项处理完成。使用手持终端巡查系统APP，制定执行巡查巡视任务，问题上报处理流程更加规范。根据中线建管局、河南分局强推项目整改要求，对中线建管局强推的2个批次、8项整改内容进行梳理分析，对排查出的问题进行整改。创建标准化渠道1.3km，推进标准化中控室建设及标准化闸站建设。加强沿线污染源排查和漂浮物打捞，联系相关部门及村镇解决污染源问题取得良好成效。开展生态调查工作，对水禽及水质定期检测。

2018年开展"北岸竖井渗漏量监测""北岸弧门油缸支绞支座""北岸防护网围栏底部六棱块防护"项目的创新并实施完成。

【防汛应急】

成立应急抢险组织机构并明确管理职责，与地方有关部门建立有效联络机制，按要求完善应急预案及处置方案并报送有关部门备案；结合穿黄雨情水情修改防洪度汛应急预案，并组织学习；划出风险项目及重点隐患部位，规范填写巡查记录；开展防汛值班、应急值班；对应急抢险人员及抢险物资定期检查，建立台账管理；2018年补充部分应急物资，并按规定维护保养。与地方人民防空部门共同组织开展"铸盾郑州-2018"人民防空演练，组织开展消防演练、应急调度演练、机电金结自动化故障应急演练、水质应急演练。

【调度管理】

开展"汛期百日安全"活动，对现场设备保养维护及改造。2018年5月10日穿黄隧洞达到最大过闸流量244.10m³/s。其中单孔最大开度3420mm，单日输水量最大为2063.4万m³；最大流速1.72m/s；穿黄隧洞进口水位最高117.21m，最低116.92m。全年共接受远程调度指令735条，远程指令操作成功率99.82%。

【合同财务及物资管理】

2018年度，维修养护类总预算1353.09万元，河南分局公开招标采购2个合同项目，管理处直接采购8个合同项目，零星采购项目9个，年度合同金额961.10万元，采购完成率71.03%。

【党建工作】

2018年推动党建工作融入通水运行管理

各项工作中，提升党建质量水平。召开支部委员会议12次，开展支部全体党员教育学习15次，召开党员大会3次，召开支部专题组织生活会1次。发挥“一岗一区1+1”带动作用，设置4个党员示范岗4个党员责任区，获得中线建管局优秀党员示范区称号。

【宣传与培训】

2018年加强宣传工作，截至11月，穿黄管理处在中国南水北调网站、中线建管局网站发表新闻稿件33余篇，主要宣传方向为工程动态、运行管理、党建与精神文明、建设者风采等。在“水到渠成共发展”活动及全国人大、最高人民法院、北京市政协、天津市人大、水利部文协参观考察和河南省军区安防演练的活动中加大宣传力度，不仅扩大穿黄工程影响，更加提升南水北调形象。

加强职工培训，外部培训与内部培训相结合、理论培训和现场实操相结合、专业内培训和跨专业培训相结合，夯实理论基础、拔高专业技能、提高实操水平，开展专业理论、现场实操、应急处置等系列培训。全年组织内部培训24次，参加上级部门组织的培训49人次。在2018年中线建管局有关评选中胡靖宇获得“岗位能手”称号、王昆仑获得“技术标兵”称号。

【研学教育基地活动】

2017年底穿黄工程列为全国中小学研学实践教育基地，2018年根据南水北调工程及穿黄工程特点组织开展相关研学工作。研究确定研学路线，成立研学教育组织机构；从工程安全、穿黄历程、工程建设、运行管理以及水情教育等方面开发教育课程；制作南水北调穿黄工程的技术教学片、小中青三个版本的动画课件、南水北调工程明信片、江河相会图册以及南水北调水情绘本等宣传册；编制少儿图书《李小睿和水仙子南水北调奇游记》；加强硬件设施建设。2018年，穿黄管理处共开展研学教育活动25批次，大中小学生1200余人参与，活动收到良好的社会效益，广东佛山电视台及河南新闻广播黄金时间播出穿黄研学活动情况。

（胡靖宇　杨　卫）

温博管理处

【工程概况】

温博管理处管辖起点位于焦作市温县北张羌村西干渠穿黄工程出口S点，终点位于焦作新区鹿村大沙河倒虹吸出口下游700m处，包含温博段和沁河倒虹吸工程两个设计单元。管理范围长28.5km，其中明渠长26.024km，建筑物长2.476km。设计流量265m^3/s，加大流量320m^3/s。起点设计水位108.0m，终点设计水位105.916m，设计水头2.084m，渠道纵比降1/29000。共有建筑物47座，其中河渠交叉建筑物7座（含节制闸1座），左岸排水建筑物4座，渠渠交叉建筑物2座，跨渠桥梁29座，分水口2处，排水泵站3座。

（曹庆磊　侯鹏飞）

【工程管理】

温博管理处作为温博段工程的现地管理处，全面负责辖区内运行管理工作，保证工程安全、运行安全、水质安全和人身安全。负责或参与辖区内直管和代建项目尾工建设、征迁退地、工程验收工作。温博管理处内设综合科、运行调度科、工程科和合同财务科四个科室。

安全管理　定期组织安全生产检查，召开周例会月例会部署安全生产工作。开展安全隐患排查，明确整改措施、责任及时限。力推安全管理关口前移、源头治理、科学预防。2018年开展各类安全生产检查69次，及时发现各类安全隐患243项，整改完成243

处，安全隐患整改率100%。

运行维护　2018年运行维护单位进场19家，签订安全生产协议19份、开展安全技术交底26次。特殊时段运行维护单位开展安全教育培训，签订安全承诺书164份；对服务单位进行定期安全检查和不定期抽查，发现安全违规行为14次，现场完成整改。

土建绿化及工程维护　土建及绿化维护主要完成项目包括渠道杂草清除，渠坡草体养护，截流沟、排水沟清淤、护网、钢大门维修、沥青路面修复等日常维修项目，共5类82项。2018年土建绿化维护完成项目包括渠道合作造林（已实施完成合同工程量的92%），杂草清除，渠坡草体养护，截流沟、排水沟清淤，护网、钢大门维修及沥青路面修复等日常维修项目，共6类81项。温博管理处2018年通过评审标准化渠道12.2km。

应急抢险　建立汛期24小时防汛值班制度，进行全年应急值班，及时收集和上报汛情、险情信息，储备和管理应急抢险物资，修筑应急抢险道路，高效迅捷处置各类突发性事件，减少或避免突发事件造成的损害。联合焦作市水利局、焦作市南水北调办、焦作市城乡一体化示范区在大沙河渠道倒虹吸进口组织开展防汛联合演练，地方防汛部门演练科目是大沙河堤防加固，管理处演练围网以内的险情处置科目。

（吴海洲　王显利　赵良辉）

【沁河渠道倒虹吸】

沁河渠道倒虹吸工程位于河南温县徐堡镇北、博温公路沁河大桥下游300m处。是南水北调干渠与沁河的交叉建筑物，工程由进、出口渠道段和穿沁河渠道倒虹吸管身段组成，设计流量265m^3/s，加大流量320m^3/s，加大水位108.256～107.587m。渠道倒虹轴线与沁河基本呈正交，建筑物长1197m，其中进口渐变段长60m，闸室段长15m，倒虹吸管身段水平投影长1015m，出口闸室段长22m，出口渐变段长85m。

【运行调度】

2018年，温博管理处坚持“稳中求进、提质增效”的工作思路推进规范化建设，辖区设备运行状况良好，输水调度工作安全平稳运行。管理处中控室调度值班人员10人，采取“5班2倒”方式实施24小时值班，济河节制闸配备4名值守人员，每班2人，每班24小时，分时段以1人为主，另1人为辅。所辖节制闸、分水口平稳运行。2018年度中控室共计接收调度指令1088条，成功1081条，成功率99.36%。温博管理处全员开展“两个所有”活动，2018年共查改设备问题1075条，整改1075条，整改完成率100%。

【工程效益】

自正式通水以来，温博段工程安全平稳运行1480天，截至2018年底，累计输水1282547.50万m^3。2018年，马庄分水口累计向温县供水640.16万m^3，4万人受益；北石涧分水口累计向武陟、博爱供水2523.70万m^3。

（段路路　崔肖肖）

焦作管理处

【工程概况】

南水北调中线干渠焦作段包括焦作1段和焦作2段两个设计单元。起止桩号Ⅳ28+500～Ⅳ66+960，渠线总长38.46km，其中建筑物长3.68km、明渠长34.78km。渠段始末端设计流量分别为265m^3/s和260m^3/s，加大流量分别为320m^3/s和310m^3/s，设计水头2.955m，设计水深7m。渠道工程为全挖方、半挖半填、全填方3种形式。干渠与沿途河流、灌渠、铁路、公路的交叉工程全部采用立交布置。沿线布置各类建筑物69座，其中节制闸2座、退水闸3座、分水口3座、河渠交叉建筑物8座（白马门河倒虹吸、普济河倒虹吸、闫河倒虹吸、翁涧河倒虹吸、李河倒虹吸、山门河暗渠、聩城寨倒虹吸、纸坊河倒虹吸），左岸排水建筑物3座，桥梁48座（公路桥27座、生产桥10座、铁路桥11座），排污廊道2座。自2014年12月12日正式通水以来，工程运行安全平稳。

焦作段管辖机电金结设备设施共计308台套，其中液压启闭机33套，固定卷扬式启闭机22套，弧形闸门28扇，平板闸门27扇，检修叠梁闸门25扇，电动葫芦21台，旋转式机械自动抓梁14套，柴油发电机组11台，高压环网柜40面，高压断路器柜10面，低压配电柜53面，直流电源系统控制柜24面。

焦作段工程是中线工程唯一穿越主城区的工程，外围环境复杂，涉及沿线4区1县，30个行政村，各类穿越项目穿越跨越邻接南水北调工程，发生突发事件的危险源较多、可能性较大。

【输水调度】

2018年焦作段输水调度运行平稳，完成年度生态补水任务，安全渡过渠道大流量输水期以及渠道加固值守期。中控室全年执行调度指令490条，操作闸门1674门次，闸门开度纠正6次，闸门开度纠偏59次，临时配合操作17次，动态巡视271次，共处理调度报警114条，设备报警868条。累计输水量1252496万m^3，向焦作市修武地区分水3401万m^3，输水调度工作平稳有序。

【安全管理标准化建设】

2018年开展工程运行安全管理标准化建设工作。梳理安全管理“四大体系，八大清单”，构建安全管理的“四梁八柱”。通过规范化管理，促进运行安全管理组织、责任、制度体系建设和行为清单规范，开展南水北调工程运行安全管理标准化、规范化、信息化建设。

规范渠道现场的日常维护、专项施工、安全管理、设备操作及问题查改过程中的安全生产行为，结合焦作段辖区内土建、金结机电、消防设备、供配电线路、信息自动化、消防等各专业安全生产管理要求，制订《焦作管理处安全生产操作规程》。填补输水运行现场安全生产规范化管理的空缺，明确各专业工作过程中各类许可要求，规范各专业安全生产的动作行为，消除安全生产过程隐患。

【防汛度汛】

焦作管理处谋划焦作段度汛工作，做到组织机构完备，人员责任清晰，防汛制度落地，“两案”实用可行，度汛项目可控。成立安全度汛工作小组，设置“三队八岗”的应急处置体系，落实主体责任；开展对自有员工、协作人员全覆盖的度汛培训，严格按照制度要求开展汛期值班、巡查、事件会商、物资管理等工作；进一步细化《焦作管理处2018年度汛方案》《焦作管理处2018年度汛应急预案》，完善“三断”保障措施，在防汛布置图中体现设备位置、人员驻点、抢险道路、上下游水库及水文站、附近村庄等重要信息，组织焦作市各县区防办专家对“两案”进行审查，报焦作市各级防汛部门备案。

【分段护渠责任制】

2018年焦作管理处以“分段护渠责任制”落实河南分局的段站管理要求；以“两个所有”为抓手严查细查，巡管系统APP实时监控，以问题为导向，从组织上保障渠道的安全运行；按照所有段、站全覆盖，所有员工全覆盖的原则开展分段护渠工作。全年共发现问题2601项，完成整改2479项，正在整改122项，6项水下问题暂时无法整改，整改率95.3%。

【污染源消减】

焦作管理处加强水质巡查、藻类监测，加强对府城南水质自动监测站与水质应急物资仓库的管理。解决苏蔺水厂穿越管道的水质风险问题，解决白马门河污水进入截流沟的问题，协调配合焦作市区黑臭水体治理工作。加强渠道两侧污染源消减工作，焦作段原有污染源44处，2017年已处理27处，剩余17处。管理处采用多种形式解决污染源，协调焦作市环保局、焦作市南水北调办、焦作市南水北调城区办等有关部门解决污染源问题；采取工程措施解决污染源问题，疏通府城排污管道1400m，增加检修井11处。2018年共处理污染源7处，剩余10处正在协调处理。

【安全保卫】

2018年城区段两侧绿化带开始施工，焦作段渠道安全保卫压力逐渐加大，破坏安防光缆、破坏渠道围网的情况屡禁不止，违法取水、违规进入的情况也时有发生。焦作管理处主动应对，及时开展现场线缆位置交底，防止施工造成破坏，对靠近围网施工，安保单位及时对现场施工人员进行安全提示，防止对围网造成损坏。

焦作段安全保卫开展围网内外巡视，不留安全死角，警务室24小时值班，警务室现场巡视与安防视频巡视相结合，发现问题通知安保单位现场复核。每周对焦作段工程辖区进行2次巡查，对发现问题及时处置。全年安保人员修复围网等设施95次，发现并上报围网破损严重及下净空超10cm部位23处，制止工程保护区其他违规行为22起，制止钓鱼53次，更换锁5把，制止外来人员11次，开展对外安全宣传，桥梁悬挂条幅80条，粘贴安全宣传画100张，发放安全单安全教育扇子1000把。解决9·9自杀溺亡事件。焦作管理处辖区内全年未发生一起意外溺亡事件。

【工程数据监测】

实时测量采集，完善数据分析，焦作管理处安全监测工作通过安全监测数据分析结论指导日常维护工作，保障渠道设备设施安全运行。2018年，焦作管理处对渗流观测、沉降观测、位移观测、伸缩缝开合度观测、应力应变观测、土压力观测、边坡变形观测等项目进行监测，对存在异常数据进行分析复核，在翁涧河倒虹吸出口、普济河倒虹吸进口新增6根测压管，复核数据真实性，提高监测结论准确性。

【运行“五标准”创新拓展】

2018年开展标准化中控室试点建设工作，制订《中控室标准化建设方案》，从中控室设施提升、中控室标准化建设、中控室值班模式三个方面开展标准化建设；开展标准化水质自动监测站试点建设工作。开展水质自动站标准化提升工作，提高自动站使用效率，保障设备运行环境，提升工程运行形象。开展标准化闸站试点建设工作。闸站标准化建设工作是中线建管局和河南分局一直在推进的项目，从2015年的全面整治开始，到2016年的“12+6”强推项目、2017年的四批23项工作以及2018年的闸站标准化试点9项工作。2018年完成标头至白马门河倒虹吸进口右岸、安阳城生产桥至九里山公路桥右岸、白庄分水口至聩城寨进口右岸、山门河进口至碳素厂公路桥右岸共计4个渠段，10km标准化渠道建设，焦作段标准化渠道累计评审通过长度32km，标准化渠道比例41.6%。开展标准化渠道建设总结工作，焦作管理处编制《土建维护现场作业指导书》，依托工程土建绿化日常维护的开展，采取亮点固化补短板的方式，实现制度化日常化专业化和景观化的建设目标；开展标准化物业管理总结工作，管理处出台《管理处规范化后勤物业工作实施方案》。

（李　岩　刘　洋　王守明）

【规范化向工程全范围延伸】

焦作管理处2018年继续开展规范化工作，完成河南分局确定的7个规范化整改项目，又结合工程特点开展多项规范化工作。对存在井内渗漏积水严重的自动化人手孔井，焦作管理处开展科技攻关，完成全部144孔人手井防渗处理，彻底解决井内积水问题，消减工程设施安全风险。推进规范化建设，解决不达标死角。解决闸站外墙洇湿，窗户密封不严的难点问题，通过室外消防用具铅封、节制闸动力柜封板更换等一批规范化工作保证渠道运行安全，渠道钢大门治理，闸站保洁规范化管理等工作的开展，进一步提升渠道形象。混凝土预制构件标准化工作，研制出3种混凝土预制标准构件，达到能够在现场快速铺设路缘石、排水沟、巡视台阶、错车平台的目的，2018年技术成熟并实施。

【后穿越工程管控】

随着城市发展，焦作段穿跨越渠道施工项目逐步增加，2018年度焦作段保护区范围内穿、临接工程有白马门河河道治理、李河河道截污管道工程、火车站南广场建设、城区绿化带建设、中原路贯通等，各类后穿越临接项目施工现场平稳。

焦作管理处加强焦作段两侧绿化带建设项目管理，对项目立项、景观设计、现场施工布置等工作持续跟进专人协调，各段长现场对接。

【对接各级河长】

对2018年存在的安全保卫、防洪度汛、保护区保护、外水进渠等外部风险，焦作管理处开展与地方各级政府、各职能部门沟通工作，同时借力河长制工作，采取季度工作简报的形式将渠道运行情况向各级河长通报，加强工作联系，提高问题解决效率。2018年，重点解决苏蔺水厂穿越管道的水质风险问题，协调配合焦作市区开展黑臭水体治理工作。辖区内原有污染源44处，2018年消减30处，剩余有14处正在协调处理。

【合同与财务管理】

焦作管理处按照上级要求实行全面预算管理，各项支出严格按照河南分局下达管理处预算的项目及金额执行。2018年管理处建立预算执行台账月报制度，按月统计管理处预算的执行情况，及时把握年度预算执行进度，并按时录入中线建管局预算统计系统，"三率"完成情况实时可见。2018年度河南分局分解至焦作管理处预算费用共计1806.91万元，其中维修养护费用预算1633万元，管理性费用预算173.91万元。截至11月底，管理性费用预算执行74%，维护费用采购完成率达到97%、统计完成率98%、合同结算率61%。预计年底可完成年度预算执行任务。

【土建维护】

焦作管理处根据"经常养护、科学维修、养重于修、修重于抢"原则，"以问题为导向，主动发现问题，积极解决问题"为总体要求，3月20日开展"土建维护汛前大干70天"活动。对照目标，查找差距，推进重点工作，做到"两加强、两加快"，加强工程巡查、问题查改，提高发现问题，解决问题的能力；加快设施维护、绿化养护，按期完成土建维护2018年计划目标。

【档案验收与建管移交】

焦作1段工程档案于1月12日通过项目法人验收，9月5日通过专项验收，对"两全两简"内容正在进行完善并达到具备移交条件。焦作1段设计单元工程共有G类档案1181卷（设计单元工程电子文件光盘统一归入G类）；Y类档案81卷，主要内容有通水期间形成的通水验收等相关文件，水保监测、环保监测文件等；C类档案5卷，主要内容有工程财务与资产管理、年度审计等相关文件。11月中旬接收焦作2段设计单元工程档案307卷，其中包含竣工图267卷，共4880张，Y类验收文件40卷。2018年全部整理核对完成，具备查阅条件。推动桥梁移交，完成焦作市城区桥梁病害排查工作，完成档案验收技术性初验遗留问题整改，建设期档案验收具备条件。

【永久征地全部收回】

聩城寨退水闸永久用地争议问题在工程建设期未得到解决，围网一直没有封闭，工程用地长期不能收回。为解决这一问题，管理处多次与地方南水北调办、当地乡镇政府进行协调，在2018年上半年解决永久用地争议问题。管理处组织施工单位对聩城寨退水闸尾渠段永久用地全部进行围网封闭，永久用地全部收回。

小官庄村村民围网内种菜问题在工程建设期一直没有得到解决，存在较大安全隐患。经过管理处、警务室、南水北调办多次协调，11月19日对围网内菜地全部进行清理，确保围网不开口，人员不进入围网，消除安全隐患。

【生态补水】

2018年中线工程实现丹江口水库洪水资源效益最大化，焦作管理处开展生态补水期间的观测与协调工作。4月24日11:05～6月25日14:05，闫河退水闸向焦作市生态补水，历时63天。原计划向焦作市补水3500万m^3，实际总补水4460万m^3，为计划补水量的127.4%，超额完成生态补水任务。在生态补水期间中控室值班人员按流程进行上传下达工作，确保指令执行顺畅。加强水情监控，关注水位变幅，每日8:00将日退水量上报分调中心，并与配套工程共同进行水量计量工作。

【党建与业务融合"1522"工作法】

2018年，焦作管理处进一步发挥传统的政治优势，以支部建设、党员先进性建设为基点，以"1522"工作法为驱动，以"红旗基层党支部"创建为抓手，将党务工作与运行管理进一步融合，"1522"工作法逐步成为焦作管理处全体员工的工作方法。焦作管理处相继出台"1522"工作法具体内容分段护渠、段长河长对接、自有员工段站责任制、借用人员分段考核等管理制度，发起闸站补短板、分段争创标准化渠段、土建维护大干70天等活动，取得丰硕成果，得到河南分局以及全线系统的好评。随着工作法的逐步落实，管理处全体员工更加认同，也更加主动把"1522"工作法渗透在日常工作中，为员工与工程的进步提供源源动力。

持续开展"1522"支部工作法总结工作，以支部工作法为基础，开展对党建业务与中心业务深度融合的试点探索工作，形成书面总结材料，完成"1522"支部工作法论文撰写，完成《焦作管理处"分段护渠"材料汇编》编制工作。

（贾金朋　周贵涛）

辉县管理处

【工程概况】

南水北调中线干线辉县段位于河南辉县市境内，起点位于河南省辉县市纸坊河渠倒虹吸工程出口，终点位于新乡市孟坟河渠倒虹吸出口，渠段总长48.951km，其中明渠长43.631km、建筑物长5.320km。建筑物主要类型有节制闸、控制闸、分水闸、退水闸、左岸排水建筑物及跨渠桥梁等，其中参与运行调度的节制闸3座、控制闸9座，为中线建管局最多。

【运行管理】

辉县管理处负责辉县段工程的日常运行管理工作，保证工程安全、运行安全、水质安全和人员安全。2018年管理处坚持"稳中求进，提质增效"的工作思路，按照规范化建设要求，以标准化试点处为平台，开展安全生产、标准化渠道建设、应急抢险等工作，通过开展百日安全活动，统一调度场所布置，规范自动化调度系统的使用，实现办公记录无纸化、业务流程化。2018年经历大流量输水的考验，明确应急处置流程，达成与地方配套的水量确认机制、供水异常处理机制，形成学习培训长效机制、日常检查监督机制、与其他专业沟通协商机制、自查整改机制。各类设备设施运转正常，工程全年安全平稳运行，水质稳定达标。

【安全生产】

管理处成立以处长为组长、副处长为分管副组长、全体员工及外协单位负责人为成员的安全生产工作小组，明确有关人员职责。制定印发安全生产管理实施细则，完善安全生产责任制、安全生产会议制度、安全生产检查实施细则、安全生产考核实施细则、隐患排查与治理制度、安全教育培训制度、应急管理等制度。2018年，组织日常安全生产检查44次、月度安全生产综合检查12次；整改各类安全隐患40余项，召开安全生产例会33次，安全生产专题会10次；开展安全教育培训7次。

【“两个所有”与问题查改】

辉县管理处推进“两个所有”的落实，按照《南水北调中线干线工程运行期工程巡查管理办法》开展工作。工程巡查管理人员和工程巡查人员按照要求使用工程巡查实时监管系统APP，发现问题及时上传，及时审批处置、动态跟踪整改。2018年，共发现上传问题2289项，其中整改2195项，整改率95.9%。

【土建绿化与工程维护】

管理处土建绿化与工程维护管理工作以问题为导向，持续开展“举一反三”自查发现问题活动。2018年，土建绿化边坡植草4.9万余m^2，合作造林乔木、灌木栽植15万余株，完成渠道标准化建设共2.3km建设。工程维护管理分为总价项目和单价项目。总价项目主要为除草、截流沟及排水沟清淤、坡面雨淋沟整治等；单价项目以问题整改和功能完善为主，采用任务单形式通知到工程维护单位，主要完成警示柱刷漆、路缘石缺陷处理、沥青路面修复、闸站园区缺陷处理、警示牌更新及修复、增设闸站屋顶标识、闸站和渠道保洁等项目。

【应急抢险】

2018年，管理处成立突发事件现场处置小组，编制《南水北调中线干线辉县管理处2018年度汛方案》《辉县管理处防洪度汛应急预案》《水污染事件应急预案》在地方相关部门备案；汛期建立防汛值班制度，进行汛期24小时应急值班，收集传达和上报水情汛情工情险情信息，对各类突发事件进行处置或先期处置；不定期对应急保障人员驻汛情况进行抽查；摸排块石、钢筋、复合土工膜、水泵、编织袋、钢管、投光灯等储备情况；按照河南分局物资管理办法，对管理处物资进行盘点、维护；按计划开展防洪度汛和水污染应急演练。

【金结机电设备运行】

辉县段工程有闸站建筑物17座、液压启闭机设备45台套、液压启闭机现地操作柜90台、电动葫芦设备34台、闸门98扇、固定卷扬式启闭机8台套。金结设备采取外委运维单位维护，其中金结设备由水利部黄河机械厂运维，液压启闭机由邵阳维克液压股份有限公司运维。2018年度，金结机电各类设备设施共开展巡视17283台次，其中静态巡视16269台次、动态巡视1014台次，金结机电设备设施运行稳定，设备工况良好，无影响通水和调度的事件发生。

【永久供电系统运行】

辉县段工程有35kV降压站15座、箱式变电站1座、高低压电气设备134套、柴油发电机13套。永久供配电设备设施采取外委运维单位维护，由郑州众信电力有限公司运维。2018年度，永久供配电各类设备设施巡视共计288站次，停电总次数22次，其中计划内正常停电18次、非正常停电4次。永久供配电设备设施运行稳定，设备工况良好，无影响通水和调度的事件发生。

【信息自动化与安防运行】

2018年，辉县段工程有视频监控摄像头189套，安防摄像头110套，闸控系统水位计31个，流量计5个，通信站点16处，包含通信传输设备、程控交换设备、计算机网络设备、实体环境控制等。信息自动化、安防设备设施采取外委运维单位维护，其中通信传输、机房实体环境、视频系统由武汉贝斯特通信股份有限公司运维，网络传输由联通系统集成有限公司运维，闸控系统由中水三立有限公司运维，安防系统由中信国安有限公司过渡期运维。辉县段辖区内自动化调度系统运行平稳。

【工程效益】

自2014年12月12日南水北调中线干线工程正式通水以来，辉县段工程累计向下游输水116.8亿m^3。辖区内郭屯分水口自2015年5月供水以来累计向新乡市获嘉县供水2771.454万m^3，受益人口17万人。

（王　坤）

卫辉管理处

【工程概况】

卫辉管理处所辖工程范围为黄河北～羑河北段第7设计单元新乡和卫辉段及膨胀岩（土）试验段，是南水北调干渠第Ⅳ渠段（黄河北～漳河南段）的组成部分，位于河南省新乡市凤泉区和卫辉市境内。起点位于河南省新乡市凤泉区孟坟河渠倒虹吸出口，干渠桩号K609+390.80，终点位于鹤壁市淇县沧河渠倒虹吸出口，干渠桩号K638+169.75，总长28.78km，其中明渠长26.992km、建筑物长1.788km。渠道主要为半挖半填和全开挖，设计流量250～260m^3/s，加大流量300～310m^3/s。

卫辉管理处所辖渠段内共有各类建筑物51座，其中河渠交叉建筑物4座，左岸排水9座，渠渠交叉2座，公路桥21座、生产桥11座，节制闸、退水闸各1座，分水口门2座。

【工程维护】

2018年梳理维修养护项目、内容和工作量，开展土建、绿化、信息机电维修养护工作。完成渠道、输水建筑物、左岸排水建筑物及土建附属设施的土建项目维修养护；完成输水建筑物、左岸排水建筑物的清淤、水面垃圾打捞、渠道环境保洁等其他日常维修养护项目；继续开展绿化试点工作。加强信息机电维护和日常维护人员管理；设备巡视维护到位，问题消缺及时；开展问题集中整改月活动。2018年10月，通过1.07km标准化渠道建设验收，卫辉管理处渠道标准化建设实现零的突破。

【安全管理】

2018年开展安全标准化建设，加强工程巡查、安全监测、调度值班、闸站值守管理，做到问题发现处理及时。以中小学生为重点，开展暑期防淹溺专项活动；加强警务室、保安公司管理，发挥巡视震慑作用。分专业开展安全周检查，月度专项检查，安全问题及时发现立即整改。开展建设施工安全专项治理行动，建立健全安全管理制度及预案体系，落实安全生产责任，组织开展安全培训、交底、现场管理、隐患排查。开展风险源巡视检查，对辖区内水源保护区污染源排查分析跟踪，并及时协调处理。开展监测、捕捞观测，细化工作内容、突出关键环节。

【运行调度】

2018年加强中控室、闸站值班管理，规范交接班，按时进行水量计量签证；开展输水调度“汛期百日安全”活动，实行每日四问、每班进行调度知识学习、每月至少集中学习一次、列队交接班；推进“调度人员再塑新形象，调度管理再上新台阶”目标实现。在河南分局组织的“技术标兵”评选专业知识竞赛中，卫辉管理处张仪诗、齐增辉、杜新果分别获一、二、三等奖。在2018年河南分局的运行管理考核中，获“优秀管理处”荣誉称号。

【防汛应急抢险】

山庄河渠道倒虹吸、十里河倒虹吸出口均为防汛风险项目。2018年总结2017年防汛抢险工作经验，管理处实施完成山庄河渠道倒虹吸防洪应急处理工程，对十里河裹头进行应急加固。汛前完成防汛专项应急预案，全面排查防汛风险，调整防汛风险项目，修改完善防汛两案；调整补充应急抢险物资，所有风险部位全部备齐防汛抢险物资；开展两泉路深挖方边坡处理防汛应急演练。管理处实行防汛风险项目党员责任制：卫辉管理处渠道全长28.78km，梳理出7个防汛风险项目，其中Ⅰ级2个、Ⅱ级2个、Ⅲ级3个，对每个防汛风险项目指定2~3名党员作为风险项目责任人，对防汛风险项目进行现场巡查，发现汛期防汛风险点存在的问题，并跟踪督促解决。2018年汛期平稳度过。

【“两个所有”与问题查改】

落实自有人员发现问题责任，完善自有人员发现问题机制，提升员工专业技术能力和综合业务水平，开展加强自有人员检查发现问题专项活动。2018年制订《卫辉管理处关于落实强化自有人员检查发现问题专项活动暨落实防汛风险项目责任制实施方案》。活动中科室互查，调度科人员检查工程科和综合科所负责的相关专业，工程科和综合科人员检查调度科的相关专业；跟班检查，综合科、调度科、工程科人员跟随相关专业的运维人员、巡查人员进行共同的巡视检查；日常检查，在日常工作中，利用工巡APP、QQ群、微信群，在巡检维护专业问题时，对发现的其他专业问题及时反馈到相关的工作群中，做到随时发现，随时报告，立即整改。

【党建与廉政建设】

2018年卫辉管理处党支部围绕思想建设、组织建设、制度执行、作风建设、党风廉政建设、十九大学习，警示教育等内容开展工作。党支部严格执行“三会一课”制度、民主生活会制度、谈心谈话制度、党务公开制度、一账一册一法制度等，支部委员根据工作实际开展谈心谈话活动；支部工作公开透明；支部手册、支部学习台账填写及时规范。全年组织集中学习34次，警示教育、不忘初心爱国教育等活动4次。党支部组织健全，支委分工明确；党员管理规范按时足额缴纳党费并及时填写党费缴纳手册，配合完成发展对象、入党积极分子的培养教育及政审工作。党支部严格执行公务接待、公车管理、会议管理和办公用房管理有关规定，持续创建党员示范岗，在Ⅰ级防汛风险点、中控室、节制闸创建党员责任区，开展党员“1+1”结对互助活动。党支部定期开展廉政学习教育，设置意见箱、电子邮箱，指定专人负责日常管理，并按照程序对反映问题及时处理。纪检监察联络员在采购合同等重大事项中履行监督职责并形成监督报告。党支部在支部工作APP、中线建管局网站等平台发表稿件10篇。

（宁守猛　苌培志　魏剑南）

鹤壁管理处

【工程概况】

南水北调中线鹤壁段工程全长30.833km，从南向北依次穿越鹤壁市淇县、淇滨区、安阳市汤阴县。沿线共有建筑物63座，其中河渠交叉建筑物4座，左岸排水建筑物14座，渠渠交叉建筑物4座，控制建筑物5座（节制闸1座，退水闸1座，分水口3座）跨渠公路桥21座，生产桥14座，铁路桥1座。主要承担向干渠下游输水及向鹤壁市、淇县、浚县、濮阳市、滑县供水的任务。

【工程管理】

安全生产，落实安全责任制、完善安全生产管理制度、开展安全生产检查、安全生产协议、安全教育、培训及宣传、安全管理标准化建设、安全生产月活动开展情况。安全保卫，开展安全宣传，防范风险、巡逻巡视，开展防溺亡应急救援演练。工程巡查，及时报送相关信息，定期不定期组织巡查人员培训、学习和考试等。每月对巡查人员及工作进行考核评分，依据评分结果进行奖惩。穿跨越、邻接工程管理，向穿跨越、邻接工程实施单位提供技术和服务指导，并配合上级单位对各类穿跨越、邻接工程的设计方案进行审查，加强现场施工管理。2018年工程科负责日常管理的土建及绿化维护项目4个，鹤壁管理处土建及绿化维护项目日常工作实行专员管理模式，质量及工程量审核按工程分段的段长负责，月底集中对维护工作进行考核。

【运行管理】

2018年鹤壁段辖区未发生水污染事件，水质稳定达标。开展巡查及监控，落实打捞和清理制度，修订完善应急预案。

防汛工作，提前谋划、健全体系、落实责任、科学编制，细化“两案”、严格值班纪律，规范填写防汛资料、融入地方防汛体系，完善信息披露，加强汛期工程风险排查、提前预警、提前驻守。应急管理，加强培训演练，提高应急处置能力、建立台账、完善物资仓库管理。安全监测工作，观测及时，设备保养规范、数据整理统计科学有序。运行调度管理，提振全体调度值班人员精神状态，消除安全隐患，规范调度生产，4~7月南水北调中线工程向沿线全线开展生态补水。金结机电操作规范，设备设施维护日趋完善、运维管理进一步加强、现场应急处置得到强化。

【人力资源管理】

管理处重大事项严格履行议事制度，采取集体合议方式进行决策，过程记录完整；合理调整专业人员配置，职责明确，满足持证上岗要求；完善员工素质手册；“两个所有”活动开展以来管理处多次组织各专业培训，基本达到自有人员熟悉辖区内工程情况、设备运行状况、水质安全情况，具备基本专业常识，效果显著，2018年，管理处开展内部培训20余次。

【财务管理】

2018年落实中线建管局财务规范化要求，率先实行会计分录摘要规范化，落实移动报销上线工作，并对报销凭证所附的原始凭证的处理进行规范培训。建立健全鹤壁管理处预算执行台账，严格执行预算控制，该支必支，严格程序审批。及时对管理处财务数据分析，为领导管理决策提供合理化建议。

【“两个所有”与问题查改】

2018年落实“两个所有”问题查改要求，修订完善工程问题查改实施细则，以自有人员为责任主体，明确各专业查改分工及责任，全面排查运行管理工作存在的问题。截至11月上级检查发现问题44个，整改完成43个，整改率97.7%；自查问题1983个，完成整改1856个，整改率93.6%。

（鹤壁管理处）

汤阴管理处

【工程概况】

汤阴段工程是南水北调中线一期工程干渠Ⅳ渠段（黄河北~羑河北）的组成部分，地域上属于河南省安阳市汤阴县。汤阴县工程南起自鹤壁与汤阴交界处，与干渠鹤壁段终点相连接，北接安阳段的起点，位于羑河渠道倒虹吸出口10m处。汤阴段全长21.316km，其中明渠段长19.996km，建筑物长1.320km。共有各类建筑物39座，其中河渠交叉建筑物3座，左岸排水建筑物9座，渠渠交叉建筑物4座，铁路交叉建筑物1座，公路交叉建筑物19座，控制建筑物3座（节制闸、退水闸和各分水口门各1座）。设计水深均为7.0m，设计流量245m³/s，加大流量280m³/s。

【安全管理】

成立安全生产工作小组，明确安全生产负责人和兼职安全员，编制年季月安全生产工作计划，开展安全生产工作。落实安全生产责任制，加强日常维护相关管理，与运维单位、土建维护单位等进行安全交底并签订安全生产协议书。经常性检查与定期检查相结合，发现问题限期整改。加强对员工的安全教育培训，构建风险分级管控和隐患排查治理双重预防机制，逐项落实防范安全生产事故的发生。落实"运行安全管理标准化"要求，持续开展规范化建设，完善管理制度、规范操作行为、提升员工素质。梳理各项管理制度及标准128项，其中2018年新增加管理制度及标准28项。完善工程运行安全管理标准化体系，完成各项试点工作。全年零伤亡。

【落实"两个所有"与问题查改】

2018年，汤阴管理处严格工程巡查，落实"两个所有"问题查改。为集中消除工程隐患、化解安全风险，有效减少上级检查问题存量、遏制问题增量，按照中线建管局和河南分局第一批、第二批问题专项整改要求，开展"两个所有"问题查改工作，落实管理处自有人员检查发现问题的主体责任，要求全体自有员工包区段徒步巡查，将巡查发现的问题及时上传工程巡查APP，并及时研判和整改。

【应急防汛】

汤阴管理处立足于"防大汛、抗大洪"，对防洪度汛工作早部署、早安排、早准备、早落实，3月底对2018年度汛方案和应急预案进行修订和完善，并及时向市防办进行报备。在主汛期，汤阴管理处加强值班纪律，组织和参加演练，提高应急管理水平。2018年汛期，根据中线建管局、河南分局雨情预警和台风应急响应要求，对风险项目及重点部位组织人员及设备驻守3次，按照雨未到人员设备先到的要求，完善安全度汛措施。

【工程维护】

汤阴管理处2018年初编制上报维修养护计划和维修养护实施方案，全面开展全渠段内维修养护工作，对工程巡查及上级部门检查发现的各类问题进行整改。完成春季绿化合作造林任务、渠道两侧安全围网顶部完整刺丝滚轮项目、深挖方段增设排水管安装项目、土建日常维护项目以及"两个所有"问题集中查改活动，土建维护工作每月及时验收签证，保证预算的及时执行。3月合作造林单位进场施工，春季完成一般防护林带的乔木种植36404株，完成造林任务的51.2%；秋季新造林工作10月底开始，完成剩余造林任务的树穴开挖量60%，新栽植（含补植）乔木5380株。

【安全监测】

2018年管理处按要求每月按期、按量、准确完成观测数据采集、整理分析、数据导入自动化系统、编写安全监测月度分析报告。同时督促安全监测外观观测标段按期完成数据采集分析，及时将观测成果及分析报告提交管理处，并对其进行检查考核。汤阴管理处辖区内渠道和建筑物运行情况良好，无异常情况发生。管理处根据《水质管理工作办法》的规定开展水样采集、生态捕捞、巡视检查监测水质情况，定期对周边环境检查和巡查，对污染源和污染源隐患进行跟踪监控，并登记更新台账，确保水质安全。

【运行管理】

运行调度　2018年南水北调中线工程处于大流量、高水位和高流速运行模式状态，在总调中心和河南分调中心的领导下，汤阴管理处输水调度工作平稳有序，调度人员业务水平逐渐提高，渠道运行安全平稳。2018年共接收、执行调度指令443门次，均在规定时间内完成并反馈。

金属结构机电设备运行　2018年新的运行维护标准实施，管理处按照新的规范要求开展机电金结设备的运行维护工作。管理处加强运维管理，强化责任意识，发现问题，核查整改，现场跟踪、视频查岗。检查运维人员驻点情况，加强运维内业管理。根据年初计划对汤阴段检修闸电动葫芦、轨道、抓梁，淤泥河进口平面门、汤河退水闸工作门进行全面防腐，并完成河南分局2018年第二批强推项目，确保设备稳定运行。

永久供电系统运行　汤阴管理处严格按照规范要求对35kV供电系统开展运行维护管理工作。2018年先后完成无功补偿设备补偿功率调整工作、永通河倒虹吸降压站进出口电缆改造项目和强排泵站增加供电线路项目。

信息自动化系统运行　2018年信息自动化专业完成日常工作，对自动化设备的问题进行排查，在上级检查发现之前发现问题。配合上级单位开展视频扩容项目的督办，保障数据通信的良好运行。配合河南分局完成水位计、流量计渠底高程测量工作，并且完成各闸站UPS蓄电池放电试验的测试工作，对有问题的蓄电池及时进行跳线处理，保障设备安全运行。

【工程效益】

自2014年12月12日正式通水以来，汤阴段累计向下游输水120.95亿m^3，其中2018年输水量47.7亿m^3。辖区内董庄分水口2018年向汤阴地区分水2137.63万m^3，累计分水4216.15万m^3。2018年汤河退水闸向汤阴县汤河补充生态用水318.908万m^3。南水北调中线工程成为汤阴县主要的生活用水、生态水源，南水北调中线工程为当地的经济建设、环境建设发挥越来越重要的作用。

（杨国军　段　义　何　琦）

安阳管理处（穿漳管理处）

【工程概况】

安阳段　南水北调中线干线干渠安阳段自羑河渠道倒虹吸出口始至穿漳工程止（安阳段累计起止桩号690+334～730+596）。途经驸马营、南田村，丁家村、二十里铺，经魏家营向西北过许张村跨洪河、王潘流、张北河暗渠、郭里东，通过南流寺向东北方向折向北流寺到达安阳河，通过安阳河倒虹吸，过南士旺、北士旺、赵庄、杜小屯和洪河屯后向北至施家河后继续北上，至穿漳工程到达终点。

渠线总长40.262km，其中建筑物长0.965km、渠道长39.297km。采用明渠输水，与沿途河流、灌渠、公路的交叉工程采用平交、立交布置。渠段始末端设计流量分别为245m^3/s和235m^3/s，起止点设计水位分别为94.045m和92.192m，渠道渠底纵比降采用单一的1/28000。

渠道横断面全部为梯形断面。按不同地形条件，分全挖、全填、半挖半填三种构筑方式，其长度分别为12.484km、1.496km和25.317km，分别占渠段总长的31.77%、3.81%和64.42%。渠道最大挖深27m，最大填高12.9m。挖深大于20m深挖方段长1.3km，填高大于6m的高填方段3.131km。设计水深均为7m，土渠段边坡系数1:2～1:3、底宽12～18.5m。渠道采用全断面现浇混凝土衬砌形式。在混凝土衬砌板下铺设二布一膜复合土工膜加强防渗。渠道在有冻胀渠段采用保温板或置换沙砾料两种防冻胀措施。

沿线布置各类建筑物77座，其中节制闸1座、退水闸1座、分水口2座、河渠交叉倒虹吸2座、暗渠1座、左岸排水建筑物16座、渠渠交叉建筑物9座、桥梁45座（交通桥26座、生产桥18座、铁路桥1座）。

穿漳段　南水北调中线干线穿漳工程位于干渠河南省安阳市安丰乡施家河村东漳河倒虹吸进口上游93m，桩号K730+595.92，止于河北省邯郸市讲武城镇漳河倒虹吸出口下游223m，桩号K731+677.73，途径安阳市、邯郸市两市，安阳县、磁县两县，安丰乡和讲武城镇两乡。东距京广线漳河铁路桥及107国道2.5km，南距安阳市17km，北距邯郸市36km，上游11.4km处建有岳城水库。

主干渠渠道为梯形断面，设计底宽17～24.5m。设计流量235m^3/s，加大流量265m^3/s，设计水位92.19m，加大水位92.56m。共布置渠道倒虹吸1座、节制闸1座、检修闸1座、退水排冰闸1座、降压站2座、水质检测房1座、安全监测室1个。

自2014年12月12日，南水北调中线干线工程正式通水以来，穿漳段工程安全运行1595天。2018年输水量459359.45万m^3，共接收、执行输水调度指令260次，水质持续达到Ⅱ类或优于Ⅱ类标准，工程通水运行安全平稳。

【安全生产】

2018年运行安全管理标准化体系初步建成。运行安全管理标准化建设工作开展以来，管理处建立专项工作领导小组，明确相关人员的工作职责，搜集整理完备各级管理规章制度及操作规程121项，修订完善管理处层级的各项管理文件13项，建立健全八大体系、四大清单，并及时试行、总结，工程运行安全管理体系初步建成。

【段（站）长制实施】

2018年推行段（站）长制，保证制度落地执行。管理处结合辖区内工程实际，制订《安阳、穿漳管理处段（站）长制实施方案》，责任到人，促进行为规范，加强现场人员的监督管理，确保问题查改工作落实到位。

【防汛及应急管理】

2018年汛前全面排查辖区内防汛风险，制定应急预案，并按时完成工程度汛方案和应急预案的审批备案工作。加强雨中雨后巡视检查，及时发现隐患，采取有效措施，确保工程安全度汛。实施汛前项目保障工程，管理处在汛前对工程进行全面排查，全年共完成左排倒虹吸清淤3500m^3、排水沟疏通35000m、截流沟清淤39300m、防汛道路维护5600m，及时消除各类隐患。

【安全监测】

2018年仪器操作记录规范，数据整编提交及时。人工采集数据记录内容完整规范，数据修改采用杠改法修改并盖名章，原始数据收集整理及时；观测数据及时导入自动化系统，并与自动化系统数据进行比对，共22期。每月末对监测数据进行一次系统整编，统计特征值，并编写和提交当月监测月报，共11期。2018年管理处对辖区复杂的运行环境导致污染源多发的现状采取工程措施，发挥警务室作用，加强与地方沟通协调，共消除污染源6处。

【运行管理】

分水补水　2018年准确执行并及时反馈指令472条，辖区内小营分水口已累计向安阳市分水5898万m^3；安阳河退水闸对当地安阳河进行生态补水，2018年生态补水3433.152万m^3，累计生态补水4908.576万m^3。

金结机电　管理处严格执行上级下发的信息机电专业标准，进一步规范机电金结设备的管理行为，提升设备维护管理水平。

自动化运行维护　管理处严格执行信息自动化相关巡检要求。网管中心按照“5×8小时，值班不坐班”的工作方式进行值班，每日对网管中心的各种设备终端进行巡检并填写巡检记录。管理处专员对现地闸站每月进行1次全员巡检，站长每周对自己所辖闸站进行1次巡检。2018年，安阳穿漳管理处所辖7座闸站自动化室设备共进行设备巡视77次；管理处通信机房和电力电池室共进行设备巡视22次；网管中心巡检240次，填写表格或录入巡检记录240次。

（周　芳）

伍 配套工程运行管理

南阳市配套工程运行管理

【概述】

南阳市南水北调配套工程2018年新增南阳中心城区龙升水厂和方城新裕水厂两个供水目标，实现配套工程建设规划区域供水全覆盖。截至2018年12月31日，南阳市南水北调配套工程累计向邓州、新野、镇平、南阳城区、社旗、唐河、方城供水4.86亿m^3，其中生活用水2.09亿m^3，生态补水2.77亿m^3，沿线供水平稳安全，调水规模日益扩大。

【员工培训】

2018年，进一步明确科室设置、岗位职责。按照“四班三倒”原则编制用人计划，通过委托人事代理，面向社会公开招聘各类专业技术人员166人。加强业务培训，集中授课与现场培训相结合、请进来与走出去相结合，先后多次邀请武汉大禹阀门股份有限公司、上海欧特莱阀门机械有限公司、索凌电气有限公司等单位专家到现场对阀件、电气等设备操作、日常保养及注意事项、常见故障排除等进行现场讲解、现场答疑；组织运维人员到湖北、陕西、北京等地学习配套工程现场管理、实际操作技术。

（贾德岭）

【配套设施完善】

2018年，阀井加高和各类生产生活设施完善，通过委托招标代理单位开展竞争性谈判确定施工和监理单位。全年完成91座阀井加高处理任务，配套完善1处7所、5座泵站及28处现地管理站等生产生活设施115间、2673m^2。全面提升内外形象，营造美化绿化文化一体氛围。按照“因地制宜、简单大方、美观实用”的原则，美化绿化管理处所、泵站、现地管理站面积2.3万m^2，融入南水北调文化、廉政文化、社会主义核心价值观等“软件建设”。

【安全管理】

日常巡检所有巡线人员严格按照工作标准和流程，对输水管线、阀井等重点部位每天至少巡查1次，现地管理站院内建筑物及机电设备每日巡检6次，交接班记录、值班记录、现地管理站设备和输水管线及阀井巡查记录填写规范齐全。对巡检发现的问题及时分类梳理，按权限上报研究解决。加强与维修养护单位沟通协调、业务指导和监督，落实配套工程维修养护工作。全年解决影响配套工程运行安全事件数余起，有周南高速、镇平高速公路入口拓宽工程、唐河新时代大道穿越配套工程施工。

2018年8月27~29日，河南省南水北调工程规范管理现场会在南阳成功召开，受到其他市南水北调办的一致好评，得到省南水北调办的充分肯定。为全省配套工程运行管理创出“南阳经验”，做出“南阳贡献”。

【规章制度建设】

2018年，依据省南水北调办有关文件，学习和借鉴山西万家寨、干渠管理处和其他市南水北调办先进经验，结合工作实际，围绕综合类、生产运行类、调度类、维护类和安全类5个类别，遵循操作性、规范性和实用性原则，经反复讨论研究，新增并印发《南阳市南水北调配套工程试运行安全管理工作制度（试行）》《南阳市南水北调配套工程试运行巡检工作方案（试行）》等相关运行管理制度，共系统制定12个大项53个子项的相关制度，形成《南阳市南水北调配套工程试运行管理制度汇编》。规章制度切合实际、各项操作流程标准规范，运行管理进入制度化轨道，各项工作行之有据。

（赵　锐　陈　冲）

【自动化建设】

2018年，南阳市南水北调配套工程自动

化建设任务在全省率先完成。在建设工程中为代建单位贴身服务，明确科室人员专人服务，配合省南水北调办对自动化建设工作进行督查调研，召开推进会、协调会，邀请省南水北调办现场办公，解决社旗阻工事件，为施工单位创造良好的施工环境。督促省代建单位对遗留工作拉出任务清单，倒排工期，一天一碰头，对施工单位提出的问题随时解决。在城区南阳管理所室内环境改造、6号口门现地管理房改造、电力供应等难点问题解决上，协调相关科室主攻难点，经过近7个月难点问题得到解决。在南阳自动化设备调试工作中，由于南阳较远和费用开支等原因，代建单位组织8家施工单位技术人员同时到南阳联调联试工作配合不积极，到8月多次督促代建单位组织人员，迟迟不到位。经向省南水北调办领导汇报沟通得到支持，省南水北调办派人员带队，集中时间联调联试，8月底前1处6所4座泵站26座现地管理房自动化设备全部调试到位，南阳管理处、镇平、方城、社旗自动化系统与省南水北调建管局联网，实现在南阳管理处总控室能够全天候监控工程运行调度的目标，在9月召开的全省观摩会上，成为一大亮点接受观摩。

【供水效益】

南阳市共规划向13座水厂供水，年分配南水北调水3.994亿m^3，受水厂13座已建成10座，已接水9座，未建3座。截至2018年12月底，南阳市共接水4.37亿m^3。2018年共计用水3亿m^3，其中生态补水2.36亿m^3，生活用水6242万m^3。2018年度比2017年度同期多用水2.1亿m^3，用水规模扩大234%，超额完成8529万m^3的年度用水任务。

截至2018年，南阳市有7个口门和3个退水闸开闸分水，分别向新野二水厂、镇平五里岗水厂及规划水厂、中心城区四水厂、龙升水厂及麒麟水厂、社旗水厂、唐河老水厂、方城新裕水厂等9个水厂供水，白河及清河、贾河、潘河等4条河流生态补水，受益人口216万人。工程沿线的受水县区供水水量提升，水质明显改善，地下水水位下降趋势得到进一步遏制，社会经济生态效益初步显现。

【工程防汛及应急抢险】

2018年，南阳市南水北调办按照省南水北调办、市防办、城区防办对南水北调工程防汛工作提出的部署要求推进工作落实。2月转发《关于切实做好2018年南水北调中线工程防汛工作的通知》到相关县区并提出明确要求，3月底前对各县区自查情况形成专题报告，分别报送市防办、市城区防办等相关部门。5月下发《关于做好2018年南水北调工程防汛工作的通知》，要求各县区对南阳市境内南水北调工程存在的防洪防汛隐患再一次进行拉网式全面筛选排查，列出清单，建立台账，实行销号管理。6月，制定南阳市南水北调工程2018年防汛度汛方案和抢险应急预案。

按照“红线内防汛工作由建管单位负责、红线外由地方政府负责”的原则，对部分退水闸和左排建筑物下游排水通道不畅等风险点，进行全面排查梳理，经过市防办、市南水北调办与渠首分局联合摸底排查，共排查隐患93处，并以正式文件报送省南水北调办，同时下发到各县区，明确工作责任。

汛前由建管中心、各县区南水北调办制定度汛方案，加强防汛物资储备和应急队伍建设，储备编织袋、铅丝、铁锹、雨衣等防汛抢险物资，并对车辆、挖掘机、发电机、水泵等防汛机械准备情况进行排查，确保状态良好。严格落实汛期值班制度，实行领导带班和24小时全天值班，加强与建管单位沟通协调，加强雨情汛情水情会商、预测预报，信息共享。6月下旬，联合市防汛办、市南水北调办、渠首分局等单位成立防汛工作督导组对防洪影响处理工程建设、各项防汛措施落实等，进行检查督导。

（王文清）

平顶山市配套工程运行管理

【概述】

2018年根据省南水北调办继续开展运行管理规范年活动的总体部署，进一步提高运行管理质量效益，提升运管人员素质，研究制订《平顶山市南水北调配套工程管理所、现地管理站考核办法》。根据各县区报备的日常管理绩效考核办法，对各县区人员月度考核以及泵站代运行单位月度考核。

【员工培训】

2018年，开展多层面的教育培训工作。参加上级组织的运行管理专题培训。组织开展《河南省南水北调受水区供水配套工程泵站管理规程》和《河南省南水北调受水区供水配套工程重力流输水线路管理规程》学习。开展特殊工种培训。5月15～26日，委托平顶山技师学院对电力作业人员进行电工技能培训。10月19日，在宝丰县高庄泵站组织开展配套工程运行管理消防应急演练。12月24～27日举办平顶山市南水北调配套工程2018年度运行管理培训班，邀请专家对运行管理人员集中培训。

【运行安全】

加强现场监督，及时督促平顶山基站严格落实相关维护标准，加强配套工程维修养护工作。通过日常巡视检查、省南水北调办稽察、巡查，对平顶山基站维修工作进行确认。建立问题台账，按照省南水北调办运管例会督办台账，对工程调度管理、运行维护、巡视检查、安全管理、效益发挥存在的问题进行整改，查漏补缺。全年省南水北调办巡检大队对平顶山开展2次巡查，1次专项稽查，发现问题及时整改。

【供水效益】

2018年落实调度计划，供水效益明显。按照年度供用水计划，及时上报月供水调度计划。5月新增叶县供水。2017-2018供水年度供水6115.72万m^3，其中生态补水3467.41万m^3，向叶县配套水厂供水73.83万m^3；向宝丰县王铁庄水厂供水1121.10万m^3；向石龙区供水452.45万m^3；向郏县供水999.22万m^3。

【水费收缴】

加快推进水费征缴。按照省南水北调办对南水北调水费清缴的要求，对水费收缴工作进行梳理，专题向市政府报告，并多次向市委市政府主管领导汇报。同时与市财政局进行协商，按照市主要领导的批示，将市本级财政欠费列入2019年度财政预算。按照供水协议，向相关县区政府下发水费催缴函。截至2018年12月31日，前四个供水年度平顶山市应上缴水费38998.9859万元，已缴18835.4201万元，尚欠缴20163.5658万元。

（张伟伟）

漯河市配套工程运行管理

【概述】

漯河市配套工程从南水北调中线干渠10号、17号分水口向漯河市区、舞阳县和临颍县8个水厂供水，年均分配水量1.06亿m^3，其中市区5670万m^3，日供水15.5万m^3；临颍县3930万m^3，日供水10.8万m^3；舞阳县1000万m^3，日供水2.7万m^3。供水采用全管道方式输水，管线总长120km，分10号、17号两条输水线路，静态投资20亿元。10号线由平顶山市叶县南水北调中线干渠10号分水口向东经漯河市舞阳县、源汇区、召陵区进入周口市，总长101km。17号线由许昌市孟坡南水北调中线总干渠17号分水口向南经许昌市进入漯河市临颍县，管线长度17km。

【运管机构】

漯河市南水北调配套工程共建设1个管理处3个管理所，建现地管理房共12座。2018年底12个现地管理房全部建成启用。共配备42名值守人员和12名巡线人员。2018年在专业运行管理人员中培养业务骨干，参加业务培训18人次，市南水北调办组织技能培训2次，组织各种应急演练3次。

【规章制度建设】

2018年，漯河市南水北调办进一步完善供水调度、水量计量、巡查维护、岗位职责、现地操作、应急管理、信息报送等一系列运行管理制度，修订《漯河市南水北调供水配套工程巡视检查方案》《值班日志表》《交接班记录表》《建（构）筑物巡视检查记录表》《输水管线、阀井或设备设施巡视检查记录表》统一装订成册。在各现地管理房悬挂《供水调度协调制度及职责》《供水运行巡查制度及职责》《维修应急制度及职责》等规章制度中，新增安全生产相关制度，明确安全生产员的职责与管理。

【现地管理】

漯河市南水北调配套工程现地管理房共12座，于2018年11月全部建成投入使用。现地管理房运行管理实行24小时不间断值守，值守人员按照制度对自动化设备、电力、电气设备的运行情况进行巡查，填写巡查记录；按调度指令操作自动化设备，进行水量适时调整；及时巡视检查并记录输水设备运行情况，对巡查发现的隐患和问题，及时解决或逐级报告，并记录事故情况和处理经过；交接班时填写设备运行情况、设备故障情况、巡视检查发现等情况，双方共同检查核准后，办理交接班手续；制定培训方案，定期开展运行管理人员培训，提高业务水平和技能。每月与受水水厂进行水量计量确认工作，并及时与水厂沟通，填报月用水计划。

【接水水厂】

漯河市南水北调供水配套工程共有10号、17号供水线路，2个分水口门（辛庄分水口、孟坡分水口）。舞阳县水厂和临颍县一水厂分别于2015年2月3日和10月14日通水，漯河市二、四水厂分别于2015年11月9日和12月28日通水，五水厂、八水厂分别于2016年11月7日和12月12日通水。市区三水厂于2018年11月16日正式通水，至此，漯河市8个受水水厂实现全部通水，比既定通水目标提前一个月。

2018年，10号分水口门舞阳县供水线路平均日用水量2.1万m^3，漯河市二水厂供水线路平均日用水量4.5万m^3，漯河市三水厂供水线路平均日用水量4万m^3，漯河市四水厂供水线路平均日用水量4.5万m^3，市区五水厂平均日用水量1万m^3，市区八水厂平均日用水量1万m^3。17号分水口门临颍县一水厂供水线路平均日用水量3万m^3，临颍县二水厂供水线路平均日用水量0.4万m^3。全年南水北调工程供水运行平稳。

【供水效益】

2018年漯河市南水北调办把扩大南水北调供水效益惠泽全市人民作为首要任务，全力推进南水北调受水水厂通水工作。11月16日，漯河市南水北调规划8个受水水厂全部实现通水。2017-2018供水年度用水达效率占分配水量的61.4%。截至2018年12月31日，漯河市南水北调配套工程累计调水18347.27万m^3，其中2018年度供水6512.55万m^3，完成年度用水计划的96.2%。供水目标涵盖市区、临颍县和舞阳县，南水北调水由原计划的辅助水源成为漯河市的主要供水水源。

南水北调工程改善了沿线城市居民民生，舞阳县、临颍县水厂和市区二、三、四、五、八水厂全部置换为南水北调水，城市供水水质和安全保障能力得到大幅提升。南水北调工程优化沿线城市的生态环境，临颍县利用南水北调水进行生态补水150万m^3，构建千亩湖湿地公园及五里河、黄龙渠等水系，改善城市居住和生态环境。各受水区水源置换后，地下水开采量明显减少，地下水资源得到涵养，地下水位明显回升，南水北调工程发挥显著的社会效益和生态效益。

【水费收缴】

2018年漯河市南水北调多次向市政府主要领导汇报水费征缴工作，起草2016-2017、2017-2018供水年度南水北调水费征缴意见，并以市政府办公室名义印发，为推进水费征缴和历史欠费清理提供政策保证。2018年8月，按照市政府领导批示，市财政局对各县区欠缴情况进行全面清算，向各县区政府和用水单位下发通报，督促协调各县区和水厂上缴南水北调水费，2018年度共征缴水费5006万元。

【线路及设备巡查】

2018年漯河市南水北调办编制《漯河市南水北调供水配套工程巡视检查方案》，按照规定的巡视线路、项目进行巡视检查，及时发现工程及其设备设施缺陷、损坏等运行安全隐患，报告巡视检查事项及处理情况。配套工程输水管线巡查每周不少于2次，供水初期或汛期加密频次；重点部位（阀井、穿越交叉部位）每天至少1次，供水初期或汛期加密频次，必要时24小时监控。现地管理房日常巡视检查每日3次，特殊巡视检查时间根据具体情况或上级指令执行。

【工程防汛及应急抢险】

2018年，漯河市南水北调建管局成立防汛领导小组，明确责任，实行地方行政首长负责制。编制《漯河市2018年南水北调配套工程运行管理度汛方案》《漯河市南水北调配套工程防汛应急预案》，落实防汛值班制度，汛期24小时值班。按照省南水北调办规定，与中州水务平顶山基站保持联系，实现信息畅通，维修、养护、抢险等工作到位。与漯河市水利工程处组建防汛抢险突击队，与漯河市防汛物资储备站签订防汛物资使用协议，遇紧急情况快速调拨物资到达现场进行抢险作业。

（孙军民　周　璇）

周口市配套工程运行管理

【自动化建设】

2018年，周口配套工程自动化建设领导小组按照自动化建设工作方案，明确职责和分工，贯彻执行工作例会和现场办公制度，加强各成员单位的沟通与协调，监督建设单位按照要求组织工程建设，及时解决自动化建设过程中出现的问题，按时完成周口配套工程自动化建设工作目标。

根据省南水北调办会议纪要〔2018〕8号文件议定事项第三条《关于配套工程自动化通信硅芯管遗留问题》处理办法，按照《关于对我省南水北调配套工程自动化通信硅芯管施工进行自查自纠的通知》（豫调办〔2015〕58号)要求，2018年1月8日下发《关于周口市配套工程自动化通信硅芯管遗留问题处理办法的通知》，要求各施工单位对尚未贯通光缆的硅芯管道整改到位，并报市南水北调办申请检测。

【规章制度建设】

2018年，周口市南水北调办推进运行管理规范化制度化，制定运行管理实施细则，出台《周口市南水北调配套工程水量调度突发事件应急预案》，下发《周口市南水北调配套工程运行管理工作考核管理办法（试行）》，一月一考核，一季一总结。

【安全生产】

2018年，成立安全生产领导小组，制定安全工作方案，明确安全工作管理体系和职责分工，全面负责安全生产大检查活动。定期对各管理站站内安全管理制度、安全管理流程、安全管理记录、安全设施管理、安全运行及阀门设备检修记录情况、安全事故的处理情况等进行检查。对各管理站的防汛物品进行统计汇总，及时补充急需的防汛用品，对重要阀井铺盖塑料薄膜加固密封进行防渗防漏处理。加强对值班值守、工程巡查、操作规程、预警预报工作检查力度，明确巡线重点，对重点部位和关键阀井排查隐患、列出问题清单，建立台账。组织运管人员对所有阀井标志桩进行粉刷和标示。

【互学互督】

按照运行管理《关于开展河南省南水北调配套工程2018年运行管理“互学互督”活动的通知》（豫调办建〔2018〕20号）活动要求，成立周口市南水北调配套工程运行管理“互学互督”活动实施方案领导小组。3月23日召开“互学互督”动员会，制定实施方案。3月31日～4月10日，对照检查标准开展自查工作，对存在问题进行整改。

【员工培训】

2018年8月14～17日分两批对运行管理人员组织开展业务培训，学习《河南省南水北调受水区供水配套工程重力流输水线路管理规程》，提升运行管理人员业务水平，落实运行管理规范化制度化建设。

【用水总量控制】

周口市南水北调配套工程2017−2018年度需水量4454.5万m³，其中商水县需水量639.5万m³。2017年11月~2018年10月底，周口市实际用水量为2335.51万m³。2018−2019年度周口市用水计划已编制和上报，总需水量为4967.4万m³，其中商水县需水量1061.4万m³。

【水费收缴】

2018年，周口市南水北调办协调推动水费征缴工作，5月4日周口市政府召开有市财政局、市发展改革委、市审计局、市水利局、市城管局、市南水北调办、商水县、淮阳县、川汇区等相关部门参加的周口市清理欠缴水费协调会，以《周口市人民政府会议纪要》（〔2018〕16号）明确市县政府部门及周口银龙水务有限公司和商水县上善水务公司应缴纳的金额及缴纳时间节点。周口市南水北调办及时向淮阳县政府发函《关于南水北调供水水费的催缴函》（周调办函〔2018〕14号）；向商水县政府发函《关于南水北调供水水费的催缴函》（周调办函〔2018〕15号）；向周口银龙水务有限公司发函《关于南水北调供水水费的催缴函》（周调办函〔2018〕16号），并对淮阳县、商水县及周口银龙水务有限公司对水费征缴工作进行督导。2018年周口市上缴工程水费4978.90万元，其中基本水费4561.91万元、计量水费416.99万元。缴纳增值税及税金附加53.41万元，其中增值税50.37万元、城建税1.83万元、教育费附加0.79万元、地方性教育附加0.52万元。2018年度，省南水北调办拨入运行管理经费300万元，专项支出240.86万元，其中营业费用105.45万元、管理费用135.30万元、财务费用0.11万元。

【水行政执法】

周口市南水北调办水政监察大队贯彻落实《水法》《南水北调工程供用水管理条例》及《河南省南水北调配套工程供用水和设施管理办法》，2018年共发现6起违法穿越事件，及时开展联合执法行动，与周口市水政监察支队第一时间赶赴现场进行执法，监督施工单位依法按程序办理穿越批复手续。

【工程防汛及应急抢险】

制订《周口南水北调配套工程2018年安全度汛方案》，成立度汛工作领导小组及防汛应急抢险队伍，组织应急抢险演练，储备防汛应急设备和抢险救援物资，建立预报与预警机制，建立汛期检查督导机制，严格落实监管措施。值班领导和人员坚守岗位，服从指挥调度，随时准备投入抢险，要求24小时保持电话畅通。现地管理站对所管辖区域内工程进行排查，对重要阀井重点监视，对电动蝶阀井、流量计井、调流阀井进行重点防范，发现险情立即上报，同时迅速采取安全措施，及时处置险情，确保安全。保证应急抢险物资和设备到位随调随用。

（谢康军　朱子奇）

许昌市配套工程运行管理

【规章制度建设】

制订印发《许昌市南水北调配套工程运行管理安全保卫制度》（许调办〔2018〕9号）《许昌市南水北调办公室运行管理资产管理办法（试行）》（许调办〔2018〕26号）《许昌市南水北调配套工程运行管理物资采购管理办法（试行）》（许调办〔2018〕27号）《许昌市南水北调配套工程运行管理防汛物资管理办法（试行）》（许调办〔2018〕32号）《关于做好许昌市南水北调配套工程2018年度汛方案和防洪抢险应急预案的函》（许调办函〔2018〕11号）。

【自动化建设】

许昌市配套工程自动化累计完成光缆敷设51.4km（含17号线路鄢陵支线21.6km），自动化设备大部分已安装并进行初步调试。其中15、16号线路通信光缆架设全部完成；17号线路除鄢陵支线正在施工外其余已完成，鄢陵支线剩余2km；18号线路通信光缆架设全部完成，并完成调试，与省南水北调建管局完成联通。截至2018年底，正在组织由干渠至许昌市15、16、17号口门管理站的通信光缆联通的施工，管理站、所、处的自动化设备正在调试。

（杜迪亚　高功懋）

【供水效益】

2018年，继续扩大供水范围增加用水量，充分发挥南水北调工程效益。17号分水口门供水线路增设鄢陵供水工程、建安区豆制品产业园分水口、建安区五女店镇分水口、开发区医药产业园分水口。18号分水口门供水线路增设长葛市西部水厂分水口、增福湖分水口。截至2018年底，累计供水56363.76万m^3，受益人口218万人，10次向颍河应急补水8561.25万m^3，产生显著的生态效益和社会效益。

【水费收缴】

2018年，许昌市南水北调办水费清缴工作取得较好成绩，襄城县、鄢陵县、禹州市先后完成前三个供水年度南水北调水费清欠任务。截至2018年底，许昌市共上缴省南水北调办水费37330.33万元。

【运行管理规范年活动】

2018年，继续开展南水北调配套工程运行管理规范年活动，建立运行管理长效机制，探索科学化规范化标准化管理运行模式。进一步完善规章制度和规程规范，每项运行管理工作有规可依、有章可循，加快推进实行省级统一调度、统一管理与市、县分级负责相结合的“两级三层”管理体制，充实运行管理专业技术人员，规范配套工程运行管理工作体制。组织全市南水北调配套工程运行管理专题培训，推进标准化精细化管理。规范配套工程运行管理监督检查活动，提高监督检查频次，明确监督检查的依据、方式、程序、内容、频次、问题整改及工作要求。结合省南水北调办巡查、飞检、稽察，对每个县市区每年监督检查频次不少于5次。许昌市南水北调办建立有许昌市运行管理QQ群、许昌市巡视巡查QQ群、许昌市消防安全QQ群，2018年上线“钉钉”考勤试运行，通过“钉钉”手机打卡监督现地管理站人员值班情况。

【穿越邻接工程管理】

2018年，许昌市南水北调办共处理穿越邻接南水北调供水管线工程2处，分别是《许昌曹寨水厂配套管网穿越南水北调受水区17号分水口门输水管道（桩号26+521.989、27+483.040）》和《新建郑州机场至许昌市域铁路工程（许昌段）跨越河南省南水北调受水区许昌供水配套工程17号口门输水管道（桩号30+362.943）》。在《安全影响评价报告》《专题设计报告》完成并通过省南水北调办审批后，许昌市南水北调办及时与施工单位签订监管协议，截至2018年底，17号线《许昌曹寨水厂配套管网穿越南水北调受水区17号分水口门输水管道（桩号26+521.989、27+483.040）》跨越完成，《新建郑州机场至许昌市域铁路工程（许昌段）跨越南水北调受水区许昌供水配套工程17号口门输水管道（桩号30+362.943）》正在进行管线防护工程。

（郭跃强　屈楚皓）

【员工培训】

2018年，许昌市南水北调办5月底举办许昌市南水北调配套工程运行管理培训班，全市运行管理人员参加培训。培训班集中学习许昌配套工程设计及建设情况，现地运行管理、设备操作及自动化概况，月用水计划、调度专用函格式规范、调度管理规定、职责及制度，工程巡视检查及工程保护，维修养护制度、标准及工作流程，安全运行管理及防汛工作要点。

【工程防汛及应急抢险】

许昌市南水北调办制定2018年防汛应急预案，完善防汛物资管理台账，在各县市区开展防汛演练，4月18日组织全市配套工程运行人员观摩禹州泵站工程防汛演练。加强巡视巡查力度，健全安全隐患台账，责任到人，限期整改，确保通水运行安全。防汛期间各县市区每月对防汛物资进行一次盘点，确保防汛器材完好无损。严格落实汛期24小时值班要求，开展保护范围内建设项目排查整治。

（许　攀　刘培婕）

郑州市配套工程运行管理

【概述】

2018年，郑州市南水北调办配套工程运行管理进一步规范，围绕扩大南水北调配套工程供水效益的工作目标，开展配套工程运行管理工作。进一步完善运管规章制度，加大现场检查抽查，建立问题台账，督促进行整改。加强运行管理队伍建设，优化配置资源，开展部分泵站基本设施建设的优化完善工作。加强泵站值守、安全监控、场区绿化、水质防护等管理。委托河南省河川工程监理有限公司进行招标，通过招标程序确定正式的泵站代运行单位。同中州水务控股有限公司签订运管合同，结束20号、21号、22号、23号共4座市区泵站临时委托代管状态，组织各方进行泵站运管交接，保持泵站调度和设备巡查的连续性，保障供水平稳运行。组织专家授课，集中对运行管理人员进行培训。对设备设施的使用和维护进行规范管理，动态监控。2018年供水5.54亿m^3，通过南水北调干渠退水闸向河道内生态补水7500万m^3，自通水以来累计供水15.9亿m^3。郑州市配套工程投入使用4年，基本实现安全平稳运行，发挥南水北调工程的供水效益、生态效益和社会综合效益。

（刘素娟　罗志恒）

焦作市配套工程运行管理

【概述】

焦作市南水北调供水配套工程共包括6条线路，总长59.68km，分别向焦作市区、温县、武陟县、修武县和博爱县供水。截至2018年底，5条线路建成通水。其中修武输水线路2015年1月通水运行，武陟线路2015年12月通水运行，温县线路2017年12月通水运行，焦作市城区苏蔺线路2018年4月通水运行，博爱线路2018年5月通水运行。焦作市区府城线路工程正在建设，计划2019年7月通水。

【规章制度建设】

2018年，共制定和完善调度管理（3项）、运行管理（20项）、巡视检查（3项）、维修养护管理（6项）、安全管理（12项）、其他管理（2项）等6个方面计46项管理制度，汇编成《焦作市南水北调受水区供水配套工程运行管理制度》，进一步明确现地管理岗位职责，推进规范化建设。制作《运行值班记录表》《交接班记录表》《值班日记》《管理站站内巡查记录表》《管线巡查记录表》《阀井及设备设施巡视检查记录表》《上下班签到表》等7项记录表，现地管理站每周召开1次例会、每月进行1次内部培训。

（焦　凯）

【现地管理】

2018年，先后完成温县线路、苏蔺水厂线路和博爱线路运行管理队伍组建，招聘现地管理人员12名，制定规章制度，开展人员培训，落实岗位责任。温县、博爱、苏蔺水厂输水线路运管工作满足供水要求。年初将末端管理站的管理工作分别委托修武、武陟、温县、博爱县南水北调办负责运行管理。博爱线路泵站由焦作市南水北调办（建管局）委托施工单位暂时代管。

【供水效益】

2018年全年向受水区供水3205.72万m^3。其中修武县490.3万m^3，武陟县916.9万m^3，温县供水526.27万m^3，博爱县供水146.54万m^3，市区苏蔺水厂1125.71万m^3，受益人口90万人。截至2018年底，焦作市累计受水5777.4万m^3。其中，修武县1789.52万m^3，武陟县2170.5万m^3，温县545.13万m^3，博爱146.54万m^3，市城区苏蔺水厂1125.71万m^3。4月24日~6月25日，南水北调干渠闫河退水闸向焦作进行生态补水。计划补水3500万m^3，实际补水4460万m^3，超额完成任务。生态补水对焦作市区龙源湖水体全部置换，有效改善群英河、黑河、新河、大沙河水质，对修武县郇峰岭地下漏斗区进行有效补给，水位上升0.4m，地下水源得到有效涵养。

【水费收缴】

2018年4月28日，省南水北调办主任王国栋带队到焦作市调研南水北调工作，并对焦作市水费缴纳工作进行特别督导。焦作市南水北调办及时向市政府上报《关于尽快缴纳南水北调工程基本水费的请示》，6月底市财政解决基本水费1000万元。8月31日市政府召集市财政局、南水北调办有关人员，研究欠缴南水北调水费问题，提出9条工作建议。截至2018年底，焦作市上缴水费5537.66万元。

【互学互督】

根据省南水北调办《关于开展河南省南水北调配套工程2018年运行管理"互学互督"活动的通知》要求，制订《焦作市南水北调供水配套工程2018年运行管理"互学互督"活动实施方案》，成立互学互督活动小组。明确目标任务、检查内容、方法步骤。4月18~19日，邓州市对焦作进行督导检查。针对邓州市检查时发现的问题，焦作市南水北调办立即列出问题台账，落实责任、及时整改，并将整改结果函告邓州市南水北调办。6月6日，南阳市南水北调办复函焦作市南水北调办，在互学互督检查中发现的4个问题均已整改到位。通过“互学互督”活动，焦作市南水北调办借鉴南阳市管理制度，围绕综合类、生产运行类、调度类、维护类和安全类五大类别将各项制度细化，按照操作性规范性实用性的原则，启动统一规划、提升形象工作。借鉴南阳对管理处所、现地管理房、泵站整体形象的打造。对办公设施配备、制度上墙、精神文明版面的设置、危险源管理、防鼠、防鸟、防静电、消防等标示的具体位置、标识牌制作的规格，统一标准、统一规范、统一标注，实现布局统一、风格统一、整齐划一、美观大方。

【线路巡查防护】

2018年焦作市继续实施现地管理站人员每周对线路徒步巡查两次，重点查阀门井、查建筑物是否正常运行、完好无损，发现问题及时上报和处理。在沿线村庄聘用村民兼职护线员，每天对所辖地段徒步巡查，发现问题及时上报。

【员工培训】

根据《焦作市南水北调配套工程运行管理2018年度培训计划》，对调度、巡视、维修养护、安全分期进行培训。2018年焦作市南水北调建管局完成12名新招聘现地管理工作人员的岗前培训工作，完成年度消防培训和冬季安全培训。全年培训160人次。同时制定学习培训制度，现地管理站及泵站站长每周组织1次工作例会，每月组织1次安全学习培训。

【维修养护】

2018年，按照省南水北调办要求，焦作市南水北调配套工程维修养护工作由中州水务控股有限公司（联合体）河南省南水北调配套工程维修养护鹤壁基站负责。鹤壁基站制定年度维修养护方案、季度维修养护方案和月度维修养护工作方案，现地管理站工作人员按照省南水北调办下发的《河南省南水北调配套工程日常维修养护技术标准（试行）》要求进行监督管理，现场对维修养护工作清单双方签字确认，作为鹤壁基站申请费用的依据。专项维修养护工作，由焦作市南水北调办向鹤壁基站下发工作联系单，鹤壁基站根据现场情况编制施工方案，经同意后进行专项维修养护，施工完成并经验收后签字确认。2018年共完成28号分水口门28-1、28-2现地管理站管理房刷漆、25号分水口门现地管理站调流阀室屋顶治漏、26号分水口门博爱输水线路末端管理站生活用水管道安装以及阀井抽水4个专项维修养护工作。

【配套工程管理执法】

2018年加强水行政执法力度，成立南水北调普法依法治理工作领导小组，制订《焦作市南水北调办公室水政监察制度》，加强水政执法队伍建设，市县两级南水北调水政执法体系基本形成。及时处理群众举报违法施工1例，协调解决武陟县领秀城小区在保护区范围内施工问题。

【工程防汛及应急抢险】

2018年制定供水配套工程防汛预案，开展应急演练，储备防汛物资，严肃值班纪律，保证信息畅通。2018年供水配套工程安全度汛。2018年，焦作市南水北调办（建管局）重新编制完善《河南省南水北调受水区焦作供水配套工程水量调度应急预案》《河南省南水北调受水区焦作供水配套工程应急抢险预案》，成立应急领导小组，负责工程应急抢险工作，并联合鹤壁基站组建专业抢险队负责工程抢险任务。2018年焦作市南水北调供水配套工程安全稳定运行，无任何事故发生。

（姬国祥　樊国亮）

新乡市配套工程运行管理

【概述】

2017-2018供水年度新乡市实际用水量11069.84万m^3，占计划的100.8%。凤泉区水厂于2018年6月9日通水。规划的9座受水水厂通水7座，市区、获嘉县、卫辉市、新乡县、凤泉区全部用上南水北调水，新乡市累计受水量28382.08万m^3，居全省第三位，受益人口148.29万人。

【现地管理】

新乡市配套工程运管工作全部由市南水北调办统一管理，下设运管办具体负责对8个现地管理站的检查督导工作。2018年经考察安排18人为现地管理站站长、副站长，同时明确站长副站长的职责。理顺问题处置流程，出台问题处置方案。建立巡查考核制度，每周对各现地管理站及线路进行全面巡查，发现问题及时梳理汇总，明确整改时间，落实整改措施。每季度组织1次日常考核，考核结果与个人及现地管理站争先创优挂钩，对考核前三名现地管理站颁发标准化管理流动红旗。2018年共接收现地管理站各类问题报告37起，建立问题处置台账，问题全部得到解决。2018年7月17～19日和9月19～21日，市南水北调办分两批召开新乡市配套工程运管人员业务培训会。执法大队与配套工程运管办配合，现场协调处理20余起违建、未批穿越邻接情况。

【生态补水】

新乡市南水北调中线工程共设置4处退水闸门：峪河退水渠（辉县）、黄水河支退水渠（辉县）、孟坟河退水渠（辉县）、香泉河退水渠（卫辉）。2018年5月9日~6月2日，新乡市通过卫辉市香泉河退水闸实施生态补水1247万m^3，河道下游生态环境得到改善。

【水费收缴】

按照市政府委托新乡市南水北调办与省南水北调办签订的供水补充协议，新乡市2014-2018四个供水年度应缴纳水费76384.3688万元（因2015-2016年度计量水量存在争议，暂按受水水厂确认水量计算新乡市应缴2015-2016年度计量水费），其中欠缴水费54782.3820万元。新乡市南水北调办多次向有关县市区发送催缴函，同时向市政府分管领导、主管领导汇报，建议采取必要措施确保水费征缴工作完成。2018年10月24日，市政府组织召开南水北调水费征缴推进会，要求各县市区尽快上报各自水费上缴方案，会后又给各县市区主要领导发送催缴函。截至2018年底，新乡市上缴水费19489.3276万元，其中基本水费15313.05万元、计量水费4176.2776万元。

【维修养护】

2018年组织维修养护人员保养阀井3612座次、保养电气设备1332台次、抽排阀井121次，对管道主体及阀件设备进行渗漏检查，及时进行除锈、防腐、涂漆、涂抹黄油等作业，防止设备老化。

【工程防汛及应急抢险】

2018年，修改完善度汛方案及应急抢险预案，依托维修养护人员、运管人员组建防汛应急抢险队伍。召开防汛会议，对接中线建管局三级管理处，6月15日和6月24日分别开展两次应急演练。汛期所有成员保持24小时待命，随时应对突发事故的发生。全年发生紧急情况3次：6月16日30号线VHJ-41阀井微量排气阀漏水，7月7日32号线VQL-136阀井伸缩节和进排气阀漏水，11月10日32号线VC-01阀井微量排气阀漏水。情况发生后，具体负责人第一时间到现场协调处理，调动运管人员和维修养护人员及时抢修，快速解决，没有影响配套工程的安全运行。

（吴　燕）

濮阳市配套工程运行管理

【概述】

2017–2018供水年度，濮阳市共引南水北调工程水7559万m^3；征缴水费9120.02万元；南水北调清丰县管理所建成投用；南乐县南水北调供水配套工程建成通水；濮阳县南水北调供水配套工程完工并具备通水条件；南水北调西水坡支线延长段输水方式调整完成，日增加供水量3万m^3；向城市水系生态补水2152万m^3；完成南水北调工程建设档案预验收工作，征迁档案整理工作基本完成。

【规章制度建设】

2018年继续制定完善运行管理制度。制订印发《濮阳市南水北调配套工程运行管理资产管理办法》《濮阳市南水北调配套工程运行管理物资采购办法》《濮阳市南水北调2018年防汛工作方案》《濮阳市南水北调配套工程防汛抢险应急预案》《汛前安全检查工作方案》《突发事件应急处理预案》。对照《河南省南水北调受水区配套工程重力流输水线路管理规程》重新修改完善制度22项并全部下发实施，基本实现调度管理、巡视检查、维修养护、安全管理、监督考核、技术档案的标准化规范化。

【水厂建设】

濮阳市南水北调规划受水水厂6座，分别是市第一水厂、第二水厂、第三水厂，清丰县中州水厂、南乐县第三水厂和濮阳县水厂。2018新投用水厂1座（南乐县水厂），设计供水规模5万t/d，在建水厂1座（濮阳县水厂），设计供水能力5万t/d，一期建成2.5万t/d。

【维修养护】

省南水北调办与中州水务控股有限公司（联合体）于2017年7月签订配套工程维修养护合同。中州水务控股有限公司（联合体）根据省南水北调办下发的《日常维修养护标准》制定2018年度服务方案，并制定季度维修养护方案、月度维修养护方案，按照计划对工程进行维修养护。濮阳市南水北调办派专人对养护工作进行监督管理，对维修养护工作现场进行确认。2018年濮阳市南水北调办向中州水务控股有限公司（联合体）发送3次工作联系单，委托绿城路管理站电缆沟、王助管理站赵北沟桥、管理处院内绿化修整3个项目，项目完成并验收合格。

【供水效益】

濮阳市南水北调办每月15日根据年度水量调度计划制定下月水量调度方案，并及时上报省南水北调办。每月1日会同受水单位共同签字确认配套工程末端水量，会同中线鹤壁管理处、鹤壁市和滑县南水北调办签字确认35号分水口门首端水量，2017–2018供水年度濮阳市共引丹江水7559万m^3。濮阳南水北调供水配套工程于2015年5月11日通水试运行，2017年5月5日清丰县南水北调供水配套工程建成通水；2018年9月1日南乐县南水北调供水配套工程建成通水。截至2018年10月31日，前四个供水年度濮阳市南水北调供水配套工程累计供水16888.4万m^3，供水范围覆盖濮阳市城区和濮阳、清丰、南乐3座县城，115万居民受益。

【生态补水】

按照省南水北调办统一安排，南水北调中线工程于2018年4月30日～6月30日向濮阳市实施生态补水2152万m^3。濮阳电视台、濮阳日报、濮阳网对生态补水情况进行宣传报道。南水北调工程改善水环境，修复水生态，提升水景观，生态效益日益显现。

【水费收缴】

2018年濮阳市南水北调办共发水费催缴函26份，先后4次行文要求市政府协调欠缴水费问题，市政府先后两次召专题会议协调解决拖欠南水北调工程水费问题。水费征收工作实现新突破，2018年收缴水费9120.02万元。

【水政大队执法】

2018年，濮阳市南水北调办水政大队定期对南水北调配套工程设施进行拉网式检查，对南水北调配套工程保护范围内违规建设问题，先后向项目建设单位发函6次要求限期整改，及时消除安全隐患维护南水北调配套工程安全平稳运行。

【运行管理规范年活动】

2018年继续开展运行管理规范年活动，濮阳市南水北调办以规范化管理为目标，以标准化建设为根本，采取以会代训、集中学习的形式对运管人员进行业务培训。对省南水北调办巡查、飞检发现的问题，组织有关单位分析原因，制订整改措施，完成对2018年巡查飞检发现的34项问题的全面整改。

【互学互督】

按照省南水北调办统一安排，制订《濮阳市南水北调配套工程运行管理“互学互督”活动实施方案》，组织有关人员到滑县开展互学互督活动，配合安阳市南水北调办到濮阳市南水北调办进行互学互督活动，相互借鉴提升运行管理水平。

【工程防汛及应急抢险】

加强防汛工作，提前开展各项防汛准备工作。召开防汛工作会议，制订《濮阳市南水北调2018年度防汛工作方案》，开展防汛抢险应急演练，严格执行24小时防汛值班制度，落实防汛值班责任制和领导带班责任制，汛期配套工程运行平稳没有出现任何险情。

（王道明）

鹤壁市配套工程运行管理

【运行调度】

2018年鹤壁市南水北调办共接到省南水北调办调度专用函22次，分别为豫调办水调〔2018〕1、7、9、14、22、25、29、66、67、68、70、73、74、77、81、82、83、85、91、92、97、101号。鹤壁市南水北调办印发调度专用函共27次，分别为鹤调办水调〔2018〕1～27号。2018年，按照省南水北调建管局统一部署推进鹤壁市配套工程自动化建设工作，鹤壁市配套工程自动化建设除金山水厂未建外，通信线路穿缆均已完成。

【规章制度建设】

2018年，对水量调度、维修保养、现地操作、巡视检查、交接班、卫生管理、安全生产、运行调度、值班、考核方案等13项运行管理规章制度进行修订完善和补充，重新修订《鹤壁市南水北调配套工程先进集体评选制度（试行）》，增加《鹤壁市南水北调配套工程安全生产管理实施细则（试行）》《鹤壁市南水北调配套工程安全生产管理制度》《鹤壁市南水北调配套工程防汛物资管理办法》《鹤壁市南水北调配套工程复合式多气体检测仪操作规程》等4项管理制度。

【现地管理】

2018年，鹤壁市南水北调办的配套工程运行管理模式是泵站委托管理和现地管理机构直接管理。配套工程维修养护由省南水北调建管局招标确认的中州水务控股有限公司（联合体）鹤壁基站承担。鹤壁市管辖范围内共设置9个现地管理机构，启用5个，划分为5个巡视运行单元。35-2、35-3、35-3-3现地管理站有工作人员9名，34-2现地管理站工作人员6名，35-1现地管理站工作人员8名，分别配备巡线车辆和巡视装备。2018年对5个现地管理站的巡检线路进行重新划分，优化巡视线路，提高巡检效率。各运行单元明确专人负责，均为24小时轮班值守，每周召开运行管理例会。34-1、36-2现地管理站由泵站代运行管理单位负责巡检，35-2-2现地管理站由35-1现地管理站工作人员巡检。36号线金山水厂支线因金山水厂未建，所以金山支线管理站尚未建设。

（姚林海）

【接水水厂】

鹤壁市南水北调配套工程涉及4个县区，设置34号、35号、36号三座分水口门，鹤壁市规划改扩建淇县铁西水厂、淇县城北水厂、浚县城东水厂、鹤壁市第三水厂、鹤壁市第四水厂、鹤壁市开发区金山水厂（供水目标）6座水厂中，除金山水厂暂未建设外，其余5座水厂均已正常供水。截至2018年12月31日，34号分水口门共接水3124.24万m^3，其中铁西水厂接水2541.6万m^3，城北水厂接水582.64万m^3；35号分水口门共接水1668.96万m^3，其中第四水厂接水432.48万m^3，浚县水厂接水1236.48万m^3；36号分水口门共接水7644.74万m^3，均为第三水厂接水。

【生态补水】

按照省水利厅制定的2018年4月、5月、6月三个月计划补水量指标和省南水北调建管局关于生态补水调度计划安排，根据鹤壁市实际需求，于4月17日16:38至6月26日14:41通过淇河退水闸向淇河生态补水共3336.73万m^3。截至2018年12月底累计向淇河生态补水4835万m^3，为鹤壁市生态文明建设、“海绵城市”建设提供水资源保障，发挥明显的生态效益和社会效益。

【供水效益】

鹤壁市是一个水资源短缺地区，水资源贫乏，人均占有量少，用水量大，地下水超采，供需矛盾突出。南水北调中线工程每年向鹤壁市分配水量1.64亿m^3。2018年1月1日～12月31日，鹤壁市南水北调配套工程向鹤壁市供水7342.01万m^3，其中向淇县供水804.21万m^3，向浚县供水668.02万m^3，向淇滨区供水2533.05万m^3。淇河退水闸向淇河生态补水3336.73万m^3。截至2018年12月底，通过34号、35号、36号三条输水线路向鹤壁市水厂供水累计12438万m^3。南水北调工程供水效益日益显著。表现在提高城市工业和生活用水的保证率，改善居民的生活用水水质，改善南水北调工程鹤壁段沿线空气质量，减少生活和工业用水对淇河的依赖使淇河重现生机，沿河的植被状况有所修复，地下水位有所上升，长期被城市用水所挤占的农业用水也相应增加。淇河西岸的生态景观和淇河东岸的现代城市景观相互辉映，新区淇河两岸融现代性、生态性、文化性为一体，提升城市品位，提高居民生活质量，对鹤壁市建设高质量富美鹤城效益显著。

【水费收缴】

2018年按照省南水北调建管局要求，鹤壁市南水北调办协调督促水费征缴工作，分别向有关县区下达征缴水费文件，多次向各县区政府发函催缴水费，并多次向市领导汇报水费征缴工作进展情况，专题研究水费征缴工作，协调市县区政府的水费收缴工作。鹤壁市南水北调前四个供水年度共计应缴水费3.22亿元，已缴纳1.44亿元，完成比例44.7%。按照副省长武国定批示精神，对欠缴水费清理工作向常务副市长和主管副市长多次做出专题汇报，市政府批示由市政府督查室督导，要求各县区分期分批完成欠缴水费的收缴工作，必要时采取代扣措施。

【运行管理规范年活动】

2018年按照省南水北调建管局安排部署，鹤壁市南水北调办继续开展运行管理规范年活动。每月召开一次运管例会，制定现地管理房职守和巡线工作台账，明确工作目标、规定完成时限，对存在问题制定整改方案，加强安全生产督查，开展员工培训。按照省南水北调办《河南省南水北调配套工程2018年运行管理“互学互督”活动实施方案》要求，成立“互学互督”活动小组，与平顶山市、许昌市互相学习、互相检查、互相督导。

【线路巡查防护】

鹤壁市南水北调配套工程线路巡查防护工作共分34-2、35-1、35-2、35-3、35-3-3现地管理站及34号口门铁西泵站、36号口门第三水厂泵站7个巡查防护单元。2018年对5个现地管理站线路巡查防护范围进行重新划定，责任区域划分为34-2现地管理站负责34号城北水厂支线（不含泵站内）范围内的全部阀井及输水管线的巡视检查工作，范围内输水管线全长5.03km，沿线各类阀井14座；35-1现地管理站负责35号分水口门进水池至VB15之间的全部阀井，进水池至VB16之间的输水管线及第四水厂支线范围内的全部阀井和输水管线的巡视检查工作，范围内输水管线全长7.9km，沿线有进水池1座，各类阀井25座；35-2现地管理站负责35号主管线VB16至VB28之间的全部阀井和VB16至VB29阀井之间的输水管线，36号金山水厂支线（不含泵站内）范围内的全部阀井和输水管线的巡视检查工作，范围内35号输水线路10.52km，36号金山支线4.9km，沿线有各类阀井34座，1座双向调压塔；35-3现地管理站负责35号主管线VB29至VB47之间的全部阀井和VB29至VB48阀井之间的输水管线的巡视检查工作，范围内输水线路全长14.365km，沿线各类阀井20座；35-3-3现地管理站负责35号线VB48至VB59之间的全部阀井和输水管线，浚县支线和滑县支线全部阀井和输水管线的巡视检查工作，范围内输水线路全长14.185km，沿线有各类阀井33座，单向调压塔1座；36号口门第三水厂泵站负责第三水厂泵站、金山泵站、36号线路第三水厂支线范围内的全部阀井及输水管线。36号线金山水厂支线巡查频次为1周2次，其他线路均为1天1次。运行管理人员严格按照相关制度开展配套工程巡视检查工作，截至2018年累计填写各项巡视检查记录表600余本，发现有危及工程运行安全的行为18起，向相关单位下发13个停工通知单，未造成管线破坏，鹤壁市配套工程设施设备完好。

【员工培训】

2018年组织两期运行管理培训班，进行防汛知识、安全生产、安全用电、消防知识培训和演练活动，10月24日组织鹤壁市南水北调配套工程运行管理知识测试。各现地管理站、泵站每周定期对南水北调工程运行管理、维护与设施保护相关知识和工程管理有关法规制度规程进行学习，市南水北调办对学习情况进行不定期抽查。

【工程防汛及应急抢险】

2018年，贯彻落实省市防汛工作安排部署开展南水北调防汛工作。编制完善南水北调中线工程鹤壁段及配套工程防汛度汛方案和应急抢险预案，健全防汛应急响应分级和信息指令传达报送制度；对工程防汛薄弱环节和风险点逐一检查，及时消除隐患；汛前购买并储备防汛物资，对工作人员进行防汛知识培训和发电机、排水泵的使用培训；建立联络机制，遇重大汛情险情及时与责任单位对接；在汛期加大对配套工程管道沿线、现地管理房、泵站巡视检查，遭遇强降雨时，派驻专人对泵站昼夜进行现场指挥。

（石洁羽　王志国）

安阳市配套工程运行管理

【运管机构】

2018年，安阳市南水北调配套工程全面进入运行管理程序。按照省南水北调办要求在安阳市南水北调办建管科设运行管理办公室，暂时牵头负责全市运行管理工作；市区38号、39号线运管工作暂由滑县建管处代管，依托汤阴县、内黄县南水北调办，成立市区、汤阴县和内黄县三个运行管理处，负责水量调度、运行监督检查和市区、汤阴县区域、内黄县区域内的运行管理工作。

【运行调度】

南水北调配套工程的供水调度实行3级调度管理：省南水北调办、省辖市省直管县市南水北调办、县区南水北调办。安阳市南水北调办具体负责辖区内年用水计划的编制，月用水计划的收集汇总，编制月调度方案，进行配套工程现场水量计量、供水突发事件的应急调度。2018年按照省南水北调办的统一要求，及时编制年度供水计划，严格按照上级水行政主管部门的批复执行；每月15日前，编制报送月供水计划和调度方案并组织实施，全年共编报月调度方案、运行管理月报各12期，运管旬报36期；每月1日，协调干渠管理处和受水水厂，现场进行供水水量计量确认，并将水量确认单按时报省南水北调办运管办，全年共签认水量计量确认单41份。在供水运行过程中，全年共向省南水北调办报送“调度专用函”13份（次）；向现场下达“操作任务单”12份（次）；按省南水北调办批复完成地方协调和现场操作，规范调度程序，保证供水运行安全。

【规章制度建设】

2018年制订《安阳市南水北调配套工程运行管理考核管理办法》《安阳市南水北调配套工程维修养护管理办法（试行）》《安阳市南水北调配套工程防汛物资管理办法》《安阳市南水北调配套工程安全保卫制度》《安阳市南水北调办公室关于加强配套工程巡视检查工作的通知》等制度；对《安阳市南水北调配套工程运行管理制度汇编》进行修订，发放至各运管巡查单位人手一册。

【现地管理】

2018年安阳市有市区运管处、汤阴县运管处、内黄县运管处。市区运管处承担38、39号输水线路的运行管理工作；汤阴县运管处承担37号输水线路汤阴县境内的运行管理工作；内黄县运管处承担35号和37号输水线路内黄县境内的运行管理工作。对有调流调压阀室的现地管理站按6人/站设置，其他现地管理站按3人/站设置，由市南水北调办组成考核工作组，按照市南水北调办《安阳市南水北调配套工程运行管理工作考核管理办法》每月进行检查考核，每季度进行评比奖罚。

安阳市南水北调配套工程共4条（35、37、38、39号）供水线路，布设输水管线93km，每年向安阳分配水量28320万m^3。35号输水线路向濮阳市供水，流经安阳市的内黄县，管线长14.78km，布设有各类阀井23座。

37号输水管线向汤阴县、内黄县供水，输水线路全长57.08km；设置有5个现地管理站，分别为董庄分水口门处的37-1管理站、汤阴县第一水厂处的37-2管理站、汤阴县第二水厂处的37-3管理站、主管线与汤阴县第二水厂分岔处的37-4管理站及内黄县第二水厂处的37-5管理站；与供水管线相连的汤阴第一水厂设计日供水量2.0万m^3，第二水厂设计日供水量3.0万m^3，内黄县第二水厂设计日供水量8.3万m^3。

38号输水管线向安阳市区供水，输水线路全长18.73km；设置有4个现地管理站，分别为小营分水口门处的38-1管理站、安钢水厂支线分岔处的38-2管理站、安钢水厂进口处的38-2-1管理站、安阳第六水厂处的38-3管理站；与供水管线相连的市区第六水厂设计日供水量30万m^3，安钢水厂设计日供水量4.0万m^3，新增的市区第八水厂近期设计日供水量10万m^3，远期设计日供水量20万m^3。

39号输水管线向安阳市区供水，输水线路全长1.13km；设置有2个现地管理站，分别为南流寺分水口门处的39-1管理站、安阳第七水厂处的39-2管理站；与供水管线相连的市区第七水厂设计日供水量30万m^3。

【自动化建设】

2018年加快推进自动化建设，加快流量计、液位计、压力表和压力变送器的安装。8月22日、10月24日，省南水北调办投资计划处组织自动化代建、监理、流量计安装单位，在市南水北调建管局召开流量计、液位计、压力表和压力变送器安装推进会，明确具体工作要求。开封仪表公司完成38号安钢冷轧厂内流量计和37号、38号、39号口门进水池3处液位计、3处压力表和压力变送器安装，唐山汇中公司完成39号管理线路首端和末端、6水厂末端流量计和5处压力表、压力变送器安装。累计完成16处流量计、3处液位计、8处压力表、压力变送器的安装。配合自动化建设单位开展光缆铺设。

【生态补水】

南水北调中线干线工程在安阳市布设退水闸3处，分别为汤河退水闸、安阳河退水闸和漳河退水闸。可用南水北调水源进行生态补水的河流主要有安阳河和汤河。

安阳市缺水情况较为严重，且地下水源水质较差，地下水严重超采，地下水位下降，居民用水困难。安阳市南水北调办多次申请从南水北调中线工程干渠汤河退水闸、安阳河退水闸向汤河、安阳河补水。

4月初，按照《关于我省南水北调2017-2018年度生态补水事宜的通知》（豫水政资〔2018〕16号）文件要求，根据安阳市河道过流能力和生态补水需求，编制安阳市2017-2018年度南水北调生态补水计划，确定补水计划总量6800万m^3，其中市区安阳河计划生态补水4000万m^3，计划补水流量$5m^3/s$；汤阴县汤河计划生态补水2800万m^3，计划补水流量$5m^3/s$。根据省南水北调办运管办通知，配合市水利局编制上报2018年4~6月生态补水计划，确定补水计划总量为5323万m^3，其中市区安阳河计划生态补水4200万m^3，计划补水流量$5m^3/s$；汤阴县汤河河计划生态补水1123万m^3，计划补水流量4月20日～5月29日为$0.5m^3/s$，5月30日~6月20日为$5m^3/s$。4月25日~6月25日生态补水4682.72万m^3，其中汤河1249.57万m^3，安阳河3433.15万m^3。

汤阴县城缺水情况较为严重，为改善汤河和永通河水质，完善汤河湿地公园功能，安阳市申请干渠汤河退水闸向汤阴县汤河生态供水，2017年9月30日至2018年7月1日共计生态供水640.95万m^3。

截至12月底，安阳市累计生态补（供水）水8259.53万m^3，其中安阳河4908.57万m^3，汤河3350.96万m^3。通过生态补（供）水，明显改善安阳河、汤河和永通河的水质，居民有一个“近水、亲水、乐水”以及“休闲、娱乐、健身”的好去处，同时补给安阳市的地下水源。

【接水水厂】

2018年，安阳市接用南水北调水的水厂有5座，分别为37号线的汤阴一水厂、内黄县第四水厂，38号分水口门引水的市区新增第八水厂、市区第六水厂，39号分水口门引水的市区第四水厂。汤阴一水厂向汤阴县城区供水，是将原供水能力1.2万t/d的地下水厂改扩建为接用南水北调水的地表水厂，设计供水规模2万t/d，受益人口10万人；内黄县第四水厂为新建水厂，设计供水规模8.3万t/d，日供水能力4万t，一期工程8月建成通水，向内黄县城区及周边部分村庄供水，受益人口12万人；市区新增第八水厂向安阳市产业集聚区（马投涧）、安汤新城、高新区及安阳东区供水，并可辐射至老城区，设计供水规模近期10万t/d，远期20万t/d，受益人口100万人；安阳市第六水厂向安阳市北关区、文峰区供水，水厂位于京港澳高速公路与人民大道交叉口东南侧，为规划承接南水北调水配套水厂；设计近期供水规模10万t/d，总供水规模30万t/d，一期工程12月25日正式通水运行；安阳市第四水厂二期工程向安阳市铁路以西区域供水，并向老城区辐射供水，水厂位于梅东路中段。第四水厂原为地下净水厂，2018年四水厂二期工程改造为承接南水北调水的地表水厂，二期工程建设规模10万t/d，12月25日正式通水运行。

【用水总量控制】

南水北调工程每年分配安阳水量28320万m^3（其中安阳市区22080万m^3、汤阴县1800万m^3、内黄县3000万m^3、安钢水厂1440万m^3）。2018年安阳市南水北调办按时编报年度供水计划，每月收集汇总编报月供水计划和调度方案。2017-2018供水年度，批复安阳市用水总量3795万m^3，实际完成5110.73万m^3（不含生态补水4047.79万m^3），占全年计划的134.67%。截至2018年底，累计供水9236.79万m^3。

【水费收缴】

截至2018年9月底，供水线路全部贯通，配套工程水厂投入通水运行5座。按照安阳市与省南水北调办签订的供水协议，自南水北调通水至2018年10月底，前4个供水年度安阳市共产生南水北调工程水费50722.32万元，征收上缴省南水北调办26463.62万元。

【水权交易】

从市区水量中调剂7000万m^3给西部供水。2018年5月，市政府发函省南水北调办，提出在七水厂建成前，从市区分配水量中调剂日供20万m^3指标给西部供水。8月省南水北调办回函同意调整。根据《南水北调安阳市西部供水可行性研究报告》，调剂给林州市每年4000万m^3，殷都区每年2000万m^3，龙安区每年1000万m^3。

从市区水量中调剂1800万m^3给汤阴。2018年6月，安阳市政府同意从市区分配水量中调剂指标每年1800万m^3给汤阴，汤阴分配取水量由1800万m^3增加到3600万m^3。

【互学互督】

按照省南水北调办开展运行管理“互学互督”活动的通知，制订《安阳市南水北调配套工程运行管理“互学互督”活动实施方案》。2018年4月26日到濮阳参加“互学互督”活动，4月27～29日接待周口市南水北调办来“互学互督”，组织会谈，现场考察，交流学习。安阳市南水北调办决定在全市各运管处之间以及各运管处所辖的现地管理站和巡查组之间也进行“互学互督”活动。

【线路巡查防护】

2018年按照省南水北调办下发的“配套工程巡视检查管理办法”，制定安阳市“配套工程巡视检查方案”和巡视检查路线图表。规定巡查人员对输水管线每周进行2次巡查，特殊情况加密巡查频次，发现问题及时报告。明确阀井、现地管理房、调流调压室的管护标准及管线巡查记录、巡视检查发现问题报告单，规范运管巡查工作程序。在2018年汛前修订完善配套工程防汛方案和防汛应急预案，报市防办审批同时报省南水北调办备案。

【员工培训】

2018年，安阳市南水北调办派人参加省南水北调办举办的运维培训班。邀请阀门及电气厂家技术人员到安阳现场讲解配套工程设施设备的工作原理、操作要求、注意事项。利用现地管理站设备调试组织人员现场观摩学习。在市南水北调办组织召开的配套工程运行管理月例会，增加学习传达贯彻省南水北调办制定印发的一系列运行管理的规程、标准、办法、意见。市南水北调办在7月20日组织运管人员对暴雨、洪水及抢险技术基本知识进行培训。开展现地管理、巡查人员轮流担任领学人，进行自学互考活动。1

月、9月分两批对新招聘运管人员开展集中封闭培训学习，邀请省南水北调办、设计、阀件、电气等单位技术人员进行授课，并到配套工程和干渠工程现场，由厂家和干渠运管人员进行讲解。

【维修养护】

2018年，依据省南水北调办印发的《河南省南水北调配套工程日常维修养护技术标准（试行）》，与省南水北调办委托的配套工程维修养护单位中州水务维修养护中心鹤壁基站沟通联系，对安阳市南水北调配套工程的维修养护工作进行部署。规定运管人员在巡查中进行巡查记录，发现问题及时上报现场运管处，由现场运管处建立问题台账，每月末报市南水北调办运管办，汇总后发给维修养护单位，作为编制下月维修养护计划的依据。对维修养护单位的工作质量，由现场人员进行跟踪监督，并在维护工作确认单上签字，而后由现场运管处审核签认，最后市南水北调办运管办根据抽查情况签字确认。

（李志伟）

邓州市配套工程运行管理

【运行管理规范年活动】

2018年，邓州市南水北调办继续开展运行管理规范年活动，3月组织配套运管人员进行为期3天的集中培训，内容包括职业道德、巡查工作制度、自动化知识。4月开展互督互学活动，组织运行管理人员到焦作市南水北调办学习交流。经过学习培训34名运管人员均以良好成绩通过半年考核。10月联合渠首分局邓州管理处开展“互访互看共进步，互学共促齐发展”联学联做活动，组织党员干部及配套工程现地管理站管理人员共27人参加，参观学习邓州管理处自动化设备运行调控、防洪应急物资仓库管理工作。通过参观学习对原有管理制度增添改进11条，进一步推动运行管理工作制度化规范化。

【巡检问题整改】

2018年3月22日，省南水北调办第二巡检大队对邓州市南水北调配套工程运行管理进行巡检，指出存在问题34条，并提出整改建议。邓州市南水北调办对巡查问题逐条进行整改，全部整改到位。

【供水及水费缴纳】

2017–2018年度邓州市南水北调工程供水6亿m^3。其中农业灌溉供水5.7亿m^3，城市供水2221.7万m^3，生态补水608.4万m^3。2015～2018年累计供水19.04亿m^3，累计上缴水费7418万元，其中2017–2018年度基本水费2116万元协调到位，上半年水费已经上交省南水北调办，计量水费正在协调征缴。

【三支线维修】

2018年，根据省南水北调办批复的邓州市三支线维修计划，协调组织施工单位、监理单位于8月6日开始进行三支线维修养护工作。三支线维修长度870m，基本完成维修任务。

（司占录　石　帅）

陆 水质保护

南阳市水质保护

【“十三五”规划实施】

《丹江口库区及上游水污染防治和水土保持“十三五”规划》范围涉及河南、湖北、陕西3省的14市、46县（市、区）以及四川省万源市、重庆市城口县、甘肃省两当县部分乡镇，面积9.52万km²。规划基准年为2015年，规划期至2020年。截至2018年，“十三五”水土保持和水污染防治规划纳入项目112个，总投资32.3亿元。

【生态补偿资金申请】

水源地邓州市、淅川县、西峡县、内乡县，2018年共申请到生态补偿资金10.27亿元，自2008年以来，累计补偿69.8亿元（其中市本级2.6亿元、邓州市15.6亿元、淅川县25.9亿元、西峡县13.4亿元、内乡县12.3亿元）；2018年，干渠沿线生态补偿资金21800万元（其中市本级4000万元、淅川县4000万元、镇平县3700万元、卧龙区3100万元、宛城区3000万元、方城县4000万元），比2017年同比增长229%。

【水源区水保与环保】

2018年，组建专业管护队，县乡村成立三级护林小组，分包路段地块，明确管护责任，定期巡查看护。截至2018年，完成水源涵养林营造25.7万亩，中幼林抚育123万亩，低质低效林改造17万亩，申报批建水源区淅川丹阳湖国家湿地公园、淅川凤凰山省级森林公园、淅川猴山省级森林公园。

【干渠保护区管理】

从6月开始，按照《河南省南水北调中线工程建设领导小组办公室河南省环境保护厅河南省水利厅河南省国土资源厅关于印发南水北调中线一期工程总干渠（河南段）两侧饮用水水源保护区划的通知》（豫调办〔2018〕56号）文件要求执行，2018年干渠两侧按照100m宽标准，进行生态带补植补造，加强林带管护。全年共审批干渠保护区新上项目2个。

（王　磊）

平顶山市水质保护

【概述】

按照全省南水北调水污染防治工作部署和平顶山市水污染攻坚战安排要求，按照整治时限分类落实治理、跟进协调督导，省定关停搬迁一级水源保护区内的22家企业提前完成，二级保护区内污染项目进行整治。2018年8月省政府对南水北调中线工程干渠一、二级水源保护区进行重新划定，平顶山市南水北调办用自有资金先期制作安装部分干渠饮用水水源保护区标志标示牌。对调整后的干渠一、二级保护区加大巡查力度，依法打击在保护区范围污染水的各种行为。

（张伟伟）

许昌市水质保护

【概述】

2018年，许昌市南水北调办按照《河南省南水北调中线工程2018年水污染防治攻坚战实施方案》《河南省污染防治攻坚战三年行动计划》《许昌市2018年持续打赢打好水污染防治攻坚战工作方案》部署，开展南水北调干渠水源保护区调整、生态红线划定和饮用水水源保护区标识、标志牌设置工作。联合环保部门加强干渠沿线污染源的巡查和排查，对沿线的养殖场、污染企业进行排查，组织禹州市和长葛市对南水北调水源保护区内的镇村实施环境整治工作，对村庄生活污水进行处理、垃圾分类及处理、建立环境保护机制。编制《南水北调中线一期总干渠（河南段）两侧饮用水水源保护区标志、标牌设计方案》，开展饮用水水源保护区标志、标牌设置工作。

（盛弘宇）

焦作市水质保护

【工程保护范围划定】

南水北调中线工程在焦作境内全长76.41km，途经焦作市温县、博爱县、城乡一体化示范区、中站区、解放区、山阳区、马村区、修武县8个县区。2018年焦作市南水北调办推进干渠两侧水源保护区范围调整工作。6月28日，省南水北调办、省水利厅、省环境保护厅、省国土资源厅联合下发《南水北调中线一期工程总干渠（河南段）两侧饮用水水源保护区划》（豫调办〔2018〕56号），2010年印发的《河南省人民政府办公厅关于转发南水北调中线一期工程总干渠河南段两侧水源保护区划定方案的通知》（豫政办〔2010〕76号）同时废止。重新划定后干渠一级保护区宽度范围50～200m，二级保护区宽度范围150～2000m。按照《南水北调中线一期工程总干渠（河南段）两侧饮用水水源保护区图册》初步测算，焦作市水源保护区总面积80.4km²，其中一级保护区面积10.4km²，二级保护区面积70km²。2018年共办理保护区项目专项审核19项，累计审核162项。

【风险点处置】

2018年，焦作市制订《关于省委书记王国生莅焦调研重要讲话精神责任分解》（焦办〔2018〕23号）和《省委书记王国生莅焦调研重要讲话精神细化落实工作方案》（焦政办〔2018〕58号），其中均涉及南水北调干渠两侧饮用水水源保护区水质保护工作。6月7日，焦作市南水北调办召开系统工作会议，对全市南水北调饮用水水源保护区水质保护工作进行再安排。先后配合市环保部门，完成南水北调干渠焦作段两侧饮用水水源保护区风险源专项排查治理工作。与穿黄管理处、温博管理处、焦作管理处建立南水北调突发水污染事件长效联络机制，配合制定水污染突发事件应急预案，并开展联动演练。联合处置部分水污染风险点，对巡查发现的保护区内水污染风险点，会同市直有关部门和穿黄管理处、温博管理处、焦作管理处及有关县区分析成因，提出治理措施和建议。2018年共处理污染风险点8处，累计处理22处。

【防汛度汛】

2018年焦作市防汛工作会议对南水北调防汛工作进行安排，市防汛抗旱指挥部进一步明确各单位防汛职责。根据市防汛抗旱指挥部成员单位职责分工（焦防汛〔2018〕3

号），确定焦作市南水北调办防汛职责是协调督促南水北调中线运管单位的防汛工作，负责协调南水北调配套工程及干线两侧防汛工作。

2018年南水北调干渠县区段共排查防汛隐患6处。其中，干渠工程管理单位排查隐患1处（大沙河倒虹吸），为1级风险点，主要隐患是大沙河内道路及河道两岸堤防问题。市防汛抗旱指挥部排查5处防汛隐患（焦防汛〔2018〕11号），其中修武县2处，小官庄排水渡槽问题，纸坊河倒虹吸上游水库、河道行洪时可能造成裹头冲刷破坏、出现渗漏；山阳区1处，干渠全填方段；中站区1处，白马门河倒虹吸下游10m新建路涵，过流能力远小于河道现状，可能发生管身、裹头冲刷破坏；马村区1处，山门河暗涵河道高程高于干渠一级马道高程，可能造成裹头冲刷破坏。

5月31日组织召开南水北调防汛工作会安排部署。全面贯彻落实习近平总书记提出的“两个坚持、三个转变”的防灾减灾新理念。落实行政首长负责制，制定防汛预案，进行防汛物资储备，开展防汛演练。督促工程运管单位按时向市防办报送防汛预案，督促工程管理单位及时消除防汛隐患。2018年干渠安全度汛。

（樊国亮）

焦作市城区办水质保护

【生态文化旅游产业带建设】

焦作市南水北调城区段绿化带项目位于南水北调焦作城区段干渠两侧，西起丰收路，东至中原路，长10km，两侧各宽100m，总占地194.4万m^2，其中绿化面积144.5万m^2、硬质景观29.5万m^2、水景面积10.7万m^2、配套建筑占地9.7万m^2，绿化率达80%（含绿化和水景面积）。总投资52.8亿元，其中征迁投资23亿元、建设投资29.8亿元。整体设计定位“以绿为基，以水为魂，以文为脉，以南水北调精神为主题的开放式带状生态公园”，重点建设“一园”“一馆”“一廊”“一楼”。绿化带项目采取PPP模式，合作社会资本方为中建七局，项目建设期3年，运营期20年。2018年3月1日，焦作市启动绿化带项目建设工作，全年完成绿化种植1350亩，种植乔木2.2万余棵，“水袖流云”示范段向公众开放，南水北调纪念馆、第一楼开工。《以水为魂、以文为脉　焦作打造南水北调中线靓丽风景线》被中央网信办全网推广。

【防汛度汛】

协调南水北调焦作管理处制定并完善南水北调城区段干渠2018年度度汛方案和度汛应急预案；建立应急抢险专业队伍，备足防汛物资和机械设备；对南水北调城区段干渠防汛安全隐患进行全面排查，列出清单制定台账进行整改；对南水北调城区段干渠左岸导流沟进行全面疏通。协同南水北调焦作管理处建立汛期联防工作机制。严格执行24小时防汛值班制度，带班领导值班人员保持24小时通信畅通，每日15时向市城区防汛指挥部办公室书面报告。2018年汛期城区段渠堤安全度汛。

（李新梅）

新乡市水质保护

【干渠保护区范围重新划定】

根据《河南省南水北调中线工程建设领导小组办公室河南省环境保护厅河南省水利厅河南省国土资源厅关于印发南水北调中线一期总干渠（河南段）两侧饮用水水源保护区划的通知》（豫调办〔2018〕56号），新乡市一级水源保护区面积15.96km²，二级水源保护区面积118.99km²。

【干渠保护区管理】

2018年，根据新乡市环境污染攻坚办的工作安排，配合市农牧局和市环保局对二级保护区内违法建设项目和畜禽养殖场进行排查，督促沿线有关县市区严格按照有关规定关停污染源。严格审核新建改建、扩建项目，2018年审核县级立项建设项目1个。配合完成新的水源保护区划定工作，新的水源保护区划定方案于6月28日正式印发实施。

【防汛度汛】

按照市防指安排，汛期前制定度汛方案，完善应急预案，召开防汛专项会议进行部署，开展风险点排查处理，加强值班值守。2018年6月25日，配合水利部门完成在南水北调干渠石门河倒虹吸进行大规模防汛应急演练。新乡市南水北调工程安全度汛。

（吴　燕）

鹤壁市水质保护

【概述】

南水北调中线工程在鹤壁市境内全长29.22km，涉及淇县、淇滨区、开发区3个县（区），9个乡（镇、办事处），其中淇县23.74km、淇滨区4.4km、开发区1.08km。2010年7月5日，《河南省人民政府办公厅转发南水北调中线一期工程总干渠河南段两侧水源保护区划定方案的通知》（豫政办〔2010〕76号），颁布实施省南水北调办、环保厅、水利厅、国土资源厅制定的《南水北调中线一期工程总干渠（河南段）两侧水源保护区划定方案》，划定南水北调中线一期工程总干渠鹤壁段两侧一级保护区宽度50～200m、二级保护区宽度1000～3000m，水源保护区总面积88.36km²，其中一级保护区面积4.52km²，二级保护区面积83.84km²。经省政府批准，2018年6月28日，省南水北调办、省环境保护厅、省水利厅、省国土资源厅联合印发实施《南水北调中线一期工程总干渠（河南段）两侧饮用水水源保护区划》（豫调办〔2018〕56号）（以下简称《区划》），调整后划定南水北调中线一期工程干渠鹤壁段两侧一级保护区宽度50m、二级保护区宽度150m，鹤壁段划定一级水源保护区面积2.84km²，二级水源保护区面积9.59km²。

【水污染防治与风险点整治】

2018年，对南水北调干渠鹤壁段的处污染风险点进行现场调查和督导，建立完善日常巡查、工程监管、污染联防、应急处置制度。市南水北调办联合畜牧、环保等部门，推进干渠两侧水污染防治畜禽养殖场及小区和养殖专业户整治工作。配合县区开展南水北调干渠两侧禁养区内养殖户关闭和搬迁整治工作。各县区筹措资金对禁养区关停搬迁的养殖场户给予经济补偿。

贯彻落实2018年河南省政府印发的《河南省水污染防治攻坚战9个实施方案》《河南省2018年持续打好打赢水污染防治攻坚战工

作方案》，印发《鹤壁市水污染防治攻坚战8个实施方案》《鹤壁市2018年水污染防治攻坚战实施方案的通知》，成立环境污染防治攻坚战指挥部，由市委书记任政委，市长任指挥长，常务副市长任常务副指挥长，8位市委常委、副市长任副指挥长，33个单位的主要负责人为成员，建立市领导分包环境污染防治工作制度。成立鹤壁市南水北调水污染防治攻坚战领导小组，制定实施方案，联合市水污染攻坚办对发现的问题进行现场督导，并向相关县区和单位下发督导函，要求限时整改到位。加强南水北调干渠突发水污染事件预防，制定完善突发水污染事件应急预案；建立健全水污染联防、应急处置等制度。

按照《南水北调总干渠（河南段）两侧饮用水水源保护区标志、标牌设计方案》标准，协调推进南水北调总干渠两侧水源保护区标识标志标牌建设。鹤壁市涉及淇县、淇滨区、鹤壁国家经济技术开发区3个县区，在保护区边界设立界标，标识保护区范围，并设立警示标志；在穿越保护区的道路出入点及沿线重要部位设立警示标志。

（姚林海　刘贯坤　王志国）

安阳市水质保护

【建立保水质护运行长效机制】

安阳市南水北调办会同市工信委、市环境攻坚办印发《关于开展南水北调总干渠饮用水水源保护区工业企业排查整治工作的通知》（安环攻坚办〔2018〕405号），明确工作目标、工作原则、工作程序和保障措施。协调相关县区政府分片区明确南水北调干渠水源保护区畜禽养殖情况监管责任人，建立长效机制，开展日常巡查监管，巡查监管的主要内容是一级保护区内有无应关未关、死灰复燃和新建畜禽养殖场，二级保护区治理后的畜禽养殖场有无因设施损坏造成跑冒滴漏，有无偷排漏排现象和其他养殖污染问题。监管责任人对南水北调干渠水源保护区畜禽养殖情况进行巡查，发现问题及时上报处理。

【水保与环保】

和市工业和信息化委共同牵头负责深化水源保护区工业企业污染防治工作。按照市政府和市环境攻坚办要求，由市南水北调办和市工业和信息化委牵头，市住房和城乡建设局、发展改革委、环境保护局、水利局配合，沿线县区政府、管委会负责组织实施，2018年10月底前，完成一级保护区内工业企业（2010年7月后新建）的取缔、关闭、搬迁工作；2018年7月底前，对二级保护区内可能导致水体污染的工业企业制定整治计划，确需取缔、关闭、搬迁的，由县区政府、管委会依法确定，并于2019年10月底前完成取缔、关闭、搬迁任务。

2018年8月收到《南水北调中线一期工程总干渠（河南段）两侧饮用水水源保护区划》，10月19日，会同市工信委环境办进行督导检查，截至12月底，南水北调干渠沿线汤阴县、龙安区、文峰区、殷都区排查工作完成，正在制定整治方案。

【干渠保护区标识标牌标志设立】

召开中线干线工程保护范围划定工作专题会议，加强与沿线县区、市住建局、交通局、市公路局、市水利局及中线管理处沟通联系，建立联络机制，督促检查配合中线管理处完成安阳段、汤阴段、穿漳段所有标识标牌及警示标志的设立工作。市政府于2018年8月收到省南水北调水源保护区调整方案和标志标牌设计方案后，市南水北调办立即委托河南永乐工程咨询有限公司编制南水北调干渠水源保护区标志标牌建设工程预算书，总造价172.61万元。提前安排进地协调，开展前期准备工作。在征得市财政局同意后，委托代理公司提前履行政府采购程序，11月23日开标确定中标单位，中标单位于第一时间进场施工。

【保护区项目审核】

严格按照省南水北调办印发的《南水北调中线一期工程总干渠（河南省）两侧水源保护区内建设项目专项审核工作管理办法》，县区级立项的建设项目，由市南水北调办审核；省辖市、省、国家级和军队立项的建设项目以及虽由县区级立项但污染程度界定较为困难的建设项目，由市南水北调办上报省南水北调办审核。2018年批复新建或改扩建项目2项。

【风险点处置】

2018年，安阳市南水北调办联合汤阴县、龙安区、殷都区南水北调办和畜牧部门，对2017年已整治的南水北调干渠两侧水源保护区畜禽养殖场进行常态化督导检查，保持高压态势。在巡查过程中，发现两起复养现象：龙安区东风乡郭里东村养猪场1家，生猪存栏5头，安排龙安区6月5日前整治到位；殷都区安丰乡北李庄村养猪场1家，生猪存栏12头，6月1日进行现场督导，6月2日清理生猪。

【防汛度汛】

2018年，完成对南水北调工程沿线"7·19"水毁工程项目的竣工验收。根据市防办安排，部署工程沿线相关县区和南水北调中线工程管理处开展汛前检查，排查防汛安全隐患，制定整改措施，消除安全隐患，并编报汛前检查报告报市防指办。在总结"7·19"洪灾经验教训的基础上，修订完善和编制《2018年安阳市南水北调干渠工程防汛预案》《2018年安阳市南水北调配套工程度汛方案》《应急预案》，配套工程度汛方案及应急预案报省南水北调办备案。重新调整安阳市南水北调工程防汛分指挥部成员名单，协调各成员单位，对干渠工程32个风险部位从运管单位、市南水北调办、县区、乡镇、村五级责任领导和责任人进行重新确认，建立五级联防机制。与干渠沿线县区防办和干线管理处沟通联系，收集干渠沿线水库、河流、排洪沟道等基础资料，对"安阳市南水北调干渠2017年防汛布防示意图"进行修订，使工程防汛基本情况更加明晰，为领导防汛决策提供基础依据。落实汛期24小时值班带班制度，确保信息上传下达。6月12日，召开安阳市南水北调工程防汛会议，对全市南水北调系统2018年防汛工作予以安排部署。

（李志伟）

邓州市水质保护

【"十三五"水污染防治规划项目】

《丹江口上游水污染防治及水土保持"十三五"规划》项目涉及农村污水垃圾处理、生态清洁小流域治理、农村环境综合整治、环库生态隔离带、水源涵养林建设等5类9个项目，总投资9157万元，其中中央资金5450万元，市级拟配套资金3707万元，2018年有4个项目完成，剩余5个项目计划在2020年底前完成。

邓州市南水北调办作为联席会议成员单位，负责编制规划实施考核办法，组织开展规划实施评估考核开展规划实施信息收集整理工作，建立季报制度，定期通报规划实施进展。2018年省联合督导组对邓州市"十三五"规划项目进展情况进行两次督导检查，督导组认为建设项目严格按照年度计划实施，项目推进顺利、运行平稳，治理有效、水质良好，资金使用合理规范。

【干渠及库周保护区警示标志设置】

2018年6月，根据豫调办〔2018〕56号文印发《南水北调中线一期总干渠（河南段）两侧饮用水水源保护区划》，按照新划定的保护区范围，开展干渠一二级保护区警示标志界桩标示牌的安放设置。向市政府申请资金130余万元，制作一二级保护区划定范围警示标志、界桩、标示牌152个，并开始安装。

【保护区企业准入审批】

2018年联合市工商局和乡镇工商所，对南水北调干渠一、二级保护区内有潜在污染可能的企业进行审核，严把准入关，严格禁止干渠两侧保护区内新建扩建有污染的企业，配合畜牧局开展畜禽养殖禁养区限养区的调整划定工作。与市环保局、中线工程管理处、市水利局联合，对水源保护区内污染源进行全方位监测和监控，定期排查，快速处理，确保南水北调干渠水质稳定。

【水污染防治】

按照省南水北调办关于打赢水污染防治攻坚战的实施意见和加强干渠沿线水污染风险点整治力度的要求。2018年邓州市南水北调办会同环保、畜牧、林业等部门对沿线4乡镇及一、二级保护区范围内的企业开展拉网式排查，对潜在风险点逐一排查，对查实登记的8个潜在风险点提出整改意见，并制定整改计划和时间节点。2018年5个整改到位，3个正在整改。按照《邓州市南水北调中线干渠沿线涉河水环境整治“雷霆”行动实施方案》，11月9日再次彻底整治干渠沿线的乱排乱放、乱搭乱建、乱倾乱倒、乱捕乱捞、乱采乱挖等“五乱”现象。

（司占录　石　帅）

栾川县水质保护

【概述】

栾川是洛阳市唯一的南水北调中线工程水源区，位于丹江口库区上游栾川县淯河流域，包括三川、冷水、叫河3个乡镇，流域面积320.3km²，区域辖33个行政村，370个居民组，总人口10.8万人，耕地3.2万亩，森林覆盖率82.4%。

【“十三五”规划实施】

2018年，申请到中央预算内资金水源区污水管网项目3个，总投资6643万元，其中申请到中央资金3310万元。分别是叫河镇污水处理设施及管网建设项目、冷水镇污水管网建设项目、三川镇污水收集处理工程建设项目。申请到对口协作项目资金2800万元，昌平区对口帮扶资金300万元。截至2018年12月底，栾川县众鑫矿业有限公司庄沟尾矿库、栾川县瑞宝选矿厂、栾川县诚志公司石窑沟三个尾矿库综合治理项目及叫河镇、冷水镇、三川镇三个乡镇污水管网项目基本完工，栾川县丹江口库区农业粪污资源化利用工程完成工程量的30%。规划项目按既定目标实施。

【协作对接】

3月17日～5月14日，栾川县代表团参加第六届北京农业嘉年华活动，布置以“奇境栾川·自然不同”为主题的栾川展厅，在展厅内展出无核柿子、栾川槲包、玉米糁、蛹虫草等六大系列81款“栾川印象”特色农产品。4月18日，北京市昌平区发展改革委、人社局、工商联等20余家相关单位负责人到栾川县考察指导对口协作工作。7月24日，昌平区对2018年昌平区对口支援项目进行审计。8月6日，昌平区霍营街道办事处主任黄森华一行到栾川调研结对工作，其中，霍营中心小学与冷水镇龙王庙村完全小学结对，北京市昌平区霍营街道办事处与栾川县冷水镇结对。8月9日，由栾川县投资促进局主办、昌平区投资促进局协办的栾川县对外经济技术合作推介洽谈会在昌平区召开。8月28日，昌平区卫计委到栾川县调研对接。9月17日，昌平区委宣传部到栾川就对口协作工作开展以来昌平区对栾川的工作成效进行媒体采访。

【协作项目进展】

2018年对接下达对口协作项目4个，协作资金2800万元，其中，精准扶贫项目1个，协作资金1050万元；生态环保项目2个，协作资金1700万元；交流合作项目1个，协作资金50万元。2018年栾川县美丽村庄示范工程、冷水镇生态修复项目、昌平旅游小镇项目正在实施。

【产品进京展销】

2018年引导组织栾川县企业入驻北京市受援地区消费扶贫产业双创中心。经过3个月筹备，栾川县组织栾川川宇农业开发有限公司、洛阳市柿王醋业有限公司等4家公司60余种产品入驻双创中心，带动贫困户150余家，进行全年持续的特色农产品展销和线上网络营销。

（任建伟　范毅君）

卢氏县水质保护

【重点流域治理工程】

洛河流域乡镇的污水处理厂建设工程、畜禽养殖综合利用工程、官道口河治理工程、杜荆河治理工程、县城集中式饮用水防护隔离工程等5个重点流域治理工程，2018年基本完成。对县域内涉及洛河、老灌河的7个入河排污口全部按要求封堵到位。

【三个断面周边环境排查整治】

对断面上游5km、下游500m和左右两岸500m范围内进行排查整治。集中对沿河排污口、散乱污企业、涉水企业、畜禽养殖、河道采砂、村庄生活垃圾和污水处理等内容进行排查整治，定期开展断面周边环境卫生整治，对老灌河朱阳关段河道1个采砂点和淇河瓦窑沟段2个采砂点予以拆除，恢复河道原貌。2018年，涉及的4个乡镇9个村庄全部整治到位。

【西沙河黑臭水体治理】

2018年治理工作主要以截污纳管接入城市管网、河道清理恢复生态为主。已采取应急管控措施，从莘源路西沙河桥下将污水拦截进入城市主管网，下游河道完成河道清淤。黑马渠河正在清淤，管网同时进行设计，待清淤之后开始管网铺设。

【重点村庄环境综合整治】

2018年，组织有关乡镇对45个重点村庄编制各村整治方案，按照生活污水处理、生活垃圾处理、畜禽养殖粪便综合利用、饮用水合格等4项指标进行全面整治，一村一档，全面整治完成。

【养殖污染综合治理】

2018年，完成取缔关闭南水北调水源涵养区、城市饮用水水源地禁养区内55家重点污染养殖场户，涉及淇河流域的瓦窑沟乡27家，老灌河流域27家（汤河3家、五里川5家、朱阳关19家），沙河1家,折合生猪当量6760头。完成雏鹰农牧、信念养猪、昊豫卢氏鸡种鸡场、何窑发酵床养鸡、官木发酵床养鸡、郭清涛鸡场畜禽规模养殖场粪污处理利用设施配套场6个，折合生猪当量57043头。全年共计完成综合治理64803头生猪当量。

【对口协作项目资金】

2018年，申请到对口协作项目资金2786万元，协作项目资金达历年之最。卢氏县五里川镇特色文化小镇项目，协作资金850万元；卢氏县双槐树乡绿胜源扶贫工厂项目，协作资金500万元；卢氏县灌河淇河水生态修复工程，协作资金800万元；卢氏县汤河乡特色产业基地建设项目，协作资金550万元；合作类项目，使用协作资金86万元。

【对口协作项目进展】

2018年全面完成2014～2016年京豫对口协作项目审计，并对审计中的问题进行整改。2017年卢氏县实施对口协作项目7个，总投资2820万元，其中合作类项目2个，总投资220万元，资金全部拨付完毕；5个建设类项目，总投资2600万元，全部完工，部分标段待验收审计。2017～2018年卢氏县共使用对口协作项目资金5606万元。项目实施内容：脱贫产业，发展猕猴桃核心示范园500亩、皇菊核心示范园500亩、食用菌示范园6亩、金沙梨150亩、核桃320亩，改造农家乐128户；基础设施建设，铺设灌溉管网7.2万m、修缮河道3.4km，土地整治95亩，拦水坝3座；水质保护，埋设污水管5500m、修建垃圾池60座、修建蓄水池7座、生态湿地治理2.3km；美丽乡村建设，新建特色文化小镇1处，项目竣工后可改善1万余人的生产、生活环境，可带动1000余贫困人口脱贫致富。

【对口协作交流培训】

2018年，怀柔卢氏两地部门协作交流20余次，怀柔送教下乡培训1000余人次，医疗人才培训10人次，科技人才培训500余人次。通过培训学习使水源地干部群众思维方式、发展理念有质的飞跃。

3月1～17日，卢氏县委书记王清华等到北京对接交流。3月17日，由北京市怀柔区教委组织的北京市高招学科名师团队到卢氏县，就高招二轮复习备考工作开展对口援教活动，卢氏县400余名高中教师分学科参加援教交流活动。4月14日～5月1日，第八届北京电影节嘉年华活动在北京市怀柔区杨宋镇中影基地举行，卢氏县作为怀柔区南水北调对口协作单位，成为河南省唯一一家受邀布展单位，组织7家本土企业参展。卢氏县政府与北京春风药业有限公司就连翘产业扶贫项目签署框架合作协议。4月16～20日，副县长魏奇峰带领各乡镇主管对口协作或旅游工作人员、文明诚信标兵户、专业合作社和农家宾馆负责人等65人到北京市怀柔区，参加京豫对口协作“实施乡村振兴战略、发展全域旅游”专题培训。4月16～20日，各乡镇、县直各党委及部分党建工作突出的县直单位科级领导干部及春季科级干部进修班全体学员，参加卢氏县2018年清华大学远程教育培训班第二期暨执政能力提升与党建科学化专题培训班培训。5月3～6日，副县长魏奇峰带领发改委主任符永卫、发改委副主任孙新文、五里川镇党委书记姚振波、五里川镇河南村党支部书记程海波、五里川镇政府旅游专干金鑫、朱阳关镇党委书记刘富军、副镇长胡江卫、朱阳关村党支部书记周振海到怀柔区怀北镇、怀柔镇开展对接交流活动。5月14～18日，常务副县长孙会方带领59名科级干部，到怀柔区参加对口协作卢氏县科级干部综合能力提升班培训。县人大常委会副主任、挂职怀柔区人大城建环保办公室副主任李新，副县长魏奇峰出席开班仪式。4月8日～5月7日。瓦窑沟、沙河、县委农办主要负责人到怀柔区，参加怀柔区区委党校第30期处级干部进修班进修。5月20日～6月5日，朱阳关、官坡、汤河、徐家湾、五里川等乡镇主要负责人到北京参加2018年清华大学教育扶贫中青年后备干部培训班培训。7月4日，全省南水北调对口协作项目审计监督工作会议在卢氏县召开。7月12～13日，北京市怀柔区区长卢宇国带领党政代表团到卢氏县开展对口协作工作，怀柔区怀北镇、怀柔镇分别与卢氏县五里川镇、朱阳关镇签署结对交流战略合作框架协议。怀柔区青龙峡旅游公司、怀柔京实职业培训学校、北京博龙阳光新能源高科技开发有限公司、北京春风药业有限公司分别与卢氏县五里川镇河南村，朱阳关镇王店村、岭东村、涧北沟村签订帮扶协议，双方还交接帮扶款项。

（孙新文　崔杨馨）

柒 河南省委托段建设管理

南阳建管处委托段建设管理

【概述】

南水北调中线委托河南省建管的南阳段工程共分4个设计单元，包括方城段工程、白河倒虹吸、南阳膨胀土试验段和南阳市段。总长97.62km，布置各类建筑物181座，其中河渠交叉建筑物13座（包括白河倒虹吸），左岸排水建筑物41座，渠渠交叉建筑物15座，分水口门6座，节制闸4座，退水闸4座，铁路交叉建筑物4座，跨渠桥梁94座（其中新增生产桥6座）。

南阳段4个设计单元批复概算总投资95.26亿元，工程共分18个土建施工标、4个安全监测标、5个金结机电标和5个监理标，合同总额51.39亿元。共完成土石方开挖5269.1万m^3，土石方填筑2786.4万m^3（其中水泥改性土换填总量1020万m^3），混凝土196万m^3。

南阳段工程2018年主要完成工程投资控制管理与工程价款结算复核、工程建设档案资料收集管理及统计报表的编报、配合完成对南阳段各标段的审计（稽察）及财务完工决算编制的工作；完成南阳段的技术档案整理和验收、桥梁竣工验收准备以及配合完成中线建管局组织的水保、环保验收等工作；完成南阳段的宣传、扶贫及信访稳定等工作。

【变更索赔处理】

南阳段共发生变更索赔项目1343项，2018年继续进行剩余变更索赔项目及申诉处理工作，较难处理的剩余变更索赔项目全部处理完成。落实《关于加快变更索赔处理的通知》（中线局计〔2018〕24号），配合并完成南阳段财务完工决算，对南阳段剩余变更索赔项目逐标段、逐项进行专题研究，根据商定的处理时间节点和处理标准，重点处理土方平衡方案变更和施工降排水项目。

截至2018年底，南阳段1343项变更索赔项目全部处理完成，其中已处理变更索赔项目1204项（变更项目1156项、索赔项目48项），销号139项（变更项目50项、索赔项目89项）。2018年完成南阳市段等4个标段安全监测充水试验及通水初期观测费用和5个监理标段监理服务延期费用补充协议签订，并予以结算付款。2018年，国务院南水北调办对南阳段18个土建施工单位2017年度变更索赔处理情况进行稽察。变更索赔处理情况基本符合各项要求，稽察出的问题全部整改完成。

【价差调整】

2018年，南阳段18个土建施工单位均完成人工及材料的价差调整计算和编制报告，价差调整报告提交郑州华水水利技术服务有限公司审核。国务院南水北调办和中线建管局批复南阳段4个设计单元价差控制指标总计115341万元，南阳段18个土建标段价差调整总额56127.48万元，已结算价差34334.21万元。南阳段剩余价差指标较多。

【投资控制】

南阳段2018年继续进行各设计单元工程投资控制月报统计和上报工作，并多次对投资控制目标进行梳理，建立台账。编制《白河倒虹吸工程设计单元投资控制分析报告》，受南水北调工程设计管理中心委托，华北水利水电大学承担南水北调中线干线白河倒虹吸工程投资使用情况核查分析工作。配合完成华北水利水电大学对白河倒虹吸工程设计单元的稽察，白河倒虹吸工程设计单元各项投资控制工作符合有关要求。

完成4个设计单元《投资收口分析报告》的编制。南阳市段开工晚工期紧，地质条件复杂（约80%的渠段均是膨胀土），重大设计变更、征迁遗留问题较多，且紧靠市区，施工影响因素多，造成施工成本增加，因此发生的变更索赔项目较多，造成超出概算问题。

分别编制4个设计单元工程的《基本预备费使用方案》。南阳市段和方城段工程拟申请渠道原土翻压、土方平衡变更、改性土槽挖、桥梁引道回填、穿渠建筑物基础换填等6类工程变更项目，共拟动用基本预备费31126万元；南阳膨胀土试验段拟申请地质滑坡处理工程变更、试验段试验期延长工程索赔动用基本预备费577万元；白河倒虹吸设计单元工程拟申请白河河床永久防护变更动用基本预备费2394万元。4个设计单元工程共申请动用基本预备费34097万元。方案按照使用程序已呈报中线建管局待批。

【预支付扣回】

2018年，南阳段累计扣回预支付资金0.34亿元，尚有0.17亿元没有扣回，涉及2个施工标段7项变更项目。按照要求约谈施工总部负责人尽快办理。

【档案整理和验收】

2018年初，根据国务院南水北调办对方城段和试验段档案评定工作检查反馈意见，组织监理、施工、安全监测单位对验收发现的问题进行整改，2018年4个设计单元工程全部通过档案专项验收。其中，4月方城段设计单元工程通过国务院南水北调办组织的档案专项验收；5月南阳试验段、白河倒虹吸设计单元工程档案通过国务院南水北调办组织的专项验收和评定验收；7月南阳市段档案通过评定验收；10月通过水利部南水北调设计管理中心组织的白河倒虹吸设计单元工程及南阳市段设计单元工程档案专项验收。方城段、试验段档案全部移交中线建管局，南阳市段和白河倒虹吸两个设计单元工程档案正在按照要求进行复制和装订工作，具备移交条件。

【水保环保验收】

2018年按照中线建管局计划安排，配合第三方水保环保工程验收报告编制单位，对4个设计单元的渣场逐一进行排查，提供工程主体施工期间影像资料以及工程前期资料。11月，南阳试验段、白河倒虹吸工程水保环保项目通过中线建管局组织的自查验收。

【桥梁竣工验收】

南阳段共有桥梁94座，2013年8月全部通车，2015年底完成交工验收工作，按照有关要求，已向地方交通部门进行移交验收并提交竣工验收申请。对桥梁运行期间出现的质量缺陷问题进行联合排查，并且进行由干线运行管理单位、桥梁管养单位、建管单位的三方确认签字，2018年继续协商推进桥梁竣工验收工作。

（李君炜）

平顶山建管处委托段建设管理

【概述】

档案验收　宝郏段工程档案于2018年7月13日通过工程档案检查评定，10月19日通过专项验收；禹长段工程档案于2月2日通过工程档案专项验收，8月8日完成移交。

消防设施验收备案　宝丰县消防大队于2018年1月15日印发《消防竣工验收备案凭证》，宝丰郏县段和禹州长葛段工程消防设计和竣工验收备案全部完成。

桥梁竣工验收和移交　宝丰县境内县道及其以下跨渠桥梁竣工验收准备工作完成，等待平顶山市交通局统一组织验收；郏县段跨渠桥梁维修协议，建管处配合河南分局正在协调。

投资控制　平顶山建管处于2018年1月23日完成宝丰郏县段及禹州长葛段2016～2017年合同价差调整上报工作，价差测算金额2270.03万元。平顶山段2018年累计办理工程价款6228.19万元（含变更索赔结算及保留金返还）。

变更索赔处理　2018年度，平顶山段建管处累计处理变更索赔10项，累计处理金额4636.69万元，全部为变更项目，主要为宝丰郏县段闸站房建、宝郏1标静态爆破及宝郏7标降排水、建筑物翼墙后回填混凝土等变更。

尾工项目与新增项目建设　平顶山段2018年度剩余的主要尾工为禹州长葛段冀村东弃渣场水保项目。施工标段于8月27日组织进场施工，基本完成六角框格铺设。

水土保持专项验收　平顶山段水保工程质量划分：宝丰郏县段1个单位工程、6个分部工程，禹州长葛段1个单位工程、6个分部工程。2018年全部完成验收。

安全生产　2018年汛期，平顶山建管处继续与当地防汛指挥、现场运管处、水文气象等部门保持密切联系，服从防汛指挥调度，配合开展工程防汛工作；在汛期内极端天气期间，加强防汛值班力度，严格遵守值班制度。

（高　翔）

郑州建管处委托段建设管理

【概述】

南水北调工程郑州段委托建设管理4个设计单元，分别为新郑南段、潮河段、郑州2段和郑州1段，总长93.764km，沿线共布置各类建筑物231座，其中，各类桥梁132座（公路桥93座，生产桥36座，铁路桥3座）。批复概算总投资107.98亿元，静态总投资105.96亿元。主要工程量：土石方开挖7913万m^3，土石方填筑1799万m^3，混凝土及钢筋混凝土182万m^3，钢筋制安98613t。郑州段工程共划分为16个渠道施工标、7个桥梁施工标、6个监理标，2个安全监测标、4个金结机电标，合同总额48.17亿元。

2018年，郑州建管处主要工作有投资控制管理、黄河南仓储维护中心工程建设、各专项验收和工程尾工建设，完成全年各项工作任务。

【尾工项目及新增项目建设】

郑州段有尾工1项和新增项目2项。尾工项目为郑州1段河西台沟渡槽尾水渠末端剩余8节箱涵工程，8月15日全部完成。新增项目潮河段解放北路积水处理工程，委托新郑市南水北调办建设管理，完成招投标工作后设计线路发生变化，已经按设计变更进场施工；新增项目站马屯弃渣场水土保持变更工程，相关施工组织和技术准备工作完成，与郑州市南水北调办签订《征地补偿协议》，待提供工程永久和临时用地，按照郑州市2019年大气污染防治要求，已经进场施工。

【投资控制】

郑州段投资基本处于可控状态。根据中线建管局对设计单位投资收口分析工作安排，组织对4个设计单元投资情况进行分析，其中潮河段、郑州2段及郑州1段暂不需动用基本预备费，新郑南段需动用部分基本预备费。新郑南投资控制指标110331万元，已结算建安投资106825万元，已结算独立费用1343万元，已结算征地移民费用3506万元，已结算待运行期管理维护费1454万元，超投资指标2808万元。潮河段投资控制指标325953万元，已结算总计307763万元，其中建安投资295956万元（不含征迁、环保、水保、预结算），已结算独立费用4148万元，已结算征迁移民费用5743万元，待运行期管理维护费1916万元。郑州2段设计单元工程批复投资控制指标192126万元，已结算总计193730万元。其中建安投资使用181737万元；独立费用中工程建设监理费使用投资4249万元，生产准备费使用224万元；征地移民使用投资5852万元；待运行期管理维护费

使用投资1891万元。郑州1段设计单元工程批复投资控制指标89206万元，已结算总计82752万元。其中建安投资使用79789万元；独立费用中工程建设监理费使用投资1360万元，生产准备费使用157万元；征地移民使用投资1307万元；待运行期管理维护费使用投资295万元。

郑州段4个设计单元完工财务决算编制与审核分别由希格玛会计师事务所和致同会计师事务所负责。其中希格玛会计师事务所负责潮河段及郑州1段审核工作，潮河段工程9月完成，郑州1段工程2月完成；致同会计师事务所负责郑州2段及新郑南段工程审核工作，郑州2段工程9月完成，新郑南段工程2月完成。根据事务所要求提供的资料清单，郑州建管处组织参建各方召开对接会，明确各方职责及所要提供的有关材料。郑州1段及郑州2段完工程财务结算报告初稿完成。

【变更索赔处理】

按照中线建管局关于加快价差结算、变更处理等工作安排，加快推进变更索赔处理，解决资金供应，维护社会稳定，为竣工决算奠定基础。郑州段签订各类合同金额（含补充协议）49.64亿元，累计完成投资64.62亿元，其中新郑南段10.88亿元，潮河段27.99亿元，郑州2段18.27亿元，郑州1段7.48亿元。累计完成施工合同变更处理金额13.81亿元，其中新郑南段2.08亿元，潮河段5.9亿元，郑州2段3.89亿元，郑州1段1.94亿元；累计完成施工合同索赔处理金额1350万元，其中新郑南段249万元，潮河段396万元，郑州2段251万元，郑州1段454万元。除潮河段2、3、4、6标降排水变更正在审查外，基本处理完成。

【建设档案项目法人验收】

郑州段涉及工程档案验收的有36个直接管理的标段（16个渠道标、7个桥梁标、2个安全监测标、4个金结机电标、7个监理标）和67个非直接管理纳入同期验收的标段（水保监测标1个、水保监理标1个、环保监测标1个、环保监理标1个、高速公路桥2座施工及监理标4个、35kV供电线路施工及监理标5个、铁路桥3座施工及监理标6个、郑州市建委负责建设的桥梁7座施工及监理14标、郑州市公路局负责建设的桥梁2座施工及监理标4个、航空港区管委会负责建设桥梁8座施工及监理标16个、管理用房3处施工及监理标6个和绿化施工5个、监理3个标），工程档案整理工作任务和相关协调任务繁重。2018年，新郑南段设计单元工程档案移交，郑州1段设计单元工程档案通过检查评定验收，郑州2段及潮河段2个设计单元工程档案通过法人验收、等待水利部检查评定验收。

【消防备案与验收】

郑州段4个设计单元，共有30座建筑物需要进行消防备案，其中河渠交叉建筑物10座（新郑南段沂水河倒虹吸、双洎河支渡槽、新商铁路倒虹吸，潮河段梅河倒虹吸、丈八沟倒虹吸，郑州2段潮河倒虹吸、魏河倒虹吸、十八里河倒虹吸、金水河倒虹吸和郑州1段须水河倒虹吸）；分水口门降压站5座（潮河段李垌、小河刘、郑州2段刘湾、密洞和郑州1段中原西路分水口门）；抽排泵站降压站15座（潮河段16～26号泵站，郑州2段27、29、31、32号泵站）等共30座闸站。2018年，郑州段消防工程涉及的5个县区设计备案完成。

【水保验收】

2018年，召开水保项目验收专题座谈会对郑州段水保工程项目进行梳理，与水保项目监理单位进行沟通。“中线局水质〔2015〕53号”于2015年12月23日印发，而郑州段工程的项目划分和备案最晚已于2011年初完成，原项目划分备案时，所有标段的全部水保项目划分为1～2个分部工程，随着工程建设的实施已经进行分部工程验收，对应的全部资料也是按照分部工程要求进行整理和归档的，在此基础上进行水保工程验收，各相关单位正在依此做准备。

2018年，郑州段水保工程普查工作完成，对存在问题的渣场协调运管、地方政府及相关单位正在处理，同时与水保监理单位沟通，适时开展水保专项验收工作。

【仓储维护中心建设】

黄河南仓储维护中心建设用地前期工作程序繁杂、涉及部门多、协调任务重，明确专人负责，协调各方准备各种资料文件，为用地审批做准备。2018年完成林地使用许可证书，补充完善压覆矿产资源和压覆矿地质勘查基金项目说明，重新对建设用地地块进行地质灾害危险性评估，通过新郑市国土局的建设用地审核并上报省国土厅审批。

黄河南仓储维护中心建设在办理前期手续的同时，开展现场施工准备，2018年6月开始进行项目工程招标，明确施工单位、监理单位，协调解决进场道路生态林带移栽及军用光缆占压区域保护等问题。2018年，调整黄河南仓储维护中心高度后的施工图纸完成审核并开工建设。

（岳玉民）

新乡建管处委托段建设管理

【概述】

新乡建管处委托管理段工程自李河渠道倒虹吸出口起，到沧河渠道倒虹吸出口止，全长103.24km，划分为焦作2段、辉县段、石门河段、潞王坟试验段、新乡和卫辉段5个设计单元。干渠渠道设计流量250～260m³/s，加大流量300～310m³/s。

2018年主要工作有变更索赔、临时用地返还、工程档案验收、消防验收和尾工验收等。建立任务台账，确定工作目标、完成时间、相关责任人，监理单位督促施工单位落实到位。2018年，新乡委托段开展实时防汛度汛值班工作，配合中线建管局对突发汛情险情迅速处理，沟通协调当地及有关防汛抢险单位，共同开展防汛度汛工作。

【工程验收】

新乡建管处委托管理段工程共19个土建合同项目，已全部完成合同项目验收。2018年完成十里河倒虹吸、沧河倒虹吸和峪河暗渠新增防洪加固工程的单位工程验收。

【档案验收】

邀请专家对各参建单位的工程档案管理工作进行检查、督导，并组织内部培训和交流活动。与档案公司签订委托合同，各参建单位配备专职档案管理人员，在场地、器材、人力等方面提供条件。2018年完成焦作2段、石门河、试验段3个设计单元工程档案的检查评定和专项验收工作，并向中线建管局进行档案移交；完成辉县段设计单元工程档案的检查评定工作。

【消防设施验收备案】

2018年，与焦作市、新乡市政府、市南水北调办和消防部门沟通，消防验收工作取得新进展。截至11月全部完成新乡、焦作两地的消防设计备案和竣工验收备案。

【桥梁竣工验收和移交】

为配合南水北调桥梁验收移交工作，经多次与新乡市、焦作市交通部门沟通，2018年重新对焦作2段、新乡辉县段进行跨渠桥梁缺陷和病害排查。卫辉段跨渠桥梁2018年没有重新进行缺陷和病害排查。

4月，与南水北调卫辉管理处、辉县管理处和新乡市交通局和卫辉市、凤泉区及卫辉市交通部门进行沟通，就解决跨渠桥梁遗留问题、进一步完善跨渠桥梁竣工资料进行协商。截至2018年底，辉县段、石门河段、试验段和新卫段4个设计单元共78座跨渠桥梁全部完成移交工作（省道在内的72座跨渠桥

梁已完成竣工验收）。焦作2段跨渠桥梁26座，移交24座，剩余2座市政桥梁尚未移交。

【投资控制】

新乡委托管理段5个设计单元工程总投资969723.14万元，静态投资（不包含征地移民投资）729000.98万元，其中建筑工程457093.22万元，机电设备及安装8137.14万元，金属结构设备及安装10520.29万元，临时工程23082.23万元，独立费用88756.03万元，基本预备费33362.61万元，主材价差43018.84万元，水土保持4715万元，环境保护1993万元，其他部分投资8273万元，建设期贷款利息50049.54万元。委托管理段工程施工合同金额511244.83万元。截至2018年12月底，共完成工程结算664778万元，其中2018年完成工程结算1888万元。2018年11月完成新卫段新卫1标和新卫2标的核查稽查工作。

【变更索赔处理】

2018年，对有变更索赔的施工单位召开变更索赔专题会议，对剩余变更索赔项目进行梳理。根据施工单位变更索赔不同，制定不同的变更索赔完成时间节点。截至2018年底累计完成变更索赔1556项，增加投资16.17亿元，其中2018年完成工程变更索赔批复17项，增加投资0.7343亿元。

【临时用地返还】

按照中线建管局临时用地计划返还台账，新乡委托段实际使用临时用地278块，面积19919.22亩（含潞王坟试验段841.57亩）。2018年返还临时用地2块65.92亩。截至2018年6月19日新乡段实际使用临时用地全部完成返还。

【工程监理】

新乡委托段工程共有3家监理单位，分别是黄河勘测规划设计有限公司（焦作2段监理）、河南立信工程咨询监理有限公司（辉县前段监理）、科光工程建设监理有限公司（辉县后段、石门河倒虹吸、试验段、新乡卫辉段）。2018年，监理单位派驻现场管理人员，分别在变更索赔、临时用地返还、工程档案验收以及配合审计稽查等方面发挥监理作用。

（蔡舒平）

安阳建管处委托段建设管理

【概述】

2018年，安阳段配合相关单位完成22座跨渠桥梁完成竣工验收和移交工作；完成水保工程分部、单位工程验收及验收中存在问题的整改工作，并开展水保环保专项验收配合准备工作；完成施工单位申报的工程变更、索赔处理工作；组织参建单位，配合完成国务院南水北调办公室年度资金审计、设管中心投资控制现场核查分析和安阳段完工财务决算报告编制和审核工作，实现年度工作目标。

【投资控制】

2018年安阳段共处理变更8项，涉及金额1088万元；处理索赔3项，涉及金额3179万元。截至2018年底，安阳段变更、索赔全部处理完毕。安阳段累计批复变更861项，涉及金额80941万元；批复索赔44项，涉及金额3647万元。

2018年参建单位完成安阳段完工财务决算报告编制和审核工作，并按时将相关资料报送中线建管局审核。

【合同管理】

2018年，安阳段加强合同管理力度，规范管理行为，通过自查自纠、审计和核查，对已结算的工程量及价款进行复核，并及时对问题进行整改。全年安阳段工程共签订4份合同协议。安全监测标延期服务补充协议，协议金额1322.56万元；干渠监理标延期服务补充协议，协议金额1745.9万元；生产桥监理标延期服务补充协议，协议金额107.07万元；中州路公路桥右岸引道设计变更工程建设管理委托合同，合同金额353.74万元。

【工程验收】

2018年，安阳段配合有关单位完成安阳段设计单元合同保修期满验收。完成安阳段文峰区、殷都区共22座跨渠桥梁的竣工验收及移交工作。

【稽查审计和整改】

2018年，安阳段组织有关单位配合完成国务院南水北调办年度资金审计和设管中心组织的设计单元工程投资使用情况核查分析工作。在整改过程中，安阳段对专家单位提出的问题逐一分析，制定整改方案，派专人跟踪督促，按时完成整改工作。

【安全生产】

2018年开展安全生产大检查及“安全生产专项行动”“安全生产隐患排查治理专项行动”。开展防汛值班值守工作，实现“零”事故目标。

（杨德峰　马树军）

捌 配套工程建设管理

南阳市配套工程建设管理

【资金筹措与使用管理】

截至2018年12月底省南水北调办拨付工程建设资金累计1093357462.60元，其中管理费9174900元，奖金4370000元。截至2018年12月底，南阳市南水北调建管局累计拨付各参建单位1070877751.17元，其中拨付管材制造单位489059437.34元，拨付施工单位497205908.63元，拨付监理单位11003705元，拨付阀件单位73608700.2元。截至2018年12月底省南水北调办累计拨付征迁资金483270497.64元，其中其他费15478800元，征迁资金467791697.64元，南阳市南水北调建管局累计下拨476022562.52元给相关县市区。南阳市南水北调建管局制定财务管理、价款结算办法、财务收支审批规定等制度，确保建设资金使用合规合法。

（张少波）

【建设与管理】

2018年完成“百日会战”剩余任务。适时召开配套工程建设专题会、协调会，随时了解遗留任务动态情况，及时破解难题，推进遗留工程扫尾工作。持续严控工程质量和安全，对结合部位、交叉部位等环节，加大督促检查整治力度。制定现场遗留问题督办台账，督促整改完善。截至2018年底，管理设施完善和剩余33座阀井加高建设遗留任务全部完成。

（贾德岭）

【工程验收】

南阳段供水配套工程划分为1个设计单元工程，配套工程输水线路划分为18个合同项目，18个单位工程，251个分部工程；管理处所工程划分为7个合同项目，7个单位工程，63个分部工程。截至2018年底，南阳市累计完成输水线路合同项目验收14个，占输水线路合同项目总数的77.8%，完成单位工程验收16个，占输水线路单位工程总数的89%，完成分部工程验收243个，占输水线路分部工程总数的96.8%。管理处所共7个单位工程，63个分部工程验收全部完成。

（赵　锐　陈　冲）

平顶山市配套工程建设管理

【尾工建设基本完工】

11-1号输水线路尾工建设一直滞后，2018年初定下完工目标，多次到鲁山施工现场组织召开现场协调会，解决征迁、阻工等问题，并形成三个作业面进行施工。年底输水管线全部铺设完毕，输水管道静水压试验成功，具备通水条件，调流阀室和现地管理房建设仅剩装饰装修。

【审计署延伸审计完成】

配合审计署完成配套工程延伸审计工作。2018年3月，审计署对平顶山南水北调配套工程建设开展延伸审计，平顶山市南水北调建管局与审计组加强日常对接沟通，加班加点完成材料提供。开展审计问题整改落实工作，及时向审计署提供有关审计问题整改进行情况报告。

【合同变更处理】

按照省南水北调办对2018年南水北调配套工程变更索赔处理工作的总体部署，平顶山市南水北调办对市南水北调配套工程合同变更及索赔处理进行数次梳理，合同变更共计124项，批复处理111项，剩余13项均为

100万元以上合同变更，正在与省南水北调办沟通完善处理。

【工程验收】

根据省南水北调建管局《关于印发〈河南省南水北调受水区供水配套工程2018年度工程验收计划〉的通知》开展工程验收工作。开展工程档案归档验收工作。2018年各参建单位将施工档案资料完善，大部分标段档案资料完成移交。邀请省南水北调办对档案整理工作进行指导，规范档案验收标准。开展泵站启动验收前期准备工作。与泵站代运行单位沟通，按照泵站启动验收统计相关技术资料，定期到泵站查看指导，为泵站启动验收进行准备工作。

（张伟伟）

漯河市配套工程建设管理

【资金筹措与使用管理】

2018年，省南水北调建管局拨入配套工程建设资金5168.77万元，征迁安置资金18万元，漯河市南水北调建管局支出配套工程建设资金5284.82万元，征迁安置资金563.91万元；省南水北调办下达运行管理费300万元，漯河市南水北调建管局支出运管费285.69万元；征收水费4501.17万元，上缴水费4501.17万元。

【合同管理】

2018年对照变更工作台账，加快变更处理工作。组织参建单位召开合同变更专题会，督促上报变更材料，对符合要求的按程序组织初审，具备条件的上报省南水北调办组织评审。会同省南水北调建管局组织变更审查会一次，审查通过变更增加金额30万元以下的合同变更2项，变更增加金额30万元以上100万元以下的合同变更2项，变更增加金额100万元以上的2项。全年共批复变更13项，其中变更增加金额100万元以下10项，100万元以上变更3项。截至2018年12月31日，全部完成审批的变更项目共计119项，占全部变更台账的84%。

【延伸审计与整改】

2018年3月7～16日，国家审计署驻郑办对漯河市南水北调进行延伸审计。漯河市南水北调办与县区南水北调办及参建单位开展审计配合工作。成立审计整改领导组织，明确责任分工，各分管领导和责任科室进行分管和职责范围内审计问题整改工作。建立审计整改工作台账，细化分解任务，责任落实到人，一月一例会专题研究审计整改问题。12月31日漯河市审计整改任务全部完成，并向省南水北调办上报整改报告。

【工程验收】

2018年按照省南水北调办工程验收计划制定工作台账，组织各参建单位推进工程验收工作。2月6日组织完成施工7标单位工程和合同项目完成验收。全年完成施工1、2、3、4、7标段交接验收。分部工程验收完成57个，占总数75个的76%；合同项目完成验收完成8个，占总数11个的77.27%。

【征迁验收】

加强对县区征迁验收的督导检查和培训，加快验收进度。2018年1月12日组织召开征迁资金梳理暨档案验收培训会，各县区征迁工作分管领导和业务人员参加。8月14日组织相关科室和源汇区到宝丰县学习，计划以源汇区为试点，为其他县区开展征迁验收提供借鉴和经验。10月31日组织召开南水北调征迁验收工作推进会，学习省南水北调办印发的征迁验收实施细则。11月12～16日，省南水北调办对漯河市各县区征迁资金梳理报告进行集中评审。

【穿越工程】

2018年完成河南金大地化工有限责任公司三期制盐工程输卤管道穿越南水北调漯河供水配套工程10号口门供水管线《专题设计报告》和《安全影响评价报告》的审批工作；对漯河城市发展投资有限公司提交的漯河市马沟污水处理管道工程穿越河南省南水北调受水区漯河供水配套工程10号分水口门主管线和二水厂支线两处工程加固处理施工方案进行审查，并对业主单位进行函复。

【水资源综合利用专项规划】

组织开展《漯河市南水北调水资源综合利用专项规划》编制工作。2018年5月25日，市政府召开漯河市“专项规划”编制工作协调会，市直相关部门和县区参加，完成“专项规划”编制初稿。11月2日在郑州组织专家完成“专项规划”的评审工作。

（孙军民　周　璇）

周口市配套工程建设管理

【建设与管理】

周口市南水北调配套工程输水管线总长56.116km，其中周口供水配套工程西区水厂支线向二水厂供水工程为设计变更工程，全长3.62km。截至2018年9月底，周口供水配套工程西区水厂支线向二水厂供水工程基本完工，10月1日正式通水。12月底，东区水厂、二水厂和商水水厂正常供水。周口市共设置1个管理处、3个管理所、5个管理站。其中周口管理处、周口管理所与东区水厂现地管理站合并建设，主体建设完工。商水县管理所投入使用，淮阳县管理所正在筹建。东区管理处所正在进行内部装饰施工。

【合同管理】

周口市南水北调配套工程共有施工安装标12个，其中管理处所施工标1个，合同总额18982.08万元。截至2018年底，累计完成22398.47万元，占合同总额的118%；共有管材、阀件、金结、机电等设备采购标10个，合同总额30887.51万元。截至2018年底，累计完成29953.36万元，占合同总额的96.97%；工程建设监理标5个，合同总额701.21万元。截至2018年底，累计完成649.83万元，占合同总额的92.67%。

截至2018年12月，工程变更申报共计116个，其中变更金额在100万元以上21个，变更金额在100万以下95个，变更索赔预计增加金额6639.1002万元。已批复变更88个，其中100万元以上的12个，100万以下76个，共增加金额3741.4659万元；未批复28个，其中金额在100万以上的9个，100万以下19个，预计增加金额3108.39万元。

2018年完成支付18批次金额3188.42万元，累计完成48332.35万元（含合同变更新增款）。占总合同额（49347.3万元）的95.64%。

【征迁验收】

按照实施规划和省南水北调办要求，永久征地、临时征地、居民房屋、农副业房屋拆迁、专项迁建及其资金使用总体实现不突不破，程序合规，百姓满意。2018年周口市南水北调办资金梳理工作完成，根据省南水北调办《关于开展配套工程征迁安置资金复核工作的通知》（豫调办移〔2018〕26号），周口市委托河南华水工程设计有限公司于7月20日～8月14日对市属、商水县、川汇区、经济开发区、东新区南水北调配套工程征迁安置资金梳理进行复核，形成复核报告。根据《河南省南水北调受水区供水配套工程建设征迁安置验收实施细则》，周口供水配套工程商水县征迁安置自验工作于10月26～27日在商水县意如酒店召开，验收委员会委员提出咨询和发表意见，并讨论通过《河南省南水北调受水区周口供水配套工程商水县征迁安置县级自验书》。

【资金筹措与使用管理】

截至2018年底，省南水北调建管局累计拨入工程建设资金682466806.64元，其中基建资金512349519.59元，征迁资金170017287.05元。周口市南水北调配套工程建管局完成基本建设投资690906739.89元。其中建筑安装工程投资457763737.95元；设备投资33734432.81元；待摊投资支出199233479.13元；其他投资175090元。货币资金余额13695266.40元，预付及应收款项合计2271644.44元，固定资产合计58404.92元，应付款合计24465249.01元。

按照省南水北调办《关于收回配套工程征迁安置资金的紧急通知》(豫调办明电〔2018〕2号)文件要求，周口市南水北调办及时召开县区财务人员征迁资金清算梳理工作会议，经清算梳理，周口市上缴配套工程征迁结余资金4827.67万元。

(谢康军　朱子奇)

许昌市配套工程建设管理

【资金筹措与使用管理】

许昌市南水北调配套工程建设资金由省南水北调建管局筹集拨付，其中，鄢陵支线资金一部分为许昌市南水北调配套工程建设结余资金，一部分为许昌市地方自筹资金。2018年共收到省南水北调建管局拨入工程建设资金2500万元，地方自筹工程建设资金1500万元；收到省南水北调建管局拨入配套征迁资金127万元。2018年许昌市南水北调建管局累计结算工程建设资金3903万元。2018年，许昌市南水北调建管局累计拨支征迁资金391万元，上交省南水北调建管局征迁资金4701万元。

【工程验收】

许昌配套工程输水线路工程划分为14774个单元工程、196个分部工程、17个单位工程、17个合同项目。管理处所划分为10个单位工程。截至2018年12月31日，输水线路单元工程验收累计完成14774个，占单元工程总数的100%；分部工程验收累计完成195个，占分部工程总数的99.4%；单位工程验收累计完成16个，占单位工程总数的94.1%；合同项目完成验收累计完成16个，占合同项目总数的94.1%；管理处所单位工程累计完成10个，占单位工程总数的100%；专项验收完成1个；泵站机组启动完成验收1个，占总数的100%；单项工程通水验收完成1个，占总数的100%。

(常宇阳　孔继星)

郑州市配套工程建设管理

【概述】

郑州市南水北调配套工程建设基本完工，2018年完成配套工程市本级和10个县市区的征迁资金梳理工作，解决征迁遗留问题10余起，协调相关单位完成户外用地、勘测定界招标和林地可研工作。尖岗水库入库工程完工并投入使用，出库工程主体完成，剩余管道裂缝处理和围堰拆除。南四环随洞工程改顶管工作井完成并开始顶进，隧洞内衬砌基本完成。上街区末端管理房建成投入使用。22号泵站5月初通电，向尖岗水库供水200万m³。港区20号口门8月正式通电，21号和24号口门供电线路安装全部完成，正在与供电部门协调通电。配套工程管理处所建设正按计划推进。配合规划部门进行其他建设项目穿越南水北调工程方案审核工作。新增供水目标新密市完成工程建设任务正式使用南水北调原水，登封引水工程开工建设。经开区正式签订水权交易协议。新郑与南阳签订水权交易后，省南水北调办正式批复从老观寨水库取水供龙湖水厂的方案，前期工作启动。2018年共评定单元工程1839个，累计共评定单元工程12390个，完成全部单元工程总数的92.1%；累计共验收分部工程83个，完成全部分部工程总数的60.0%。工程质量全部达到合同约定标准。

（刘素娟　罗志恒）

焦作市配套工程建设管理

【概述】

南水北调中线干渠在焦作境内共设25～29号5个分水口门。焦作供水配套工程使用分水口门4座，分别为25号温县马庄、26号博爱县北石涧、27号焦作府城、28号焦作苏蔺分水口门（29号修武县白庄口门暂未启用）；工程共布置分水口门进水池4座、输水管线6条。2018年，焦作市南水北调配套工程建设完成26号博爱输水线路工程建设工作、27号焦作府城输水线路工程重新进行设计招标并开工建设。

【投资计划】

26号博爱输水线路工程　26号分水口门博爱输水线路工程批复投资14525万元，包括工程部分投资11209万元、征迁及环境部分投资3316万元，其中市县投资2604万元。

27号输水线路设计变更项目　2018年4月，省南水北调建管局《关于对焦作供水配套工程27号分水口门输水线路设计变更报告的批复》（豫调建投〔2018〕45号）文批复27号焦作府城输水线路设计变更项目投资8158.15万元。

【招标投标】

2018年6月，省南水北调建管局《关于河南省南水北调受水区焦作配套工程27号分水口门供水工程设计变更招标设计的批复》（豫调建投〔2018〕68号）文批复27号焦作府城输水线路设计变更项目招标方案：工程建设划分1个监理标段、2个施工标段、6个管道阀件电气设备采购标。7月通过公开招标完成27号焦作府城输水线路设计变更项目招标工作。

【设计变更】

焦作供水配套工程27号输水线路设计变更项目开工后，由于输水管线沿焦作市区丰收路段、焦武路段采用明挖铺设管道，需对临街商铺进行营业损失赔偿、拆迁安置工作，拆迁工作难度大，严重影响通水进度目标。

2018年12月27日，省南水北调建管局《关于对焦作供水配套工程27号分水口门输水线路沿焦武路、丰收路段设计变更报告的批复》（豫调建投〔2018〕142号）同意输水管线沿丰收路段、焦武路段变更为顶管铺设管道方案，设计变更新增项目投资33.75万元。

【规划变更】

27号分水口门府城输水线路工程2013年5月开工，2014年6月进水池、首端现地管理站、3座阀门井及管道铺设等施工任务完成。由于该输水线路剩余管线位于省军分区农副业基地范围内，受军事土地征用工作影响，拟建府城水厂厂址无法按计划完成军事用地征用工作，剩余输水管线工程停工。2017年5月，焦作市住房与城乡建设管理局《关于焦作市南水北调府城水厂位置调整的函》(焦建函〔2017〕51号),明确府城水厂最终选址调整,拟建水厂厂址位于焦作市人民路南水北调桥西1000m路北、南水北调干渠左侧。

2018年4月,省南水北调建管局豫调建投〔2018〕45号文对焦作供水配套工程27号分水口门输水线路设计变更报告进行批复。变更后的工程建设内容与原设计输水线路工程建设发生重大变更,原设计重力流输水管线变更为泵站加压输水方式,新增泵站、钢管安装、顶管施工等建设内容,工程变更增加投资6525.41万元。11月,27号输水线路设计变更项目开工建设。

【合同管理】

2018年6月,焦作市南水北调建管局委托招标代理公司组织开展南水北调焦作供水配套工程27号分水口门输水线路设计变更项目公开招标工作。共确定工程参建单位8家,包括工程监理单位1家、施工单位2家、管道设备生产厂家5家。全年南水北调焦作配套工程签订各类合同共9份,包括工程施工、监理、设备制造采购及工程质量检测合同,合同签订过程均履行国家招标投标规定程序。合同订立后,省市建管单位设置专门科室,负责对合同执行情况进行跟踪检查。全年集中处理博爱输水线路合同变更报告30余项。合同价款结算以工程计量为基础,合同内项目严格按照签订的合同进行工程价款结算,其他项目依据程序合法、内容真实、计量准确、单价合理的原则办理结算手续。合同履行过程中,加强原始资料的收集、整理工作,建立完整的合同档案。

【现地管理房建设】

2018年,完成现地管理房包括博爱输水线路首端北石涧泵站及管线末端管理站建设工作。总建筑面积1104m^2,其中北石涧泵站完成主厂房334m^2、副厂房318m^2、管理用房343m^2,末端管理站完成现地管理房94m^2、厨房15m^2。

【管理处所建设】

根据省发展改革委批复的配套工程初步设计,焦作市管理用房包括1处5所。其中焦作管理处与焦作管理所合并建设为焦作市生产调度中心,2018年6月完成主体工程建设,下半年开始装修,计划2019年完成;武陟管理所2018年1月进行完工验收,具备安装自动化系统条件;温县、修武管理所处于建设期,计划2019年完工;博爱管理所因流标尚未建设。

【调蓄工程】

按照省南水北调办与省水利厅联合下发《关于做好〈河南省南水北调水资源综合利用专项规划〉编制配合工作的通知》(豫调办〔2018〕18号)要求,2018年5月,在焦作市委市政府的统一协调下,焦作市南水北调办组织相关市政府职能单位、各县区相关部门,开展"焦作市南水北调水资源综合利用专项规划"编制工作。

在焦作市南水北调水资源综合利用专项规划中,南水北调蓄工程规划包括焦作灵泉湖、温县太极湖、武陟县调蓄工程、博爱县调蓄工程。其中焦作灵泉湖为南水北调干渠调蓄工程,温县太极湖、武陟县调蓄工程、博爱县调蓄工程为南水北调配套输水管线调蓄工程;太极湖调蓄工程位于温县县城东南、距南水北调干渠3km,武陟县调蓄工程位于武陟县县城西北,距南水北调干渠20km,博爱县调蓄工程位于博爱县县城东,距南水北调干渠10km。南水北调焦作灵泉湖调蓄水库位于南水北调干渠大沙河倒虹吸东侧,包括南北两个库区,分别位于焦作市大沙河左右岸,规划总库容8060万m^3,由焦作市水利局协调规划实施工作,2018年启动建设前期工作。温县太极湖调蓄工程已经立项批准,正在开展初步设计工作。

【水厂建设】

焦作市区南水北调水厂有苏蔺水厂、府城水厂共2座。其中苏蔺水厂于2017年开工建设，2018年5月水厂通水运行，2018年度累计供水735.46万m^3；府城水厂于2018年5月开工，计划于2019年7月1日具备供水条件。博爱县南水北调水厂于2017年开工建设，于2018年6月正式供水运行，2018年度累计供水116.89万m^3。

【工程验收】

2018年焦作市配套工程完成博爱输水线路的分部工程验收、泵站启动验收、单位工程验收及合同项目完成验收工作。

分部工程验收 1月31日，焦作市南水北调建管局组织、河南省河川工程监理有限公司南水北调焦作供水配套工程博爱项目监理部主持，各参建单位共同对博爱输水线路18个分部工程进行分部工程验收，达到合格标准全部通过分部工程验收。

泵站启动验收 4月30日～5月24日，河南省河川工程监理有限公司南水北调焦作供水配套工程博爱项目监理部组织各参建单位完成北石涧泵站试运行工作，5月30日，焦作市南水北调建管局组织、焦作市南水北调办主持完成北石涧泵站启动验收工作，6月1日北石涧泵站启动供水。

单位工程及合同项目完成验收 8月10日，焦作市南水北调建管局组织各参建单位开展完成博爱输水线路单位工程及合同项目完成验收工作，博爱输水线路2个施工标段、6个采购标段均通过验收。

（董保军）

新乡市配套工程建设管理

【概述】

2018年新乡市南水北调受水区供水配套工程继续加快推进管理处所尾工建设，卫辉管理所和获嘉管理所2018年开工。加快推进合同变更处理及各类验收工作，完成调蓄工程建设。同时以扩大南水北调用水量、实现南水北调水新乡全域覆盖为目标，推动“四县一区”配套工程前期工作。

【“四县一区”配套工程建设】

“四县一区”配套工程建设是新乡市委市政府重点工作之一，南线工程项目可行性研究报告于2018年11月15日经市发展改革委批复。南线工程涉及的原阳县、平原示范区PPP项目所需的财政承受能力论证报告、物有所值评价报告、PPP项目实施方案等“两评一案”已经市财政局初审，项目已入财政厅储备清单库。

东线工程勘察设计招标于2018年10月2日完成，线路及水量调配方案初步确定后，10月29日市政府组织召开专题会议，对东线工程工作推进进行部署并提出具体要求。会后市南水北调办联系设计单位及有关县区、市直单位现场查勘，确定最优线路。设计单位根据各单位意见调整后，市南水北调办多次征求相关单位意见。东线工程管道布置方案基本确定。

【合同管理】

2018年新乡市南水北调办多次组织参建单位召开合同变更推进会，两次印发正式文件限期完成合同变更。截至年底完成各参建单位全部合同变更审查工作，批复合同变更85项，占变更台账的54%，批复变更共增加投资9204.73万元，审减投资1052万元。

【调蓄工程】

2018年10月31日，新乡县配套调蓄工程建设完成，实现全线贯通并具备通水条件。调蓄工程可供新乡县用水，可应急供新乡市区3天用水。下一步，将直接连接“四县一区”南线建设项目。

【征迁安置验收】

新乡市配套工程征迁资金梳理工作在全省率先完成，2018年10月底组织配套工程征迁验收工作培训，档案、征迁、财务各项验收工作正在准备。

【工程验收】

新乡市配套工程共有21个单位工程，129个分部工程，其中14个通讯管道工程并入自动化验收单元。2018年，115个分部工程验收合格106个，完成91.7%；单位工程验收完成10个，完成50%，合同工程20个，完成5个，完成25%。

（吴　燕）

濮阳市配套工程建设管理

【概述】

濮阳市南水北水调供水配套工程从南水北调中线干渠35号口门分水，全部采用地埋PCCP管道输水，输水主管线长80.2km，设计流量6m³/s，年分配水量1.19亿m³。濮阳市境内配套工程输水管线长43km。2018年9月1日，南乐县南水北调配套工程建成通水；南水北调西水坡支线延长段输水方式进行调整；清丰县管理所建成投用；濮阳县南水北调供水工程全面建成并具备通水条件。

【工程建设】

南乐县南水北调供水工程建成通水　南乐县政府采取3P模式实施供水配套工程建设，从南水北调清丰支线上开口取水，全部采用地埋复合钢管输水，输水管道长30km，设计流量0.7m³/s，通过泵站加压向南乐县第三水厂供水。工程于2017年5月5日开工建设，2018年9月1日建成通水。

调整西水坡支线延长段输水方式　根据市自来水公司高峰期用水时段引水量严重不足的情况，与黄河勘测规划设计有限公司沟通技术问题，协助市自来水公司制定工程改造方案。省南水北调办经过设计单位技术论证，于9月3日批准对西水坡支线延长段输水方式进行调整。市自来水公司于10月8日改造完成工程建设任务，实现输水方式调整，日增加供水量3万m³，彻底解决市自来水公司第二水厂引水不足问题。

清丰县管理所建成投用　清丰县南水北调管理所位于南水北调清丰中州水厂东南角，占地面积5亩，总投资218万元，主要建有业务楼、调流调压室。受“四证一书”办理滞后问题影响，管理所建设一度滞后，2018年4月底正式开工建设，12月30日全部完成工程建设任务并具备入住条件。

濮阳县供水配套工程全面建成　通过南水北调西水坡延长段末端分水口引水，设计日供水能力5万m³。水厂及输水管道由濮阳县政府采取3P模式建设，投资方为华电水务控股有限公司。2018年底配套水厂及配套管网全部完工，带水调试工作完成，具备向濮阳县县城供水条件。

【合同验收】

按照省南水北调办档案验收工作安排，濮阳市南水北调办开展工程建设档案自查工作。2018年8月初组织各参建单位召开档案验收工作协调会，集中办公开展档案整理工作。9月15～16日邀请专家对工程档案进行自验；10月17日向省南水北调建管局报送预验收申请；11月13～15日，省南水北调建管局组成验收组对濮阳市南水北调办工程档案进行预验收。

【变更索赔】

自2013年12月开始集中处理合同变更索赔项目以来，濮阳市南水北调办制定工程变更索赔项目实施方案和工作台账，实施节点制和销号制，加快处理剩余的变更索赔问题。截至2018年底，濮阳市变更索赔项目共129项，已经处理127项，其中2018年完成批复变更5个，批复金额133.28万元。

【征迁安置验收】

省南水北调办环移处于10月8～12日对濮阳市征迁安置资金梳理表和征迁安置资金复核报告进行审核，并提出整改意见和要求，濮阳市各县区按照审核的意见要求按时完成整改。截至2018年底，濮阳县、示范区、清丰县征迁安置资金梳理完成整改并通过第三方会计事务所复核，开发区整改工作正在进行。

（王道明）

鹤壁市配套工程建设管理

【概述】

鹤壁市南水北调配套工程涉及浚县、淇县、淇滨区、开发区4个县（区）、12个乡（镇、办事处）、43个行政村，输水管线全长60.64km，共分34号、35号、36号3座分水口门，向6个供水目标供水。工程建设用地4725.41亩，其中永久用地93.75亩，临时用地4631.66亩。影响居民20户，涉及农副业、工商企业30家，工业企业7家，单位4家，拆迁房屋12385.03m^2，影响各类专业项目597条（处）。工程概算总投资11.80亿元。截至2018年12月31日，鹤壁市配套工程规划6座水厂投入使用5座，34号、35号、36号三条输水线路累计向鹤壁市水厂供水12438万m^3，向淇河生态补水4835万m^3。

【设计与合同变更】

鹤壁市南水北调配套工程有设计变更及合同变更项目共计253个，累计完成变更批复235个，其中100万元以上12个，100万元以下223个。2018年共完成100万元限额以上变更批复1个，完成100万元限额以下变更批复50个。完成4个100万元以上合同变更资料上报，与省南水北调建管局进行联合审查，并出具审查或咨询意见。完成100万元以下合同变更专家联合审查会1次，并出具23个合同变更专家审查意见。

（姚林海）

【资金筹措与使用管理】

建设资金　截至2018年12月底，省南水北调建管局累计拨入建设资金6.43亿元，累计支付在建工程款6.54亿元，其中建筑安装工程款5.60亿元，设备投资5583.45万元，待摊投资3846.10万元，工程建设账面资金余额1666.56万元，余额主要是省南水北调建管局预下拨的建设工程款。

征迁资金　截至2018年12月底，累计收到省南水北调建管局拨入征迁资金2.85亿元，累计拨出移民征迁资金2.25亿元，征地移民资金支出3522.67万元，2018年3月上缴省南水北调建管局征迁资金2624.53万元。征地移民账面资金余额12.25万元（含利息收入0.3万元），余额主要是实施管理费、资金复核经费等。

【合同管理】

2018年共签订4个合同，分别是鹤壁市南水北调水资源综合利用专项规划编制项目规划设计招标代理合同、鹤壁市南水北调水资源综合利用专项规划编制项目规划设计合同、鹤壁供水配套工程外部供电电源接引工程委托建设管理合同补充协议、河南省南水北调受水区供水配套工程鹤壁市征迁安置资金复核服务合同。2018年完成鹤壁市南水北调水资源综合利用专项规划编制项目规划设计招标工作，中标单位为河南省水利勘测设计研究有限公司。

【管理处所建设手续办理】

鹤壁市南水北调中线工程建设管理局承担南水北调受水区鹤壁供水配套工程管理机构项目建设任务。2018年，鹤壁市管理处、鹤壁市区管理所、黄河北维护中心合建项目（施工1标）完成选址意见书、用地规划许可证、总平面图和效果图审查、地质勘探、文物勘探、专项迁建、审图中心审图、防雷、消防、人防等手续办理。取得建设项目选址意见书、建设用地规划许可证、不动产手续、建设工程规划许可证。施工许可证正在办理。基本完成主体建设，开始建设室外工程及院内道路路基。浚县管理所（施工2标）完成项目选址意见书、土地用地手续报件、地质勘探、文物勘探、施工图设计、施工图预算审批、住建局审图中心审图手续办理。取得建设用地规划许可证。主体完工并通过主体工程验收，正在清理楼内卫生，整理竣工资料。黄河北物资仓储中心（施工3标）完成办理选址意见书、用地规划许可证、林地许可证、总平面图和效果图审查、地质勘探、文物勘探、施工图及施工图批复、审图中心审图、人防、防雷、消防手续办理。取得建设项目选址意见书、建设用地规划许可证。完成不动产手续、建设工程规划许可证、施工许可证办理。主体工程完工并通过验收，正在清理楼内卫生，整理竣工资料。淇县管理所（施工4标）完成项目选址意见书、建设用地规划许可证、地质勘探、文物勘探、施工图设计、施工图预算审批、住建局审图手续办理。正在办理土地证。完成不动产手续办理。建设工程规划许可证、质量监督、安全备案、施工许可证正在办理中。主体工程完工并通过验收，正在清理楼内卫生，整理竣工资料。

（刘贯坤　石洁羽）

【征迁安置验收】

按照省南水北调建管局安排，制定征迁验收方案推进征迁安置验收工作。2018年1月5日组织召开配套工程征迁安置验收工作推进会，3月13日和4月12日分别召开鹤壁市配套工程征迁安置资金梳理工作推进会，加快推进各县区南水北调征迁安置资金的梳理工作和解决征迁遗留问题，建立台账督办制度，每周五统计进展情况和累计完成情况。开展配套工程征迁安置验收资金梳理和档案整编工作，协调相关单位解决验收工作中存在的问题。对各县区梳理征迁资金使用情况，安排专人负责，一周一通报，每月上报遗留问题并建立台账，逐步销号。配合国土部门对鹤壁市境内的配套工程永久用地进行勘测定界，现场勘测工作完成，国土部门正在完善勘测定界的成果报告。

【工程验收】

按照《河南省南水北调配套工程验收工作导则》《关于做好河南省南水北调配套工程验收工作的通知》要求，鹤壁市成立配套工程验收领导小组，推进配套工程验收工作。截至2018年12月31日，鹤壁市配套工程输水线路单元工程评定完成5922个，完成率99.4%；分部工程验收完成121个，完成率98.4%；单位工程验收完成11个，完成率78.6%；合同项目完成验收完成9个，完成率75%；泵站机组启动验收完成2个，完成率66.6%；单项工程通水验收完成7个，完成率87.5%。鹤壁市配套工程管理处（所）分项工程验收完成56个，完成率47%；分部工程验收完成25个，完成率16%。

【穿越配套工程项目】

2018年鹤壁市南水北调配套工程穿越工程有2个项目：鹤壁市淇滨区城市水系建设及清洁化治理项目刘洼河治理工程穿越河南省南水北调受水区鹤壁供水配套工程35号口门供水管线，已批复豫调办投〔2018〕28号；郑济铁路郑州至濮阳段穿越河南省南水北调受水区鹤壁供水配套工程35号供水管线滑县支线，因穿越方案优化，项目业主正在编制专题设计报告和安全评价报告，暂未上报。

【外部供电电源接引】

协调完成配套工程管理处所及维护、仓储中心、浚县管理所、淇县管理所等4个项目外接电源用电负荷的统计、自动化设备用电预留回路工作，协调设计单位出具设计通知。2018年11月13日，鹤壁市南水北调建管局邀请专家对鹤壁供电公司上报的修改后的34号泵站及7个现地管理区外部供电电源接引工程施工图预算进行专家审查，并出具审查意见，鹤壁供电公司根据专家审查意见对34号泵站及7个现地管理区外部供电电源接引工程施工图预算进行完善修改，并再次报送至鹤壁市南水北调建管局，12月6日，鹤壁市南水北调建管局对鹤壁供电公司上报的《34号泵站及7个现地管理区外部供电电源接引工程施工图预算》（鹤调建〔2018〕59号）进行批复。

（郭雪婷　王志国）

安阳市配套工程建设管理

【概述】

南水北调中线工程在安阳市共设置3个分水口门，4条输水管道，输水管线总长120km，线路途经滑县、内黄、汤阴、文峰区、北关区、殷都区、龙安区、高新区和安阳新区9个县区，27个乡（镇、办事处），123个行政村。分别向安阳市区、汤阴县、内黄县、滑县和濮阳市供水。

安阳市南水北调配套工程分为安阳和濮阳2个设计单元，共涉及35、37、38、39号四条供水线路120km，批复总概算162080.45万元，共划分为17个单位工程，157个分部工程。工程总占地8151.98亩，其中永久用地104.91亩、临时用地8047.07亩。安阳市南水北调办受省南水北调办委托建设安阳段配套工程，建设资金由省南水北调建管局直接支付配套工程参建单位。2018年7月底，施工10标六水厂末端变更端7月底全线贯通，8月22日维修养护单位完成管道内留置水抽排，8月28日，完成最后一段管道静水压试验，安阳市配套工程120km管道，11个现地管理站，295处阀井的建设任务全部完成，具备通水条件。

【资金筹措与使用管理】

安阳市南水北调配套工程批复总概算162080.45万元，其中工程投资概算102929.63万元、水保工程投资概算622.19万元、环保工程投资概算258.01万元、建设期融资利息概算2180.97万元、征迁资金概算56089.65万元。截至2018年12月底，安阳市共收到省南水北调办拨入建设资金81804.23万元，征迁资金40711.95万元，合计122516.19万元。截至2018年12月底,完成建安投资70983.31万元，设备投资5243.68万元，待摊投资9145.93万元（其中建设管理费845.39万元），固定资产24.16万元，预付工程款69.62万元，其他应收款313.73万元，应付款4448.58万元，资金余额493.82万元。截至2018年12月底，征迁资金共下拨县市区39872.77万元，本级支出2139.95万元（其中专业项目复建支出2100.39万元，其他费用支出39.56万元），资金余额2285.66万元。

【合同管理】

2018年，安阳市南水北调办初审合同变更10项，复核变更16项，组织专家审查变更5项，审批变更6项，累计完成合同变更审批276项，占全部合同变更300项的92%。

【管理处所建设】

安阳市管理处与安阳市管理所合建，规划占地15亩，建筑面积5460m²，最初规划选址文峰大道南侧，光明路东侧，经市规划委员会研究同意，后因规划调整此处新建安阳迎宾公园，安阳市管理用房重新进行选址。新选址位于市区东关街与生态廊道路交叉口西南角，占地15亩，建筑面积5425.24m²。2017年10月20日，市规划局出具选址意见，10月26日，市政府对项目用地性质调整进行批复，11月28日市政府对控规进行批复，12月20日，市规划局办理建设用地规划许可证。2018年1月17日项目进行环保备案，1月12日和3月15日，市规划局两次组织专家对建筑方案进行审查，3月29日，会同省南水北调建管局审查招标文件，4月4日，省南水北调建管局会同市南水北调建管局联合对施工图进行审查，5月4日发布招标公告，5月7～11日出售招标文件，5月29日开标，5月29日完成评标工作。6月11日向中标人发送中标通知书，6月21日与中标人签订合同，完成河南省南水北调受水区安阳供水配套工程安阳市管理处、安阳市管理所施工及监理项目招标工作。第一中标候选人：施工标河南鸿宸建设有限公司；监理标北京国信瑞和工程管理有限公司。8月24日完成施工许可证手续办理，安阳管理处所于8月开工，完成基础垫层浇筑、基础承台钢筋绑扎、模板制作、安装及混凝土浇筑。10月底因大气污染防治管控停工。汤阴管理所、内黄管理所及滑县管理所完成合同建设任务。

【宝莲湖调蓄工程】

宝莲湖调蓄工程位于安阳市文峰区宝莲寺镇、汤阴县韩庄乡羑河两岸，距离南水北调中线干渠右岸1.4km。位置在G107国道（京广铁路）以东，光明路（G4京港澳高速）以西，羑河北路以南，羑河南路以北的区域。工程拟由南水北调中线干渠汤河退水闸下游取水，沿干渠右岸铺设引水管道与宝莲湖连通，铺设输水管道与安阳市各水厂连通。结合现状地形，调蓄湖分为东湖、中湖和西湖三部分。调蓄湖外侧设置宽50m一级保护区和宽150m二级保护区。2018年完成安阳市宝莲湖调蓄工程项目建议书的编制。

【水厂建设】

安阳市南水北调配套工程原规划水厂6座，分别为37号线的汤阴县第一水厂、汤阴县第二水厂、内黄县第二水厂，38号线的市第六水厂、安钢冷轧水厂，39号线市第七水厂。施工图阶段调整为7座，增加市第八水厂。截至2018年底规划调整为：37号线的汤阴县第一水厂、汤阴县第二水厂、内黄县第四水厂，38号线市第六水厂、安钢冷轧水厂、市第八水厂，39号线输水的规划市区第七水厂（设计日供水量为30万t/d）经过调整后，向已经建成的第四水厂二期（设计日供水量为10万t/d）、天池水厂（设计日供水量为8万t/d）和林州第三水厂二期（设计日供水量为12万t/d）供水。截至2018年底，已通水运行的有5座，分别为37号线的汤阴一水厂、内黄县第四水厂，38号分水口门引水的市区新增第八水厂、第六水厂，39号线新增第四水厂（二期）。37号线汤阴一水厂向汤阴县城区供水，为改扩建水厂，是将原供水能力1.2万t/d的地下水厂改扩建为接用南水北调水的地表水厂，设计供水规模为2万t/d；内黄县第四水厂为新建水厂，设计供水规模为8.3万t/d，日供水能力4万t/d的一期工程于2017年8月建成通水，向内黄县城区及周边部分村庄供水，实际日供水量3万余t；38号线市区新增第八水厂向安阳市产业集聚区（马投涧）、安汤新城、高新区及安阳东区用水，并可辐射至老城区，设计供水规模近期10万t/d，远期20万t/d，实际日供水量10万t；38号线安阳市第六水厂和39号线新增第四水厂（二期）12月28日正式通水运行，市第六水厂和第四水厂二期项目工程采用双水源模式。

在建水厂4座，由37号线输水的汤阴县二水厂设计日供水量3.0万t/d，由38号线输水安钢冷轧水厂设计日4.0万t/d，由39号线输水天池水厂（设计日供水量为8万t/d）和林州第三水厂二期（设计日供水量12万t/d）供水。安阳南水北调配套工程整体运行平稳。

【穿越连接项目审查审批】

穿越配套工程专题设计报审 安阳市南水北调办收到汤阴夏都大道穿越37号线、文昌大道穿越38号线项目专题设计报告与安全影响评价报告后，报省南水北调办审查，省南水北调办分别于2018年1月25日、6月20日组织专家进行审查，相关单位根据专家意见将专题设计与安全影响评价报告修改完善并报省南水北调办审批。6月5日，修改完善后的光明路穿越38号线迁建专题设计报告报送省南水北调办，12月3日收到批复并转发给文峰区南水北调办。同时协调安阳象道物流公司和黄河设计公司进行对接，开展物流园区穿越配套工程安钢支线项目的专题设计与安全影响评价报告编制工作。

穿越配套工程项目施工图审查 省南水北调办批复汤阴新横三路穿越配套工程37号线专题设计后，安阳市南水北调办8月11日组织召开审查会对施工图进行审查。

连接配套工程项目报审 安阳市南水北调办将四水厂二期工程连接39号线专题设计和安评报告上报省南水北调办进行审查，11月12日收到回复，11月20日转发水务公司，在收到水务公司的施工图后，于11月25日组织专家对安阳市第四水厂支线原水管工程连接安阳供水配套工程39号口门线路（桩号1+134.820）施工图进行审查，11月30日进行回复。

【征迁遗留问题处理】

征迁遗留问题是南水北调配套工程38号线末端变更段，征迁线路长度420m，工程建设用地45亩，其中永久用地2亩、临时用地43亩，2018年完成并按照时间节点全部移交。

【征迁安置验收】

安阳市南水北调配套工程征迁安置涉及滑县、内黄县、汤阴县、龙安区、殷都区、文峰区、高新区、北关区、示范区（安阳县）9个县区，分35、37、38、39号4条供水管线。省南水北调办要求尽快完成征迁资金计划梳理工作，安阳市南水北调办建立台账，加强督导检查，全力推进工作。3月23日向省南水北调建管局上缴配套工程结余资金7015.477047万元，市本级保留征迁安置资金2248.6945万元。2018年5月29日在滑县组织召开配套工程征迁资金计划梳理复核工作现场会，并对资金计划梳理复核工作进行业务培训。截至12月底，各县区和市本级均完成征迁资金梳理复核工作，并提交复核报告。按照省南水北调办的要求，安阳市委托河川监理公司对配套工程征迁资金进行总复核，编制完成全市征迁资金复核报告。

【工程验收】

安阳市南水北调配套工程有2个设计单元，16个合同项目，划分为17个单位工程，157个分部工程。2018年4月12日完成施工9标的单位工程及合同项目完成验收。截至2018年底，共完成153个分部工程验收，占总数的97.5%；16个单位工程验收，占总数的94.1%；15个合同项目完成验收，占总数的93.8%。安阳管理处所划分为4个单位工程，28个分部工程，180个分项工程。11月21日完成滑县管理所分部工程验收。12月18日完成汤阴管理所、内黄管理所分部工程验收。2019年1月10～11日，完成滑县管理所、汤阴管理所、内黄管理所单位工程验收。

【审计与整改】

2018年4月9～18日，审计署郑州特派办对安阳市南水北调工程2013年以来建设和征迁资金使用情况进行审计。审计期间安阳市南水北调办全力配合提供资料，并协调县区进行审计配合工作。对审计提出的问题全部整改到位。

【南水北调安阳市西部调水工程】

安阳市西部区域的林州市、殷都区、龙安区是严重缺水地区。随着社会经济发展，工业、生活、农业和市政设施用水量日益增长，供需矛盾日益突出，严重制约城市建设和经济发展。因此，将南水北调水源调入安阳西部地区作为城镇居民生活用水迫在眉睫。2018年安阳市南水北调办向市政府提交《南水北调安阳市西部调水工程可行性研究报告》，工程估算总投资18.45亿元。

（李志伟）

玖 移民征迁

丹江口库区移民

【平顶山市丹江口库区移民】

平顶山市是南水北调丹江口库区移民安置区之一，共接收安置南阳市淅川县库区移民1771户7442人。通过近6年的帮扶和生产发展，全面完成“搬得出、稳得住、能发展、快致富”目标，移民群众幸福稳定、安居乐业，平均年收入由搬迁前的2600多元达到8600多元，最高达到13000多元，普遍达到或超过当地群众年均收入水平。2018年平顶山市利用国家光伏发电扶持优惠政策在郏县建成全省首个移民村光伏发电站项目两个：一是调整资金56.88万元，总装机容量44.16kW建成投入使用；二是下拨生产发展奖补资金300万元，用于发展280kW非晶薄膜光伏电站项目并投入运行。两个光电项目年总收益45万元，村集体获益30万元，移民群众获益10万元。计划在马湾移民村利用移民房顶、大棚、生态走廊，实现光伏发电全覆盖移民村集体收入突破100万。

协调督导安置地政府加强村两委建设，发挥和完善“三会一管”的作用，壮大集体经济收入，惠及全体移民。加大对移民干部和移民群众的培训工作，提高移民干部工作能力和素质以及移民群众发展生产创业致富能力。

（张伟伟）

【许昌市丹江口库区移民】

移民概况　许昌市共接收安置南水北调丹江口库区淅川县移民4208户16454人，涉及长葛市、襄城县和建安区的12个乡镇，移民安置点13个。移民安置工作分为试点移民、第一批移民和第二批移民三个阶段实施。2008年10月20日，许昌市委市政府召开试点移民安置动员大会，移民搬迁安置工作全面启动。2011年8月25日，河南省南水北调丹江口库区第二批农村移民集中搬迁基本完成仪式在襄城县王洛镇张庄移民村举行。移民搬迁入住后，按照河南省委省政府提出的“搬得出、稳得住、快发展、可致富”总体要求，帮助移民发展生产、增加收入、安居乐业。

后扶工作　截至2018年底，许昌市共下拨生产发展奖补资金4026万元，其中长葛市997万元，建安区1320万元，襄城县1709万元。结合当地经济发展规划，根据13个移民村的不同情况，因地制宜，因村制宜，指导各县（市、区）制定移民产业发展规划，积极帮助各移民村申报发展项目，每个村都有适合自己发展的项目，实现“一村一品”。各县市区利用生产发展奖补资金建成一批后扶项目，襄城县白亭西村养猪场项目、黄桥社区莲鱼共养项目、香菇大棚项目；长葛市新张营村织布厂项目、下集村养羊场项目、养鸡场项目；建安区朱山村养牛场项目、姬家营村养猪场项目都已产生效益。河南省移民乡村旅游示范村建安区朱山村乡村旅游项目建设工程完工，已发布公告进行招商引资。5月，许昌市印发《许昌市移民办公室关于进一步加强生产发展项目管理促进生产发展的通知》，进一步加强对移民村生产发展项目的指导监管；在许昌市南水北调丹江口库区移民系统开展生产发展项目效益年活动。

移民村管理　2018年移民村社会管理创新工作在全许昌市13个移民村全面展开，两委主导、三会协调、社会组织参与的村级社会管理格局初步形成。公共服务不断完善，每个移民村建立物业公司及各类便民服务机构，基础设施和公益设施养护、公共卫生保洁问题得到解决。

（杨志华）

【郑州市丹江口库区移民】

推进强村富民战略实施　2018年丹江口库区移民安置验收及完工决算审计问题整改落实，通过国家验收。移民村压矿手续办理、养殖园区及公益性墓地投资结转、移民村污水处理排放、计划调整、预留费用结转使用工作全面落实，完成水保环保单项验收，移民账面资金明显消化，资金核销率进一步提升，整改完工决算审计问题893万元，调整移民安置计划投资1133万元；协调成立移民安置国家终验工作领导小组，对移民安置样本县加大工作指导力度，对验收样本点设施及档案资料进行定期检查验收，郑州市移民安置档案验收、技术验收全部通过国家终验。在全市开展为期4个月的移民扶持项目质量进度双提升活动，活动涉及项目投资2.9亿元，通过活动开展促进2.03亿元资金项目的落实，项目及投资完成率达70%以上，成效明显。组织验收4县移民后扶项目83个，验收后督促各县进行整改；下达小水库移民后扶基金562万元、结余资金2561万元、直补资金4170万元；督促各县编制上报2017-2018年度104个移民后扶项目实施方案并通过第三方评审；协调15个县市区完成移民后扶信息系统数据更新上报工作，2018年新增15个移民后扶信息采集样本村并完成信息采集，配合省政府移民办完成对郑州市后扶工作的监测评估和稽察，对贫困移民、避险解困移民信息进行精准核实与帮扶。加大移民避险解困工作督导力度。协调市政府督查室、政府三处、市财政局介入对移民避险解困项目推进缓慢的县市进行督查，明确各安置点搬迁安置时间节点；协调郑州市发展改革委、财政局、黄委设计院等对荥阳市乔楼镇、崔庙镇2个避险解困安置点进行设计变更审查与批复，对登封市避险解困变更事项进行审查批复。根据市水务局水利脱贫三年行动计划，按照帮扶政策叠加、合力助力脱贫攻坚的原则开展工作。郑州市在省扶贫部门底册贫困移民99人，涉及登封、荥阳、新密、新郑等4个县市区，计划2018年实现脱贫49人，2019年实现脱贫34人，2020年实现脱贫16人。在全市开展移民信访矛盾问题排查化解活动，排查移民矛盾问题17起，结案11起，妥善处理6起。荥阳市上集社区农业移民征地款使用问题、上集社区移民扶持项目实施问题、新郑市观沟村财产户房屋维修问题、中牟县雁鸣湖镇财产户补助发放问题等有效化解。

严格资金管理　2018年加强各项资金制度建设，严格财务收支管理，与2017年相比减少支出7.8万元，减少支出比例5%。修订完善制定内部控制制度，建立内部控制体系，建立健全关键岗位责任制，明确关键岗位职责权限，明确合同管理、预算编制、收支管理、政府采购等业务流程及审批程序，进一步提高财务管理水平。2018年完成审计署、国务院南水北调办、省政府移民办、省财政厅、市纪委、市水务局对郑州市南水北调工程征地移民资金、配套工程建设和征迁资金使用管理情况及“小金库”专项清理整治等审计6次，组织完成郑州市财政南水北调土地奖补资金的内部审计工作，没有发生大的违规违纪问题，国家审计署给予充分肯定。市本级财政资金管理，完成预算决算的公开工作。初步完成南水北调丹江口库区安置财务完工决算编制工作，全面展开南水北调干线征迁安置完工财务决算编制工作。

（刘素娟　罗志恒）

干线征迁

【南阳市干线征迁】

干线征迁安置验收　按照省政府移民办安排，对干线征迁安置验收实施细则多次参与修订完善，参加全省干线征迁安置验收培训会，并在全市及时召开征迁安置验收培训会和推进会，对沿线县区验收工作进行业务指导和督查，对征迁遗留问题明确处理意见，同时督促专项单位提交专业项目迁建档案资料，整理市级征迁安置验收资料。配合技术服务单位完成干渠沿线县区征迁安置验收表格填报和验收资料撰写工作，对县区征迁安置县级自验现场指导提出合理建议，在社旗县首先开展干线征迁安置县级自验及市级初验分组技术验收，并组织各县区征迁工作人员对社旗县级自验进行现场观摩，按照时间节点要求完成县级自验、市级初验和省级验收工作。

渠首和干线资金计划拨付调整　按时完成渠首和干渠8个设计单元资金计划调整明细表汇总填写、核对上报工作。按照省政府移民办统一安排，开展干线工程沿线各县区及专业项目征迁安置资金核对结算工作。根据省政府移民办批复的干线工程征迁安置资金计划调整报告，及时完成干线工程征迁安置资金计划调整工作。对干线征迁资金梳理核对，按设计单元共收回征迁直接费1908.5万元，各县区干线征迁资金计划进行调整到位。向省政府移民办申请解决超拨的耕地占用税。参加干线征迁安置投资调整评审会，对多拨付给淅川县的永久用地耕地占用税进行协调，省政府移民办对南阳市渠首工程超拨的115.85万元耕地占用税予以批复解决，同意按批复程序解决干渠淅川段超拨的耕地占用税448.8万元。

渠首尾工投资和干线未完投资确定　按照省政府移民办安排，参加渠首尾工投资和干线征迁安置未完投资培训会，召开未完投资确定培训会和推进会，对各县区明确任务，划定时间节点，在各县区初步形成数据后，市南水北调办安排相关人员到各县区逐一现场查勘相关资料，对尾工和预留费用进行现场认定，确定南阳市渠首和干线征迁安置财务决算未完投资。

干线用地手续办理　按照省政府移民办和省南水北调办统一部署和工作计划安排，开展干渠迁建用地、新增用地手续办理工作。督促各县区进行用地手续资料整理汇总，协调市县国土部门开展土地报件组卷工作。2018年，淅川县、镇平县、卧龙区、方城县完成迁建用地勘测定界工作，县区新增干渠永久用地情况按要求统计完毕并上报省政府移民办。

信访维稳　2018年开展矛盾纠纷排查化解工作，排查梳理矛盾，重点问题集中解决，敞开信访渠道，到城乡一体化示范区新店乡，与信访人面对面，对其举报的问题，逐一解释政策，协调处理其信访诉求。就淅川县杜胜瑞、九重宾馆、环球陶瓷厂、力强水泥厂、新店乡及方城县信访人问题向省政府移民办和省南水北调办汇报，商议解决办法，明确处理意见，协调稳控解决有关信访问题。未发生越级上访和群体性上访事件。

（张　帆）

【平顶山市干线征迁】

基本情况　平顶山市南水北调中线干线工程涉及叶县、鲁山、宝山和郏县4个县23个乡镇179村，境内全长115.455km，由叶县段、澧河渡槽段、鲁山南1段、鲁山南2段、沙河渡槽段、鲁山北段、宝丰郏县段、北汝河倒虹吸段8个设计单元和焦枝、西货场2条铁路组成。干渠工程征地面积共计64213.35亩（永久26373.47亩，临时37839.88亩），搬迁人口5069人，拆除各类房屋16.24万m^2，拆迁副业82家、企事业单位10家。专业项目为复建电力线路6条34km、通信线路323处112.3km、广播电视线路35处1.5km、复建码头1处、管道14处5.8km，修建连接路299处，长176.73km。

验收组织　根据国务院南水北调办和省政府移民办的安排，市县两级于2018年初相继成立验收委员会或领导小组，主管副市长（副县长）为主任委员（组长），市政府副秘书长（县政府办副主任）、移民局局长为副主任委员（副组长），政府相关部门林业局、国土资源局和档案局、下级政府主管领导和干渠工程管理单位负责人为成员。下设办公室和征迁安置、资金管理和档案整理三个专业验收小组。按照《南水北调干线工程征迁安置验收办法》《河南省南水北调中线干线工程征迁安置验收实施细则》和《河南省南水北调中线干线工程征迁安置验收工作大纲》的要求，干渠征迁安置验收采取“自下而上，逐级进行”的方式，先开展县级自验，再进行市级和省级验收，全面检查征迁安置任务完成情况。

征迁验收　2018年5月，对干渠征迁涉及的叶县、鲁山、宝丰和郏县4个县23个乡镇等的永久征地移交、临时用地移交返还退还、农村征迁生产安置、搬迁安置、集中安置点基础设施、农副业迁建、企事业单位迁建、影响处理、专业项目迁建、用地手续办理、资金计划执行情况和资金使用管理等内容逐项逐村逐户进行县级自验。6月，对市级实施的通信、广电和电力线路等专项迁建实施情况，按照县级自验的要求，逐条（处）填报统计表格，并进行评价，对县级验收成果逐县分单元逐项进行不低于20%的抽检，按照细则的规定进行市级初验。

平顶山市南水北调中线干线工程涉及的8个设计单元和2条铁路复建工程征迁已按批复内容完成征迁安置任务。地面附着物已清理完毕，工程建设用地全部按时移交建设单位，补偿资金基本兑付到位。生产安置方案落实到位，生产生活条件得到明显改善，群众生活水平得到恢复并有所提高，居民安置点建设完成，搬迁居民全部搬迁并得到安置。农副业、企事业单位迁建完成，由市县级征迁部门承担的连接路、通信线路、广电线路、电力线路、管道工程等已迁建完毕，并通过产权单位或单项验收，功能得到恢复。工程建设用地和迁建用地已完成组卷上报国土部门，并通过征迁安置组专项验收。

资金验收　依据国务院南水北调办《关于印发〈南水北调工程竣工完工财务决算编制规定〉的通知》（国调办经财〔2015〕167号），河南省政府移民办《关于印发〈河南省南水北调完工财务决算实施方案〉的通知》（豫移办〔2016〕78号）《关于加快我省南水北调完工财务决算编报进度的通知》（豫移资〔2017〕6号），平顶山市于2018年3月～6月，分县、分设计单元逐村逐乡开展资金梳理工作，编制《河南省南水北调中线一期工程平顶山市分设计单元完工财务决算报告》，并根据资金专家组意见进行修改完善，完成征迁安置资金拨付和使用情况、资金管理情况填报，对项目资金计划下达、资金使用管理进行评议，资金管理综合评定为合格。平顶山市核定干渠征迁投资共342979.86万元，截至2018年3月31日，共收到省南水北调办下达南水北调征迁资金341240.36万元，到位率99.49%，共拨出南水北调征迁资金336122.32万元，支付率98.5%。共核销南水北调征迁资金327404.37万元，核销率95.95%。

档案验收　依据国家档案局《重大建设项目档案验收办法》，河南省政府移民办、河南省档案局《关于开展南水北调中线干线工程征迁安置项目档案验收工作的通知》（豫移办〔2014〕2号）《河南省南水北调干线征迁安置项目档案验收实施办法》（豫移办〔2014〕3号）《河南省〈南水北调工程征地移民档案管理办法〉实施细则》（豫移办〔2010〕32号），河南省政府移民办《关于〈南水北调工程安置验收实施细则〉（修订稿）的批复》（豫移〔2017〕20号），2018年3～6月，开展市县两级档案资料收集整理归档工作。

根据河南省《南水北调工程征地移民档案管理办法》实施细则的要求，档案资料分为七大类归档，平顶山市本级整理综合管理类1159件（其中永久880件、30年期72件、10年期207件），专业项目建设24卷，资金管理类1148件（永久881件、30年期13件、10

年期254件），声像永久档案5卷及实物类永久档案5件。财务档案337卷，其中凭证200本，账本32本，报表105本。验收组认为市本级及叶县、鲁山县、宝丰和郏县干渠征迁项目档案收集基本齐全，分类基本合理、整理归档范围及保管期限规范，设施设备符合要求，安全措施基本到位，经验收档案组成员综合评议，通过市级档案验收。

验收结论　经验收委员会全体成员共同讨论，验收综合评定为合格，同意通过市级验收。国家终验工作正在安排部署。

（张伟伟）

【许昌市干线征迁】

征迁安置　根据《南水北调中线一期工程总干渠禹州和长葛段征迁安置实施规划报告》，南水北调干渠在许昌市境内53.9km，涉及2个设计单元，永久和临时征地涉及禹州和长葛市13个乡镇81个村、45家村组副业、13家企事业单位和若干条专业项目线路。永久征收土地11780.46亩，临时用地征收12358.75亩，搬迁居民680户，农村人口3059人，村组副业45家，企事业单位13家。拆迁房屋96227.14m^2，其中农村居民房屋72493.07m^2，村组副业房屋9763.79m^2，企事业单位房屋13970.29m^2，迁建专业项目558条（处）。

干线征迁验收资金管理　根据省办批复征迁资金调整总额，截至2018年3月31日，许昌市规划征迁资金153730.57万元，省政府移民办到位资金153246.60万元，其中农村移民安置费82662.77万元，工业企业迁建费2825.06万元，专业项目复建费12487.22万元，有关税费50356.43万元，其他费用4162.42万元，其他752.70万元。截至2018年3月31日，许昌市支付禹州市和长葛市及本市级资金151979.05万元，其中农村征迁安置费82072.50万元，工业企业迁建费2825.51万元，专业项目复建费12545.25万元，有关税费50373.37万元，其他费用4162.42万元。

干线征迁档案管理　许昌市本级整理综合管理类37卷（永久825件，定期50件），专业项目建设15卷（永久51件，定期0件），资金管理10卷（永久307件，定期0件），声像24卷（永久24件，定期0件），实物18卷（永久18件，定期0件），会计类92卷（全部定期）。

禹州市和长葛市整理综合管理类146卷（永久1311件，定期1052件），搬迁安置29卷（永久153件，定期0件），安置户12卷（永久12件），专业项目建设497卷（永久1521件，定期0件），资金管理43卷（永久1148件，定期26件），会计类科761卷（永久716件），科技信息7卷（永久6件，定期16件），声像档案8卷（永久82件，定期0件）。

干线征迁安置验收　2018年6月11日，许昌市政府主持召开许昌市中线工程征迁安置市级初验验收会，省政府移民办办作为监督单位参加会议。按照《河南省南水北调中线干线工程征迁安置验收实施细则（修订稿）》规定和省政府移民办的安排，禹州市和长葛市完成县级自验。许昌市组织市级初验工作，成立许昌市征迁安置验收委员会，下设3个征迁专业工作组，分别为征迁安置组、资金组、档案组，对许昌市征迁涉及的禹州市和长葛市13个乡镇（办事处）的永久征地移交、临时用地移交返还退还、农村征迁生产安置、搬迁安置、集中安置点基础设施、农副业迁建、企事业单位迁建、影响处理、专业项目、用地手续办理、资金计划执行情况和资金使用管理等内容逐村逐户逐项进行验收。许昌市级验收委员会形成《河南省南水北调中线干线工程许昌市征迁安置市级初验意见书》，通过市级初验。许昌市在全省率先完成市级初验。

（盛弘宇）

【郑州市干线征迁】

2018年完成干线征迁验收及干渠两岸保护工作。按照年度计划目标和省移民办的工作要求，完成南水北调中线干线征迁县级自验、市级初验和省级验收工作。配合郑州市有关部门开展中央第一环保督查组“回头看”工作，完成迎检任务；联合河南分局郑州段各管理处、沿线县市区南水北调办对干渠沿线一级水源保护区内的水污染源进行排查，下发协调整改通知，并进行督查检查。根据国家生态环境部印发的《关于开展2018年城市黑臭水体整治环境保护专项行动的通知》，协调郑州管理处对贾鲁河南水北调1.5km处黑水体治理工作。协调处理干渠征迁遗留问题，对干渠沿线征迁中出现的矛盾纠纷进行排查化解。督促指导各县市区按省政府移民办要求对征迁未完成项目督促实施，对新增影响项目进行指导。配合沿线建管单位加快跨渠桥梁移交并完成干渠沿线村道、机耕道跨渠桥梁维护费补助协议签署及下拨工作。制定2018年干渠防汛度汛方案及应急预案，并报市防汛办，对郑州市南水北调沿线各防汛隐患点统一排查，对排查出的隐患点督促协调有关责任单位进行整改。进行南水北调水源保护区调整工作，完成干渠保护区内新建扩建项目位置确认函225份。干渠两侧水源保护标志标牌建设工作完成招投标，施工单位正在施工。

（刘素娟　罗志恒）

【焦作市干线征迁】

南水北调中线工程在焦作全长76.41km，征迁工作全部完成，共向工程提交建设用地3.15万亩，其中永久用地1.58万亩，临时用地1.57万亩；共拆除各类房屋74万m^2；建城市安置小区3个、农村居民点10个，总建筑面积65万m^2，安置搬迁群众4368户1.76万人；迁建企事业单位62家；迁复建水、电、气、通信等专业项目708条（处）。2018年开展征迁验收工作。5月4日，温县在全省率先完成县级自验。截至6月10日，全市8个县市区全部完成县级验收工作。焦作市南水北调办按照省征迁安置验收细则，分别对各县区按20%的比例进行抽查。6月14～15日，焦作市南水北调中线干线征迁安置验收委员会组织开展市级征迁安置验收工作，通过市级验收。6月27日焦作市干线征迁通过省级验收。

（樊国亮）

【焦作市城区办干线征迁】

南水北调焦作城区段工程西起丰收路，东至中原路，长10km，征迁工作涉及解放、山阳两个城区3个办事处13个行政村。2009年3~10月，完成干渠2440户9317人、52.38万m^2的征迁任务。2017年3~7月，完成绿化带4008户1.8万人、176万m^2的征迁任务。

2018年，按照省政府移民办和省南水北调办的统一部署和市委市政府安排，完成干渠征迁安置验收工作，加快推进33.7万m^2安置房建设，督促解放、山阳两城区完成绿化带征迁建筑垃圾清运工作。

干渠征迁安置验收　按照省政府移民办和省南水北调办对征行安置验收的总体要求，组建以市政府分管副市长为主任的市级初验委员会，成立征迁安置、资金、档案三个专项工作组，建立验收责任管理体系。以档案工作为重点，全面收集、规范整理，共整理干渠征迁安置各类档案6469卷（册、张）。其中：综合管理类4026件，搬迁安置类826件，资金管理类1121件，科技信息类44件，安置户档案12卷，会计档案192册，专业项目建设类6卷，声像档案146张，实物档案30件，资料类66本。2018年6月，完成干渠征迁安置验收区级自验、市级初验工作，8月通过省级验收。

绿化带工程建设　2018年3月按照市委市政府统一部署，开展南水北调焦作城区段绿化带工程建设。创新建设模式，按照PPP项目有关规定和程序，招标确定中建七局作为社会资本方承担绿化带建设任务，项目引进资金29.85亿元，成为全市规模最大的PPP项目。创新工作理念，坚持“全冠种植、原冠移栽、一次成景、一步到位”，确保绿化带建设效果，并实行“建成一段、验收一段、开放一段”，倒逼加快建设进度，让广大市民尽早享有获得感、幸福感、自豪感。创新设计内容，落实省委书记王国生焦作市调研讲话精神，协调设计单位进一步完善绿化带融入文化元素设计方案，在南水北调纪念馆增设南水北调精神教育基地，在纪念馆周边设置如火如炬、如歌长卷、担当奉献等主题雕塑，在南水北调第一楼区域建立南水北调精神干部培训点，宣传弘扬南水北调精神。创新施工组织，实行“绿化、道路、主题建筑5个标段统筹兼顾，乔木种植与地被绿化同步施工，地面清表与绿化美化压茬推进，绿化工程与配套设施交叉作业，业主、设计、施工、监理齐抓共管”，加快工程进度，强化质量监督管理。创新工作机制，建立“五个一”工作推进机制、“三级联动”“三不过夜”“四方到位”问题处理机制和“一组三超越”质量保障体系，实行原材料采购超越设计要求一个级别，质量管控超越国家优级标准一个档次，施工现场超越国家AAA安全文明标准，勇创“中国建筑工程鲁班奖”。截至2018年底，共完成绿化种植1350亩，种植乔木2.2万余株。“水袖流云”示范段向公众开放。南水北调纪念馆、第一楼开工。《以水为魂、以文为脉 焦作打造南水北调中线靓丽风景线》被中央网信办全网推广。

安置房建设 2018年，筹备召开指挥部工作例会6次、安置房建设推进会2次，研究解决土地出让周转金筹集、燃气设施费用补助、考古发掘缺口资金、已建安置小区超面积处理等20多个问题。绿化带剩余的33.7万m^2安置房中，2.79万m^2主体工程完工，27.11万m^2在建，3.8万m^2正在办理相关手续。

干渠防汛 协调南水北调焦作管理处制定南水北调城区段干渠2018年度度汛方案和度汛应急预案，对城区段干渠全面排查防汛安全隐患，严格执行24小时防汛值班制度。2018年南水北调城区段安全度汛。

资金使用管理 截至2018年底，累计收到干渠补偿资金6.728亿元，拨付各类资金6.68亿元，资金拨付率99.4%。资金管理严格履行资金审批程序，根据规划报告和上级下达的资金文件，经专人审核和领导联签审批后及时拨付，确保资金安全运行高效。

（李新梅）

【新乡市干线征迁】

2018年，新乡市南水北调办开展干渠征迁安置验收工作，按照省政府移民办统一安排筹备干渠新乡段征迁安置验收工作，市县均成立以政府分管领导为组长的验收委员会，档案、资金、征迁三个组按计划逐步完成县级、市级、省级验收，新乡市南水北调中线干线征迁验收工作完成。

（吴 燕）

【鹤壁市干线征迁】

南水北调中线工程鹤壁段长29.22km，涉及鹤壁市的淇县、淇滨区、开发区3个县（区）9个乡(镇、办事处)36个行政村。设计规划工程建设用地14159亩，其中永久用地6032亩，临时用地8127亩，布置各类交叉建筑物55座。设计规划工程建设搬迁涉及5个行政村249户840人，拆迁房屋面积5.5万m^2；拆迁涉及企事业单位、副业25家，国防光缆25km，低压线路125条（处），影响各类专项管线173条（处）。鹤壁段设计规划征迁安置总投资5亿多元。截至2018年底，累计完成征迁安置投资7.26亿元（含市本级拨支数），为规划额的145%，2018年共计下达南水北调干渠征迁安置资金434.83万元。截至2018年12月31日，南水北调中线工程鹤壁段7083.44亩临时用地全部复垦退还到位。

2018年协调解决干线征迁遗留问题，完成新增鹤壁管理处出行道路3.2亩永久用地移交工作；淇县高村镇修建道路工程款问题；淇滨区10号营地吴红喜边坡护砌补偿费问题；淇滨区快速路西引道南岸和JQ3-6弃渣场进场道路水保措施方案变更工作。按期完成南水北调中线干线工程淇县、淇滨区、开发区征迁安置县级自验工作以及市级初验工作，配合省政府移民办完成省级终验工作。完成市本级及淇县、淇滨区、开发区南水北调干渠征迁安置未完投资确定、审批、上报工作。5月省政府移民办委托中介机构对鹤壁市完工验收阶段资金进行审计，鹤壁市南水北调办对提出的问题迅速进行整改完善。6月20～22日配合河南省南水北调中线干线工程完工阶段征迁安置省级技术验收资金组对鹤壁市市本级、淇县、淇滨区及开发区资金验收进行检查及评定工作并通过验收。5月2～28日，国务院南水北调办派出审计组（委派北京中天正旭会计师事务所有限公司）对河南省南水北调征地移民系统2017年度中线干线征地移民资金的使用和管理情况进行审计，对审计组提出的1个问题立整立改，并在审计期间整改到位。

（刘贯坤　李　艳）

【安阳市干线征迁】

安阳市南水北调中线干线征迁安置涉及汤阴县、龙安区、文峰区、高新区、殷都区5个县区，分安阳段、汤阴段、穿漳工程3个设计单元和安李铁路桥、汤鹤铁路桥、浚鹤铁路桥3个单项工程。

2018年4月24日，在汤阴县召开南水北调中线干线现场会，总结推广汤阴县在征迁安置验收工作中的成功经验，推动全市征迁安置验收工作按期完成。截至6月5日，南水北调中线干线征迁安置验收工作涉及的5个县区全部完成县级自验工作。6月14日，南水北调中线干线工程征迁安置市级验收会议召开，通过市级初验。

按照省政府移民办工作安排，7月25日前完成南水北调干渠征迁安置市级初验意见书和征迁安置实施管理工作报告整改工作。《河南省南水北调中线干线工程安阳市征迁安置市级初验意见书》和《河南省南水北调中线干线工程安阳市征迁安置实施管理工作报告》（审定稿）于8月10日前按要求以市南水北调工程建设领导小组文件上报至省政府移民工作领导小组。省政府移民工作领导小组于8月27～30日在郑州召开省级验收会议，通过省级验收。

按照南水北调征迁安置档案管理实施办法等文件要求，联合省南水北调办、市县档案局等部门对安阳市南水北调干渠征迁安置档案进行收集归档，对各类文件资料进行分类组卷、整理编目。截至2018年共整理归档南水北调中线工程征迁安置各类档案6489件（卷），其中综合管理类4399件，资金管理类1151件，科技信息类11件，会计档案465卷，专业项目建设类17卷，声像档案278件，实物档案168件。经档案专项验收工作组综合评议，符合档案管理归档要求，案卷质量符合规定。

（李志伟）

古道弦北调

拾 政府及传媒信息

政府信息选录

南水北调河南段文保成果展在郑州博物馆开展

2018年1月3日

来源：郑州市政府

1月1日，“长渠缀珍——南水北调中线工程河南段文物保护成果展”在郑州博物馆开幕，市委常委、宣传部长张俊峰，市人大常委会副主任法建强，副市长刘东，市政协副主席吴晓君出席开幕式。

由河南省文物局、郑州市文物局联合主办的此次展览共展出遗址70个，展出中线干渠在河南所流经的南阳、平顶山、许昌、郑州、焦作、新乡、鹤壁和安阳八个地市出土的精品文物3800余件，上迄远古，下至明清，全面展示了源远流长、辉煌璀璨的中原文明。

据了解，南水北调中线工程中，河南省累计实施369项文物保护项目，完成考古发掘面积90多万平方米，抢救出土10万余件珍贵文物，再次彰显出河南作为华夏文明传承创新区名实相符，郑州更是居于中华文明传承发展的核心位置。

郑州地处“天地之中”，历代为中华民族腹心重地。南水北调中线工程干渠在郑州流经的区域，发现的古遗址、古墓葬极为丰富。从8000年前的裴李岗文化聚落，到3000多年前的商代晚期遗址，从与东虢相关的两周古城到战国韩国的韩王陵墓，重要发现连续不断。其中荥阳关帝庙遗址、荥阳娘娘寨遗址、新郑唐户遗址、新郑胡庄韩王陵等考古遗址项目分别入选历年全国“十大考古新发现”，在南水北调中线工程文物保护成果中获得了诸多殊荣。

河南省人民政府门户网站责任编辑：陈静

首个县级申报亚行贷款获批 2亿美元保护南水北调源头水质

2018年3月16日

来源：河南日报

我省利用亚洲开发银行贷款进行南水北调中线源头（邓州）生态环境保护及综合治理项目，被国务院批准列入2018-2020年亚行贷款规划。记者3月14日从省财政厅获悉，该项目是我省首个县级独立申报且获批的亚行贷款项目，将获得亚行长期优惠贷款2亿美元。

该项目以南水北调中线源头邓州市辖区为重点区域，进行河道生态恢复及湿地保护建设，开展农村面源污染、生活垃圾焚烧及污水处理等环境综合治理，实施绿色公交、供水配套设施、地下管廊、道路桥梁等新型城镇化基础设施建设等。

省财政厅有关负责人表示，项目的实施不仅可为邓州市新型城镇化建设及生态环境保护提供有力资金支撑，还将为我省县域经济发展和百城建设提质提供成功示范，有效保护南水北调源头水质。（记者 樊霞）

河南省人民政府门户网站责任编辑：银新玉

南水北调中线工程首次向南阳市生态补水

2018年5月4日

来源：南阳市政府

自4月中旬起，南水北调中线一期工程通过总干渠白河退水闸，以20立方米/秒的流量，向白河实施生态补水。这是南水北调中线一期工程运行三年多以来，首次正式向南阳市进行生态补水。

根据当前汉江水情和丹江口水库蓄水水位偏高的实际情况，统筹考虑水库防洪、受水区供水状况，南水北调中线一期工程决定在4月到6月期间，向受水区启动生态调度，在优先保障年度水量调度计划和水库月末水位控制的前提下，合理安排生态补水调度规模和方案。

根据市水利局和市南水北调中线工程领导小组办公室上报生态补水计划，南阳市生态补水规划包括白河流域生态补水和方城县、唐河县生态补水。白河流域生态补水主要是补充白河城区段以下生态用水。继白河生态补水实施之后，近期将通过方城县清河退水闸、贾河退水闸及方城9号供水口门向清河、贾河和潘河进行生态补水；通过唐河县半坡店7号供水口门，向唐河实施生态补水。

生态补水是南水北调中线一期工程基本供水职能之一，主要是在丹江口水库水量充沛的时候，通过相关退水设施，向沿线河流进行生态补水，有效改善河道水生态环境，补给地下水资源。

河南省人民政府门户网站责任编辑：王靖

平顶山市南水北调生态补水工作全面开始

2018年5月15日

来源：平顶山市政府

5月9日18时，随着一声令下，南水北调中线工程平顶山澧河退水闸闸门打开，滚滚丹江水进入澧河，开始进行生态补水。随着澧河退水闸的开闸补水，按照全省安排，平顶山市3个退水闸全面开始5600万立方米的生态补水工作。

按照水利部办公厅《关于做好丹江口水库向中线工程受水区生态补水工作的通知》要求，在保障完成2017-2018年度水量调度计划的前提下，平顶山市按计划开展生态补水工作。此次生态补水计划通过澧河退水闸向澧河补水1000万立方米，通过沙河退水闸向白龟山水库、沙河补水3000万立方米，通过北汝河退水闸向北汝河、沙河补水1600万立方米。

北汝河退水闸已于4月17日13时30分开始补水，沙河退水闸已于4月28日14时开始补水。截至5月10日8时，北汝河退水闸已补水563.06万立方米，沙河退水闸已补水197.46万立方米，澧河退水闸已补水10.08万立方米。

清澈的丹江水为我市注入了生机和活力，提升了生态景观效果，对气候的调节、生态环境的保护都有积极意义，也为市民休闲娱乐提供了良好的水环境。

河南省人民政府门户网站责任编辑：张琳

焦作市南水北调绿化带基础设施建设工程启动

2018年6月7日

来源：焦作市政府

为进一步贯彻落实省委书记王国生莅焦调研重要讲话精神，焦作市南水北调绿化带项目正在全力以赴加快工程建设步伐。目前，在先期绿化工程建设完成的园区，配套基础设施建设已经启动。

6月1日，记者跟随市南水北调建设发展有限公司相关负责人到南水北调民主路桥东侧施工现场了解情况。记者在该园区看到，各类乔灌木、地被植物错落其间、绿意盎然，随处可见的绿化景观小品已具雏形，绿化区域内的公益广告牌和苗木标志牌已经立好，预留的园路、建筑等基础设施建设用地已全部完成防尘网覆盖工作。

“群英河与友谊路之间的南水北调渠两侧先期绿化已经完成，共整理土地约35万平方米，种植苗木约4000株，栽植灌木、地被植物约8万平方米。”绿化施工现场相关负责人介绍。

记者在该园区还发现，部分预留的园路已经完成石子铺设，一台大型挖掘机在远处正对预留的园路进行开挖作业。“为确保园路与周边绿化景观的契合度，进一步提升园路建设质量，我们对预留园路深挖50厘米，再铺设石子进行硬化。”施工现场负责人告诉记者，焦作市南水北调绿化带沿线园区道路都将采用同样的方法施工，确保园区道路整体建设品质。

此外，焦作市南水北调绿化带沿线施工工地计划投入5000万元，用于落实环保要求、做好扬尘治理工作。目前已投入500万元。

河南省人民政府门户网站责任编辑：陈静

南水北调首次向北方大规模生态补水结束河南省接受生态补水5.02亿立方米

2018年7月2日

来源：河南日报

7月1日，记者从河南省南水北调办了解到，南水北调中线工程今年4月以来首次向北方进行大规模生态补水，到6月30日全面完成补水任务，累计向北方补水8.68亿立方米，其中向我省补水5.02亿立方米。

据介绍，按照南水北调中线工程规划，如果丹江口水库水量丰沛，在保障沿线城市饮用水供应之外，可以向沿线地区进行生态补水。也就是说，在丹江口水库水量足够多的情况下，沿线受水地区用水除饮用外，还可以用来改善本地水生态环境。过去五六年，丹江口上游来水量少，属于枯水期，自去年秋天起，丹江口库区来水量变大，进入丰水期。针对汉江水情和丹江口水库水位偏高等实际情况，水利部决定，今年4月至6月，南水北调中线工程首次正式向北方进行生态补水。

从4月17日起，南水北调中线总干渠通过18个退水闸和4条配套工程管道向我省进行生态补水，惠及南阳、漯河、平顶山、许昌、郑州、焦作、新乡、鹤壁、濮阳、安阳等10个省辖市和邓州市。我省受水区各地围绕“多引、多蓄、多用”的原则，完善优化补水方案，科学调度，加强巡逻，确保补水安全。6月30日，省内沿线退水闸全部关闭，生态补水任务全部完成。据统计，两个多月来，南水北调中线工程对我省生态补水5.02亿立方米。

南水北调生态补水明显改善了我省水生态、水环境。通过补水，我省沿线受水地区地下水位明显上升，河湖水质得到显著改善，沿线群众因生态补水带来的幸福感普遍增强。

今年生态补水，南阳市受水最多，白河城区段，清河、潘河方城段河流水质得到明显改善。6月28日，在南水北调中线工程白河退水闸，丹江水从闸门呼啸而过，流入白河河道中。下游白河湿地公园内荷花盛开，市民们纷纷在水边、荷花旁留影。在白河光武大桥附近，63岁的市民杜先生正在钓鱼：“最近白河水质明显变好，钓起来的鲫鱼浑身白亮亮的。”

在平顶山市，北汝河、沙河、澧河水量明显增加，白龟山水库生态景观明显改善。许昌市则利用生态补水对当地河湖水系水体进行了置换。在省会郑州，今年5月20日，丹江水首次流入尖岗水库，并经尖岗水库流入金水河和贾鲁河，水库及河道水质显著改善。焦作市置换了市区龙源湖的全部水体，为当地居民创造了更好的休闲环境；修武县郇封岭地下漏斗区水位明显提升。安阳市安

阳河、汤河水质大为改善，由补水前的Ⅳ类、Ⅴ类水质提升为Ⅲ类，受到沿线群众欢迎。（记者　高长岭）

河南省人民政府门户网站责任编辑：陈静

南水北调入密工程顺利通水 年分配水量2200万立方米

2018年7月24日

来源：郑州市政府

记者7月23日从郑州市南水北调办获悉，南水北调引水入密工程已于近日顺利通水。

新密市近几年水资源严重短缺，城市居民生活用水极度困难，为此，郑州市委、市政府和新密市委、市政府科学决策，确定实施南水北调引水入密工程。该工程是通过南水北调总干渠22号口门泵站引水入尖岗水库，再从尖岗水库通过新建的提水泵站输水至新密，通过水权交易南水北调年分配水量2200万立方米。

新密市要用上“南水”，保障性工程有两部分，一是南水北调22口门泵站提水入尖岗水库的充库工程，二是在尖岗水库上游新建提水泵站提水至新密水厂的输水工程，包括取水工程、输水工程、调蓄工程、水厂工程及供水工程。

河南省人民政府门户网站责任编辑：赵檬

河南省文物局检查指导 南水北调库区文物保护验收工作

2018年8月8日

来源：河南省文物局

7月31日至8月1日，河南省文物局文物保护与考古处处长张慧明、博物馆处处长康国义、计划财务处处长孔祥珍、南水北调文物保护办公室主任张志清一行到南阳市淅川县检查指导南水北调库区文物保护验收工作。

检查组一行实地检查了丹江库区优秀民居搬迁保护工程、出土文物整理基地和考古发掘资料，并在淅川县文广新局会议室召开座谈会，传达南水北调库区文物保护技术验收的工作安排，强调要高度重视文物保护技术验收工作，组织专门队伍，按照省文物局印发通知的验收内容和时间节点，高质量、高标准做好验收准备工作。要重点做好搬迁民居的环境整治和工程资料整理、考古发掘资料建档、出土文物移交、资金管理和南水北调民俗博物馆陈列设计布展等工作。南阳市文物局和有关单位要加强业务指导，督促完成各项准备工作。

座谈会还通报了全省文物安全工作情况，对加强水库消落区田野文物安全巡护、整理基地安全防范和基本建设考古勘探发掘和文物保护工作提出了明确要求。南阳市文物局局长赫玉建、淅川县委常委宣传部长梁玉振等陪同检查并参加座谈。

河南省人民政府门户网站责任编辑：陈静

河南省南水北调干线 征迁安置工作通过验收

2018年8月31日

来源：河南政府网

8月30日，我省南水北调干线征迁安置工作通过省级验收。副省长武国定参加验收会并讲话。

据介绍，我省南水北调干线长731公里，征迁安置工作自2005年9月启动，至去年5月基本完成。工程建设用地36.9万亩，涉及43个县（市、区）944个行政村，搬迁安置4.73万人。征迁安置验收委员会认为，我省南水北调干线工程征迁安置工作已按计划完成任务，同意通过验收。

武国定指出，我省在征迁安置工作中形成了“河南速度”“河南质量”，创造了水利移民史上的奇迹。要切实抓好征迁后续工作，对存在的问题，要高度重视，研究对策，强化责任，彻底整改。要始终坚持以人民为中心的发展思想，认真落实“搬得出、稳得住、能发展、可致富”的要求，着眼长远，科学谋划，着力办好民生实事、抓好产业发展、推动乡村振兴，努力实现搬迁群众发展致富的目标，确保全面小康路上一个都不少。（记者　高长岭）

河南省人民政府门户网站责任编辑：王靖

亚行贷款南水北调（河南邓州）生态环境治理项目备忘录签字仪式在邓州市举行

2018年9月4日

来源：河南省人民政府外事侨务办公室

日前，邓州市举行了亚行贷款南水北调（河南邓州）生态环境治理项目备忘录签字仪式，亚行生态环境部水资源专家特派团团长Rabindra Qsti（欧斯丁先生）、亚行北京代表处高级设计师杨晓燕、邓州市委常委、常务副市长贺迎出席签字仪式。

亚洲开发银行贷款南水北调中线源头（河南邓州）生态保护及综合治理项目，总投资约3.06亿美元，其中亚行贷款2亿美元。该项目为我省获批的首个县级独立实施的亚洲开发银行贷款项目，资金将用于生态环境保护和综合治理项目。该项目主要涉及水生态综合治理、环境综合治理、环境保护基础设施建设和机构功能提升等领域；项目实施包括水源地生态修复、湍河区域环境综合整治、截污治污工程和水资源利用等内容，计划建设区域的人工湿地改造，湍河及河道生态保护，建设水厂及管网配套若干工程等。

项目落实后将以保护南水北调中线水源水质为中心，从源头上控制汉江流域和丹江口水库的污染，改善汉江支流湍河的生态环境，改善农村居民的饮水安全，完善城市基础设施建设，改善居民出行条件，实现社会、经济和生态环境的和谐发展。

河南省人民政府门户网站责任编辑：王靖

周口市南水北调西区水厂正式通水实现南水北调供水全覆盖

2018年10月8日

来源：周口市人民政府

10月1日上午7时许，随着闸门的开启，干净的丹江水源源不断涌向沉淀池，经过一系列净化处理后，优质的丹江水通过管道来到居民家中。周口市南水北调西区水厂正式通水，标志着整个中心城区实现了南水北调供水全覆盖。

据介绍，周口市的南水北调配套工程由干线10号口门经平顶山、漯河到达周口市。工程采用全管道输水方式，途径商水县、川汇区、开发区、东新区等4个县（区），总长51.85公里，全市规划建设水厂3座，其中主城区2座（东区水厂和西区水厂），商水县1座。而周口市南水北调西区水厂支线供水工程为设计变更工程，由支线向二水厂供水变更。该工程管道铺设从永丰路经太昊路、莲花路、黄河路、交通路到达银龙水务有限公司二水厂。

周口银龙水务有限公司总工程师张建华说：“西区水厂总设计规模是日供水7万立方米。西区水厂通水后，市区八一路以西，沙颍河以南的区域也全部用上了南水北调的优质水。再加上东区水厂，中心城区实现了南水北调供水的全覆盖。”

周口南水北调办公室总工程师袁玉石告诉记者，东区水厂和商水水厂已经于前年通水，西区水厂通水后，周口每年的分配用水量是1.03亿立方米，周口城区每年9180万立方米，商水每年为1120万立方米。

河南省人民政府门户网站责任编辑：刘成

南水北调中线工程开放日活动在安阳市举行

2018年10月17日

来源：安阳市人民政府

10月16日，南水北调中线建管局河南分局在我市南水北调安阳河倒虹吸工程现场举行2018年南水北调中线工程开放日活动。副市长刘建发，南水北调中线建管局河南分局局长于澎涛出席活动。

刘建发一行在活动现场认真观看宣传展板，详细了解南水北调建设历程、水质自动检测流程等相关情况，并观看《看见南水北调中线》纪录片。刘建发对南水北调中线干线安阳管理处近年取得的成绩给予充分肯定。他指出，开放日活动非常有意义，进一步提升了南水北调的社会认知度，让全社会、全民都参与进来，共同关注、保护南水北调工程，确保一渠清水永续北送。

刘建发强调，一是继续建好南水北调配套工程，并规划好向我市西部地区供水。各级各相关部门要加大协调推进力度，完善工作机制，争取早开工、早见效，让人民群众早受益。二是加强南水北调水源管理和保护，坚决杜绝一切污染源。要加强对南水北调工程的日常巡逻和监管，全面落实最严格水资源管理制度，保障南水北调水质安全。三是科学合理利用水资源，引导广大市民群众树立节水意识。要充分发挥南水北调工程的生态功能，优化水资源配置，持续改善我市水环境质量，切实维护河湖健康生命。

河南省人民政府门户网站责任编辑：王喆

坝道工程医院河南水利与南水北调分院成立

2018年11月2日

来源：河南省水利厅

10月30日，坝道工程医院河南水利与南水北调分院成立大会在郑州举行。省水利厅厅长孙运锋出席会议并致辞，中国工程院院士王家耀、王复明应邀出席大会。省水利厅副厅长杨大勇，河南省南水北调中线工程建设领导小组办公室副主任杨继成，以及来自40多家单位的200多名专家学者和代表参加会议。

坝道工程医院是由王复明院士最早提出并发起成立，是全球首家专为基础工程设施“诊治疾病”的医院。医院通过搭建开放共享平台，汇聚人才技术及信息资源，整合互联网、物联网、大数据及人工智能等现代技术，构建基础工程“体检—诊断—修复—抢险”综合服务体系。

坝道工程医院河南水利与南水北调分院由河南省水利勘测设计研究有限公司、华北水利水电大学、郑州大学水利与环境学院、南水北调中线干线工程建设管理局河南分局、南水北调中线干线工程建设管理局渠首分局、河南省水利科学研究院、河南省水利勘测有限公司、河南省水利第一工程局、河南省水利第二工程局等九家单位共同发起成立，目的是借助工程医院总院的高端技术力量，筑起工程技术人员交流成果、切磋观点、增进合作、迸发创新火花的技术高地，更好地服务河南水利与南水北调等基础设施的建设与维护。

孙运锋代表省水利厅对坝道工程医院河南水利与南水北调分院的成立表示祝贺，并表示河南水利系统将全力支持坝道工程医院工作，为医院顺利开展工作营造良好氛围。

成立大会后，举行了水利工程安全与防护高端论坛，有关专家学者分别作了学术报告。

河南省人民政府门户网站责任编辑：李瑞

全国政协委员来豫调研 充分发挥南水北调中线工程效益 服务经济社会发展和生态文明建设

2018年11月4日

来源：河南日报

10月29日至11月2日，全国政协提案委员会副主任郭庚茂、戚建国、臧献甫和部分住京津冀全国政协委员来豫，就“充分发挥南水北调中线工程效益”进行专题调研。调研组11月2日在郑州召开座谈会，听取我省有关情况介绍。省政协主席刘伟主持会议。

座谈会上，调研组对河南在南水北调中线工程建设中作出的贡献和取得的成绩给予充分肯定。郭庚茂强调，要强化战略思维，聚焦发挥供水能力、保障供水安全、加强水生态建设等问题，精准提出建议，助力南水北调中线工程取得更大效益，为沿线地区经济社会持续健康发展提供有力支撑和保障。戚建国指出，要深刻认识充分发挥南水北调中线工程综合效益的重大意义，完善体制机制，加强对口协作，科学规划、积极建设调蓄水库等配套工程，做好这项宏伟工程的下半篇文章。臧献甫建议，探索建立沿线地区共建共享机制，共同努力保护好水质，解决供水隐患，扩大供水范围，确保一渠清水永续北送。

刘伟代表省委书记王国生、省长陈润儿，对全国政协提案委员会关心支持南水北调中线工程建设和河南工作表示感谢。他指出，要以习近平生态文明思想为指导，认真梳理归纳调研组提出的意见建议，为形成高质量报告和提案做好基础工作，在充分发挥南水北调中线工程效益、促进生态文明建设等方面贡献政协力量。

在豫期间，调研组一行深入南阳、许昌、郑州等地，实地察看南水北调中线工程综合利用、水源地生态保护和脱贫攻坚等情况。

全国政协委员、天津市政协副主席张金英，解放军报社原副总编辑陶克等参加调研。副省长徐光在会上介绍有关情况，省政协副主席李英杰和秘书长王树山参加座谈会，省政府有关部门负责人与调研组成员进行了互动交流。 （记者 刘亚辉 李 点）

河南省人民政府门户网站责任编辑：刘成

省环保厅厅长王仲田深入南水北调中线渠首环境监测应急中心调研

2018年11月9日

来源：河南省环保厅

11月5日，省环保厅厅长王仲田深入南水北调中线渠首环境监测应急中心调研。王仲田指出，要深入学习贯彻习近平生态文明思想，着力锻造一支对党忠诚、作风优良、业务精湛、乐于奉献的优秀年轻干部队伍，全

力把渠首环境监测应急中心打造成全国环境监测系统的标兵，为一渠清水永续北送作出更大贡献。

在南水北调中线工程水源地水质监测监管系统沙盘旁，王仲田认真听取渠首中心项目建设背景、职能规划、监测应急能力等基本情况和中线工程通水以来的监测应急工作开展情况汇报，详细询问了业务流程、人员结构、生活条件等，并亲切慰问中心全体干部职工。

在宽敞明亮、干净整洁、现代化的监测实验室里，王厅长向实验人员认真询问了仪器设备性能、业务范围、监测频次等情况，他语重心长地问："工作怎么样？生活怎么样？条件比较艰苦，你们适应不适应？有什么问题和困难要向我反映"，大家情真意切地答："市局党组非常关心我们，在这里工作很顺利，我们很满意，为了调水沿线人民能喝上干净、放心的丹江水，再苦再累我们都值得"，王厅长对渠首中心取得的成绩给予充分肯定，勉励大家说：目前中心条件艰苦且远离市区，但越是在艰苦条件下，越能锻炼人的意志，我们要把这些不利因素，转化为我们事业发展的有利因素，大家要把心思放在工作、业务、学习上，齐心协力让每位同志都能锻炼成一专多能的全能型人才。

王仲田指出，渠首环境监测应急中心具备地表水109项全分析监测能力，这在全省环境监测系统也是屈指可数的，渠首环境监测应急中心干部职工队伍年轻，学历高，干劲足，团队整体充满激情与活力。在今后的工作中，要深入学习贯彻习近平生态文明思想，立足一渠清水永续北送这个根本目标，要再接再厉，勤勉工作，力争把渠首监测应急中心这支队伍打造成全国的先进集体和全国环境监测系统的标杆。

当得知渠首中心宿舍楼年久失修，员工居住条件较差的实际情况时，王厅长指出，一定想尽办法，解决大家的住宿问题，争取在2019年将宿舍楼主体建设完工，为同志们营造一个拴心留人的工作生活环境；要多为渠首监测应急中心寻找载体，承担一些科研培训任务，全方位地把渠首中心打造成为一个全省人才储备基地。

王仲田强调，渠首监测应急中心的同志们要有团队意识，擦亮品牌，群策群力，深入思考讨论这里怎样能打造成一个靓丽的平台，怎样努力争创全国先进单位，怎样能培养出更多的高科技人才，怎样能出更多的科研成果，全力把整体监测应急任务做的让引水干渠沿线人民放心，这是我们工作的底线。

聆听着王厅长的殷殷嘱托，渠首监测应急中心全体人员纷纷表示，一定会牢记王厅长的谆谆教诲，忠诚担当、克难攻坚，坚决打造一支政治强、本领高、作风硬、敢担当，特别能吃苦、特别能战斗、特别能奉献的环保监测铁军，为确保调水水质安全再立新功。

河南省人民政府门户网站责任编辑：李瑞

南阳市召开南水北调中线干渠沿线涉河水环境整治“雷霆”行动紧急动员视频会

2018年11月12日

来源：南阳市人民政府

11月7日，南阳市召开南水北调中线干渠沿线涉河水环境整治“雷霆”行动紧急动员视频会。副市长李鹏出席并讲话。

会议传达了《南阳市河长制办公室关于印发〈南水北调中线干渠涉河水环境整治“雷霆”行动实施方案〉》，方案指出，自当日起，将在南阳市开展为期一个月的针对南水北调中线干渠沿线涉河水环境整治“雷霆”行动。李鹏在讲话中指出，各级各相关部门要提高站位，主动担责，迅速行动，全面排查问题，切实整改到位。要对干渠沿线水环境存在的乱排乱放、乱搭乱建、乱倾乱倒等“五乱”现象逐段排查，找准问题症结，细化责任到人，确保整改取得实效。要严格落实河长制，做到守河有责、守河尽责。要建立长效机制，强化监督检查，确保“一泓清水永续北送”。会后，李鹏还到鸭河口水库进行巡查指导。

河南省人民政府门户网站责任编辑：王靖

南水北调纪念馆南水北调第一楼开工建设 于合群王国栋王小平徐衣显等出席开工仪式

2018年11月19日

来源：焦作市人民政府

备受关注的南水北调焦作城区段绿化带建设项目又传来好消息！11月16日上午，南水北调纪念馆、南水北调第一楼举行开工仪式，南水北调中线工程建设管理局局长于合群，省南水北调办公室主任王国栋、副主任杨继成等莅焦指导。市委书记王小平宣布南水北调纪念馆、南水北调第一楼开工，市委副书记、市长徐衣显致辞，市领导杨娅辉、胡小平、王建修、路红卫、杨文耀、葛探宇、武磊、闫小杏等出席开工仪式。

为了弘扬焦作人民为南水北调工程“舍小家为国家”的奉献精神，焦作市在人民路与普济路交会处西北侧处打造一个集展示、教育、文化、记录、体验为一体的综合性南水北调纪念馆。在中原路东、总干渠北建设总高109.32米，展现焦作地方人文历史，具有望山、观水、地标、展陈等功能的南水北调第一楼。

于合群在讲话中高度评价了焦作干部群众为国家重点工程建设作出的巨大牺牲。他说，南水北调工程功在当代、利在千秋，事关国计民生、百姓福祉。南水北调中线建管局将一如既往地对焦作南水北调工作给予大力支持。希望焦作市和绿化带参建各方继续发扬“忠诚担当、顽强拼搏、团结协作、无私奉献”的南水北调焦作精神，再接再厉，切实加快工程进度，严格把控工程质量，坚决把绿化带项目打造成南水北调总干渠水质保护的亮点工程，把南水北调纪念馆、南水北调第一楼铸造成为绿化带项目中的精品工程，把南水北调两侧建设成提升群众生活品质的民生工程，在决胜全面建成小康社会、开启新时代全面建设社会主义现代化新征程中作出焦作新的贡献。

徐衣显在致辞中说，南水北调焦作城区段绿化带工程是保护南水北调总干渠水质、确保一渠清水永续北送的一项政治工程，也是国家确定的南水北调旅游圈12处景观节点之一。南水北调纪念馆、南水北调第一楼是南水北调焦作城区段绿化带工程的地标性建筑，是打造“一馆一园一廊一楼”开放式带状生态公园的“点睛之笔”，也是展示南水北调整体形象、弘扬南水北调精神的亮点工程，对塑造城市特色、传承文化记忆、彰显城市文脉具有重要意义。

徐衣显强调，全市上下要以此次开工仪式为契机，继续弘扬南水北调焦作精神，凝聚力量、加压奋进，掀起南水北调焦作城区段绿化带工程大干快上的热潮。各有关部门要牢固树立“一盘棋”思想，密切配合、通力协作，及时解决建设中的困难和问题，为项目推进提供最优质的服务。各参建单位要认真履行主体责任，强化目标管理，加强组织调度，采取有力措施，确保工程严格按时间节点推进，确保工程严格按环保要求施工，真正把南水北调纪念馆、南水北调第一楼建设成为精品工程、生态工程、廉洁工程、民心工程。

中建七局负责人代表参建单位、解放区负责人代表项目所在地单位作表态发言。

作为南水北调绿化带重要组成部分的南水北调纪念馆、南水北调第一楼，由中国美院设计，中建七局承建，建设周期为24个月。

河南省人民政府门户网站责任编辑：陈静

南水北调：一泓碧水润古城安阳

2018年11月22日

来源：安阳市人民政府

“盼了好久，可算把丹江水盼来了。丹江水又清又甜，烧开后没有水垢，老百姓都很高兴。”11月13日，汤阴县居民于海生拧开家里的水龙头，接了一碗水，回忆起通水首日的喜悦。

汤阴县是我市首个喝上南水北调水的地方。2015年12月25日，汤阴县第一水厂正式通水,南来之水润泽千年古县，我市实现接用丹江水的“零突破”。

南水北调中线总干渠从丹江口水库陶岔渠首闸引水，经黄淮海平原西部边缘沿京广铁路西侧北上，自流到北京、天津。渠道工程在我省全长731公里，占中线工程全长的57%，途经南阳、平顶山、许昌、郑州、焦作、新乡、鹤壁、安阳8个省辖市。配套工程通过39个分水口门向11个省辖市34个县（市）区的83座水厂供水，输水线路总长1000公里，直接受益人口2000多万人。

总干渠安阳段是省管项目首开工段，2006年9月28日开工建设。2014年12月12日，南水北调中线总干渠实现正式通水，一渠清水流经我市直至京津冀。

“总干渠通水当天，市南水北调办所有工作人员都在现场，大家欢呼庆贺，甚至下到渠底，跟着水头跑。”回忆起南水北调中线总干渠通水当天的情形，市南水北调办建设管理科科长李存宾记忆犹新。

在长达8年的建设中，我市负责的各项征地拆迁任务在短时间内完成，共移交总干渠工程用地28246亩，为工程建设营造了良好的施工环境，也创造了南水北调征迁工作的“安阳速度”。

南来之水从总干渠流到群众家里，配套建设的输水管线发挥着重要功能。我市负责的4条输水管线建设工程于2012年11月27日开工，总长约120公里，涉及7个县（区）27个乡镇（街道）123个行政村，分别从总干渠3个分水口门（37号董庄、38号小营、39号南流寺）向安阳引水。

自配套工程开工以来的1000多个日日夜夜，所有参建人员在安阳百里战线上，始终奉行“质量第一”的信念，用心血和汗水浇筑出我市水利工程史上的质量丰碑。

“总干渠是明渠，通水实实在在看得见。配套工程是暗线，必须认真听管线内发出的声音，反复巡线，仔细判断工程质量，容不得一丝一毫懈怠。配套工程通水前后，所有参建人员都慎之又慎，心情既兴奋又紧张。我们安排两人一组负责巡线，在五六米深的管线阀井内当‘侦察兵’，听水声、跟水走，保证配套工程通水后平安无虞，不折不扣完成了任务。”李存宾说。

2016年9月23日，市第八水厂建成通水，市区居民喝上了南水北调水。2017年7月，南水北调正式向内黄县供水，该县广大群众多年饮用苦咸水的问题得到有效解决。至此，全市南水北调受益人口达到150万人。如今，市第六水厂、市第四水厂二期南水北调配套工程已全部建成，具备供水条件。

南水北调中线总干渠和配套工程的建成，使我市经济社会发展有了可靠的水资源保障，近4年累计向我市供水16591.28万立方米。

河南省人民政府门户网站责任编辑：王喆

南水北调鹤壁段淇河倒虹吸工程入选全国中小学生研学实践教育基地名单

2018年12月18日

来源：鹤壁市人民政府

教育部近日公布了全国中小学生研学实践教育基地名单，由水利部推荐的南水北调鹤壁段淇河倒虹吸工程入选。

全国中小学生研学实践教育基地主要是各地各行业现有的，属于不同主题板块，适合中小学生前往开展研究性学习和实践的优质资源单位，包括优秀传统文化板块、革命传统教育板块、国情教育板块、国防科工板块、自然生态板块。

南水北调工程是世界上规模最大的跨流域调水工程，是我国重大战略性基础设施。位于淇滨区的淇河倒虹吸工程是南水北调中线上一座大型渠穿河交叉建筑物，为南水北调鹤壁段规模最大的重要控制性工程。自2014年通水以来，南水北调中线工程通过淇河倒虹吸工程和淇河退水闸累计向淇河退水4800万立方米，为淇河周边及下游生态恢复、环境保护创造了良好条件。

淇河倒虹吸工程全年开放天数在270天以上，单次最大接待人数为40人。

入选全国中小学生研学实践教育基地后，淇河倒虹吸工程将致力于开发一批育人效果突出的研学实践活动课程，打造一批具有影响力的研学实践精品线路，组织开展丰富多彩的研学实践教育活动，包括组织学生观看南水北调中线工程形象宣传片，讲授南水北调工程知识和节水、爱水、护水知识，组织学生实地查看规范化渠段，搭建南水北调渡槽、倒虹吸等建筑物模型等。

链接：水渠穿越道路等障碍时，利用连通器的原理，让水流通过道路下面的封闭管道利用高差流过。这样流水和交通各行其道，互不干扰。因为这种管道像倒置的虹吸管，故称为倒虹吸。

河南省人民政府门户网站责任编辑：李瑞

驻马店市南水北调中线工程PPP项目实施方案顺利通过

2018年12月20日

来源：驻马店市人民政府

为解决驻马店市西平、上蔡、汝南、平舆四县城镇居民供水问题，驻马店市政府决定建设驻马店市南水北调工程。驻马店市水利局组织编制完成了《驻马店市南水北调中线工程PPP项目物有所值评价报告》和《驻马店市南水北调中线工程PPP项目财政承受能力论证》，目前“两报告一方案”已通过有关部门评审。

近日，驻马店市政府对《驻马店市南水北调中线工程PPP项目实施方案》进行了批复。这标志着驻马店市利用南水北调中线工程向四县供水的工作，取得了阶段性突破。下一步将按照市政府要求，加快前期工作进度，争取早日开工建设，实现向四县供水目标，缓解四县水资源紧缺的压力。

河南省人民政府门户网站责任编辑：王靖

政府信息篇目辑览

南水北调河南段文保成果展在郑州博物馆开展 2018-01-03 来源：郑州市政府

南水北调中线建管局领导莅焦调研 2018-01-03 来源：焦作市政府

省交通运输厅组织召开南水北调跨渠桥梁治超工作专题会议并进行实地督导 2018-01-05 来源：省交通运输厅

焦作市领导督导南水北调配套水厂建设工作 2018-03-03 来源：焦作市政府

副市长孙昊哲出席南阳市南水北调工作会议 2018-03-08 来源：南阳市政府

焦作市领导督导南水北调城区段绿化带工程交叉施工工作 2018-03-09 来源：焦作市政府

河南省南水北调工程运行管理第三十三次例会在鹤壁召开 2018-03-14 来源：鹤壁市政府

南水北调京宛协作调研组到南阳进行调研 副市长景劲松参加调研 2018-03-17 来源：南阳市政府

南水北调中线工程水质保护和面源污染防治调研座谈会在南阳市召开 2018-05-04 来源：南阳市政府

南水北调中线工程首次向南阳市生态补水 2018-05-04 来源：南阳市政府

焦作市南水北调苏蔺水厂4月28日试通水 2018-05-04 来源：焦作市政府

平顶山市南水北调生态补水工作全面开始 2018-05-15 来源：平顶山市政府

焦作市召开南水北调工作推进会 2018-05-18 来源：焦作市政府

南水北调2亿立方米生态补水润中原 提升河道水质 2018-05-25 来源：河南日报

焦作市南水北调绿化带设计方案再完善 2018-05-29 来源：焦作市政府

南水北调中线工程累计向河南省供水超50亿立方米 2018-05-30 来源：河南日报

焦作市召开南水北调工作第二次推进会 2018-06-02 来源：焦作市政府

焦作市南水北调绿化带基础设施建设工程启动 2018-06-07 来源：焦作市政府

焦作：贯彻落实王国生重要讲话精神统筹推进南水北调绿化带建设 2018-07-12 来源：焦作市政府

焦作市召开落实省委书记王国生重要讲话精神暨南水北调绿化带文化元素专题讨论会 2018-07-20 来源：焦作市政府

南水北调入密工程顺利通水年分配水量2200万立方米 2018-07-24 来源：郑州市政府

河南省文物局检查指导南水北调库区文物保护验收工作 2018-08-08 来源：河南省文物局

南阳市中心城区自备井封停暨南水北调水源置换工作动员会召开 2018-08-14 来源：南阳市人民政府

周密部署强化责任 濮阳市确保南水北调配套工程安全度汛 2018-08-17 来源：濮阳市人民政府

鹤壁市长郭浩到淇县南水北调中线工程杨庄倒虹吸防洪工程、红卫水库和灵山街道大石岩村检查防汛救灾工作 2018-08-20 来源：鹤壁市人民政府

南阳市加强南水北调工程规范管理保障高效运行 呵护清水北送 2018-08-30 来源：南阳市人民政府

河南省南水北调干线征迁安置工作通过验收 2018-08-31 来源：河南政府网

亚行贷款南水北调（河南邓州）生态环境治理项目备忘录签字仪式在邓州市举行 2018-09-04 来源：河南省人民政府外事侨务办公室

周口市南水北调西区水厂正式通水 实现南水北调供水全覆盖 2018-10-08 来源：周口市人民政府

南水北调中线工程开放日活动在安阳市举行 2018-10-17 来源：安阳市人民政府

南水北调安阳市西部调水工程项目推进协调会召开 2018-10-30 来源：安阳市人民政府

河南省南水北调工程运行管理现场会在周口市召开 2018-10-31 来源：周口市人民政府

坝道工程医院河南水利与南水北调分院成立 2018-11-02 来源：河南省水利厅

省环保厅厅长王仲田深入南水北调中线渠首环境监测应急中心调研 2018-11-09 来源：河南省环保厅

南阳市召开南水北调中线干渠沿线涉河水环境整治“雷霆”行动紧急动员视频会 2018-11-12 来源：南阳市人民政府

南水北调纪念馆南水北调第一楼开工建设于合群王国栋王小平徐衣显等出席开工仪式 2018-11-19 来源：焦作市人民政府

南水北调：一泓碧水润古城安阳 2018-11-22 来源：安阳市人民政府

徐衣显调研南水北调城区段绿化带和生态水系建设时强调坚持以人民为中心 打造标杆工程精品工程品质工程民生工程 2018-12-18 来源：焦作市人民政府

南阳市副市长李鹏就中心城区自备井封停暨南水北调水源置换工作进行现场办公 2018-12-18 来源：南阳市人民政府

南水北调鹤壁段淇河倒虹吸工程入选全国中小学生研学实践教育基地名单 2018-12-18 来源：鹤壁市人民政府

驻马店市南水北调中线工程PPP项目实施方案顺利通过 2018-12-20 来源：驻马店市人民政府

南水北调中线安阳宝莲湖调蓄工程推进会召开 2018-12-25 来源：安阳市人民政府

传媒信息选录

南水北调东中线全面通水四周年综合效益显著

2018年12月12日

南水北调东中线一期工程全面通水以来，原南水北调办、水利部以习近平新时代中国特色社会主义思想为指引，深入贯彻落实“节水优先、空间均衡、系统治理、两手发力”的新时期治水方针，坚持“三先三后”原则，以问题为导向，完善体制机制，强化运行管理，推动运行管理标准化、规范化，全力保障工程安全运行，全面提升工程综合效益。至2018年12月12日，累计调水222亿立方米，供水量持续快速增加，优化了我国水资源配置格局，有力支撑了受水区和水源区经济社会发展，全力促进生态文明建设。

供水量持续快速增加。中线一期工程累计调水191亿立方米，不间断供水1461天，累计向京津冀豫四省（市）供水179亿立方米，东线一期工程累计向山东供水31亿立方米。东中线一期工程建成通水到输水100亿立方米，历时近3年时间；从100亿立方米到200亿立方米，仅用了一年的时间。

优化水资源配置格局。北京市形成一纵一环输水大动脉，南水占主城区的自来水供水量的73%，密云水库蓄水量自2000年以来首次突破25亿立方米，中心城区供水安全系数由1.0提升到1.2。天津市构建了一横一纵、引滦引江双水源保障的新供水格局，形成了引江、引滦相互连接、联合调度、互为补充、优化配置、统筹运用的城市供水体系，14个区居民喝上南水，已成为天津供水的“生命线”。河南受水区37个市县全部通水，郑州中心城区自来水八成以上为南水，鹤壁、许昌、漯河、平顶山主城区用水100%为南水。中线一期工程与廊涿、保沧、石津、邢清四条大型输水干渠构建起河北省京津以南可靠的供水网络体系，石家庄、邯郸、保定、衡水主城区南水供水量占75%以上，沧州达到了100%。

南水北调山东干线工程及其配套工程构成了山东省“T”字形调水大水网，实现了长江水、黄河水和本地水的联合调度与优化配置。南水北调江苏境内工程在历年防汛排涝、应急抗旱中发挥了关键作用，50个区县共4500多万亩农田的灌溉保证率得到提高，有效提升了江苏省水资源保证水平。

水质全面达标。监测结果显示，通水以来，中线水源区水质总体向好，丹江口水库水质为Ⅱ类，中线工程输水水质一直保持在Ⅱ类或优于Ⅱ类。其中Ⅰ类水质断面比例由2015-2016年的30%提升至2017-2018年80%左右；东线工程输水水质一直保持在Ⅲ类。优质的南水显著改善了沿线群众的饮水质量，特别是河北省黑龙港地区500多万群众告别高氟水、苦咸水，提升了生活质量，解决了人民群众最为关切的饮水安全问题，使人民群众的幸福感、获得感大为增加。

有力支撑受水区经济社会发展。工程沿线供水保证程度大幅提升，南水已成为京津冀豫鲁地区40余座大中型城市的主力水源，黄淮海平原地区超过1亿人直接受益。中线工程总受益人口5300余万人。东线工程总受益人口6600余万人，其中山东胶东半岛实现南水全覆盖。

汉江中下游四项治理工程效益持续发挥。兴隆枢纽抬高蓄水位，为300余万亩农田提供了稳定的灌溉水源，水电站累计发电约11亿千瓦时；引江济汉工程累计向汉江下游补水约142亿立方米。

修复区域生态环境。工程通水以来，通过限制地下水开采、直接补水、置换挤占的环境用水等措施，有效遏制了黄淮海平原地下水位快速下降的趋势，北京、天津等6省市累计压减地下水开采量15.23亿立方米，平原区地下水位明显回升。至2018年5月底，北京市平原区地下水位与上年同期相比回升了0.91米；天津市地下水位38%有所上升，54%基本保持稳定；河北省深层地下水位由每年下降0.45米转为上升0.52米；河南省受水区地下水位平均回升0.95米。山东省南水北调受水区2017年共完成地下水压采量8061万立方米，受水区地下水位2018初较2017年同期回升0.26米。截至2017年底，江苏省累计完成封井3492眼，压采地下水1.76亿立方米，全省地下水位上升区和稳定区面积占全省总面积的98.6%。

生态补水效益逐步显现。中线一期工程连续两年利用丹江口水库汛期弃水向受水区30条河流实施生态补水，已累计补水8.65亿立方米，生态效益显著，河湖水量明显增加、水质明显提升。天津市中心城区4个河道监测断面水质由补水前的Ⅲ类～Ⅳ类改善到Ⅱ类～Ⅲ类。河北省白洋淀监测断面入淀水质由补水前的劣Ⅴ类提升为Ⅱ类。河南省郑州市补水河道基本消除了黑臭水体，安阳市安阳河、汤河水质由补水前的Ⅳ类、Ⅴ类水质提升为Ⅲ类水，得到中央环保督察组的肯定和认可。

华北地下水超采综合治理河湖地下水回补试点工作稳步实施。自2018年9月始，水利部、河北省人民政府联合开展华北地下水超采综合治理河湖地下水回补试点工作，向河北省滹沱河、滏阳河、南拒马河三条重点试点河段实施补水，至今累计补水4.7亿立方米，三条河补水水头均已到达试点河段终点，累计形成水面约40平方公里，滹沱河、滏阳河、南拒马河重现生机。根据119眼地下水监测井动态监测，与补水前相比，监测井水位呈上升趋势的占45%，稳定的占8%。滹沱河两岸群众对于滹沱河时隔20年再次形成大面积水面十分兴奋，经常在岸边观水、嬉戏，幸福感和获得感大幅提升。

东中线一期工程运管水平提升。水质保护严格，水源区和沿线重要区域分别设置17个和7个国控监测断面，每月指导开展水质监测，研判水质情况，发布权威水质信息。东线工程设置9个人工监测断面和8个水质自动监测站；中线工程建成“1个中心、4个实验室、13个自动监测站、30个固定监测断面”的常规指标监测网络。中线输水线路全部与沿线河流立交，不与地表水发生水体交换，周围的地表水基本不会对总干渠水质造成污染。工程管理范围内，总干渠两侧布设电子围栏，并安排人工巡查。编制水污染事件应急预案，建设10个水污染应急物资库，进行了多次大型应急演练。

东中线一期工程按照“稳中求进、提质增效”的总体要求，坚持“以问题为导向”，围绕打造安全放心的一流水利工程，开展规范化管理试点工作，在人员行为规范、生产环境达标创建、安全生产标准化、全员查问题等多方面发力，持续完善运行管理标准体系，进一步完善安全岗位责任清单、设备设施缺陷清单、安全问题清单及应急管理行为清单，明确责任，限时整改，提高了运行管理水平。

中线工程不断提升智慧化管理水平。通过水情数据自动监测与预警，全部闸站远程控制，实现输水调度自动化；依托视频、智能安防系统，无死角安全监控，实现安全管理立体化；建立自动监测与人工重点监测、渠内水质与渠外水源保护相结合的保障体系，实现水质保护系统化；构建系统完备可借鉴的标准制度体系，实现运行管理规范化。

目前，中线工程进入冰期输水，已抬高渠道运行水位，并适当减少输水流量，保持较低流速。沿线配备一定数量的捞冰设施，并设置了排冰闸，紧急时可以排出流冰到渠外；闸门安装有热融冰装置，可加热门槽，保障冬季闸门顺利启闭；渠道中的一些部位还设置水流扰动装置，通过不断扰动水流避免结冰。石家庄以北实施联调联防联控，适时发出指令，保持水流平稳，确保了工程安全平稳运行。

背景故事：

沈君振：吃上好水就是过上了好日子

90岁的沈君振离休前是河南省平顶山市石龙区法院副院长。4年前，南水北调中线工程还没有通水前，老人最大的愿望是“喝上南水北调水这辈子就无憾了”。中线工程通水后，家里通了自来水，现在老人每天用南水泡茶喝，精神矍铄。最高兴的事情就是“多吃几年好水”。

九十年代后期，私营煤矿一拥而上，石龙区地下水遭到严重破坏。2010年，全区干旱，深水井打到了600米才见到水。水质不好，白色的衣服洗一次就变黄了。经检测说是水里钒气重。用这水浇地，庄稼都活不成。

因为资源性缺水，年轻时的沈君振下班第一件事，就是到离家二三里地的河沟边一个水井里挑水。石龙区不大，但家家户户挑水却是一道独特的风景。附近邻县就有人到石龙区做起了水的生意，用拖拉机拉着水桶沿街叫卖。

现在有了南水北调水，自来水龙头里随

时打开就有甘甜的水流出来，家里装上了马桶、太阳能热水器，再也不用为水而发愁。沈君振怎能不高兴？“还是共产党好，国家修建了南水北调这么伟大的工程，真正解决了我们几十年都解决不了的吃水问题。这是改革开放四十年来我身边最大的变化了。”老人前后对比，发出感慨。

喝南水　河北钢厂解“渴”

“可以说，因为有了南水，我们这9家钢厂才得以在这里合并重组，生产才能顺利进行。”据河北永洋特钢集团有限公司办公室主任张青介绍。

河北永洋特钢产业园地处邯郸市永年区与武安市交界处，这里位于地下水超采区边缘，地下水严禁取用，而紧临的洺河又具有明显的季节性河流特点，使得企业原来生产全靠地下水。张青说，如今，河北省人大又通过了地下水保护条例，限制地下水开采是大趋势，考虑到企业的可持续发展，企业关停了地下水开采的7口井，申请铺设了一条专用供水管线，以南水作为生产水源。

工厂今年5月1日用上的南水，该公司动力厂厂长薛爱民表示，“南水水质好、硬度低，不用添加过多药剂，处理环节比原来简化，处理成本一吨比原来要低一块钱，效果更好、效率更高。南水的保证率又高，我们用着更放心。南水切切实实解决了我们企业可持续发展的燃眉之急。”

“南水不但助力邯郸实现了钢铁企业退城搬迁，也助我们形成了如今的河北永洋特钢集团。可以说，没有南水就没有我们的今天。”张青说。

来源：水利部　中国南水北调工程网
2018年12月12日

南水北调中线通水4周年
河南畅饮“丹江”居民突破1900万

12月12日，记者从河南省水利厅获悉，南水北调中线工程通水4年来，累计向我省供水64.19亿立方米，全省受水人口继续扩大，我省超过1900万人畅饮“南水”，比去年增加100万人，近1/5河南人喝上丹江水。

据介绍，截至12月12日，南水北调中线工程通过36个口门及19个退水闸向我省开闸分水，向引丹灌区、71座水厂供水，为5个水库充库，为沿线地区进行生态补水，4年来累计向我省供水64.19亿立方米。4年来，南水北调中线工程向北方输水191亿立方米，我省占了三分之一。

一年来，我省积极提高南水北调中线供水能力。漯河三水厂供水线路、周口西区水厂支线、新乡凤泉支线、安阳38号线延长段、濮阳市西水坡支线延长段相继建成投用，鄢陵县、新密市、博爱县、南乐县等地供水线路陆续建成供水。据统计，从2017年11月1日至2018年10月31日，南水北调中线工程向我省供水24.05亿立方米，是首个调水年度供水量的3.25倍，较上个调水年度增长40.5%，供水能力明显提高。

此外，平顶山11号口门线路、濮阳县供水线路和新乡县配套调蓄工程已经初步具备通水条件，也即将给附近群众带来甘甜的“南水”。

我省各地受水能力也同步提高，水厂、配套管网加快建设，加快水源切换，目前已建成受水水厂80座，已经通水71座，今年以来新通水水厂14座，受水能力明显提高，全省受益人口突破1900万。

通过对丹江口库区及总干渠河南段水质监测显示，4年来，“南水”水质一直优于或保持在Ⅱ类水质，满足调水要求。碧波荡漾的丹江库区，给沿线带来了甘甜的饮用水，也为沿线生态改善带来了勃勃生机。今年4月17日至6月底，南水北调中线总干渠向河南省进行生态补水5.02亿立方米，清清的丹江水通过退水闸，涌入沿线河流，改善了河流生态，补充了沿线地下水源。

根据我省前不久发布的《关于实施四水同治加快推进新时代水利现代化的意见》，我省将持续扩大南水北调中线工程供水范围，开工建设16个新增供水工程；加快汝州、新郑龙湖镇等新增供水项目前期工作；推进驻马店、开封纳入南水北调供水范围的前期工作。随着供水面积逐步增加，我省将有更多居民喝上丹江水。

来源：河南日报　2018年12月12日　记者　高长岭　通讯员　薛雅琳

厉害了！这项大工程
使河南近20000000人直接获益！

12月12日，南水北调中线一期工程通水满四周年。四年来，南水北调中线一期工程累计北送优质丹江水191亿立方米，其中，向河南省供水超过64亿立方米，受益人口达到1900万，全省受水区地下水水位普遍回升。

四年来，河南省南水北调工程供水范围不断扩大，供水效益不断提升。河南省南水北调办公室统计数据显示，截至12月12日，河南省累计有36个口门及19个退水闸开闸分水，累计供水64.19亿立方米，占中线工程供水量的36%。目前有11个省辖市37个县、市、区喝上清冽甘甜的南水，受益人口达1900万。

“供水目标实现了规划供水范围全覆盖。”河南省南水北调办公室相关负责人介绍，近两年南水北调中线水源地——丹江口水库水量充沛、水位偏高，在确保城市供水的同时，从今年4月份开始，南水北调中线工程首次向北方进行大规模生态补水，累计向引丹灌区、71座水厂供水、5个水库充库及南阳、漯河、平顶山、许昌、郑州、焦作、新乡、鹤壁、濮阳、安阳等10个省辖市及邓州市输送5亿立方米生态水量。

“从4月17日起，南水北调中线总干渠向河南省进行生态补水，惠及南阳、郑州、安阳等10个省辖市和邓州市。河南省受水区各地围绕‘多引、多蓄、多用’的原则，确保补水安全。6月底生态补水任务全部完成。两个多月来，南水北调中线工程对河南生态补水5.02亿立方米。”这位负责人说。

“南水北调生态补水明显改善了沿线各地水生态、水环境。通过补水，河南省沿线受水地区地下水位明显上升，河湖水质得到显著改善，沿线群众对生态补水带来的幸福感普遍增强。”工作人员介绍，四年来，河南省受水区超采的地下水和被挤占的生态用水得以置换，工程沿线14座城市地下水位明显回升，沿线生态环境得到明显改善。

通水四年来，河南省持续加强水源地和沿线输水水质管理，推进产业生态转型，保障南水北调中线工程输水水质稳定保持和优于饮用水Ⅱ类标准。

四年来，河南省采取综合措施，保证丹江口水库库区和总干渠输水安全，在库区和总干渠依法划定水源保护区，开展环境综合整治，关停并转污染企业，积极发展生态农业。

河南省南水北调办环境与移民处处长邹志悝说：“我们在库区有12个监测断面实时对水库的水质进行监测；在总干渠布置了16个监测断面，对总干渠从出水口到出河南境内全线进行检测，通水以来，目前的水质优于或达到Ⅱ类水质，满足调水要求。”

邹志悝介绍，南水北调中线工程河南段长731公里，占全线总长的一半以上，为保证输水安全，河南省在总干渠沿线两侧“高起点规划、高标准实施”生态带建设工作，目前生态带建设工作已基本完成，700公里生态长廊横贯中原。“在总干渠沿线建起一个绿色的长廊，与城市景观结合为市民提供休闲旅游，把生态效益、社会效益和经济效益综合发挥。”

今后，河南省南水北调供水效益还将进一步扩大。据了解，河南日前发布的《关于实施四水同治加快推进新时代水利现代化的意见》提出，要扩大南水北调中线工程供水范围，开工建设登封、内乡等16个新增供水工程；加快汝州、新郑龙湖镇等新增供水项目前期工作，及早开工建设；推进驻马店、开封纳入南水北调供水范围的前期工作。综合提高南水北调中线工程供水保证率。

来源：河南新闻广播　2018年12月12日　记者　朱圣宇

媒体报道篇目摘要

河南日报：南水北调中线通水4周年　河南畅饮“丹江”居民突破1900万　[2018-12-13]

河南日报：南水北调中线一期工程安全运行满四年北输清水可灌满1359个西湖[2018-12-13]

河南新闻广播：厉害了！这项大工程使河南近20000000人直接获益！　[2018-12-12]

河南日报：河南印发意见　实施四水同治　推动水利现代化　[2018-11-13]

河南省人民政府网：河南省文物局检查指导南水北调库区文物保护验收工作　[2018-11-09]

新乡日报：人工“天河”跨牧野南水北调舞“彩虹”　[2018-10-22]

周口：中心城区市民饮用丹江水实现全覆盖　[2018-10-22]

焦作网：合力推进南水北调绿化带建设[2018-09-30]

中国政府网：河南省南水北调干线征迁安置工作通过验收　[2018-09-29]

中国新闻网：京津冀豫5310万居民喝上了南水北调水　[2018-09-13]

河南日报：河南省南水北调干线征迁安置工作通过验收　[2018-09-03]

河南日报：我省又有7座水厂用上南水[2018-08-06]

河南日报：我省调整完善饮用水水源保护区　[2018-07-11]

央广网：南水北调完成首次向北方大规模生态补水　河南水环境明显改善　[2018-07-04]

央视新闻：南水北调中线首次完成向北大规模生态补水　[2018-07-02]

河南日报：我省接受生态补水5.02亿立方米　[2018-07-02]

河南广播网：南水北调首次向北方大规模生态补水结束，河南水生态环境明显改善[2018-07-02]

东方今报：南水北调中线工程首向北方大规模补水　河南获水5.02亿立方米　[2018-07-02]

大河网：水更清城更美　郑州今年生态补水近5千万立方　[2018-07-02]

大河网：水清城绿　焦作超额完成南水北调生态补水任务　[2018-07-02]

大河网：水润莲城　南水北调一渠清水使许昌实现了“兴水之梦”　[2018-07-02]

大河网：丹江清水润南阳　生态补水216万人口受益　[2018-07-02]

河南商报：郑州水系两个月“喝”的丹江水　[2018-07-02]

大河网：京豫政协就南水北调沿线对口协作开展考察协商　吉林刘伟出席座谈会[2018-06-14]

河南广播网：南水北调向河南省供水突破50亿立方米　[2018-06-01]

河南广播网：南水北调为郑州送来一座生态文化长廊　[2018-06-01]

央视网：【水到渠成共发展】扎牢过滤器，用好体检仪，鼓起钱袋子 [2018-06-01]

新华网："水到渠成共发展"网络主题活动在南水北调中线启动 [2018-06-01]

南阳日报：南水北调中线工程首次向南阳市生态补水 [2018-05-11]

焦作日报：焦作市南水北调苏蔺水厂4月28日试通水 [2018-05-11]

焦作日报：南水北调生态调水工作正式启动 [2018-05-11]

新华社：我国南水北调中线一期工程首次向北方实施生态补水 [2018-04-17]

河南日报：今年将再增50万人喝"南水" [2018-02-08]

河南日报："心口搬走一块大石头" [2018-01-25]

北方网：市内配套工程建设进展顺利 打通"南水"进津"最后一公里" (2018.12.14 14:39:00)

南阳日报："南水北调源起南阳"专题网站运行5周年，点击量累计超2.1亿人次 (2018.12.14)

天津日报：重访南水北调中线水源地丹江口水库 这水真的很清冽爽口 (2018.12.14)

北方网：南水北调中线工程通水4周年 引江水34亿立方米 910万市民受益 (2018.12.14 14:32:00)

河北新闻网：南水北调通水4年综合效益显著 河北省深层地下水位由降转升 (2018.12.14 14:31:00)

中国经济网：南水北调东中线累计调水222亿立方米 润泽北方40城 (2018.12.14 14:30:00)

北京晚报：四年40亿立方米 南水润京城 (2018.12.13)

河南日报：北输清水可灌满1359个西湖 (2018.12.13)

湖北日报：丹江口水库北送148个武汉东湖水量 (2018.12.13)

天津广播电视台："南水"千里解津渴 (2018.12.13 10:56:00)

国际在线：南水北调东线、中线通水4年来 直接受益人口超过1亿 (2018.12.13 10:54:00)

中国新闻网：河北省地下水回补试点第一阶段工作基本完成 (2018.12.13 10:52:00)

新华网：34亿立方米"南水"入津 4年惠及市民约910万 (2018.12.13 10:51:00)

新华网：一江清水送来绿色希望——南水北调东中线全面通水四周年综述 (2018.12.13 09:46:00)

青海新闻网：滹沱河的变迁——写在南水北调东中线全面通水四周年之际 (2018.12.13 09:31:00)

南都晨报：四年来，南阳市累计承接南水北调水超过4亿立方米 (2018.12.13)

十堰日报："江水进津四周年"采访活动举行 天津媒体深度聚焦十堰 (2018.12.13)

北方网：四年34亿立方米 引江水惠及天津910万市民 (2018.12.13 09:26:00)

津云：江水进津四周年安全输水34亿立方米 为城市发展提供强力水资源保障 (2018.12.13 09:21:00)

中国青年网：南水北调东中线全面通水4年 40余城市喝上南水 (2018.12.13 09:16:00)

天津日报：市南水北调配套工程 王庆坨水库基本建成 (2018.12.12)

北京晨报：南水北调河南区农产品集体进京 (2018.12.12)

河南日报：南水北调中线一期工程安全运行满四年 北输清水可灌满1359个西湖 (2018.12.12)

新京报：南水北调东中线通水四周年 探访滹沱河生态补水现场 (2018.12.12 13:36:00)

中国水利报：国之重器润北方——写在

南水北调东中线全面通水四周年之际 (2018.12.12)

中国水利报：南水北调东中线全面通水四周年综合效益显著 (2018.12.12)

央广网：南水北调东中线全面通水四周年 累计调水222亿立方米 (2018.12.12 13:32:00)

光明日报：南水北调4周年 超1亿人直接受益 (2018.12.12)

人民日报：南水北调东中线工程全面通水4周年 北方40多个城市受益 (2018.12.12)

北京晚报：京密引水管理处今起启动冬季安全输水工作 确保北京市民正常用水 (2018.12.11)

光明网：重大水利工程建设交出亮眼成绩单 (2018.12.11 14:40:00)

新华网：南水北调为焦作旅游注入新元素 (2018.12.11 14:39:00)

《党建》杂志：改革巨笔绘就绚丽画卷——来自重大工程总设计师们的倾情讲述 (2018.11.21)

人民网：淅川 为了一渠清水永续北送 (2018.11.21 16:07:00)

中国水利报：一江碧水 北上奔流——南水北调东线一期工程通水五周年综合效益显著 (2018.11.20)

新华网：王岐山：践行绿色发展 树立文化自信 推进经济社会全面可持续发展 (2018.11.19 16:39:00)

中国日报网：风景美水质优 瀛湖："南水北调"工程线上的明珠 (2018.10.29 13:34:00)

新华网：坚持生态优先守好汉江出陕"最后关卡" (2018.10.29 13:30:00)

人民网：已接收40亿立方米南水 北京地下水位同比回升2.12米 (2018.10.19 11:17:00)

中国环保在线：河南省污染防治攻坚战三年行动计划（2018—2020年） (2018.10.10 15:45:00)

环球网：寻汉水源，体验羌绣，景甜这波实操值得赞 (2018.10.10 15:37:00)

南阳日报：天津市人大调研组调研南水北调工作强化运行管理 发挥更大效益 (2018.10.10)

荆楚网：长江经济带湖北省生态保护与建设座谈会在十堰召开 (2018.10.10 15:36:00)

科技日报：保障丹江口库区水质重金属稳定达标 (2018.10.10)

河北日报：南水北调中线工程累计向河北省输水30亿立方米 (2018.10.10)

央视网：你所不知道的南水北调 这才是最skr的中国制造 (2018.10.10 15:19:00)

光明网：河南为打好蓝天、碧水、净土保卫战明确路线图 (2018.08.03 14:04:00)

新华网：河南为打好蓝天、碧水、净土保卫战明确路线图 (2018.08.03 14:02:00)

海外网：南水北调中线首次正式生态补水恢复大量天然河道 (2018.08.03 13:58:00)

大河网：南水北调中线向北方30条河流生态补水 河南18条河道受益4.67亿立方米 (2018.08.03 13:54:00)

中国新闻网：南水北调中线向北方30条河流生态补水效益显著 (2018.08.03 11:00:00)

央广网：南水北调中线今年已向北方30条河流生态补水8亿多立方米 (2018.08.03 10:41:00)

人民政协报：南水北调中线向北方生态补水超8亿立方米 (2018.08.03)

工人日报：南水北调中线向北方30条河流生态补水 (2018.08.03)

人民日报：南水北调中线完成首次生态补水 南水滋润北方30条河 (2018.08.03)

科技日报：南水北调中线向北方30条河流生态补水8.7亿立方米 (2018.08.02)

新华网：水来了，河"活"了——南水北调中线今年已向北方30条河流生态补水8.65亿立方米 (2018.08.02 17:15:00)

中国日报：南水北调中线4-6月向北方30条河流生态补水8.7亿立方米　(2018.08.02)

未来网："解渴"豫冀津30条河流　南水北调中线工程生态补水近9亿　(2018.08.02 16:45:00)

新华网：财政部下达重点生态功能区转移支付721亿元　(2018.07.27　11:12:00)

新华网：山东|南水北调5年惠及3000多万人　(2018.07.27　11:10:00)

中国新闻网：山东累计调入长江水30.76亿立方米　3000余万人受益　(2018.07.27 11:07:00)

大众网：通水五周年　南水北调给山东调入2500个大明湖　(2018.07.27　11:06:00)

大众网：南水北调为山东生态立大功　小清河、济南泉水都离不了它　(2018.07.27　11:04:00)

齐鲁网：南水北调工程累计调水入山东省30.76亿立方米　(2018.07.27　11:03:00)

齐鲁网：到2025年　山东替代水源主要依靠外调水源　(2018.07.27　11:02:00)

齐鲁网：山东|南水北调工程成救命工程　保障胶东安全供水　(2018.07.27　10:59:00)

齐鲁网：山东南水北调工程生态效益明显　确保济南泉水喷涌　(2018.07.27　10:56:00)

大河网：更有力保障南水北调总干渠水质安全　河南调整完善饮用水水源保护区　(2018.07.11　13:37:00)

人民网：南水北调中线工程向河南生态补水5.02亿立方米　(2018.07.04　10:53:00)

河南日报：河南省接受生态补水　5.02亿立方米　(2018.07.04)

黄河网：构建黄河生态经济带战略　(2018.07.04　10:51:00)

郑州日报：南水北调向河南生态补水5.02亿立方米　(2018.07.04)

人民日报："大就要有大的样子"——献给中国共产党成立97周年　(2018.06.29)

经济视野网：南水北调水源地紫阳县"小水电"泛滥百姓苦不堪言　(2018.06.22　16:12:00)

中国水利报：河北雄安新区年底前实现城市地下水采补平衡　(2018.06.22)

河北日报：全省城市全部完成地下水压采任务　(2018.06.22)

中国新闻网：雄安新区到2020年可基本实现地下水采补平衡　(2018.06.22　16:07:00)

央视网：南水北调工程首次向白洋淀生态补水工作结束　(2018.06.22　11:21:00)

北方网：守护"原水生命线"延续津城绿色生态　(2018.06.20　16:04:00)

中国环保在线：南水北调中线改写供水格局　逾150亿立方南水释放积极信号　(2018.06.20　16:03:00)

河南新闻联播：南水北调中线工程调水达150亿立方米　(2018.06.20　16:02:00)

科技日报：南水北调中线调水达150亿立方米　(2018.06.20)

湖北日报：丹江口水库向北方调水　突破150亿立方米　(2018.06.20)

河南日报：南水北调中线工程调水达150亿立方米　其中供应河南省52.4亿立方米　(2018.06.20)

央广网：丹江口水库向北方调水突破150亿立方米　(2018.06.20　15:58:00)

凤凰网：南水北调中线工程调水达150亿立方米　(2018.06.19　16:24:00)

千龙网：南水北调中线调水达150亿立方米　(2018.06.19　16:23:00)

新浪：南水北调中线调水达150亿立方米　(2018.06.19　16:22:00)

中国政府网：南水北调中线调水达150亿立方米　(2018.06.19　16:19:00)

新华网：南水北调中线渠首旅游扶贫论坛在郑州举行　(2018.06.19　16:17:00)

郑州日报：1800万河南人喝上南水北调水　(2018.06.19)

千龙网：看见｜是他们，守护南水进京　(2018.06.19　16:16:00)

北京青年报：1100万北京人喝上南水北调水　(2018.06.19)

经济日报：南水北调中线工程调水达150亿立方米　(2018.06.19)

中国新闻网：南水北调中线工程累计调水150亿立方米　(2018.06.19　16:12:00)

央广网：南水北调中线工程累计向京津冀豫调水达150亿立方米　约1070个西湖水量　(2018.06.19　16:10:00)

央视网：南水北调中线工程累计向京津冀豫调水达150亿立方　(2018.06.19　16:09:00)

新华网：南水北调中线工程调水达150亿立方米　(2018.06.19　16:08:00)

人民日报：南水北调中线调水达150亿立方米　(2018.06.19)

央视网：揭秘南水北调中线工程的"智慧大脑"　(2018.06.07　11:06:00)

津滨网：南水北调线上的"智慧水厂"——石家庄市东北水厂　(2018.06.07　10:55:00)

央广网：南水北调东线总公司发起"净源"行动　(2018.06.07　10:54:00)

千龙网：南水进京守护者的24小时　(2018.06.07　10:51:00)

映象网：南水北调中线工程如何实现自动化　记者实地探访　(2018.06.07　10:48:00)

大河网：探访南水北调"神经中枢"总调中心　可将各类险情消灭在萌芽状态中　(2018.06.07　10:32:00)

大河网：小鱼变身"水质检测员"监测进京水质　半个月换岗一次　(2018.06.07　10:30:00)

北青网：运筹帷幄之中，决胜千里之外——走进南水北调的"大脑"　(2018.06.07　10:27:00)

中国新闻网：小鱼"站岗"为进京南水水质保驾护航　(2018.06.07　10:24:00)

央广网：大宁观"海"　探访"南水"进入北京城区第一站　(2018.06.07　10:19:00)

中国经济网：丹江水流入京城　安全饮用有保障　(2018.06.06　16:54:00)

光明网：超1100万人直接受益"数说"南水北调工程如何影响首都　(2018.06.06　16:51:00)

光明网：讲好一渠清水的故事——网媒人9天4省市聚焦南水北调中线工程　(2018.06.06　16:15:00)

中国日报网：南来水补给生命之源　京津冀解决民生之忧　(2018.06.05　14:47:00)

央视网：南水所到水更绿、城更靓、生活更甜美　(2018.06.05　14:37:00)

河北新闻网：探秘石家庄东北地表水厂　滚滚长江水流入庄亲家　(2018.06.05　14:17:00)

河北新闻网："水到渠成共发展"网络主题活动河北站举行媒体见面会　(2018.06.05　14:15:00)

中国青年网：从"大沙坑"到一渠清水　南水北调再现滹沱河风姿　(2018.06.05　13:58:00)

中国青年网：一渠清水丹江来，沧州从此"水甜饭香"　(2018.06.05　13:56:00)

中国日报网：长江之水南方来　滹沱烟波伴花海　(2018.06.05　10:56:00)

中国新闻网：荒滩变绿洲　生态修复让这个城市的母亲河又变美了　(2018.06.05　10:53:00)

央广网："南水"入津解渴910万市民　(2018.06.05　10:51:00)

新华网：我国高铁首座跨南水北调干渠特大桥转体合龙　(2018.06.05　10:51:00)

人民网：邢台七里河倒虹吸保障南水畅

通 （2018.06.05 10:15:00）

人民网：南水北调润津沽 水到渠成共发展 （2018.06.05 10:13:00）

新华网：走进南水北调中线工程 探访美丽滹沱河 （2018.06.05 10:09:00）

新华网："水到渠成共发展"走进沧州 老百姓喝上"放心"长江水 （2018.06.05 09:56:00）

千龙网：南水北调之后 "吃水大户"企业用水效率更高 （2018.06.04 16:44:00）

光明网：一江南水潺潺北流，给沿线带来哪些新变化 （2018.06.04 16:41:00）

人民网：南水北调5年累计向山东输水超30亿立方米 相当于2500个大明湖 （2018.06.04 16:39:00）

央视网：长江水进入天津3年多 近千万市民受益 （2018.06.04 16:29:00）

央广网：长江水"解渴" 沧州400余万人告别高氟水 （2018.06.04 16:14:00）

中国经济网：南水北调润津沽 综合效益超预期 （2018.06.04 16:11:00）

人民网：千里之外的长江水 甜到了燕赵百姓的心坎儿里 （2018.06.04 16:09:00）

人民网："远水也能解近渴" 南水北调让天津发展更有后劲 （2018.06.04 16:07:00）

河北新闻网：长江水带来的新日子：从"难启齿"到"笑开颜" （2018.06.04 16:01:00）

科技日报：科学精神在基层|张玉山——戈壁沙漠里的引水人 （2018.06.04）

央广网：南水北调中线"巡逻兵"刘四平——每天"坡上桥下"查个遍 （2018.06.04 15:56:00）

津云新闻：南水北调天津段藏绝活儿 "保水堰"里有玄机 （2018.06.04 15:51:00）

大河网：引来长江水 滹沱河再现岸青水碧美风景 （2018.06.04 13:15:00）

中国经济网："南水"滋润燕赵 "效益"惠及各方 （2018.06.04 13:12:00）

央广网：3000万立方"南水"入冀 救"活"滹沱河 （2018.06.04 11:30:00）

人民网："安全小喇叭"守望孩子们的安全 也守护一渠清水 （2018.06.04 10:33:00）

人民网：水到渠成共发展——不一样的"儿童节" 小小"南水北调人"上线 （2018.06.04 10:15:00）

中国青年网：大手拉小手 南水北调工作人员陪孩子过六一 （2018.06.04 10:10:00）

经济日报：清水绿岸和鱼翔浅底是这样实现的！ （2018.06.04）

新华网：六年援疆情注大漠戈壁——记"水利人"张玉山的坚持与担当 （2018.05.31 17:00:00）

中国经济网：为了让京津冀豫的人民喝上放心水，他们这样做！ （2018.05.31 16:28:00）

人民网：水到渠成共发展——南水北调中线工程累计为北方输水超144亿立方米 （2018.05.31 16:26:00）

央广网：金银花生"金"吐"银" 南水北调中线渠首的"扶贫经" （2018.05.31 16:23:00）

央广网：南水北调累计向豫供水超50亿 相当于2.5个密云水库水量 （2018.05.31 16:21:00）

新华日报：江苏省南水北调年度跨省调水首破10亿立方米 （2018.05.31）

千龙网：南水北调工程中的"大国重器" （2018.05.30 15:57:00）

中国经济周刊："绿水青山就是金山银山"不是等出来的 （2018.05.30）

中国青年报：南水北调工程累计输水170多亿立方米 （2018.05.29）

中新网："水到渠成共发展"网络主题活动在南水北调中线启动 （2018.05.29 15:06:00）

央视网：网络媒体聚焦南水北调工程 探寻一江清水永续北流的秘密 （2018.05.29 14:56:00）

央广网：34家网络媒体探访南水北调中线活动今日启动　(2018.05.29　14:55:00)

经济日报："水到渠成共发展"网络主题活动今日启动　(2018.05.29)

光明网："水到渠成共发展"网络主题活动在南水北调中线启动　(2018.05.29　13:44:00)

新华网："水到渠成共发展"网络主题活动在南水北调中线启动　(2018.05.29　13:40:00)

人民网："水到渠成共发展"网络主题活动在南水北调中线启动　(2018.05.29　13:40:00)

中国南水北调：核心技术突破之"钥"(2018.05.03　15:32:00)

中国南水北调：交出新时代的新答卷(2018.05.03　15:31:00)

南阳日报：南水北调中线工程首次向南阳市生态补水　(2018.05.03)

焦作日报：焦作市南水北调苏蔺水厂4月28日试通水　(2018.05.02)

北京日报：蓄水量突破21亿立方米　首都"大水盆"18年来水最多　(2018.05.02)

河北新闻网：南水北调中线一期工程累计向河北输水20亿立方米　(2018.04.24　10:32:00)

天津广播网：天津市大力提升饮用水水质，加快推进南水北调配套工程建设，为市民提供更好的供水保障　(2018.04.24　10:31:00)

北京晨报：北京地下输水巨龙将全封闭　南水北调"团九二期"启动施工(2018.04.24)

扬州晚报：南水北调源头公园本月开园　江淮生态大走廊水系"浓缩"展示(2018.04.18)

天津日报：南水北调中线一期工程启动生态调度　向津冀豫生态补水逾5亿立方米(2018.04.18)

人民网：南水北调中线工程水源区强力拆除新建网箱　(2018.04.18　10:51:00)

河南日报农村版：河南省制定大水网战略　(2018.04.17)

北京青年报：大宁调蓄水库将增日常供水功能　(2018.04.17)

湖北日报：坚决克服侥幸麻痹思想　确保江河湖库安全度汛　(2018.04.17)

新华社：南水北调中线"渠首县"正向激励提升民众道德水平　(2018.04.17　14:57:00)

新华社：我国南水北调中线一期工程首次向北方实施生态补水　(2018.04.17　14:54:00)

南水北调报：记录历史　传承文明(2018.03.27)

北方网：建议实施生态补偿机制　加快推进南水北调东线工程建设　(2018.03.20　10:08:00)

陕西日报：为了一江清水永续北上(2018.03.19)

河南日报：2亿美元保护南水北调源头水质　(2018.03.16)

农民日报：推动江汉平原实现乡村振兴(2018.03.16)

湖北日报：让丹江口库区移民小康路上不掉队　(2018.03.16)

农民日报：支持南水北调水源地转型发展　(2018.03.16)

河南日报农村版：全国人大代表廖华歌　把"移民丰碑"打造成精神地标(2018.03.16)

郑州日报：加强丹江口水库综合执法监管　(2018.03.16)

中国青年网：加快实施南水北调东线二期工程　(2018.03.16　10:47:00)

河南日报：为了天蓝地绿水清的美好家园　(2018.03.13)

西安晚报：让秦岭的绿水青山　成为永续发展的金山银山　(2018.03.13)

陕西日报：加大对南水北调水源保护资金投入　(2018.03.13)

澎湃新闻：健全南水北调生态补偿机制，深化津陕对口协作　(2018.03.13　14:20:00)

人民政协报：住鄂全国政协委员——确

保汉江碧水长流 (2018.03.13)

湖北日报：高度重视汉江中下游生态安全 (2018.03.13)

河南商报：给丹江口水库建个“绿色栅栏” 让南水更干净 (2018.03.13)

中新社：代表委员建议加强汉江流域生态治理 确保“一库清水北送” (2018.03.13 13:47:00)

光明网：全国人大代表章锋——加大对南水北调水源地的生态补偿 (2018.03.13 13:46:00)

南水北调报：让创新在南水北调“热”起来 (2018.03.12)

济南日报：每日5万立方米 长江水首次补进长清湖 (2018.03.09)

河南日报：绿水青山“变现”金山银山 (2018.03.09)

中国山东网：烟台启动第四次调引客水工作 计划调水2500万立方米 (2018.03.08 13:22:00)

中国水利部网站：江苏省防指启动南水北调东线2017-2018年度第二阶段江苏段向山东调水工作 (2018.03.07 11:08:00)

映象网：全国人大代表张家祥建议淅川申建5A级景区以旅游带村民致富 (2018.03.07 11:04:00)

农民日报：大力补偿水源地 (2018.03.07)

甘肃日报：霍卫平委员建议尽快立项实施“南水北调西线工程” (2018.03.07)

澎湃新闻：罗杰代表建议将“引江补汉”工程纳入南水北调中线续建工程 (2018.03.07 10:34:00)

南水北调报：一年之计在于春 (2018.03.05)

长江日报：《厉害了，我的国》中看“厉害的武汉” (2018.03.05)

中国江苏网：江苏南水北调工程2017-2018年度第二阶段向山东省调水今天启动！ (2018.03.05 10:17:00)

齐鲁网：南水北调东线山东段要调6.58亿立方米长江水 向12市供水 (2018.03.05 10:10:00)

北京日报：京企投600多亿元“回补”南水北调水源区 (2018.03.05)

中青在线：[新春走基层] 春到丹江播绿忙 (2018.02.26 10:20:00)

光明网：湖北省十堰 水源区载歌载舞闹新春 (2018.02.23 14:41:00)

经济日报：河南省淅川县张河村 春节劳力多 多栽致富果 (2018.02.22)

央广网：年前江苏通过南水北调工程向山东调水4.3亿方 (2018.02.12 10:47:00)

人民日报：护好核心水源地，探索生态致富路 淅川守水不守穷（美丽中国·和谐共生） (2018.02.07)

大众日报：山东南水北调工程完成第一阶段调水，济南春节将调引长江水 (2018.02.05)

齐鲁网：山东南水北调工程完成2017-2018年度第一阶段调水计划 (2018.02.05 14:20:00)

河北新闻网：去年河北省完成长江水供应9.66亿立方米 (2018.01.31 10:48:00)

湖北日报：南水北调中线2018年计划调水58亿立方米 (2018.01.30)

扬州日报：建好江淮生态大走廊 为“强富美高”新江苏贡献“扬州力量” (2018.01.30)

淮安日报：在南水北调淮安段水质安全上做好文章 (2018.01.29)

湖北日报：从“寻乡愁”到“卖乡愁”湖北移民村靠这竟然致了富 (2018.01.29)

河南商报：省人大代表齐迎萍：南水北调河南段出土很多文物，却无法“让文物活起来” 10余万件文物在库房“睡大觉”不如建个南水北调博物馆 (2018.01.29)

大河网：“为南水北调中线干渠起名”引爆网络 张志和——感谢网友，最中意复兴

渠 （2018.01.29 13:08:00）

河南日报："为南水北调中线干渠起名"刷爆朋友圈 （2018.01.29）

光明日报：来，给这条大渠起个名（2018.01.29）

齐鲁晚报：长江黄河大明湖"三水齐下"为济南众泉解渴 （2018.01.25）

南水北调报：新时代南水北调事业大有作为 （2018.01.23）

人民日报：河北将压减地下水超采2.58亿立方米 （2018.01.23）

新华社：北京|外调江水占城市生活供水比例70% （2018.01.23 10:31:00）

网易：南水北调东中线2018年分别计划调水11亿方、58亿方 （2018.01.22 09:25:00）

凤凰网：中国南水北调东中线2018年分别计划调水11亿方、58亿方 （2018.01.22 09:25:00）

新浪网：中国南水北调东中线2018年分别计划调水11亿方、58亿方 （2018.01.22 09:25:00）

人民政协网：中国南水北调东中线2018年分别计划调水11亿方、58亿方（2018.01.22 09:25:00）

新浪网：南水北调东中线2018年分别计划调水11亿方、58亿方 （2018.01.22 09:18:00）

科技日报：南水北调工程守住"四稳"底线 （2018.01.22）

中国新闻社：中国南水北调东中线2018年分别计划调水11亿方、58亿方 （2018.01.22 08:53:00）

经济日报：南水北调东、中线一期工程用水量每年递增不低于10% （2018.01.22）

中央人民广播电台：南水北调东、中线一期工程用水量每年递增不低于10%（2018.01.22 08:47:00）

北京日报：南水北调绿道连园博（2018.01.18）

湖北日报：引江济汉累计调水破百亿立方米"搬"走83个东湖的水量 （2018.01.18）

燕赵晚报：去年河北省长江水供应量9.66亿立方米 （2018.01.16）

大河报：郑州白庙水厂将切换水源运行 市民用水不会受影响 （2018.01.16）

法制网：南水北调中线镇平段警务室工作成效显著 （2018.01.16 13:19:00）

南阳晚报：南阳已建成投用3座南水北调水厂 水价或将上调 （2018.01.15）

南阳日报：南阳市构建生态屏障 守护一江清水 （2018.01.15）

半岛都市报：去年引来"11个崂山水库"的客水 为青岛解渴 （2018.01.11）

南水北调报：最后一个"零头"（2018.01.11 11:10:00）

青岛日报：青岛调引客水创历史新高——去年青岛95%城市供水引自长江黄河（2018.01.10）

湖北日报："赶上了好时代，绝不能错过机遇" （2018.01.10）

齐鲁网：山东南水北调梁山县治安办公室成立 （2018.01.09 13:13:00）

中国水利网：《中国南水北调工程 文明创建卷》正式出版发行 （2018.01.08 10:43:00）

千龙网：《中国南水北调工程文明创建卷》正式出版发行 （2018.01.05 12:27:00）

光明日报：《中国南水北调工程文明创建卷》正式出版发行 （2018.01.05）

中国社会科学网：郑州|南水北调河南段近万件文物亮相 （2018.01.05 11:55:00）

中新网：南水北调河南段出土数千件精品文物在郑州展出 （2018.01.05 11:48:00）

济南日报：引来长江水加入保泉队伍（2018.01.03）

郑州日报：南水北调河南段文保成果展开展 （2018.01.03）

河南日报：南水北调河南段文物保护成果展开展 （2018.01.03）

科技日报：实地感受南水北调通水三年（2018.01.03）

新华社：一个丹江口库区桔农的“年度盘点”（2018.01.02 16:38:00）

经济日报：南水北调中线通水三周年23.7亿长江水润泽津城910万人（2018.01.02）

楚天都市报：湖北省南水北调移民安置全面完成 18.2万人完成搬迁（2018.01.02）

湖北日报：南水北调工程丹江口库区移民安置通过省级初检（2018.01.02）

中国网：南水北调惠南庄泵站举办开放日活动（2018.01.02 16:33:00）

大河报：南水北调河南段文物保护成果展元旦开幕（2018.01.02）

北方网：南水北调三年向津输水23.7亿立方米 910万市民畅饮长江水（2018.01.02 16:30:00）

邢台日报：南水北调通水三周年 邢台市年可用水量达3.3亿立方米（2018.01.02）

学术研究篇目摘要

“三权分置”对征地补偿移民安置影响探究 汪奎；卓诗杰；刘焕永；李湘峰 中国人口·资源与环境 2018-12-31期刊

渠坡护坡植草管护措施及建议 马志林；李虎星；杨秋贵 河南水利与南水北调 2018-12-30期刊

南水北调中线工程水工钢闸门防冰冻技术 胡方田 河南水利与南水北调 2018-12-30期刊

南水北调中线调蓄工程对受水区供水安全影响研究 朱子晗 河南水利与南水北调 2018-12-30期刊

南水北调中线水源区产业耦合系统运行机制分析 王世军；王俊 农村经济与科技 2018-12-30期刊

我国生态价值量测度及空间收敛性分析 李瑞；邓嘉琳 统计与决策 2018-12-29期刊

伏牛山区中河南片区产业发展现状及产业扶贫路径的思考 李鹏龙；叶丽丽；孙亚杰；屈凌波 决策探索（下）2018-12-28期刊

干旱严寒地区输水隧洞过流能力提升技术研究 胡智农；牛万吉 人民长江 2018-12-28期刊

河南省丹江口水库水源涵养国家重点生态功能区生态环境遥感监测 许军强；叶杰；张雷；刘继芳 环境与发展 2018-12-28期刊

丹江口库区移民政策满意度影响因素分析 柯攀；林紫；贾佳；姜峰波；吴冬梅 中国社会医学杂志 2018-12-26期刊

素土挤密桩在渠道湿陷性黄土中的应用 刘忠良 水科学与工程技术 2018-12-25期刊

国内现代化大型水厂的设计与实践 韩晓峰；郝齐波 建设科技 2018-12-25期刊

渠系前馈蓄量补偿控制时滞参数算法比较与改进 管光华；廖文俊；毛中豪；钟锞；肖昌诚 农业工程学报 2018-12-23期刊

丹江口水源涵养区农村生活垃圾处理现状与农民环保意识调查分析 葛一洪；张国治；申禄坤；魏珞宇；封海东 中国沼气 2018-12-20期刊

基于层次分析法的丹江流域河流健康评价 李晓刚；薛雯；朱敏 商洛学院学报 2018-12-20期刊

野牛草在南水北调中线渠道护坡中的建植管护技术 马志林 水土保持应用技术 2018-12-20期刊

漳河水生态修复工作对策探讨 张安宏；苏伟强 海河水利 2018-12-20期刊

汉江流域降水结构时空特征及影响因素分析 起永东；何明琼；郑永宏；高洁；王丹 长江流域资源与环境 2018-12-15期刊

汉江流域气象水文变化趋势及驱动力分析 班璇；朱碧莹；舒鹏；杜鸿；吕晓蓉 长江流域资源与环境 2018-12-15期刊

水利工程设计施工运维中的BIM技术应用研究 范群杰 城市道桥与防洪 2018-12-15期刊

膨胀土分类的PCA-ELM模型及应用 陈建宏；李小龙；梁伟章 长江科学院院报 2018-12-15期刊

模袋混凝土衬砌渠道糙率系数原型观测试验与误差分析 贾宏伟；翟东汉；何武全；郭彦芬；霍轶珍 沈阳农业大学学报 2018-12-15期刊

南水北调中线工程水源区和受水区旱涝特征及风险预估 方思达；刘敏；任永建 水土保持通报 2018-12-15期刊

汉江上游径流非一致性演变特征及频率分析 滕杰；郭明；周政辉 水资源与水工程学报 2018-12-15期刊

南水北调中线工程核心水源区森林凋落物的持水特性 周文昌；郑兰英；蒋龙福；刘学全；冉啟念 甘肃农业大学学报 2018-12-15期刊

穿黄工程盾构掘进轴线控制实践与思考 李鸿君；何根成 中国水能及电气化 2018-12-15期刊

基于工程实例的渠道膨胀土边坡滑坡处理与探讨 刘洪超 灌溉排水学报 2018-12-15期刊

河南安阳杨河固遗址东周墓葬出土人骨研究 王一如；申明清；孔德铭；朱泓；孙蕾 江汉考古 2018-12-15期刊

基于视频分析的南水北调跨渠桥危化车预警系统 唐涛；杨明哲；郑智辉；张海荣；尚宇鸣 人民长江 2018-12-14期刊

南水北调中线水源地高水位蓄水水质变化及污染防治对策 万育生；张乐群；黄茁；林莉；吴敏 中国水利 2018-12-12期刊

南水北调中线干线水源保护区水质风险源防控研究 唐涛；王树磊；梁建奎；张爱静；周梦 中国水利 2018-12-12期刊

南水北调工程与中部地区产业的经济联系 刘西永 低碳世界 2018-12-12期刊

南水北调中线工程建设的目标管理浅析 崔浩朋 低碳世界 2018-12-12期刊

郑州市绿地空间现状比较分析 苏金乐；王艳想；陈予诺 中国名城 2018-12-05期刊

改革开放40年河南省水土保持生态建设成效 石海波；范彦淳 中国水土保持 2018-12-05期刊

膨胀土残余强度及水泥改良研究 丁三宝 安徽建筑大学 2018-12-05硕士

南水北调中线工程水源区内迁移民慢性病疾病谱及影响因素 柯攀；吴冬梅；姜峰波；林紫；柯丽 郑州大学学报（医学版） 2018-12-03期刊

聚四氟乙烯自润滑复合土工布的制备与性能研究 龙啸云 江南大学 2018-12-01 博士

周代前期南土文化格局的考古学观察 魏凯 吉林大学 2018-12-01 博士

监测守护中原大地——河南局推进地理国情监测应用纪实 王敏 中国测绘 2018-11-30期刊

水利水电工程施工的危险源辨识与管理探讨 周娟娟 水利科学与寒区工程 2018-11-30期刊

生态公共产品问题的历史分析与现实思考 蔺雪春 鄱阳湖学刊 2018-11-30期刊

南水北调配套工程阀井安全防护措施 李伟亭；刘青依；杜松林 河南水利与南水

北调 2018-11-30期刊

南水北调中线工程左岸溃坝洪水模拟及对总干渠的影响 朱清帅；王玉岭；周伟东 河南水利与南水北调 2018-11-30期刊

大型调水工程运行初期监督管理工作初探 张锐；唐涛；杨明哲；李硕；周梦 河南水利与南水北调 2018-11-30期刊

南水北调中线工程渠首环丹江口水库土壤类型分析 包明臣；李娜 河南水利与南水北调 2018-11-30期刊

北宋石塘河漕渠考 李高升；国立杰；王建辉 河南水利与南水北调 2018-11-30期刊

马蹄金在南水北调中线渠坡护坡中的建植研究 马志林 河南水利与南水北调 2018-11-30期刊

水源地生态敏感区农产品生态补偿标准及农户受偿意愿调查——以西峡县猕猴桃生产为例 冯丹阳；赵桂慎；杜新盈 中国农学通报 2018-11-30期刊

人工明渠突发水质污染预测模型研究 刘波波；申烨红；雷晓辉 水利技术监督 2018-11-28期刊

新乡两汉考古综述 饶胜 河南科技学院学报 2018-11-28期刊

对冲规则在外调水和当地水供水调度中的应用 门宝辉；李扬松；吴智健；刘焕龙 水电能源科学 2018-11-25期刊

长距离明渠突发事件应急调度策略设计及应用 韩黎明 水资源开发与管理 2018-11-25期刊

“动脉工程”影响下沿途农村地区生产活动的更新研究 郑金阁；张浩 农村经济与科技 2018-11-20期刊

基于投入产出模型的河南省水利对经济发展贡献研究 罗清元；杨丹；刘丽娜；杨冬迪；郭恒亮 经济研究导刊 2018-11-15期刊

中线水源区生态农业与旅游业耦合系统动力分析 王世军；王俊；郝少盼；黄忠；邵国平 度假旅游 2018-11-15期刊

重要外来入侵植物随南水北调工程传入京津冀受水区的风险评估 郑志鑫；王瑞；张风娟；冼晓青；万方浩 生物安全学报 2018-11-15期刊

多孔均质含水层中激发强度对微水试验结果的影响 万伟锋；李清波；蔡金龙；曾峰 水文地质工程地质 2018-11-15期刊

2015—2017年丹江口库区（河南段）氮磷时空分布特征 高园园；李世超；陈海燕 南阳师范学院学报 2018-11-10期刊

澧河渡槽槽身充水实验施工方案 冯熊 建材与装饰 2018-11-09期刊

中国生态补偿40年：政策演进与理论逻辑 李国平；刘生胜 西安交通大学学报（社会科学版） 2018-11-08期刊

淅川县石质荒漠化土地空间分布特征研究 吴卿；刘哲；陈子韶；张璐；赵培 中国水土保持 2018-11-05期刊

流域生态补偿的复制动态及进化稳定策略分析 张化楠；葛颜祥；接玉梅 统计与决策 2018-11-02期刊

串联渠池闸门同步关闭情况下关闸时间对闸前水位壅高影响 赵鸣雁；孔令仲；郑艳侠；雷晓辉；权锦 南水北调与水利科技 2018-11-02期刊

流域生态补偿多元融资渠道及效果研究 张明凯 昆明理工大学 2018-11-01博士

协同治理视角下的河长制研究 赵丹丹 郑州大学 2018-11-01硕士

南水北调中线一期工程总干渠河南段（沙河南—漳河南）工程地质勘察 赵健仓；孙刚 水利水电工程勘测设计新技术应用 2018-11-01中国会议

南水北调中线工程丹江口水利枢纽大坝加高工程地质勘察 黄振伟 水利水电工程勘测设计新技术应用 2018-11-01 中国会议

南水北调中线一期工程总干渠南沙河渠

道倒虹吸工程地质勘察　马述江；阎传宝　水利水电工程勘测设计新技术应用　2018-11-01中国会议

南水北调中线一期工程总干渠沙河渡槽段工程　陈晓光　水利水电工程勘测设计新技术应用　2018-11-01中国会议

南水北调中线一期工程总干渠沙河南—黄河南禹州和长葛段工程　申黎平　水利水电工程勘测设计新技术应用　2018-11-01中国会议

南水北调中线工程穿越采空区技术处理　刘渤汛；杜宇峰　河南水利与南水北调　2018-10-30期刊

南水北调工程建设档案的管理　高攀　河南水利与南水北调　2018-10-30期刊

南水北调受水区水厂概况及特点　唐涛；张锐；杨明哲　河南水利与南水北调　2018-10-30期刊

南水北调中线工程粘土岩工程特性　罗保才；周子东；袁海英　河南水利与南水北调　2018-10-30期刊

强夯法有效消除黄土湿陷性的研究　秦学林　黑龙江水利科技　2018-10-30期刊

汇集站下伏采空区注浆治理技术研究　熊斌　内蒙古煤炭经济　2018-10-30期刊

MIKE21在丹江口水库回水分析中的应用　连雷雷；张海波；左建；赵学军　水利水电快报　2018-10-28期刊

外迁安置、土地流转及水库移民生计转型　赵旭；肖佳奇；段跃芳　资源科学　2018-10-25期刊

就业结构调整对水库移民土地流转的影响研究——以南水北调中线工程移民为例　赵旭；王祎；段跃芳　中国农业资源与区划　2018-10-25期刊

河南淅川县沟湾遗址屈家岭文化遗存发掘简报　张建；郑万泉；李鹏飞；曹艳朋；张萍　考古　2018-10-25期刊

生态环境保护部门在生态补偿机制建设中的职责与任务研究　张晓晴；万宝春；耿幸雅　河北农业科学　2018-10-24期刊

2017年汉江极端秋汛的影响评估分析　夏金；杨占婷；操筠；梁辰　第35届中国气象学会年会　S12　大气成分与天气、气候变化与环境影响暨环境气象预报及影响评估　2018-10-24中国会议

磷尾矿最佳掺量下EPS和聚丙烯纤维改良膨胀土试验　庄心善；王康；王俊翔；李凯　南水北调与水利科技　2018-10-23　期刊

基于临界水位下地下水“红黄蓝”分区划分研究　程双虎；张晓烨；李明良；谢新民；赵勐　水科学与工程技术　2018-10-17期刊

南水北调中线工程滑坡处理措施　时启军　水科学与工程技术　2018-10-17期刊

基于南水北调中线提升沿线城市水环境的作用　徐友奇　水科学与工程技术　2018-10-17期刊

污水管道穿越调水中线应急修复工程验收评价　梁发彪　水科学与工程技术　2018-10-17期刊

河南考古旅游资源保护中存在的问题及对策探讨　曹莎　商丘职业技术学院学报　2018-10-16期刊

水-能源-粮食纽带关系：地球科学的认知与解决方案　郑人瑞；唐金荣；金玺　中国矿业　2018-10-15期刊

平、逆坡渠道中污染物输移扩散研究　朱杰；权锦；龙岩；雷晓辉；孔令仲　中国农村水利水电　2018-10-15期刊

水泥改性土击实试验控制要点解析　魏让鹏　甘肃水利水电技术　2018-10-15期刊

水污染环境潜在风险源数据准确提取方法仿真　郭晨花；张登荣；路金霞　计算机仿真　2018-10-15期刊

南水北调西线工程线路设计优化方案探讨　梁书民；RICHARD Greene　水资源与

水工程学报　2018-10-15期刊

基于实测钢筋应力的某大型渡槽力学参数反演分析　丁宇；袁斌；黄耀英；夏世法；刘钰　水资源与水工程学报　2018-10-15期刊

基于网络分析法的某代建项目风险分析评价　郭永成；唐乐；汪冲　人民长江　2018-10-14期刊

基于优化支持向量机及Spearman秩次检验的q滑坡变形预测研究　翟会君；饶振兴；翟洪涛　甘肃科学学报　2018-10-12期刊

水权改革要注重区域性与阶段性探讨　王俊杰；陈金木；王丽艳　中国水利　2018-10-12期刊

河南：区域水量交易的探索与实践　杨轶　中国水利　2018-10-12期刊

南水北调中线膨胀土工程特性与边坡滑动破坏机制　蔡耀军；李亮　2018年全国工程地质学术年会论文集　2018-10-12　中国会议

淅川县石质荒漠化生态景观特征研究　徐鹏；吴卿；徐建昭；孙俊青；张璐　人民黄河　2018-10-10期刊

淅川县石质荒漠化判别及程度划分研究　王福岭；吴卿；徐建昭；孙俊青；张璐　人民黄河　2018-10-10期刊

景观理论在淅川县石质荒漠化治理中的应用　张璐；徐凡；徐鹏；吴卿；徐建昭　人民黄河　2018-10-10期刊

淅川县石质荒漠化防治关键措施及模式研究　吴卿；陈子韶；徐建昭；张璐；赵培　人民黄河　2018-10-10期刊

淅川县石质荒漠化土地空间分布特征研究　赵培；吴卿；张璐；徐建昭；魏冲　人民黄河　2018-10-10期刊

淅川县石质荒漠化土地坡度分级及岩性特征　徐建昭；吴卿；孙俊青；张璐；赵培　人民黄河　2018-10-10期刊

国外调水工程供水合同分析及对我国南水北调工程的启示　侯小虎；金海；谷丽雅；张林若　水利发展研究　2018-10-10期刊

从中华文明发展史看水利害两面性　中科院地质地球所　尚彦军；新疆工程学院　陈全君；帕尔哈提·祖努　中国科学报　2018-10-08报纸

CFG桩在道路软土地基处理中的应用研究　陈俊豪　福建农林大学　2018-10-01硕士

防汛应急车辆使用与维护　张永彬　河南水利与南水北调　2018-09-30期刊

水库移民中的组织化参与——基于丹江口库区D村移民公众参与的实证考察　钟苏娟；李禕；施国庆　水利经济　2018-09-30期刊

南水北调中线干线工程中自动化安防系统的应用分析　孟繁浪；徐宝丰；刘斯嘉；高永斌　南方农机　2018-09-28期刊

工程雷达在引调水工程施工质量检测中的应用　王万顺；邓中俊　水利水电快报　2018-09-28期刊

汉江流域（湖北段）地质灾害分布规律　华骐；蒋卫萍；王戈；华骥；廖媛　资源环境与工程　2018-09-27期刊

丹江口水库库区及周边地区水土流失空间分布特征及影响因素　李学敏；文力；刘琛；魏鹏飞；王俪璇　湖南农业科学　2018-09-27期刊

非饱和土的增量非线性横观各向同性本构模型研究　郭楠　兰州理工大学　2018-09-27博士

中国跨流域调水工程规划环境管理对策建议　姜昀；史常艳　世界环境　2018-09-26期刊

河南郏县黑庙墓地汉代画像石墓发掘简报　王宏伟；王龙正；娄群山；张春峰；周平战　文物　2018-09-25期刊

基于显微CT扫描的膨胀岩土体的裂隙结

构与分形特征研究　孙刚　化工矿物与加工　2018-09-20期刊

膨胀土边坡渗流数值模拟及稳定性分析　湛文涛；肖杰；陈冠一；常锦　工业建筑　2018-09-20期刊

南水北调中线工程渠道输水调度研究　刘洪超；潘好磊；王瑞卿　陕西水利　2018-09-20期刊

透水模板布在水工混凝土施工中的应用　陈雁东　2018年9月建筑科技与管理学术交流会论文集　2018-09-20中国会议

丹江口水库渔业捕捞及鱼类群落结构研究　廖传松；熊满堂；殷战；刘家寿　安徽农业科学　2018-09-19期刊

城市大型压力输水隧洞关键技术研究　沈来新；付云升；蒋奇水工隧洞技术应用与发展　2018-09-19中国会议

赋权Borda综合分析法在丹江口水源涵养区蔬菜用杀菌剂筛选中的应用　王明；闫晓静；刘新刚；袁会珠　农药科学与管理　2018-09-15期刊

海水淡化在供水行业成本优势潜力分析　闫玉莲；吴云奇；吴水波；潘春佑；李露　盐科学与化工　2018-09-15期刊

长距离输水洞分水口模型试验及过流能力研究　李重民；茹荣；王克忠；杨建辉　长江科学院院报　2018-09-15期刊

丹江沉积物重金属的污染特征和潜在生态风险评价　李丽；赵培；周楠　江西农业学报　2018-09-15期刊

基于尖点突变理论及Spearman秩次检验的基坑稳定性分析　李常茂；薛晓辉；刘盛辉　长江科学院院报　2018-09-15期刊

汉江流域1956～2016年汛期降水时空演变格局　邓鹏鑫；郦建平；贾建伟；王栋　长江流域资源与环境　2018-09-15期刊

南水北调对沿线地区经济和环境的影响分析　张春旺；王天平；赵令福；杨桦；崔明洁　河南林业科技　2018-09-15期刊

基于多因素赋权的输水管线安全评价体系研究　田雨；姜龙；雷晓辉　价值工程　2018-09-14期刊

南水北调中线工程监理监查系统的功能与应用　张真真；胡晓峰　科技创新与应用　2018-09-12期刊

淅川县推进畜禽粪污资源化利用的实践　刘家欣　中国畜牧业　2018-09-10期刊

南水北调受水区某水厂炭砂滤池运行特性及生物安全性研究　韩梅；曹新垲；王敏；马刚；王霭景　给水排水　2018-09-10期刊

L市多水源给水管网供水范围预测研究　金晔　给水排水　2018-09-10期刊

南水北调工程初期运行成本控制现状与问题　姬鹏程；孙凤仪　中国经贸导刊　2018-09-10期刊

科学划定生态红线　全面优化发展空间——鹤壁市推进自然生态空间用途管制试点工作的探索　王合防　资源导刊　2018-09-08期刊

梯级水利枢纽多维安全管理框架与重大挑战　樊启祥　科学通报　2018-09-07期刊

丹江口水库上游梯级开发后产漂流性卵鱼类早期资源及其演变　雷欢；谢文星；黄道明；谢山；唐会元　湖泊科学　2018-09-06期刊

南水北调中线跨渠桥梁运行管理探讨　唐要安　交通世界　2018-09-05期刊

城市水资源困境与综合利用途径　万振海　河南水利与南水北调　2018-08-30期刊

南水北调渠道倒虹吸防洪复核分析　赵跃彬　河南水利与南水北调　2018-08-30期刊

郑万铁路跨南水北调干渠特大桥主桥绿色设计研究　崔苗苗；严定国　铁道标准设计　2018-08-30期刊

水泥改性土试验方法及成果在水利工程中的应用　鲁杨明　工程建设与设计

2018-08-30期刊

水利水电工程农村集体土地作价入股安置模式初探　王磊；彭铃铃　广西水利水电　2018-08-30期刊

浅析格宾石笼在水利工程中的应用　闫广双　黑龙江水利科技　2018-08-30期刊

我国重大工程组织模式演变案例研究　乐云；刘嘉怡；翟曌；谢坚勋　工程管理学报　2018-08-28期刊

建设工程施工测量资料整理探讨　孙熙；陈余才；袁旭　经纬天地　2018-08-28期刊

南水北调中线工程渠道水下灌浆施工水质保护措施　侯少波；任变丽　河北水利　2018-08-28期刊

南水北调中线工程核心水源区城市协同发展实施战略　刘立钧；涂铸　天津城建大学学报　2018-08-28期刊

郑州市水生态文明城市试点建设综述　梁凌　水资源开发与管理　2018-08-25期刊

南水北调工程某高墩公路斜交桥抗震分析　付立彬；张敏；付娟　施工技术　2018-08-25期刊

商丘市海绵城市建设的路径探析　刘涛　农家参谋　2018-08-24期刊

浅谈南水北调工程监理档案资料的管理　张真真　建材与装饰　2018-08-22期刊

资源环境数据生成的大数据方法　吴炳方；张鑫；曾红伟；张淼；田富有　中国科学院院刊　2018-08-20期刊

开放式城市水利风景区的科学管理　徐智麟　浙江水利水电学院学报　2018-08-20期刊

国内河流健康研究综述　刘存；徐嘉；张俊；王乙震；周绪申　海河水利　2018-08-20期刊

南水北调中线工程焦作段滨河地带土壤重金属污染风险评价　辛佳桧；李明秋；马守臣；张雄坤；胡文智　南水北调与水利科技　2018-08-19期刊

固化剂在膨胀土改良中的应用　李威；王协群；申雅卓；徐加俊　中国农村水利水电　2018-08-15期刊

南水北调中线工程全自动拦藻设备控制系统设计　陈欣；李佳琪；金向杰；项嘉杰　技术与市场　2018-08-15期刊

倒虹吸设计探析　王勇　东北水利水电　2018-08-15期刊

超大口径PCCP管道结构安全与质量控制　赵翼行　东北水利水电　2018-08-15期刊

丹江口水库底栖动物群落次级生产力空间分布　李斌；张敏；蔡庆华　生态毒理学报　2018-08-15期刊

基于扎根理论的可持续旅游生计策略影响因素研究　李会琴；徐宁　国土资源科技管理　2018-08-15期刊

南水北调中线焦作段干渠潜在污染分析　李建林；林璐；王万雄；吴海江；赵晨晨　甘肃农业大学学报　2018-08-15期刊

泵站出水池-无压隧洞过渡段体型优化研究　王月华；王斌；吴德忠；韩晓维；张鸿清　水资源与水工程学报　2018-08-15期刊

农村生活污水处理中存在的问题与对策　李发站；陆佳兴　华北水利水电大学学报（自然科学版）　2018-08-15期刊

南水北调中线水源区总氮污染系统治理对策研究　辛小康；徐建锋　人民长江　2018-08-14期刊

长江上游水库群联合蓄水调度初步研究与思考　陈炯宏；陈桂亚；宁磊；傅巧萍　人民长江　2018-08-14期刊

基于流态辨识的弧形闸门过流计算　郭永鑫；汪易森；郭新蕾；胡玮；朱锐　水利学报　2018-08-13期刊

生态敏感区清洁小流域农户施肥行为调查研究　赵喜鹏；郝仕龙；张彦鹏　人民黄河　2018-08-13期刊

河南淅川姚河遗址考古发掘的收获和学

术意义　首都师范大学历史学院　袁广阔；秦存誉；韩化蕊　中国文物报　2018-08-10 报纸

南水北调中线渠首淅川县石漠化治理现状与人工造林技术　顾汪明；周金星；武建宏；周桃龙；刘玉国　林业资源管理 2018-08-08 期刊

南水北调中线干线工程水污染及防洪预警研究　王利宁；徐宝丰；潘圣卿；高善英　价值工程　2018-08-07 期刊

南阳市农业发展现状及创新模式研究　李明义；焦凤宾；李士豪；杨梦勇　现代经济信息　2018-08-05 期刊

南水北调工程运行初期供水成本控制研究　姬鹏程；孙凤仪　价格理论与实践 2018-08-03 期刊

南水北调中线水源工程水资源保护现状及主要对策分析　裴中平；尹炜；辛小康；卢路　2018 中国环境科学学会科学技术年会论文集（第二卷）　2018-08-03 中国会议

河南省水利工程农村移民生产安置的发展及特点分析　何方；朱子晗；潘欣　水利规划与设计　2018-08-02 期刊

基于 PCA-PSO-SVR 的丹江口水库年径流预报研究　张岩；杨明祥；雷晓辉；舒坚；牛文生　南水北调与水利科技　2018-08-01 期刊

南水北调中线工程横向生态补偿标准研究（英文）杨伦；刘某承；闵庆文；伦飞 Journal of Resources and Ecology 2018-07-30 期刊

环境保护验收与设计单元工程完工验收的关系　朱清帅；李旭辉；王东民　河南水利与南水北调　2018-07-30 期刊

南水北调检查井周边损坏原因及解决途径　李巍　河南水利与南水北调 2018-07-30 期刊

水利等优势资源对河南申建自由贸易港的支撑作用　李曲直　河南水利与南水北调　2018-07-30 期刊

丹江上游商洛市畜禽粪便排放量与耕地污染负荷分析　王忙生；张双奇；杨继元；杨雷　中国生态农业学报　2018-07-27 期刊

基于 Kalman-BP 融合的南水北调高填方渠道渗漏监测模型研究　刘明堂；田壮壮；齐慧勤；耿宏印；刘雪梅　南水北调与水利科技　2018-07-25 期刊

冰盖下梯形及抛物线形输水明渠正常水深显式迭代算法　韩延成；初萍萍；梁梦媛；唐伟；高学平　农业工程学报 2018-07-23 期刊

丹江口库区生态敏感性评估与生态分区　吴德文；刘刚；常乐　科技与创新 2018-07-20 期刊

通信调度系统在水利工程管理中的应用　吕运锋　信息系统工程　2018-07-20 期刊

膨胀土变形特性的影响因素分析　王亚辉；刘杰；刘建政；刘航京　山西建筑 2018-07-20 期刊

南水北调中线汉江源头区汉中境内近年用水总量情况分析　夏群超　陕西水利 2018-07-20 期刊

基于马氏距离判别的丹江口水库长期径流分级预报　程忠良；刘勇；高成；胡健　中国农村水利水电　2018-07-15 期刊

大型调水工程水量计量实例研究　刘洪超；杜新果；祝玉媛　东北水利水电 2018-07-15 期刊

南水北调中线工程渠坡膨胀土含水率监测及分析　刘祖强；郑敏；熊涛　长江科学院院报　2018-07-15 期刊

我国人均水资源量分布的俱乐部趋同研究——基于扩展的马尔科夫链模型　周迪；周丰年；钟绍军　干旱区地理　2018-07-15 期刊

平顶山市两库一河流域水质变化分析

李瑞霞 科教导刊（中旬刊） 2018-07-15 期刊

郑州南水北调干渠穿黄入口生态廊道景观设计策略研究 李峥；赵三星 绿色科技 2018-07-15 期刊

液液萃取气相色谱法测定饮用水中溴氰菊酯的不确定度评定 刘慧杰；张平允；李宁 城镇供水 2018-07-15 期刊

南水北调中线一期工程水量调度方案研究 马立亚；吴泽宇；雷静；李书飞；邱雪莹 人民长江 2018-07-14 期刊

基于控制蓄量法的南水北调渠系运行方式研究 吴永妍；黄会勇；闫弈博；刘少华 人民长江 2018-07-14 期刊

长距离渠道闸门故障扰动及小影响应急调度研究 万蕙；黄会勇；闫弈博；曾思栋；吴永妍 人民长江 2018-07-14 期刊

基于渠池蓄量平衡的闸前变目标水位算法 钟锞；管光华；廖文俊；肖昌诚；苏海旺 排灌机械工程学报 2018-07-13 期刊

河南省丹江口水库汇水区土壤侵蚀动态变化 杜军；李洪涛；马玉凤；王超 河南科学 2018-07-13 期刊

中国工业水价结构性改革研究：水资源费的视角 谢慧明；强朦朦；沈满洪 浙江大学学报（人文社会科学版） 2018-07-10 期刊

淅川县九重镇：拆旧复垦助推乡村生态建设 董其斌；肖勇 资源导刊 2018-07-08 期刊

论智慧化对南水北调工程综合效益评价与提升 田莹；钮锋 现代商业 2018-07-08 期刊

流冰对引水隧洞撞击破坏力学特性数值分析与验证 贡力；李雅娴；靳春玲 农业工程学报 2018-07-08 期刊

丹江口库区表层沉积物细菌多样性及功能预测分析 阴星望；田伟；丁一；孙峰；袁键 湖泊科学 2018-07-06 期刊

综合运距计算法在南水北调某标段土方平衡运距变化上的应用 邢志国 价值工程 2018-07-05 期刊

冰凌对输水渠道输水能力影响分析 高艳宾 水利技术监督 2018-07-02 期刊

跨流域调水工程对水源区生态环境影响及评价指标体系研究 徐鑫；倪朝辉；沈子伟；王楠；刘博群 生态经济 2018-07-01 期刊

水污染动态预警监测模型构建与应急处置工程风险分析 史斌 哈尔滨工业大学 2018-07-01 博士

3S 技术在水政监察工作中的应用 王英满；翟延岭 河南水利与南水北调 2018-06-30 期刊

水锤防护空气阀研究综述 徐放；李志鹏；王东福；廖志芳；王荣辉 流体机械 2018-06-30 期刊

水土保持生态补偿理论与机制探讨 赵颖 黑龙江水利科技 2018-06-30 期刊

重塑膨胀土膨胀特性变化规律的试验研究 郭红军 施工技术 2018-06-30 期刊

膨胀土力学特性研究及边坡稳定性分析 何鹏 西安理工大学 2018-06-30 博士

南水北调中线工程水源地生态补偿机制研究——基于马克思主义生态思想的视角 陈新 湖北工业大学 2018-06-30 硕士

覆膜方式对丹江口库区土壤氮素淋失的影响研究 任瑞 湖北大学 2018-06-30 硕士

面向生态的跨流域水资源优化调度及效益均衡研究 任康 西安理工大学 2018-06-30 硕士

斜交跨河桥梁对河道冲刷的影响分析 杨锋 河北水利 2018-06-28 期刊

某水电站导流洞工程费用调整浅析 赵磊；黄丹 水利水电快报 2018-06-28 期刊

河南荥阳官庄遗址东周人骨研究 周亚威；刘明明；陈朝云；韩国河 华夏考古

2018-06-25期刊

基于Halphen分布和最大熵的洪水频率分析 熊丰；陈璐；郭生练 水文 2018-06-25期刊

引调水PPP项目风险分担的区间模糊Shapley值方法 刘闯；宋玲；蒙锦涛 水电能源科学 2018-06-25期刊

寒区衬砌渠道冻害防治技术研究进展 汪恩良；靳婉莹；韩红卫；赵曦；商舒婷 黑龙江大学工程学报 2018-06-25期刊

一种大中型水闸智能监控装置的研究及应用 谈震；施翔；王荣；莫兆祥；魏伟 水利信息化 2018-06-25期刊

南水北调中线35kV超长输电线路节能与安全改造 杨铁树 水科学与工程技术 2018-06-25期刊

《荥阳后真村》简介 芫禹 考古 2018-06-25期刊

某煤矿采空区场地稳定性综合评价 孙晖；王起超 现代矿业 2018-06-25期刊

伞型锚技术在南水北调中线渠坡快速抢险加固工程中的应用 程德虎；任佳丽；程永辉 2018年全国工程勘察学术大会论文集 2018-06-21中国会议

小导管注浆技术的研究与应用 马士让 北方交通 2018-06-20期刊

裂隙位置及深度对膨胀土边坡稳定性影响分析 张维；张国宝；魏星 路基工程 2018-06-20期刊

河南淅川双河镇墓地M26发掘简报 崔本信；杨俊峰；曾庆硕；牛宏成 中原文物 2018-06-20期刊

地震液化的判别与防治 王艳军 海河水利 2018-06-20期刊

南水北调中线工程调水前后丹江库区水质分析 施建伟；尹延震；王苗；邓李玲；黄进 湖南科技大学学报（自然科学版） 2018-06-20期刊

自沉式组合钢围堰设计 杜春林；毛建华；毛建党；薛娟娟 河南科技 2018-06-15期刊

人工机械式拦藻技术在南水北调工程上的研究与应用 陈欣；金向杰 技术与市场 2018-06-15期刊

南水北调中线工程水源地跨省生态协调治理研究 陈运春 品牌研究 2018-06-15期刊

丹江口典型区域土壤侵蚀年内季节性分布研究 冯奇；肖飞；杜耘；王立辉 环境科学与技术 2018-06-15期刊

丹江口水库新消落带土壤酸碱度及种植香根草对其的影响 张龙冲；曹霖；李玉英；李永生；韩雪梅 湿地科学 2018-06-15期刊

金尾矿基轻质高强陶粒的制备及性能研究 赵威；王竹；黄惠宁；高佳研；韩茜 人工晶体学报 2018-06-15期刊

混凝土引气剂的研究进展 肖毅；陆聪 上海建材 2018-06-15期刊

汉江流域（陕西段）水生态承载力评估 孙佳乐；王颖；辛晋峰 水资源与水工程学报 2018-06-15期刊

大型渡槽可卸式止水伸缩缝安装施工工法 王章胜 城市建设理论研究（电子版） 2018-06-15期刊

南水北调中线某节制闸弧形门小开度振动观测与安全评价 胡玮；冯晓波；朱锐；陈清；郭永鑫 南水北调与水利科技 2018-06-14期刊

1980–2015年焦作矿区景观格局演变及驱动力分析 陆风连；王新闯；张合兵；吴金汝；焦海明 水土保持研究 2018-06-14期刊

南水北调中线水源地生态服务价值核算 唐见；曹慧群；陈进 人民长江 2018-06-14期刊

流域尺度综合与具体类型水流生态保护补偿结合的理论与方法初探 赵钟楠；田英；李原园；张越；黄火键 中国水利

2018-06-12期刊

基于Landsat TM/OLI遥感影像的焦作市生态环境监测与评价　杨洋　东华理工大学　2018-06-12硕士

高墩大跨连续刚构渡槽箱梁腹板受力状态研究　孟胜毅　重庆交通大学　2018-06-11硕士

生物酶固化土的加固机理及工程特性研究　黄泓翔　重庆交通大学　2018-06-11硕士

老采空区地基稳定性评价及分区研究　杨定明；沈永炬；刘彬；孙晖；刘学来　中国矿业　2018-06-10期刊

大型输水工程网络三维场景建设关键技术研究　王丹；张强；陶付领；霍建伟　人民黄河　2018-06-10期刊

河南淅川县沟湾遗址石家河文化遗存发掘简报　靳松安；曹艳朋；郑万泉；张萍；王富国　四川文物　2018-06-10期刊

南水北调引江原水不同预氧化方式中试对比研究　方自毅；张怡然；何凤华；李晨；常华　供水技术　2018-06-10期刊

水工涵闸混凝土结构裂缝成因浅析　何茜　城市建设理论研究（电子版）　2018-06-05期刊

基于BIM的大型渡槽全寿命周期信息管理系统初步研究　韩莎莎　河北农业大学　2018-06-05硕士

小型水利工程中浆砌石工程的施工工艺　简远翔　建材与装饰　2018-06-04期刊

土地整治项目对生态系统服务的影响研究　杨金泽　河北农业大学　2018-06-02硕士

丹江口库区流域面源污染输出规律与养分收支研究　周颖　华中农业大学　2018-06-01博士

汉江流域河—库岸带湿地植被和土壤反硝化特征　熊梓茜　中国科学院大学（中国科学院武汉植物园）　2018-06-01博士

干湿循环下红粘土边坡稳定性评价方法研究　李振　贵州大学　2018-06-01硕士

河南省农业水资源非农化利用的利益补偿机制研究　祁鹏　华北水利水电大学　2018-06-01硕士

针对水源涵养功能的汉江流域生态修复分区及植被优化配置　于烨婷　南京信息工程大学　2018-06-01硕士

水位变化下丹江口库区消落带土壤氮磷释放规律模拟研究　欧阳炜　华中农业大学　2018-06-01硕士

污水再生过程中的消毒副产物前体物的变化规律及去除效果研究　张雅晶　江南大学　2018-06-01硕士

基于早龄期拉压异性徐变的渡槽混凝土温控防裂研究　刘业磊　华北水利水电大学　2018-06-01硕士

基于空间风险对冲的区域限制供水规则研究　张珮纶　中国水利水电科学研究院　2018-06-01硕士

河南省邓州市移民安置问题研究　汤蕾　广西师范大学　2018-06-01硕士

基于星载SAR的中国大型湖泊水华识别　王乐　河南大学　2018-06-01硕士

伏牛山区产业结构及其生态环境效应评价　杜玥　河南大学　2018-06-01硕士

河南省产业扶贫：理论与案例研究　王晓宇　河南大学　2018-06-01硕士

丹江口库区侧柏人工林凋落物输入调控对土壤不同组分有机碳氮的影响　陈静文　中国科学院大学（中国科学院武汉植物园）　2018-06-01硕士

大尺寸干硬性混凝土预制块研制及铺装工艺技术研究　张超　东北农业大学　2018-06-01硕士

水库移民身份认同的代际差异——以H省C市Z村为例　胡琪雪　长春工业大学　2018-06-01硕士

豫南乡土物理课程资源的开发与整合研

究　雷晓燕　信阳师范学院　2018-06-01 硕士

基于响应面法的预应力渡槽结构可靠度研究　席晓辉　华北水利水电大学　2018-06-01 硕士

大型钢筋混凝土渡槽施工期温控研究　白晓华　华北水利水电大学　2018-06-01 硕士

碎石及土工格栅改良膨胀土膨胀特性研究　颜日葵　广西大学　2018-06-01 硕士

我国生态文明制度建设研究　胡妮　西安工程大学　2018-05-31 硕士

西峡香菇产业的个案研究　刘昶；包诗卿；裴丹青　中国乡村研究　2018-05-31 辑刊

石质荒漠化特征及防治技术　刘哲；陈子韶；吴卿　河南水利与南水北调　2018-05-30 期刊

暗渠防护工程地质分析与防护措施　李志海；姚永博　河南水利与南水北调　2018-05-30 期刊

膨胀土水泥改性处理试验及施工质量控制　苏建伟　河南水利与南水北调　2018-05-30 期刊

南水北调中线干线工程技术进展与需求　程德虎；苏霞　中国水利　2018-05-30 期刊

浅谈南水北调中线一期工程淅川段渠道水泥改性土换填变更　姬建民　农业科技与信息　2018-05-30 期刊

丹江口水库着生藻类群落特征及其水质评价　郑保海；朱静亚；许信；辛英督；宋俊丽　河南师范大学学报（自然科学版）　2018-05-29 期刊

隧道岩溶区浅层地震及地质雷达综合预报应用研究　田志飞；贾杰南；赵毅博　水利科技与经济　2018-05-29 期刊

民族精神的传承和时代精神的熔铸——南水北调精神初探　吕挺琳　领导科学　2018-05-28 期刊

基于WEPP模型的丹江口库区水力侵蚀动态变化分析　周国乾　内蒙古师范大学　2018-05-27 硕士

跨河建筑物局部水沙动力数值模型开发与应用　陈祎祥；牛小静　水力发电学报　2018-05-25 期刊

硬化非高斯结构响应首次穿越的Monte Carlo 模拟　张龙文；卢朝辉；何军；赵衍刚　湖南大学学报（自然科学版）　2018-05-25 期刊

基于动态权重系数的串联水库供水规则研究　何建航　水资源开发与管理　2018-05-25 期刊

浅析南水北调工程中的工程伦理问题　靖志浩；韩若冰；秦瑞　内蒙古水利　2018-05-25 期刊

车载式水质监测技术在水环境保护中的研究与应用　曹军　中国资源综合利用　2018-05-25 期刊

水利工程建设对生态环境的影响综述　高文国　城市建设理论研究（电子版）　2018-05-25 期刊

南水北调中线工程分水口敏感性研究　吴怡；郑和震；雷晓辉；王澈　人民黄河　2018-05-24 期刊

南水北调中线水源区水文特征分析及其水资源适应性利用的思考　左其亭；王妍；陶洁；韩春辉；王鑫　南水北调与水利科技　2018-05-23 期刊

水库蓄水库区浸没影响因素评价　户朝旺；谢罗峰；段祥宝；远艳鑫　水电能源科学　2018-05-22 期刊

随机地震作用下大型渡槽结构可靠性求解方法　张威；王博；徐建国；黄亮　水力发电学报　2018-05-21 期刊

南水北调中线水源地践行绿色发展观的路径探析——以陕南三市为例　姚蓉；黄昊　新西部　2018-05-20 期刊

基于AHP-灰色定权聚类的长距离输水工程闸门应急调控方式研究　龙岩；雷晓辉；徐国宾；权锦；李有明　南水北调与水利科技　2018-05-18期刊

水利工程涵洞设计要点分析　肖鹏　建材与装饰　2018-05-18期刊

城镇居民流域生态补偿方式的接受意愿与承受能力研究——基于基础水价提升视角　蒋毓琪；陈珂；陈同峰；李凯　软科学 2018-05-17期刊

水库水位周期性波动条件下抗滑桩加固效果研究　黄璜　长安大学　2018-05-16硕士

基于HEC-RAS模型的汉江上游东汉时期古洪水事件研究　王光朋；查小春；黄春长；庞奖励；张国芳　中山大学学报（自然科学版）2018-05-15期刊

引水工程对生态环境的影响研究　张磊；方洁　山东农业工程学院学报 2018-05-15期刊

二灰改良黄土强度特性的试验研究　刘鹏　西安工业大学　2018-05-11硕士

南水北调移民精神研究述评　时树菁　南都学坛　2018-05-10期刊

降雨入渗高陡边坡稳定性分析及防治　马舟军　南京理工大学　2018-05-10硕士

基于DEM的丹江口水源区治理区小流域划分研究　郭文慧；于泳；李璐；杨伟；袁修猛　中国水土保持　2018-05-05期刊

大口径钢管外包混凝土在输水管线中的应用与优化设计　郭放　水利规划与设计 2018-05-03期刊

不同蒸散发产品在汉江流域的比较研究　王松；田巍；刘小莽；刘昌明　南水北调与水利科技　2018-05-03期刊

许昌禹州出土铜镜探析　冀克强　文物鉴定与鉴赏　2018-05-01期刊

节水灌溉技术补贴政策研究：全成本收益与农户偏好　徐涛　西北农林科技大学 2018-05-01博士

辉县百泉泉水流量动态的BP神经网络分析　李林晓　华北水利水电大学 2018-05-01硕士

地下水开采生态效益评价研究　杨硕　华北水利水电大学　2018-05-01硕士

因煤而兴：焦作城市空间的形成与扩展（1898—1956）　郝媛媛　天津师范大学 2018-05-01硕士

水生植物在调水工程中的光合效能及净化作用研究　李怡　辽宁大学　2018-05-01 硕士

信息不对称条件下居民生态补偿支付意愿影响因素研究　邹妍　南昌大学 2018-05-01硕士

基于Kernel Density Estimation的自然保护区用地类型变化研究——以河南丹江湿地国家级自然保护区为例　邓依薇　华东师范大学　2018-05-01硕士

峡谷分层型水源水库季节性水质响应特征及水质模拟研究　谭欣林　西安建筑科技大学　2018-05-01硕士

南水北调渠道单网式清藻机械结构与动力学特性研究　司琪　华北水利水电大学 2018-05-01硕士

考虑空间效应土质隧洞的掘进施工及衬砌设计有限元应用研究　刘晓盼　华北水利水电大学　2018-05-01硕士

南水北调中线水源区水文要素演变特征研究　王立康　华北水利水电大学 2018-05-01硕士

基于实物期权的供水工程PPP项目需求风险分担机制研究　李静媛　华北水利水电大学　2018-05-01硕士

干湿循环下红粘土边坡破坏机理研究　吕梦飞　贵州大学　2018-05-01硕士

北宋三渠与中原水利文化遗产研究　李妍芳　郑州大学　2018-05-01硕士

中原地区出土汉代瓦当研究　石静　郑

州大学 2018-05-01硕士

南阳盆地东汉墓研究 聂银超 郑州大学 2018-05-01硕士

基于地理核心素养的人地协调观培养研究 蒋雪鹏 华中师范大学 2018-05-01硕士

《中国环境报》水污染报道研究(1984-2016) 李郑 湖南师范大学 2018-05-01硕士

丹江口库区覆膜表层土壤硝态氮淋失与影响因素模拟研究 张家鹏 湖北大学 2018-05-01硕士

竖缝式鱼道过鱼试验与布置体型改进研究 张超 中国水利水电科学研究院 2018-05-01硕士

基于RS与GIS技术的丹江口库区土地生态安全变化及影响因素研究 刘超贤 中国地质大学 2018-05-01硕士

无人机低空遥感影像的应用及精度实证研究 李广静 华北水利水电大学 2018-05-01硕士

气候变化背景下全球典型江河径流演变规律 石晓晴 中国水利水电科学研究院 2018-05-01硕士

汉江上游二级阶地庹家州剖面沉积地层光释光测年及气候变化研究 贾彬彬 陕西师范大学 2018-05-01硕士

汉江三级阶地磁性地层年代及其古环境研究 刘丽方 陕西师范大学 2018-05-01硕士

南水北调中线水源区水资源特征及适应性利用研究 王妍 郑州大学 2018-05-01硕士

最严格水资源管理制度下区域用水演变特征及趋势预测 郑众 华北水利水电大学 2018-05-01硕士

郑州市尖岗水库与常庄水库水资源联合调控研究 王新 华北水利水电大学 2018-05-01硕士

再生骨料透水混凝土耐久性能与应用性能试验研究 孟歌 华北水利水电大学 2018-05-01硕士

基于协同治理的城市生态文明建设路径研究——以许昌市为例刘晓文 郑州大学 2018-05-01硕士

南水北调中线工程Ⅲ级水污染应急调控研究 杨星 中国水利水电科学研究院 2018-05-01硕士

淅川县生态安全评价及调控措施 魏然 华北水利水电大学 2018-05-01硕士

南水北调中线水源区生态环境脆弱性研究 李浩 华北水利水电大学 2018-05-01硕士

北方缺水城市水生态文明建设评估——以郑州市为例 王若雁华北水利水电大学 2018-05-01硕士

基于多目标动态信息建模技术的除油污水力机械智能优化 王建廷 华北水利水电大学 2018-05-01硕士

河南省水安全保障市场机制及和谐调控方法研究 纪璎芯 郑州大学 2018-05-01硕士

我国水权交易法律制度研究 侯立超 郑州大学 2018-05-01硕士

CFRP补强加固PCCP外压试验与数值分析 程冰清 中国水利水电科学研究院 2018-05-01硕士

变化环境下汉江径流演变及其对南水北调中线可调水量影响研究 郭明 辽宁师范大学 2018-05-01硕士

大型预应力倒虹吸结构施工病害与补强技术研究 张倩倩 华北水利水电大学 2018-05-01硕士

基于云模型和社会网络分析法的长距离引水工程运行安全风险评价与对策研究 董浩 华北水利水电大学 2018-05-01硕士

基于粘弹性边界的南水北调工程大型渡槽动力特性研究 高卓 华北水利水电大

学 2018-05-01硕士

冬季输水混凝土防渗渠道冻胀机理研究 杜民瑞 石河子大学 2018-05-01硕士

基于表层含水率控制的膨胀土边坡防护方法研究 裴佩 广西大学 2018-05-01硕士

膨胀土地层基坑支护稳定性研究 周学 北京交通大学 2018-05-01硕士

易地扶贫搬迁的差异化安置方式研究 刘汉秦 郑州大学 2018-05-01硕士

南水北调中线三维仿真系统设计 何业骏；钟良 河南水利与南水北调 2018-04-30期刊

南水北调工程淅川段渠堤膨胀土填筑施工 陈红；刘平 科技通报 2018-04-30期刊

新技术新设备在南水北调中线水质突发事件应急处置中的应用 孙永平；唐涛 中国水利 2018-04-30期刊

大跨径梁式、拱式渡槽充水试验及检测研究 王宇 黑龙江水利科技 2018-04-30期刊

不同初始状态下膨胀土体收缩变形拟合模型 戴明月；陈勇；王智炜 人民长江 2018-04-28期刊

南水北调中线干线工程运行巡查的有关思考 张莉莉 河北水利 2018-04-28期刊

南水北调中线大型跨（穿）河建筑物综合风险评价 韩迅；安雪晖；柳春娜 清华大学学报（自然科学版） 2018-04-27期刊

南水北调工程关键期建设管理特征与策略探究 李锁义 绿色环保建材 2018-04-25期刊

无线传感器网络在水利水电工程中的应用 邱春华；葛少云；杨挺；向国兴 红水河 2018-04-25期刊

基于三维仿真的输（调）水系统实时调控实现平台研究 冶运涛；梁犁丽；龚家国；曹引；蒋云钟 水利信息化 2018-04-25期刊

基于MODIS MOD09Q1产品的全国陆表水面面积估算与分析 马津 山东农业大学 2018-04-25硕士

重大建设工程非自愿性移民贫困与治理研究评述 汪洋；冯怡宁；刘晶 工程管理学报 2018-04-23期刊

南水北调中线生态文化旅游分析 骆志方 旅游纵览（下半月） 2018-04-23期刊

改进的模糊综合评价法在渡槽风险评价中的应用 郭瑞；李同春；宁昕扬；朱松松 水利水电技术 2018-04-20期刊

丹江口水库水量时空动态变化及其影响研究 殷杰 湖北大学 2018-04-18硕士

2000～2015年丹江口库区植被覆盖时空变化趋势及其成因分析 胡砚霞；黄进良；杜耘；于兴修；王长青 长江流域资源与环境 2018-04-15期刊

浅析跨流域调水工程中的生态环境影响 何越人 四川水泥 2018-04-15期刊

基于气候弹性模型的丹江口水库水源区径流模拟及预测 胡丹晖；王苗；高正旭；秦鹏程；任永建 暴雨灾害 2018-04-15期刊

近46 a汉江流域地表干湿状况变化及其影响因素 黄俊杰；周悦；周月华；高正旭 暴雨灾害 2018-04-15期刊

南水北调中线干渠冰期拦冰索水力控制条件研究 穆祥鹏；陈文学；刘爽；钟慧荣；张学寰 中国水利水电科学研究院学报 2018-04-15期刊

南水北调中线工程水源地区域经济转型发展研究 张万锋 经济研究导刊 2018-04-15期刊

南水北调中线工程水泥改性土换填施工工艺浅析 陈维 四川水力发电 2018-04-15期刊

河南禹州市崔张汉墓发掘简报 陈军锋；苏辉；冀克强；王豫洁；王培娟 考古

与文物　2018-04-15 期刊

串联梯级泵站输水系统紧急工况水力响应特征研究　卢龙彬；雷晓辉；田雨；吴辉明　应用基础与工程科学学报　2018-04-15 期刊

丹江口水库动库容估算及其变化　刘海；武靖；殷杰；王敏；陈晓玲　应用生态学报　2018-04-11 期刊

南水北调中线干线工程档案管理工作浅析　曹会利　档案天地　2018-04-10 期刊

黄河水利委员会黄河机械厂南水北调中线干渠水质安全保障关键技术研究与应用　季艳茹　人民黄河　2018-04-10 期刊

逝水流光——南水北调中线工程河南段出土文物精品赏析　杨红梅；李晶　收藏家　2018-04-10 期刊

考古学视域下商代汉水流域文化交流的廊道功能研究　徐燕　中国历史地理论丛　2018-04-10 期刊

南水北调中线水源区淅川县石质荒漠化特征及防治技术研究　刘哲　华北水利水电大学　2018-04-10 硕士

国家级水源保护区土地利用程度与效益的耦合协调分析——以丹江口库区西峡县为例　张海朋；李江苏；王丽媛；曹静宇　资源开发与市场　2018-04-09 期刊

泵站应急供水试运行经验探讨　孙昊苏　价值工程　2018-04-08 期刊

基于无量纲性能指标的渠系控制器参数优化　管光华；钟锞；廖文俊；肖昌诚；苏海旺　农业工程学报　2018-04-08 期刊

膨胀土边坡防护机理分析及防护方法比较　丁国权；袁俊平　岩土工程技术　2018-04-08 期刊

水利工程土方填筑碾压施工质量控制　潘春华　科技经济导刊　2018-04-05 期刊

丹江口库区玉米覆膜土壤氮矿化速率及其影响因素研究　徐苗苗　湖北大学　2018-04-05 硕士

南水北调中线干渠突发水污染扩散预测与应急调度　郑和震　浙江大学　2018-04-01 博士

鹤壁市水资源承载力评价研究　刘朔　华北水利水电大学　2018-04-01 硕士

郑州沿黄河南岸景观生态空间优化研究　董剑利　浙江大学　2018-04-01 硕士

丹江口水库库周居民环境意识与环境行为的调查　范晓宇　西北农林科技大学　2018-04-01 硕士

丹江口库区农用化肥非点源污染负荷及空间分布特征研究　房珊琪　西北农林科技大学　2018-04-01 硕士

丹江口库区产业结构对环境的影响研究　强艳芳　西北农林科技大学　2018-04-01 硕士

南水北调工程箱形倒虹吸非线性有限元分析　牛津　兰州交通大学　2018-04-01 硕士

南阳掺灰改良膨胀土强度特性的冻融循环效应及微观机理研究　锁文韬　中原工学院　2018-04-01 硕士

节制闸过闸流量规律的研究与应用——以南水北调中线工程北易水节制闸为例　李宛东　华北水利水电大学　2018-04-01 硕士

城市化河流生态水文效应及调控研究　郭科　华北水利水电大学　2018-04-01 硕士

丹江口水库提前蓄水的二层规划模型　张婉蕾；胡铁松　水电与新能源　2018-03-30 期刊

河道治理工程绿色设计　程赓　河南水利与南水北调　2018-03-30 期刊

南水北调中线工程临时用地风险分析　吕正勋；何芳婵；李定斌；张西辰　河南水利与南水北调　2018-03-30 期刊

南水北调工程水土保持管理　魏红义；李志海；姚永博　河南水利与南水北调　2018-03-30 期刊

南水北调中线调蓄工程协商机制的实

践　姚高岭　河南水利与南水北调　2018-03-30期刊

初始干密度对弱膨胀土土水特征曲线影响　李想；吕军　河南水利与南水北调　2018-03-30期刊

基于圣维南模型下南水北调中线冰期过流弗汝德数的研究　陈宁；高黎辉；李静；高林　水利科技与经济　2018-03-30期刊

氯离子浓度和碱度对给水管网管垢重金属锰释放的影响　沙懿；张弦；王宇晖　南水北调与水利科技　2018-03-28期刊

南水北调中线水源地水质自动监测站网优化研究　王树磊；李建　三峡生态环境监测　2018-03-28期刊

钢套筒混凝土压力管道（SSCP）外载超载试验研究　朱俊杰；胡少伟　水利水电技术　2018-03-20期刊

郑万铁路跨南水北调干渠特大桥施工方案探析　李伟伟　铁道建筑技术　2018-03-20期刊

水泥改性膨胀土在侵蚀环境下的干湿循环效应研究　黄伟　西南大学　2018-03-20硕士

同心圆生物流化床反应器处理农家乐生活污水的实验研究　王粒力　重庆工商大学　2018-03-19硕士

丹江口水源区生态系统服务时空变化及权衡协同关系　刘海；武靖；陈晓玲　生态学报　2018-03-16期刊

南水北调中线生态文化旅游开发研究——以焦作渠段为例　鲁延召　资源开发与市场　2018-03-15期刊

南水北调中线工程总干渠河南段原水中消毒副产物前体物变化规律　黄飘怡；徐斌；郭东良　环境科学　2018-03-15期刊

丹江口水库消落带不同作物类型的土壤总氮分析　毛亮军；王渊；王新生；汪权方；孙佩　中国农学通报　2018-03-15期刊

气候因子对地表水资源量变化影响的定量分析　陈立华；王焰；关昊鹏　中国农村水利水电　2018-03-15期刊

土体干缩裂隙发育过程及断裂力学机制研究进展　徐其良；唐朝生；刘昌黎；曾浩；林銮　地球科学与环境学报　2018-03-15期刊

丹江口水库入库水量与气象因子的响应及其预测　秦鹏程；刘敏；肖莺；王苗；方思达　长江流域资源与环境　2018-03-15期刊

明渠冰期输水运行控制方式研究　陈文学；穆祥鹏；崔巍；何胜男　河北水利电力学院学报　2018-03-15期刊

石煤尾矿区土壤重金属污染风险评价　杜蕾；朱晓丽；安毅夫；王幸智；严亚娟　化学工程　2018-03-15期刊

渠道混凝土裂缝的成因及预防处理　张奎　甘肃水利水电技术　2018-03-15期刊

南水北调中线工程水权交易实践探析　郭晖；陈向东；刘钢　南水北调与水利科技　2018-03-14期刊

丹江口水库调水前后表层沉积物营养盐和重金属时空变化　李冰；王亚；郑钊；许信；辛英督　环境科学　2018-03-13期刊

南水北调中线渠首城市形象塑造及提升策略研究　李新宁　产业与科技论坛　2018-03-13期刊

丹江口库区坡耕地柑橘园套种绿肥对氮磷径流流失的影响　李太魁；张香凝；寇长林；张玉华；马政华　水土保持研究　2018-03-12期刊

丹江口水库三维水动力模拟研究　段扬；秦韬；王京晶；穆鹏；雷晓辉　人民黄河　2018-03-10期刊

南水北调地下埋管PCCP动力特性分析　张瑞君；宋春草；司斌　四川建材　2018-03-10期刊

水库超蓄临时淹没处理问题研究　顾培根　华北电力大学（北京）　2018-03-01硕士

复合改良膨胀土工程性质及微观机理试验研究 赵辉 合肥工业大学 2018-03-01硕士

区域生态农业与生态旅游业耦合度测定研究 以南阳市为例 王俊 中原工学院 2018-03-01硕士

郏县水资源严重匮乏状况及解决措施 石向阳；厉永亮；刘其威 河南水利与南水北调 2018-02-28期刊

南水北调水源区流域生态环境可持续发展研究 马仲阳 河南水利与南水北调 2018-02-28期刊

基于层次分析法的南水北调PCCP管线管护风险分析 孙昊苏 河南水利与南水北调 2018-02-28期刊

许昌禹州新峰墓地出土铜带钩赏鉴 冀克强 文物鉴定与鉴赏 2018-02-28期刊

简谈我国水利水电工程移民问题分析与思考 涂富金 智能城市 2018-02-28期刊

汉江流域跨界水污染问题及防治策略 李柱；张弢；王天天 再生资源与循环经济 2018-02-27期刊

气候变化下汉江流域虚拟水贸易分析 王乐；郭生练；刘德地；洪兴骏；李梦雨 水文 2018-02-25期刊

大断裂应变纤维布加固混凝土柱轴压试验研究 李向民；陈溪；许清风；王卓琳 建筑结构 2018-02-25期刊

基于场域惯习论的移民人力资本重构研究——以丹江口水库丹阳村外迁移民为例 刘会聪 湖北农业科学 2018-02-25期刊

河南郑州马良寨遗址汉代陶窑发掘简报 杨树刚；林壹；汪翔 华夏考古 2018-02-25期刊

南水北调中线工程水量调度管理实践工作的若干总结 卢明龙；丁志宏；陈宁 海河水利 2018-02-20期刊

冰盖对南水北调中线工程渠道作用力物理模拟试验研究 侯倩文；冯晓波；李志军；夏富洲 水利水电技术 2018-02-20期刊

膨胀土工程地质特性研究进展 冷挺；唐朝生；徐丹；李运生；张岩 工程地质学报 2018-02-15期刊

人工快渗工艺在工业园区污水深度处理中的应用 骆灵喜；许晓繁；张美娟；梅立永；黄鑫 广东化工 2018-02-15期刊

某渠道顺层岩质边坡开挖过程稳定性计算分析 茹世荣 吉林水利 2018-02-15期刊

基于变异系数的汉江生态经济带鄂豫陕协调发展 李权国；王萧；刁小威 湖北文理学院学报 2018-02-15期刊

河南省水土资源阻尼效应研究 郧雨旱；文倩；李晓东 河南农业大学学报 2018-02-15期刊

灰水利用的契机——对境外水域的探寻与思考 托马斯·尼德律斯特 景观设计学 2018-02-15期刊

安全监测自动化系统在水利工程中的应用 郝治霞 2018年2月建筑科技与管理学术交流会论文集 2018-02-15中国会议

膨胀土边坡护岸组合结构施工应用 邵琪；李金凤；沈建霞；李攀 水运工程 2018-02-11期刊

南水北调水源与黄河水源的混合原水混凝工艺试验 陆建红；张晋；刘晓冬 净水技术 2018-02-10期刊

丹江口库区及上游水土保持生态服务价值评价 刘少博；陈南祥；郝仕龙；杨柳；常全根 人民黄河 2018 02 09期刊

南水北调中线总干渠Ⅲ级水污染应急处置水力调控方案研究 杨星；崔巍；穆祥鹏；国洁 南水北调与水利科技 2018-02-08期刊

基于最大熵原理的水文干旱指标计算方法研究 洪兴骏；郭生练；王乐；田晶；郭娜 南水北调与水利科技 2018-02-06期刊

淅川福森药业产业化集群发展模式调研报告　周小珂　河南农业　2018-02-05 期刊

水生态文明视阈下南水北调中线水源地水质保护机制创新研究　黄文清；谷树忠；李维明　生态经济　2018-02-01 期刊

水源地生态补偿绩效评价指标体系构建与应用——基于南水北调中线工程汉江水源地的实证分析　唐萍萍；张欣乐；胡仪元　生态经济　2018-02-01 期刊

基于FAHP的南水北调中线干线工程临时用地风险评价　吕正勋；何芳婵；李定斌；李冀　水利科技与经济　2018-01-30 期刊

丹江口水库消落带植被群落恢复模式研究　王培；王超　人民长江　2018-01-28 期刊

丹江口库区覆膜土壤不同土层氮素矿化速率及其影响因素于兴修；徐苗苗；赵锦慧；张家鹏；王伟　应用生态学报 2018-01-26 期刊

南水北调渠首地域文化诠释　骆志方　南阳理工学院学报　2018-01-25 期刊

汉江上游沉积记录的北宋时期古洪水事件文献考证　王光朋；查小春；黄春长；庞奖励；张国芳　浙江大学学报（理学版） 2018-01-23 期刊

南水北调中线中小城镇水源供水安全问题探讨——以荥阳市为例　张程炯　山西科技　2018-01-20 期刊

大跨度U型渡槽施工顺序研究　蒋婉莹；徐芳芳　陕西水利　2018-01-20 期刊

水电项目水土保持生态效应评价研究　解刚；薛凤；王向东；张晓明；刘卉芳　水利水电技术　2018-01-20 期刊

南水北调中线工程水源地化肥施用时空分布特征及其环境风险评价　房珊琪；杨珺；强艳芳；王彦东；席建超　农业环境科学学报　2018-01-19 期刊

引水工程尾部消能电站方案设计研究　王子健；陈舟；张永进　水利规划与设计 2018-01-16 期刊

冬季输水梯形渠道冻胀时水力因素对刚性衬砌层内力影响研究　宋玲；陈瑞考；马铭悦；魏鹏　南水北调与水利科技　2018-01-15 期刊

强夯技术在湿陷性渠道基础处理中的应用研究　李涛　吉林水利　2018-01-15 期刊

丹江口水库汛期水位动态控制方案研究　段唯鑫；郭生练；张俊；邢雯慧；巴欢欢　人民长江　2018-01-14 期刊

河渠冰水力学、冰情观测与预报研究进展　杨开林　水利学报　2018-01-12 期刊

南水北调中线水源地丹江口水库水质安全保障对策研究　张乐群；吴敏；万育生　中国水利　2018-01-12 期刊

南水北调中线工程水源区与海河受水区干旱遭遇研究　余江游；夏军；佘敦先；邹磊；李天生　南水北调与水利科技 2018-01-11 期刊

南水北调中线工程水量调度实践及分析　仲志余；刘国强；吴泽宇　南水北调与水利科技　2018-01-11 期刊

丹江口库区移民心理健康与社会心理应激的相关性研究　柯攀；吴冬梅；姜峰波；林紫；刘冰　中华疾病控制杂志 2018-01-10 期刊

丹淅楚玉——河南淅川楚墓出土玉器鉴赏　唐新　收藏家　2018-01-10 期刊

浅谈南水北调运行期绩效管理　张琳琳　人力资源管理　2018-01-08 期刊

新时期城镇化安置模式水库移民“可行能力”缺失及重构　李晓明　三峡大学学报（人文社会科学版）　2018-01-05 期刊

水库移民效益分享征地补偿机制探讨　孙海兵　三峡大学学报（人文社会科学版）　2018-01-05 期刊

回弹法在超大型渡槽混凝土强度检测中的应用　易楠；姚林晓；上官林建；许闯　河南科技　2018-01-05 期刊

某混凝土过水矩形槽施工过程中温度裂缝控制　马金全　石家庄铁道大学　2018-01-01　硕士

拾壹 组织机构

河南省南水北调办公室

【概述】

2018年，河南省南水北调系统贯彻执行党的十九大精神，牢记“四个意识”，以党章党规为遵循，正风肃纪，落实“两个责任”，持续推进“两学一做”学习教育、“不忘初心、牢记使命”专题教育，完成各项工作任务。河南省南水北调工程运行安全平稳，水质稳定达标，累计向北方调水超过200亿m^3，综合效益进一步发挥。

【机构编制与机构改革】

南水北调工程经国务院批准于2002年12月27日正式开工。河南省依据国务院南水北调工程建设委员会有关文件精神，2003年11月成立河南省南水北调中线工程建设领导小组办公室（豫编〔2003〕31号），作为河南省南水北调中线工程建设领导小组的日常办事机构，设主任1名，副主任3名，副巡视员1名，与省水利厅一个党组，主任任省水利厅党组副书记，副主任任省水利厅党组成员。2004年10月成立河南省南水北调中线工程建设管理局（豫编〔2004〕86号），是河南省南水北调配套工程建设项目法人。同时明确，办公室与建管局为一个机构、两块牌子。

2018年，河南省南水北调办公室（河南省南水北调建管局）下设综合处、投资计划处、经济与财务处、环境与移民处、建设管理处、监督处、审计监察室7个处室和南阳、平顶山、郑州、新乡、安阳5个南水北调工程建设管理处（豫编〔2008〕13号）。内设机关党委、机关纪委、机关工会。受国务院南水北调办公室委托、代管南水北调工程河南质量监督站。批复人员编制156名，其中行政编制40名，工勤编制12名，财政全供事业编制104名。

按照河南省政府机构改革方案，2018年12月，省南水北调办并入省水利厅，省南水北调建设管理局随事业单位机构改革再行明确。省南水北调建设管理局现有104名财政全供事业编制人员和12名工勤编制人员。

【纪检监察】

召开2018年度南水北调系统党风廉政建设工作会议。实行目标责任制。按照党风廉政建设责任制的规定和省委省政府党风廉政建设责任领导小组办公室《关于制定2018年度党风廉政建设责任制目标的通知》的要求，结合省南水北调办2018年度中心工作任务，省南水北调办分解任务，制订《2018年党风廉政建设责任目标书》，并由省南水北调办领导班子与机关各处室、各项目建管处逐一书面签订。及时传达党和国家有关廉政和反腐败工作的文件，准确把握上级领导机关指示精神。组织每季度1次的反腐倡廉警示教育活动，组织党风廉政建设工作年中督导、年底考核工作。开展党性党风党纪教育和廉洁从政等主题教育活动。组织开展“节日病”专项治理活动，加强中秋、国庆、元旦、春节期间党员领导干部廉洁自律工作，及时提醒严格监督。开展谈话谈心活动，进行重点纠正和预防。

【理想信念教育培训】

结合省南水北调办（局）2018年度工作重点，编制《河南省南水北调办公室2018年度干部职工培训计划》，报备省委组织部批复同意，并以便函形式印发各处室组织实施。关注党员干部网上学习进度，稍有差距及时督促提醒帮助。2018年3月24～30日，由副主任杨继成带队，组织全省南水北调系统部分党员干部到复旦大学开展党的十九大精神及综合能力提升培训。10月15～19日，由副主任杨继成带队，组织省南水北调办副处级以上党员领导干部到愚公移山干部学院接受党性教育培训，并观摩小浪底水利枢纽、被誉为河防堡垒杜八联事迹展。

【内部审计】

2018年，加强内部监察审计，完善长效监督制约机制，完成省南水北调办（局）2017年第四季度内部审计、2018年上半年内部审计；完成省南水北调建管局调度中心财务竣工决算报告编制和审核；完成省南水北调办质量监督站的质量监督费使用情况内部审计；完成省南水北调办（局）2016年以来配套工程内部审计。事前把关，大额资金（1万元以上）票前审核把关。

【巡视整改“回头看”】

2018年，规范人事档案，按照省委组织部《关于转发〈中共中央组织部关于进一步从严管理干部档案的通知〉的通知》和《关于印发河南省干部人事档案专项审核工作实施方案的通知》要求，对“三龄两历一身份”造假等违规违纪问题，开展干部人事档案专项清理工作，对干部档案中改年龄、改学历、改履历等违纪现象保持高压态势。理顺干部档案，重点对专项清理活动中发现的干部个人在出生时间、参加工作时间、入党时间、学历学位、工作经历、干部身份、家庭主要成员及重要社会关系等方面存在的问题进行整改，对不规范的部分整改规范，没有归档的部分归档，并整理装订成册，严格规范使用和管理。省南水北调办干部档案2018年按照人事管理权限移交省水利厅人事处。排查违规兼职，按照省委组织部要求，对领导干部在社团和企业兼职情况进行自查，经自查未发现有领导干部在社团和企业兼职情况，相关表格按照零报告要求上报省委组织部。

【专项问题治理】

按照《中共河南省水利厅党组印发〈开展整治“帮圈文化”专项排查工作方案〉的通知》精神，及时召开整治“帮圈文化”专题组织生活会，以整治“帮圈文化”为主题，每位党员干部对照检查，剖析“帮圈文化”产生的根源及带来的危害，查找自身存在的问题和不足，开展批评与自我批评。全体党员干部公开作出自觉抵制“帮圈文化”的承诺并签订承诺书。经排查，省南水北调办未发现有党员干部参加五类“酒局圈”；不存在党员干部热衷于拉关系、找门路、套近乎、站队伍，广织关系网的行为；不存在党员干部将上级领导当成个人靠山的人身依附行为。开展违反中央八项规定精神专项整治，按照省水利厅党组《关于开展违反中央八项规定精神问题专项整治工作方案的通知》要求开展工作，对八项规定责任落实、监督检查、警示教育等内容开展自查。经排查，省南水北调办全体党员干部职工能够自觉遵守有关规定，廉洁自律，严格执行请销假制度，按照规定程序及时履行请销假手续，严格执行有关待遇规定，规范配备使用办公用房，遵守公车管理有关制度。

（杜军民）

【党建工作】

2018年，省南水北调办机关党委贯彻中央全面从严治党决策部署，学习宣传贯彻党的十九大精神，推进“两学一做”学习教育常态化制度化，以习近平新时代中国特色社会主义思想为指导，加强理想信念教育，强化基层党组织建设，围绕南水北调中心任务，服务南水北调运行管理大局，党建工作科学化规范化水平进一步提升，较好完成全年党建工作的主要目标任务。

政治理论学习 组织各支部学习党章党规、习近平新时代中国特色社会主义思想，党的十九大精神、全国两会精神。学习习近平总书记在马克思诞辰200周年座谈会上的讲

话、《习近平新时代中国特色社会主义思想三十讲》、学习省委十届六次全会精神。各支部组织党员干部参加党的理论知识网上答题活动。组织办机关干部职工观看专题节目《榜样3》。2018年各支部共计开展学习党的十九大精神专题活动50余次，党员学习教育覆盖率达到100%。

印发《河南省南水北调办公室机关党委2018年度理论学习的安排意见》，各支部每周二下午自学，每周五下午集中组织学习。印发《新时代干部职工应知应会常识》手册人手一本，包括政治建设、经济建设、文化建设、社会建设、生态文明建设、省委十届六中全会知识和水利部门业务知识等7个方面共264条。机关党委每周五下午对各支部的学习情况进行巡查，督促指导各支部落实“三会一课”制度，同时对各支部的学习情况、《党支部手册》的记录情况进行2次检查指导。

组织处级干部共78人次参加水利厅党组集中学习党的十九大精神轮训；组织干部职工参加“学习十九大 奋进新时代”党的理论知识网上答题活动；组织开展科级以下干部职工学习十九大精神应知应会知识考试，参考率82%；组织干部职工参加2018年政府工作报告在线学习答题活动；开展文明使用微信微博客户端承诺践诺活动；“七一”期间各支部开展以学习弘扬焦裕禄同志“三股劲”为主题的组织生活会、支部书记讲党课、重温入党誓词等党日主题活动；组织开展“弘扬焦裕禄精神 争做出彩河南人”微型党课比赛，派选手参加省水利厅举办的微型党课比赛并获三等奖。

整合日常党务工作全面落实党建工作责任　落实党建工作责任。2018年机关党委代表在全省水利系统党建工作会议上进行交流发言，被评为2017年度宣传工作先进单位；在3月召开的省南水北调办党建暨精神文明建设工作会议上，对3个先进党支部、15名优秀共产党员进行表彰。2018年印发正式文件19份，便函53份，“两学一做”学习教育简报60期（总107期）。印发《2018年党支部全面从严治党主体责任目标任务》，转发《河南省水利厅基层党组织落实全面从严治党主体责任考评（试行）办法的通知》，明确全面从严治党主体责任考评机制方法，对党建各项工作进行细化量化。

视巡视整改　转发水利厅党组《关于建立巡视整改台账及定期报告制度的通知》，收集汇总各支部整改工作进展情况，按时向厅党组报送巡视整改情况。开展厅党组关于中央巡视整改落实工作专题调研工作。按要求整理调研检查有关文件资料，撰写汇报材料，汇报省南水北调办巡视整改情况、配合进行资料检查、应知应会知识测试、填写调研检查情况统计表、个别访谈等工作。转发《中共河南省水利厅党组关于召开巡视整改专题民主生活会和组织生活会的通知》，各支部在9月15日前完成巡视整改专题组织生活会。

党费管理　2018年共收缴党费3.32万元，上缴水利厅机关党委1.66万元。向每个支部拨付活动经费1000元，用于支部订阅党报党刊，开展主题党日活动、创先争优等活动。

党员管理　2018年有4名同志被发展为预备党员，4名同志被列入发展对象，6名同志列入入党积极分子；按照省水利厅机关党委要求，组织各支部对十八大以来发展党员工作进行全面回顾排查。经排查，十八大以来省南水北调办发展的党员，符合党章和《细则》规定的各项标准；根据人员岗位变化情况，及时调整理顺党员组织隶属关系，确保100名党员都能纳入党组织的管理之中；关爱慰问困难3名党员，共补助救济金3000元。根据厅党组的安排，将省南水北调办13名退休干部的党组织关系转到水利厅。

【廉政建设】

以全面从严治党引领机关纪委工作　传达学习上级有关精神，组织党员干部学习《廉洁自律准则》《纪律处分条例》《问责条例》；组织机关纪委委员学习习近平总书记在第十九届中纪委第二次全会上的讲话精神、全会公报及相关通报；组织党员干部学习贯彻水利厅党组《中共河南省水利厅党组贯彻实施中央八项规定实施细则精神实施办法》和中共河南省委十届六中全会会议精神，驻厅纪检组“三化一体”落实全面从严治党监督责任实施方案。印发《关于贯彻省纪委“八个严禁”确保清明期间风清气正的通知》《关于转发〈中央纪委公开曝光七起违反中央八项规定精神问题〉的通知》《关于做好驻厅纪检组推进“三化一体”落实全面从严治党监督责任实施方案工作的通知》《关于认真开展学习扫黑除恶专项斗争应知应会知识的通知》。转发水利厅党组《关于开展违反中央八项规定精神问题专项整治工作方案的通知》和《关于开展整治“帮圈文化”专项排查工作实施方案的通知》。建立“省南水北调办党风廉政微信群”，适时发布反腐倡廉工作动态、廉洁政策、倡廉漫画，进一步推动党风廉政建设和全面从严治党工作开展。

纪委日常工作　配合驻厅纪检组开展工作，办理驻厅纪检组转交举报工作及全省纪律处分决定执行情况专项检查专项工作；按照驻厅纪检组的要求对机关内部食堂及项目建管处内部食堂进行统计；在中秋、国庆双节前夕及时传达省纪委、厅党组关于双节期间的廉政要求传达到每一位党员，并及时向驻厅纪检组报送“双节”期间“四风”问题工作情况报告；按照《推进“三化一体”落实全面从严治党监督责任实施方案》要求开展工作，制定“三化一体”细化（分工）表，及时报送有关资料；开展整治“帮圈文化”专项排查工作，组织党员签订不参加“帮圈”承诺书，向水利厅机关纪委报送整治“帮圈文化”工作总结；按要求开展违反中央八项规定精神问题专项整治工作，结合工作实际开展自查自纠，向水利厅机关纪委报送省南水北调办开展违反中央八项规定精神问题总体报告；开展“以案促改”工作，对上级通报的典型案例进行剖析原因查摆问题，并开展廉政风险点调研工作，推动以案促改工作制度化常态化。

警示教育　发挥廉政警示教育在从严治党中的重要作用，组织党员干部职工观看《诱发公职人员职务犯罪的20个认识误区》《巡视利剑》和《交通事故》警示教育片；组织党员干部102人签订节假日廉洁过节承诺书等。

【文明单位创建】

以培育和践行社会主义核心价值观、传播文明风尚、学雷锋志愿服务活动、争创文明单位等作为精神文明建设重要内容，细化考评指标，提升党建权重，将“抓党建促文明”贯穿于文明创建全过程，完成2018年度省级文明单位的复查验收。

思想道德建设　以加强自身职业道德和个人品德，传承家庭传统美德和社会公德，弘扬社会主义核心价值观为主题开展道德讲堂活动。开展爱国主义教育活动，在清明节和“七一”建党节期间分别组织党员干部到郑州烈士陵园缅怀英烈，重温入党誓词、参观中原英烈纪念馆、焦裕禄烈士纪念馆、竹沟革命烈士纪念馆；举办“社会主义核心价值观”、中国特色社会主义和《厉害了，我的国》爱国主义教育活动。

践行社会主义核心价值观　开展机关文化、家风家教宣传教育，加强干部职工爱岗敬业、诚实守信、服务群众教育。以“六文明”为主题，开展“践行价值观文明我先行”实践活动。开展“诚信，让河南更加出彩”主题活动，培育诚信理念、规则意识和契约精神。推进家庭文明建设，连续三年开展文明家庭评选活动，对表现突出的11个文明家庭进行表彰，开展交流学习，进一步促进形成爱国爱家、相亲相爱、向上向善、共建共享的社会主义家庭文明新风尚。

开展优质服务活动 持续开展以改进工作作风、严明工作纪律、提升工作水平、美化工作环境为内容的创先争优流动红旗评比活动，形成“比、学、赶、帮、超”氛围收到良好效果。开展2018年“省直好人”和学雷锋志愿服务先进典型网上投票活动；持续开展文明处室、文明职工评选活动，对表现突出的3个优秀文明处室、13名文明职工进行表彰。

开展志愿者服务活动 组织党员志愿者到社区报到，定期参加社区组织开展的“全城大清洁”行动、政策宣传志愿活动；组织开展义务植树、义务献血、维护市容市貌志愿服务活动；组织志愿者先后到帮扶村小学开展夏季防溺水宣传和慰问活动，开展以“清洁家园”为主题的文明乡风活动；持续两年开展“微爱环卫”公益活动，在每年的夏冬两季为社区所辖范围的环卫工人送去关怀和慰问。完成党员志愿者注册99人，在职党员注册人数达到在职党员总人数的97%，完成省级文明单位党员志愿者注册工作。

开展职工文体活动 在春节、元宵节、清明节、端午节、中秋节等传统节日，开展具有传统民俗特色的活动，增强民族文化认同感。参加全民健身运动，在河南省十三届运动会（省直组）中，省南水北调办代表团共有35名干部职工（其中厅级3名）分别参加射击、拔河、篮球、乒乓球四个项目的比赛，射击获“体育道德风尚奖”，男子篮球、男子乒乓球、拔河均获团体二等奖，8人获“体育道德风尚奖”；组队参加“水投杯”全省水利系统乒乓球比赛，获男子团体第一名，女子单打第二的好成绩。在三八妇女节、五一劳动节，组织开展健步走、篮球友谊赛等体育活动；组织观看《幸福快车》等影片，丰富干部职工业余文化生活凝聚正能量。

（崔 堃）

【精准扶贫】

省南水北调办继续把肖庄村脱贫致富作为重大政治任务和第一民生工程，优选驻村第一书记和派驻工作队，集合各部门优势力量，开展“建强基层组织、推动精准扶贫、落实基础制度、办好惠民实事”工作，截至2018年底，肖庄村的村容村貌显著改善，贫困人口稳步减少，脱贫致富任务取得显著成效。

开展党建工作 加强党建为脱贫攻坚提供组织保证。省南水北调办主要领导现场调研、驻村第一书记深入走访、驻村工作队成员逐户摸排，对肖庄村基层党组织薄弱、干部队伍力量不强问题，省南水北调办决定以强化肖庄村党建工作为总抓手，配齐队伍，强化管理。发挥基层党组织战斗堡垒作用。开展“不忘初心、牢记使命”学习教育和三会一课、党员活动日活动，不断提高村“两委”服务为民意识。建立以竹沟镇镇长为组长，驻村第一书记、县烟草局干部、村支部书记、村委主任、镇包村干部为成员的脱贫责任组，宣传党的扶贫开发和惠农富农政策，组织制定肖庄村脱贫规划，组织落实扶贫项目，培植主导产业和特色产业，为脱贫攻坚提供完善的制度保障。落实基层民主科学决策制度，运用“四议两公开”工作法推动肖庄村基层治理民主化、法制化、规范化，凡是涉及农村经济发展、集体财产管理和农民切身利益的重大事项，一律严格按照“四议两公开”工作法组织实施。

落实精准扶贫 开拓打赢脱贫攻坚战的基本路径。省南水北调办多次召开精准扶贫专题会议，学习研究中央和省委精准扶贫政策，部署安排肖庄村精准扶贫措施。要求驻村工作队精准识贫扣好“第一颗扣子”，精准识别、建档立卡，贫困人口清、贫困户情况清、致贫原因清，严格做到“六个精准”，因村因户因人分类施策。肖庄全村51户贫困户中，享受低保补贴的贫困户有9户33人，分散供养五保老人16户16人，享受残疾人补贴

4人；2018年危房改造7户；为所有51户132人建档立卡贫困户缴纳基本医疗保险、大病保险、意外保险、补充医疗保险，2018年贫困人口住院10人次，报销25万元，享受重症慢性病补助19人；享受教育惠民补贴24户40人，其中大专及以上教育补贴5人，享受高中教育补贴9人，享受中学教育补贴8人，享受小学教育补贴15人，享受学前教育补贴3人；转移就业7户8人，个人年收入都在1万元以上，安置公益性岗位保洁员21人；推动特色种植脱毒红薯19户141亩，艾叶27户71亩，特色养殖养牛3户24头。

增加投入 对肖庄村在基础设施及公共服务设施等方面投入不足、历史欠账较多等实际情况，省南水北调办领导班子成员多次到肖庄村现场办公，协调各种社会资源，加大投入，学校教育、农村道路、供水、供电等基础设施建设步伐不断加快，生产生活条件逐步改善，美丽宜居乡村建设取得明显进展，农民共享扶贫成果的获得感进一步增强。截至2018年底，肖庄村在乡村道路公共服务设施建设、电网改造、饮用水、文化广场、人居环境及改善学校教育等方面共投资3000余万元。

产业扶贫 产业扶贫是增加收入脱贫致富的核心举措。省南水北调办因地制宜、创新思路，制定以乡村旅游发展为主线，带动特色养殖与特色种植，实现强村富民的发展思路，彻底帮助肖庄村村民增收致富。发挥肖庄村的山地资源优势，帮助肖庄村注册成立确山县彩云谷旅游开发有限公司，负责运营村内旅游开发。协调水利部门投资210万元，对紧靠旅游开发区的王富贵村民组内的700m河道用浆砌石护坡的形式进行治理，投资近300万元建设回龙湾拦河坝。协调驻马店市艾森公司参与旅游开发，投资500万元铺设9.8km盘山旅游道路。投资300万元建设长廊亭楼、游客服务中心、下石门至上石门的木栈道、下石门至大洼段水泥路。2018年，肖庄村旅游开发初具规模，游客数量逐渐增多，五一节假日期间接待游客甚至出现一餐难求情况。协调引进爱必励健康产业有限公司，对艾草种植进行深加工，计划年加工艾草3000t。爱必励健康产业园产业有限公司租用扶贫车间，年租金3万元。入股恒久机械加工有限公司150万元，每年分红11.25万元。光伏发电450kW，每年年效益15万元。扶贫体验餐厅投资120万元，建成后收入8万元。引进一家电子管件厂投资600余万元，引进一家小提琴厂投资500余万元。两厂建成后可解决肖庄村60多人就业问题。

2018年，省南水北调办派驻扶贫村“第一书记”邹根中获省委省政府表彰为先进个人。审计监察室党支部获省水利厅2016-2017年度脱贫帮扶工作先进集体。

（杜军民）

【南阳建管处党建与廉政建设】

2018年，南阳建管处党支部学习党的十九大会议精神，按照省南水北调办党建及精神文明建设工作会议统一部署，开展“两学一做”学习教育，全面从严治党，落实党建主体责任。每周集中理论学习，周二周五学习时间，组织全处党员干部学习领会有关文件精神，并开展讨论。2018年建管处党支部召开党员大会3次，支部委员会12次，组织生活会1次，民主生活会2次，组织支部集体学习24次，讲党课1次，谈心谈话4次。召开党员大会进行民主评议党员，党员自我评价，支部书记点评，参会人员进行无记名投票选举产生优秀共产党员。落实党支部主体责任，严肃党内政治生活。支部书记带头，把全面从严治党作为应尽职责、分内之事，坚持党建工作和业务工作一起谋划、一起部署、一起检查。领导班子成员主动认领全面从严治党责任清单内容，模范遵守党的各项纪律规矩，为全体党员和干部职工做出表率。警钟长鸣，严防“四风”反弹，反腐倡廉常抓不懈。落实中央八项规定精神，持续加强党性党风党纪教育，每次处务会议都对廉政工作作出具体安排。建管处领导班子成员履行“一岗双责”，按照“谁主管，谁负责”的原则，细化廉政工作任务，严格执行党的政治纪律、组织纪律、廉洁纪律、群众纪律、工作纪律和生活纪律。组织干部职工观看廉政警示教育片，贯彻落实省南水北调办“坚持标本兼治推进以案促改工作实施方案”。学习省直纪工委有关通报，每个党员签订节假日廉洁自律承诺书。

（李君炜）

【平顶山建管处党建与廉政建设】

2018年，平顶山建管处党支部按照省南水北调办机关党委要求，持续开展“两学一做”学习教育，制定学习计划，基本能够坚持每周两次的学习制度，及时学习传达上级文件和会议精神。学习党的十九大会议精神、习近平总书记系列重要讲话、党章以及各项党的规章制度。

平顶山建管处党支部继续加强党建与廉政建设，落实全面从严治党为目标，组织党员干部进行政治理论学习、党风党纪教育、理想信念教育，巩固和拓展党的群众路线教育实践活动和“三严三实”专题教育成果。加强党支部的组织建设、纪律建设、制度建设，引导党员进一步增强政治意识、大局意识、核心意识和看齐意识，发挥党支部的战斗堡垒作用。

（高　翔）

【郑州建管处党建与廉政建设】

2018年郑州建管处围绕工程建设管理加强党建工作。建管处党支部学习领会习近平新时代中国特色社会主义思想和党的十九大精神，牢固树立“四个意识”，坚定“四个自信”，切实增强“两个坚决维护”，加强党支部的思想建设、组织建设、作风建设，发挥党支部的战斗堡垒作用。郑州建设管理处党支部每周一次集中学习与业余时间自学相结合，集中学习党的十九大报告和党章，集中学习习近平总书记的重要讲话精神，读原著学原文悟原理。“两学一做”常态化制度化，落实全面从严治党要求，增强政治意识、大局意识、核心意识、看齐意识，坚定正确的政治方向。

落实全面从严治党主体责任。按照省水利厅党组和省南水北调办关于全面从严治党的各项要求履行主体责任，在安排和部署工作时，将党建工作和业务工作同谋划同部署。领导班子成员“一岗双责”，落实思想建党、制度管党、从严治党责任。开展“巡视整改”“以案促改”“廉政风险排查”等专项活动。水利厅党组、驻厅纪检组和省南水北调办组织开展一系列政治性、政策性、专业性强的党建专项活动，郑州建管处党支部部署落实，开展排查整改工作。召开专题会议、组织生活会加强学习研究，从政治上找差距，从思想上挖根源，分析和查找存在的突出问题和薄弱环节，建立整改台账，分析问题的原因并制定整改措施。

开展“七一”主题系列党日活动。郑州建管处党支部组织学习《学习弘扬焦裕禄精神》读本中的习近平系列讲话和“习近平新时代中国特色社会主义思想三十讲”中的重要内容，党支部书记余洋以“学习弘扬焦裕禄同志三股劲，扎实做好南水北调工作”为题给全体党员讲党课，结合自身体会提出如何在具体工作中落实“三股劲”。组织全体党员到郑州市烈士陵园，重温入党誓词。召开以学习弘扬焦裕禄同志“三股劲”为主题的组织生活会，学习对照剖析自身存在的问题，结合亲劲、韧劲、拼劲，开展批评与自我批评。落实“三会一课”制度，制定措施严格纪律，对“三会一课”的内容党支部事先有准备有安排，重点突出，确保实效。严格党费收缴制度。落实中央八项规定精神和省委实施细则精神，加强教育监督，推动单位作风转变。严格执行“三重一大”事项集体决策制度。郑州建管处党支部多次到确山县竹沟镇肖庄村贫困户张毛家进行结对帮扶，根据张毛家的实际情况及时解决困难。

（岳玉民）

【新乡建管处党建与廉政建设】

2018年，以习近平新时代中国特色社会主义思想为指导，学习贯彻落实党的十九大精神，按照新时代党的建设总要求，以政治建设为统领，落实意识形态工作，推进反腐败斗争。建管处领导班子成员带头廉洁奉公，遵纪守法，以身作则。副处级以上干部参加党的十九大精神集中轮训，培训后及时传达给建管处全体员工。

根据省水利厅党组、省南水北调办机关党委统一部署，制定新乡建管处2018年党支部学习计划。通过党员大会、主题党日活动组织全体党员集中学习。强化支部建设，按照“支部设置标准化，组织生活正常化、工作制度体制化、管理服务精细化、阵地建设规范化”要求，推进党支部各项建设。

以“三会一课”为载体，围绕党建中心工作任务，加强党的思想、组织、作风和制度建设，以改革创新的精神推进党建工作，以党建促进业务工作共同发展。落实“两个责任”。全面落实主体和监督责任，“述责述廉”纳入单位年度总结考核中。按照“三重一大”制度规定，履行领导班子集体决策运行机制，防范决策风险、规范决策程序、提高工作透明度。科级以上干部签订“党员领导干部廉洁承诺书”，党员签订“党员廉洁承诺书”。新乡段建管处开展“两学一做”学习教育，年初制定党员学习计划，列出学习篇目，每周二、五组织全体职工学习。

（蔡舒平）

【安阳建管处党建与廉政建设】

2018年安阳建管处党支部按照“两学一做”学习教育常态化制度化工作部署制定学习计划。学习习近平新时代中国特色社会主义思想和党的十九大精神，开展习近平新时代中国特色社会主义经济思想专题学习、坚持党对一切工作领导专题学习、坚定文化自信专题学习等学习活动；处级干部3次参加省水利厅党组和省南水北调办组织的十九大精神学习培训。开展廉政教育、红色教育、优良传统教育和“不忘初心、牢记使命”主题教育活动。学习党章党规，学习焦裕禄精神、愚公移山精神，学习《榜样》等先进模范人物事迹，加强党性锻炼，引领良好风尚。学习省水利厅党组贯彻落实中央八项规定实施细则精神实施办法规定。开展“七一”主题党日活动。学习省委书记王国生在《河南日报》发表的《努力学习弘扬焦裕禄同志的“三股劲”》署名文章，组织党员干部到焦裕禄精神基地接受教育，重温入党誓词。6月22日，党支部书记胡国领以“学习践行焦裕禄同志的三股劲，做好新时代南水北调工作”为主题，给支部全体党员上党课。6月27日，党支部召开学习弘扬焦裕禄同志“三股劲”主题组织生活会。加强社会主义核心价值观学习教育，组织全体职工观看中央电视台百家讲坛栏目社会主义核心价值观系列讲坛，增强践行社会主义核心价值观的信心和动力。

落实“三会一课”制度，定期召开党员大会、支部委员会，学习贯彻中央、省委有关精神，落实上级党建部署，督促检查工作进展。2018年上党课2次。在省南水北调办举办的微型党课比赛活动中获二等奖。落实“一岗双责”，年初组织编制支部党建工作年度计划，按照计划督促落实。党务工作明确专人负责。党支部收缴的党费及时上缴上级党组织。组织对入党积极分子的培养和引导工作，主动与入党积极同志谈心，交流沟通思想，关心生活，帮助进步。

领导班子成员按照职责分工落实“一岗双责”，明确党风廉政建设主体责任和监督责任，2018年开展党员作风建设自查自纠2次，按照驻省水利厅纪检组“三化一体”落实全面从严治党监督责任工作要求，开展坚持标本兼治推进以案促改和落实中央八项规定实施细则精神专项治理活动，定方案、建台账、有措施、抓整改。组织党员干部观看《诱发公职人员职务犯罪的20个认识误区》《守住第一次》《信念》《巡视利剑》等廉政专题教育片，及时传达上级纪委关于违纪违法典型案例的通报，开展正反典型警示教育，警钟长鸣，常抓不懈。党支部建立微信群廉政教育平台，及时发送廉政教育宣传信息，节假日进行廉政教育和提醒。严格按合同、规章制度办事，按程序管理工程建设，严格遵守财经纪律。按照省南水北调办扶贫工作方案，多次与扶贫户进行对接，查清贫困原因，研究帮扶脱贫方案并组织实施，2018年安阳建管处扶贫户实现脱贫。

（李沛炜）

省辖市省直管县市南水北调管理机构

南阳市南水北调办

【机构设置】

南阳市南水北调中线工程领导小组办公室于2004年6月经市编委批准成立，与南阳市南水北调中线工程建设管理局一个机构两块牌子，为市政府直属事业单位，参照公务员管理，正处级规格，经费实行财政全额预算管理，核定人员编制30人，2018年实有人员27人。其中：处级干部8人，科级干部17人，科级以下人员2人，内设总工程师、总会计师、综合科、计划建设科、财务审计科、征地移民科、环境保护科等7个科室（职位）。

南阳市南水北调配套工程建设管理中心为南阳市南水北调中线工程领导小组办公室（南阳市南水北调中线工程建设管理局）下属单位，于2011年12月22日经市编委批复同意设立，正科级事业单位，经费实行财政全额预算管理，领导职数一正一副，核定人员编制6人，实有人员6人。其中：本科以上学历6人，中级职称3人，初级职称2人，专业技术岗位5人，管理岗位1人。主要职责：负责南水北调南阳市地方配套工程建设期间质量管理、资金管理、进度管理、安全管理；负责协调工程建成后的运行管理与工程维护；负责南水北调分配南阳市10.914亿m^3水量的调度协调等工作。

【人事管理】

2018年南阳市南水北调办领导班子成员共8人。靳铁拴（主任、局长、党组书记）主持办公室全面工作。曹祥华（副主任、副局长、党组成员）负责资金管理、机关财务、征地拆迁安置和总干渠安全运行工作，协调工程施工环境维护和服务保障工作，分管财务审计科和征地移民科，联系省中线建管局南阳段管理处。齐声波（副主任、副局长、党组成员）负责党务、人事、综合管理工作，分管综合科，联系淮委陶岔建管局。郑复兴（副主任、副局长、党组成员）负责南水北调生态建设、水质保护、对口协作等工作，负责保水质护运行办公室日常工作，分管环境保护科。袁烨（副主任、副局长、党组成员）负责征迁安置工作，分管征地移民科，并负责联系督导方城县配套工程“百日会战”相关工作。皮志敏（副调研员、副局长、党组成员）负责工程建设规划设计和工程技术工作，负责南水北调中线工程安全度汛工作，分管计划建设科，联系中线局河南直管局南阳项目部和黄河水电公司镇平代建部。杨青春（副调研员）协助齐声波开展驻村帮扶、工会、精神文明建设、综治和平安建设等工作。赵杰三（副处级干部）负责配套工程建设管理工作，分管建管中心。

【党建与廉政建设】

2018年，南阳市南水北调办以新时代党的建设总要求为根本遵循，贯彻落实中央、省委、市委关于全面从严治党决策部署，以党建工作高质量推动发展高质量，为南水北调工作提供有力保证。

党建工作与业务工作同研究、同部署、同落实。年初召开党建工作会议全面安排部署，每月听取一次党建工作汇报，每季度至少召开1次专题会议。党组书记作为党建工作第一责任人。把党的政治建设作为根本性建设，教育引导全体党员干部树牢“四个意识”、坚定“四个自信”、坚决做到“两个维护”，思想上和行动上始终与习近平同志为核心的党中央保持高度一致。贯彻执行民主集中制，执行“三重一大”决策制度。领导班子带头落实“三会一课”、谈心谈话、领导干部双重组织生活等制度，围绕落实习近平新时代中国特色社会主义思想和党的十九大精神、中央巡视反馈问题整改落实等，办党组共召开3次民主生活会。创建学习型党组织和推进“两学一做”学习教育常态化制度化，开展党组中心组学、“三会一课”支部学、开设“学习大讲堂”领导干部带头授课学、“请进来”与“走出去”素质提升学、个人自学、网络培训学等形式。全年共组织中心组学习12次，领导班子成员带头讲党课7次，支部学习40余次。落实基层组织建设，发挥党员先锋模范作用，推动基层党建全面展开。及时调整优化各支部人员，列支专题经费。按程序完成总支支委人员补选，按照上级统一要求，建立完善党员档案，加强党员组织关系管理，进一步规范党费收缴和管理使用。落实“三会一课”，组织各支部定期开展理论学习，适时召开民主生活会，自我对照，找差距、补短板。

落实办党组主体责任和党风廉政建设第一责任人的职责，签订廉政目标责任书和廉洁从政承诺书。按照新修订的《中国共产党纪律处分条例》，严格执行党的六大纪律。在全体干部中开展“帮圈文化”、领导干部违规收受礼品礼金、扫黑除恶、以案促改、违反中央八项规定等专项治理活动。按照《党委（党组）意识形态工作责任制实施细则》要求，加强意识形态工作，履行“四种责任”，成立领导小组，落实“八项任务”，定期分析研判、及时研究部署，配备2名专职人员每天浏览网页，查看市长留言板，及时关注舆情动态。全年处置市长留言板和市长热线反映问题23个，群众满意率100%。

【精准扶贫】

南阳市南水北调办分包淅川县香花镇柴沟村脱贫攻坚工作。

成立驻村帮扶领导小组，副调研员杨青春任驻村队长，专职带队驻村督导指导，选派正科级干部任第一书记。脱贫攻坚工作列入重点工作，领导班子定期召开会议研究，并纳入单位月度领导班子扩大会议工作安排，每月初听取工作队上月工作完成情况汇报和下月工作安排，对工作中的问题和面临的困难，专题研究解决。驻村队员每天走访调研、撰写驻村日志，每月驻村20天以上。市办对工作队食宿、办公、交通、后勤保障等各方面都给予大力支持，购置床、铺盖、厨具等日常用品，安装空调，提供驻村车辆，并配备办公电脑、打印机、网卡、办公桌椅柜等，实现驻地办公网络自动化。

驻村工作队与县乡有关部门和村两委班子及党员、群众代表等有关方面反复座谈协商，并经市南水北调办领导班了集体讨论，制订《柴沟村脱贫攻坚精准帮扶规划》，近期与远期相结合、精准扶贫与强基工程相结合，总体计划2018年完成剩余脱贫任务。近期规划主要是贫困户异地搬迁安置、安全饮水、电网改造、交通通信及文化教育卫生。远期规划是，旅游产业利用G241国道穿村而过和紧临丹江口水库库区的有利条件，结合集中安置点规划建设10～20户农家乐、农资超市，结合库区码头建设发展一批水上旅游项目，结合生态农业发展大樱桃、柑橘、油桃、软籽石榴等采摘基地。农业产业方面，大力开展薄壳核桃、圆竹和一些适宜当地条件的板栗、竹笋，以及艾草、黄连等中药材的种养殖项目。工业方面联合周边乡村申请国家光伏发电项目。对贫困户根据致贫原因将贫困户分为因学致贫、因病致贫、因残致贫、因缺资金缺技术致贫、因缺土地致贫、因缺劳动力致贫六类，因户施策精准帮扶。

实施“五动”精准帮扶法。对具备搬迁条件的95户贫困户实施易地搬迁安置，第一批69户贫困户已完成搬迁入驻新居，第二批于2017年12月29日分发钥匙入住。全村两处总投资77万元的安全饮水项目已完工，线路总长43.9km，改造台区16个，总投资378万元的电网改造项目已基本结束。市南水北调办资助10万元的黄粉虫养殖场已投入生产，2018年1800m²种虫车间开始养殖，养殖5000盒，有12名贫困人员就业，后续拟建6000m²养殖场项目已确定，可吸纳130名当地群众就业。脱贫攻坚工作开展以来，通过实地调研，召开群众代表座谈会和党员大会，讨论完善村内议事制度、“三会一课”制度、党风廉政制度等，与镇党委沟通充实两委班子成员，开展“两学一做”活动、每月党日活动、争做“四讲四有”党员活动。成立柴沟村十九大精神宣传队。南阳市南水北调办全体干部职工捐款4950元，单位经费调剂捐助2万元以及协调捐助，总价值8万余元的物资，改善村办公和教学条件，慰问看望部分贫困户；南阳市南水北调办累计投入40万元，用于柴沟村连接路建设、黄粉虫养殖和林下作物种植等；全体干部职工捐赠书籍、衣物、鞋子等共计370余件用于柴沟村爱心超市筹建；组织医生开展送医下乡、送文化下乡、送科技下乡等活动。

（齐声波　朱　震　石　帅）

平顶山市南水北调办

【机构设置】

平顶山市南水北调中线工程建设领导小组办公室于2006年12月经市编委批准成立，机构规格相当正处级。隶属于市水利局领导。经费纳入财政全额预算管理。2009年6月，经市编委研究同意，将平顶山市移民安置办公室与平顶山市南水北调中线工程建设领导小组办公室合并，成立平顶山市移民安置局，挂平顶山市南水北调中线工程建设领导小组办公室牌子，隶属平顶山市水利局领导，机构规格相当于正处级。核定事业编制32名，设局长1名、副局长3名。经费实行财政全额预算管理。2012年8月经市编委研究同意，增挂平顶山市南水北调配套工程建设管理局牌子。其他机构事项不变。

【人事管理】

2018年，在职干部职工29人，领导班子成员4人（其中党组书记、局长1人，副局长2人，副调研员1人）。内设综合、安置协调、计划建设、环境移民、质量安全、财务等6个科室和党总支、总工。

平顶山市南水北调办领导成员4人。曹宝柱，男，在职，平顶山市南水北调办公室党组书记、局长。王铁周，男，在职，平顶山市南水北调办公室党组成员、副局长。王海超，男，在职，平顶山市南水北调办公室党组成员、副局长。刘嘉淳，男，在职，平顶山市南水北调办公室副调研员。

【党建与廉政建设】

按照全市机关党的工作会议安排部署，平顶山市移民局2018年初制定党建重点和工作计划，将党建工作列入领导班子例会重要议程，与业务工作同研究部署、同推进落实。按照平顶山市委下发的中央第一巡视组反馈意见、专项巡查回头看和督查组意见反馈，平顶山市南水北调办组织总支、支部开展整改落实，制订《贯彻落实中央第一巡视组反馈意见整改工作方案》《基层党建问题整改专项行动方案》，召开专题民主生活会和组织生活会，明确整改责任、整改措施、目标要求，推进问题全面彻底整改。规范“三会一课”及学习、组织活动记录；2018年各项问题基本整改到位。

制订《2018年学习计划》，编印下发学习资料，开展中心组、支部集体学习、党小组专题学习、井冈山红色教育基地集训、上党课、自学，完成规定学习任务。印发《学习贯彻党的十九大精神宣讲工作方案》，组织人员撰写课件，开展党的十九大精神宣讲活动，全年宣讲6场次，累计接受学习教育的党员干部130余人次，实现党员干部全覆盖。组织开展学习习近平新时代中国特色社会主义思想活动，“党章党规”系统教育。组织党员学习《平顶山市推进以案促改制度化常态化警示教育材料》，观看《沉沦》《无处可逃》《中国第一大案》等廉政警示教育影片。组织党员干部到井冈山红色教育基地、到南湖革命纪念馆，回顾党的光辉历程，学习“红船精神”，不忘初心、牢记使命。

加强支部建设，发挥战斗堡垒作用，推进“支部主题党日”活动，落实“三会一课”、谈心谈话、组织生活会、民主评议党员等组织制度，“支部主题党日”活动常态化规范化。对照《加强机关党支部标准化建设的实施方案》，创建“达标型”党支部。带领党员干部开展“大调研、大走访、大排查、大提升”活动，对标查找差距，观摩寻找亮点，创建整改提升。创新组织生活方式方法，推进“学习型”机关建设，领导干部带头讲党课，支部“轮流当班”组织学习，开展学习成效支部互评。全年投稿党建业务各类信息130余条。开展“脱贫攻坚结对帮扶”“十九大精神宣讲”“井冈山爱国主义教育”“规范党员佩戴党徽”等主题党日活动。

结合“两学一做”学习教育和机关作风大整顿，持续改进和加强作风纪律建设。严格贯彻执行中央八项规定精神和省市意见要求，加强正面教育引导，主动对标看齐党的好干部要求和合格党员标准，进一步优化干部作风。开展机关作风大整顿，在全市干部作风大整顿中对党员加强日常监督，坚持问题意识、问题导向、问题牵引，及时整顿懒庸推慢浮作风问题。

健全制度规范，制订《加强机关党的建设的实施意见》《加强机关党支部标准化建设的实施方案》和《机关党员积分制管理的实施方案》《党组中心组理论学习制度》制度，机关党建制度更加完善。

贯彻落实中央关于党风廉政建设的决策部署和市委市纪委工作安排，坚持把纪律和规矩挺在前面，坚持“他律”和“自律”双向发力，贯彻执行《中国共产党廉洁自律准则》和《中国共产党纪律处分条例》，强化廉政警示教育，加强党性锻炼，严守“六大纪律”，2018年未发生违规违纪问题。

【精准扶贫】

落实平顶山市关于结对帮扶贫困县工作部署，开展结对帮扶鲁山县库区乡脱贫攻坚工作。进行前期走访调研，研究制订《开展结对帮扶鲁山县库区乡工作方案》，成立结对帮扶工作领导小组，定期到库区乡与库区乡党委政府及贫困村两委探讨交流，摸清贫困村和贫困人口情况，帮助理清发展思路，制定具体帮扶措施。开展结对帮扶“六改一增”和认购公益性岗位工作，认领108户困难移民户，帮助他们实施危房改造和“六改一增”，认购扶贫公益性岗位，安排贫困人员实现就业增收。2018年投资800多万元，帮扶库区乡建成项目10个，正建项目14个。

（王海超　张伟伟）

漯河市南水北调办

【机构设置】

2012年9月15日，漯河市机构编制委员会以漯编〔2012〕41号文批准成立漯河市南水北调中线配套工程建设领导小组办公室，加挂漯河市南水北调配套工程建设管理局牌子，为隶属漯河市水利局领导的财政全供事业单位，机构规格为副处级。2013年1月11日，漯河市机构编制委员会以漯编〔2013〕1号文明确漯河市南水北调中线配套工程建设领导小组办公室（漯河市南水北调配套工程建设管理局）机构编制方案。内设综合科、计划财务科、建设管理科3个科室。2013年12月，漯河市机构编制委员会办公室将原漯河市移民安置局人员整体划转到漯河市南水北调中线配套工程建设领导小组办公室，实有在编人员15人，90%以上为大专以上学历，具有高级职称人员2人，中级职称人员4人。

2018年1月，通过公开招聘新增1人，9月，艾孝玲借调至漯河市水利局河长办。

【党建与廉政建设】

2018年，漯河市南水北调办履行党建和廉政建设职责，落实主体责任，在安排部署重点工作同时，传达廉政建设精神,部署廉政建设事项,落实廉政建设措施,检查廉政建设效果,追究违反廉政建设责任。履行党风廉政建设岗位职责和廉政承诺，印发领导班子及成员党风廉政建设主体责任清单。开展谈心谈话、约谈提醒，实行常态化监督。按照漯河市委和市水利局党组要求，开展深入纠四风、持续转作风活动，制定工作台账，推进阶段性工作。结合漯河市水利局原科级干部严重违法犯罪的典型案例，开展以案促改工作，汲取教训，警钟长鸣。按照漯河市水利局党组统一安排，组织科级以上干部分两批到红旗渠和大别山精神教育基地培训，接受革命精神的洗礼和党性锻炼，增强党员干部拒腐防变的能力。

（孙军民　周　璇）

周口市南水北调办

【人事管理】

2018年，周口市南水北调办增设机构、完善职能，按照处、所、站三级管理体系进行机构建设。经市政府同意，从水利系统内部人员带编调整的方式组建运管队伍，分两批将15人安排到位，同时进行公开招聘，择优招录具有水利水电、机电工程、文秘、法律等专业工作人员19人。2018年，运行管理人员编制共26名，增设生产调度运行科，增加科级领导职数3名，增设专业技术副高级岗位一个。周口市现任主任（局长）徐克伟，副主任（副局长）谢康军、陈向阳。

【党建与廉政建设】

2018年，继续推进“两学一做”学习教育常态化制度化。按照市委、市政府统一安排，建立学习制度，规范学习机制，明确学习的重点和内容，及时整理学习记录和影像资料。每名党员制定一份学习计划，每周组织一次集中学习，每月南水北调建管局领导做一次专题辅导，每季度开办一期学习专栏，每人撰写一篇学习心得。系统学习，原原本本领会精神。开展调研和征求意见建议活动，分类分层梳理问题，查找剖析原因，完善方案，整改落实，以群众是否满意为标尺，立规执纪。落实主体责任，传达廉政建设精神，部署廉政建设事项，落实廉政建设措施，检查廉政建设效果，追究违反廉政建设责任。落实党支部主体责任和纪检专干的监督责任，对反腐倡廉工作实行半年述廉、年终考核。强化警示教育、执纪监督、风险防控。严格执行公务接待、公务用车、办公用房等管理制度，压缩“三公经费”。加强对招标投标、大宗材料采购、工程结算、资金使用等关键环节、重点岗位的监督。

文明单位创建工作从制度和机制上进一步落实，创建工作思路清晰、目标明确，创新活动载体，发动群众参与，在活动中教育干部、检验成果，不断提升创建品位。

（谢康军　朱子奇）

许昌市南水北调办

【人事管理】

2018年，许昌市南水北调办公室领导成员：副主任范晓鹏（主持工作），副主任李国林、李禄轩，副调研员孙卫东、陈国智。

3月许昌市南水北调办主任张小保退休（许组干退〔2018〕11号、许老干休〔2018〕12号），中共许昌市委组织部于2018年2月26日到许昌市南水北调办宣布副主任范晓鹏临时主持全面工作。

【干部培训】

2018年3月24～30日，许昌市南水北调办副主任李禄轩参加在复旦大学举办的河南省南水北调办公室领导干部学习贯彻党的十九大精神及综合能力提升培训班。4月17～19日，许昌市南水北调办副主任范晓鹏参加在复旦大学举办的全省征地移民干部政策法规培训班。5月9日～6月15日，许昌市南水北调办副调研员陈国智参加由许昌市委组织部主办2018年干部教育培训春季班（许昌市第26期县级干部培训班）。5月9日～6月7日，许昌市南水北调办经济与财务科科长王磊参加由许昌市委组织部主办2018年干部教育培训春季班（许昌市第29期正科级实职干部培训班）。

【党建与廉政建设】

2018年，许昌市南水北调办办党总支加强干部作风建设，开展思想政治教育采取学资料、听报告、看录像、上党课、讨论交流方式，组织党员干部学习党的基本理论，党的路线方针。党总支所属2个支部建立党员学习小组，定期检查理论学习笔记。组织开展“弘扬南水北调精神”教育活动、“两学一做”教育常态化制度化教育活动。党总支部组织全体党员干部学习反腐倡廉有关规定，开展“读文章、思廉政、树形象”的“读书思廉”活动，实行“廉政承诺和廉政宣誓”，开辟“廉政专栏”。在全体党员干部中倡导勤俭节约，反对骄奢淫逸，树立勤俭工作的思想。公务接待活动节俭，严格执行财务“收支两条线”规定。强化党政监督机制，落实“三会一课”制度，参观燕振昌纪念馆，开展党章党规党纪学习教育、廉政“大约谈”“标本兼治、以案促案”活动。

【精准扶贫】

许昌市南水北调办是襄城县洪村寺村驻村第一书记派驻单位，驻村工作队协助镇党委加强村两委建设，严格换届程序和人选标准，按照时间节点于4月底完成村两委换届工作，选齐配强村两委班子。换届后村两委成员8人，其中妇女干部1人，平均文化程度上升，平均年龄降低，同时健全工作制度。开展“两学一做”学习教育，落实“三会一课”、组织生活会、民主评议党员等制度，开展“主题党日”活动，把党的十九大精神和习近平新时代中国特色社会主义思想贯彻落实到基层建设的各方面工作中。在帮扶单位的支持下对村室和厨房进行改造，改善办公条件，发挥村级组织活动场所办公议事、党员活动、教育培训和便民服务等综合功能。

驻村工作队指导村两委结合村情实际，制定三年脱贫规划（2018-2020）和2018年度工作计划，并组织实施。协同村脱贫攻坚责任组指导村两委严格按照“六步工作法”和“两不愁三保障、综合考虑人均纯收入”的标准，建立完善动态管理体系，对贫困户精准识别，对符合脱条件的贫困户严格按程序退出。分析梳理因病因残致贫原因，尊重群众意愿因户因人制定帮扶计划。建立爱心超市对贫困户实行积分管理加强智志双扶，激发贫困群众的内生动力。2018年对扶贫对象动态调整，洪村寺村共实现脱贫4户17人，脱贫回退1户2人。

2018年“双节”期间，配合包村县级干部协调有关部门为贫困户和困难群众发放棉衣、棉被、棉鞋等过冬衣物，参与并联系原帮扶单位襄城县住建局和史志办开展向贫困户和困难群众捐送过冬衣物活动，市南水北调办领导到村走访慰问，为15户困难群众每户带来600元慰问金，并看望慰问21名扶贫干部和党员群众代表。

驻村工作队协助村两委申请到基础设施建设资金75万元，修建排水沟1064m，彻底解决雨季村内积水问题。利用第一书记专项扶贫经费20万元用于村内道路建设，修建村内道路561.6m，协调抗旱应急经费3万元开凿深240m应急供水机井1眼，协调许昌市水利凿井工程有限公司捐助价值9万元的水泵、压力罐和供配电等配套设施，提高村民供水保证率。谋划2019~2020年第一书记项目，计划修建道路586m、铺设道牙8km。指导村两委健全和落实坐班制度、为民服务全程代理、民事村办等制度，提供与村民生产生活相关的养老、医疗、教育、住房、低保、五保、大病救助、残疾补贴等各项政策保障，重点关注贫困户、低保户、五保户、残疾人、留守妇女儿童和老人等特殊群体，帮助解决家庭实际困难。联系帮扶单位襄城县司法局到村开展"法律知识进校园"活动并义务接受群众法律业务咨询，协调许昌市公安局入村开展道路交通安全知识和禁毒知识宣传，赠送治安巡逻衣物8套、小学生学习用品30套，联系襄城县中医院、颍阳镇卫生院进行义诊活动。

驻村工作队指导村两委规范运用"四议两公开""一编三定"工作法，完善四项基础制度，落实党务政务公开制度，自觉接受群众监督。协调爱心企业河南水建集团公司向村里捐赠洒水车1辆，帮助村两委加大农村环境整治力度，动员干部群众开展村庄硬化、绿化、净化、美化、亮化工作，争创"脱贫攻坚示范村"。发挥村内舞狮、书法、绘画、戏曲、腰鼓队、快板书等传统文化优势，开展10余次文化活动和扶贫宣传，联系襄城县书协开展送春联活动，协助编纂村志，提升文化内涵，丰富群众精神文化生活，弘扬社会主义核心价值观和向上向善的时代新风。

（程晓亚　李留军）

郑州市南水北调办

【党建与廉政建设】

2018年，推进全面从严治党，党建工作与业务工作双提升。开展"两学一做"学习教育、"不忘初心、牢记使命"主题教育、党员活动日专题活动、贯彻落实中央八项规定开展"回头看"活动。按照要求进行自查整改，围绕"学党章党规、学系列讲话，做合格党员"主题，制定学习计划，以学习促工作、以工作促学习、理论与实践互融互促，进一步提高党员干部政治理论水平和综合工作能力。加强党员干部日常学习，落实机关学习制度，开展集中学习、党小组学习52次；领导班子成员轮流宣讲6次；邀请省委党校教授开展机关思想理论学习4次；召开"新时代新担当新作为""崇尚科学拒绝迷信"等专题组织生活会4次；观看《榜样3》《厉害了，我的国》等专题片、廉政警示片9次。开展主题党日活动，参观中原英烈纪念馆缅怀革命先烈、重温入党誓词、签订《党员承诺书》，到新县红色教育基地参观学习、建党97周年文艺汇演、学习十九大精神知识测试、志愿者公益活动等，增强党员的党性意识。全面落实党建工作目标责任制，强化党建"第一责任人"职责，成立党建工作领导小组，印发《2018年党建工作计划》，明确重点工作任务，党建工作与业务工作同安排同部署同考核。严格执行党的六项纪律，坚定理想信念，增强四个意识，"讲政治、懂规矩、守纪律、树形象"。执行"三重一大"决策制度，健全集体领导和班子成员个人分工负责相结合的制度，落实领导班子成员"一岗双责"。围绕"以案促改"主题，组织民主生活会，开展批评和自我批评。加强党风廉政建设，制订《2018年全面从严治党主体责任清单》，明确"办党支部""党支部书记"

"党支部成员"的工作任务及岗位职责，明确领导干部落实全面从严治党主体责任和反腐倡廉工作的目标任务、推进措施、时间节点、责任领导、责任处室。与各处室签订2018年度廉政目标责任书，反腐倡廉建设纳入干部业绩考核评价体系之中。开展"庸懒散软"专项整治，工作不作为、慢作为问题。

（刘素娟　罗志恒）

焦作市南水北调办

【机构设置】

2005年5月，焦作市机构编制委员会同意成立焦作市南水北调中线工程建设领导小组办公室（焦编〔2005〕14号），县处级规格，参照公务员管理单位，内设综合科、拆迁安置科、计划建设科、财务审计科4个科室。2006年2月，焦作市南水北调中线工程建设领导小组办公室加挂"焦作市南水北调中线工程移民办公室"（焦编〔2006〕3号），2012年7月，加挂"焦作市南水北调工程建设管理局"（焦编〔2012〕14号）。

【人事管理】

根据焦作市机构编制委员焦编〔2005〕14号文件，焦作市南水北调办公室核定全供事业编制15名。2015年6月，焦作市机构编制委员增加焦作市南水北调办公室2个编制（焦编〔2015〕103号），增加后，事业编制17名。2016年6月，焦作市南水北调办退休1人，截至2017年底实际在编14人。

2018年，焦作市南水北调办公室现任主任（局长）段承欣，副主任（副局长）刘少民、吕德水。

【党建与廉政建设】

全面落实从严治党要求，贯彻党要管党、从严治党要求，坚定维护以习近平同志为核心的党中央权威和集中统一领导，坚定政治方向。履行"一岗双责"，坚持领导带头，模范遵守党风廉政建设责任制和廉洁自律的各项规定。严肃党内政治生活，加强党员管理，严格党的纪律和政治规矩。执行民主集中制、"三重一大""五个不直接分管"和"末位表态"制度，重大问题、重大事情集体研究，民主决策。突出预防，规范和约束权力的正确行使。严格执行"四大纪律八项要求"、省委廉洁从政十二条规定，完善惩防体系，自律和他律相结合，教育和引导党员干部增强党性觉悟，加强纪律约束。

【文明单位创建】

焦作市南水北调办公室始终把精神文明创建工作作为重要抓手，摆到突出位置，全面动员，精心组织，确保效果。2018年着力做好了市级文明单位创建工作。年初，办领导班子召开专题会议研究安排文明创建工作，提出具体要求。根据人事变动和工作需要，及时调整了创建市级文明单位工作领导小组，进一步巩固了一把手挂帅、分管领导组织协调、机关各科室齐抓共管、专职人员具体负责的精神文明创建工作格局。将文明单位建设列入全年工作重点，与业务工作一起部署、一起督办、一起落实。制定了《焦作市南水北调办公室争创全市文明单位实施方案》，把创建工作列入年度工作计划，与业务工作同步部署、同步落实、同步检查、同步评比。坚持党组对精神文明建设工作常抓常议、研究部署，切实做到把党的方针政策落实到精神文明建设全过程。积极向上级申请了专项经费，进一步修订完善了精神文明创建和机关内部运行工作制度，顺畅工作关系，营造良好氛围。年中、年末分别召开专题会议，听取专项汇报，总结经验、表彰先进、查找不足，认真解决创建工作中遇到的问题，确保各项工作顺利开展。

开展理想信念教育　开展学习十九大及习近平新时代中国特色社会主义思想活动，把党建和精神文明建设结合。集中学习、县级干部讲党课、观看教育片、参观警示教育基地，在纪念马克思诞辰200周年、建党纪念日、改革开放40周年重要节点，开展丰富多

彩的教育活动。印发《十九大资料汇编》，观看《筑梦第一方阵》《榜样3》《让制度长牙，让纪律带电》教育片。同时将学习教育与贯彻落实省委书记王国生莅焦调研重要讲话精神、“转变作风抓落实、优化环境促发展”活动、南水北调配套工程2018年运行管理“互学互督”活动结合，开展研讨会、演讲比赛、实地学习。

开展核心价值观教育实践活动　弘扬中华优秀传统文化，践行社会主义核心价值观心。开展“践行价值观、文明我先行”主题系列活动。继续开展文明旅游、文明餐桌、文明交通行动。组织单位志愿者开展文明引导和优质服务。倡导“厉行节约不浪费”“轻言细语不喧闹”“喝酒以后不开车”等文明观念。开展“家庭文明”建设，落实习近平总书记关于“注重家庭、注重家教、注重家风”重要讲话精神，党员领导干部带头推进“传家训、立家规、扬家风”活动，倡导家庭和睦，以家风促政风，书写家庭美德，遵守职业道德，弘扬社会公德。开展文明礼仪知识普及教育。营造“做文明人、办文明事”氛围，举办文明礼仪知识讲座、文明礼仪知识竞赛活动。

推进法治和诚信建设　开展普法教育活动，成立南水北调普法依法治理工作领导小组，制订《焦作市南水北调办公室水政监察制度》，建立市县两级南水北调水政执法体系。出动宣传车沿线进行执法宣传、发放各类宣传品1万余份。3月22日，组织开展“世界水日”“中国水周”法治宣传活动，在龙源湖公园设置6块宣传版面，展示南水北调工程效益，发放《南水北调工程科普手册》《河南省南水北调配套工程供用水和设施保护管理办法》宣传资料，循环播放工程保护法律法规。开展机关诚信建设创建活动，以诚信办事、诚信服务的实际行动取信于民，引导机关干部职工牢固树立“诚信为本、操守为重”观念。

开展网络文明传播活动　建立网络文明传播志愿者队伍，开展网络文明传播志愿服务工作，制订《焦作市南水北调办公室文明上网制度》，在新浪微博账号、微信公众号上不定期发布精神文明创建活动信息。参与市区文明办开展的网上宣传活动，引导职工文明上网、文明用网，营造健康文明的网络文化环境，自觉抵制网上不良信息，规范网络行为。

弘扬“我们的节日”　在春节、清明节、植树节、端午、“七一”、重阳等节日期间，开展系列活动。春节期间开展为贫困职工送温暖献爱心，开展文明祥和过春节征文活动。清明节前，组织党员干部到市烈士陵园敬献花圈、祭扫烈士。重阳节开展志愿服务，孝老敬老活动。破除陈规陋习，对大肆操办婚丧嫁娶等进行警示教育。对过节送礼现象明令禁止，净化节日环境，倡导科学文明新风。

开展文体活动　制定文化体育活动方案，组织开展义务植树、“三八”体育比赛，参加市太极拳年会开幕式，开展“学成都佛山，促转型发展”演讲比赛、健康知识培训、消防培训及消防演练，丰富职工业余生活，提高综合素质，增强凝聚力。

（李万明　樊国亮）

焦作市南水北调城区办

【机构设置】

2006年6月9日，焦作市政府成立南水北调中线工程焦作城区段建设领导小组办公室，领导班子成员6名，设综合组、项目开发组、拆迁安置组、工程协调组。2009年2月24日，焦作市委市政府成立南水北调中线工程焦作城区段建设指挥部办公室，领导成员3名，设综合科、项目开发科、拆迁安置科、工程协调科。2009年6月26日，指挥部办公室内设科室调整为：办公室、综合科、安置房建设科、征迁安置科、市政管线路桥科、财务科、土地储备科、绿化带道路建设科、企事业单位征迁科。2011年，领导班子成员7名（含兼职），内设科室调整为：综合科、财务科、征迁科、安置房建设科、市政管线科、道路桥梁工程建设科、绿化带工程建设科。2012年，领导班子成员7名（含兼职），内设科室调整为：综合科、财务科、征迁科、安置房建设科、市政管线科、工程协调科。2013年10月14日，领导班子成员6名（含兼职）。2014年，领导班子成员5名。2015年，领导班子成员4名。2016年，领导班子成员7名。2017年，领导班子成员7名。2018年，领导班子成员6名。现任常务副主任吴玉岭。

【城区办职责】

落实南水北调焦作城区段绿化带征迁安置政策；按照指挥部要求，协调解决绿化带征迁安置建设中遇到的困难和问题；协调市属以上企事业单位和市政专项设施迁建工作；制定工作程序，完善奖惩机制；信息沟通，上传下达，开展综合性事务联络工作；协调干渠征迁安置后续工作，配合服务城区段干渠运行管理工作。

【党建与“两学一做”学习教育】

2018年，焦作市南水北调城区办党支部学习贯彻习近平新时代中国特色社会主义思想和党的十九大精神，持续加强机关党建和党风廉政建设，推进“两学一做”制度化常态化，提高党的建设科学化水平。

强化党建功能 发挥党支部战斗堡垒作用和共产党员先锋模范作用，推进重大任务顺利完成。对艰难险重工作，安排党员同志带头干，到基层调研、做群众工作、搞现场督导等最苦最累的工作都由党员领导干部牵头。

加强“三基”建设 修订《三会一课制度》《党费收缴管理制度》《主题党日活动制度》《党员活动阵地建设要求》等党建制度。坚持“三会一课”制度，建立“党建e家”系统，每月至少召开一次支委会，每季度至少召开一次党员大会、组织一次党课活动。新建党员活动室，设置党旗以及入党誓词、党员权利义务等版面。参加市直机关工委党支部书记培训班，选派党员领导干部参加市委党校县级干部轮训班。高质量开好专题民主生活会，组织“巡视整改暨以案促改”专题民主生活会和“严守党的政治纪律政治规矩”专题民主生活会，两次民主生活会共查摆问题50余个，均得到及时整改。

努力解决党建难题 充实党建、纪检工作力量，通过“传帮带”提高党建工作人员的业务素质。针对民主生活会上批评同志“辣味”不足的问题，组织党员领导干部学习民主生活会的由来及其重大意义，学习领会习近平总书记指导兰考县委常委班子民主生活会标准，增强“红脸”“出汗”的勇气，克服“老好人”的思想。对城区办行政班子部分领导成员不担任支部委员的情况，对党建工作实行支委会研究方案、行政班子领导成员提出意见、统一思想后分工负责落实的模式，进一步扩大党建组织基础。落实支部党建主体责任，制订《党支部主体责任及党支部书记第一责任清单》。2018年领导班子成员与科室负责人谈心谈话4次。履行监督职责，每季度汇总党建工作情况，及时解决意识形态工作责任、党员活动平台建设等12个问题。党建工作经费列入年度预算，组织开展形式主义官僚主义突出问题排查整治活动，解决6个方面突出问题，出台《反对形式主义、官僚主义十五条》。

【廉政建设】

2018年，组织廉政党课活动，学习党章、党的十九大精神以及《中国共产党廉洁自律准则》《关于新形势下党内政治生活的若干准则》。开展廉政警示教育活动，组织观看警示教育片《文物世界染尘人》《沉沦》，到何塘家风廉政教育基地、引沁愚公移山精神现场教育基地参观学习。

修订《党风廉政建设主体责任清单》，完

善党风廉政建设领导小组机制，落实“一岗双责”、《中国共产党纪律处分条例》和八项规定实施细则，建立“提前防范、主动防范”的长效机制，完善《廉政约谈制度》，逐步实现“用制度管人”和“用制度管事”。每月召开会议分析研究安排廉政建设工作。召开支委会，细化支部委员职责分工，强化纪检委员的职能责任，明确专人负责与纪检监察机关对接，配合驻水利局纪检监察组开展工作。研究“三重一大”事项均邀请纪检监察组参加，主动接受监督。组织召开“以案促改”专题组织生活会，查摆问题，分析原因，制定措施，落实整改。组织全体党员干部签订远离“小圈子”承诺书。

开展“转变作风抓落实、优化环境促发展”活动，采取个人查、科室找、班子议和开展问卷调查形式，查摆出突出问题4个，落实整改措施13条。制订《绿化带项目工作责任及相关工作机制》《督查通报制度》《提高工作效率若干要求》《调查研究制度》《转作风、抓落实工作机制》《服务绿化带项目建设工作机制》等7项规章制度，修订完善《市南水北调城区段建设指挥部工作例会议题收集审定基本程序》《工作纪律与值班制度》《领导班子成员联系点制度》等3项制度规定。落实中央、省委巡视反馈问题整改工作，领导班子对照查摆8类问题，领导班子成员对照查摆30余个问题，剖析原因，制定措施整改落实。

【获得荣誉】

南水北调焦作城区办被省南水北调办公室授予“通水三周年征文摄影大赛优秀组织单位”（豫调办综〔2018〕22号）。

南水北调焦作城区办被焦作市委市政府授予“2017年度工作改革创新奖三等奖”（焦文〔2018〕15号）。

南水北调焦作城区办被焦作市委市政府授予“2017年度焦作市有重大影响的十件大事突出贡献单位”（焦文〔2018〕18号）。

南水北调焦作城区办被焦作市委市政府授予“2017年度焦作市十大基础设施重点项目建设工作突出贡献奖”（焦文〔2018〕69号）。

南水北调焦作城区办被焦作市委办公室、市政府办公室授予“2017年度综合考核先进单位”（焦办文〔2018〕25号）。

南水北调焦作城区办李新梅、张沛沛被省南水北调办授予“2017年全省南水北调宣传工作先进个人”（豫调办综〔2018〕21号）

南水北调焦作城区办李海龙、陈子海被焦作市委市政府授予“2017年度焦作市十大基础设施重点项目建设工作先进个人”（焦文〔2018〕69号）。

南水北调焦作城区办范杰、冯小亮被焦作市委市政府授予“焦作市2017年度环境污染防治攻坚战先进个人”（焦文〔2018〕73号）。

（黄红亮　李新梅）

新乡市南水北调办

【机构设置】

新乡市南水北调中线工程领导小组办公室（市南水北调配套工程建设管理局）机构规格相当于正处级；核定事业编制24名，其中：单位领导职数1正2副，总工程师1名（正科级），内设机构领导职数8名，工勤人员1名；经费实行财政全额拨款。2018年机构设置无变化。

【人事管理】

新乡市南水北调办公室（新乡市南水北调配套工程建设管理局）共有在编工作人员21人，其中县处级2人，科级以上11人，科员7人，工勤人员1人。2018年退休人员1名，新增军转干部1名，在编人员总数无变化。

新乡市南水北调办公室主任（兼新乡市南水北调配套工程建设管理局局长）邵长征，副主任（兼新乡市南水北调配套工程建设管理局副局长）洪全成，新乡市南水北调办公室（新乡市南水北调配套工程建设管理局）党组成员、总工司大勇。

【干部培训】

2018年，新乡市南水北调办学习贯彻党的十九大精神，开展学习培训，制订《新乡市南水北调办公室中心组学习计划》，制订《新乡市南水北调办公室关于开展学习宣传贯彻习近平总书记在纪念马克思诞辰200周年大会上重要讲话精神的工作计划》和《新乡市南水北调办公室关于深入推进习近平新时代中国特色社会主义思想大学习大培训大竞赛工作方案》，按照计划和方案推进落实。在办公室走廊开设十九大精神专题学习栏，集中学习中划分专题，组织学习定期检查，学习内容、人员、时间、效果四落实。

把学习宣传贯彻党的十九大精神与推动当前工作、完成全年目标任务结合，以学促行。推进南水北调配套工程运行管理、水污染防治、防汛安保工作。解放思想、求真务实，从基本国情、河南省情、新乡市情及单位工作实际出发，主动将南水北调事业发展与新乡经济社会发展、民生建设大局结合，扩大用水范围，力争将原阳、封丘、平原示范区等县市区纳入南水北调供水范围，启动“四县一区”供水配套工程，力争实现南水北调水全域覆盖，充分发挥南水北调工程综合效益，造福新乡人民。

3月印发《关于规范各类会议、学习记录本的通知》，对会议、学习记录本进行规范明确要求，定期检查记录情况，重要会议的会议记录必须经主要领导审核把关，确保真实性完整性；规范单位各类会议记录本，对领导班子成员及科级干部、科级以下干部参加各类会议、学习等的记录本进行明确要求；定期不定期抽查记录情况并及时通报情况，检查情况与平时考核、年底考核、评优评先等相结合。

2018年7月17～19日举办新乡市南水北调配套工程2018年第一期运行管理培训班。培训内容主要有：省南水北调办、市南水北调办运行管理有关规章制度；南水北调配套工程运行管理工作应注意的事项；水量调度应注意事项；阀门操作、维护规程；各类机电设备操作规程；维修养护过程中应注意的问题；南水北调配套工程水政执法有关问题等。机关全体干部职工及各现地管理站站长及运管员参加培训。培训采取课堂授课及现场教学相结合模式，取得预期效果。

【党建与廉政建设】

2018年，新乡市南水北调办以党的政治建设为统领，全面落实省委六次全会和市委十一届七次全会确定的以党的建设高质量推动经济发展高质量，全面加强党的政治、思想、组织、作风、纪律建设，引领党员干部在完成各项工作目标中发挥先锋模范作用。

学习十九大精神，学习习近平同志在纪念马克思诞辰200周年大会上的讲话，“以考促学、以讲带学”，组织网上答题1次，集中测试2次，撰写心得体会3次58篇，提升党员思想理论水平和党性修养。加强组织建设，按照市直工委的组织生活规范化建设要求，开展“三会一课”，全年共召开支部大会2次，支委会12次，领导班子专题民主生活会3次，组织生活会1次，民主评议党员1次。开展党性教育活动，制定“不忘初心、牢记使命”主题教育实施方案，以党建促扶贫，先后组织培训3次，集中入村入户14次，宣讲党的扶贫政策、帮助督促落实到位，帮助贫困户解决实际困难和问题，帮助贫困户增收致富。“七一”前夕，组织全体党员到辉县市上八里镇回龙村红色教育基地开展主题党日活动，观看记录片、参观回龙精神展览室、重温入党誓词、交流发言。组织党员收看《牧野之光——“史来贺·吴金印”式好干部颁奖典礼》《榜样2》等。全员参与党员志愿者服务，党员注册义工人数100%，与社区帮扶、文明创建结合，开展志愿者服务活动10次。严格党的纪律建设，加强对党员干部的廉政教育，开展谈心谈话、警示教育，落实巡视整改任务，落实中央八项规定精神自查和整治"帮圈文化"专项排查。

加强党章党规党纪学习，明确主体责任清单和负面清单，严肃整改。开展"一章两法"集中学习教育活动，学习党章党规、习近平总书记系列讲话精神和《宪法》《监察法》。全年组织党员干部学习市纪委印发的各类典型案例通报12次92例，以案为镜，汲取教训，增强纪律观念和规矩意识。2018年组织党员干部到市监狱进行廉政警示教育2次。

严格落实党风廉政建设责任制，层层签订党风廉政建设目标责任书，领导班子成员履行"一岗双责"。领导集体廉政约谈、提醒8次，与领导班子成员、科室负责人廉政谈话10人次、廉政提醒谈话1人次。严格执行"三重一大"议事规则、签字背书、重大事项报告等制度，主动接受监督。严格规范权力运行，加强对重点环节、重要岗位、重点人员的监督管理。严格执行民主集中制、一把手"五不直接分管""三重一大"和议事决策"末位表态"制度，对干部选任、项目安排和大额资金使用等事项，集体讨论研究决定，严格按照水利局派驻纪检组要求进行备案。严格规范合同变更处理，严格资金管理，内审与外审并重，严肃审计整改。按照市委要求，梳理主体责任负面清单，共梳理问题29项，制定严格的整改措施，明确责任领导和责任科室，限期整改。每月统计整改完成情况，主要领导督促整改跟踪落实。在落实中央第一巡视组巡视河南反馈问题整改工作中，坚持对标对表，按照要求开展隐匿四风问题专项排查，落实巡视巡察整改各项任务，持续转变工作作风。

【文明单位创建】

2018年，新乡市南水北调办文明创建工作以习近平新时代中国特色社会主义思想和党的十九大精神为指导，围绕市委市政府的中心工作，以建设文明和谐机关为宗旨；以培养一支素质全面过硬的干部职工队伍为目标；以打基础、强素质、树形象为重点，按照"重在建设、贵在坚持、注重实效"的原则，全面动员，人人参与，开展文明创建活动。把文明创建工作与配套工程运行管理、行业管理工作同计划、同部署、同检查并纳入全年目标责任制考核。年初，及时调整充实文明创建工作领导小组，制定年度文明建设工作计划，明确工作任务、重点及责任，实行奖惩激励机制，制定完善有关规章制度和操作规范，把年度业务工作目标和创建目标量化考核，一同作为评先评优、年终考核的重要依据。

加强理想信念教育，开展"一章两法"学习教育活动。践行社会主义核心价值观。开展文明服务、文明执法、文明经营、文明旅游、文明餐桌、文明交通"六文明"活动。干部职工到社区打扫社区卫生，开展移风易俗活动。加强思想道德建设，以党的十九大精神、身边好人事迹、文明礼仪为主要教育内容，以道德讲堂为主要阵地，加强干部职工社会公德、职业道德、家庭美德、个人品德教育。

制订《关于开展"服务型单位"建设活动方案》《群众投诉举报制度》《信访维稳和突发事件应急处置预案》，设立岗位服务卡，进一步加强单位作风建设。印发《关于实行诚信"红黑名单"制度的通知》，明确褒扬诚信、惩戒失信的具体措施，单位和个人不良信用信息记录为0。开展"法律进机关"活动，把依法行政、依法办事作为单位行事规则，组织干部职工学习《宪法》《监察法》《民法通则》《担保法》。

网络文明传播志愿者工作小组按照网络文明传播志愿者服务活动实施方案，宣传自觉遵守网络文明、倡导推行文明上网，引导职工通过新乡文明网、文明新乡官方微博、文明河南在新乡微信公众账号等各类网络平台，关注文明新乡建设进展；通过大河网等平台及时了解网络媒体对南水北调工程的舆论情况。利用"文明新乡南水北调办"官方微博等网络平台，撰写博文及评论宣传新乡市南水北调最新动态、思想文化、精神文明建设内容。

开展学雷锋志愿服务活动，弘扬“学习雷锋、奉献他人、提升自己”的志愿者精神，成立学雷锋志愿服务队，并在全国志愿服务系统上登记，21名正式在编人员全部注册成为志愿者。制定年度学雷锋志愿服务活动实施方案，明确活动的主要内容，动员组织干部职工开展志愿服务活动，到人民胜利渠两侧捡拾垃圾、到帮扶责任村义务整理村容村貌、义务打扫无主庭院卫生、开展义务献血活动。

开展员工权益保障活动，保障干部职工权益，4月25日组织全部运管人员加入南水北调工会。组织开展羽毛球、乒乓球比赛，安排干部职工参加“全民阅读”“全民健身”活动，定期组织职工体检，利用qq群、微信群畅通反馈渠道，对干部职工的工作、学习、生活、健康给予人文关怀。

【精准扶贫】

2018年，对定点扶贫村20户贫困户一户一策精准扶贫。对10户贫困户实行转移就业和教育救助政策，对5户贫困户实行产业扶贫政策，对2户贫困户实行医疗救助政策，对3户贫困户实行国家兜底政策。向贫困户宣传金融、到户增收、电商等政策，帮助村两委协调19户享受金融扶贫政策，户年增收1000元；协调20户享受到户增收政策，户年均增收1500元；协调10户10人到县里参加电商培训，13人签订协议，2018年共增加低保6户6人，减轻贫困户家庭负担。2018年4户16人脱贫。

实行定期联系户制度，每月至少走访一遍贫困户，节日赠送米、面、油，为发生意外贫困户家庭捐款捐物，过年赠送新春对联。为贫困户家庭中疑似残疾的人员办理残疾证，共办理5个，其中两人每月领取60元补助；帮助家庭有学生的贫困户申请办理各项教育资助手续；组织车辆带领贫困户参加电商培训，开展党员义工活动，帮助进行户容户貌整治；设立公益性岗位，让有劳动能力，但年龄较大和无法外出务工的贫困户得到工资收益；配合村两委进行道路硬化、修建排水沟、修建道路两侧花墙、修建光伏发电及太阳能路灯等基础设施；启动幸福积分计划，激励群众参与公益事业，让群众有获得感；开展冬季提升活动，11月30日全体帮扶责任人到方台村开展义务植树活动，共栽种大叶女贞60棵、柳树60棵。同时为每户贫困户送去200块清洁煤球，将党的温暖送到贫困户家中。

（吴　燕）

濮阳市南水北调办

【机构设置】

濮阳市南水北调中线工程建设领导小组办公室（濮阳市南水北调配套工程建设管理局），事业性质，机构规格相当于副处级，隶属于市水利局领导。经费供给形式为财政全额拨款。事业编制14名，实有14人。其中：主任1名，副主任2名；内设机构正科级领导职数4名；人员编制结构为管理人员3名，专业技术人员9名，工勤人员（驾驶员）1名。2018年1月被河南省公务员局批准参照《中华人民共和国公务员法》管理的单位（豫公局〔2018〕2号）。

【党建与廉政建设】

2018年,濮阳市南水北调办围绕落实党建工作和意识形态工作责任制，学习贯彻党的十九大精神和深化“两学一做”专题教育。每周五集中学习，全年共开展党支部学习活动41次。制定“两学一做”教育活动常态化制度化学习计划，并按计划落实各项活动。执行“三会一课”制度，民主评议党员，按时交纳党费，全年共交党费2258元。按规定召开党员组织生活会和支部委员民主生活会，对照党章汇报思想工作情况，查找自身

不足，开展党内批评和自我批评。

2018年，持之以恒纠正“四风”，落实党风廉政建设“两个责任”。履行“一岗双责”，与各科室签订党风廉政建设责任书，对2018年党风廉政建设目标任务进行责任分解，进一步明确领导班子成员抓党风廉政建设工作的责任范围和目标任务，对党风廉政建设责任制的落实情况与业务工作实行统一部署、统一落实、统一检查。召开动员会安排2018年党风廉政建设和反腐败工作，学习《中国共产党纪律处分条例》等党纪党规以及中央、省、市纪委全会精神。落实扶贫领域以案促改和濮阳市水利局开展的“三清三改一谈心”活动，组织召开民主生活会，开展谈心活动，剖析原因，找出问题，以发生在身边的反面典型为教训，以案促教、以案促改、以案促建，营造风清气正的干事创业环境。落实民主集中制、“三重一大”事项集体决策等制度，政治上不偏向，纪律上不违规，执行上不打折，坚决维护中央和党的权威，确保政令畅通，纪律严明。

严格控制“三公”经费支出，加强节日期间的廉政监督。在重大节假日期间，封停公务用车，强化监督检查，严防公款吃喝、公款送礼、公款旅游、公车私用等违规违纪问题的发生。加大工作纪律的整治力度，不定期对机关遵守工作纪律情况进行明察暗访，纠正在上班时间上网聊天、打游戏等违反工作纪律行为。全年从领导班子成员到一般干部职工，没有发现违纪违规违法现象。

【精准扶贫】

濮阳市南水北调办负责帮扶的定点村是范县张庄乡王英村。2018年加强王英村基层党建工作，推进王英村两委“三会一课”制度，提升党员队伍的综合素质和服务水平，以会代学，发挥基层党员战斗堡垒作用，增派2名干部到驻村工作队。

驻王英村扶贫第一书记和工作队员坚持五天四夜工作制，严格核对完善贫困户建档立卡内容，人员、档卡、电脑完全一致，对贫困户精准识别。2018年申请到户增收资金6000元，金融小额贷款10万元；稳定推广牧原5+惠民产业，使每户年增收3000元；申请木业园资产受益项目，让未脱贫户实现每年2000元稳定收入；推进老村庄整体土地平整，制定发展构树种植项目规划，发展集体经济。

濮阳市南水北调办严格实行单位主要负责人每月2次，班子成员轮流每周1次的工作方法，协调解决脱贫工作中遇到的困难和问题。到贫困户家中了解致贫返贫原因，帮助贫困户解难事、办好事。截至2018年12月31日，王英村13户贫困户脱贫11户，剩余2户计划2019年实现脱贫。

（王道明　孙建军）

鹤壁市南水北调办

【机构设置】

2005年1月31日鹤壁市成立鹤壁市南水北调中线工程建设领导小组（鹤政文〔2005〕10号），2005年9月29日经鹤壁市机构编制委员会批准成立鹤壁市南水北调中线工程建设领导小组办公室（鹤编〔2005〕41号），作为鹤壁市南水北调中线工程建设领导小组的办事机构，挂鹤壁市南水北调中线工程建设管理局牌子。2007年6月29日经鹤壁市机构编制委员会批准同意鹤壁市南水北调中线工程建设领导小组办公室挂鹤壁市南水北调中线工程移民办公室牌子（鹤编〔2007〕28号）。2011年10月17日鹤壁市公务员局下发《关于鹤壁市南水北调中线工程建设领导小组办公室参照公务员法管理的批复》（鹤公局〔2011〕33号），同意鹤壁市南水北调中线工程建设领导小组办公室参照公务员法管理。鹤壁市南水北调办内设综合科、投资计划科、工程建设监督科、财务审计科4个科室。事业编制15名，其中主任1名，副主任2名；内设机构科级领导职数6名

(正科级领导职数4名，副科级领导职数2名)。经费实行财政全额预算管理。

2018年2月8日，鹤壁市政府任命赵峰为鹤壁市南水北调办副主任（副局长)。10月29日，中共鹤壁市委决定杜长明同志任鹤壁市水利局党组成员。

2018年，现任鹤壁市南水北调办主任杜长明，调研员常江林，副主任郑涛，副主任赵峰。人事管理工作由鹤壁市水利局统一安排部署。

【党建与廉政建设】

鹤壁市南水北调办2018年落实中央、省委和市委、市水利局党组决策部署，学习贯彻落实十九大以来党在开展党风廉政建设方面文件精神和习近平总书记系列重要讲话精神，落实全面从严治党要求，加强党的建设。党建工作与业务工作同部署、同检查、同考核、同总结。全面推进党建规范化建设，“重规范、讲程序、提效能”，全面提升党建工作整体水平。及时传达中央和上级党组织的指示、决定、文件和会议精神，听取党员思想汇报，检查党员的工作、思想、学习情况和组织交办的工作任务情况。严格执行“三会一课”、组织生活会制度，开展谈心交心、批评与自我批评，提高组织生活质量。学习贯彻中国共产党支部条例，开展党章学习月及党章知识答题活动。签订“2018年党建工作目标管理责任书”，开展“两学一做”学习教育常态化制度化，加强集中教育和经常性教育。

持续加强党风廉政建设，履行“一岗双责”，落实党风廉政建设主体责任。制定党风廉政教育计划，对照规定自查自纠，组织全体党员干部学习中央八项规定、《中国共产党纪律处分条例》《廉洁自律准则》。严格资金管理与审计，开展不稳定因素排查工作。

【文明单位创建】

开展“两学一做”学习教育、党章学习月、党员志愿者进社区、“主题党日”、党风党纪专题教育等多种活动，弘扬“负责、务实、求精、创新”的南水北调精神，传承南水北调文化。组织举行向贫困村困难群众送温暖献爱心捐赠活动，组织慰问运行管理维护一线职工、服务社区困难群众，联合有关部门单位进校园开展预防未成年人溺亡宣讲活动，组织开展“无垃圾、无痰迹、无烟头”专项行动，开展2018年暑假休假期间落实中央八项规定精神自查工作。通过鹤壁市南水北调办官方微信公众平台进行学习教育，举办主题为“传承好家风、奉敬贤德人”“缅怀革命先烈”的道德讲堂活动，与桂鹤社区签订共建社区协议书，组织志愿者积极参加社区服务活动、参加第五届中原（鹤壁）文博会服务活动。

开展业务法规培训教育，组织全体党员干部学习《河南省南水北调配套工程供用水和设施保护管理办法》《南水北调工程供用水管理条例》等法规，组织编制南水北调法规、配套工程运行管理知识测试题，对新招聘的运行管理人员进行岗前培训。开展配套工程运行管理规范年活动，举行2018年度南水北调配套工程运行管理培训、防汛知识培训、安全生产培训、安全用电培训、消防知识培训和演练等活动。贯彻落实依法治国、依法治省以及依法治市工作有关要求和安排部署，把学法守法用法和南水北调法律法规结合起来，营造尊重法律、崇尚法治、自觉守信、扶持诚信的氛围。在市电视台进行为期一个月南水北调法律法规宣传报道。组织开展《反恐怖主义法》宣传，发放《监察法》《宪法》单行本。

（姚林海　王淑芬　王志国）

安阳市南水北调办

【机构设置】

经安阳市机构编制委员会批复，设立安阳市南水北调工程建设领导小组办公室（安阳市南水北调配套工程建设管理局)，机构规格正县级，参照公务员法管理，编制19名。2018年现有干部职工17名，其中县级领导干部职数3名，实际配备县级干部3名。因南水北调配套工程建设需要，从市水利系统借调工程技术人员16名；因南水北调配套工程运行管理需要，根据配套工程初步设计和省南水北调办公室（豫调办财〔2017〕22号）要求，2018年1月通过劳务派遣招聘配套工程运行管理人员27名，9月通过劳务派遣招聘配套工程运行管理人员27名。现任机构负责人马荣洲。2018年退休1人。

【党建与廉政建设】

2018年，推进“两学一做”学习教育常态化、制度化，认真落实“三会一课”制度，开展“支部主题党日”活动，加强基层党组织建设。巩固全国文明单位创建成果，弘扬南水北调精神。

年初安阳市南水北调办与主管市长签订《2018年全面从严治党目标责任书》。在市直水利系统签订廉政目标责任书，在办公室内部从一把手到主管主任再到各科科长层层签订党风廉政建设责任书，不断完善落实党建工作、干部管理任用、廉政建设等责任机制，发挥党支委的领导核心作用。年初党支部专门召开专题会议制订《2018年党建工作目标》，把党建工作和中心工作同谋划同部署同考核，党支部书记履行第一责任人职责。围绕党的十九大和十九届二中、三中全会精神，中央、省、市经济工作会议精神，市委、水利局党委党风廉政建设会议精神，研读《努力学历弘扬焦裕禄同志的“三股劲”》，学习新修订的《宪法》《中国共产党纪律处分条例》《中国共产党支部工作条例》等，个人自学、集体精学、领导评学，讲党课，每月召开1次支部委员会（中心组理论学习），全年学习11次。

落实《安阳市南水北调办公室党支部政治理论学习制度》，周四下午全体党员理论学习。领导干部带头开展调研，带头给所在党小组领读学习，讲党课示范。研读《努力学习弘扬焦裕禄同志的“三股劲”》，学习微信文章《善待你所在的单位》，共组织党员集中学习、培训23余次，学习书目、报纸、文章50余篇。《关于构建“四个常态”深入推进“两学一做”学习教育常态化制度化的实施方案》印发之后，“两学一做”学习教育纳入党支部“三会一课”，与“支部主题党日”、党小组会议、党员组织生活会相结合。党支部履行意识形态工作主体责任，依托南水北调网，微信公众号，加强网络意识形态工作，突出正能量宣传。执行《关于进一步规范执行基层党组织“三会一课”制度的通知》，对全年学习计划做出安排。2018年召开4次全体党员大会，召开12次支部委员会（中心组理论学习），召开11次党小组会，讲党课3次。

每月开展一次活动，与“两学一做”学习教育、“三会一课”、交纳党费、服务群众、与孝民屯社区共同清洁家园活动、高庄乡西崇固村帮扶困难党员活动结合，9月分两批组织全体干部职工到南水北调干部管理学院学习南水北调精神，2018年开展各项活动40多次。重新核算21名党员2018年党费基数，每月在“支部主题党日”活动中，核定党费应交金额，并交纳党费。组织全体党员干部签订不组织不参与暑假期间子女升学宴等违规事宜的承诺书、不参与“小圈子”承诺书、操办婚丧喜庆事宜承诺书、公职人员不经商办企业承诺书。

召开反腐倡廉建设工作部署会，落实“一岗双责”制度。学习市纪委违反中央八项规定精神典型问题的6次通报，五起扶贫领域侵害群众利益的不正之风和腐败问题的通报，推进以案促改警示教育。加强岗位廉政和职业道德教育。组织职工观看廉政教育片、组织科级以上领导干部到大别山红色学习教育，发送廉政过节短信100余条。

【文明单位创建】

2018年，制订《安阳市南水北调办公室

结对帮扶精神文明建设活动方案》《安阳市南水北调办公室雷锋志愿活动方案》，开展党员志愿者服务进社区活动，开展网络文明传播活动，参加市局组织的干部职工广泛阅读活动。加强文明单位创建和综合治理工作，保持国家级文明单位的荣誉。根据省市文明办工作安排，围绕水利精神文明建设工作，开展各项文明创建活动。做好每月、每季度、半年活动安排，并上传精神文明建设动态系统。2018年上半年，安阳市南水北调办承办安阳市水利系统第一季度文化大讲堂、第二季度职工读书交流活动。组织开展“六文明”系列活动，“我们的节日”春节送祝福活动，参加市直水利系统小型趣味职工运动会活动，“真爱生命、预防溺水”宣传活动。每周五下午组织开展志愿者进社区“城市大清扫”活动。按照市综合治理委员会关于印发《2017年度安阳市市直和中央、省驻安有关单位综治平安建设工作考评办法》的通知，作为与市水利局同考单位，完成考评组的实地考评。

【精准扶贫】

2018年，落实“干部当代表，单位做后盾，领导负总责”工作机制，按照市委市政府的安排，选派第一书记进驻示范区（安阳县）高庄镇西崇固村，制订《安阳市南水北调办公室驻村定点帮扶整改方案》，实施精准帮扶工作，2018年贫困户脱贫工作完成。完成市委第四批驻村干部选派工作。党支部定期不定期由领导班子成员带队到帮扶村研究党建和经济发展。开展十九大精神报告会、谈心会、交流会，加强帮扶村领导班子建设。为帮扶村申请到各类项目资金，协调组织基础设施建设。为贫困户送米面油等生活物资，开展捐赠衣物、增添桌椅、被褥、床等。开展社会治安综合治理工作，完成市综合治理委员会考评组的实地考评。

（李志伟）

邓州市南水北调办

【机构设置】

邓州市南水北调办公室于2004年6月经市编办批准成立，与邓州市南水北调中线工程建设管理局一个机构两块牌子，市政府直属事业单位，参照公务员管理，副处级规格，经费试行财政全额预算管理，核定编制人员18人。2018年实有人员13人。其中：处级干部1人，科级干部2人，科级以下人员10人。

2018年邓州市南水北调办领导成员共3人。陈志超（主任、党组书记、市政府党组成员）主持全面工作，司占录（副主任，党组成员），门扬（工会主席，党组成员）。

【党建与廉政建设】

2018年，邓州市南水北调办落实党风廉政建设，强化主体责任担当，履行“一岗双责”，学习贯彻党的十九大精神，把握“不忘初心、牢记使命”的新时代主题，高标准严要求推进“两学一做”学习教育常态化制度化，落实“三会一课”和“二五学习日”等基本政治生活制度。定期召开党风廉政建设专题会议，学习贯彻《廉洁自律准则》和《党内纪律处分条例》，严格执行八项规定，加强班子成员和党员干部党风廉政、思想道德和纪律法规的学习教育。持续推进市级标兵文明单位创建工作，加强社会主义核心价值观体系建设，在2017年市级标兵文明单位的基础上，2018年市级标兵文明单位创建工作实现提质增效。

【精准扶贫】

2018年邓州市南水北调办驻赵集镇梨园郭村脱贫攻坚工作取得良好的部门和社会效益。市南水北调办作为驻村第一书记派驻单位，选派1名优秀中层干部任驻村第一书记，2名中层为工作队员，确定8人为贫困户帮扶责任人，按照统一要求开展工作。制定帮扶规划，对梨园郭村党建给予5万元的资金支持，村委新建办公楼11月奠基施工。全年邓州市南水北调办公室班子成员及帮扶人员进村入户40余次，开展“关心、关爱、关注”活动，捐送生活必需品及慰问金8000余元，为贫困户排忧解难，助推扶贫攻坚工作的开展。

（司占录　石　帅）

拾贰 统计资料

供水配套工程运行管理月报

运行管理月报2018年第1期总第29期

【工程运行调度】

2018年1月1日8时，河南省陶岔渠首引水闸入干渠流量151.36m³/s；穿黄隧洞节制闸过闸流量85.35m³/s；漳河倒虹吸节制闸过闸流量81.43m³/s。截至2017年12月31日，全省累计有35个口门及14个退水闸（白河、清河、澎河、沙河、颍河、双洎河、沂水河、十八里河、贾峪河、索河、闫河、淇河、汤河、安阳河）开闸分水，其中，32个口门正常供水，2个口门线路因受水水厂暂不具备接水条件而未供水（5、11-1），1个口门线路因地方不用水暂停供水（11）。

【各市县配套工程线路供水】

序号	市、县	口门编号	分水口门	供水目标	运行情况	备注
1	邓州市	1	肖楼	引丹灌区	正常供水	
2	邓州市	2	望城岗	邓州一水厂	正常供水	
				邓州二水厂	正常供水	水厂设备故障，12月20日暂停供水9小时
	南阳市			新野二水厂	正常供水	
3	南阳市	3-1	谭寨	镇平县五里岗水厂	正常供水	
				镇平县规划水厂	暂停供水	备用
4	南阳市	5	田洼		未供水	静水压试验分水完成，水厂建设滞后
5	南阳市	6	大寨	南阳第四水厂	正常供水	
6	南阳市	7	半坡店	唐河县水厂	正常供水	
				社旗水厂	正常供水	
7	方城县	9	十里庙	泵站	暂停供水	泵站调试用水
8	漯河市	10	辛庄	舞阳水厂	正常供水	
				漯河二水厂	正常供水	
				漯河四水厂	正常供水	
				漯河五水厂	正常供水	
				漯河八水厂	正常供水	
8	周口市	10	辛庄	商水水厂	正常供水	
				周口东区水厂	正常供水	
9	平顶山市	11	澎河	平顶山白龟山水厂	暂停供水	
				平顶山九里山水厂	暂停供水	
				平顶山平煤集团水厂	暂停供水	
10	平顶山市	11-1	张村		未供水	静水压试验分水完成，水厂建设滞后
11	平顶山市	12	马庄	平顶山焦庄水厂	未供水	正做通水前准备
12	平顶山市	13	高庄	平顶山王铁庄水厂	正常供水	
				平顶山石龙区水厂	正常供水	
13	平顶山市	14	赵庄	郏县规划水厂	正常供水	
14	许昌市	15	宴窑	襄城县三水厂	正常供水	
15	许昌市	16	任坡	禹州市二水厂	正常供水	
				神垕镇二水厂	正常供水	

续表1

序号	市、县	口门编号	分水口门	供水目标	运行情况	备注
16	许昌市	17	孟坡	许昌市周庄水厂	正常供水	
				北海、石梁河、清潩河	正常供水	
				许昌市二水厂	正常供水	
	临颍县			临颍县一水厂	正常供水	
				千亩湖	正常供水	
17	许昌市	18	洼李	长葛市规划三水厂	正常供水	
18	郑州市	19	李垌	新郑第一水厂	暂停供水	备用
				新郑第二水厂	正常供水	
				新郑望京楼水库	正常供水	
19	郑州市	20	小河刘	郑州航空城一水厂	正常供水	
				郑州航空城二水厂	正常供水	
				中牟县第三水厂	正常供水	
20	郑州市	21	刘湾	郑州市刘湾水厂	正常供水	
21	郑州市	23	中原西路	郑州柿园水厂	正常供水	
				郑州白庙水厂	正常供水	
				郑州常庄水库	暂停供水	
22	郑州市	24	前蒋寨	荥阳市四水厂	正常供水	
23	郑州市	24-1	蒋头	上街区规划水厂	正常供水	
24	温县	25	北冷	温县三水厂	正常供水	
25	焦作市	26	北石涧	武陟县城三水厂	正常供水	
26	焦作市	28	苏蔺	焦作市修武水厂	正常供水	口门线路检修，12月26日暂停供水5天
27	新乡市	30	郭屯	获嘉县水厂	正常供水	
28	新乡市	32	老道井	新乡高村水厂	正常供水	
				新乡新区水厂	正常供水	
				新乡孟营水厂	正常供水	
	新乡县			七里营水厂	正常供水	
29	新乡市	33	温寺门	卫辉规划水厂	正常供水	
30	鹤壁市	34	袁庄	淇县铁西区水厂	正常供水	
				赵家渠	正常供水	水厂未用，利用城北水厂支线向赵家渠供水
31	濮阳市	35	三里屯	引黄调节池（濮阳第一水厂）	正常供水	
				濮阳第三水厂	正常供水	
				清丰县固城水厂	正常供水	
	鹤壁市			浚县水厂	正常供水	
				鹤壁第四水厂	正常供水	
	滑县			滑县三水厂	正常供水	
32	鹤壁市	36	刘庄	鹤壁第三水厂	正常供水	
33	安阳市	37	董庄	汤阴一水厂	正常供水	
				内黄县第四水厂	正常供水	
34	安阳市	38	小营	安阳八水厂	正常供水	
35	安阳市	39	南流寺	安阳七水厂	未供水	暂不具备供水条件
36	南阳市		白河退水闸	南阳城区	已关闸	

续表2

序号	市、县	口门编号	分水口门	供水目标	运行情况	备注
37	南阳市		清河退水闸	方城县	已关闸	
38	平顶山市		澎河退水闸	澎河	已关闸	
39	平顶山市		沙河退水闸	沙河	已关闸	
40	禹州市		颍河退水闸	许昌城区	已关闸	
41	新郑市		双洎河退水闸	双洎河	正常供水	
42	新郑市		沂水河退水闸	唐寨水库	已关闸	
43	郑州市		十八里河退水闸	十八里河	已关闸	
44	郑州市		贾峪河退水闸	西流湖	已关闸	
45	郑州市		索河退水闸	索河	已关闸	
46	焦作市		闫河退水闸	闫河	正常供水	
47	鹤壁市		淇河退水闸	淇河	已关闸	
48	汤阴县		汤河退水闸	汤河	正常供水	
49	安阳市		安阳河退水闸	安阳河	已关闸	

【水量调度计划执行】

区分	序号	市、县名称	年度用水计划（万 m^3）	月用水计划（万 m^3）	月实际供水量（万 m^3）	年度累计供水量（万 m^3）	年度计划执行情况（%）	累计供水量（万 m^3）
农业用水	1	引丹灌区	46900	3200.00	3219.45	6369.84	13.58	134256.91
城市用水	1	邓州	2910	180.00	185.88	342.29	11.76	2970.32
	2	南阳	8529	440.20	452.46	892.26	10.46	15477.69
	3	漯河	6773	539.80	481.69	956.39	14.12	11910.92
	4	周口	4454.5	217.00	204.38	384.38	8.63	1958.23
	5	平顶山	4330	203.50	232.96	4266.99	98.54	31179.11
	6	许昌	15375	1308.20	982.57	3615.52	23.52	36356.79
	7	郑州	53157	3791.10	4258.28	9277.35	17.45	114379.14
	8	焦作	4881.5	148.00	139.65	285.96	5.86	3415.29
	9	新乡	10982.5	790.80	985.20	1980.04	18.03	25421.72
	10	鹤壁	4633	294.00	381.66	1096.68	23.67	12688.52
	11	濮阳	5127	488.30	461.67	874.15	17.05	14260.24
	12	安阳	6693	492.90	549.19	3145.85	47.00	7627.08
	13	滑县	2527	102.30	96.72	224.22	8.87	1217.45
	小计		130372.5	9866.9	17929.77	17929.77	20.97	269450.21
合计			177272.5	12196.1	12631.76	33711.92	19.02	413119.41

【水质信息】

序号	断面名称	总氮（以N计）	铜	锌	氟化物（以F⁻计）	硒	砷	汞	镉	铬（六价）	铅
						mg/L					
1	沙河南	河南鲁山县	12月6日	9.8	8.2	10.2	1.8	＜15	＜0.5	0.039	＜0.01
2	郑湾	河南郑州市	12月6日	10	8.2	10.2	1.9	＜15	＜0.5	0.039	＜0.01

续表

序号	断面名称	总氮（以N计）	铜	锌	氟化物（以F⁻计）	硒	砷	汞	镉	铬（六价）	铅
						mg/L					
1	沙河南	1.39	<0.01	<0.05	0.176	<0.0003	0.0009	<0.00001	<0.001	<0.004	<0.01
2	郑湾	1.11	<0.01	<0.05	0.169	<0.0003	0.001	0.00001	<0.001	<0.004	<0.01
序号	断面名称	氰化物	挥发酚	石油类	阴离子表面活性剂	硫化物	粪大肠菌群	水质类别	超标项目及超标倍数		
		mg/L					个/L				
1	沙河南	<0.002	<0.002	<0.01	<0.05	<0.01	0	I类			
2	郑湾	<0.002	<0.002	<0.01	<0.05	<0.01	0	I类			

说明：根据南水北调中线水质保护中心1月9日提供数据。

【运行管理大事记】

12月19~20日，河南省南水北调工程运行管理第31次例会在平顶山市召开。

12月20日上午8时，2号望城岗口门至邓州二水厂线路因受水水厂进水阀维修，暂停供水9小时。

12月22日上午9时，双洎河退水闸开闸向新郑市退水，分水流量4m³/s。

12月26日上午10时，28号苏蔺口门因输水线路检修，暂停供水5天。

运行管理月报2018年第2期总第30期

【工程运行调度】

2018年2月1日8时，河南省陶岔渠首引水闸入干渠流量138.54m³/s；穿黄隧洞节制闸过闸流量97.57m³/s；漳河倒虹吸节制闸过闸流量85.22m³/s。截至2018年1月31日，全省累计有35个口门及14个退水闸（白河、清河、澎河、沙河、颍河、双洎河、沂水河、十八里河、贾峪河、索河、闫河、淇河、汤河、安阳河）开闸分水，其中，32个口门正常供水，2个口门线路因受水水厂暂不具备接水条件而未供水（5、11-1），1个口门线路因地方不用水暂停供水（11）。

【各市县配套工程线路供水】

序号	市、县	口门编号	分水口门	供水目标	运行情况	备注
1	邓州市	1	肖楼	引丹灌区	正常供水	
2	邓州市	2	望城岗	邓州一水厂	正常供水	
				邓州二水厂	正常供水	水厂设备检修，1月10日起暂停供水2天
	南阳市			新野二水厂	正常供水	
3	南阳市	3-1	谭寨	镇平县五里岗水厂	正常供水	
				镇平县规划水厂	暂停供水	备用
4	南阳市	5	田洼	傅岗（麒麟）水厂	未供水	通水前准备阶段已完成
5	南阳市	6	大寨	南阳第四水厂	正常供水	
6	南阳市	7	半坡店	唐河县水厂	正常供水	
				社旗水厂	正常供水	
7	方城县	9	十里庙	泵站	暂停供水	泵站调试用水
8	漯河市	10	辛庄	舞阳水厂	正常供水	
				漯河二水厂	正常供水	
				漯河四水厂	正常供水	
				漯河五水厂	正常供水	

续表1

序号	市、县	口门编号	分水口门	供水目标	运行情况	备注
8	漯河市	10	辛庄	漯河八水厂	正常供水	
8	周口市	10	辛庄	商水水厂	正常供水	
				周口东区水厂	正常供水	
9	平顶山市	11	澎河	平顶山白龟山水厂	暂停供水	
				平顶山九里山水厂	暂停供水	
				平顶山平煤集团水厂	暂停供水	
10	平顶山市	11-1	张村	鲁山水厂	未供水	静水压试验已完成，水厂正在建设
11	平顶山市	12	马庄	平顶山焦庄水厂	暂停供水	通水前准备阶段
12	平顶山市	13	高庄	平顶山王铁庄水厂	正常供水	
				平顶山石龙区水厂	正常供水	
13	平顶山市	14	赵庄	郏县规划水厂	正常供水	
14	许昌市	15	宴窑	襄城县三水厂	正常供水	
15	许昌市	16	任坡	禹州市二水厂	正常供水	
				神垕镇二水厂	正常供水	
16	许昌市	17	孟坡	许昌市周庄水厂	正常供水	
				北海、石梁河、清潩河	正常供水	
				许昌市二水厂	正常供水	
	临颍县			临颍县一水厂	正常供水	
				千亩湖	正常供水	
17	许昌市	18	洼李	长葛市规划三水厂	正常供水	
18	郑州市	19	李垌	新郑第一水厂	暂停供水	备用
				新郑第二水厂	正常供水	
				新郑望京楼水库	正常供水	
19	郑州市	20	小河刘	郑州航空城一水厂	正常供水	
				郑州航空城二水厂	正常供水	
				中牟县第三水厂	正常供水	
20	郑州市	21	刘湾	郑州市刘湾水厂	正常供水	
21	郑州市	23	中原西路	郑州柿园水厂	正常供水	
				郑州白庙水厂	正常供水	调流阀检修更换，1月16日起暂停供水2天
				郑州常庄水库	暂停供水	
22	郑州市	24	前蒋寨	荥阳市四水厂	正常供水	
23	郑州市	24-1	蒋头	上街区规划水厂	正常供水	
24	温县	25	北冷	温县三水厂	正常供水	
25	焦作市	26	北石涧	武陟县城三水厂	正常供水	
26	焦作市	28	苏蔺	焦作市修武水厂	正常供水	
27	新乡市	30	郭屯	获嘉县水厂	正常供水	
28	新乡市	32	老道井	新乡高村水厂	正常供水	
				新乡新区水厂	正常供水	
				新乡孟营水厂	正常供水	
	新乡县			七里营水厂	正常供水	
29	新乡市	33	温寺门	卫辉规划水厂	正常供水	
30	鹤壁市	34	袁庄	淇县铁西区水厂	正常供水	

续表2

序号	市、县	口门编号	分水口门	供水目标	运行情况	备注
30	鹤壁市	34	袁庄	赵家渠	正常供水	水厂未用，利用城北水厂支线向赵家渠供水
31	濮阳市	35	三里屯	引黄调节池（濮阳第一水厂）	正常供水	支线管道维修，1月3日暂停供水9小时
				濮阳第三水厂	正常供水	
				清丰县固城水厂	正常供水	
	鹤壁市			浚县水厂	正常供水	
				鹤壁第四水厂	正常供水	
	滑县			滑县三水厂	正常供水	
32	鹤壁市	36	刘庄	鹤壁第三水厂	正常供水	
33	安阳市	37	董庄	汤阴一水厂	正常供水	
				内黄县第四水厂	正常供水	
34	安阳市	38	小营	安阳八水厂	正常供水	
35	安阳市	39	南流寺	安阳七水厂	未供水	水厂未建
36	南阳市		白河退水闸	南阳城区	已关闸	
37	南阳市		清河退水闸	方城县	已关闸	
38	平顶山市		澎河退水闸	澎河	已关闸	
39	平顶山市		沙河退水闸	沙河	已关闸	
40	禹州市		颍河退水闸	许昌城区	已关闸	
41	新郑市		双洎河退水闸	双洎河	正常供水	
42	新郑市		沂水河退水闸	唐寨水库	已关闸	
43	郑州市		十八里河退水闸	十八里河	已关闸	
44	郑州市		贾峪河退水闸	西流湖	已关闸	
45	郑州市		索河退水闸	索河	已关闸	
46	焦作市		闫河退水闸	闫河	已关闸	
47	鹤壁市		淇河退水闸	淇河	已关闸	
48	汤阴县		汤河退水闸	汤河	正常供水	
49	安阳市		安阳河退水闸	安阳河	已关闸	

【水量调度计划执行】

区分	序号	市、县名称	年度用水计划（万 m³）	月用水计划（万 m³）	月实际供水量（万 m³）	年度累计供水量（万 m³）	年度计划执行情况（%）	累计供水量（万 m³）
农业用水	1	引丹灌区	46900	3200	3298.59	9668.43	20.61	137555.50
城市用水	1	邓州	2910	180	186.22	528.51	18.16	3156.54
	2	南阳	8529	456.7	461.99	1354.25	15.88	15939.68
	3	漯河	6773	531.8	477.17	1433.56	21.17	12388.09
	4	周口	4454.5	232.5	222.24	606.62	13.62	2180.47
	5	平顶山	4330	177.3	247.68	4514.67	104.26	31426.79
	6	许昌	15375	1287.3	957.74	4573.25	29.74	37314.52
	7	郑州	53157	4306.8	4024.81	13302.16	25.02	118403.95
	8	焦作	4881.5	145	127.03	412.99	8.46	3542.32
	9	新乡	10982.5	790.8	1023.68	3003.72	27.35	26445.40
	10	鹤壁	4633	299.4	387.87	1484.55	32.04	13076.39
	11	濮阳	5127	416.3	441.50	1315.66	25.66	14701.75
	12	安阳	6693	514.60	573.00	3718.85	55.56	8200.08
	13	滑县	2527	102.3	108.49	332.71	13.17	1325.95

续表

区分	序号	市、县名称	年度用水计划（万m^3）	月用水计划（万m^3）	月实际供水量（万m^3）	年度累计供水量（万m^3）	年度计划执行情况（%）	累计供水量（万m^3）
城市用水	小计		130372.5	9440.80	9239.42	36581.50	28.06	288101.93
合计			177272.5	12640.8	12538.01	46249.93	26.09	425657.43

【水质信息】

序号	断面名称	断面位置（省、市）	采样时间	水温（℃）	pH值（无量纲）	溶解氧	高锰酸盐指数	化学需氧量（COD）	五日生化需氧量（BOD_5）	氨氮（NH_3-N）	总磷（以P计）
						mg/L					
1	沙河南	河南鲁山县	1月9日	7.1	8.3	11.7	1.8	<15	1.7	<0.025	0.01
2	郑湾	河南郑州市	1月9日	6.5	8.3	12	1.9	<15	1.5	<0.025	<0.01
序号	断面名称	总氮（以N计）	铜	锌	氟化物（以F计）	硒	砷	汞	镉	铬（六价）	铅
		mg/L									
1	沙河南	1.41	<0.01	<0.05	0.175	0.0005	0.0013	<0.00001	<0.001	<0.004	<0.01
2	郑湾	1.54	<0.01	<0.05	0.226	0.0005	0.0012	0.00001	<0.001	<0.004	<0.01
序号	断面名称	氰化物	挥发酚	石油类	阴离子表面活性剂	硫化物	粪大肠菌群	水质类别	超标项目及超标倍数		
		mg/L					个/L				
1	沙河南	<0.002	<0.002	<0.01	0.06	<0.01	10	Ⅰ类			
2	郑湾	<0.002	<0.002	<0.01	<0.05	<0.01	10	Ⅰ类			

说明：根据南水北调中线水质保护中心1月30日提供数据。

【运行管理大事记】

1月15~16日，河南省南水北调工程运行管理第32次例会在濮阳市召开。

运行管理月报2018年第3期总第31期

【工程运行调度】

2018年3月1日8时，河南省陶岔渠首引水闸入干渠流量160.37m^3/s；穿黄隧洞节制闸过闸流量113.13m^3/s；漳河倒虹吸节制闸过闸流量97.54m^3/s。截至2018年2月28日，全省累计有35个口门及14个退水闸（白河、清河、澎河、沙河、颍河、双洎河、沂水河、十八里河、贾峪河、索河、闫河、淇河、汤河、安阳河）开闸分水，其中，31个口门正常供水，3个口门线路因受水水厂暂不具备接水条件而未供水（5、9、11-1），1个口门线路因地方不用水暂停供水（11）。

【各市县配套工程线路供水】

序号	市、县	口门编号	分水口门	供水目标	运行情况	备注
1	邓州市	1	肖楼	引丹灌区	正常供水	
2	邓州市	2	望城岗	邓州一水厂	正常供水	
				邓州二水厂	正常供水	
	南阳市			新野二水厂	正常供水	
3	南阳市	3-1	谭寨	镇平县五里岗水厂	正常供水	
				镇平县规划水厂	暂停供水	备用
4	南阳市	5	田洼	傅岗（麒麟）水厂	未供水	通水前准备阶段已完成
				龙升水厂	未供水	通水前准备阶段
5	南阳市	6	大寨	南阳第四水厂	正常供水	

续表1

序号	市、县	口门编号	分水口门	供水目标	运行情况	备注
6	南阳市	7	半坡店	唐河县水厂	正常供水	
				社旗水厂	正常供水	
7	方城县	9	十里庙	泵站	暂停供水	泵站调试用水
8	漯河市	10	辛庄	舞阳水厂	正常供水	
				漯河二水厂	正常供水	
				漯河四水厂	正常供水	
				漯河五水厂	正常供水	
				漯河八水厂	正常供水	
8	周口市	10	辛庄	商水水厂	正常供水	
				周口东区水厂	正常供水	
9	平顶山市	11	澎河	平顶山白龟山水厂	暂停供水	
				平顶山九里山水厂	暂停供水	
				平顶山平煤集团水厂	暂停供水	
10	平顶山市	11-1	张村	鲁山水厂	未供水	静水压试验已完成，水厂正在建设
11	平顶山市	12	马庄	平顶山焦庄水厂	暂停供水	通水前准备阶段
12	平顶山市	13	高庄	平顶山王铁庄水厂	正常供水	
				平顶山石龙区水厂	正常供水	
13	平顶山市	14	赵庄	郏县规划水厂	正常供水	
14	许昌市	15	宴窑	襄城县三水厂	正常供水	
15	许昌市	16	任坡	禹州市二水厂	正常供水	
				神垕镇二水厂	正常供水	
16	许昌市	17	孟坡	许昌市周庄水厂	正常供水	
				北海、石梁河、清潩河	正常供水	
				许昌市二水厂	正常供水	
	临颍县			临颍县一水厂	正常供水	
				千亩湖	正常供水	
17	许昌市	18	洼李	长葛市规划三水厂	正常供水	
18	郑州市	19	李垌	新郑第一水厂	暂停供水	备用
				新郑第二水厂	正常供水	
				新郑望京楼水库	正常供水	
19	郑州市	20	小河刘	郑州航空城一水厂	正常供水	
				郑州航空城二水厂	正常供水	
				中牟县第三水厂	正常供水	
20	郑州市	21	刘湾	郑州市刘湾水厂	正常供水	
21	郑州市	23	中原西路	郑州柿园水厂	正常供水	
				郑州白庙水厂	正常供水	
				郑州常庄水库	正常供水	充库
22	郑州市	24	前蒋寨	荥阳市四水厂	正常供水	
23	郑州市	24-1	蒋头	上街区规划水厂	正常供水	前池清淤，泵站2月1日起暂停分水3天
24	温县	25	北冷	温县三水厂	正常供水	
25	焦作市	26	北石涧	武陟县城三水厂	正常供水	
26	焦作市	28	苏蔺	焦作市修武水厂	正常供水	
27	新乡市	30	郭屯	获嘉县水厂	正常供水	

续表2

序号	市、县	口门编号	分水口门	供水目标	运行情况	备注
28	新乡市	32	老道井	新乡高村水厂	正常供水	
				新乡新区水厂	正常供水	
				新乡孟营水厂	正常供水	
	新乡县			七里营水厂	正常供水	
29	新乡市	33	温寺门	卫辉规划水厂	正常供水	
30	鹤壁市	34	袁庄	淇县铁西区水厂	正常供水	
				赵家渠	正常供水	水厂未用，利用城北水厂支线向赵家渠供水
31	濮阳市	35	三里屯	引黄调节池（濮阳第一水厂）	正常供水	
				濮阳第三水厂	正常供水	
				清丰县固城水厂	正常供水	
	鹤壁市			浚县水厂	正常供水	
				鹤壁第四水厂	正常供水	
	滑县			滑县三水厂	正常供水	
32	鹤壁市	36	刘庄	鹤壁第三水厂	正常供水	
33	安阳市	37	董庄	汤阴一水厂	正常供水	
				内黄县第四水厂	正常供水	
34	安阳市	38	小营	安阳八水厂	正常供水	
35	安阳市	39	南流寺	安阳七水厂	未供水	水厂未建
36	南阳市		白河退水闸	南阳城区	已关闸	
37	南阳市		清河退水闸	方城县	已关闸	
38	平顶山市		澎河退水闸	澎河	已关闸	
39	平顶山市		沙河退水闸	沙河	已关闸	
40	禹州市		颍河退水闸	许昌城区	已关闸	
41	新郑市		双洎河退水闸	双洎河	正常供水	
42	新郑市		沂水河退水闸	唐寨水库	已关闸	
43	郑州市		十八里河退水闸	十八里河	已关闸	
44	郑州市		贾峪河退水闸	西流湖	已关闸	
45	郑州市		索河退水闸	索河	已关闸	
46	焦作市		闫河退水闸	闫河	已关闸	
47	鹤壁市		淇河退水闸	淇河	已关闸	
48	汤阴县		汤河退水闸	汤河	正常供水	
49	安阳市		安阳河退水闸	安阳河	已关闸	

【水量调度计划执行】

区分	序号	市、县名称	年度用水计划（万m³）	月用水计划（万m³）	月实际供水量（万m³）	年度累计供水量（万m³）	年度计划执行情况（%）	累计供水量（万m³）
农业用水	1	引丹灌区	46900	3700	3503.17	13171.60	28.08	141058.67
城市用水	1	邓州	2910	180	182.36	710.88	24.43	3338.90
	2	南阳	8529	417.7	479.04	1833.28	21.49	16418.72
	3	漯河	6773	486	439.35	1872.91	27.65	12827.44
	4	周口	4454.5	210	193.44	800.06	17.96	2373.91
	5	平顶山	4330	181.4	214.53	4729.20	109.22	31641.32
	6	许昌	15375	1066.4	867.55	5440.80	35.39	38182.07

续表

区分	序号	市、县名称	年度用水计划（万m³）	月用水计划（万m³）	月实际供水量（万m³）	年度累计供水量（万m³）	年度计划执行情况（%）	累计供水量（万m³）
城市用水	7	郑州	53157	3798.5	3497.27	16799.43	31.60	121901.22
	8	焦作	4881.5	147	129.32	542.31	11.11	3671.64
	9	新乡	10982.5	763.2	893.07	3896.79	35.48	27338.47
	10	鹤壁	4633	292	354.77	1839.33	39.70	13431.17
	11	濮阳	5127	397.4	386.81	1702.47	33.21	15088.56
	12	安阳	6693	464.80	481.70	4200.55	62.76	8681.78
	13	滑县	2527	92.4	89.94	422.65	16.73	1415.89
	小计		130372.5	8496.8	8209.15	44790.66	34.36	296311.09
合计			177272.5	12196.8	11712.32	57962.26	32.70	437369.76

【水质信息】

序号	断面名称	断面位置（省、市）	采样时间	水温（℃）	pH值（无量纲）	溶解氧	高锰酸盐指数	化学需氧量（COD）	五日生化需氧量（BOD_5）	氨氮（NH_3-N）	总磷（以P计）
						mg/L					
1	沙河南	河南鲁山县	2月6日	6.3	8	11.7	1.8	<15	0.8	0.032	<0.01
2	郑湾	河南郑州市	2月6日	6.6	8	11.5	1.9	<15	1.2	0.032	<0.01
序号	断面名称	总氮（以N计）	铜	锌	氟化物（以F^-计）	硒	砷	汞	镉	铬（六价）	铅
		mg/L									
1	沙河南	1.28	<0.01	<0.05	0.173	<0.0003	0.0014	<0.00001	<0.001	<0.004	<0.01
2	郑湾	1.42	<0.01	<0.05	0.225	<0.0003	0.0015	0.00001	<0.001	<0.004	<0.01
序号	断面名称	氰化物	挥发酚	石油类	阴离子表面活性剂	硫化物	粪大肠菌群	水质类别	超标项目及超标倍数		
		mg/L					个/L				
1	沙河南	<0.002	<0.002	<0.01	<0.05	<0.01	0	Ⅰ类			
2	郑湾	<0.002	<0.002	<0.01	<0.05	<0.01	10	Ⅰ类			

说明：根据南水北调中线水质保护中心3月2日提供数据。

运行管理月报2018年第4期总第32期

【工程运行调度】

2018年4月1日8时，河南省陶岔渠首引水闸入干渠流量208.20m³/s；穿黄隧洞节制闸过闸流量144.07m³/s；漳河倒虹吸节制闸过闸流量135.61m³/s。截至2018年3月31日，全省累计有35个口门及14个退水闸（白河、清河、澎河、沙河、颍河、双洎河、沂水河、十八里河、贾峪河、索河、闫河、淇河、汤河、安阳河）开闸分水，其中，31个口门正常供水，3个口门线路因受水水厂暂不具备接水条件而未供水（5、9、11-1），1个口门线路因地方不用水暂停供水（11）。

【各市县配套工程线路供水】

序号	市、县	口门编号	分水口门	供水目标	运行情况	备注
1	邓州市	1	肖楼	引丹灌区	正常供水	
2	邓州市	2	望城岗	邓州一水厂	正常供水	
				邓州二水厂	正常供水	
	南阳市			新野二水厂	正常供水	

续表1

序号	市、县	口门编号	分水口门	供水目标	运行情况	备注
3	南阳市	3-1	谭寨	镇平县五里岗水厂	正常供水	
				镇平县规划水厂	暂停供水	备用
4	南阳市	5	田洼	傅岗（麒麟）水厂	未供水	通水前准备阶段已完成
				龙升水厂	未供水	通水前准备阶段
5	南阳市	6	大寨	南阳第四水厂	正常供水	
6	南阳市	7	半坡店	唐河县水厂	正常供水	
				社旗水厂	正常供水	
7	方城县	9	十里庙	泵站	暂停供水	泵站调试用水
8	漯河市	10	辛庄	舞阳水厂	正常供水	
				漯河二水厂	正常供水	
				漯河四水厂	正常供水	
				漯河五水厂	正常供水	
				漯河八水厂	正常供水	
8	周口市	10	辛庄	商水水厂	正常供水	
				周口东区水厂	正常供水	
9	平顶山市	11	澎河	平顶山白龟山水厂	暂停供水	
				平顶山九里山水厂	暂停供水	
				平顶山平煤集团水厂	暂停供水	
10	平顶山市	11-1	张村	鲁山水厂	未供水	静水压试验已完成，水厂正在建设
11	平顶山市	12	马庄	平顶山焦庄水厂	暂停供水	通水前准备阶段
12	平顶山市	13	高庄	平顶山王铁庄水厂	正常供水	
				平顶山石龙区水厂	正常供水	
13	平顶山市	14	赵庄	郏县规划水厂	正常供水	
14	许昌市	15	宴窑	襄城县三水厂	正常供水	
15	许昌市	16	任坡	禹州市二水厂	正常供水	
				神垕镇二水厂	正常供水	
16	许昌市	17	孟坡	许昌市周庄水厂	正常供水	
				北海、石梁河、清潩河	正常供水	
				许昌市二水厂	正常供水	
	临颍县			临颍县一水厂	正常供水	
				千亩湖	正常供水	
17	许昌市	18	洼李	长葛市规划三水厂	正常供水	
18	郑州市	19	李垌	新郑第一水厂	暂停供水	备用
				新郑第二水厂	正常供水	
				新郑望京楼水库	正常供水	
19	郑州市	20	小河刘	郑州航空城一水厂	正常供水	
				郑州航空城二水厂	正常供水	
				中牟县第三水厂	正常供水	
20	郑州市	21	刘湾	郑州市刘湾水厂	正常供水	
21	郑州市	23	中原西路	郑州柿园水厂	正常供水	
				郑州白庙水厂	正常供水	
				郑州常庄水库	正常供水	充库
22	郑州市	24	前蒋寨	荥阳市四水厂	正常供水	

续表2

<table>
<tr><th>序号</th><th>市、县</th><th>口门编号</th><th>分水口门</th><th>供水目标</th><th>运行情况</th><th>备注</th></tr>
<tr><td>23</td><td>郑州市</td><td>24-1</td><td>蒋头</td><td>上街区规划水厂</td><td>正常供水</td><td></td></tr>
<tr><td>24</td><td>温县</td><td>25</td><td>北冷</td><td>温县三水厂</td><td>正常供水</td><td></td></tr>
<tr><td>25</td><td>焦作市</td><td>26</td><td>北石涧</td><td>武陟县城三水厂</td><td>正常供水</td><td></td></tr>
<tr><td>26</td><td>焦作市</td><td>28</td><td>苏蔺</td><td>焦作市修武水厂</td><td>正常供水</td><td>水厂供电线路故障，3月15日暂停供水2小时</td></tr>
<tr><td>27</td><td>新乡市</td><td>30</td><td>郭屯</td><td>获嘉县水厂</td><td>正常供水</td><td></td></tr>
<tr><td rowspan="4">28</td><td rowspan="3">新乡市</td><td rowspan="4">32</td><td rowspan="4">老道井</td><td>新乡高村水厂</td><td>正常供水</td><td></td></tr>
<tr><td>新乡新区水厂</td><td>正常供水</td><td></td></tr>
<tr><td>新乡孟营水厂</td><td>正常供水</td><td></td></tr>
<tr><td>新乡县</td><td>七里营水厂</td><td>暂停供水</td><td></td></tr>
<tr><td>29</td><td>新乡市</td><td>33</td><td>温寺门</td><td>卫辉规划水厂</td><td>正常供水</td><td></td></tr>
<tr><td rowspan="2">30</td><td rowspan="2">鹤壁市</td><td rowspan="2">34</td><td rowspan="2">袁庄</td><td>淇县铁西区水厂</td><td>正常供水</td><td></td></tr>
<tr><td>赵家渠</td><td>正常供水</td><td>水厂未用，利用城北水厂支线向赵家渠供水</td></tr>
<tr><td rowspan="6">31</td><td rowspan="3">濮阳市</td><td rowspan="6">35</td><td rowspan="6">三里屯</td><td>引黄调节池（濮阳第一水厂）</td><td>暂停供水</td><td></td></tr>
<tr><td>濮阳第三水厂</td><td>正常供水</td><td></td></tr>
<tr><td>清丰县固城水厂</td><td>正常供水</td><td>水厂管道维修，3月13日起暂停供水9小时</td></tr>
<tr><td rowspan="2">鹤壁市</td><td>浚县水厂</td><td>正常供水</td><td>3月10日起通过该支线向浚内河生态补水30天</td></tr>
<tr><td>鹤壁第四水厂</td><td>正常供水</td><td></td></tr>
<tr><td>滑县</td><td>滑县三水厂</td><td>正常供水</td><td></td></tr>
<tr><td>32</td><td>鹤壁市</td><td>36</td><td>刘庄</td><td>鹤壁第三水厂</td><td>正常供水</td><td></td></tr>
<tr><td rowspan="2">33</td><td rowspan="2">安阳市</td><td rowspan="2">37</td><td rowspan="2">董庄</td><td>汤阴一水厂</td><td>正常供水</td><td>水厂供电线路改造，3月24日、25日分别暂停供水3小时</td></tr>
<tr><td>内黄县第四水厂</td><td>正常供水</td><td></td></tr>
<tr><td>34</td><td>安阳市</td><td>38</td><td>小营</td><td>安阳八水厂</td><td>正常供水</td><td></td></tr>
<tr><td>35</td><td>安阳市</td><td>39</td><td>南流寺</td><td>安阳七水厂</td><td>未供水</td><td>水厂未建</td></tr>
<tr><td>36</td><td>南阳市</td><td></td><td>白河退水闸</td><td>南阳城区</td><td>已关闸</td><td></td></tr>
<tr><td>37</td><td>南阳市</td><td></td><td>清河退水闸</td><td>方城县</td><td>正常供水</td><td></td></tr>
<tr><td>38</td><td>平顶山市</td><td></td><td>澎河退水闸</td><td>澎河</td><td>已关闸</td><td></td></tr>
<tr><td>39</td><td>平顶山市</td><td></td><td>沙河退水闸</td><td>沙河</td><td>已关闸</td><td></td></tr>
<tr><td>40</td><td>禹州市</td><td></td><td>颍河退水闸</td><td>许昌城区</td><td>正常供水</td><td></td></tr>
<tr><td>41</td><td>新郑市</td><td></td><td>双洎河退水闸</td><td>双洎河</td><td>正常供水</td><td></td></tr>
<tr><td>42</td><td>新郑市</td><td></td><td>沂水河退水闸</td><td>唐寨水库</td><td>已关闸</td><td></td></tr>
<tr><td>43</td><td>郑州市</td><td></td><td>十八里河退水闸</td><td>十八里河</td><td>已关闸</td><td></td></tr>
<tr><td>44</td><td>郑州市</td><td></td><td>贾峪河退水闸</td><td>西流湖</td><td>已关闸</td><td></td></tr>
<tr><td>45</td><td>郑州市</td><td></td><td>索河退水闸</td><td>索河</td><td>已关闸</td><td></td></tr>
<tr><td>46</td><td>焦作市</td><td></td><td>闫河退水闸</td><td>闫河</td><td>已关闸</td><td></td></tr>
<tr><td>47</td><td>鹤壁市</td><td></td><td>淇河退水闸</td><td>淇河</td><td>已关闸</td><td></td></tr>
<tr><td>48</td><td>汤阴县</td><td></td><td>汤河退水闸</td><td>汤河</td><td>正常供水</td><td></td></tr>
<tr><td>49</td><td>安阳市</td><td></td><td>安阳河退水闸</td><td>安阳河</td><td>已关闸</td><td></td></tr>
</table>

【水量调度计划执行】

区分	序号	市、县名称	年度用水计划（万 m^3）	月用水计划（万 m^3）	月实际供水量（万 m^3）	年度累计供水量（万 m^3）	年度计划执行情况（%）	累计供水量（万 m^3）
农业用水	1	引丹灌区	46900	4000	3807.43	16979.03	36.20	144866.10
城市用水	1	邓州	2910	180	190.38	901.25	30.97	3529.28
	2	南阳	8529	442.2	727.41	2560.70	30.02	17146.13
	3	漯河	6773	556.8	524.86	2397.77	35.40	13352.30
	4	周口	4454.5	232.5	220.45	1020.52	22.91	2594.37
	5	平顶山	4330	183.5	229.33	4958.53	114.52	31870.65
	6	许昌	15375	1323.6	1247.89	6688.69	43.50	39429.96
	7	郑州	53157	4239.8	4149.19	20948.62	39.41	126050.41
	8	焦作	4881.5	175	159.74	702.05	14.38	3831.38
	9	新乡	10982.5	790.8	1065.89	4962.68	45.19	28404.36
	10	鹤壁	4633	289	407.60	2246.93	48.50	13838.77
	11	濮阳	5127	423.2	477.52	2179.99	42.52	15566.08
	12	安阳	6693	533.20	547.38	4747.93	70.94	9229.16
	13	滑县	2527	105	118.48	541.12	21.41	1534.36
	小计		130372.5	9474.6	10066.12	54856.78	42.08	306377.21
合计			177272.5	13474.6	13873.55	71835.81	40.52	451243.31

【水质信息】

序号	断面名称	断面位置（省、市）	采样时间	水温（℃）	pH值（无量纲）	溶解氧	高锰酸盐指数	化学需氧量（COD）	五日生化需氧量（BOD_5）	氨氮（NH_3-N）	总磷（以P计）
						mg/L					
1	沙河南	河南鲁山县	3月5日	10.2	8.1	10.5	1.8	<15	0.9	0.033	<0.01
2	郑湾	河南郑州市	3月5日	9.4	8.2	10.4	1.9	<15	1.4	0.039	<0.01

序号	断面名称	总氮（以N计）	铜	锌	氟化物（以F^-计）	硒	砷	汞	镉	铬（六价）	铅
		mg/L									
1	沙河南	1.12	<0.01	<0.05	0.233	<0.0003	0.0013	<0.00001	<0.001	<0.004	<0.01
2	郑湾	1.25	<0.01	<0.05	0.204	<0.0003	0.0017	<0.00001	<0.001	<0.004	<0.01

序号	断面名称	氰化物	挥发酚	石油类	阴离子表面活性剂	硫化物	粪大肠菌群	水质类别	超标项目及超标倍数		
		mg/L					个/L				
1	沙河南	<0.002	<0.002	<0.01	<0.05	<0.01	10	Ⅰ类			
2	郑湾	<0.002	<0.002	<0.01	0.09	<0.01	0	Ⅰ类			

说明：根据南水北调中线水质保护中心4月3日提供数据。

【运行管理大事记】

3月8~9日，河南省南水北调工程运行管理第33次例会在濮阳市召开。

运行管理月报2018年第5期总第33期

【工程运行调度】

2018年5月1日8时，河南省陶岔渠首引水闸入干渠流量330.79m^3/s；穿黄隧洞节制闸过闸流量213.90m^3/s；漳河倒虹吸节制闸过闸流量181.78m^3/s。截至2018年4月30日，全省累计有35个口门及15个退水闸（白河、清河、澎河、沙河、颍河、双洎河、沂水河、十八里河、贾峪河、索河、闫河、淇河、汤河、安阳河、北汝河）开闸分水，其中，29

个口门正常供水，5个口门线路因受水水厂暂不具备接水条件而未供水（5、9、11-1、12、39），1个口门线路因地方不用水暂停供水（11）。

【各市县配套工程线路供水】

序号	市、县	口门编号	分水口门	供水目标	运行情况	备注
1	邓州市	1	肖楼	引丹灌区	正常供水	
2	邓州市	2	望城岗	邓州一水厂	正常供水	
				邓州二水厂	正常供水	
	南阳市			新野二水厂	正常供水	
3	南阳市	3-1	谭寨	镇平县五里岗水厂	正常供水	
				镇平县规划水厂	暂停供水	备用
4	南阳市	5	田洼	傅岗（麒麟）水厂	未供水	通水前准备阶段已完成
				龙升水厂	未供水	通水前准备阶段
5	南阳市	6	大寨	南阳第四水厂	正常供水	
6	南阳市	7	半坡店	唐河县水厂	正常供水	
				社旗水厂	正常供水	
7	方城县	9	十里庙	泵站	暂停供水	泵站调试用水
				方城县新裕水厂	正常供水	潘河生态补水
8	漯河市	10	辛庄	舞阳水厂	正常供水	
				漯河二水厂	正常供水	
				漯河四水厂	正常供水	
				漯河五水厂	正常供水	
				漯河八水厂	正常供水	
8	周口市	10	辛庄	商水水厂	正常供水	
				周口东区水厂	正常供水	
9	平顶山市	11	澎河	平顶山白龟山水厂	暂停供水	
				平顶山九里山水厂	暂停供水	
				平顶山平煤集团水厂	暂停供水	
				叶县水厂	正常供水	
10	平顶山市	11-1	张村	鲁山水厂	未供水	静水压试验已完成，水厂正在建设
11	平顶山市	12	马庄	平顶山焦庄水厂	暂停供水	通水前准备阶段
12	平顶山市	13	高庄	平顶山王铁庄水厂	正常供水	
				平顶山石龙区水厂	正常供水	
13	平顶山市	14	赵庄	郏县规划水厂	正常供水	
14	许昌市	15	宴窑	襄城县三水厂	正常供水	
15	许昌市	16	任坡	禹州市二水厂	正常供水	
				神垕镇二水厂	正常供水	
16	许昌市	17	孟坡	许昌市周庄水厂	正常供水	
				北海、石梁河、霸陵河	正常供水	
				许昌市二水厂	正常供水	
				鄢陵中心水厂	正常供水	
	临颍县			临颍县一水厂	正常供水	
				千亩湖	正常供水	
17	许昌市	18	洼李	长葛市规划三水厂	正常供水	
				清潩河	暂停供水	

续表1

序号	市、县	口门编号	分水口门	供水目标	运行情况	备注
17	许昌市	18	洼李	增福湖	正常供水	
18	郑州市	19	李垌	新郑第一水厂	暂停供水	备用
				新郑第二水厂	正常供水	
				新郑望京楼水库	正常供水	
				老观寨水库	正常供水	
19	郑州市	20	小河刘	郑州航空城一水厂	正常供水	
				郑州航空城二水厂	正常供水	
				中牟县第三水厂	正常供水	
20	郑州市	21	刘湾	郑州市刘湾水厂	正常供水	泵站停电导致4月9日暂停供水2次，共6小时
21	郑州市	23	中原西路	郑州柿园水厂	正常供水	
				郑州白庙水厂	正常供水	
				郑州常庄水库	暂停供水	
22	郑州市	24	前蒋寨	荥阳市四水厂	正常供水	
23	郑州市	24-1	蒋头	上街区规划水厂	正常供水	
24	温县	25	北冷	温县三水厂	正常供水	
25	焦作市	26	北石涧	武陟县城三水厂	正常供水	
				泵站	暂停供水	泵站调试用水
26	焦作市	28	苏蔺	焦作市修武水厂	正常供水	
				焦作市苏蔺水厂	正常供水	
27	新乡市	30	郭屯	获嘉县水厂	正常供水	
28	新乡市	32	老道井	新乡高村水厂	正常供水	
				新乡新区水厂	正常供水	
				新乡孟营水厂	正常供水	
	新乡县			七里营水厂	暂停供水	
	新乡市			卫河	正常供水	
				人民胜利渠	正常供水	
				赵定排	正常供水	
29	新乡市	33	温寺门	卫辉规划水厂	正常供水	
30	鹤壁市	34	袁庄	淇县铁西区水厂	正常供水	
				赵家渠	正常供水	水厂未用，利用城北水厂支线向赵家渠供水
31	濮阳市	35	三里屯	引黄调节池（濮阳第一水厂）	暂停供水	
				濮阳二水厂	正常供水	
				濮阳第三水厂	正常供水	
				清丰县固城水厂	正常供水	
	鹤壁市			浚县水厂	正常供水	3月10日起通过该支线向浚内河生态补水30天
				鹤壁第四水厂	正常供水	
	滑县			滑县三水厂	正常供水	
32	鹤壁市	36	刘庄	鹤壁第三水厂	正常供水	
33	安阳市	37	董庄	汤阴一水厂	正常供水	
				内黄县第四水厂	正常供水	

续表2

序号	市、县	口门编号	分水口门	供水目标	运行情况	备注
34	安阳市	38	小营	安阳八水厂	正常供水	
35	安阳市	39	南流寺	安阳七水厂	未供水	水厂未建
36	南阳市		白河退水闸	白河	正常供水	
37	南阳市		清河退水闸	清河、潘河、唐河	正常供水	
38	平顶山市		澎河退水闸	澎河	已关闸	
39	平顶山市		沙河退水闸	沙河、白龟山水库	正常供水	
40	平顶山市		北汝河退水闸	北汝河	正常供水	
41	禹州市		颍河退水闸	颍河	正常供水	
42	新郑市		双洎河退水闸	双洎河	正常供水	
43	新郑市		沂水河退水闸	唐寨水库	正常供水	
44	郑州市		十八里河退水闸	十八里河	正常供水	
45	郑州市		贾峪河退水闸	贾峪河、西流湖	已关闸	
46	郑州市		索河退水闸	索河	正常供水	
47	焦作市		闫河退水闸	闫河、龙源湖	正常供水	
48	鹤壁市		淇河退水闸	淇河	正常供水	
49	汤阴县		汤河退水闸	汤河	正常供水	
50	安阳市		安阳河退水闸	安阳河	正常供水	

【水量调度计划执行】

区分	序号	市、县名称	年度用水计划（万 m^3）	月用水计划（万 m^3）	月实际供水量（万 m^3）	年度累计供水量（万 m^3）	年度计划执行情况（%）	累计供水量（万 m^3）
农业用水	1	引丹灌区	46900	3900	3660.69	20639.72	44.01	148526.79
城市用水	1	邓州	2910	180	181.06	1082.31	37.19	3710.34
	2	南阳	8529	470.5	3227.48	5788.18	67.86	20373.61
	3	漯河	6773	533	524.72	2922.49	43.15	13877.02
	4	周口	4454.5	225	220.04	1240.55	27.85	2814.40
	5	平顶山	4330	192	605.14	5563.67	128.49	32475.79
	6	许昌	15375	1207	1330.65	8019.34	52.16	40760.61
	7	郑州	53157	4282	5014.93	25963.55	48.84	131065.34
	8	焦作	4881.5	175	492.14	1194.19	24.46	4323.52
	9	新乡	10982.5	784	1050.61	6013.29	54.75	29454.97
	10	鹤壁	4633	312	889.15	3136.08	67.69	14727.92
	11	濮阳	5127	440	605.29	2785.28	54.33	16171.37
	12	安阳	6693	519.00	792.73	5540.66	82.78	10021.89
	13	滑县	2527	100.5	138.25	679.38	26.88	1672.62
	小计		130372.5	9420.00	15072.19	69928.97	53.64	51.09%
合计			177272.5	13320	18732.88	90568.69	51.09	469976.19

【水质信息】

序号	断面名称	断面位置（省、市）	采样时间	水温（℃）	pH值（无量纲）	溶解氧	高锰酸盐指数	化学需氧量（COD）	五日生化需氧量（BOD_5）	氨氮（NH_3-N）	总磷（以P计）
						mg/L					
1	沙河南	河南鲁山县	4月10日	16.6	8.3	11	1.9	<15	0.7	0.047	<0.01

续表

序号	断面名称	断面位置（省、市）	采样时间	水温（℃）	pH值（无量纲）	溶解氧	高锰酸盐指数	化学需氧量（COD）	五日生化需氧量（BOD_5）	氨氮（NH_3-N）	总磷（以P计）
						mg/L					
2	郑湾	河南郑州市	4月10日	16.7	8.3	9.6	1.9	<15	<0.5	0.061	0.01
序号	断面名称	总氮（以N计）	铜	锌	氟化物（以F^-计）	硒	砷	汞	镉	铬（六价）	铅
		mg/L									
1	沙河南	1.22	<0.01	<0.05	0.218	<0.0003	0.0016	<0.00001	<0.001	<0.004	<0.01
2	郑湾	1.28	<0.01	<0.05	0.209	<0.0003	0.0016	<0.00001	<0.001	<0.004	<0.01
序号	断面名称	氰化物	挥发酚	石油类	阴离子表面活性剂	硫化物	粪大肠菌群	水质类别	超标项目及超标倍数		
		mg/L					个/L				
1	沙河南	<0.002	<0.002	<0.01	<0.05	<0.01	0	Ⅰ类			
2	郑湾	<0.002	<0.002	<0.01	<0.05	<0.01	0	Ⅰ类			

说明：根据南水北调中线水质保护中心5月9日提供数据。

【运行管理大事记】

4月17日，省水利厅、省南水北调办联合向沿线各省辖市、省直管县市政府下发《河南省水利厅河南省南水北调中线工程建设领导小组办公室关于做好近期南水北调生态补水有关事宜的函》（豫水政资函〔2018〕44号），召开紧急视频会议，安排部署生态补水相关事宜。并于当天下午正式启动生态补水工作。

4月17~18日，河南省南水北调工程运行管理第34次例会在焦作市召开。

运行管理月报2018年第6期总第34期

【工程运行调度】

2018年6月1日8时，河南省陶岔渠首引水闸入干渠流量358.85m³/s；穿黄隧洞节制闸过闸流量233.29m³/s；漳河倒虹吸节制闸过闸流量185.09m³/s。截至2018年5月31日，全省累计有36个口门及17个退水闸（白河、清河、澧河、澎河、沙河、北汝河、颍河、双洎河、沂水河、十八里河、贾峪河、索河、闫河、香泉河、淇河、汤河、安阳河）开闸分水，其中，29个口门正常供水，6个口门线路因受水水厂暂不具备接水条件而未供水（5、9、11-1、12、22、39），1个口门线路因地方不用水暂停供水（11）。

【各市县配套工程线路供水】

序号	市、县	口门编号	分水口门	供水目标	运行情况	备注
1	邓州市	1	肖楼	引丹灌区	正常供水	
2	邓州市	2	望城岗	邓州一水厂	正常供水	
				邓州二水厂	正常供水	
	南阳市			新野二水厂	正常供水	
3	南阳市	3-1	谭寨	镇平县五里岗水厂	正常供水	
				镇平县规划水厂	暂停供水	备用
4	南阳市	5	田洼	傅岗（麒麟）水厂	未供水	通水前准备阶段已完成
				龙升水厂	未供水	通水前准备阶段
5	南阳市	6	大寨	南阳第四水厂	正常供水	
6	南阳市	7	半坡店	唐河县水厂	正常供水	
				社旗水厂	正常供水	
7	方城县	9	十里庙	泵站	暂停供水	泵站调试用水

续表 1

序号	市、县	口门编号	分水口门	供水目标	运行情况	备注
7	方城县	9	十里庙	方城县新裕水厂	未供水	水厂在建
8	漯河市	10	辛庄	舞阳水厂	正常供水	
				漯河二水厂	正常供水	
				漯河四水厂	正常供水	
				漯河五水厂	正常供水	
				漯河八水厂	正常供水	
8	周口市	10	辛庄	商水水厂	正常供水	
				周口东区水厂	正常供水	
9	平顶山市	11	澎河	平顶山白龟山水厂	暂停供水	
				平顶山九里山水厂	暂停供水	
				平顶山平煤集团水厂	暂停供水	
				叶县水厂	正常供水	
10	平顶山市	11-1	张村	鲁山水厂	未供水	静水压试验已完成，水厂正在建设
11	平顶山市	12	马庄	平顶山焦庄水厂	暂停供水	通水前准备阶段
12	平顶山市	13	高庄	平顶山王铁庄水厂	正常供水	
				平顶山石龙区水厂	正常供水	
13	平顶山市	14	赵庄	郏县规划水厂	正常供水	
14	许昌市	15	宴窑	襄城县三水厂	正常供水	
15	许昌市	16	任坡	禹州市二水厂	正常供水	
				神垕镇二水厂	正常供水	
16	许昌市	17	孟坡	许昌市周庄水厂	正常供水	
				北海、石梁河、霸陵河	正常供水	
				许昌市二水厂	正常供水	
	鄢陵县			鄢陵中心水厂	正常供水	
	临颍县			临颍县一水厂	正常供水	
				千亩湖	正常供水	
17	许昌市	18	洼李	长葛市规划三水厂	正常供水	
				清潩河	正常供水	5月18日16:00起向支线饮马河生态补水
				增福湖	正常供水	
18	郑州市	19	李垌	新郑第一水厂	暂停供水	备用
				新郑第二水厂	正常供水	
				新郑望京楼水库	正常供水	
				老观寨水库	正常供水	
19	郑州市	20	小河刘	郑州航空城一水厂	正常供水	
				郑州航空城二水厂	正常供水	
				中牟县第三水厂	正常供水	
20	郑州市	21	刘湾	郑州市刘湾水厂	正常供水	
21	郑州市	22	密垌	尖岗水库	暂停供水	泵站调试用水
22	郑州市	23	中原西路	郑州柿园水厂	正常供水	
				郑州白庙水厂	正常供水	
				郑州常庄水库	暂停供水	
23	郑州市	24	前蒋寨	荥阳市四水厂	正常供水	
24	郑州市	24-1	蒋头	上街区规划水厂	正常供水	

续表2

序号	市、县	口门编号	分水口门	供水目标	运行情况	备注
25	温县	25	北冷	温县三水厂	正常供水	
26	焦作市	26	北石涧	武陟县城三水厂	正常供水	
				泵站	暂停供水	泵站调试用水
27	焦作市	28	苏蔺	焦作市修武水厂	正常供水	
				焦作市苏蔺水厂	正常供水	
28	新乡市	30	郭屯	获嘉县水厂	正常供水	
29	新乡市	32	老道井	新乡高村水厂	正常供水	
				新乡新区水厂	正常供水	
				新乡孟营水厂	正常供水	
	新乡县			七里营水厂	正常供水	
	新乡市			卫河	正常供水	
				人民胜利渠	正常供水	
				赵定排	正常供水	
30	新乡市	33	温寺门	卫辉规划水厂	正常供水	
31	鹤壁市	34	袁庄	淇县铁西区水厂	正常供水	
				赵家渠	正常供水	水厂未用，利用城北水厂支线向赵家渠供水
32	濮阳市	35	三里屯	引黄调节池（濮阳第一水厂）	暂停供水	改用黄河水
				濮阳二水厂	正常供水	
				濮阳第三水厂	正常供水	
				清丰县固城水厂	正常供水	
	南乐县			南乐县水厂	未供水	通水前准备阶段
	鹤壁市			浚县水厂	正常供水	
				鹤壁第四水厂	正常供水	
	滑县			滑县三水厂	正常供水	
33	鹤壁市	36	刘庄	鹤壁第三水厂	正常供水	
34	安阳市	37	董庄	汤阴一水厂	正常供水	
				内黄县第四水厂	正常供水	
35	安阳市	38	小营	安阳八水厂	正常供水	
36	安阳市	39	南流寺	安阳七水厂	未供水	水厂未建
37	南阳市		白河退水闸	白河	正常供水	
38	南阳市		清河退水闸	清河、潘河、唐河	正常供水	
39	平顶山市		澧河退水闸	澧河	正常供水	
40	平顶山市		澎河退水闸	澎河	已关闸	
41	平顶山市		沙河退水闸	沙河、白龟山水库	正常供水	
42	平顶山市		北汝河退水闸	北汝河	正常供水	
43	禹州市		颍河退水闸	颍河	正常供水	
44	新郑市		双洎河退水闸	双洎河	正常供水	
45	新郑市		沂水河退水闸	唐寨水库	正常供水	
46	郑州市		十八里河退水闸	十八里河	已关闸	
47	郑州市		贾峪河退水闸	贾峪河、西流湖	已关闸	
48	郑州市		索河退水闸	索河	正常供水	
49	焦作市		闫河退水闸	闫河、龙源湖	正常供水	

续表3

序号	市、县	口门编号	分水口门	供水目标	运行情况	备注
50	新乡市		香泉河退水闸	香泉河	正常供水	
51	鹤壁市		淇河退水闸	淇河	正常供水	
52	汤阴县		汤河退水闸	汤河	正常供水	
53	安阳市		安阳河退水闸	安阳河	正常供水	

【水量调度计划执行】

区分	序号	市、县名称	年度用水计划（万 m^3）	月用水计划（万 m^3）	月实际供水量（万 m^3）	年度累计供水量（万 m^3）	年度计划执行情况（%）	累计供水量（万 m^3）
农业用水	1	引丹灌区	46900	4000	3966.50	24606.22	52.47	152493.29
城市用水	1	邓州	2910	190	188.29	1270.60	43.66	3898.62
	2	南阳	8529	762.7	7240.40	13028.58	152.76	27614.02
	3	漯河	6773	567	550.13	3472.61	51.27	14427.15
	4	周口	4454.5	232.5	227.37	1467.92	32.95	3041.77
	5	平顶山	4330	214.4	1745.87	7309.54	168.81	34221.66
	6	许昌	15375	1601.8	3287.30	11306.64	73.54	44047.91
	7	郑州	53157	4123	6035.89	31999.44	60.20	137101.23
	8	焦作	4881.5	321	2481.34	3675.53	75.30	6804.86
	9	新乡	10982.5	1179.2	2267.85	8281.14	75.40	31722.82
	10	鹤壁	4633	306	1776.01	4912.08	106.02	16503.92
	11	濮阳	5127	1420.8	1536.18	4321.46	84.29	17707.55
	12	安阳	6693	443.30	2599.34	8140.00	121.62	12621.23
	13	滑县	2527	105	133.66	813.04	32.17	1806.28
	小计		130372.5	11466.70	30069.63	99998.58	76.70	351519.02
合计			177272.5	15466.7	34036.13	124604.80	70.29	504012.31

【水质信息】

序号	断面名称	断面位置（省、市）	采样时间	水温（℃）	pH值（无量纲）	溶解氧	高锰酸盐指数	化学需氧量（COD）	五日生化需氧量（BOD_5）	氨氮（NH_3-N）	总磷（以P计）
						mg/L					
1	沙河南	河南鲁山县	5月8日	19.7	8.1	8.4	1.9	＜15	＜0.5	0.042	＜0.01
2	郑湾	河南郑州市	5月8日	20	8.2	8.4	1.9	＜15	＜0.5	0.034	＜0.01

序号	断面名称	总氮（以N计）	铜	锌	氟化物（以F^-计）	硒	砷	汞	镉	铬（六价）	铅
		mg/L									
1	沙河南	1.14	＜0.01	＜0.05	0.193	＜0.0003	0.0012	＜0.00001	＜0.001	＜0.004	＜0.01
2	郑湾	1.27	＜0.01	＜0.05	0.201	＜0.0003	0.0014	＜0.00001	＜0.001	＜0.004	＜0.01

序号	断面名称	氰化物	挥发酚	石油类	阴离子表面活性剂	硫化物	粪大肠菌群	水质类别	超标项目及超标倍数		
		mg/L					个/L				
1	沙河南	＜0.002	＜0.002	＜0.01	＜0.05	＜0.01	20	Ⅰ类			
2	郑湾	＜0.002	＜0.002	＜0.01	＜0.05	＜0.01	0	Ⅰ类			

说明：根据南水北调中线水质保护中心6月1日提供数据。

【突发事件及处理】

5月26日14:00，巡线人员发现配套工程20号小河刘口门线路航空城一水厂支线桩号约1+433的3号检修空气阀井下游侧（郑港三路和滨河西路交叉处）漏水，接报后，郑州市南水北调办立即到现场组织抢修，经查，初步分析为港区滨河西路市政工程穿越邻接施工（另配套工程管线正上方铺有中水管道）造成管道连接处顶部荷载造成的应力破坏，使pccp管的承插口钢环和内部钢筒的焊接处出现拉裂损坏而导致漏水。

运行管理月报2018年第7期总第35期

【工程运行调度】

2018年7月1日8时，河南省陶岔渠首引水闸入干渠流量236.89m³/s；穿黄隧洞节制闸过闸流量142.33m³/s；漳河倒虹吸节制闸过闸流量132.20m³/s。截至2018年6月30日，全省累计有36个口门及19个退水闸（湍河、白河、清河、贾河、澧河、澎河、沙河、北汝河、颍河、双洎河、沂水河、十八里河、贾峪河、索河、闫河、香泉河、淇河、汤河、安阳河）开闸分水，其中，30个口门正常供水，5个口门线路因受水水厂暂不具备接水条件而未供水（9、11-1、12、22、39），1个口门线路因地方不用水暂停供水（11）。

【各市县配套工程线路供水】

序号	市、县	口门编号	分水口门	供水目标	运行情况	备注
1	邓州市	1	肖楼	引丹灌区	正常供水	
2	邓州市	2	望城岗	邓州一水厂	正常供水	水厂管道维修，6月19日11:00起暂停供水
				邓州二水厂	正常供水	
	南阳市			新野二水厂	正常供水	
3	南阳市	3-1	谭寨	镇平县五里岗水厂	正常供水	
				镇平县规划水厂	暂停供水	备用
4	南阳市	5	田洼	傅岗（麒麟）水厂	未供水	通水准备已完成
				龙升水厂	正常供水	
5	南阳市	6	大寨	南阳第四水厂	正常供水	
6	南阳市	7	半坡店	唐河县水厂	正常供水	
				社旗水厂	正常供水	
7	方城县	9	十里庙	泵站	暂停供水	泵站调试用水
				方城县新裕水厂	未供水	水厂在建
8	漯河市	10	辛庄	舞阳水厂	正常供水	
				漯河二水厂	正常供水	
				漯河四水厂	正常供水	
				漯河五水厂	正常供水	
				漯河八水厂	正常供水	
8	周口市	10	辛庄	商水水厂	正常供水	
				周口东区水厂	正常供水	电路并网，6月14日1:00起暂停供水2小时
9	平顶山市	11	澎河	平顶山白龟山水厂	暂停供水	
				平顶山九里山水厂	暂停供水	
				平顶山平煤集团水厂	暂停供水	
				叶县水厂	正常供水	
10	平顶山市	11-1	张村	鲁山水厂	未供水	静水压试验已完成，水厂正在建设
11	平顶山市	12	马庄	平顶山焦庄水厂	暂停供水	通水前准备阶段
12	平顶山市	13	高庄	平顶山王铁庄水厂	正常供水	

续表1

序号	市、县	口门编号	分水口门	供水目标	运行情况	备注
12	平顶山市	13	高庄	平顶山石龙区水厂	正常供水	
13	平顶山市	14	赵庄	郏县规划水厂	正常供水	
14	许昌市	15	宴窑	襄城县三水厂	正常供水	
15	许昌市	16	任坡	禹州市二水厂	正常供水	
				神垕镇二水厂	正常供水	
16	许昌市	17	孟坡	许昌市周庄水厂	正常供水	
				北海、石梁河、霸陵河	正常供水	
				许昌市二水厂	正常供水	
	鄢陵县			鄢陵中心水厂	正常供水	
	临颍县			临颍县一水厂	正常供水	
				千亩湖	暂停供水	
17	许昌市	18	洼李	长葛市规划三水厂	正常供水	
				清潩河	正常供水	
				增福湖	正常供水	
18	郑州市	19	李垌	新郑第一水厂	暂停供水	备用
				新郑第二水厂	正常供水	
				新郑望京楼水库	正常供水	
				老观寨水库	正常供水	
19	郑州市	20	小河刘	郑州航空城一水厂	正常供水	
				郑州航空城二水厂	正常供水	
				中牟县第三水厂	正常供水	穿越工程管道对接，6月19日22:00起暂停供水6天
20	郑州市	21	刘湾	郑州市刘湾水厂	正常供水	
21	郑州市	22	密垌	尖岗水库	正常供水	充库
22	郑州市	23	中原西路	郑州柿园水厂	正常供水	
				郑州白庙水厂	正常供水	
				郑州常庄水库	暂停供水	
23	郑州市	24	前蒋寨	荥阳市四水厂	正常供水	
24	郑州市	24-1	蒋头	上街区规划水厂	正常供水	
25	温县	25	北冷	温县三水厂	正常供水	
26	焦作市	26	北石涧	武陟县城三水厂	正常供水	
				博爱县水厂	正常供水	
27	焦作市	28	苏蔺	焦作市修武水厂	正常供水	
				焦作市苏蔺水厂	正常供水	
28	新乡市	30	郭屯	获嘉县水厂	正常供水	
29	新乡市	32	老道井	新乡高村水厂	正常供水	
				新乡新区水厂	正常供水	
				新乡孟营水厂	正常供水	
				新乡凤泉水厂	正常供水	
	新乡县			七里营水厂	正常供水	
	新乡市			卫河	正常供水	
				人民胜利渠	正常供水	
				赵定排	正常供水	

续表2

序号	市、县	口门编号	分水口门	供水目标	运行情况	备注
30	新乡市	33	温寺门	卫辉规划水厂	正常供水	
31	鹤壁市	34	袁庄	淇县铁西区水厂	正常供水	口门泵站检修，6月23日10:00起暂停供水2天
				赵家渠	正常供水	水厂未用，利用城北水厂支线向赵家渠供水
32	濮阳市	35	三里屯	引黄调节池（濮阳第一水厂）	暂停供水	改用黄河水
				濮阳二水厂	正常供水	
				濮阳第三水厂	正常供水	
				清丰县固城水厂	正常供水	
	南乐县			南乐县水厂	未供水	通水前准备阶段
	鹤壁市			浚县水厂	正常供水	
				鹤壁第四水厂	正常供水	
	滑县			滑县三水厂	正常供水	
33	鹤壁市	36	刘庄	鹤壁第三水厂	正常供水	
34	安阳市	37	董庄	汤阴一水厂	正常供水	
				内黄县第四水厂	正常供水	
35	安阳市	38	小营	安阳八水厂	正常供水	
36	安阳市	39	南流寺	安阳七水厂	未供水	水厂未建
37	郑州市		湍河退水闸	湍河	已关闸	
38	南阳市		白河退水闸	白河	已关闸	
39	南阳市		清河退水闸	清河、潘河、唐河	已关闸	
40	南阳市		贾河退水闸	贾河	已关闸	
41	平顶山市		澧河退水闸	澧河	已关闸	
42	平顶山市		澎河退水闸	澎河	已关闸	
43	平顶山市		沙河退水闸	沙河、白龟山水库	已关闸	
44	平顶山市		北汝河退水闸	北汝河	已关闸	
45	禹州市		颍河退水闸	颍河	已关闸	
46	新郑市		双洎河退水闸	双洎河	已关闸	
47	新郑市		沂水河退水闸	唐寨水库	已关闸	
48	郑州市		十八里河退水闸	十八里河	已关闸	
49	郑州市		贾峪河退水闸	贾峪河、西流湖	已关闸	
50	郑州市		索河退水闸	索河	已关闸	
51	焦作市		闫河退水闸	闫河、龙源湖	已关闸	
52	新乡市		香泉河退水闸	香泉河	已关闸	
53	鹤壁市		淇河退水闸	淇河	已关闸	
54	汤阴县		汤河退水闸	汤河	已关闸	
55	安阳市		安阳河退水闸	安阳河	已关闸	

【水量调度计划执行】

区分	序号	市、县名称	年度用水计划（万m^3）	月用水计划（万m^3）	月实际供水量（万m^3）	年度累计供水量（万m^3）	年度计划执行情况（%）	累计供水量（万m^3）
农业用水	1	引丹灌区	46900	4800	5465.78	30072.00	64.12	157959.07
城市用水	1	郑州	2910	190	766.88	2037.47	70.02	4665.50
	2	南阳	8529	760.5	11477.51	24506.10	287.33	39091.53
	3	漯河	6773	705	586.29	4058.90	59.93	15013.44
	4	周口	4454.5	229	222.70	1690.63	37.95	3264.48
	5	平顶山	4330	219.9	1841.98	9151.52	211.35	36063.64

续表

区分	序号	市、县名称	年度用水计划（万m³）	月用水计划（万m³）	月实际供水量（万m³）	年度累计供水量（万m³）	年度计划执行情况（%）	累计供水量（万m³）
城市用水	6	许昌	15375	1156	3621.37	14928.01	97.09	47669.28
	7	郑州	53157	4283.2	6251.74	38251.18	71.96	143352.97
	8	焦作	4881.5	375	2364.71	6040.24	123.74	9169.57
	9	新乡	10982.5	1166	1251.80	9532.94	86.80	32974.62
	10	鹤壁	4633	292	1960.57	6872.65	148.34	18464.49
	11	濮阳	5127	1381	1500.75	5822.21	113.56	19208.30
	12	安阳	6693	429.00	2708.59	10848.59	162.09	15329.82
	13	滑县	2527	105	134.22	947.26	37.49	1940.50
	小计		130372.5	11291.60	34689.11	134687.70	103.31	386208.14
合计			177272.5	16091.6	40154.89	164759.7	92.94	544167.21

【水质信息】

序号	断面名称	断面位置（省、市）	采样时间	水温（℃）	pH值（无量纲）	溶解氧	高锰酸盐指数	化学需氧量（COD）	五日生化需氧量（BOD_5）	氨氮（NH_3-N）	总磷（以P计）
						mg/L					
1	沙河南	河南鲁山县	6月5日	22	8.1	8.6	2	<15	<0.5	0.056	0.02
2	郑湾	河南郑州市	6月5日	26.4	8.2	8.7	2	<15	<0.5	0.056	0.02
序号	断面名称	总氮（以N计）	铜	锌	氟化物（以F^-计）	硒	砷	汞	镉	铬（六价）	铅
		mg/L									
1	沙河南	1.26	<0.01	<0.05	0.165	<0.0003	0.0011	<0.00001	<0.001	<0.004	<0.01
2	郑湾	1.32	<0.01	<0.05	0.175	<0.0003	0.0012	<0.00001	<0.001	<0.004	<0.01
序号	断面名称	氰化物	挥发酚	石油类	阴离子表面活性剂	硫化物	粪大肠菌群	水质类别	超标项目及超标倍数		
		mg/L					个/L				
1	沙河南	<0.002	<0.002	<0.01	<0.05	<0.01	70	Ⅰ类			
2	郑湾	<0.002	<0.002	<0.01	<0.05	<0.01	10	Ⅰ类			

说明：根据南水北调中线水质保护中心7月9日提供数据。

【运行管理大事记】

6月20日，河南省南水北调工程运行管理第35次例会在省办召开。

6月30日，南阳市白河、清河2座退水闸关闸，河南省生态补水全部结束。

运行管理月报2018年第8期总第36期

【工程运行调度】

2018年8月1日8时，河南省陶岔渠首引水闸入干渠流量230.01m³/s；穿黄隧洞节制闸过闸流量145.32m³/s；漳河倒虹吸节制闸过闸流量134.40m³/s。截至2018年7月31日，全省累计有36个口门及19个退水闸（湍河、白河、清河、贾河、澧河、澎河、沙河、北汝河、颍河、双洎河、沂水河、十八里河、贾峪河、索河、闫河、香泉河、淇河、汤河、安阳河）开闸分水，其中，31个口门正常供水，4个口门线路因受水水厂暂不具备接水条件而未供水（9、11-1、12、39），1个口门线路因地方不用水暂停供水（11）。

【各市县配套工程线路供水】

序号	市、县	口门编号	分水口门	供水目标	运行情况	备注
1	邓州市	1	肖楼	引丹灌区	正常供水	
2	邓州市	2	望城岗	邓州一水厂	正常供水	
				邓州二水厂	正常供水	
	南阳市			新野二水厂	正常供水	
3	南阳市	3-1	谭寨	镇平县五里岗水厂	正常供水	
				镇平县规划水厂	暂停供水	备用
4	南阳市	5	田洼	傅岗（麒麟）水厂	正常供水	
				龙升水厂	正常供水	
5	南阳市	6	大寨	南阳第四水厂	正常供水	
6	南阳市	7	半坡店	唐河县水厂	正常供水	
				社旗水厂	正常供水	
7	方城县	9	十里庙	方城县新裕水厂	未供水	水厂在建
8	漯河市	10	辛庄	舞阳水厂	正常供水	
				漯河二水厂	正常供水	
				漯河四水厂	正常供水	
				漯河五水厂	正常供水	
				漯河八水厂	正常供水	
8	周口市	10	辛庄	商水水厂	正常供水	
				周口东区水厂	正常供水	
9	平顶山市	11	澎河	平顶山白龟山水厂	暂停供水	白龟山水库暂停充库
				平顶山九里山水厂	暂停供水	
				平顶山平煤集团水厂	暂停供水	
				叶县水厂	正常供水	
10	平顶山市	11-1	张村	鲁山水厂	未供水	静水压试验已完成，水厂正在建设
11	平顶山市	12	马庄	平顶山焦庄水厂	暂停供水	通水前准备阶段
12	平顶山市	13	高庄	平顶山王铁庄水厂	正常供水	
				平顶山石龙区水厂	正常供水	
13	平顶山市	14	赵庄	郏县规划水厂	正常供水	
14	许昌市	15	宴窑	襄城县三水厂	正常供水	
15	许昌市	16	任坡	禹州市二水厂	正常供水	
				神垕镇二水厂	正常供水	
16	许昌市	17	孟坡	许昌市周庄水厂	正常供水	
				北海、石梁河、霸陵河	正常供水	
				许昌市二水厂	正常供水	
	鄢陵县			鄢陵中心水厂	未供水	
	临颍县			临颍县一水厂	正常供水	
				临颍县二水厂线路（千亩湖）	正常供水	
17	许昌市	18	洼李	长葛市规划三水厂	正常供水	
				清潩河、增福湖	正常供水	
18	郑州市	19	李垌	新郑第一水厂	暂停供水	备用
				新郑第二水厂	正常供水	

续表1

序号	市、县	口门编号	分水口门	供水目标	运行情况	备注
18	郑州市	19	李垌	新郑望京楼水库	正常供水	充库
				老观寨水库	暂停供水	
19	郑州市	20	小河刘	郑州航空城一水厂	正常供水	
				郑州航空城二水厂	正常供水	
				中牟县第三水厂	正常供水	
20	郑州市	21	刘湾	郑州市刘湾水厂	正常供水	
21	郑州市	22	密垌	尖岗水库	正常供水	充库
22	郑州市	23	中原西路	郑州柿园水厂	正常供水	
				郑州白庙水厂	正常供水	
				郑州常庄水库	暂停供水	
23	郑州市	24	前蒋寨	荥阳市四水厂	正常供水	
24	郑州市	24-1	蒋头	上街区规划水厂	正常供水	
25	温县	25	北冷	温县三水厂	正常供水	
26	焦作市	26	北石涧	武陟县城三水厂	正常供水	
				博爱县水厂	正常供水	
27	焦作市	28	苏蔺	焦作市修武水厂	正常供水	
				焦作市苏蔺水厂	正常供水	
28	新乡市	30	郭屯	获嘉县水厂	正常供水	
29	新乡市	32	老道井	新乡高村水厂	正常供水	
				新乡新区水厂	正常供水	
				新乡孟营水厂	正常供水	
				新乡凤泉水厂	正常供水	
	新乡县			七里营水厂	正常供水	
30	新乡市	33	温寺门	卫辉规划水厂	正常供水	
31	鹤壁市	34	袁庄	淇县铁西区水厂	正常供水	
				赵家渠	暂停供水	赵家渠改造，暂停供水
32	濮阳市	35	三里屯	引黄调节池（濮阳第一水厂）	暂停供水	改用黄河水
				濮阳二水厂	正常供水	
				濮阳第三水厂	正常供水	
				清丰县固城水厂	正常供水	
	鹤壁市			浚县水厂	正常供水	
				鹤壁第四水厂	正常供水	
	滑县			滑县三水厂	正常供水	
33	鹤壁市	36	刘庄	鹤壁第三水厂	正常供水	
34	安阳市	37	董庄	汤阴一水厂	正常供水	
				内黄县第四水厂	正常供水	
35	安阳市	38	小营	安阳八水厂	正常供水	
36	安阳市	39	南流寺	安阳七水厂	未供水	水厂未建
37	邓州市		湍河退水闸	湍河	已关闸	
38	南阳市		白河退水闸	白河	已关闸	
39	南阳市		清河退水闸	清河、潘河、唐河	已关闸	7月12日关闸
40	南阳市		贾河退水闸	贾河	已关闸	

续表2

序号	市、县	口门编号	分水口门	供水目标	运行情况	备注
41	平顶山市		澧河退水闸	澧河	已关闸	
42	平顶山市		澎河退水闸	澎河	已关闸	
43	平顶山市		沙河退水闸	沙河、白龟山水库	已关闸	
44	平顶山市		北汝河退水闸	北汝河	已关闸	
45	禹州市		颍河退水闸	颍河	已关闸	
46	新郑市		双洎河退水闸	双洎河	正常供水	
47	新郑市		沂水河退水闸	唐寨水库	已关闸	
48	郑州市		十八里河退水闸	十八里河	已关闸	
49	郑州市		贾峪河退水闸	贾峪河、西流湖	已关闸	
50	郑州市		索河退水闸	索河	已关闸	
51	焦作市		闫河退水闸	闫河、龙源湖	已关闸	7月15日供水4万m^3
52	新乡市		香泉河退水闸	香泉河	已关闸	
53	鹤壁市		淇河退水闸	淇河	已关闸	
54	汤阴县		汤河退水闸	汤河	已关闸	
55	安阳市		安阳河退水闸	安阳河	已关闸	

【水量调度计划执行】

区分	序号	市、县名称	年度用水计划（万m^3）	月用水计划（万m^3）	月实际供水量（万m^3）	年度累计供水量（万m^3）	年度计划执行情况（%）	累计供水量（万m^3）
农业用水	1	引丹灌区	46900	6696	6735.53	36807.53	78.48	164694.60
城市用水	1	邓州	2910	190	182.48	2219.95	76.29	4847.98
	2	南阳	8529	779.7	804.17	25310.27	296.76	39895.70
	3	漯河	6773	578.2	583.18	4642.08	68.54	15596.62
	4	周口	4454.5	232.5	235.19	1925.82	43.23	3499.67
	5	平顶山	4330	247	256.28	9407.80	217.27	36319.92
	6	许昌	15375	1136.8	1102.66	16030.67	104.26	48771.94
	7	郑州	53157	4789.7	5269.50	43520.68	81.87	148622.47
	8	焦作	4881.5	458	388.80	6429.04	131.70	9558.37
	9	新乡	10982.5	943.2	1270.74	10803.68	98.37	34245.36
	10	鹤壁	4633	324.5	457.18	7329.83	158.21	18921.67
	11	濮阳	5127	468	538.13	6360.34	124.06	19746.43
	12	安阳	6693	536.30	473.19	11321.78	169.16	15803.01
	13	滑县	2527	117.8	135.45	1082.71	42.85	2075.95
	小计		130372.5	10801.70	11696.95	146384.65	112.28	397905.09
合计			177272.5	17497.70	18432.48	183192.18	103.34	562599.69

【水质信息】

序号	断面名称	断面位置（省、市）	采样时间	水温（℃）	pH值（无量纲）	溶解氧	高锰酸盐指数	化学需氧量（COD）	五日生化需氧量（BOD_5）	氨氮（NH_3-N）	总磷（以P计）
						mg/L					
1	沙河南	河南鲁山县	7月3日	24.5	8	8.8	2	＜15	1.1	0.033	＜0.01
2	郑湾	河南郑州市	7月3日	27.4	8.6	8.8	2	＜15	0.9	0.038	＜0.01
序号	断面名称	总氮（以N计）	铜	锌	氟化物（以F^-计）	硒	砷	汞	镉	铬（六价）	铅
		mg/L									

续表

序号	断面名称	断面位置（省、市）	采样时间	水温（℃）	pH值（无量纲）	溶解氧	高锰酸盐指数	化学需氧量（COD）	五日生化需氧量（BOD_5）	氨氮（NH_3-N）	总磷（以P计）
						mg/L					
1	沙河南	1.43	<0.01	<0.05	0.199	<0.0008	0.0005	<0.00001	<0.0005	<0.004	<0.0025
2	郑湾	1.42	<0.01	<0.05	0.261	<0.0011	0.0005	<0.00001	<0.0005	<0.004	<0.0025
序号	断面名称	氰化物	挥发酚	石油类	阴离子表面活性剂	硫化物	粪大肠菌群	水质类别	超标项目及超标倍数		
		mg/L					个/L				
1	沙河南	<0.002	<0.002	<0.01	<0.05	<0.01	10	Ⅰ类			
2	郑湾	<0.002	<0.002	<0.01	<0.05	<0.01	70	Ⅰ类			

说明：根据南水北调中线水质保护中心8月7日提供数据。

运行管理月报2018年第9期总第37期

【工程运行调度】

2018年9月1日8时，河南省陶岔渠首引水闸入干渠流量254.7m³/s；穿黄隧洞节制闸过闸流量177.98m³/s；漳河倒虹吸节制闸过闸流量161.08m³/s。截至2018年8月31日，全省累计有36个口门及19个退水闸（湍河、白河、清河、贾河、澧河、澎河、沙河、北汝河、颍河、双洎河、沂水河、十八里河、贾峪河、索河、闫河、香泉河、淇河、汤河、安阳河）开闸分水，其中，31个口门正常供水，4个口门线路因受水水厂暂不具备接水条件而未供水（9、11-1、12、39），1个口门线路因地方不用水暂停供水（11）。

【各市县配套工程线路供水】

序号	市、县	口门编号	分水口门	供水目标	运行情况	备注
1	邓州市	1	肖楼	引丹灌区	正常供水	
2	邓州市	2	望城岗	邓州一水厂	正常供水	
				邓州二水厂	正常供水	
	南阳市			新野二水厂	正常供水	
3	南阳市	3-1	谭寨	镇平县五里岗水厂	正常供水	备用
				镇平县规划水厂	正常供水	
4	南阳市	5	田洼	傅岗（麒麟）水厂	未供水	通水准备已完成
				龙升水厂	正常供水	
5	南阳市	6	大寨	南阳第四水厂	正常供水	
6	南阳市	7	半坡店	唐河县水厂	正常供水	
				社旗水厂	正常供水	
7	方城县	9	十里庙	泵站	已关闭	泵站调试用水
				方城县新裕水厂	未供水	水厂在建
8	漯河市	10	辛庄	舞阳水厂	正常供水	
				漯河二水厂	正常供水	
				漯河四水厂	正常供水	
				漯河五水厂	正常供水	
				漯河八水厂	正常供水	
8	周口市	10	辛庄	商水水厂	正常供水	
				周口东区水厂	正常供水	
9	平顶山市	11	澎河	平顶山白龟山水厂	暂停供水	
				平顶山九里山水厂	暂停供水	

续表1

序号	市、县	口门编号	分水口门	供水目标	运行情况	备注
9	平顶山市	11	澎河	平顶山平煤集团水厂	暂停供水	
				叶县水厂	暂停供水	
10	平顶山市	11-1	张村	鲁山水厂	未供水	静水压试验已完成，水厂正在建设
11	平顶山市	12	马庄	平顶山焦庄水厂	暂停供水	通水前准备阶段
12	平顶山市	13	高庄	平顶山王铁庄水厂	正常供水	
				平顶山石龙区水厂	正常供水	
13	平顶山市	14	赵庄	郏县规划水厂	正常供水	
14	许昌市	15	宴窑	襄城县三水厂	正常供水	
15	许昌市	16	任坡	禹州市二水厂	正常供水	
				神垕镇二水厂	正常供水	
16	许昌市	17	孟坡	许昌市周庄水厂	正常供水	
				北海、石梁河、霸陵河	正常供水	
				许昌市二水厂	正常供水	
	鄢陵县			鄢陵中心水厂	正常供水	
	临颍县			临颍县一水厂	正常供水	
				千亩湖	暂停供水	
17	许昌市	18	洼李	长葛市规划三水厂	正常供水	
				清潩河	正常供水	
				增福湖	正常供水	
18	郑州市	19	李垌	新郑第一水厂	暂停供水	备用
				新郑第二水厂	正常供水	
				新郑望京楼水库	正常供水	
				老观寨水库	正常供水	
19	郑州市	20	小河刘	郑州航空城一水厂	正常供水	
				郑州航空城二水厂	正常供水	
				中牟县第三水厂	正常供水	
20	郑州市	21	刘湾	郑州市刘湾水厂	正常供水	
21	郑州市	22	密垌	尖岗水库	暂停供水	充库
22	郑州市	23	中原西路	郑州柿园水厂	正常供水	
				郑州白庙水厂	正常供水	
				郑州常庄水库	暂停供水	
23	郑州市	24	前蒋寨	荥阳市四水厂	正常供水	
24	郑州市	24-1	蒋头	上街区规划水厂	暂停供水	泵站阀门检修，8月23日10:00~25日9:00水厂暂停供水
25	温县	25	北冷	温县三水厂	正常供水	
26	焦作市	26	北石涧	武陟县城三水厂	正常供水	
				博爱县水厂	正常供水	
27	焦作市	28	苏蔺	焦作市修武水厂	正常供水	
				焦作市苏蔺水厂	正常供水	
28	新乡市	30	郭屯	获嘉县水厂	正常供水	
29	新乡市	32	老道井	新乡高村水厂	正常供水	
				新乡新区水厂	正常供水	
				新乡孟营水厂	正常供水	
				新乡凤泉水厂	正常供水	

续表2

序号	市、县	口门编号	分水口门	供水目标	运行情况	备注
29	新乡县	32	老道井	七里营水厂	正常供水	
	新乡市			卫河	正常供水	
				人民胜利渠	正常供水	
				赵定排	正常供水	
30	新乡市	33	温寺门	卫辉规划水厂	正常供水	
31	鹤壁市	34	袁庄	淇县铁西区水厂	正常供水	
				赵家渠	暂停供水	赵家渠改造，暂停供水
32	濮阳市	35	三里屯	引黄调节池（濮阳第一水厂）	暂停供水	改用黄河水
				濮阳二水厂	正常供水	
				濮阳第三水厂	正常供水	
				清丰县固城水厂	正常供水	
	南乐县			南乐县水厂	正常供水	
	鹤壁市			浚县水厂	正常供水	
				鹤壁第四水厂	正常供水	
	滑县			滑县三水厂	正常供水	
33	鹤壁市	36	刘庄	鹤壁第三水厂	正常供水	
34	安阳市	37	董庄	汤阴一水厂	正常供水	
				内黄县第四水厂	正常供水	
35	安阳市	38	小营	安阳六水厂	未供水	通水前准备阶段
				安阳八水厂	正常供水	
36	安阳市	39	南流寺	安阳七水厂	未供水	水厂未建
37	邓州市		湍河退水闸	湍河	已关闸	
38	南阳市		白河退水闸	白河	已关闸	
39	南阳市		清河退水闸	清河、潘河、唐河	已关闸	
40	南阳市		贾河退水闸	贾河	已关闸	
41	平顶山市		澧河退水闸	澧河	已关闸	
42	平顶山市		澎河退水闸	澎河	已关闸	
43	平顶山市		沙河退水闸	沙河、白龟山水库	已关闸	
44	平顶山市		北汝河退水闸	北汝河	已关闸	
45	禹州市		颍河退水闸	颍河	已关闸	
46	新郑市		双洎河退水闸	双洎河	正常供水	
47	新郑市		沂水河退水闸	唐寨水库	已关闸	
48	郑州市		十八里河退水闸	十八里河	已关闸	
49	郑州市		贾峪河退水闸	贾峪河、西流湖	已关闸	
50	郑州市		索河退水闸	索河	已关闸	
51	焦作市		闫河退水闸	闫河、龙源湖	已关闸	
52	新乡市		香泉河退水闸	香泉河	已关闸	
53	鹤壁市		淇河退水闸	淇河	已关闸	
54	汤阴县		汤河退水闸	汤河	已关闸	
55	安阳市		安阳河退水闸	安阳河	已关闸	

【水量调度计划执行】

区分	序号	市、县名称	年度用水计划（万m^3）	月用水计划（万m^3）	月实际供水量（万m^3）	年度累计供水量（万m^3）	年度计划执行情况（%）	累计供水量（万m^3）
农业用水	1	引丹灌区	46900	6696	7850.47	44658.00	95.22	172545.07
城市用水	1	邓州	2910	190	192.16	2412.11	82.89	5040.14
	2	南阳	8529	787	1034.96	26345.23	308.89	40930.66
	3	漯河	6773	590.2	585.07	5227.16	77.18	16181.69
	4	周口	4454.5	232.5	227.73	2153.55	48.35	3727.40
	5	平顶山	4330	253.4	232.79	9640.59	222.65	36552.71
	6	许昌	15375	1120.8	1124.10	17154.77	111.58	49896.04
	7	郑州	53157	4835.9	4878.16	48398.84	91.05	153500.63
	8	焦作	4881.5	457	385.37	6814.41	139.60	9943.74
	9	新乡	10982.5	1125.9	1222.40	12026.08	109.50	35467.76
	10	鹤壁	4633	340.3	464.20	7794.03	168.23	19385.87
	11	濮阳	5127	468	557.29	6917.62	134.93	20303.71
	12	安阳	6693	443.30	490.59	11812.37	176.49	16293.60
	13	滑县	2527	117.8	140.27	1222.99	48.40	2216.22
	小计		130372.5	10962.1	11535.09	157919.75	121.13	409440.17
合计			177272.5	17658.1	19385.56	202577.75	114.27	581985.24

【水质信息】

序号	断面名称	断面位置（省、市）	采样时间	水温（℃）	pH值（无量纲）	溶解氧	高锰酸盐指数	化学需氧量（COD）	五日生化需氧量（BOD_5）	氨氮（NH_3-N）	总磷（以P计）
						mg/L					
1	沙河南	河南鲁山县	8月7日	25.7	8.1	6.4	1.9	<15	0.8	0.056	<0.01
2	郑湾	河南郑州市	8月7日	26.8	8.1	6.8	2	<15	<0.5	0.052	<0.01

序号	断面名称	总氮（以N计）	铜	锌	氟化物（以F^-计）	硒	砷	汞	镉	铬（六价）	铅
		mg/L									
1	沙河南	0.98	<0.01	<0.05	0.177	<0.0003	0.0014	<0.00001	<0.0005	<0.004	<0.0025
2	郑湾	1.12	<0.01	<0.05	0.172	0.0004	0.0015	<0.00001	<0.0005	<0.004	<0.0025

序号	断面名称	氰化物	挥发酚	石油类	阴离子表面活性剂	硫化物	粪大肠菌群	水质类别	超标项目及超标倍数		
		mg/L					个/L				
1	沙河南	<0.002	<0.002	<0.01	<0.05	<0.01	50	Ⅱ类			
2	郑湾	<0.002	<0.002	<0.01	<0.05	<0.01	70	Ⅱ类			

说明：根据南水北调中线水质保护中心9月13日提供数据。

【运行管理大事记】

8月28~29日，河南省南水北调工程规范管理现场会暨运行管理第36次例会在南阳市召开。

运行管理月报2018年第10期总第38期

【工程运行调度】

2018年10月1日8时，河南省陶岔渠首引水闸入干渠流量309.88m^3/s；穿黄隧洞节制闸过闸流量222.10m^3/s；漳河倒虹吸节制闸过闸流量197.65m^3/s。截至2018年9月30日，全省累计有36个口门及19个退水闸（湍河、白河、清河、贾河、澧河、澎河、沙河、北汝河、颍河、双洎河、沂水河、十八里河、贾峪河、索河、闫河、香泉河、淇河、汤河、安阳河）开闸分水，其中，31个口门正常供水，4个口门线路因受水水厂暂不具备接水条件而未供水（9、11-1、12、39），1个口门线路因地方不用水暂停供水（11）。

【各市县配套工程线路供水】

序号	市、县	口门编号	分水口门	供水目标	运行情况	备注
1	邓州市	1	肖楼	引丹灌区	正常供水	
2	邓州市	2	望城岗	邓州一水厂	正常供水	
				邓州二水厂	正常供水	
	南阳市			新野二水厂	正常供水	
3	南阳市	3-1	谭寨	镇平县五里岗水厂	正常供水	备用
				镇平县规划水厂	正常供水	
4	南阳市	5	田洼	傅岗（麒麟）水厂	正常供水	
				龙升水厂	正常供水	
5	南阳市	6	大寨	南阳第四水厂	正常供水	
6	南阳市	7	半坡店	唐河县水厂	正常供水	
				社旗水厂	正常供水	
7	方城县	9	十里庙	泵站	已关闭	泵站调试用水
				方城县新裕水厂	未供水	水厂在建
8	漯河市	10	辛庄	舞阳水厂	正常供水	
				漯河二水厂	正常供水	
				漯河四水厂	正常供水	
				漯河五水厂	正常供水	
				漯河八水厂	正常供水	
8	周口市	10	辛庄	商水水厂	正常供水	
				周口东区水厂	正常供水	
9	平顶山市	11	澎河	平顶山白龟山水厂	暂停供水	
				平顶山九里山水厂	暂停供水	
				平顶山平煤集团水厂	暂停供水	
				叶县水厂	暂停供水	
10	平顶山市	11-1	张村	鲁山水厂	未供水	静水压试验已完成，水厂正在建设
11	平顶山市	12	马庄	平顶山焦庄水厂	暂停供水	通水前准备阶段
12	平顶山市	13	高庄	平顶山王铁庄水厂	正常供水	
				平顶山石龙区水厂	正常供水	
13	平顶山市	14	赵庄	郏县规划水厂	正常供水	
14	许昌市	15	宴窑	襄城县二水厂	正常供水	
15	许昌市	16	任坡	禹州市二水厂	正常供水	
				神垕镇二水厂	正常供水	
16	许昌市	17	孟坡	许昌市周庄水厂	正常供水	
				北海、石梁河、霸陵河	正常供水	
				许昌市二水厂	正常供水	
	鄢陵县			鄢陵中心水厂	正常供水	
	临颍县			临颍县一水厂	正常供水	
				千亩湖	正常供水	

续表1

序号	市、县	口门编号	分水口门	供水目标	运行情况	备注
17	许昌市	18	洼李	长葛市规划三水厂	正常供水	
17	许昌市	18	洼李	清潩河	正常供水	
				增福湖	正常供水	
18	郑州市	19	李垌	新郑第一水厂	暂停供水	备用
				新郑第二水厂	正常供水	
				新郑望京楼水库	正常供水	
				老观寨水库	正常供水	
19	郑州市	20	小河刘	郑州航空城一水厂	正常供水	
				郑州航空城二水厂	正常供水	
				中牟县第三水厂	正常供水	
20	郑州市	21	刘湾	郑州市刘湾水厂	正常供水	
21	郑州市	22	密垌	尖岗水库	正常供水	充库
22	郑州市	23	中原西路	郑州柿园水厂	正常供水	
				郑州白庙水厂	正常供水	
				郑州常庄水库	暂停供水	
23	郑州市	24	前蒋寨	荥阳市四水厂	正常供水	
24	郑州市	24-1	蒋头	上街区规划水厂	正常供水	
25	温县	25	北冷	温县三水厂	正常供水	
26	焦作市	26	北石涧	武陟县城三水厂	正常供水	
				博爱县水厂	正常供水	
27	焦作市	28	苏蔺	焦作市修武水厂	正常供水	
				焦作市苏蔺水厂	正常供水	
28	新乡市	30	郭屯	获嘉县水厂	正常供水	
29	新乡市	32	老道井	新乡高村水厂	正常供水	
				新乡新区水厂	正常供水	
				新乡孟营水厂	正常供水	
				新乡凤泉水厂	正常供水	
	新乡县			七里营水厂	正常供水	
	新乡市			卫河	正常供水	
				人民胜利渠	正常供水	
				赵定排	正常供水	
30	新乡市	33	温寺门	卫辉规划水厂	正常供水	
31	鹤壁市	34	袁庄	淇县铁西区水厂	正常供水	
				赵家渠	暂停供水	赵家渠改造，暂停供水
32	濮阳市	35	三里屯	引黄调节池（濮阳第一水厂）	暂停供水	改用黄河水
				濮阳二水厂	正常供水	
				濮阳第三水厂	正常供水	
				清丰县固城水厂	正常供水	
	南乐县			南乐县水厂	正常供水	
	鹤壁市			浚县水厂	正常供水	
				鹤壁第四水厂	正常供水	
	滑县			滑县三水厂	正常供水	
33	鹤壁市	36	刘庄	鹤壁第三水厂	正常供水	

续表2

序号	市、县	口门编号	分水口门	供水目标	运行情况	备注
34	安阳市	37	董庄	汤阴一水厂	正常供水	
				内黄县第四水厂	正常供水	
35	安阳市	38	小营	安阳六水厂	未供水	通水前准备阶段
				安阳八水厂	正常供水	
36	安阳市	39	南流寺	安阳七水厂	未供水	水厂未建
37	邓州市		湍河退水闸	湍河	已关闸	
38	南阳市		白河退水闸	白河	已关闸	
39	南阳市		清河退水闸	清河、潘河、唐河	已关闸	
40	南阳市		贾河退水闸	贾河	已关闸	
41	平顶山市		澧河退水闸	澧河	已关闸	
42	平顶山市		澎河退水闸	澎河	已关闸	
43	平顶山市		沙河退水闸	沙河、白龟山水库	已关闸	
44	平顶山市		北汝河退水闸	北汝河	已关闸	
45	禹州市		颍河退水闸	颍河	已关闸	9月25日8:00起向颍河退水500万 m^3
46	新郑市		双洎河退水闸	双洎河	正常供水	
47	新郑市		沂水河退水闸	唐寨水库	已关闸	
48	郑州市		十八里河退水闸	十八里河	已关闸	
49	郑州市		贾峪河退水闸	贾峪河、西流湖	已关闸	
50	郑州市		索河退水闸	索河	已关闸	
51	焦作市		闫河退水闸	闫河、龙源湖	已关闸	
52	新乡市		香泉河退水闸	香泉河	已关闸	
53	鹤壁市		淇河退水闸	淇河	已关闸	
54	汤阴县		汤河退水闸	汤河	已关闸	
55	安阳市		安阳河退水闸	安阳河	已关闸	

【水量调度计划执行】

区分	序号	市、县名称	年度用水计划（万 m^3）	月用水计划（万 m^3）	月实际供水量（万 m^3）	年度累计供水量（万 m^3）	年度计划执行情况（%）	累计供水量（万 m^3）
农业用水	1	引丹灌区	46900	7776	7122.35	51780.35	110.41	179667.42
城市用水	1	邓州	2910	190	180.26	2592.37	89.08	5220.40
	2	南阳	8529	779.5	1135.26	27480.49	322.20	42065.92
	3	漯河	6773	573	553.94	5781.10	85.36	16735.64
	4	周口	4454.5	255	238.56	2392.11	53.70	3965.96
	5	平顶山	4330	250	259.80	9900.39	228.65	36812.51
	6	许昌	15375	1482	1962.62	19117.39	124.34	51858.66
	7	郑州	53157	4743.7	4528.26	52927.10	99.57	158028.89
	8	焦作	4881.5	462	373.62	7188.03	147.25	10317.36
	9	新乡	10982.5	1044	1202.16	13228.24	120.45	36669.92
	10	鹤壁	4633	336.5	485.65	8279.68	178.71	19871.52
	11	濮阳	5127	513	634.87	7552.50	147.31	20938.59
	12	安阳	6693	484.00	454.98	12267.35	183.29	16748.58
	13	滑县	2527	111	137.37	1360.36	53.83	2353.60
	小计		130372.5	11818.70	12739.70	183694.82	131.59	440689.73
合计			177272.5	18999.7	19269.7	221847.46	125.14	601254.97

【水质信息】

序号	断面名称	断面位置（省、市）	采样时间	水温（℃）	pH值（无量纲）	溶解氧	高锰酸盐指数	化学需氧量（COD）	五日生化需氧量（BOD_5）	氨氮（NH_3-N）	总磷（以P计）
						mg/L					
1	沙河南	河南鲁山县	9月7日	25.8	8.5	7.7	1.9	<15	0.8	0.025	0.01
2	郑湾	河南郑州市	9月7日	25.8	8.5	7.9	2	<15	<0.5	0.033	0.01
序号	断面名称	总氮（以N计）	铜	锌	氟化物（以F^-计）	硒	砷	汞	镉	铬（六价）	铅
		mg/L									
1	沙河南	0.99	<0.01	<0.05	0.115	0.0005	0.0017	<0.00001	<0.0005	<0.004	<0.0025
2	郑湾	1.01	<0.01	<0.05	0.175	0.0008	0.0014	<0.00001	<0.0005	<0.004	<0.0025
序号	断面名称	氰化物	挥发酚	石油类	阴离子表面活性剂	硫化物	粪大肠菌群	水质类别	超标项目及超标倍数		
		mg/L					个/L				
1	沙河南	<0.002	<0.002	<0.01	<0.05	<0.01	80	Ⅰ类			
2	郑湾	<0.002	<0.002	<0.01	<0.05	<0.01	90	Ⅰ类			

说明：根据南水北调中线水质保护中心10月11日提供数据。

【运行管理大事记】

9月26~27日，河南省南水北调工程规范管理现场会暨运行管理第37次例会在漯河市召开。

运行管理月报2018年第11期总第39期

【工程运行调度】

2018年11月1日8时，河南省陶岔渠首引水闸入干渠流量310.02m³/s；穿黄隧洞节制闸过闸流量238.12m³/s；漳河倒虹吸节制闸过闸流量215.52m³/s。截至2018年10月31日，全省累计有36个口门及19个退水闸（湍河、白河、清河、贾河、澧河、澎河、沙河、北汝河、颍河、双洎河、沂水河、十八里河、贾峪河、索河、闫河、香泉河、淇河、汤河、安阳河）开闸分水，其中，31个口门正常供水，4个口门线路因受水水厂暂不具备接水条件而未供水（9、11-1、12、39），1个口门线路因地方不用水暂停供水（11）。

【各市县配套工程线路供水】

序号	市、县	口门编号	分水口门	供水目标	运行情况	备注
1	邓州市	1	肖楼	引丹灌区	正常供水	
2	邓州市	2	望城岗	邓州一水厂	正常供水	
				邓州二水厂	正常供水	
	南阳市			新野二水厂	正常供水	
3	南阳市	3-1	谭寨	镇平县五里岗水厂	正常供水	
				镇平县规划水厂	正常供水	备用
4	南阳市	5	田洼	傅岗（麒麟）水厂	正常供水	
				龙升水厂	正常供水	
5	南阳市	6	大寨	南阳第四水厂	正常供水	
6	南阳市	7	半坡店	唐河县水厂	正常供水	
				社旗水厂	正常供水	
7	方城县	9	十里庙	泵站	已关闭	泵站调试用水
				方城县新裕水厂	未供水	水厂在建
8	漯河市	10	辛庄	舞阳水厂	正常供水	

续表1

序号	市、县	口门编号	分水口门	供水目标	运行情况	备注
8	漯河市	10	辛庄	漯河二水厂	正常供水	
				漯河四水厂	正常供水	
				漯河五水厂	正常供水	
				漯河八水厂	正常供水	
	周口市			商水水厂	正常供水	
				周口东区水厂	正常供水	
				周口二水厂	正常供水	西区水厂缓建，由周口市银龙水务二水厂接纳南水北调水
9	平顶山市	11	澎河	平顶山白龟山水厂	暂停供水	
				平顶山九里山水厂	暂停供水	
				平顶山平煤集团水厂	暂停供水	
				叶县水厂	暂停供水	
10	平顶山市	11-1	张村	鲁山水厂	未供水	静水压试验已完成，水厂正在建设
11	平顶山市	12	马庄	平顶山焦庄水厂	暂停供水	通水前准备阶段
12	平顶山市	13	高庄	平顶山王铁庄水厂	正常供水	
				平顶山石龙区水厂	正常供水	
13	平顶山市	14	赵庄	郏县规划水厂	正常供水	
14	许昌市	15	宴窑	襄城县三水厂	正常供水	
15	许昌市	16	任坡	禹州市二水厂	正常供水	
				神垕镇二水厂	正常供水	
16	许昌市	17	孟坡	许昌市周庄水厂	正常供水	
				北海、石梁河、霸陵河	正常供水	
				许昌市二水厂	正常供水	
	鄢陵县			鄢陵中心水厂	正常供水	
	临颍县			临颍县一水厂	正常供水	
				千亩湖	正常供水	
17	许昌市	18	洼李	长葛市规划三水厂	正常供水	
				清潩河	正常供水	
				增福湖	正常供水	
18	郑州市	19	李垌	新郑第一水厂	暂停供水	备用
				新郑第二水厂	正常供水	
				新郑望京楼水库	正常供水	
				老观寨水库	正常供水	
19	郑州市	20	小河刘	郑州航空城一水厂	正常供水	
				郑州航空城二水厂	止常供水	
				中牟县第三水厂	正常供水	
20	郑州市	21	刘湾	郑州市刘湾水厂	正常供水	
21	郑州市	22	密垌	尖岗水库	正常供水	充库
22	郑州市	23	中原西路	郑州柿园水厂	正常供水	
				郑州白庙水厂	正常供水	
				郑州常庄水库	暂停供水	
23	郑州市	24	前蒋寨	荥阳市四水厂	正常供水	
24	郑州市	24-1	蒋头	上街区规划水厂	正常供水	
25	温县	25	北冷	温县三水厂	正常供水	

续表2

序号	市、县	口门编号	分水口门	供水目标	运行情况	备注
26	焦作市	26	北石涧	武陟县城三水厂	正常供水	
				博爱县水厂	正常供水	
27	焦作市	28	苏蔺	焦作市修武水厂	正常供水	
				焦作市苏蔺水厂	正常供水	
28	新乡市	30	郭屯	获嘉县水厂	正常供水	
29	新乡市	32	老道井	新乡高村水厂	正常供水	
				新乡新区水厂	正常供水	
				新乡孟营水厂	正常供水	
				新乡凤泉水厂	正常供水	
	新乡县			七里营水厂	正常供水	
	新乡市			卫河	正常供水	
				人民胜利渠	正常供水	
				赵定排	正常供水	
30	新乡市	33	温寺门	卫辉规划水厂	正常供水	
31	鹤壁市	34	袁庄	淇县铁西区水厂	正常供水	
				赵家渠	暂停供水	赵家渠改造，暂停供水
32	濮阳市	35	三里屯	引黄调节池（濮阳第一水厂）	暂停供水	改用黄河水
				濮阳二水厂	正常供水	
				濮阳第三水厂	正常供水	
				清丰县固城水厂	正常供水	
	南乐县			南乐县水厂	正常供水	
	鹤壁市			浚县水厂	正常供水	
				鹤壁第四水厂	正常供水	
	滑县			滑县三水厂	正常供水	
33	鹤壁市	36	刘庄	鹤壁第三水厂	正常供水	
34	安阳市	37	董庄	汤阴一水厂	正常供水	
				汤阴二水厂	正常供水	
				内黄县第四水厂	正常供水	
35	安阳市	38	小营	安阳六水厂	未供水	通水前准备阶段
				安阳八水厂	正常供水	
36	安阳市	39	南流寺	安阳四水厂	未供水	通水前准备阶段
				安阳七水厂	未供水	水厂未建
37	邓州市		湍河退水闸	湍河	已关闸	
38	南阳市		白河退水闸	白河	已关闸	
39	南阳市		清河退水闸	清河、潘河、唐河	已关闸	
40	南阳市		贾河退水闸	贾河	已关闸	
41	平顶山市		澧河退水闸	澧河	已关闸	
42	平顶山市		澎河退水闸	澎河	已关闸	
43	平顶山市		沙河退水闸	沙河、白龟山水库	已关闸	
44	平顶山市		北汝河退水闸	北汝河	已关闸	
45	禹州市		颍河退水闸	颍河	已关闸	
46	新郑市		双洎河退水闸	双洎河	正常供水	

续表 3

序号	市、县	口门编号	分水口门	供水目标	运行情况	备注
47	新郑市		沂水河退水闸	唐寨水库	已关闸	
48	郑州市		十八里河退水闸	十八里河	已关闸	
49	郑州市		贾峪河退水闸	贾峪河、西流湖	已关闸	
50	郑州市		索河退水闸	索河	已关闸	
51	焦作市		闫河退水闸	闫河、龙源湖	已关闸	10月20日10:00起向闫河退水4万 m^3
52	新乡市		香泉河退水闸	香泉河	已关闸	
53	鹤壁市		淇河退水闸	淇河	已关闸	
54	汤阴县		汤河退水闸	汤河	已关闸	
55	安阳市		安阳河退水闸	安阳河	已关闸	

【水量调度计划执行】

区分	序号	市、县名称	年度用水计划（万 m^3）	月用水计划（万 m^3）	月实际供水量（万 m^3）	年度累计供水量（万 m^3）	年度计划执行情况（%）	累计供水量（万 m^3）
农业用水	1	引丹灌区	46900	8035	5447.31	57227.66	122.02	185114.73
城市用水	1	郑州	2910	190	190.94	2783.31	95.65	5411.34
	2	南阳	8529	1355.5	1788.49	29268.98	343.17	43854.41
	3	漯河	6773	573	709.36	6490.46	95.83	17444.99
	4	周口	4454.5	403	315.16	2707.27	60.78	4281.13
	5	平顶山	4330	245.50	270.66	10171.05	234.90	37083.17
	6	许昌	15375	1498.7	1498.48	20615.87	134.09	53357.14
	7	郑州	53157	4861	4956.00	57883.10	108.89	162984.89
	8	焦作	4881.5	472	454.52	7642.55	156.56	10771.88
	9	新乡	10982.5	985.6	1305.57	14533.81	132.34	37975.49
	10	鹤壁	4633	337.8	524.78	8804.46	190.04	20396.30
	11	濮阳	5127	562.55	608.23	8160.72	159.17	21546.81
	12	安阳	6693	520.80	460.24	12727.59	190.16	17208.82
	13	滑县	2527	139	124.34	1484.69	58.75	2477.93
	小计		130372.5	12144.45	13206.77	183273.86	140.58	434794.30
合计			177272.5	20179.45	18654.08	240501.52	135.67	619909.03

【水质信息】

序号	断面名称	断面位置（省、市）	采样时间	水温（℃）	pH值（无量纲）	溶解氧	高锰酸盐指数	化学需氧量（COD）	五日生化需氧量（BOD_5）	氨氮（NH_3-N）	总磷（以P计）
						mg/L					
1	沙河南	河南鲁山县	9月7日	25.8	8.5	7.7	1.9	＜15	0.8	0.025	0.01
2	郑湾	河南郑州市	9月7日	25.8	8.5	7.9	2	＜15	＜0.5	0.033	0.01

序号	断面名称	总氮（以N计）	铜	锌	氟化物（以F^-计）	硒	砷	汞	镉	铬（六价）	铅
		mg/L									
1	沙河南	0.99	＜0.01	＜0.05	0.115	0.0005	0.0017	＜0.00001	＜0.0005	＜0.004	＜0.0025
2	郑湾	1.01	＜0.01	＜0.05	0.175	0.0008	0.0014	＜0.00001	＜0.0005	＜0.004	＜0.0025

续表

序号	断面名称	氰化物	挥发酚	石油类	阴离子表面活性剂	硫化物	粪大肠菌群	水质类别	超标项目及超标倍数		
		mg/L					个/L				
1	沙河南	<0.002	<0.002	<0.01	<0.05	<0.01	80	Ⅰ类			
2	郑湾	<0.002	<0.002	<0.01	<0.05	<0.01	90	Ⅰ类			

说明：根据南水北调中线水质保护中心10月11日提供数据。

【突发事件及处理】

2018年10月8日、10日，配套工程21号刘湾口门线路泵站因供电中断两次暂停供水。现已与供电部门沟通协调，加强电力保障提升应急管理水平。

【运行管理大事记】

10月25~26日，河南省南水北调工程规范管理现场会暨运行管理第38次例会在周口市召开。

运行管理月报2018年第12期总第40期

【工程运行调度】

2018年12月1日8时，河南省陶岔渠首引水闸入干渠流量224.39m³/s；穿黄隧洞节制闸过闸流量184.59m³/s；漳河倒虹吸节制闸过闸流量185.61m³/s。截至2018年11月30日，全省累计有36个口门及19个退水闸（湍河、白河、清河、贾河、澧河、澎河、沙河、北汝河、颍河、双洎河、沂水河、十八里河、贾峪河、索河、闫河、香泉河、淇河、汤河、安阳河）开闸分水，其中，31个口门正常供水，4个口门线路因受水水厂暂不具备接水条件而未供水（9、11-1、12、39），1个口门线路因地方不用水暂停供水（11）。

【各市县配套工程线路供水】

序号	市、县	口门编号	分水口门	供水目标	运行情况	备注
1	邓州市	1	肖楼	引丹灌区	正常供水	
2	邓州市	2	望城岗	邓州一水厂	正常供水	
				邓州二水厂	正常供水	
	南阳市			新野二水厂	正常供水	
3	南阳市	3-1	谭寨	镇平县五里岗水厂	正常供水	备用
				镇平县规划水厂	正常供水	
4	南阳市	5	田洼	傅岗（麒麟）水厂	正常供水	
				龙升水厂	正常供水	
5	南阳市	6	大寨	南阳第四水厂	正常供水	
6	南阳市	7	半坡店	唐河县水厂	正常供水	
				社旗水厂	正常供水	
7	方城县	9	十里庙	新裕水厂	正常供水	11月12日开始试供水
8	漯河市	10	辛庄	舞阳水厂	正常供水	
				漯河二水厂	正常供水	
				漯河三水厂	正常供水	
				漯河四水厂	正常供水	
				漯河五水厂	正常供水	
				漯河八水厂	正常供水	
	周口市			商水水厂	正常供水	
				周口东区水厂	正常供水	

续表1

序号	市、县	口门编号	分水口门	供水目标	运行情况	备注
8	周口市	10	辛庄	周口二水厂	正常供水	
9	平顶山市	11	澎河	平顶山白龟山水厂	暂停供水	
				平顶山九里山水厂	暂停供水	
				平顶山平煤集团水厂	暂停供水	
				叶县水厂	暂停供水	
10	平顶山市	11-1	张村	鲁山水厂	未供水	静水压试验已完成，水厂正在建设
11	平顶山市	12	马庄	平顶山焦庄水厂	未供水	通水前准备阶段
12	平顶山市	13	高庄	平顶山王铁庄水厂	正常供水	
				平顶山石龙区水厂	正常供水	
13	平顶山市	14	赵庄	郏县规划水厂	正常供水	
14	许昌市	15	宴窑	襄城县三水厂	正常供水	
15	许昌市	16	任坡	禹州市二水厂	正常供水	
				神垕镇二水厂	正常供水	
16	许昌市	17	孟坡	许昌市周庄水厂	正常供水	
				北海、石梁河、霸陵河	正常供水	
				许昌市二水厂	正常供水	
	鄢陵县			鄢陵中心水厂	正常供水	
	临颍县			临颍县一水厂	正常供水	
				千亩湖	正常供水	
17	许昌市	18	洼李	长葛市规划三水厂	正常供水	
				清潩河	正常供水	
				增福湖	正常供水	
18	郑州市	19	李垌	新郑第一水厂	暂停供水	备用
				新郑第二水厂	正常供水	
				新郑望京楼水库	正常供水	
				老观寨水库	正常供水	
19	郑州市	20	小河刘	郑州航空城一水厂	正常供水	
				郑州航空城二水厂	正常供水	
				中牟县第三水厂	正常供水	
20	郑州市	21	刘湾	郑州市刘湾水厂	正常供水	
21	郑州市	22	密垌	尖岗水库	正常供水	充库
22	郑州市	23	中原西路	郑州柿园水厂	正常供水	
				郑州白庙水厂	正常供水	
				郑州常庄水库	暂停供水	
23	郑州市	24	前蒋寨	荥阳市四水厂	正常供水	
24	郑州市	24-1	蒋头	上街区规划水厂	正常供水	
25	温县	25	北冷	温县三水厂	正常供水	
26	焦作市	26	北石涧	武陟县城三水厂	正常供水	
				博爱县水厂	正常供水	
27	焦作市	28	苏蔺	焦作市修武水厂	正常供水	
				焦作市苏蔺水厂	正常供水	
28	新乡市	30	郭屯	获嘉县水厂	正常供水	

续表2

序号	市、县	口门编号	分水口门	供水目标	运行情况	备注
29	新乡市	32	老道井	新乡高村水厂	正常供水	
				新乡新区水厂	正常供水	
				新乡孟营水厂	正常供水	
				新乡凤泉水厂	正常供水	
	新乡县			七里营水厂	正常供水	
	新乡市			卫河	正常供水	
				人民胜利渠	正常供水	
				赵定排	正常供水	
30	新乡市	33	温寺门	卫辉规划水厂	正常供水	
31	鹤壁市	34	袁庄	淇县铁西区水厂	正常供水	
				赵家渠	暂停供水	赵家渠改造，暂停供水
32	濮阳市	35	三里屯	引黄调节池（濮阳第一水厂）	暂停供水	
				濮阳二水厂	正常供水	
				濮阳第三水厂	正常供水	
				清丰县固城水厂	正常供水	
	南乐县			南乐县水厂	正常供水	
	鹤壁市			浚县水厂	正常供水	
				鹤壁第四水厂	正常供水	
	滑县			滑县三水厂	正常供水	
				滑县四水厂	未供水	
				安阳中盈化肥有限公司	已供水	
33	鹤壁市	36	刘庄	鹤壁第三水厂	正常供水	
34	安阳市	37	董庄	汤阴一水厂	正常供水	
				汤阴二水厂	正常供水	
				内黄县第四水厂	正常供水	
35	安阳市	38	小营	安阳六水厂	未供水	通水前准备阶段
				安阳八水厂	正常供水	
36	安阳市	39	南流寺	安阳四水厂	未供水	通水前准备阶段
				安阳七水厂	未供水	水厂未建
37	邓州市		湍河退水闸	湍河	已关闸	
38	南阳市		白河退水闸	白河	已关闸	
39	南阳市		清河退水闸	清河、潘河、唐河	正常供水	
40	南阳市		贾河退水闸	贾河	已关闸	
41	平顶山市		澧河退水闸	澧河	已关闸	
42	平顶山市		澎河退水闸	澎河	已关闸	
43	平顶山市		沙河退水闸	沙河、白龟山水库	已关闸	
44	平顶山市		北汝河退水闸	北汝河	已关闸	
45	禹州市		颍河退水闸	颍河	已关闸	
46	新郑市		双洎河退水闸	双洎河	正常供水	
47	新郑市		沂水河退水闸	唐寨水库	正常供水	
48	郑州市		十八里河退水闸	十八里河	已关闸	
49	郑州市		贾峪河退水闸	贾峪河、西流湖	已关闸	

续表3

序号	市、县	口门编号	分水口门	供水目标	运行情况	备注
50	郑州市		索河退水闸	索河	已关闸	
51	焦作市		闫河退水闸	闫河、龙源湖	已关闸	
52	新乡市		香泉河退水闸	香泉河	已关闸	
53	鹤壁市		淇河退水闸	淇河	已关闸	
54	汤阴县		汤河退水闸	汤河	已关闸	
55	安阳市		安阳河退水闸	安阳河	已关闸	

【水量调度计划执行】

区分	序号	市、县名称	年度用水计划（万 m^3）	月用水计划（万 m^3）	月实际供水量（万 m^3）	年度累计供水量（万 m^3）	年度计划执行情况（%）	累计供水量（万 m^3）
农业用水	1	引丹灌区	60000	3350	3675.06	3675.06	6.13	188789.79
城市用水	1	邓州	3540	190	185.33	185.33	5.24	5596.67
	2	南阳	15461	1788.2	1713.98	1713.98	11.09	45568.39
	3	漯河	7954	681	595.94	595.94	7.49	18040.93
	4	周口	4967	411	428.76	428.76	8.63	4709.89
	5	平顶山	13584	247.83	248.39	248.39	1.83	37331.56
	6	许昌	14862	1457	1430.64	1430.64	9.63	54787.78
	7	郑州	52154	4806	4509.02	4509.02	8.65	167493.91
	8	焦作	8980	554	429.58	429.58	4.78	11201.46
	9	新乡	12769	968	1166.04	1166.04	9.13	39141.53
	10	鹤壁	5140	330	434.00	434.00	8.44	20830.29
	11	濮阳	6360	475.95	528.59	528.59	8.31	22075.40
	12	安阳	11622	505.50	429.59	429.59	3.70	17638.41
	13	滑县	2197	135	149.93	149.93	6.82	2627.86
	小计		159590	12549.48	12249.79	12249.79	7.68	447044.08
合计			219590	15899.48	15924.85	15924.85	7.25	635833.87

【水质信息】

序号	断面名称	断面位置（省、市）	采样时间	水温（℃）	pH值（无量纲）	溶解氧	高锰酸盐指数	化学需氧量（COD）	五日生化需氧量（BOD_5）	氨氮（NH_3-N）	总磷（以P计）
						mg/L					
1	沙河南	河南鲁山县	11月13日	17	8.3	11	2	<15	<0.5	0.059	<0.01
2	郑湾	河南郑州市	11月13日	16.5	8.4	9.6	2	<15	0.7	0.037	<0.01

序号	断面名称	总氮（以N计）	铜	锌	氟化物（以F^-计）	硒	砷	汞	镉	铬（六价）	铅
		mg/L									
1	沙河南	1.24	<0.01	<0.05	0.247	<0.0003	0.0014	<0.00001	<0.0005	<0.004	<0.0025
2	郑湾	1.24	<0.01	<0.05	0.201	<0.0003	0.0015	<0.00001	<0.0005	<0.004	<0.0025

序号	断面名称	氰化物	挥发酚	石油类	阴离子表面活性剂	硫化物	粪大肠菌群	水质类别	超标项目及超标倍数		
		mg/L					个/L				
1	沙河南	<0.002	<0.002	<0.01	<0.05	<0.01	150	Ⅰ类			
2	郑湾	<0.002	<0.002	<0.01	<0.05	<0.01	0	Ⅰ类			

说明：根据南水北调中线水质保护中心12月13日提供数据。

（李光阳）

供水配套工程验收工作月报

【验收月报2018年第1期总第11期】

河南省南水北调受水区供水配套工程施工合同验收2017年12月完成情况统计表

配套工程建管局名称	单元工程				分部工程				单位工程				合同项目完成			
	总数	本月完成数量	累计完成		总数	本月完成数量	累计完成		总数	本月完成数量	累计完成		总数	本月完成数量	累计完成	
			实际完成量	%			实际完成量	%			实际完成量	%			实际完成量	%
南阳市建管局	18281	0	18241	99.8	253	0	239	94.5	18	0	16	88.9	18	0	2	11.1
平顶山市建管局	7521	0	7371	98.0	117	0	116	99.1	10	0	9	90.0	10	0	9	90.0
漯河市建管局	11424	0	11239	98.4	76	0	57	75.0	11	0	7	63.6	11	0	7	63.6
周口市建管局	4859	0	4859	100.0	66	0	42	63.6	10	0	5	50.0	10	0	5	50.0
许昌市建管局	14699	86	14568	99.1	196	0	182	92.9	17	0	15	88.2	17	0	15	88.2
郑州市建管局	13454	25	12373	92.0	139	5	83	59.7	20	0	0	0.0	14	0	0	0.0
焦作市建管局	9133	13	8669	94.9	92	5	79	86.8	11	0	8	72.7	11	0	8	72.7
新乡市建管局	9391	0	9122	97.1	129	4	102	79.1	21	1	2	9.5	21	0	0	0.0
鹤壁市建管局	5956	0	5922	99.4	123	0	117	95.1	14	0	6	42.9	12	0	5	41.7
濮阳市建管局	2497	0	2497	100.0	37	1	37	100.0	5	4	5	100.0	5	5	5	100.0
安阳市建管局	14601	0	13885	95.1	157	3	153	97.5	17	1	15	88.2	16	3	14	87.5
清丰县建管局	1518	0	1498	98.7	20	0	0	0.0	3	0	0	0.0	3	0	0	0.0
全省统计	113334	124	110244	97.3	1405	18	1207	86.0	157	6	88	56.1	148	8	70	47.3

河南省南水北调受水区供水配套工程政府验收2017年12月完成情况统计表

序号	配套工程建管局名称	专项工程验收				泵站机组试运行工程验收				单项工程通水验收			
		总数	本月完成数量	累计完成		总数（处）	本月完成数量	累计完成		总数	本月完成数量	累计完成	
				实际完成量	%			实际完成量	%			实际完成量	%
1	南阳市建管局	5	0	0	0.0	4	0	0	0.0	8	0	4	50.0
2	平顶山市建管局	5	0	0	0.0	2	0	1	50.0	7	0	1	14.3
3	漯河市建管局	5	0	0	0.0	0	0	0	0.0	2	0	1	50.0
4	周口市建管局	5	0	0	0.0	0	0	0	0.0	1	0	0	0
5	许昌市建管局	5	0	0	0.0	1	0	1	100.0	4	0	1	25.0
6	郑州市建管局	5	0	0	0.0	7	0	0	0.0	16	0	2	12.5
7	焦作市建管局	5	0	0	0.0	1	0	0	0.0	6	0	1	16.7
8	新乡市建管局	5	0	0	0.0	1	0	0	0.0	4	0	0	0.0
9	鹤壁市建管局	5	0	0	0.0	3	0	1	50.0	8	0	7	87.5
10	濮阳市建管局	5	0	0	0.0	0	0	0	0.0	1	0	1	100.0
11	安阳市建管局	5	0	0	0.0	0	0	0	0.0	4	0	2	50.0
12	清丰县建管局	5	0	0	0.0	0	0	0	0.0	1	0	0	0.0
全省统计		60	0	0	0.0	19	0	3	16.7	62	0	20	32.3

【验收月报2018年第2期总第12期】

河南省南水北调受水区供水配套工程施工合同验收2018年1月完成情况统计表

序号	配套工程建管局名称	单元工程				分部工程				单位工程				合同项目完成			
		总数	本月完成数量	累计完成		总数	本月完成数量	累计完成		总数	本月完成数量	累计完成		总数	本月完成数量	累计完成	
				实际完成量	%			实际完成量	%			实际完成量	%			实际完成量	%
1	南阳市建管局	18281	0	18241	99.8	253	0	239	94.5	18	0	16	88.9	18	0	2	11.1
2	平顶山市建管局	7521	0	7371	98.0	118	0	117	99.2	10	0	9	90.0	10	0	9	90.0
3	漯河市建管局	11424	0	11239	98.4	76	0	57	75.0	11	0	7	63.6	11	0	7	63.6
4	周口市建管局	4859	0	4859	100.0	66	0	42	63.6	10	0	5	50.0	10	0	5	50.0
5	许昌市建管局	14699	45	14613	99.4	196	0	182	92.9	17	0	15	88.2	17	0	15	88.2
6	郑州市建管局	13454	0	12373	92.0	139	0	83	59.7	20	0	0	0.0	14	0	0	0.0
7	焦作市建管局	9177	20	9027	98.4	92	0	74	80.4	11	0	8	72.7	11	0	8	72.7
8	新乡市建管局	9391	8	9130	97.2	129	0	102	79.1	21	3	5	23.8	21	0	0	0.0
9	鹤壁市建管局	5956	0	5922	99.4	123	0	117	95.1	14	0	6	42.9	12	0	5	41.7
10	濮阳市建管局	2497	0	2497	100.0	37	0	37	100.0	5	0	5	100.0	5	0	5	100.0
11	安阳市建管局	14611	0	14268	97.7	157	0	153	97.5	17	0	15	88.2	16	0	14	87.5
12	清丰县建管局	1518	0	1498	98.7	20	0	0	0.0	3	0	0	0.0	3	0	0	0.0
全省统计		113388	73	111038	97.9	1406	0	1203	85.6	157	3	91	58.0	148	0	70	47.3

河南省南水北调受水区供水配套工程政府验收2018年1月完成情况统计表

序号	配套工程建管局名称	专项工程验收				泵站机组试运行工程验收				单项工程通水验收			
		总数	本月完成数量	累计完成		总数(处)	本月完成数量	累计完成		总数	本月完成数量	累计完成	
				实际完成量	%			实际完成量	%			实际完成量	%
1	南阳市建管局	5	0	0	0.0	4	0	0	0.0	8	0	4	50.0
2	平顶山市建管局	5	0	0	0.0	2	0	1	50.0	7	0	1	14.3
3	漯河市建管局	5	0	0	0.0	0	0	0	0.0	2	0	1	50.0
4	周口市建管局	5	0	0	0.0	0	0	0	0.0	1	0	0	0.0
5	许昌市建管局	5	0	0	0.0	1	0	1	100.0	4	0	1	25.0
6	郑州市建管局	5	0	0	0.0	7	0	0	0.0	16	0	2	12.5
7	焦作市建管局	5	0	0	0.0	1	0	0	0.0	6	0	1	16.7
8	新乡市建管局	5	0	0	0.0	1	0	0	0.0	4	0	0	0.0
9	鹤壁市建管局	5	0	0	0.0	3	0	1	50.0	8	0	7	87.5
10	濮阳市建管局	5	0	0	0.0	0	0	0	0.0	1	0	1	100.0
11	安阳市建管局	5	0	0	0.0	0	0	0	0.0	4	0	2	50.0
12	清丰县建管局	5	0	0	0.0	0	0	0	0.0	1	0	0	0.0
全省统计		60	0	0	0.0	19	0	3	16.7	62	0	20	32.3

【验收月报2018年第3期总第13期】

河南省南水北调受水区供水配套工程施工合同验收2018年2月完成情况统计表

序号	配套工程建管局名称	单元工程				分部工程				单位工程				合同项目完成			
		总数	本月完成数量	累计完成		总数	本月完成数量	累计完成		总数	本月完成数量	累计完成		总数	本月完成数量	累计完成	
				实际完成量	%			实际完成量	%			实际完成量	%			实际完成量	%
1	南阳市建管局	18281	0	18241	99.8	253	0	239	94.5	18	0	16	88.9	18	0	2	11.1
2	平顶山市建管局	7521	0	7371	98.0	118	0	117	99.2	10	0	9	90.0	10	0	9	90.0
3	漯河市建管局	11291	0	11239	98.4	75	0	57	76.0	11	1	8	72.7	11	1	8	72.7
4	周口市建管局	4859	0	4859	100.0	66	0	42	63.6	10	0	5	50.0	10	0	5	50.0
5	许昌市建管局	14699	0	14613	99.4	196	0	182	92.9	17	0	15	88.2	17	0	15	88.2
6	郑州市建管局	13454	0	12373	92.0	139	0	83	59.7	20	0	0	0.0	14	0	0	0.0
7	焦作市建管局	9177	0	9027	98.4	92	13	87	94.6	11	0	8	72.7	11	0	8	72.7
8	新乡市建管局	9391	0	9130	97.2	129	2	104	80.6	21	1	6	28.6	21	0	0	0.0
9	鹤壁市建管局	5956	0	5922	99.4	123	0	117	95.1	14	0	6	42.9	12	0	5	41.7
10	濮阳市建管局	2497	0	2497	100.0	37	0	37	100.0	5	0	5	100.0	5	0	5	100.0
11	安阳市建管局	14611	0	14268	97.7	157	0	153	97.5	17	0	15	88.2	16	0	14	87.5
12	清丰县建管局	1518	0	1498	98.7	20	0	0	0.0	3	0	0	0.0	3	0	0	0.0
全省统计		113255	0	111038	98.0	1405	15	1218	86.7	157	2	93	59.2	148	1	71	48.0

河南省南水北调受水区供水配套工程政府验收2018年2月完成情况统计表

序号	配套工程建管局名称	专项工程验收				泵站机组试运行工程验收				单项工程通水验收			
		总数	本月完成数量	累计完成		总数(处)	本月完成数量	累计完成		总数	本月完成数量	累计完成	
				实际完成量	%			实际完成量	%			实际完成量	%
1	南阳市建管局	5	0	0	0.0	4	0	0	0.0	8	0	4	50.0
2	平顶山市建管局	5	0	0	0.0	2	0	1	50.0	7	0	1	14.3
3	漯河市建管局	5	0	0	0.0	0	0	0	0.0	2	0	1	50.0
4	周口市建管局	5	0	0	0.0	0	0	0	0.0	1	0	0	0.0
5	许昌市建管局	5	0	0	0.0	1	0	1	100.0	4	0	1	25.0
6	郑州市建管局	5	0	0	0.0	7	0	0	0.0	16	0	2	12.5
7	焦作市建管局	5	0	0	0.0	1	0	0	0.0	6	0	1	16.7
8	新乡市建管局	5	0	0	0.0	1	0	0	0.0	4	0	0	0.0
9	鹤壁市建管局	5	0	0	0.0	2	0	1	50.0	8	0	7	87.5
10	濮阳市建管局	5	0	0	0.0	0	0	0	0.0	1	0	1	100.0
11	安阳市建管局	5	0	0	0.0	0	0	0	0.0	4	0	2	50.0
12	清丰县建管局	5	0	0	0.0	0	0	0	0.0	1	0	0	0.0
全省统计		60	0	0	0.0	18	0	3	16.7	62	0	20	32.3

【验收月报2018年第4期总第14期】

河南省南水北调受水区供水配套工程施工合同验收2018年3月完成情况统计表

序号	配套工程建管局名称	单元工程				分部工程				单位工程				合同项目完成			
		总数	本月完成数量	累计完成 实际完成量	累计完成 %	总数	本月完成数量	累计完成 实际完成量	累计完成 %	总数	本月完成数量	累计完成 实际完成量	累计完成 %	总数	本月完成数量	累计完成 实际完成量	累计完成 %
1	南阳市建管局	18281	0	18241	99.8	253	0	239	94.5	18	0	16	88.9	18	3	5	27.8
2	平顶山市建管局	7521	0	7371	98.0	118	0	117	99.2	10	0	9	90.0	10	0	9	90.0
3	漯河市建管局	11291	0	11239	99.5	75	0	57	76.0	11	0	8	72.7	11	0	8	72.7
4	周口市建管局	4859	0	4859	100.0	66	0	42	63.6	10	0	5	50.0	10	0	5	50.0
5	许昌市建管局	14699	0	14613	99.4	196	0	182	92.9	17	0	15	88.2	17	0	15	88.2
6	郑州市建管局	13454	0	12373	92.0	139	0	83	59.7	20	0	0	0.0	14	0	0	0.0
7	焦作市建管局	9177	0	9027	98.4	92	0	87	94.6	11	0	8	72.7	11	0	8	72.7
8	新乡市建管局	9391	0	9130	97.2	129	0	104	80.6	21	0	6	28.6	21	0	0	0.0
9	鹤壁市建管局	5956	0	5922	99.4	123	0	117	95.1	14	0	6	42.9	12	0	5	41.7
10	濮阳市建管局	2497	0	2497	100.0	37	0	37	100.0	5	0	5	100.0	5	0	5	100.0
11	安阳市建管局	14611	0	14268	97.7	157	0	153	97.5	17	0	15	88.2	16	0	14	87.5
12	清丰县建管局	1518	0	1498	98.7	20	0	0	0.0	3	0	0	0.0	3	0	0	0.0
全省统计		113255	0	111038	98.0	1405	0	1218	86.7	157	0	93	59.2	148	3	74	50.0

河南省南水北调受水区供水配套工程政府验收2018年3月完成情况统计表

序号	配套工程建管局名称	专项工程验收				泵站机组试运行工程验收				单项工程通水验收			
		总数	本月完成数量	累计完成 实际完成量	累计完成 %	总数（处）	本月完成数量	累计完成 实际完成量	累计完成 %	总数	本月完成数量	累计完成 实际完成量	累计完成 %
1	南阳市建管局	5	0	0	0.0	4	0	0	0.0	8	0	4	50.0
2	平顶山市建管局	5	0	0	0.0	2	0	1	50.0	7	0	1	14.3
3	漯河市建管局	5	0	0	0.0	0	0	0	0.0	2	0	1	50.0
4	周口市建管局	5	0	0	0.0	0	0	0	0.0	1	0	0	0.0
5	许昌市建管局	5	0	0	0.0	1	0	1	100.0	4	0	1	25.0
6	郑州市建管局	5	0	0	0.0	7	0	0	0.0	16	0	2	12.5
7	焦作市建管局	5	0	0	0.0	1	0	0	0.0	6	0	1	16.7
8	新乡市建管局	5	0	0	0.0	1	0	0	0.0	4	0	0	0.0
9	鹤壁市建管局	5	0	0	0.0	3	0	1	50.0	8	0	7	87.5
10	濮阳市建管局	5	0	0	0.0	0	0	0	0.0	1	0	1	100.0
11	安阳市建管局	5	0	0	0.0	0	0	0	0.0	4	0	2	50.0
12	清丰县建管局	5	0	0	0.0	0	0	0	0.0	1	0	0	0.0
全省统计		60	0	0	0.0	19	0	3	16.7	62	0	20	32.3

【验收月报2018年第5期总第15期】

河南省南水北调受水区供水配套工程施工合同验收2018年4月完成情况统计表

序号	配套工程建管局名称	单元工程				分部工程				单位工程				合同项目完成			
		总数	本月完成数量	累计完成		总数	本月完成数量	累计完成		总数	本月完成数量	累计完成		总数	本月完成数量	累计完成	
				实际完成量	%			实际完成量	%			实际完成量	%			实际完成量	%
1	南阳市建管局	18281	0	18241	99.8	253	0	239	94.5	18	0	16	88.9	18	0	5	27.8
2	平顶山市建管局	7521	0	7371	98.0	118	0	117	99.2	10	0	9	90.0	10	0	9	90.0
3	漯河市建管局	11291	0	11239	99.5	75	0	57	76.0	11	0	8	72.7	11	0	8	72.7
4	周口市建管局	4859	0	4859	100.0	66	0	42	63.6	10	0	5	50.0	10	0	5	50.0
5	许昌市建管局	14754	116	14729	99.8	196	0	182	92.9	17	0	15	88.2	17	0	15	88.2
6	郑州市建管局	13454	0	12373	92.0	139	0	83	59.7	20	0	0	0.0	14	0	0	0.0
7	焦作市建管局	9177	0	9027	98.4	92	0	87	94.6	11	0	8	72.7	11	0	8	72.7
8	新乡市建管局	9391	0	9130	97.2	129	0	104	80.6	21	0	6	28.6	21	0	0	0.0
9	鹤壁市建管局	5956	0	5922	99.4	123	0	117	95.1	14	0	6	42.9	12	0	5	41.7
10	濮阳市建管局	2497	0	2497	100.0	37	0	37	100.0	5	0	5	100.0	5	0	5	100.0
11	安阳市建管局	14595	0	14252	97.6	157	0	153	97.5	17	1	16	94.1	16	1	15	93.8
12	清丰县建管局	1518	0	1498	98.7	20	0	0	0.0	3	0	0	0.0	3	0	0	0.0
全省统计		113294	116	111138	98.1	1405	0	1218	86.7	157	1	94	59.9	148	1	75	50.7

河南省南水北调受水区供水配套工程政府验收2018年4月完成情况统计表

序号	配套工程建管局名称	专项验收				泵站机组启动验收				单项工程通水验收			
		总数	本月完成数量	累计完成		总数（座）	本月完成数量	累计完成		总数	本月完成数量	累计完成	
				实际完成量	%			实际完成量	%			实际完成量	%
1	南阳市建管局	5	0	0	0.0	5	0	0	0.0	8	0	4	50.0
2	平顶山市建管局	5	0	0	0.0	3	0	0	0.0	7	0	1	14.3
3	漯河市建管局	5	0	0	0.0	0	0	0	0.0	2	0	1	50.0
4	周口市建管局	5	0	0	0.0	0	0	0	0.0	1	0	0	0.0
5	许昌市建管局	5	0	0	0.0	1	0	1	100.0	4	0	1	25.0
6	郑州市建管局	5	0	0	0.0	8	0	0	0.0	16	0	2	12.5
7	焦作市建管局	5	0	0	0.0	1	1	1	100.0	6	0	1	16.7
8	新乡市建管局	5	0	0	0.0	1	0	0	0.0	4	0	0	0.0
9	鹤壁市建管局	5	0	0	0.0	3	0	2	66.6	8	0	7	87.5
10	濮阳市建管局	5	0	0	0.0	0	0	0	0.0	1	0	1	100.0
11	安阳市建管局	5	0	0	0.0	0	0	0	0.0	4	0	3	75.0
12	清丰县建管局	5	0	0	0.0	0	0	0	0.0	1	0	0	0.0
全省统计		60	0	0	0.0	22	1	4	18.2	62	0	21	33.9

【验收月报2018年第6期总第16期】

河南省南水北调受水区供水配套工程施工合同验收2018年5月完成情况统计表

序号	配套工程建管局名称	单元工程				分部工程				单位工程				合同项目完成			
		总数	本月完成数量	累计完成		总数	本月完成数量	累计完成		总数	本月完成数量	累计完成		总数	本月完成数量	累计完成	
				实际完成量	%			实际完成量	%			实际完成量	%			实际完成量	%
1	南阳市建管局	18281	0	18241	99.8	253	0	239	94.5	18	0	16	88.9	18	0	5	27.8
2	平顶山市建管局	7521	0	7371	98.0	118	0	117	99.2	10	0	9	90.0	10	0	9	90.0
3	漯河市建管局	11291	0	11239	99.5	75	0	57	76.0	11	0	8	72.7	11	0	8	72.7
4	周口市建管局	4859	0	4859	100.0	66	0	42	63.6	10	0	5	50.0	10	0	5	50.0
5	许昌市建管局	14755	18	14747	99.9	196	0	182	92.9	17	0	15	88.2	17	0	15	88.2
6	郑州市建管局	13454	0	12373	92.0	139	0	83	59.7	20	0	0	0.0	14	0	0	0.0
7	焦作市建管局	9177	0	9027	98.4	92	0	87	94.6	11	0	8	72.7	11	0	8	72.7
8	新乡市建管局	9391	0	9130	97.2	129	1	105	81.4	21	1	7	33.3	21	0	0	0.0
9	鹤壁市建管局	5956	0	5922	99.4	123	0	117	95.1	14	5	11	78.6	12	4	9	75.0
10	濮阳市建管局	2497	0	2497	100.0	37	0	37	100.0	5	0	5	100.0	5	0	5	100.0
11	安阳市建管局	14595	8	14260	97.7	157	0	153	97.5	17	0	16	94.1	16	0	15	93.8
12	清丰县建管局	1518	0	1498	98.7	20	0	0	0.0	3	0	0	0.0	3	0	0	0.0
全省统计		113295	26	111164	98.1	1405	1	1219	86.8	157	6	100	63.7	148	4	79	53.4

河南省南水北调受水区供水配套工程政府验收2018年5月完成情况统计表

序号	配套工程建管局名称	专项验收				泵站机组启动验收				单项工程通水验收			
		总数	本月完成数量	累计完成		总数（座）	本月完成数量	累计完成		总数	本月完成数量	累计完成	
				实际完成量	%			实际完成量	%			实际完成量	%
1	南阳市建管局	5	0	0	0.0	5	0	0	0.0	8	0	4	50.0
2	平顶山市建管局	5	0	0	0.0	3	0	0	0.0	7	0	1	14.3
3	漯河市建管局	5	0	0	0.0	0	0	0	0.0	2	0	1	50.0
4	周口市建管局	5	0	0	0.0	0	0	0	0.0	1	0	0	0.0
5	许昌市建管局	5	0	0	0.0	1	0	1	100.0	4	0	1	25.0
6	郑州市建管局	5	0	0	0.0	8	0	0	0.0	16	0	2	12.5
7	焦作市建管局	5	0	0	0.0	1	0	1	100.0	6	0	1	16.7
8	新乡市建管局	5	0	0	0.0	1	0	0	0.0	4	0	0	0.0
9	鹤壁市建管局	5	0	0	0.0	3	0	2	66.6	8	0	7	87.5
10	濮阳市建管局	5	0	0	0.0	0	0	0	0.0	1	0	1	100.0
11	安阳市建管局	5	0	0	0.0	0	0	0	0.0	4	0	3	75.0
12	清丰县建管局	5	0	0	0.0	0	0	0	0.0	1	0	0	0.0
全省统计		60	0	0	0.0	22	0	4	18.2	62	0	21	33.9

【验收月报2018年第7期总第17期】

河南省南水北调受水区供水配套工程施工合同验收2018年6月完成情况统计表

序号	配套工程建管局名称	单元工程				分部工程				单位工程				合同项目完成			
		总数	本月完成数量	累计完成		总数	本月完成数量	累计完成		总数	本月完成数量	累计完成		总数	本月完成数量	累计完成	
				实际完成量	%			实际完成量	%			实际完成量	%			实际完成量	%
1	南阳市建管局	18281	0	18241	99.8	253	0	239	94.5	18	0	16	88.9	18	0	5	27.8
2	平顶山市建管局	7521	0	7371	98.0	118	0	117	99.2	10	0	9	90.0	10	0	9	90.0
3	漯河市建管局	11291	0	11239	99.5	75	0	57	76.0	11	0	8	72.7	11	0	8	72.7
4	周口市建管局	5099	230	5089	99.8	72	0	42	58.3	11	0	5	45.5	11	0	5	45.5
5	许昌市建管局	14755	0	14747	99.9	196	0	182	92.9	17	0	15	88.2	17	0	15	88.2
6	郑州市建管局	13454	0	12373	92.0	139	0	83	59.7	20	0	0	0.0	14	0	0	0.0
7	焦作市建管局	9177	0	9027	98.4	92	0	87	94.6	11	0	8	72.7	11	0	8	72.7
8	新乡市建管局	9391	0	9130	97.2	129	1	105	81.4	21	1	8	38.1	21	0	0	0.0
9	鹤壁市建管局	5956	0	5922	99.4	123	0	117	95.1	14	0	11	78.6	12	4	9	75.0
10	濮阳市建管局	2497	0	2497	100.0	37	0	37	100.0	5	0	5	100.0	5	0	5	100.0
11	安阳市建管局	14553	169	14429	99.1	157	0	153	97.5	17	0	16	94.1	16	0	15	93.8
12	清丰县建管局	1518	0	1498	98.7	20	0	0	0.0	3	0	0	0.0	3	0	0	0.0
全省统计		113493	399	111563	98.3	1411	0	1219	86.4	158	1	101	63.9	149	0	79	53.0

河南省南水北调受水区供水配套工程政府验收2018年6月完成情况统计表

序号	配套工程建管局名称	专项验收				泵站机组启动验收				单项工程通水验收			
		总数	本月完成数量	累计完成		总数（座）	本月完成数量	累计完成		总数	本月完成数量	累计完成	
				实际完成量	%			实际完成量	%			实际完成量	%
1	南阳市建管局	5	0	0	0.0	5	0	0	0.0	8	0	4	50.0
2	平顶山市建管局	5	0	0	0.0	3	0	0	0.0	7	0	1	14.3
3	漯河市建管局	5	0	0	0.0	0	0	0	0.0	2	0	1	50.0
4	周口市建管局	5	0	0	0.0	0	0	0	0.0	1	0	0	0.0
5	许昌市建管局	5	0	0	0.0	1	0	1	100.0	4	0	1	25.0
6	郑州市建管局	5	0	0	0.0	8	0	0	0.0	16	0	2	12.5
7	焦作市建管局	5	0	0	0.0	1	0	1	100.0	6	0	1	16.7
8	新乡市建管局	5	0	0	0.0	1	0	0	0.0	4	0	0	0.0
9	鹤壁市建管局	5	0	0	0.0	3	0	2	66.6	8	0	7	87.5
10	濮阳市建管局	5	0	0	0.0	0	0	0	0.0	1	0	1	100.0
11	安阳市建管局	5	0	0	0.0	0	0	0	0.0	4	0	3	75.0
12	清丰县建管局	5	0	0	0.0	0	0	0	0.0	1	0	0	0.0
全省统计		60	0	0	0.0	22	0	4	18.2	62	0	21	33.9

【验收月报2018年第8期总第18期】

河南省南水北调受水区供水配套工程施工合同验收2018年7月完成情况统计表

序号	配套工程建管局名称	单元工程				分部工程				单位工程				合同项目完成			
		总数	本月完成数量	累计完成		总数	本月完成数量	累计完成		总数	本月完成数量	累计完成		总数	本月完成数量	累计完成	
				实际完成量	%			实际完成量	%			实际完成量	%			实际完成量	%
1	南阳市建管局	18281	0	18241	99.8	252	0	238	94.4	18	0	16	88.9	18	0	8	44.4
2	平顶山市建管局	7521	0	7371	98.0	117	0	116	99.1	10	0	9	90.0	10	0	9	90.0
3	漯河市建管局	11291	0	11239	99.5	75	0	57	76.0	11	0	8	72.7	11	0	8	72.7
4	周口市建管局	5099	0	5089	99.8	72	0	42	58.3	11	0	5	45.5	11	0	5	45.5
5	许昌市建管局	14755	1	14748	99.9	196	0	192	98.0	17	0	15	88.2	17	0	15	88.2
6	郑州市建管局	13454	4	12377	92.0	141	0	84	59.6	20	0	0	0.0	14	0	0	0.0
7	焦作市建管局	9177	0	9027	98.4	91	0	87	94.6	11	0	8	72.7	11	0	8	72.7
8	新乡市建管局	9391	0	9130	97.2	129	0	105	81.4	21	0	8	38.1	21	0	0	0.0
9	鹤壁市建管局	5956	0	5922	99.4	123	0	117	95.1	14	0	11	78.6	12	0	9	75.0
10	濮阳市建管局	2497	0	2497	100.0	37	0	37	100.0	5	0	5	100.0	5	0	5	100.0
11	安阳市建管局	14553	45	14492	99.3	157	0	153	97.5	17	0	16	94.1	16	0	15	93.8
12	清丰县建管局	1518	0	1498	98.7	21	0	0	0.0	3	0	0	0.0	3	0	0	0.0
全省统计		113493	50	111631	98.4	1411	0	1228	87.0	158	0	101	63.9	149	0	82	55.0

河南省南水北调受水区供水配套工程政府验收2018年7月完成情况统计表

序号	配套工程建管局名称	专项验收				泵站机组启动验收				单项工程通水验收			
		总数	本月完成数量	累计完成		总数（座）	本月完成数量	累计完成		总数	本月完成数量	累计完成	
				实际完成量	%			实际完成量	%			实际完成量	%
1	南阳市建管局	5	0	0	0.0	5	0	0	0.0	8	0	4	50.0
2	平顶山市建管局	5	0	0	0.0	3	0	0	0.0	7	0	1	14.3
3	漯河市建管局	5	0	0	0.0	0	0	0	0.0	2	0	1	50.0
4	周口市建管局	5	0	0	0.0	0	0	0	0.0	1	0	0	0.0
5	许昌市建管局	5	0	0	0.0	1	0	1	100.0	4	0	1	25.0
6	郑州市建管局	5	0	0	0.0	8	0	0	0.0	16	0	2	12.5
7	焦作市建管局	5	0	0	0.0	1	0	1	100.0	6	0	1	16.7
8	新乡市建管局	5	0	0	0.0	1	0	0	0.0	4	0	0	0.0
9	鹤壁市建管局	5	0	0	0.0	3	0	2	66.6	8	0	7	87.5
10	濮阳市建管局	5	0	0	0.0	0	0	0	0.0	1	0	1	100.0
11	安阳市建管局	5	0	0	0.0	0	0	0	0.0	4	0	3	75.0
12	清丰县建管局	5	0	0	0.0	0	0	0	0.0	1	0	0	0.0
全省统计		60	0	0	0.0	22	0	4	18.2	62	0	21	33.9

【验收月报2018年第9期总第19期】

河南省南水北调受水区供水配套工程施工合同验收2018年8月完成情况统计表

序号	配套工程建管局名称	单元工程				分部工程				单位工程				合同项目完成			
		总数	本月完成数量	累计完成		总数	本月完成数量	累计完成		总数	本月完成数量	累计完成		总数	本月完成数量	累计完成	
				实际完成量	%			实际完成量	%			实际完成量	%			实际完成量	%
1	南阳市建管局	18281	0	18241	99.8	252	0	238	94.4	18	0	16	88.9	18	3	8	44.4
2	平顶山市建管局	7521	0	7371	98.0	117	0	116	99.1	10	0	9	90.0	10	0	9	90.0
3	漯河市建管局	11291	0	11239	99.5	75	0	57	76.0	11	0	8	72.7	11	0	8	72.7
4	周口市建管局	5099	0	5089	99.8	72	0	42	58.3	11	0	5	45.5	11	0	5	45.5
5	许昌市建管局	14755	0	14747	99.9	196	10	192	98.0	17	0	15	88.2	17	0	15	88.2
6	郑州市建管局	13454	0	12373	92.0	141	0	84	59.6	20	0	0	0.0	14	0	0	0.0
7	焦作市建管局	9177	0	9027	98.4	91	0	87	94.6	11	0	8	72.7	11	0	8	72.7
8	新乡市建管局	9391	0	9130	97.2	129	0	105	81.4	21	0	8	38.1	21	0	0	0.0
9	鹤壁市建管局	5956	0	5922	99.4	123	0	117	95.1	14	0	11	78.6	12	0	9	75.0
10	濮阳市建管局	2497	0	2497	100.0	37	0	37	100.0	5	0	5	100.0	5	0	5	100.0
11	安阳市建管局	14553	18	14447	99.3	157	0	153	97.5	17	0	16	94.1	16	0	15	93.8
12	清丰县建管局	1518	0	1498	98.7	21	0	0	0.0	3	0	0	0.0	3	0	0	0.0
全省统计		113493	18	111581	98.3	1411	10	1228	87.0	158	0	101	63.9	149	3	82	55.0

河南省南水北调受水区供水配套工程政府验收2018年8月完成情况统计表

序号	配套工程建管局名称	专项验收				泵站机组启动验收				单项工程通水验收			
		总数	本月完成数量	累计完成		总数（座）	本月完成数量	累计完成		总数	本月完成数量	累计完成	
				实际完成量	%			实际完成量	%			实际完成量	%
1	南阳市建管局	5	0	0	0.0	5	0	0	0.0	8	0	4	50.0
2	平顶山市建管局	5	0	0	0.0	3	0	0	0.0	7	0	1	14.3
3	漯河市建管局	5	0	0	0.0	0	0	0	0.0	2	0	1	50.0
4	周口市建管局	5	0	0	0.0	0	0	0	0.0	1	0	0	0.0
5	许昌市建管局	5	0	0	0.0	1	0	1	100.0	4	0	1	25.0
6	郑州市建管局	5	0	0	0.0	8	0	0	0.0	16	0	2	12.5
7	焦作市建管局	5	0	0	0.0	1	0	1	100.0	6	0	1	16.7
8	新乡市建管局	5	0	0	0.0	1	0	0	0.0	4	0	0	0.0
9	鹤壁市建管局	5	0	0	0.0	3	0	2	66.6	8	0	7	87.5
10	濮阳市建管局	5	0	0	0.0	0	0	0	0.0	1	0	1	100.0
11	安阳市建管局	5	0	0	0.0	0	0	0	0.0	4	0	3	75.0
12	清丰县建管局	5	0	0	0.0	0	0	0	0.0	1	0	0	0.0
全省统计		60	0	0	0.0	22	0	4	18.2	62	0	21	33.9

【验收月报2018年第10期总第20期】

河南省南水北调受水区供水配套工程施工合同验收2018年9月完成情况统计表

序号	配套工程建管局名称	单元工程				分部工程				单位工程				合同项目完成			
		总数	本月完成数量	累计完成		总数	本月完成数量	累计完成		总数	本月完成数量	累计完成		总数	本月完成数量	累计完成	
				实际完成量	%			实际完成量	%			实际完成量	%			实际完成量	%
1	南阳市建管局	18281	0	18241	99.8	252	5	243	96.4	18	0	16	88.9	18	2	10	55.6
2	平顶山市建管局	7521	0	7371	98.0	117	0	116	99.1	10	0	9	90.0	10	0	9	90.0
3	漯河市建管局	11291	0	11239	99.5	75	0	57	76.0	11	0	8	72.7	11	0	8	72.7
4	周口市建管局	5099	0	5089	99.8	72	0	42	58.3	11	0	5	45.5	11	0	5	45.5
5	许昌市建管局	14755	3	14751	99.9	196	0	192	98.0	17	0	15	88.2	17	0	15	88.2
6	郑州市建管局	13454	5	12382	92.0	141	0	84	59.6	20	0	0	0.0	14	0	0	0.0
7	焦作市建管局	9177	0	9027	98.4	91	0	87	95.6	11	0	8	72.7	11	0	8	72.7
8	新乡市建管局	9391	0	9130	97.2	129	0	105	81.4	21	1	9	38.1	21	2	2	9.5
9	鹤壁市建管局	5956	0	5922	99.4	123	4	121	98.4	14	0	11	78.6	12	0	9	75.0
10	濮阳市建管局	2497	0	2497	100.0	37	0	37	100.0	5	0	5	100.0	5	0	5	100.0
11	安阳市建管局	14553	15	14507	99.7	157	0	153	97.5	17	0	16	94.1	16	0	15	93.8
12	清丰县建管局	1518	0	1498	98.7	21	0	0	0.0	3	0	0	0.0	3	0	0	0.0
全省统计		113493	23	111654	98.4	1411	9	1237	87.7	158	1	102	64.6	149	4	86	57.7

河南省南水北调受水区供水配套工程政府验收2018年9月完成情况统计表

序号	配套工程建管局名称	专项验收				泵站机组启动验收				单项工程通水验收			
		总数	本月完成数量	累计完成		总数（座）	本月完成数量	累计完成		总数	本月完成数量	累计完成	
				实际完成量	%			实际完成量	%			实际完成量	%
1	南阳市建管局	5	0	0	0.0	5	0	0	0.0	8	0	4	50.0
2	平顶山市建管局	5	0	0	0.0	3	0	0	0.0	7	0	1	14.3
3	漯河市建管局	5	0	0	0.0	0	0	0	0.0	2	0	1	50.0
4	周口市建管局	5	0	0	0.0	0	0	0	0.0	1	0	0	0.0
5	许昌市建管局	5	0	0	0.0	1	0	1	100.0	4	0	1	25.0
6	郑州市建管局	5	0	0	0.0	8	0	0	0.0	16	0	2	12.5
7	焦作市建管局	5	0	0	0.0	1	0	1	100.0	6	0	1	16.7
8	新乡市建管局	5	0	0	0.0	1	0	0	0.0	4	0	0	0.0
9	鹤壁市建管局	5	0	0	0.0	3	0	2	66.6	8	0	7	87.5
10	濮阳市建管局	5	0	0	0.0	0	0	0	0.0	1	0	1	100.0
11	安阳市建管局	5	0	0	0.0	0	0	0	0.0	4	0	3	75.0
12	清丰县建管局	5	0	0	0.0	0	0	0	0.0	1	0	0	0.0
全省统计		60	0	0	0.0	22	0	4	18.2	62	0	21	33.9

【验收月报2018年第11期总第21期】

河南省南水北调受水区供水配套工程施工合同验收2018年10月完成情况统计表

序号	配套工程建管局名称	单元工程				分部工程				单位工程				合同项目完成			
		总数	本月完成数量	累计完成		总数	本月完成数量	累计完成		总数	本月完成数量	累计完成		总数	本月完成数量	累计完成	
				实际完成量	%			实际完成量	%			实际完成量	%			实际完成量	%
1	南阳市建管局	18281	0	18241	99.8	252	0	243	96.4	18	0	16	88.9	18	0	10	55.6
2	平顶山市建管局	7521	0	7371	98.0	117	0	116	99.1	10	0	9	90.0	10	0	9	90.0
3	漯河市建管局	11291	0	11239	99.5	75	0	57	76.0	11	0	8	72.7	11	0	8	72.7
4	周口市建管局	5099	0	5089	99.8	72	0	42	58.3	11	0	5	45.5	11	0	5	45.5
5	许昌市建管局	14755	1	14752	99.9	196	0	192	98.0	17	0	15	88.2	17	0	15	88.2
6	郑州市建管局	13454	8	12390	92.1	141	0	84	59.6	20	0	0	0.0	14	0	0	0.0
7	焦作市建管局	9177	0	9027	98.4	91	0	87	95.6	11	0	10	90.9	11	0	10	90.9
8	新乡市建管局	9391	0	9130	97.2	129	0	105	81.4	21	0	9	38.1	21	2	4	19.0
9	鹤壁市建管局	5956	0	5922	99.4	123	0	121	98.4	14	0	11	78.6	12	0	9	75.0
10	濮阳市建管局	2497	0	2497	100.0	37	0	37	100.0	5	0	5	100.0	5	0	5	100.0
11	安阳市建管局	14553	45	14552	99.9	157	0	153	97.5	17	0	16	94.1	16	0	15	93.8
12	清丰县建管局	1518	0	1498	98.7	21	0	0	0.0	3	0	0	0.0	3	0	0	0.0
全省统计		113493	54	111708	98.4	1411	0	1237	87.7	158	0	104	65.8	149	2	90	60.4

河南省南水北调受水区供水配套工程政府验收2018年10月完成情况统计表

序号	配套工程建管局名称	专项验收				泵站机组启动验收				单项工程通水验收			
		总数	本月完成数量	累计完成		总数（座）	本月完成数量	累计完成		总数	本月完成数量	累计完成	
				实际完成量	%			实际完成量	%			实际完成量	%
1	南阳市建管局	5	0	0	0.0	5	0	0	0.0	8	0	4	50.0
2	平顶山市建管局	5	0	0	0.0	3	0	0	0.0	7	0	1	14.3
3	漯河市建管局	5	0	0	0.0	0	0	0	0.0	2	0	1	50.0
4	周口市建管局	5	0	0	0.0	0	0	0	0.0	1	0	0	0.0
5	许昌市建管局	5	0	0	0.0	1	0	1	100.0	4	0	1	25.0
6	郑州市建管局	5	0	0	0.0	8	0	0	0.0	16	0	2	12.5
7	焦作市建管局	5	0	0	0.0	1	0	1	100.0	6	0	1	16.7
8	新乡市建管局	5	0	0	0.0	1	0	0	0.0	4	0	0	0.0
9	鹤壁市建管局	5	0	0	0.0	3	0	2	66.6	8	0	7	87.5
10	濮阳市建管局	5	0	0	0.0	0	0	0	0.0	1	0	1	100.0
11	安阳市建管局	5	0	0	0.0	0	0	0	0.0	4	0	3	75.0
12	清丰县建管局	5	0	0	0.0	0	0	0	0.0	1	0	0	0.0
全省统计		60	0	0	0.0	22	0	4	18.2	62	0	21	33.9

河南省南水北调受水区供水配套工程管理处（所）验收2018年10月完成情况统计表

序号	管理处（所）名称	分项工程					分部工程					单位工程				
		总数	上月计划数量	实际完成数量	累计完成		总数	上月计划数量	实际完成数量	累计完成		总数	上月计划数量	实际完成数量	累计完成	
					实际完成量	%				实际完成量	%				实际完成量	%
1	南阳管理处	68	0	0	68	100.0	9	0	0	9	100.0	1	0	0	1	100.0
2	南阳市区管理所	52	0	0	52	100.0	9	0	0	9	100.0	1	0	0	1	100.0
3	镇平管理所	53	0	0	53	100.0	9	0	0	9	100.0	1	0	0	1	100.0
4	新野管理所	52	0	0	52	100.0	9	0	0	9	100.0	1	0	0	1	100.0
5	社旗管理所	49	0	0	49	100.0	9	0	0	9	100.0	1	0	0	1	100.0
6	唐河管理所	52	0	0	52	100.0	9	0	0	9	100.0	1	0	0	1	100.0
7	方城管理所	56	0	0	56	100.0	9	0	0	9	100.0	1	0	0	1	100.0
8	邓州管理所	49	0	0	49	100.0	6	0	0	6	100.0	1	0	0	1	100.0
9	叶县管理所	45	0	0	45	100.0	7	0	0	7	100.0	1	0	0	0	0.0
10	鲁山管理所	45	0	0	45	100.0	7	0	0	7	100.0	1	0	0	0	0.0
11	郏县管理所	45	0	0	45	100.0	7	0	0	7	100.0	1	0	0	0	0.0
12	宝丰管理所	45	0	0	45	100.0	7	0	0	7	100.0	1	0	0	0	0.0
13	周口管理处、市区管理所、东区管理房合建项目	83	0	0	24	28.9	10	0	0	2	20.0	1	0	0	0	0.0
14	许昌管理处、市区管理所合建项目	70	0	0	70	100.0	16	0	0	16	100.0	2	0	0	2	100.0
15	长葛管理所	73	0	0	73	100.0	16	0	0	16	100.0	2	0	0	2	100.0
16	禹州管理所	72	0	0	72	100.0	16	0	0	16	100.0	2	0	0	2	100.0
17	襄县管理所	72	0	0	72	100.0	16	0	0	16	100.0	2	0	0	2	100.0
18	鄢陵管理所	51	0	0	51	100.0	12	0	0	12	100.0	2	2	0	0	0.0
19	郑州管理处、市区管理所合建	122	30	16	102	83.6	6	0	0	4	66.7	2	0	0	0	0.0
20	新郑管理所	61	0	0	61	100.0	9	0	0	9	100.0	3	0	0	3	100.0
21	港区管理所	54	11	3	46	85.2	6	2	0	4	66.7	2	0	0	0	0.0

续表

序号	管理处（所）名称	分项工程					分部工程					单位工程				
		总数	上月计划数量	实际完成数量	累计完成		总数	上月计划数量	实际完成数量	累计完成		总数	上月计划数量	实际完成数量	累计完成	
					实际完成量	%				实际完成量	%				实际完成量	%
22	中牟管理处	51	3	3	51	100.0	3	1	0	2	66.7	1	0	0	0	0.0
23	荥阳管理处	56	8	2	50	89.3	6	2	0	4	66.7	2	0	0	0	0.0
24	上街管理所	58	10	2	50	86.2	3	1	0	2	66.7	1	0	0	0	0.0
25	焦作管理处	110	3	22	80	72.7	9	0	2	4	44.4	2	0	0	0	0.0
26	修武管理所	60	3	0	8	13.3	8	0	0	1	12.5	2	0	0	0	0.0
27	温县管理所	60	2	0	5	8.3	8	0	0	1	12.5	2	0	0	0	0.0
28	武陟管理所	60	0	0	60	100.0	8	0	0	8	100.0	1	0	0	1	100.0
29	辉县管理所	22	0	0	22	100.0	7	0	0	7	100.0	1	0	0	0	0.0
30	黄河北维护中心、鹤壁管理处、市区管理所合建项目	35	0	4	10	28.6	7	0	1	2	28.6	1	0	0	0	0.0
31	黄河北受水区仓储中心门卫房	24	3	8	21	87.5	6	0	1	5	83.3	1	0	0	0	0.0
32	淇县管理所	26	4	3	22	84.6	6	0	0	4	66.7	1	0	0	0	0.0
33	浚县管理所	26	4	4	23	88.5	6	0	1	5	83.3	1	0	0	0	0.0
34	濮阳管理处	46	0	0	46	100.0	8	0	0	8	100.0	1	0	0	0	0.0
35	安阳管理处、市区管理所合建项目	52	27	0	12	23.1	7	0	0	0	0.0	1	0	0	0	0.0
36	汤阴管理所	44	0	0	44	100.0	8	0	0	2	25.0	1	0	0	0	0.0
37	内黄管理所	46	0	0	46	100.0	8	0	0	0	0.0	1	0	0	0	0.0
38	滑县管理所	60	0	0	60	100.0	7	2	7	7	100.0	1	0	0	0	0.0
39	清丰管理所	81	3	16	29	35.8	7	5	0	2	28.6	1	0	0	0	0.0
合计		2164	129	80	1763	81.5	326	15	9	253	77.6	52	3	0	20	38.5

【验收月报2018年第12期总第22期】

河南省南水北调受水区供水配套工程施工合同验收2018年11月完成情况统计表

序号	配套工程建管局名称	单元工程				分部工程				单位工程				合同项目完成			
		总数	本月完成数量	累计完成		总数	本月完成数量	累计完成		总数	本月完成数量	累计完成		总数	本月完成数量	累计完成	
				实际完成量	%			实际完成量	%			实际完成量	%			实际完成量	%
1	南阳市建管局	18281	0	18241	99.8	252	0	243	96.4	18	0	16	88.9	18	4	14	77.8
2	平顶山市建管局	7521	0	7371	98.0	117	0	116	99.1	10	0	9	90.0	10	0	9	90.0
3	漯河市建管局	11291	0	11239	99.5	75	0	57	76.0	11	0	8	72.7	11	0	8	72.7
4	周口市建管局	5099	0	5089	99.8	72	0	42	58.3	11	0	5	45.5	11	0	5	45.5
5	许昌市建管局	14755	0	14752	99.9	196	0	192	98.0	17	0	15	88.2	17	0	15	88.2
6	郑州市建管局	13454	0	12390	92.1	141	0	84	59.6	20	0	0	0.0	14	0	0	0.0
7	焦作市建管局	9177	0	9027	98.4	91	0	87	95.6	11	0	10	90.9	11	0	10	90.9
8	新乡市建管局	9370	0	9109	97.2	122	1	99	81.1	20	1	10	50.0	20	1	5	25.0
9	鹤壁市建管局	5956	0	5922	99.4	123	0	121	98.4	14	0	11	78.6	12	0	9	75.0
10	濮阳市建管局	2497	0	2497	100.0	37	0	37	100.0	5	0	5	100.0	5	0	5	100.0
11	安阳市建管局	14552	0	14552	100.0	157	0	153	97.5	17	0	16	94.1	16	0	15	93.8
12	清丰县建管局	1518	0	1498	98.7	21	0	0	0.0	3	0	0	0.0	3	0	0	0.0
全省统计		113471	0	111687	98.4	1404	1	1231	87.7	157	1	105	66.9	148	5	95	64.2

河南省南水北调受水区供水配套工程政府验收2018年11月完成情况统计表

序号	配套工程建管局名称	专项验收				泵站机组启动验收				单项工程通水验收			
		总数	本月完成数量	累计完成		总数（座）	本月完成数量	累计完成		总数	本月完成数量	累计完成	
				实际完成量	%			实际完成量	%			实际完成量	%
1	南阳市建管局	5	0	0	0.0	5	0	0	0.0	8	0	4	50.0
2	平顶山市建管局	5	0	0	0.0	3	0	0	0.0	7	0	1	14.3
3	漯河市建管局	5	0	0	0.0	0	0	0	0.0	2	0	1	50.0
4	周口市建管局	5	0	0	0.0	0	0	0	0.0	1	0	0	0.0
5	许昌市建管局	5	0	0	0.0	1	0	1	100.0	4	0	1	25.0
6	郑州市建管局	5	0	0	0.0	8	0	0	0.0	16	0	2	12.5
7	焦作市建管局	5	0	0	0.0	1	0	1	100.0	6	0	1	16.7
8	新乡市建管局	5	0	0	0.0	1	0	0	0.0	4	0	0	0.0
9	鹤壁市建管局	5	0	0	0.0	3	0	2	66.6	8	0	7	87.5
10	濮阳市建管局	5	0	0	0.0	0	0	0	0.0	1	0	1	100.0
11	安阳市建管局	5	0	0	0.0	0	0	0	0.0	4	0	3	75.0
12	清丰县建管局	5	0	0	0.0	0	0	0	0.0	1	0	0	0.0
全省统计		60	0	0	0.0	22	0	4	18.2	62	0	21	33.9

河南省南水北调受水区供水配套工程管理处（所）验收2018年11月完成情况统计表

序号	管理处（所）名称	分项工程					分部工程					单位工程				
		总数	上月计划数量	实际完成数量	累计完成		总数	上月计划数量	实际完成数量	累计完成		总数	上月计划数量	实际完成数量	累计完成	
					实际完成量	%				实际完成量	%				实际完成量	%
1	南阳管理处	68	0	0	68	100.0	9	0	0	9	100.0	1	0	0	1	100.0
2	南阳市区管理所	52	0	0	52	100.0	9	0	0	9	100.0	1	0	0	1	100.0
3	镇平管理所	53	0	0	53	100.0	9	0	0	9	100.0	1	0	0	1	100.0
4	新野管理所	52	0	0	52	100.0	9	0	0	9	100.0	1	0	0	1	100.0
5	社旗管理所	49	0	0	49	100.0	9	0	0	9	100.0	1	0	0	1	100.0
6	唐河管理所	52	0	0	52	100.0	9	0	0	9	100.0	1	0	0	1	100.0
7	方城管理所	56	0	0	56	100.0	9	0	0	9	100.0	1	0	0	1	100.0
8	邓州管理所	49	0	0	49	100.0	6	0	0	6	100.0	1	0	0	1	100.0
9	叶县管理所	45	0	0	45	100.0	7	0	0	7	100.0	1	0	0	0	0.0
10	鲁山管理所	45	0	0	45	100.0	7	0	0	7	100.0	1	0	0	0	0.0
11	郏县管理所	45	0	0	45	100.0	7	0	0	7	100.0	1	0	0	0	0.0
12	宝丰管理所	45	0	0	45	100.0	7	0	0	7	100.0	1	0	0	0	0.0
13	周口管理处、市区管理所、东区管理房合建项目	83	0	0	24	28.9	10	0	0	2	20.0	1	0	0	0	0.0
14	许昌管理处、市区管理所合建项目	70	0	0	70	100.0	16	0	0	16	100.0	2	0	0	2	100.0
15	长葛管理所	73	0	0	73	100.0	16	0	0	16	100.0	2	0	0	2	100.0
16	禹州管理所	72	0	0	72	100.0	16	0	0	16	100.0	2	0	0	2	100.0
17	襄县管理所	72	0	0	72	100.0	16	0	0	16	100.0	2	0	0	2	100.0
18	鄢陵管理所	51	0	0	51	100.0	12	0	0	12	100.0	2	2	0	0	0.0
19	郑州管理处、市区管理所合建	122	20	15	117	95.9	6	1	0	4	66.7	2	0	0	0	0.0
20	新郑管理所	61	0	0	61	100.0	9	0	0	9	100.0	3	0	0	3	100.0
21	港区管理所	54	13	8	43	79.6	6	2	0	4	66.7	2	0	0	0	0.0
22	中牟管理处	51	6	3	48	94.1	3	1	0	2	66.7	1	0	0	0	0.0

续表

序号	管理处（所）名称	分项工程					分部工程					单位工程				
		总数	上月计划数量	实际完成数量	累计完成		总数	上月计划数量	实际完成数量	累计完成		总数	上月计划数量	实际完成数量	累计完成	
					实际完成量	%				实际完成量	%				实际完成量	%
23	荥阳管理处	56	10	6	48	85.7	6	2	0	4	66.7	2	0	0	0	0.0
24	上街管理所	58	15	8	48	82.8	3	1	0	2	66.7	1	0	0	0	0.0
25	焦作管理处	110	10	3	58	52.7	9	0	0	2	22.2	2	0	0	0	0.0
26	修武管理所	60	2	4	8	13.3	8	0	0	1	12.5	2	0	0	0	0.0
27	温县管理所	60	2	1	5	8.3	8	0	0	1	12.5	2	0	0	0	0.0
28	武陟管理所	60	0	0	60	100.0	8	0	0	8	100.0	1	0	0	1	100.0
29	辉县管理所			7	0		7		0	7	100.0	1	0	0		0.0
30	黄河北维护中心、鹤壁管理处、市区管理所合建项目	35	0	0	6	17.1	7	0	0	1	14.3	1	0	0	0	0.0
31	黄河北受水区仓储中心门卫房	24	2	2	23	95.8	6	0	0	5	83.3	1	0	0	0	0.0
32	淇县管理所	26	3	3	25	96.2	6	0	1	5	83.3	1	0	0	0	0.0
33	浚县管理所	26	2	2	25	96.2	6	0	0	5	83.3	1	0	0	0	0.0
34	濮阳管理处	46	0	0	46	100.0	8	0	0	8	100.0	1	0	0	0	0.0
35	安阳管理处、市区管理所合建项目	52	2	0	12	23.1	7	0	1	1	14.3	1	0	0	0	0.0
36	汤阴管理所	44	0	0	44	100.0	8	6	0	2	25.0	1	0	0	0	0.0
37	内黄管理所	46	0	0	46	100.0	8	8	0	0	0.0	1	0	0	0	0.0
38	滑县管理所	54	0	0	54	100.0	7	0	0	7	100.0	1	0	0	0	0.0
39	清丰管理所	81	10	52	81	100.0	7	1	5	7	100.0	1	0	0	0	0.0
合计		2180	79	110	1889	86.7	326	22	10	263	80.7	52	2	0	20	38.5

（齐　浩）

供水配套工程剩余工程建设月报

【建设月报2018年第1期总第10期】

输水管道建设进展情况统计表　　2018年1月

序号	建管局	线路长度（km）	按管材分（km）						利用既有河渠、暗涵（km）	管道铺设剩余尾工
			PCCP	PCP	钢管	球墨铸铁管	玻璃钢夹砂管	其他管材		
1	南阳	179.05	133.70	0.00	7.18	27.02	8.08	3.07		
2	平顶山	93.80	50.39	1.38	27.83	0.00	0.00	0.00	14.20	11-1号口门鲁山输水线路鲁平大道穿越工程（总长度约599m），尚有491m管道及调流调压阀室1座未建设
3	漯河	119.60	93.68		22.65	2.77		0.50		穿沙工程已完成第一根630PE管静水压试验，正在进行第二根管道铺设
4	周口	56.12	42.48		10.02	3.62				新增西区水厂支线向二水厂的供水管道总长3.62km，已完成阀井7座、管道铺设2.8km（含顶管0.3km），剩余阀井5座，管道铺设0.8km（含顶管0.6km）
5	许昌	146.40	104.11	0.00	0.00	42.29				鄢陵支线管道铺设任务已完成，剩余现地管理房2座、调流调压阀室1座未完成
6	郑州	97.69	45.29	27.18	21.10			0.77	3.35	穿越南四环工程总长1593m，其中隧洞衬砌已完成666m，目前剩余隧洞衬砌450m、顶管工程477m；尖岗水库出库工程目前剩余：拦污栅侧墙及排架；U型槽附近约$300m^3$浆砌石砌筑；钢管外侧混凝土包封两处长度合计约16m
7	焦作	57.89	28.44		12.72	12.54		4.19		加压泵站1座、输水管线3.6km、阀门井（室）19座、镇墩42座、现地管理房1座，均未完成
8	新乡	75.57	49.23	25.29	1.05					
9	鹤壁	58.94	43.60	5.03	7.36	0.00	2.95	0.00		
10	濮阳	24.45	24.45							
	清丰	18.65	17.14		1.51					
11	安阳	119.54	115.09	0.06	4.39					38号线末端变更段后输水管线长度为430.953m。管道已安装30m，剩余400.953m，剩余调流调压阀室及管理房各1座，阀井4座，镇墩4座
合计		1047.70	747.60	58.94	115.81	88.24	11.03	8.53	17.55	

管理处（所）建设进度情况统计表　2018年1月

序号	建管局	管理处（所）建设（座）				管理处（所）名称	备注
		总数	已建成	正在建设	前期阶段		
1	南阳	8	8	0	0	南阳管理处、南阳市区管理所、新野县管理所、镇平县管理所、社旗县管理所、唐河县管理所、方城县管理所、邓州管理所，全部建成	
2	平顶山	7	0	4	3	叶县管理所、鲁山管理所、宝丰管理所、郏县管理所正在建设；平顶山管理处、石龙区管理所、新城区管理所3处合建，已发中标通知，准备开工	
3	漯河	4	0	0	4	漯河市管理处（市区管理所）合建、舞阳管理所、临颍管理所，均处于前期阶段	
4	周口	3	1	2	0	商水县管理所已建成；周口市管理处、市区管理所与东区水厂现地管理房合建主体完工，正在内部装饰	
5	许昌	5	5	0	0	许昌市管理处、市区管理所、襄城县管理所、禹州市管理所、长葛市管理所，全部建成	
	鄢陵支线	1		1		鄢陵县管理所，正在建设	
6	郑州	7	0	3	4	新郑管理所，郑州市管理处（市区管理所）正在建设；港区管理所、中牟管理所、荥阳管理所、上街管理所，处于前期阶段	
7	焦作	6	0	3	3	温县管理所、修武管理所、博爱管理所，处于前期阶段；焦作管理处（市区管理所）合建、武陟管理所正在建设	
8	新乡	5	1	0	4	辉县管理所已建成；新乡市管理处（市区管理所）合建、卫辉市管理所、获嘉县管理所处于前期阶段	
9	鹤壁	6	0	6	0	黄河北维护中心及鹤壁市管理处、市区管理所合建、黄河北物资仓储中心、淇县管理所、浚县管理所，正在施工	
10	濮阳	1	1			濮阳管理处，已建成	
	清丰	1	0	0	1	清丰县管理所，施工合同已签订	
11	安阳	5	2	1	2	滑县管理所、内黄县管理所已建成；汤阴县管理所正在建设；安阳管理处（所），处于前期阶段	
12	郑州建管处	2			2	黄河南维护中心、黄河南仓储中心，处于前期阶段	
合计		61	18	20	23		

【建设月报2018年第2期总第11期】

输水管道建设进展情况统计表 2018年2月

序号	建管局	线路长度（km）	按管材分（km）						利用既有河渠、暗涵（km）	管道铺设剩余尾工
			PCCP	PCP	钢管	球墨铸铁管	玻璃钢夹砂管	其他管材		
1	南阳	179.05	133.70	0.00	7.18	27.02	8.08	3.07		
2	平顶山	93.80	50.39	1.38	27.83	0.00	0.00	0.00	14.20	11-1号口门鲁山输水线路鲁平大道穿越工程（总长度约200m），尚未完成
3	漯河	119.60	93.68		22.65	2.77		0.50		穿越沙河工程方案1长度740m；方案2长度1070m，方案尚未确定
4	周口	56.12	42.48		10.02	3.62				新增西区水厂支线向二水厂的供水管道总长3.62km，已完成管道铺设0.7km
5	许昌	146.40	104.11	0.00	0.00	42.29				鄢陵支线管道铺设任务已完成，目前剩余现地管理房2座、调流调压阀室1座
6	郑州	97.69	45.29	27.18	21.10			0.77	3.35	穿越南四环工程总长976m，其中隧洞衬砌500m基本完成，目前剩余顶管工程476m；尖岗水库出库工程尾工受大气污染防治影响暂停施工
7	焦作	57.89	28.44		12.72	12.54		4.19		
8	新乡	75.57	49.23	25.29	1.05					
9	鹤壁	58.94	43.60	5.03	7.36	0.00	2.95	0.00		
10	濮阳	24.45	24.45							
	清丰	18.65	17.14		1.51					
11	安阳	119.54	115.09	0.06	4.39					38-3号管理站末端变更段总长464m，尚未实施
合计		1047.70	747.60	58.94	115.81	88.24	11.03	8.53	17.55	

管理处（所）建设进度情况统计表　2018年2月

序号	建管局	管理处（所）建设（座）				管理处（所）名称	备注
		总数	已建成	正在建设	前期阶段		
1	南阳	8	8	0	0	南阳管理处、南阳市区管理所、新野县管理所、镇平县管理所、社旗县管理所、唐河县管理所、方城县管理所、邓州管理所，全部建成	
2	平顶山	7	0	4	3	叶县管理所、鲁山管理所、宝丰管理所、郏县管理所正在建设；平顶山管理处、石龙区管理所、新城区管理所3处合建，已发中标通知，准备开工	
3	漯河	4	0	0	4	漯河市管理处（市区管理所）合建、舞阳管理所、临颍管理所，均处于前期阶段	
4	周口	3	1	2	0	商水县管理所已建成；周口市管理处、市区管理所与东区水厂现地管理房合建主体完工，正在内部装饰	
5	许昌	5	5	0	0	许昌市管理处、市区管理所、襄城县管理所、禹州市管理所、长葛市管理所，全部建成	
	鄢陵支线	1		1		鄢陵县管理所，正在建设	
6	郑州	7	0	3	4	新郑管理所，郑州市管理处（市区管理所）正在建设；港区管理所、中牟管理所、荥阳管理所与上街管理所施工合同已签订，计划3月中旬开工	
7	焦作	6	1	2	3	武陟管理所，已建成；温县管理所、修武管理所、博爱管理所，处于前期阶段；焦作管理处（市区管理所）合建正在建设	
8	新乡	5	1	0	4	辉县管理所已建成；新乡市管理处（市区管理所）合建、卫辉市管理所、获嘉县管理所处于前期阶段	
9	鹤壁	6	0	6	0	黄河北维护中心及鹤壁市管理处、市区管理所合建、黄河北物资仓储中心、淇县管理所、浚县管理所，正在建设	
10	濮阳	1	1			濮阳管理处，已建成	
	清丰	1	0	0	1	清丰县管理所，施工合同已签订	
11	安阳	5	2	1	2	滑县管理所、内黄县管理所已建成；汤阴县管理所正在建设；安阳管理处（所），处于前期阶段	
12	郑州建管处	2			2	黄河南维护中心、黄河南仓储中心，处于前期阶段	
合计		61	19	19	23		

【建设月报2018年第3期总第12期】

输水管道建设进展情况统计表 2018年3月

序号	建管局	线路长度（km）	按管材分（km）						利用既有河渠、暗涵（km）	管道铺设剩余尾工
			PCCP	PCP	钢管	球墨铸铁管	玻璃钢夹砂管	其他管材		
1	南阳	179.05	133.70	0.00	7.18	27.02	8.08	3.07		
2	平顶山	93.80	50.39	1.38	27.83	0.00	0.00	0.00	14.20	11-1号口门鲁山输水线路鲁平大道穿越工程（总长度约200m），尚未完成
3	漯河	119.60	93.68		22.65	2.77		0.50		穿沙工程方案尚未确定，长度约1m
4	周口	56.12	42.48		10.02	3.62				新增西区水厂支线向二水厂的供水管道总长3.62km，已完成管道铺设0.9km
5	许昌	146.40	104.11	0.00	0.00	42.29				鄢陵支线管道铺设任务已完成，目前剩余现地管理房2座、调流调压阀室1座
6	郑州	97.69	45.29	27.18	21.10			0.77	3.35	穿越南四环工程总长976m，其中隧洞衬砌500m基本完成，目前剩余顶管工程476m；尖岗水库出库工程尾工受大气污染防治影响暂停施工
7	焦作	57.89	28.44		12.72	12.54		4.19		加压泵站1座、输水管线3.6km、阀门井（室）19座、镇墩42座、现地管理房1座
8	新乡	75.57	49.23	25.29	1.05					新乡市32号口门凤泉支线至水厂之间长度约230m管道建设
9	鹤壁	58.94	43.60	5.03	7.36	0.00	2.95	0.00		
10	濮阳	24.45	24.45							
	清丰	18.65	17.14		1.51					
11	安阳	119.54	115.09	0.06	4.39					38-3号管理站末端变更段总长464m，尚未实施
合计		1047.70	747.60	58.94	115.81	88.24	11.03	8.53	17.55	

管理处（所）建设进度情况统计表　2018年3月

序号	建管局	管理处（所）建设（座）				管理处（所）名称	备注
		总数	已建成	正在建设	前期阶段		
1	南阳	8	8	0	0	南阳管理处、南阳市区管理所、新野县管埋所、镇平县管理所、社旗县管理所、唐河县管理所、方城县管理所、邓州管理所，全部建成	
2	平顶山	7	0	4	3	叶县管理所、鲁山管理所、宝丰管理所、郏县管理所正在建设；平顶山管理处、石龙区管理所、新城区管理所3处合建，已签订施工合同，并做好了开工准备工作	
3	漯河	4	0	0	4	漯河市管理处（市区管理所）合建、舞阳管理所、临颍管理所，均处于前期阶段	
4	周口	3	1	2	0	商水县管理所已建成；周口市管理处、市区管理所与东区水厂现地管理房合建主体完工，正在内部装饰	
5	许昌	5	5	0	0	许昌市管理处、市区管理所、襄城县管理所、禹州市管理所、长葛市管理所，全部建成	
	鄢陵支线	1		1		鄢陵县管理所，正在建设	
6	郑州	7	0	3	4	新郑管理所，郑州市管理处（市区管理所）正在建设；港区管理所、中牟管理所、荥阳管理所与上街管理所施工合同已签订，计划3月中旬开工	
7	焦作	6	1	2	3	武陟管理所，已建成；温县管理所、修武管理所、博爱管理所，处于前期阶段；焦作管理处（市区管理所）合建正在建设	
8	新乡	5	1	0	4	辉县管理所已建成；新乡市管理处（市区管理所）合建、卫辉市管理所、获嘉县管理所处于前期阶段	
9	鹤壁	6	0	6	0	黄河北维护中心及鹤壁市管理处、市区管理所合建、黄河北物资仓储中心、淇县管理所、浚县管理所，正在建设	
10	濮阳	1	1			濮阳管理处，已建成	
	清丰	1	0	0	1	清丰县管理所，施工合同已签订	
11	安阳	5	2	1	2	滑县管理所、内黄县管理所已建成；汤阴县管理所正在建设；安阳管理处（所），处于前期阶段	
12	郑州建管处	2			2	黄河南维护中心、黄河南仓储中心，处于前期阶段	
合计		61	19	19	23		

【建设月报2018年第4期总第13期】

输水管道建设进展情况统计表 2018年4月

序号	建管局	线路长度（km）	按管材分（km）						利用既有河渠、暗涵（km）	管道铺设剩余尾工
			PCCP	PCP	钢管	球墨铸铁管	玻璃钢夹砂管	其他管材		
1	南阳	179.05	133.70	0.00	7.18	27.02	8.08	3.07		
2	平顶山	93.80	50.39	1.38	27.83	0.00	0.00	0.00	14.20	11-1号口门鲁山输水线路鲁平大道穿越工程（总长度约200m），尚未完成
3	漯河	119.60	93.68		22.65	2.77		0.50		穿沙工程方案尚未确定，长度约1km
4	周口	56.12	42.48		10.02	3.62				新增西区水厂支线向二水厂的供水管道总长3.62km，已完成管道铺设1km
5	许昌	146.40	104.11	0.00	0.00	42.29				鄢陵支线管道铺设任务已完成，目前剩余现地管理房2座、调流调压阀室1座未完成
6	郑州	97.69	45.29	27.18	21.10			0.77	3.35	穿越南四环工程总长976m，其中隧洞衬砌500m基本完成，目前剩余顶管工程476m；尖岗水库出库工程尾工本月无进展
7	焦作	57.89	28.44		12.72	12.54		4.19		加压泵站1座、输水管线3.6km、阀门井（室）19座、镇墩42座、现地管理房1座未完成
8	新乡	75.57	49.23	25.29	1.05					新乡市32号口门凤泉支线至水厂之间长度约230m管道建设，已于3月底全部完成
9	鹤壁	58.94	43.60	5.03	7.36	0.00	2.95	0.00		
10	濮阳	24.45	24.45							
	清丰	18.65	17.14		1.51					
11	安阳	119.54	115.09	0.06	4.39					38-3号管理站末端变更段总长464m，尚未实施
合计		1047.70	747.60	58.94	115.81	88.24	11.03	8.53	17.55	

管理处（所）建设进度情况统计表　2018年4月

序号	建管局	管理处（所）建设（座）				管理处（所）名称	备注
		总数	已建成	正在建设	前期阶段		
1	南阳	8	8	0	0	南阳管理处、南阳市区管理所、新野县管理所、镇平县管理所、社旗县管理所、唐河县管理所、方城县管理所、邓州管理所，全部建成	
2	平顶山	7	0	4	3	叶县管理所、鲁山管理所、宝丰管理所、郏县管理所正在建设；平顶山管理处、石龙区管理所、新城区管理所3处合建，已签订施工合同	鲁山、宝丰管理所已入住
3	漯河	4	0	0	4	漯河市管理处（市区管理所）合建、舞阳管理所、临颍管理所，均处于前期阶段	
4	周口	3	1	2	0	商水县管理所已建成；周口市管理处、市区管理所与东区水厂现地管理房合建主体完工，正在内部装饰	
5	许昌	5	5	0	0	许昌市管理处、市区管理所、襄城县管理所、禹州市管理所、长葛市管理所，全部建成	
	鄢陵支线	1		1		鄢陵县管理所，正在建设	
6	郑州	7	0	6	1	郑州市管理处（市区管理所）、新郑管理所、港区管理所、中牟管理所、荥阳管理所正在建设；上街管理所施工合同已签订，正在协调土地征迁	
7	焦作	6	1	2	3	武陟管理所，已建成；温县管理所、修武管理所、博爱管理所，处于前期阶段；焦作管理处（市区管理所）合建正在建设	
8	新乡	5	1	0	4	辉县管理所已建成；新乡市管理处（市区管理所）合建、卫辉市管理所、获嘉县管理所处于前期阶段	
9	鹤壁	6	0	6	0	黄河北维护中心及鹤壁市管理处、市区管理所合建、黄河北物资仓储中心、淇县管理所、浚县管理所，正在建设	
10	濮阳	1	1			濮阳管理处，已建成	
	清丰	1	0	0	1	清丰县管理所，施工合同已签订	
11	安阳	5	2	1	2	滑县管理所、内黄县管理所已建成；汤阴县管理所正在建设；安阳管理处（所），处于前期阶段	
12	郑州建管处	2			2	黄河南维护中心、黄河南仓储中心，处于前期阶段	
合计		61	19	22	20		

【建设月报2018年第5期总第14期】

输水管道建设进展情况统计表 2018年5月

序号	建管局	线路长度（km）	按管材分（km）						利用既有河渠、暗涵（km）	管道铺设剩余尾工
			PCCP	PCP	钢管	球墨铸铁管	玻璃钢夹砂管	其他管材		
1	南阳	179.05	133.70	0.00	7.18	27.02	8.08	3.07		
2	平顶山	93.80	50.39	1.38	27.83	0.00	0.00	0.00	14.20	11-1号口门鲁山输水线路鲁平大道穿越工程（总长度约200m），尚未建设完成
3	漯河	119.60	93.68		22.65	2.77		0.50		穿沙工程方案尚未确定，长度约1km
4	周口	56.12	42.48		10.02	3.62				新增西区水厂支线向二水厂的供水管道总长3.62km，已完成管道铺设2.2km（含顶管0.3km）
5	许昌	146.40	104.11	0.00	0.00	42.29				鄢陵支线管道铺设任务已完成，目前剩余现地管理房2座、调流调压阀室1座未完成
6	郑州	97.69	45.29	27.18	21.10			0.77	3.35	穿越南四环工程总长976m，其中隧洞衬砌500m基本完成，目前剩余顶管工程476m；尖岗水库出库工程尾工本月完成全部顶管及竖井楼梯基础混凝土浇筑
7	焦作	57.89	28.44		12.72	12.54		4.19		加压泵站1座、输水管线3.6km、阀门井（室）19座、镇墩42座、现地管理房1座未完成
8	新乡	75.57	49.23	25.29	1.05					
9	鹤壁	58.94	43.60	5.03	7.36	0.00	2.95	0.00		
10	濮阳	24.45	24.45							
	清丰	18.65	17.14		1.51					
11	安阳	119.54	115.09	0.06	4.39					38-3号管理站末端变更段总长464m，正在实施，已完成施工围挡及基础开挖
合计		1047.70	747.60	58.94	115.81	88.24	11.03	8.53	17.55	

管理处（所）建设进度情况统计表　2018年5月

序号	建管局	管理处（所）建设（座）				管理处（所）名称	备注
		总数	已建成	正在建设	前期阶段		
1	南阳	8	8	0	0	南阳管理处、南阳市区管理所、新野县管理所、镇平县管理所、社旗县管理所、唐河县管理所、方城县管理所、邓州管理所，全部建成	
2	平顶山	7	3	1	3	叶县管理所、鲁山管理所、宝丰管理所已建成；郏县管理所正在建设；平顶山管理处、石龙区管理所、新城区管理所3处合建，已签订施工合同	鲁山、宝丰管理所已入住
3	漯河	4	0	0	4	漯河市管理处（市区管理所）合建、舞阳管理所、临颍管理所，均处于前期阶段	
4	周口	3	1	2	0	商水县管理所已建成；周口市管理处、市区管理所与东区水厂现地管理房合建主体完工，正在内部装饰	
5	许昌	5	5	0	0	许昌市管理处、市区管理所、襄城县管理所、禹州市管理所、长葛市管理所，全部建成	
	鄢陵支线	1	0	1	0	鄢陵县管理所，正在建设	
6	郑州	7	0	7	0	郑州市管理处（市区管理所）、新郑管理所、港区管理所、中牟管理所、荥阳管理所、上街管理所正在建设	
7	焦作	6	1	2	3	武陟管理所，已建成；温县管理所、修武管理所、博爱管理所，处于前期阶段；焦作管理处（市区管理所）合建正在建设	
8	新乡	5	1	0	4	辉县管理所已建成；新乡市管理处（市区管理所）合建、卫辉市管理所、获嘉县管理所处于前期阶段	
9	鹤壁	6	0	6	0	黄河北维护中心及鹤壁市管理处、市区管理所合建、黄河北物资仓储中心、淇县管理所、浚县管理所，正在建设	
10	濮阳	1	1			濮阳管理处，已建成	
	清丰	1	0	0	1	清丰县管理所，施工合同已签订	
11	安阳	5	2	1	2	滑县管理所、内黄县管理所已建成；汤阴县管理所正在建设；安阳管理处（所），处于前期阶段	
12	郑州建管处	2	0	0	2	黄河南维护中心、黄河南仓储中心，处于前期阶段	
合计		61	22	20	19		

【建设月报2018年第6期总第15期】

输水管道建设进展情况统计表 2018年6月

序号	建管局	线路长度（km）	按管材分（km）						利用既有河渠、暗涵（km）	管道铺设剩余尾工
			PCCP	PCP	钢管	球墨铸铁管	玻璃钢夹砂管	其他管材		
1	南阳	179.05	133.70	0.00	7.18	27.02	8.08	3.07		
2	平顶山	93.80	50.39	1.38	27.83	0.00	0.00	0.00	14.20	11-1号口门鲁山输水线路鲁平大道穿越工程（总长度约599m），尚有491m管道及调流调压阀室1座未建设
3	漯河	119.60	93.68		22.65	2.77		0.50		穿沙工程已完成第一根630PE管静水压试验，正在进行第二根管道铺设
4	周口	56.12	42.48		10.02	3.62				新增西区水厂支线向二水厂的供水管道总长3.62km，已完成阀井7座、管道铺设2.8km（含顶管0.3km），剩余阀井5座，管道铺设0.8km（含顶管0.6km）
5	许昌	146.40	104.11	0.00	0.00	42.29				鄢陵支线管道铺设任务已完成，剩余现地管理房2座、调流调压阀室1座未完成
6	郑州	97.69	45.29	27.18	21.10			0.77	3.35	穿越南四环工程总长1593m，其中隧洞衬砌已完成666m，目前剩余隧洞衬砌450m、顶管工程477m；尖岗水库出库工程目前剩余：拦污栅侧墙及排架；U型槽附近约300m³浆砌石砌筑；钢管外侧混凝土包封两处长度合计约16m
7	焦作	57.89	28.44		12.72	12.54		4.19		加压泵站1座、输水管线3.6km、阀门井（室）19座、镇墩42座、现地管理房1座，均未完成
8	新乡	75.57	49.23	25.29	1.05					
9	鹤壁	58.94	43.60	5.03	7.36	0.00	2.95	0.00		
10	濮阳	24.45	24.45							
	清丰	18.65	17.14		1.51					

续表

序号	建管局	线路长度（km）	按管材分（km）						利用既有河渠、暗涵（km）	管道铺设剩余尾工
			PCCP	PCP	钢管	球墨铸铁管	玻璃钢夹砂管	其他管材		
11	安阳	119.54	115.09	0.06	4.39					38号线末端变更段后输水管线长度为430.953m。管道已安装30m，剩余400.953m，剩余调流调压阀室及管理房各1座，阀井4座，镇墩4座
合计		1047.70	747.60	58.94	115.81	88.24	11.03	8.53	17.55	

管理处（所）建设进度情况统计表　2018年6月

序号	建管局	管理处（所）建设（座）				管理处（所）名称	备注
		总数	已建成	正在建设	前期阶段		
1	南阳	8	8	0	0	南阳管理处、南阳市区管理所、新野县管理所、镇平县管理所、社旗县管理所、唐河县管理所、方城县管理所、邓州管理所，全部建成	
2	平顶山	7	4	0	3	叶县管理所、鲁山管理所、宝丰管理所、郏县管理所已建成；平顶山管理处、石龙区管理所、新城区管理所3处合建，已签订施工合同	
3	漯河	4	0	2	2	漯河市管理处（市区管理所）合建项目5月开工建设；舞阳管理所及临颍管理所均处于前期阶段	
4	周口	3	1	2	0	商水县管理所已建成；周口市管理处、市区管理所与东区水厂现地管理房合建主体完工，正在内部装饰	
5	许昌	5	5	0	0	许昌市管理处、市区管理所、襄城县管理所、禹州市管理所、长葛市管理所，全部建成	
	鄢陵支线	1	0	1	0	鄢陵县管理所，正在建设	
6	郑州	7	0	7	0	郑州市管理处（市区管理所）、新郑管理所、港区管理所、中牟管理所、荥阳管理所、上街管理所正在建设	
7	焦作	6	1	2	3	武陟管理所，已建成；温县管理所、修武管理所、博爱管理所，处于前期阶段；焦作管理处（市区管理所）合建正在建设	
8	新乡	5	1	0	4	辉县管理所已建成；新乡市管理处（市区管理所）合建、卫辉市管理所、获嘉县管理所处于前期阶段	
9	鹤壁	6	0	6	0	黄河北维护中心及鹤壁市管理处、市区管理所合建、黄河北物资仓储中心、淇县管理所、浚县管理所，正在建设	
10	濮阳	1	1			濮阳管理处，已建成	
	清丰	1	0	1	0	清丰县管理所正在建设	
11	安阳	5	3	0	2	滑县管理所、内黄县管理所、汤阴县管理所已建成；安阳管理处（所），处于前期阶段	
12	郑州建管处	2	0	0	2	黄河南维护中心、黄河南仓储中心，处于前期阶段	
合计		61	24	21	16		

【建设月报2018年第7期总第16期】

输水管道建设进展情况统计表 2018年7月

序号	建管局	线路长度（km）	按管材分（km）						利用既有河渠、暗涵（km）	管道铺设剩余尾工
			PCCP	PCP	钢管	球墨铸铁管	玻璃钢夹砂管	其他管材		
1	南阳	179.05	133.70	0.00	7.18	27.02	8.08	3.07		
2	平顶山	93.80	50.39	1.38	27.83	0.00	0.00	0.00	14.20	11-1号口门鲁山输水线路鲁平大道穿越工程（总长度约599m），尚有461m管道及调流调压阀室1座未建设
3	漯河	119.60	93.68		22.65	2.77		0.50		穿沙工程已完成第一根630PE管静水压试验，正在进行第二根管道扩孔
4	周口	56.12	42.48		10.02	3.62				新增西区水厂支线向二水厂的供水管道总长3.62km，阀井14座、镇墩7座。已完成管道铺设3.1km（含顶管0.5km）、阀井10座、镇墩5座，剩余管道铺设0.44km（含顶管0.37km）、阀井4座、镇墩2座
5	许昌	146.40	104.11	0.00	0.00	42.29				鄢陵支线管道铺设任务已完成，剩余现地管理房2座、调流调压阀室1座未完成
6	郑州	97.69	45.29	27.18	21.10			0.77	3.35	穿越南四环工程总长1593m，其中隧洞衬砌已完成666m，目前剩余隧洞衬砌450m、顶管工程477m；尖岗水库出库工程目前剩余：引水口拦污栅上部排架柱钢筋绑扎及浇筑，拦污栅及闸门槽安装，引水口护坡浆砌石等工程
7	焦作	57.89	28.44		12.72	12.54		4.19		加压泵站1座、输水管线3.606km、阀门井（室）19座、镇墩43座、现地管理房1座。项目正在招投标中
8	新乡	75.57	49.23	25.29	1.05					
9	鹤壁	58.94	43.60	5.03	7.36	0.00	2.95	0.00		
10	濮阳	24.45	24.45							
	清丰	18.65	17.14		1.51					
11	安阳	119.54	115.09	0.06	4.39					38号线末端变更段后输水管线长度为430m，调流调压阀室及管理房各1座，阀井4座，镇墩4座。目前剩余调流调压阀室及管理房未完成
合计		1047.70	747.60	58.94	115.81	88.24	11.03	8.53	17.55	

管理处（所）建设进度情况统计表　2018年7月

序号	建管局	管理处（所）建设（座）				管理处（所）名称	备注
		总数	已建成	正在建设	前期阶段		
1	南阳	8	8	0	0	南阳管理处、南阳市区管理所、新野县管理所、镇平县管理所、社旗县管理所、唐河县管理所、方城县管理所、邓州管理所，全部建成	
2	平顶山	7	4	0	3	叶县管理所、鲁山管理所、宝丰管理所、郏县管理所已建成；平顶山管理处、石龙区管理所、新城区管理所3处合建，已签订施工合同	
3	漯河	4	0	2	2	漯河市管理处（市区管理所）合建项目5月开工建设；舞阳管理所及临颍管理所均处于前期阶段	
4	周口	3	1	2	0	商水县管理所已建成；周口市管理处、市区管理所与东区水厂现地管理房合建主体完工，正在内部装饰	
5	许昌	5	5	0	0	许昌市管理处、市区管理所、襄城县管理所、禹州市管理所、长葛市管理所，全部建成	
	鄢陵支线	1	0	1	0	鄢陵县管理所，正在建设	
6	郑州	7	0	7	0	郑州市管理处（市区管理所）、新郑管理所、港区管理所、中牟管理所、荥阳管理所、上街管理所正在建设	
7	焦作	6	1	2	3	武陟管理所，已建成；温县管理所、修武管理所、博爱管理所，处于前期阶段；焦作管理处（市区管理所）合建正在建设	
8	新乡	5	1	0	4	辉县管理所已建成；新乡市管理处（市区管理所）合建、卫辉市管理所、获嘉县管理所处于前期阶段	
9	鹤壁	6	0	6	0	黄河北维护中心及鹤壁市管理处、市区管理所合建、黄河北物资仓储中心、淇县管理所、浚县管理所，正在建设	
10	濮阳	1	1			濮阳管理处，已建成	
	清丰	1	0	1	0	清丰县管理所正在建设	
11	安阳	5	3	0	2	滑县管理所、内黄县管理所、汤阴县管理所已建成；安阳管理处（所），处于前期阶段	
12	郑州建管处	2	0	0	2	黄河南维护中心、黄河南仓储中心，处于前期阶段	
合计		61	24	21	16		

【建设月报2018年第8期总第17期】

输水管道建设进展情况统计表　2018年8月

序号	建管局	线路长度（km）	按管材分（km）						利用既有河渠、暗涵（km）	管道铺设剩余尾工
			PCCP	PCP	钢管	球墨铸铁管	玻璃钢夹砂管	其他管材		
1	南阳	179.05	133.70	0.00	7.18	27.02	8.08	3.07		
2	平顶山	93.80	50.39	1.38	27.83				14.20	11-1号口门鲁山输水线路鲁平大道穿越工程（总长度约479.98m）。剩余管道安装279.98m，调流调压阀室1座已开工，正在建设
3	漯河	119.60	93.68		22.65	2.77		0.50		两根管道全部完成穿越及静水压试验。待连接方案批复后完成剩余管道连接任务
4	周口	56.12	42.48		10.02	3.62				新增西区水厂支线向二水厂的供水管道总长3620m，阀井14座、镇墩10座。剩余管道铺设410m（含顶管366m）、阀井4座、镇墩2座
5	许昌	146.40	104.11			42.29				鄢陵支线管道铺设任务已完成，剩余现地管理房2座、调流调压阀室1座未完成
6	郑州	97.69	45.29	27.18	21.10			0.77	3.35	穿越南四环工程总长1593m，其中隧洞衬砌已完成714m，剩余隧洞衬砌402m、顶管工程477m；尖岗水库出库工程，剩余引水口护坡浆砌石等380m^3
7	焦作	57.89	28.44		12.72	12.54		4.19		加压泵站1座、输水管线3.606km、阀门井（室）19座、镇墩43座、现地管理房1座。项目招标工作已完成，正在组织签订合同和进场
8	新乡	75.57	49.23	25.29	1.05					
9	鹤壁	58.94	43.60	5.03	7.36	0.00	2.95	0.00		
10	濮阳	24.45	24.45							
	清丰	18.65	17.14		1.51					
11	安阳	119.54	115.09	0.06	4.39					38号线末端变更段后输水管线长度为430m，调流调压阀室及管理房各1座，阀井4座，镇墩4座。目前剩余调流调压阀室基础以上工程及管理房未完成
合计		1047.70	747.60	58.94	115.81	88.24	11.03	8.53	17.55	

管理处（所）建设进度情况统计表　2018年8月

序号	建管局	管理处（所）建设（座）				管理处（所）名称	备注
		总数	已建成	正在建设	前期阶段		
1	南阳	8	8	0	0	南阳管理处、南阳市区管理所、新野县管理所、镇平县管理所、社旗县管理所、唐河县管理所、方城县管理所、邓州管理所，全部建成	
2	平顶山	7	4	0	3	叶县管理所、鲁山管理所、宝丰管理所、郏县管理所已建成；平顶山管理处、石龙区管理所、新城区管理所3处合建，已签订施工合同。本月无进展。	
3	漯河	4	0	2	2	漯河市管理处（市区管理所）合建项目5月开工建设；舞阳管理所及临颍管理所均处于前期阶段	
4	周口	3	1	2	0	商水县管理所已建成；周口市管理处、市区管理所与东区水厂现地管理房合建主体完工，正在内部装饰	
5	许昌	5	5	0	0	许昌市管理处、市区管理所、襄城县管理所、禹州市管理所、长葛市管理所，全部建成	
	鄢陵支线	1	0	1	0	鄢陵县管理所，正在建设	
6	郑州	7	0	7	0	郑州市管理处（市区管理所）、新郑管理所、港区管理所、中牟管理所、荥阳管理所、上街管理所正在建设	
7	焦作	6	1	2	3	武陟管理所，已建成；温县管理所、修武管理所、博爱管理所，处于前期阶段；焦作管理处（市区管理所）合建正在建设	
8	新乡	5	1	0	4	辉县管理所已建成；新乡市管理处（市区管理所）合建、卫辉市管理所、获嘉县管理所处于前期阶段	
9	鹤壁	6	0	6	0	黄河北维护中心及鹤壁市管理处、市区管理所合建、黄河北物资仓储中心、淇县管理所、浚县管理所，正在建设	
10	濮阳	1	1			濮阳管理处，已建成	
	清丰	1	0	1	0	清丰县管理所正在建设	
11	安阳	5	3	0	2	滑县管理所、内黄县管理所、汤阴县管理所已建成；安阳管理处（所），处于前期阶段	
12	郑州建管处	2	0	0	2	黄河南维护中心及黄河南仓储中心，招标工作已结束，正在办理有关项目建设手续	
合计		61	24	21	16		

【建设月报2018年第9期总第18期】

输水管道建设进展情况统计表 2018年9月

序号	建管局	线路长度（km）	按管材分（km）						利用既有河渠、暗涵（km）	管道铺设剩余尾工
			PCCP	PCP	钢管	球墨铸铁管	玻璃钢夹砂管	其他管材		
1	南阳	179.05	133.70	0.00	7.18	27.02	8.08	3.07		
2	平顶山	93.80	50.39	1.38	27.83				14.20	11-1号口门鲁山输水线路鲁平大道穿越工程（总长度约492m）。剩余管道安装232m，调流调压阀室1座已开工，正在建设
3	漯河	119.60	93.68		22.65	2.77		0.50		穿沙管道工程完工。待连接方案批复后完成剩余管道连接任务
4	周口	56.12	42.48		10.02	3.62				新增西区水厂支线向二水厂的供水管道总长3620m，阀井14座、镇墩14座。剩余管道铺设109m、阀井3座、镇墩2座、商水支线进口管理房未完工
5	许昌	146.40	104.11			42.29				鄢陵支线管道铺设任务已完成，剩余1标现地管理房1座、2标调流调压阀室1座未完成
6	郑州	97.69	45.29	27.18	21.10			0.77	3.35	穿越南四环工程总长1593m，其中隧洞衬砌已完成912m，剩余隧洞衬砌204m、顶管工程477m；尖岗水库出库工程，剩余引水口护坡浆砌石等380m³
7	焦作	57.89	28.44		12.72	12.54		4.19		加压泵站1座、输水管线3.606km、阀门井（室）19座、镇墩43座、现地管理房1座。正在组织施工单位进场
8	新乡	75.57	49.23	25.29	1.05					
9	鹤壁	58.94	43.60	5.03	7.36	0.00	2.95	0.00		剩余36-1管理房、第三水厂泵站进场道路未实施
10	濮阳	24.45	24.45							
	清丰	18.65	17.14		1.51					剩余进口现地管理房1座
11	安阳	119.54	115.09	0.06	4.39					输水管道埋设已完工剩余调流调压阀室上部结构及管理房未完成
合计		1047.70	747.60	58.94	115.81	88.24	11.03	8.53	17.55	

管理处（所）建设进度情况统计表　2018年9月

<table>
<tr><th rowspan="2">序号</th><th rowspan="2">建管局</th><th colspan="4">管理处（所）建设（座）</th><th rowspan="2">管理处（所）名称</th><th rowspan="2">备注</th></tr>
<tr><th>总数</th><th>已建成</th><th>正在建设</th><th>前期阶段</th></tr>
<tr><td>1</td><td>南阳</td><td>8</td><td>8</td><td>0</td><td>0</td><td>南阳管理处、南阳市区管理所、新野县管理所、镇平县管理所、社旗县管理所、唐河县管理所、方城县管理所、邓州管理所，全部建成</td><td></td></tr>
<tr><td>2</td><td>平顶山</td><td>7</td><td>4</td><td>0</td><td>3</td><td>叶县管理所、鲁山管理所、宝丰管理所、郏县管理所已建成；平顶山管理处、石龙区管理所、新城区管理所3处合建，已签订施工合同。本月无进展</td><td></td></tr>
<tr><td>3</td><td>漯河</td><td>4</td><td>0</td><td>2</td><td>2</td><td>漯河市管理处（市区管理所）合建项目5月开工建设；舞阳管理所及临颍管理所均处于前期阶段</td><td></td></tr>
<tr><td>4</td><td>周口</td><td>3</td><td>1</td><td>2</td><td>0</td><td>商水县管理所已建成；周口市管理处、市区管理所与东区水厂现地管理房合建主体完工，正在内部装饰</td><td></td></tr>
<tr><td rowspan="2">5</td><td>许昌</td><td>5</td><td>5</td><td>0</td><td>0</td><td>许昌市管理处、市区管理所、襄城县管理所、禹州市管理所、长葛市管理所，全部建成</td><td></td></tr>
<tr><td>鄢陵支线</td><td>1</td><td>0</td><td>1</td><td>0</td><td>鄢陵县管理所，正在建设</td><td></td></tr>
<tr><td>6</td><td>郑州</td><td>7</td><td>0</td><td>7</td><td>0</td><td>郑州市管理处（市区管理所）、新郑管理所、港区管理所、中牟管理所、荥阳管理所、上街管理所正在建设</td><td></td></tr>
<tr><td>7</td><td>焦作</td><td>6</td><td>1</td><td>4</td><td>1</td><td>武陟管理所，已建成；博爱管理所处于前期阶段；焦作管理处（市区管理所）合建项目、温县管理所、修武管理所正在建设</td><td></td></tr>
<tr><td>8</td><td>新乡</td><td>5</td><td>1</td><td>0</td><td>4</td><td>辉县管理所已建成；新乡市管理处（市区管理所）合建、卫辉市管理所、获嘉县管理所处于前期阶段</td><td></td></tr>
<tr><td>9</td><td>鹤壁</td><td>6</td><td>0</td><td>6</td><td>0</td><td>黄河北维护中心及鹤壁市管理处、市区管理所合建、黄河北物资仓储中心、淇县管理所、浚县管理所，正在建设</td><td></td></tr>
<tr><td rowspan="2">10</td><td>濮阳</td><td>1</td><td>1</td><td></td><td></td><td>濮阳管理处，已建成</td><td></td></tr>
<tr><td>清丰</td><td>1</td><td>0</td><td>1</td><td>0</td><td>清丰县管理所正在建设</td><td></td></tr>
<tr><td>11</td><td>安阳</td><td>5</td><td>3</td><td>0</td><td>2</td><td>滑县管理所、内黄县管理所、汤阴县管理所已建成；安阳管理处（所），处于前期阶段</td><td></td></tr>
<tr><td>12</td><td>郑州建管处</td><td>2</td><td>0</td><td>0</td><td>2</td><td>黄河南维护中心及黄河南仓储中心，招标工作已结束，正在办理有关项目建设手续</td><td></td></tr>
<tr><td colspan="2">合计</td><td>61</td><td>24</td><td>23</td><td>14</td><td></td><td></td></tr>
</table>

【建设月报2018年第10期总第19期】

输水管道建设进展情况统计表　2018年10月

序号	建管局	线路长度（km）	按管材分（km）						利用既有河渠、暗涵（km）	管道铺设剩余尾工
			PCCP	PCP	钢管	球墨铸铁管	玻璃钢夹砂管	其他管材		
1	南阳	179.05	133.70	0.00	7.18	27.02	8.08	3.07		
2	平顶山	93.80	50.39	1.38	27.83				14.20	11-1号口门鲁山输水线路管道铺设基本完成，剩余与原管道对接任务、调流调压阀室二层结构正在建设；现地管理房1座未开工
3	漯河	119.60	93.68		22.65	2.77		0.50		穿沙管道定向钻施工已完成，两端连接方案正在实施
4	周口	56.12	42.48		10.02	3.62				新增西区水厂支线向二水厂的供水管道已完工，剩余末端现地管理房1座。商水支线进口管理房未完工
5	许昌	146.40	104.11			42.29				鄢陵支线已试通水。剩余现地管理房1座、调流调压阀室1座未完成
6	郑州	97.69	45.29	27.18	21.10			0.77	3.35	穿越南四环工程，剩余隧洞衬砌84m、顶管477m、明挖断管道铺设60m。尖岗水库出库工程，剩余引水口护坡浆砌石380m^3
7	焦作	57.89	28.44		12.72	12.54		4.19		剩余工程内容：加压泵站1座、输水管线3.606km、阀门井（室）19座、镇墩43座、现地管理房1座。施工单位已进场
8	新乡	75.57	49.23	25.29	1.05					
9	鹤壁	58.94	43.60	5.03	7.36	0.00	2.95	0.00		剩余36-1管理房及三水厂泵站进场路
10	濮阳	24.45	24.45							
	清丰	18.65	17.14		1.51					剩余进口现地管理房1座
11	安阳	119.54	115.09	0.06	4.39					38号线末端变更段已具备通水条件。剩余调流调压阀室二次结构及管理房未完成
合计		1047.70	747.60	58.94	115.81	88.24	11.03	8.53	17.55	

管理处（所）建设进度情况统计表 2018年10月

序号	建管局	管理处（所）建设（座）				管理处（所）名称	备注
		总数	已建成	正在建设	前期阶段		
1	南阳	8	8	0	0	南阳管理处、南阳市区管理所、新野县管理所、镇平县管理所、社旗县管理所、唐河县管理所、方城县管理所、邓州管理所，全部建成	
2	平顶山	7	4	0	3	叶县管理所、鲁山管理所、宝丰管理所、郏县管理所已建成；平顶山管理处、石龙区管理所、新城区管理所3处合建，已签订施工合同。本月无进展	
3	漯河	4	0	2	2	漯河市管理处（市区管理所）合建项目5月开工建设；舞阳管理所及临颍管理所均处于前期阶段	
4	周口	3	1	2	0	商水县管理所已建成；周口市管理处、市区管理所与东区水厂现地管理房合建主体完工，正在内部装饰	
5	许昌	5	5	0	0	许昌市管理处、市区管理所、襄城县管理所、禹州市管理所、长葛市管理所，全部建成	
	鄢陵支线	1	1	0	0	鄢陵县管理所，已建成	
6	郑州	7	0	7	0	郑州市管理处（市区管理所）、新郑管理所、港区管理所、中牟管理所、荥阳管理所、上街管理所正在建设	
7	焦作	6	1	4	1	武陟管理所，已建成；博爱管理所处于前期阶段；焦作管理处（市区管理所）合建项目、温县管理所、修武管理所正在建设	
8	新乡	5	1	0	4	辉县管理所已建成；新乡市管理处（市区管理所）合建、卫辉市管理所、获嘉县管理所处于前期阶段	
9	鹤壁	6	0	6	0	黄河北维护中心及鹤壁市管理处、市区管理所合建、黄河北物资仓储中心、淇县管理所、浚县管理所，正在建设	
10	濮阳	1	1			濮阳管理处，已建成	
	清丰	1	0	1	0	清丰县管理所正在建设	
11	安阳	5	3	0	2	滑县管理所、内黄县管理所、汤阴县管理所已建成；安阳管理处（所），处于前期阶段	
12	郑州建管处	2	0	2	0	黄河南维护中心及黄河南仓储中心正在建设	
合计		61	25	24	12		

【建设月报2018年第11期总第20期】

输水管道建设进展情况统计表 2018年11月

序号	建管局	线路长度（km）	按管材分（km）						利用既有河渠、暗涵（km）	管道铺设剩余尾工
			PCCP	PCP	钢管	球墨铸铁管	玻璃钢夹砂管	其他管材		
1	南阳	179.05	133.70	0.00	7.18	27.02	8.08	3.07		
2	平顶山	93.80	50.39	1.38	27.83				14.20	11-1号口门鲁山输水线路管道铺设完成，剩余调流调压阀室上部结构及现地管理房正在建设
3	漯河	119.60	93.68		22.65	2.77		0.50		穿沙管道定向钻施工已完成，北岸连接完成，南岸连接方案正在实施
4	周口	56.12	42.48		10.02	3.62				新增西区水厂支线向二水厂的供水管道已通水，末端现地管理房主体工程完成。商水支线进口管理房未完工
5	许昌	146.40	104.11			42.29				鄢陵支线已试通水。剩余现地管理房1座未开工，调流调压阀室1座未完成
6	郑州	97.69	45.29	27.18	21.10			0.77	3.35	穿越南四环工程，剩余隧洞衬砌72m、顶管477m、明挖管道铺设60m；尖岗水库出库工程，剩余引水口护坡浆砌石380m³
7	焦作	57.89	28.44		12.72	12.54		4.19		剩余工程内容：加压泵站1座、输水管线3.606km、阀门井（室）19座、镇墩43座、现地管理房1座。泵站工程开始清标
8	新乡	75.57	49.23	25.29	1.05					
9	鹤壁	58.94	43.60	5.03	7.36	0.00	2.95	0.00		剩余36-1管理房及三水厂泵站进场路
10	濮阳	24.45	24.45							
	清丰	18.65	17.14		1.51					剩余进口现地管理房1座
11	安阳	119.54	115.09	0.06	4.39					38号线末端变更段已具备通水条件。剩余调流调压阀室及末端管理房未完成
合计		1047.70	747.60	58.94	115.81	88.24	11.03	8.53	17.55	

管理处（所）建设进度情况统计表　2018年11月

序号	建管局	管理处（所）建设（座）				管理处（所）名称	备注
		总数	已建成	正在建设	前期阶段		
1	南阳	8	8	0	0	南阳管理处、南阳市区管理所、新野县管理所、镇平县管理所、社旗县管理所、唐河县管理所、方城县管理所、邓州管理所，全部建成	
2	平顶山	7	4	0	3	叶县管理所、鲁山管理所、宝丰管理所、郏县管理所已建成；平顶山管理处、石龙区管理所、新城区管理所3处合建，已签订施工合同。本月无进展	
3	漯河	4	0	2	2	漯河市管理处（市区管理所）合建项目5月开工建设；舞阳管理所及临颍管理所均处于前期阶段	
4	周口	3	1	2	0	商水县管理所已建成；周口市管理处、市区管理所与东区水厂现地管理房合建主体完工，正在内部装饰	
5	许昌	5	5	0	0	许昌市管理处、市区管理所、襄城县管理所、禹州市管理所、长葛市管理所，全部建成	
	鄢陵支线	1	1	0	0	鄢陵县管理所，已建成	
6	郑州	7	0	7	0	郑州市管理处（市区管理所）、新郑管理所、港区管理所、中牟管理所、荥阳管理所、上街管理所正在建设	
7	焦作	6	1	4	1	武陟管理所，已建成；博爱管理所处于前期阶段；焦作管理处（市区管理所）合建项目、温县管理所、修武管理所正在建设	
8	新乡	5	1	0	4	辉县管理所已建成；新乡市管理处（市区管理所）合建、卫辉市管理所、获嘉县管理所处于前期阶段	
9	鹤壁	6	0	6	0	黄河北维护中心及鹤壁市管理处、市区管理所合建、黄河北物资仓储中心、淇县管理所、浚县管理所，正在建设	
10	濮阳	1	1			濮阳管理处，已建成	
	清丰	1	0	1	0	清丰县管理所正在建设	
11	安阳	5	3	0	2	滑县管理所、内黄县管理所、汤阴县管理所已建成；安阳管理处（所），处于前期阶段	
12	郑州建管处	2	0	0	2	黄河南维护中心及黄河南仓储中心正在建设	
合计		61	25	24	12		

【建设月报2018年第12期总第21期】

输水管道建设进展情况统计表　2018年12月

序号	建管局	线路长度（km）	按管材分（km）						利用既有河渠、暗涵（km）	管道铺设剩余尾工
			PCCP	PCP	钢管	球墨铸铁管	玻璃钢夹砂管	其他管材		
1	南阳	179.05	133.70	0.00	7.18	27.02	8.08	3.07		
2	平顶山	93.80	50.39	1.38	27.83				14.20	11-1号口门鲁山输水线路静水压试验已完成，剩余调流调压阀室上部结构、现地管理房及排空阀正在建设
3	漯河	119.60	93.68		22.65	2.77		0.50		穿沙工程已通水。剩余沉井盖板、路面恢复和绿化
4	周口	56.12	42.48		10.02	3.62				新增西区水厂支线向二水厂的供水管道已通水，末端现地管理房已建成，剩余道路路面恢复和电气设备安装。商水支线进口管理房未完工
5	许昌	146.40	104.11			42.29				鄢陵支线已试通水。剩余进口现地管理房1座及末端调流调压阀室1座未完成
6	郑州	97.69	45.29	27.18	21.10			0.77	3.35	穿越南四环工程，剩余隧洞衬砌72m、顶管477m、明挖管道铺设60m；尖岗水库出库工程，剩余引水口护坡浆砌石$380m^3$
7	焦作	57.89	28.44		12.72	12.54		4.19		剩余工程内容：加压泵站1座、输水管线3.606km、阀门井（室）19座、镇墩43座、现地管理房1座。泵站基坑开挖正在施工
8	新乡	75.57	49.23	25.29	1.05					
9	鹤壁	58.94	43.60	5.03	7.36	0.00	2.95	0.00		剩余36-1管理房及三水厂泵站进场路
10	濮阳	24.45	24.45							
	清丰	18.65	17.14		1.51					剩余进口现地管理房1座
11	安阳	119.54	115.09	0.06	4.39					38号线末端变更段已具备通水条件。末端管理房和调流调压室已建成。剩余调流调压室电气设备未进场安装
合计		1047.70	747.60	58.94	115.81	88.24	11.03	8.53	17.55	

管理处（所）建设进度情况统计表　2018年12月

<table>
<tr><th rowspan="2">序号</th><th rowspan="2">建管局</th><th colspan="4">管理处（所）建设（座）</th><th rowspan="2">管理处（所）名称</th><th rowspan="2">备注</th></tr>
<tr><th>总数</th><th>已建成</th><th>正在建设</th><th>前期阶段</th></tr>
<tr><td>1</td><td>南阳</td><td>8</td><td>8</td><td>0</td><td>0</td><td>南阳管理处、南阳市区管理所、新野县管理所、镇平县管理所、社旗县管理所、唐河县管理所、方城县管理所、邓州管理所，全部建成</td><td></td></tr>
<tr><td>2</td><td>平顶山</td><td>7</td><td>4</td><td>0</td><td>3</td><td>叶县管理所、鲁山管理所、宝丰管理所、郏县管理所已建成；平顶山管理处、石龙区管理所、新城区管理所3处合建，已签订施工合同。本月无进展</td><td></td></tr>
<tr><td>3</td><td>漯河</td><td>4</td><td>0</td><td>2</td><td>2</td><td>漯河市管理处（市区管理所）合建项目5月开工建设；舞阳管理所及临颍管理所均处于前期阶段</td><td></td></tr>
<tr><td>4</td><td>周口</td><td>3</td><td>1</td><td>2</td><td>0</td><td>商水县管理所已建成；周口市管理处、市区管理所与东区水厂现地管理房合建主体完工，正在内部装饰</td><td></td></tr>
<tr><td rowspan="2">5</td><td>许昌</td><td>5</td><td>5</td><td>0</td><td>0</td><td>许昌市管理处、市区管理所、襄城县管理所、禹州市管理所、长葛市管理所，全部建成</td><td></td></tr>
<tr><td>鄢陵支线</td><td>1</td><td>1</td><td>0</td><td>0</td><td>鄢陵县管理所，已建成</td><td></td></tr>
<tr><td>6</td><td>郑州</td><td>7</td><td>0</td><td>7</td><td>0</td><td>郑州市管理处（市区管理所）、新郑管理所、港区管理所、中牟管理所、荥阳管理所、上街管理所正在建设</td><td></td></tr>
<tr><td>7</td><td>焦作</td><td>6</td><td>1</td><td>4</td><td>1</td><td>武陟管理所，已建成；博爱管理所处于前期阶段；焦作管理处（市区管理所）合建项目、温县管理所、修武管理所正在建设</td><td></td></tr>
<tr><td>8</td><td>新乡</td><td>5</td><td>1</td><td>0</td><td>4</td><td>辉县管理所已建成；新乡市管理处（市区管理所）合建、卫辉市管理所、获嘉县管理所处于前期阶段</td><td></td></tr>
<tr><td>9</td><td>鹤壁</td><td>6</td><td>0</td><td>6</td><td>0</td><td>黄河北维护中心及鹤壁市管理处、市区管理所合建、黄河北物资仓储中心、淇县管理所、浚县管理所，正在建设</td><td></td></tr>
<tr><td rowspan="2">10</td><td>濮阳</td><td>1</td><td>1</td><td></td><td></td><td>濮阳管理处，已建成</td><td></td></tr>
<tr><td>清丰</td><td>1</td><td>0</td><td>1</td><td>0</td><td>清丰县管理所正在建设</td><td></td></tr>
<tr><td>11</td><td>安阳</td><td>5</td><td>3</td><td>2</td><td>0</td><td>滑县管理所、内黄县管理所、汤阴县管理所已建成；安阳管理处（所），正在建设</td><td></td></tr>
<tr><td>12</td><td>郑州建管处</td><td>2</td><td>0</td><td>2</td><td>0</td><td>黄河南维护中心及黄河南仓储中心正在建设</td><td></td></tr>
<tr><td colspan="2">合计</td><td>61</td><td>25</td><td>26</td><td>10</td><td></td><td></td></tr>
</table>

（齐　浩）

拾叁 大事记

1 月

1月1日，“长渠缀珍——南水北调中线工程河南段文物保护成果展”在郑州博物馆开幕。展览由河南省文物局、郑州市文物局联合主办，共展出遗址70个，展出出土精品文物3800余件。

1月5日，省南水北调办召开干部大会宣布省委决定：刘正才同志任省水利厅党组书记，不再担任省南水北调办主任职务；王国栋同志任省水利厅党组副书记、省南水北调办主任。

1月9日，安阳市南水北调办在安阳工学院举办南水北调配套工程运行管理培训班。新招聘南水北调配套工程运行管理人员，以及汤阴县、内黄县运行管理人员共60余人参加培训。

1月12日，漯河市南水北调办召开全市南水北调配套工程征迁资金梳理暨档案整理培训班，邀请相关专家讲解。漯河市南水北调征迁验收涉及的5个县区、18个乡镇和西平县征迁、财务、档案人员共40余人参加培训。

1月12日，鹤壁市南水北调办与鹤壁市淇滨区桂鹤社区以“资源共享，共驻共建”原则签订共建协议，共同开展幸福社区创建活动。

1月16日，省南水北调办、省水利勘测有限公司派人到河南省骨科医院看望正在接受治疗的定点扶贫村肖庄村贫困户张长江女儿。2015年驻村工作队走访得知张长江16岁的大女儿三年前查出患有脊柱侧弯疾病，由于家境贫寒仅依靠佩戴护具采取保守治疗，导致脊柱侧弯从40度增加到50度，将其纳入建档立卡贫困户。副主任杨继成协调省水利勘测有限公司资助全部医疗费用。

1月18日，中线建管局组织开展焦作市供水配套工程府城输水线路跨越邻接南水北调专题设计及安全影响评价报告审查会。

2 月

2月6日，安阳市南水北调办运管人员对内黄县、汤阴县配套工程建设和运行管理进行春节前全面检查。

2月7日，省南水北调办在郑州召开2018年全省南水北调工作会议。省南水北调办主任王国栋、副主任贺国营、杨继成，副巡视员李国胜出席会议。省南水北调办机关全体干部职工、各项目建管处副处级以上干部，各省辖市直管县市南水北调办主任和综合科长，涉及水源区上游水质保护工作的卢氏县发展改革委、栾川县南水北调办负责人参加会议。贺国营主持会议，杨继成传达国务院南水北调办2018年南水北调工作会议精神和副省长武国定在听取南水北调工作汇报后的讲话精神，各省辖市省直管县市南水北调办主任作大会交流发言，各省辖市省直管县市南水北调办主任、机关各处处长、各项目建管处处长向王国栋递交2018年度目标责任书。

2月7日，全省南水北调系统2018年度党风廉政建设工作会议在郑州召开。省水利厅党组书记刘正才，省水利厅党组副书记、省南水北调办主任王国栋，省水利厅党组成员、省纪委驻厅纪检组长刘东霞，省水利厅党组成员、省南水北调办副主任贺国营，省南水北调办副巡视员李国胜出席，省水利厅党组成员、省南水北调办副主任杨继成主持。各省辖市直管县市南水北调办主任、综合科科长，省南水北调办全体干部职工参加。

2月8日，在春节到来之际，省南水北调办主任王国栋一行到定点帮扶村确山县竹沟镇肖庄村走访慰问并在村部召开座谈会。

2月8～9日，河南财经政法大学朱金瑞教授带领《南水北调中线工程口述史》课题组到安阳市进行专题调研并召开座谈会，与市县乡村南水北调中线征迁干部职工进行交流和访谈。

2月9日，省水利厅党组副书记、省南水北调办主任王国栋到郑州建管处慰问和调研。

2月9日，安阳市南水北调办召开2018年度南水北调系统工作会议。

2月11日，省南水北调办副主任杨继成到安阳建管处慰问调研，代表水利厅党组和党组书记刘正才、代表省南水北调办和主任王国栋向大家致以新春问候和美好祝愿。

2月11～12日，省南水北调办副主任贺国营到平顶山建管处调研慰问。在座谈会上贺国营要求确保按时完成干线工程移交工作，加快工程尾款结算和农民工工资兑付工作，加强春节期间值班值守。

2月23日，安阳市南水北调办到高新区银杏大街街道办事处平原社区，开展“学习十九大精神宣讲进社区”活动。

2月24日，安阳市政府组织召开南水北调工程征迁安置验收工作会议。

2月28日，省南水北调办主任王国栋、副主任杨继成带领有关处室、省水利设计公司、省水利勘测公司等单位负责人到新郑市观音寺调蓄工程选址现场调研。在新郑市召开座谈会，听取新郑市政府和项目设计单位有关情况汇报，对调蓄工程前期工作做出具体安排。

3　月

3月1～2日，省南水北调办主任王国栋到南阳建管处、南阳市南水北调办、渠首分局调研南水北调工作，市南水北调办主任靳铁拴随同调研。

3月2日，许昌市召开南水北调配套工程征迁验收工作推进培训会，邀请省南水北调办、平顶山市南水北调办有关人员进行辅导。

3月6日，南阳市召开全市南水北调工作会议。副市长孙昊哲，市政府副秘书长司马恒，渠首分局局长尹延飞出席会议。各相关县区政府分管副县区长、南水北调办主任，南水北调干渠运管单位、配套工程参建单位及市直有关单位负责人参加会议。

3月6日，安阳市南水北调办召开南水北调干渠征迁安置验收工作推进会。

3月7日，省南水北调办召开郑州三水厂支线管道问题处理专题会。

3月8～9日，河南省南水北调工程运行管理第33次例会在鹤壁召开，现场观摩配套工程36号口门刘庄泵站、部分现地管理站、鹤壁华电水务浚县水厂、淇河生态补水和沿岸生态建设工程。省南水北调办副主任杨继成出席会议并讲话。鹤壁市副市长刘文彪出席会议并致辞，鹤壁市南水北调办主任杜长明做经验交流发言并陪同观摩。

3月13日，省南水北调办在郑州召开党建暨精神文明建设工作会议。省水利厅党组副书记、省南水北调办主任王国栋，省水利厅党组成员、省南水北调办副主任杨继成，省南水北调办副巡视员李国胜出席会议，机关全体干部职工、各项目建管处处级以上干部及受表彰人员参加会议。会议对2017年度先进党支部、优秀共产党员、文明处室、文明职工、文明家庭进行表彰，先进代表作交流发言。

3月13～14日，省水利厅党组成员、省南水北调办副主任杨继成带队到定点扶贫村确山县竹沟镇肖庄村调研指导工作。

3月14日，漯河市南水北调办邀请市武警消防支队宣传干事对消防常识进行培训。

3月16日,安阳市政府副秘书长王建军在政府会议室主持召开会议,专题研究南水北调配套工程38号供水管线末端征地拆迁有关问题。

3月17日～5月14日，栾川县代表团参加第六届北京农业嘉年华活动，布置以“奇境栾川·自然不同”为主题的栾川展厅，并在展厅内展出无核柿子、栾川槲包、玉米糁、蛹虫草等六大系列81款“栾川印象”特色农产品。

3月19日，安阳市南水北调办召开南水北调干渠征迁安置验收工作推进会。

3月19～21日，水利部水电移民司后扶处处长潘锡辉一行到许昌市襄城县、长葛市调研移民增收和产业扶持项目安排和效益情况，许昌市南水北调办副主任范晓鹏随同调研。

3月21～22日，鹤壁市南水北调办会同南水北调中线工程鹤壁段征迁验收中介机构黄河移民局，对淇县、淇滨区、开发区南水北调中线征迁安置验收工作进行督导检查。

3月21日，由安阳市南水北调办承办的文化大讲堂活动，邀请安阳师范学院历史与社会发展学院、安阳史志与经济开发研究室主任王迎喜教授作“安阳厚重历史文化”的主题讲座。市直水利系统近百人参加活动。

3月22日，新乡市南水北调办配合市水利局、市节约用水办公室组织第26届“世界水日”和第31届“中国水周”宣传一条街活动。新乡市各级水行政主管部门及20余家用水单位展出近200块宣传展板，内容包括新乡市水状况、水政策、水法规、水科技、水文化、水知识，普及节水常识。

3月24～30日，省南水北调办副主任杨继成带队，组织全省南水北调系统部分党员干部到复旦大学开展党的十九大精神及综合能力提升培训。

4 月

4月2～4日，省南水北调办副巡视员李国胜带领检查组对濮阳市南水北调配套工程运行管理情况进行飞检。

4月9～18日，审计署郑州特派办对安阳市南水北调办2013年以来南水北调工程建设和征迁资金使用情况进行审计。

4月12日，周口市政府副秘书长杨峰在市政府主持召开南水北调水资源综合利用专项规划编制工作协调会。

4月13日，水利部副部长蒋旭光到新乡市检查南水北调中线辉县段防汛工作，省南水北调办主任王国栋、新乡市副市长李刚、市南水北调办主任邵长征随同检查。蒋旭光一行重点检查辉县市韭山桥上游渠段。

4月13日，焦作市政府召开南水北调水资源综合利用专项规划工作会。

4月17日，水利部决定实施生态补水，中线建管局开启退水闸向河湖水系补水。截至5月2日，全省累计生态补水6283万m^3，其中南阳2968万m^3、平顶山465万m^3、许昌239万m^3、郑州969万m^3、焦作401万m^3、鹤壁546万m^3、濮阳275万m^3、安阳420万m^3。

4月17日，南水北调中线工程平顶山北汝河退水闸开闸进行生态补水。

4月17～18日，河南省南水北调配套工程运行管理第34次例会在焦作市迎宾馆举行。

4月18日，省南水北调办副主任贺国营带队到定点扶贫村肖庄村调研指导工作。

4月18日，许昌市南水北调办组织禹州市南水北调办及任坡泵站联合举行防汛抢险应急救援演练。

4月23日，省南水北调办主任王国栋调研郑州市配套工程，到郑州市尖岗水库和管理处建设工地查看工程建设进展情况，协调部署生态补水相关事宜。

4月24日，安阳市南水北调办在汤阴县组织召开南水北调干渠征迁安置预验收现场观摩会，黄河北项目组、各县区征迁机构有关人员参加会议。

4月25日上午11时，安阳市从南水北调中线干渠引水，对洹河、汤河进行生态补水，流量7m^3/s。

4月26日，省南水北调办副主任杨继成一行对新乡市南水北调工程重点防汛部位进行督导检查。检查组到王村河倒虹吸出口控制闸、石门河倒虹吸、韭山桥上游渠段、三里庄沟排水渡槽实地检查防汛工作，新乡市南水北调办主任邵长征，市水利局防办、辉县管理处、卫辉管理处负责人随同检查，并召开座谈会。

4月26～27日，平顶山市南水北调办一行到鹤壁市进行“互学互督”活动，现场查看36号分水口门泵站和35-2现地管理站，并查阅运行管理资料，双方就运行管理机制构架、运管问题处置、人员管理、维修养护、行政执法等进行互动沟通。

4月24日～6月25日，南水北调干渠通过闫河退水闸向焦作市生态补水，计划生态补水3500万m^3，实际补水4460万m^3，对市区龙源湖进行清水置换，改善群英河、黑河、新河、大沙河生态环境，涵养地下水源。修武县郇封岭漏斗区地下水位明显回升，生态补水成效显著。

4月28日，南水北调中线工程平顶山沙河退水闸开闸进行生态补水。

4月28日上午，南水北调28号分水口门苏蔺输水线路向苏蔺配套水厂供水。省南水北调办主任王国栋、焦作市委书记王小平参加水厂通水仪式并到丰收路闫河桥查看生态补水情况。

5 月

5月2～4日，国务院南水北调办委托北京中天正旭会计师事务所对安阳市2017年度干渠征迁资金使用情况进行审计。

5月8日，许昌市南水北调办召开全市移民系统“四比四化五提升”活动动员会，副主任范晓鹏主持会议。

5月9日，省委书记王国生调研南水北调焦作城区段绿化带项目建设情况。王国生听取城区段绿化带、高铁经济片区征迁安置建设情况，询问绿化带东西长度、南北宽度、设计单位、周边历史遗迹以及南水北调纪念馆、南水北调第一楼规划设计情况。王国生强调，要做好安置工作，把群众安置作为重大民生工程，多为群众办实事解难事。工程建设要有景观、有配套、有文化。

5月9日，省南水北调办主任王国栋主持召开主任专题办公会议传达学习全省脱贫攻坚第六次推进会议精神，听取派驻确山县肖庄村第一书记扶贫工作汇报，并就贯彻落实会议精神进行动员部署。

5月9日，省南水北调办主任王国栋主持召开主任办公会，传达学习全国南水北调工程验收管理工作会议精神，研究部署河南省南水北调工程验收管理工作。会议要求9月底大头落地、力争10月组织验收。

5月9日，南水北调中线工程平顶山澧河退水闸开闸进行生态补水。

5月9日～6月2日，新乡市通过卫辉市香泉河退水闸对下游河道实施生态补水1247万m^3。

5月10日，鹤壁市淇县南水北调中线工程征迁安置验收自验会议在淇县召开，淇县征迁安置通过县级自验。

5月11日，平顶山市召开南水北调水资源综合利用专项规划工作会议。

5月12日，省南水北调办主任王国栋、省防办主任申季维一行，到南水北调中线安阳河倒虹吸现场检查指导防汛工作。

5月14日，南水北调工程生态补水截至5月10日8时，河南省2018年生态补水9981万m^3，其中南阳4483万m^3、平顶山766万m^3、许昌419万m^3、郑州1386万m^3、焦作703万m^3、新乡25万m^3、鹤壁849万m^3、濮阳485万m^3、安阳865万m^3。

5月14日，沙河、南水北调中线工程、孤石滩水库防汛工作会议在鲁山县召开，平顶山市市长、市防汛抗旱指挥部指挥长张雷明出席会议并讲话。

5月14日，漯河市南水北调办组织全体职工召开《漯河市水利局深入纠“四风”持续转作风三年行动方案》学习暨动员会。

5月15日，省南水北调办副巡视员李国胜带队，会同省防汛抗旱指挥部办公室到焦作市检查南水北调防汛工作。检查组一行查看大沙河倒虹吸工程、城区高填方段并召开座谈会。

5月15日，许昌市南水北调建管局，邀请省消防知识培训中心为全体职工及各县市区运行管理站、泵站人员举办消防知识安全培训。

5月15日，安阳市南水北调办组织市运管办，市区、汤阴、内黄运管处开展配套工程互学互督活动。

5月15～16日,中央党校水资源调配与生态环境治理课题组在许昌市调研南水北调工作，课题组一行5人就南水北调涉及的生态水利用、环境整治、农村供水等情况开展调研活动。省南水北调办副主任杨继成全程陪同调研，许昌市政协副主席张巍巍主持座谈会。

5月16日，鹤壁市南水北调办召开《鹤壁市南水北调水资源综合利用专项规划》编制工作培训会议，培训内容包括供用水现状、存在问题及未来需求分析；南水北调水资源综合利用规划目标、利用方案、投资匡算、分期实施意见、保障措施、政策研究。

5月17日，鹤壁市南水北调办在配套工程34号泵站组织开展防汛演练活动，泵站、现地管理站、专业应急抢险人员参加，进行汛情报告和指令下达、发电机和抽水泵的连接使用、房间门口的封堵等项目演练。

5月20日8时，2018年全省累计生态补水16465万m^3，其中南阳6643万m^3、平顶山1250万m^3、许昌992万m^3、郑州1999万m^3、焦作1482万m^3、新乡533万m^3、鹤壁1280万m^3、濮阳786万m^3、安阳1500万m^3。

5月22日，鹤壁市南水北调中线工程淇滨区和开发区征迁安置验收通过县级自验。

5月23日，省南水北调办、省防汛抗旱指挥部办公室、中线建管局在郑州召开河南省南水北调工程2018年度防汛工作会议。省南水北调办副主任杨继成、省防办主任申季维、中线建管局副局长李开杰出席会议。

5月25日，漯河市召开《南水北调水资源综合利用专项规划》编制工作协调会。市水利局局长吕孟奇主持会议，市政府副秘书长朱俊峰出席并讲话。

5月27日，省水利厅、省南水北调办处级干部“学习贯彻习近平新时代中国特色社会主义思想和党的十九大精神”培训班在山河宾馆举行。厅党组书记刘正才围绕习近平新时代治水兴水思想讲第一课，厅党组成员、副厅长、直属机关党委书记武建新主持开班仪式。

5月28日，由中央网信办网络新闻信息传播局等单位主办，京津冀豫四省市网信办和南水北调中线建管局承办的“水到渠成共发展”网络主题活动在南水北调中线陶岔渠首启动。

5月28日，安阳市政府召开南水北调水资源综合利用专项规划工作会议，对安阳市南水北调水资源专项利用规划的资料收集和规划编制工作进行安排部署。

5月28日～6月1日，许昌市配套工程建设管理局举办许昌市南水北调配套工程第三期运行管理培训班，各县市区运行管理人员参会。

5月29日，安阳市南水北调办在滑县组织召开配套工程征迁资金计划梳理工作现场会并进行业务培训。

5月30日，鹤壁市南水北调办、市公安局、干线鹤壁管理处联合到淇滨区长江路办事处吕庄中心校、淇滨区金山办事处刘庄社区小学，开展预防未成年人溺亡宣讲活动，并为“护水小天使”颁发荣誉证书和学习用品。

6　月

6月4日，副省长武国定带领省政府副秘书长朱良才，省水利厅厅长孙运峰，省南水北调办副主任杨继成，省防办主任申季维一行，到南水北调中线干渠安阳河倒虹吸现场检查指导防汛工作。安阳市副市长刘建发，市政府副秘书长王建军，市水利局局长郑国宏，市南水北调办主任马荣洲、副主任郭松昌随同检查。

6月4日，南阳市政府召开《南阳市丹江流域山水林田湖草生态保护修复工程实施方案》评审会。

6月9日，新乡市南水北调配套工程32号线凤泉支线凤泉水厂通水，新乡市南水北调配套工程9座受水水厂通水7座。

6月10～13日，省南水北调办副主任贺国营带领督导组对南水北调干渠黄河南段污染风险点整治开展督导工作。

6月11日8时，2018年全省累计生态补水32175万m^3，其中南阳11453万m^3、漯河32万m^3、平顶山2407万m^3、许昌3693万m^3、郑州3152万m^3、焦作3285万m^3、新乡1247万m^3、鹤壁2286万m^3、濮阳1447万m^3、安阳3173万m^3。

6月11日，许昌市召开南水北调中线工程禹州长葛段征迁安置市级验收会议，许昌市在全省率先完成南水北调中线市级征迁验收工作。

6月11～15日，省南水北调办组成稽察专家组对平顶山市南水北调配套工程运行管理工作进行稽察。

6月12日，安阳市南水北调防汛工作会议在南水北调中线汤阴管理处召开。

6月12日，南水北调中线工程焦作城区段征迁安置工作通过市级初验。

6月12～14日，省南水北调办副主任杨继成带队督导南水北调干渠黄河北段污染风险点整治工作。

6月13日，鹤壁市南水北调中线工程征迁安置工作通过市级初验。

6月14日，南水北调中线渠首陶岔入渠最大流量达到380m^3/s并持续5天16小时。

6月14日，安阳市召开南水北调中线工程安阳市征迁安置工作市级验收工作会。

6月14～15日，焦作市南水北调中线征迁安置验收委员会组织开展市级征迁安置验收工作并通过市级验收。

6月16日，鹤壁市市长郭浩到南水北调中线工程鹤壁段检查指导防汛工作，到出口园区、节制闸闸室、倒虹吸出口裹头处检查淇河防汛准备情况。

6月19日，南水北调中线工程入渠水量达到150亿m^3。

6月19～27日，省政府移民办组织3个验收抽检小组对安阳市验收工作的征迁安置、资金管理、档案管理进行抽检。

6月20～22日，省第一巡查大队对周口市南水北调运行管理和工程建设情况进行巡查。

6月21日，省委常委、组织部部长孔昌生到南水北调中线鹤壁段工程检查指导防汛工作。

6月21日，鹤壁市南水北调供水配套工程浚县管理所通过主体验收。

6月22日，南水北调中线工程叶县段高填方风险渠段开展防汛抢险演练。

6月22日，南阳市召开河南省发展燃气有限公司“唐伊线”方城—南召、社旗天然气支线工程穿越南阳配套工程7号主管线（桩号10+223）专题设计及安评报告审查会。

6月23～24日，河南省南水北调中线工程完工阶段征迁安置省级技术验收工作安置组、资金组、档案组到鹤壁开展相关验收工作。

6月25～26日，南水北调工程安阳河退水闸、汤河退水闸闸门相继关闭，历时62天的南水北调工程生态补水结束。安阳市生态补水共4682.9万m^3，其中安阳河3433.15万m^3，汤河1249.75万m^3。

6月27日，中央电视台、河南电视台、河南广播电台、河南日报、河南商报、东方今报、大河网等媒体记者，到焦作市采访南水北调生态补水。采访组一行先后到修武县、市区龙源湖公园现场采访，了解生态补水情况和补水效益。

6月28日，由省南水北调办、省环保厅、省水利厅、省国土资源厅联合制定的《南水北调中线一期工程总干渠（河南段）两侧饮用水水源保护区划》正式印发实施。

7　月

7月2～3日，省水利厅党组成员、省南水北调办副主任杨继成带队到定点扶贫村肖庄村调研指导工作，查看电子厂、小提琴厂工程建设现场，了解艾草加工企业运转情况。3日，杨继成一行到驻马店西平10号分水口现场调研西平新增供水项目。

7月3～7日，鹤壁市南水北调供水配套工程豫北仓储中心和淇县管理所通过主体验收。

7月4日，全省南水北调对口协作项目审计监督工作会议在卢氏县召开，南水北调水源地6县市相关领导到会。

7月6日，鹤壁市2018年南水北调防汛抢险迁安演练在淇县卫都街道办事处杨庄村西南南水北调干渠杨庄倒虹吸出口处举行。市委书记范修芳，市防汛抗旱指挥部副指挥长、副市长常英敏观看演练，并到淇县袁庄沟南水北调排水渡漕处等地进行检查督导。演练分别对防汛会商研判、巡查预警、工程抢险、人员转移安置等4个科目进行防汛迁安演练，参演人员近500人。

7月10日，南阳市南水北调办组织新野县南水北调办开展防汛抢险应急综合演练。演练模拟突发暴雨，发生雨水倒灌，及时阻水抽排；阀井跑水后，及时抽排水，检查排除故障；发生突发停电事件启用应急电源；发生火灾，扑灭火源四项科目。

7月11日，南阳市南水北调办召开机关干部作风整顿年活动推进工作会。

7月12日，南水北调中线一期陶岔渠首枢纽工程电站机组通过水利部启动验收。

7月12～13日，北京市怀柔区区长卢宇国带领党政代表团，到卢氏县开展对口协作工作。三门峡市常务副市长范付中，卢氏县领导张晓燕、孙会方、魏奇峰出席座谈会或陪同调研。

7月13日，省南水北调办召开郑万高铁邓州东站至新野境连接线市政工程跨越南阳供水配套工程2号口门新野二水厂支线专题设计及安评报告审查会。

7月20日，安阳市南水北调办在汤阴县召开南水北调配套工程防汛抢险基本知识培训会。

7月24日，安阳市南水北调办组织召开南水北调水资源综合利用专项规划（初稿）征求意见工作会议。

7月25日，渠首分局邀请参加“唐伊线”方城—南召、社旗天然气支线工程穿越南水北调中线干线南阳段和方城段工程施工图和施工方案审查会，南阳市南水北调办总工程师张磊奇参会。

7月25日，鹤壁市南水北调办组织召开鹤壁市南水北调受水区供水配套工程基础信息管理系统及巡检智能管理系统建设现场对接会，市南水北调办、河南省水利勘测设计研究有限公司负责人，配套工程36号分水口门泵站站长和各现地管理站副站长参加。

7月31日，中线建管局在河南省淅川县九重镇陶岔村淮委建管局举行陶岔渠首枢纽工程交接仪式。

8　月

8月3日，省南水北调办安全生产工作检查组对鹤壁市南水北调配套工程安全生产情况进行大检查。

8月8日，南阳市委组织部部长吕挺琳主持召开南水北调干部学院项目建设推进会，市南水北调办副主任齐声波参会。

8月8日，安阳市南水北调办在内黄县组织对运管财务人员进行资产管理培训。

8月10日，陶岔渠首枢纽工程正式移交南水北调中线建管局。8月11日，渠首分局陶岔管理处入驻接管。

8月10日，水利部办公厅召开陶岔渠首枢纽工程运行管理工作会，南阳市南水北调办主任靳铁拴参会。

8月13日，省人大常委会副主任张维宁带领驻豫全国人大代表第四专题调研组到焦作市调研南水北调焦作城区段绿化带项目建设工作。全国人大常委会副秘书长郭振华，省委常委、宣传部长赵素萍，省政协副主席龚立群，省水利厅厅长孙运锋一同调研或出席座谈会。市领导王小平、徐衣显、杨娅辉、王建修、李世友、郜小方、王付举陪同调研或出席座谈会。

8月13日，南阳市政府通知召开南阳市中心城区自备井封停暨南水北调水源置换工作动员会。

8月14日，省南水北调办副主任杨继成调研焦作市南水北调防汛工作。

8月15日，省委组织部副部长胡战坤一行到焦作市调研南水北调绿化带征迁安置建设工作中发挥党组织作用情况。

8月22日，省南水北调办组织自动化代建、监理、流量计安装单位，在安阳市南水北调建管局召开流量计安装推进会，明确具体工作要求。

8月28日，安阳市南水北调配套工程六水厂末端变更段静水压试验完成，原规划设计的9个水厂全部具备通水条件。

8月28～29日，省南水北调办在南阳市召开河南省南水北调工程规范管理暨运行管理第36次例会。与会人员实地观摩南阳市配套工程管理处、田洼泵站，方城县配套工程新裕水厂、配套工程管理所，察看陶岔渠首工程，调研丹江口水库河南库区水质保护情况。

8月31日，鹤壁市水利局、市南水北调办共同开展主题为“传承好家风、奉敬贤德人”的家风家训道德讲堂活动。

9 月

9月2～5日，安阳市南水北调办组织开展南水北调配套工程运行管理第二期培训班，邀请黄河设计公司、市委党校、阀件和电气设备生产厂家、省南水北调办专家、教授对新招聘运管人员和第一期未培训人员进行培训。

9月4日，许昌市建安区南水北调办在配套工程17号分水口门线路大胡庄管理站开展防火灭火消防演练。

9月4日～11月2日，焦作市委第一巡察组对焦作市南水北调办进行巡察。

9月7日，省南水北调办召开南水北调配套工程征迁安置验收实施细则（修订版）培训会。

9月12～14日、17～19日，安阳市南水北调办组织全系统60余名干部职工分两期到南水北调干部学院进行专题素质提升培训。

9月15日，省南水北调办主任王国栋带领全省生态环境违法违规行为专项整治行动第十督查组对许昌市生态环境保护存在的问题进行暗访督查。督查组对许昌市中央环保督察交办案件落实情况、“散乱污”企业清理、群众举报反映的问题等“四个一批”落实情况进行现场检查。省环保厅总工程师李维群、有关处室负责人和有关新闻单位记者随同参加暗访督查。

9月26～27日，省南水北调办在漯河市组织召开河南省南水北调工程运行管理第37次例会，副主任杨继成出席会议并讲话。

10 月

10月1日，周口市南水北调配套工程西区支线正式通水。

10月7日，省委常委、常务副省长黄强调研焦作市南水北调绿化带项目建设工作，焦作市委书记王小平，市长徐衣显随同调研。

10月11日，全国人大常委会委员、全国人大民族委员会副主任委员肖怀远，天津市人大常委会副主任王小宁带领天津市人大常委会调研组一行到焦作市，就南水北调中线工程水资源管理、水环境保护、水安全保障及工程运行维护等情况进行调研。省人大常委会环资工委副巡视员冯建勋，省南水北调办副主任杨继成，市领导王小平、王建修、葛探宇、乔学达陪同调研。

10月11日，省南水北调办主任王国栋带队调研禹州市沙陀湖南水北调调蓄工程前期工作，并召开专题座谈会。省水利勘测设计有限公司、白沙水库灌溉管理局和禹州市政府有关部门负责人参加调研。许昌市水务局局长李长红、许昌市南水北调办副主任范晓鹏，禹州市委书记王宏武、副市长张劲弓随同调研并参加座谈。

10月11～12日，许昌市南水北调办在鄢陵县召开南水北调受水区配套工程征迁安置验收细则培训会。

10月12日，鹤壁市南水北调办召开南水北调配套工程征迁安置验收工作推进会。

10月15日，许昌市南水北调办召开推进以案促改制度化常态化动员会。

10月15～24日，鹤壁市南水北调办举办2018年度鹤壁市南水北调配套工程运行管理业务培训班，共90余人参加培训。邀请武汉大禹、许继电气及中州水务鹤壁基站业务技术专家进行授课。

10月16日，国务院副总理胡春华视察南水北调中线陶岔渠首枢纽工程，水利部部长鄂竟平陪同视察。

10月18～19日，省南水北调办对鹤壁市南水北调配套工程档案验收工作进行督导。

10月19日，平顶山市南水北调办组织在配套工程13号输水线路高庄泵站开展运行管理消防应急演练。

10月19日，许昌市召开南水北调工程供水效益指标调研工作会议。禹州市政府，许昌市水务局、统计局、公安局、南水北调办、瑞贝卡供水公司等单位有关人员参加会议。

10月19日，安阳市南水北调办会同市工信委组成联合督导组，对南水北调干渠水源保护区工业企业排查整治工作进行督导检查。

10月21日，安阳市南水北调及其附属工程沿线“7·19”洪灾水毁修复工程竣工验收。

10月23日，南水北调安阳市西部调水工程项目推进协调会在市党政综合楼召开。

10月23～24日，省南水北调办委托巡查大队对焦作市南水北调供水配套工程运行管理情况进行检查。

10月24～25日，省南水北调办副主任杨继成带队到定点扶贫村肖庄村调研指导工作。调研组一行查看正在建设的肖庄村小学体验餐厅、驻村第一书记专项资金建设的彩云谷扶贫餐厅，查看北京华强乐器有限公司竹沟镇分公司建设进展情况，了解河南光韵通信科技有限公司在肖庄村投资建设的进度。

10月25～26日,省南水北调办在周口市召开河南省南水北调工程运行管理第38次例会。

10月26日，许昌市南水北调办在许昌市南水北调建管局召开向许昌市区河湖分水工程竣工验收会议。

10月29日～11月2日，全国政协提案委员会副主任郭庚茂、戚建国、臧献甫和部分住京津冀全国政协委员到河南就“充分发挥南水北调中线工程效益”进行专题调研。调研组11月2日在郑州召开座谈会，省政协主席刘伟主持会议。

10月31日，陶岔渠首枢纽工程被教育部命名为“全国中小学生研学实践教育基地”。

11 月

11月9日，南水北调中线干线一期工程湍河渡槽、白河倒虹吸及膨胀土（南阳）试验段通过水保环保专项验收。

11月9日，河南省南水北调丹江口库区移民安置国家终验技术验收工作正式启动，验收专家组于12日、13日对许昌市验收样本县襄城县农村移民安置情况进行国家技术终验。

11月13日，省委省政府召开实施国土绿化提速行动建设森林河南电视电话动员大会。

11月15日，南阳市委第六巡察组对市南水北调办开展全面巡察。

11月16日，焦作市南水北调纪念馆、南水北调第一楼举行开工仪式，中线建管局局长于合群，省南水北调办主任王国栋、副主任杨继成出席。市委书记王小平宣布开工，市长徐衣显致辞，市领导杨娅辉、胡小平、王建修、路红卫、杨文耀、葛探宇、武磊、闫小杏出席开工仪式。

11月16日，漯河市南水北调最后一个规划受水水厂市第三水厂实现供水，漯河市8个南水北调受水水厂全部实现南水北调供水。

11月23日，鹤壁市南水北调办在南水北调配套工程36号泵站组织开展消防演练。36号泵站站长张来友对消防安全理论知识进行讲解。

11月30日，南水北调中线工程淇河节制闸、白河节制闸（含退水闸）通过中线建管局标准化闸站达标验收。

12　月

12月7日，渠首分局完成渠首引水闸远程大开度控制测试，标志南水北调中线工程渠首引水闸实现远程控制功能。

12月7日，根据水利部工作安排，由省政府牵头组织的水生态文明城市建设试点行政验收委员会在南阳市召开南阳市水生态文明城市建设试点行政验收会议。

12月10日，安阳市政府组织召开《安阳市南水北调水资源综合利用专项规划》成果评审会。

12月14日，渠首分局水质移动实验室通过中线建管局验收。

12月14日，许昌市南水北调办到襄城县颍阳镇洪村寺村开展扶贫慰问活动。

12月17～21日，河南省南水北调工程第二巡查大队对安阳市南水北调配套工程运行管理情况进行现场巡查。

12月18日，由水利部推荐的南水北调鹤壁段淇河倒虹吸工程入选全国中小学生研学实践教育基地名单。

12月19～22日，省政府移民办召开全省征地移民系统2018年度财务决算暨南水北调中线干线征迁安置未完投资会审会议。

12月20～21日，省南水北调办副主任贺国营带队到定点扶贫村肖庄村调研指导工作。

12月25日，省南水北调办召开专题会议，研究机构改革过程中工作衔接有关问题。

12月25日，安阳第四水厂、第六水厂南水北调供水正式通水。

12月27日，水利部召开集中整治形式主义、官僚主义动员部署会，水利部党组书记、部长鄂竟平主持会议并讲话。

12月29日，南水北调焦作城区段绿化带“水袖流云”示范段举行开园仪式，市委书记王小平出席仪式并为10名建设标兵颁发荣誉证书，市长徐衣显为项目建设先进单位颁发奖金。

简称与全称对照表

简　称	全　称
国务院南水北调建委会	国务院南水北调工程建设委员会
国务院南水北调办 国务院南水北调办公室	国务院南水北调工程建设委员会办公室
南水北调中线建管局 中线建管局	南水北调中线干线工程建设管理局
河南省南水北调办公室 省南水北调办	河南省南水北调中线工程建设领导小组办公室
省南水北调建管局	河南省南水北调中线工程建设管理局
省政府移民办	河南省人民政府移民工作领导小组办公室
渠首分局	南水北调中线干线工程建设管理局渠首分局
河南分局	南水北调中线干线工程建设管理局河南分局
南阳市南水北调办	南阳市南水北调中线工程建设领导小组办公室
平顶山市南水北调办	平顶山市南水北调中线工程建设领导小组办公室
漯河市南水北调办	漯河市南水北调中线工程建设领导小组办公室
许昌市南水北调办	许昌市南水北调中线工程建设领导小组办公室
郑州市南水北调办	郑州市南水北调中线工程建设领导小组办公室
焦作市南水北调办	焦作市南水北调中线工程建设领导小组办公室
焦作市南水北调城区办	焦作市南水北调中线工程城区段建设领导小组办公室
新乡市南水北调办	新乡市南水北调中线工程建设领导小组办公室
濮阳市南水北调办	濮阳市南水北调中线工程建设领导小组办公室
鹤壁市南水北调办	鹤壁市南水北调中线工程建设领导小组办公室
安阳市南水北调办	安阳市南水北调中线工程建设领导小组办公室
邓州市南水北调办	邓州市南水北调中线工程建设领导小组办公室
滑县南水北调办	滑县南水北调中线工程建设领导小组办公室
卢氏县南水北调办	卢氏县南水北调办公室
栾川县南水北调办	栾川县南水北调办公室